Ex Libris Bibliothecæ quam
Illustrissimus Ecclesiæ Princeps
D. PETRUS DANIEL HUETIUS
Episcopus Abrincensis Domui Professæ
Paris. PP. Soc. Jesu integram vivens donavit
Anno 1692

Jugem.t de l'Auteur de la Recherche de la Verité Tom. 2. p. 398. touchant ces elemons.

V. 6285

ELEMENS
DES
MATHEMATIQUES,
OU
PRINCIPES GENERAUX
DE
TOUTES LES SCIENCES,
QUI ONT LES GRANDEURS POUR OBJET.

CONTENANT VNE METHODE COVRTE ET FACILE
pour comparer ces grandeurs & pour découvrir leurs rapports par le moyen
des caracteres des nombres, & des lettres de l'alphabeth. Dans laquelle
les choses sont démontrées selon l'ordre Geometrique, & l'Analyse renduë
beaucoup plus facile, & traittée plus à fond que l'on n'a fait jusqu'ici.

par Jean Prestet.

A PARIS,

Chez ANDRE' PRALARD, Marchand Libraire, ruë Saint Jacques,
à l'Occasion.

M. DC. LXXV.
AVEC PRIVILEGE DV ROY.

V.+84

ELEMENS
DES
MATHEMATIQUES,
OU
PRINCIPES GENERAUX
DE
TOUTES LES SCIENCES,
QUI ONT LES GRANDEURS POUR OBJET.

CONTENANT VNE METHODE COVRTE ET FACILE pour comparer ces grandeurs & pour découvrir leurs rapports par le moyen des caracteres des nombres, & des lettres de l'alphabeth. Dans laquelle les choses sont démontrées selon l'ordre Geometrique, & l'Analyse renduë beaucoup plus facile, & traittée plus à fond que l'on n'a fait jusqu'ici.

par Jean Prestet.

A PARIS,

Chez ANDRE' PRALARD, Marchand Libraire, ruë Saint Jacques, à l'Occasion.

M. DC. LXXV.
AVEC PRIVILEGE DV ROY.

AU TRES-REVEREND PERE

LE TRES-REVEREND PERE

LOUIS ABEL DE SAINTE-MARTHE,

SUPERIEUR GENERAL

DE LA CONGREGATION DE L'ORATOIRE

DE JESUS.

ON TRES-REVEREND PERE,

JE vous presente dans ces Elemens les veritez les plus generales & les plus fecondes des Mathematiques, & les regles immuables des veritez particulieres qu'elles renferment. Il n'y a rien dans ce Livre qui flatte les sens ou l'imagination.

ā ij

Tout ce qu'il contient ne tend qu'à éclairer l'esprit , & à luy donner assez de force & d'étenduë pour penetrer & pour comprendre ce qu'il y a de plus caché dans les Sciences. Ie ne prendrois pas la liberté de mettre cet Ouvrage sous la protection d'un Nom aussi illustre qu'est le vostre, si la verité y estoit revestuë des vains ornemens dont on a coûtume de la couvrir. Ie sçay que vous aimez la verité toute pure, & que ce seroit vous déplaire que de l'exposer à vos yeux environnee de cet éclat sensible qui répand les tenebres dans l'esprit. Vous avez si heureusement combattu contre les impressions des sens , que vous n'avez plus de goust pour ce qui est le plus capable de les contenter. Tout ce qui ébloüit les petits esprits vous paroist méprisable ; Vous estes insensible à tout ce qui les charme : mais vostre raison ferme & assurée s'éleve & s'attache sans peine aux veritez les plus abstraites & les plus relevées. I'espere donc, MON TRES-REVEREND PERE, que vous recevrez favorablement ces Elemens, où la verité n'a point d'autre parûre que sa lumiere & son évidence, & que vous regarderez le present que j'ay l'honneur de vous en faire, comme une marque du profond respect avec lequel je suis,

MON TRES-REVEREND PERE,

Vostre tres-humble , tres-obeïssant, & tres-obligé serviteur, J. P.

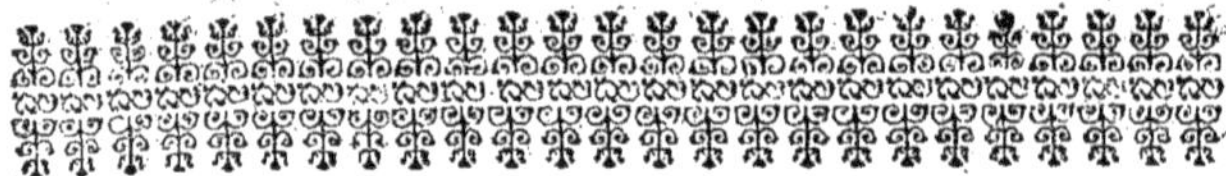

PREFACE.

OMME c'eſt une loy indiſpenſable qu'il faut met-
tre chaque choſe dans ſon rang , je ſuis obligé
de dire que la ſcience dont je traite , eſt la premiere & la principale de toutes les ſciences purement humaines. Je ne la compare pas cependant à la Morale, ny à aucune de celles qui ont
rapport à l'autre vie ; car je ſçay que tout ce qu'il y a de grand
& d'éclatant s'éclypſe & s'aneantit à la veuë de l'éternité. Je
ne pretens pas meſme la preferer à la ſcience de l'homme : car
quoy que les Mathematiques ſoient beaucoup plus évidentes , &
beaucoup plus utiles à la recherche des veritez cachées & difficiles à découvrir, cependant elles ne ſont pas d'un grand uſage
pour la conduite de la vie , & pour s'inſtruire de certaines veritez de pratique dont on a beſoin dans le monde. Ces deux ſciences ſont fort differentes, la ſcience de l'homme apprend beaucoup
plus à vivre qu'à bien penſer, celle-cy n'apprend qu'à penſer
ſans apprendre à vivre. Mais ſommes-nous plûtoſt faits pour
vivre , ou pour nous lier étroitement avec les hommes, que pour
penſer, ou pour nous unir à la verité ? nous ceſſerons de vivre,
& nous penſerons toûjours.

Si j'entreprenois de juſtifier que la ſcience dont je traite merite le rang que je luy donne, en la comparant avec toutes les ſciences particulieres, je ferois ſans doute un diſcours fort long & fort
ennuieux, & certainement aſſez inutile. Comme il y a un grand
nombre de ſciences , il faudroit faire un grand nombre de comparaiſons ; Et comme on ne peut faire de comparaiſons ſi on ne
connoît les choſes que l'on compare , il ſeroit neceſſaire d'en donner au moins quelque idée : Mais outre que cela me meneroit trop
loin, je ne prouverois que d'une maniere fort imparfaite les choſes que je prétens faire pleinement connoître en les expliquant
dans leur principe.

Il eſt évident que toutes les veritez ne ſont que des rapports,

ã iij

les veritez connuës des rapports connus. Qui connoît que 6 est double, de 3, connoît une verité, parce qu'il connoît le rapport de 6 à 3. Qui connoît que le quarré de la diagonale d'un quarré est double de ce quarré, connoît une verité, parce qu'il connoît le rapport qui se trouve entre ces quarrez. Mais tous les rapports ou toutes les veritez connuës ne le sont pas également. Il y en a que l'on connoît exactement comme sont celles des exemples que je viens de dire, & il y en a d'autres que l'on ne connoît que d'une maniere fort imparfaite. On connoît par exemple que le Soleil est plus grand que la Lune, qu'un cercle est plus grand qu'un quarré, lors que leurs diametres sont égaux, ce sont des veritez certaines & évidentes, mais ce ne sont pas des veritez exactement connuës. Car encore que l'on sçache qu'il y a un rapport de plus grande inégalité entre le Soleil & la Lune, entre le cercle & le quarré, cependant on ne sçait point exactement quel il est. On sçait bien que le Soleil est plus grand, mais on ne sçait pas de combien.

Les veritez pouvant estre connuës en deux manieres, l'une parfaite, & l'autre imparfaite; il y a deux sortes de sciences, puisque toutes les sciences ne sont que connoissances d'un certain nombre de veritez. Il y a des sciences parfaites, & il y en a d'imparfaites. Les parfaites sont generalement toutes celles qui ont la grandeur pour objet, les imparfaites au contraire sont toutes celles qui n'ont point la grandeur pour objet. Je ne parle pas icy de la grandeur telle que les yeux la considerent, ou que l'imagination toute seule se la represente; je ne parle que de celle que l'esprit apperçoit, ou que l'imagination se represente lors qu'elle est conduite & reglée par l'esprit.

La Metaphysique, la Physique, la Morale, la Medecine, la Politique, la Chymie, & beaucoup d'autres, sont en ce sens des sciences imparfaites. Car encore qu'elles renferment des veritez évidentes, elles ne contiennent point des veritez exactes. Il n'y a que les Mathematiques qui soient des sciences parfaites, parce qu'il n'y a que ces sciences qui comprennent des veritez exactes: Car on ne se contente pas dans les Mathematiques de connoître avec évidence que certaines choses ont plus de grandeur que quelques-autres, on pretend aussi connoître avec évidence les rapports exacts qui sont entr'elles, & de combien elles sont plus grandes.

Mais il faut bien prendre garde que par le mot de grandeur l'on n'entend pas seulement l'étenduë en longueur, largeur, & profondeur, mais generalement tout ce que l'on conçoit comme capable du plus & du moins, & ce qui se peut mesurer exactement, soit parce qu'il est exactement connu, soit parce qu'il est supposé tel. Ainsi le temps, la pesanteur, la vitesse, les qualitez même sensibles, les degrez de perfections, & generalement toutes les choses finies, étant capables du plus & du moins, sont l'objet des Mathematiques. Car si l'on connoît exactement ces perfections & ces qualitez, on les peut comparer pour en connoître exactement les rapports; & si on ne les connoît pas exactement, on les peut comparer par supposition. Car si l'on sçait qu'un morceau de fer est quatre fois plus pesant qu'un tel morceau de bois, en supposant que le bois est mille fois plus pesant que l'air; on peut conclure par cette supposition que le fer est quatre mille fois plus pesant que l'air.

Tous les rapports exactement connus se pouvant exprimer par nombres, il est évident que les nombres renferment toutes grandeurs d'une maniere intelligible; & qu'ainsi la science, qui apprend à faire dans les nombres toutes les comparaisons necessaires pour en connoître les rapports, est une science generale ou le principe de toutes les sciences exactes. Car il ne faut qu'appliquer à des especes de grandeurs ce que l'on a découvert en general dans les nombres, pour sçavoir presque toutes les sciences particulieres. Ainsi ces Elemens apprenant à faire toutes les comparaisons necessaires pour connoître avec évidence les rapports exacts qui sont entre les nombres, il est évident qu'ils sont le principe & le fondement de toutes les sciences exactes.

Mais quoy que l'Arithmetique soit une science dont toutes les autres dépendent, cependant nous en expliquons une autre plus universelle, en nous servant des lettres de l'alphabeth. Cette science qu'on appelle *Algebre* sert à éclaircir, à étendre, & à perfectionner autant qu'on le peut faire l'Arithmetique, & generalement toutes les sciences qui se rapportent aux Mathematiques. Elle est si generale qu'elle considere toutes les grandeurs, & que ce qu'elle démontre peut s'appliquer non seulement aux nombres, aux lignes & aux figures, aux poids & aux vitesses, & à toutes les grandeurs; mais encore à tous les nombres, à toutes les lignes, à toutes les vitesses, & à toutes les grandeurs particulieres que l'on peut concevoir dans chaque efpece de grandeurs.

Mais ce qu'il y a de plus confiderable dans cette fcience n'eft pas fon étenduë & fon univerfalité, s'il m'eft permis de parler ainfi ; Car comme nous venons de dire l'Arithmetique eft affez generale pour les fciences. C'eft la facilité qu'elle donne à l'efprit pour découvrir les veritez les plus cachées, & dont il feroit abfolument impoffible de s'éclaircir par l'Arithmetique & par la Geometrie ordinaire, ny par le fecours d'aucune autre fcience. Car comme on ne peut donner à l'efprit plus d'étenduë, & plus de capacité qu'il n'en a, cette fcience apprend feulement à la ménager ; Elle luy reprefente fous des expreffions tres-courtes un affemblage de plufieurs idées, elle l'occupe fi peu par les fens qu'elle le laiffe en quelque façon tout entier à luy-même, & elle l'aide à parcourir d'une maniere adroite, prompte, & facile tous les rapports des grandeurs qu'il examine. Ainfi il n'échape rien à l'efprit qu'il n'ait apperçeu fur fon fujet, & la netteté claire & diftinête de fes raifonnemens luy découvre toûjours par la plus courte voye les veritez recherchées qu'il peut connoître, ou les milieux qui luy manquent pour y arriver, s'il ne les peut connoître.

Il eft donc évident que cette fcience & l'Arithmetique font le fondement de toutes les fciences exaêtes, qui font celles que l'on peut appeller Mathematiques, puifque toutes ces fciences n'enfeignent qu'à connoître certains rapports que des grandeurs particulieres ont entr'elles.

Comme il y a beoucoup de fciences particulieres qui dépendent de la Geometrie, il y a des perfonnes qui la confiderent comme le principe general de toutes les fciences : Et parce que la Geometrie eft affez agreable à caufe des figures qui tombent fous l'imagination, il fe trouve affez de gens qui la preferent inconfiderement aux fciences dont nous traitons. Ils s'imaginent même que les demonftrations Geometriques par lignes font les feules veritables, à caufe qu'elles fe font comme fentir.

Je fçay qu'il y a des chofes particulieres à la Geometrie qu'on doit connoître & démontrer par des figures ; Mais pour traiter comme il faut cette fcience, l'on eft fouvent obligé de fe fervir de l'Algebre : Et parce que fes preuves font les plus generales & les plus fimples, elles doivent paffer pour les demonftrations les plus naturelles.

L'on

PREFACE.

L'on me dira peut-eftre qu'on ne peut d'écouvrir ny exprimer les grandeurs incommenfurables par nombres, & qu'on le peut toûjours par lignes, & qu'ainfi la Geometrie eft plus exacte & plus étenduë que la fcience des nombres. Je répons que l'on peut toûjours exprimer les grandeurs incommenfurables par des nombres incommenfurables; & que fi les nombres incommenfurables ne font pas entierement connus, c'eft que les grandeurs incommenfurables renfermant quelque chofe d'infiny & d'incomprehenfible, elles ne peuvent eftre entierement connuës.

Je répons en fecond lieu, que les lignes ne font jamais les veritables expreffions des grandeurs incommenfurables, ny même des grandeurs commenfurables. Car ce qui ne fait point connoître une grandeur n'en peut eftre l'expreffion. Or les lignes dont les Geometres pretendent exprimer les grandeurs inconnuës, ne font point connoître ces grandeurs, elles n'en font donc point les expreffions. Il eft vray que les Geometres démontrent que ces lignes font égales à ces grandeurs, mais ces lignes elles-mêmes font inconnuës à l'efprit, quoy qu'elles foient connuës par les yeux ou par l'imagination; Et fi on veut avoir des expreffions qui parlent à l'efprit & non pas aux yeux, on eft obligé de recourir aux nombres incommenfurables. Donc ces nombres incommenfurables font encore plus connus que ces lignes, puifque ces nombres les expriment & les reprefentent mieux à l'efprit.

Il eft ce me femble évident que ce nombre $\sqrt{20}$ eft beaucoup plus connu que la foûtendante d'un angle droit dont les côtez font 2 & 4. Car on fçait au moins que $\sqrt{20}$ eft environ $4\frac{1}{2}$, & fi on le veut fçavoir plus au jufte, on le fçaura par les regles de l'approximation des racines. Mais on ne fçait pas la grandeur de la ligne qui foûtient un angle droit, quoy qu'elle foit prefente aux yeux ou à l'imagination. C'eft la même chofe de ces pretenduës expreffions des grandeurs inconnuës que l'on donne par les fections coniques, & par les lignes encore plus compofées. Car comme toutes les fciences doivent tendre à éclairer l'efprit, & à luy découvrir la jufte grandeur, ou la grandeur la plus approchante des chofes inconnuës, on ne doit pas beaucoup eftimer l'ufage de ces expreffions par lignes, qui ne parlent qu'aux yeux & à l'imagination, quoy que l'on doive beaucoup eftimer l'ordre des raifonnemens, & l'évidence des veritez de Geometrie.

Il n'y a donc rien qui puiffe eftre connu qu'on ne puiffe exprimer par nombres autant qu'il peut eftre connu ; & parce que nous enfeignons icy à faire dans les nombres commenfurables ou incommenfurables, toutes les comparaifons neceffaires pour en découvrir les rapports, il eft évident que ces Elemens font proprement la fcience generale ou le fondement & le principe de toutes les Mathematiques, & non pas la Geometrie qui dépend en plufieurs endroits de la connoiffance de ces Elemens.

L'on peut ajoûter que la Geometrie feroit tres-imparfaite & tres-bornée, fi elle n'empruntoit le fecours des fciences dont nous traitons.

Les Geometres n'ont prefque rien découvert en Geometrie fans l'ufage des proportions, & pour démontrer la nature & les proprietez de ces proportions, ils ont efté obligé de recourir aux multiples, aux équimultiples, & aux aliquotes des grandeurs que l'on compare, ce qu'on ne peut déterminer que par les nombres ; outre que les proportions elles-mêmes en general font une des principales parties des fciences que nous expliquons. Enfin fans l'ufage des nombres les Geometres ne peuvent comparer leurs lignes & leurs figures tant commenfurables qu'incommenfurables, que d'une maniere fort imparfaite.

Mais il n'en eft pas de même de l'Arithmetique & de l'Algebre. Ces fciences peuvent s'étendre à l'infiny fans le fecours ny des lignes, ny des figures, ny d'aucune autre chofe. Elles font au deffus de toutes les autres fciences, & l'on n'en peut methodiquement traiter ny perfectionner aucune fans elles. L'Analyfe qui fait la partie principale de l'Algebre, eft incomparablement plus feconde pour découvrir des veritez que ne font les figures, & fans elle il eft comme impoffible de refoudre une infinité de problemes. Car quel moyen d'imaginer tout ce long enchaînement de lignes & de figures embaraffées, où il faut voir diftinctement tant de differens rapports, avant que de fçavoir d'où dépend immediatement la refolution que l'on cherche.

Il eft vray qu'en connoiffant certaines proprietez de quelques figures affez fimples, on peut donner certaines refolutions d'une maniere plus facile par la Geometrie, qu'on ne fera par l'Analyfe ; parce qu'on ne fçait d'abord qu'une ligne tirée ou prolongée de telle forte, eft la grandeur que l'on demande ; au lieu que l'Analyfe ne détermine cette grandeur que par plufieurs bouts de lignes qui luy font égaux, lors qu'ils font réünis en une feule.

PREFACE.

Mais pour sçavoir par ordre une proposition de cette sorte, on est souvent obligé d'apprendre plus d'un gros volume, dont chaque feüille demande une application de plusieurs heures. Or le moyen d'apprendre & de se souvenir de tant de choses, & ceux-là ne manqueroient-ils pas de prudence qui voudroient perdre un temps considerable à s'en remplir ? Outre que les voyes abbregées pour ces resolutions, peuvent mêmes se découvrir par l'Analyse.

Voicy presentement l'ordre qu'on a suivy dans la disposition de ces Elemens, ils sont divisez en deux parties. La premiere qui comprend cinq Livres, explique & démontre la supputation des chiffres & des nombres, qu'on appelle autrement *Arithmetique*, avec celle des especes ou des lettres, qui est ce qu'on appelle *Algebre*. Et la seconde qui en comprend quatre autres, explique & traite à fonds l'Analyse, ou l'Art de resoudre les questions, & de découvrir les veritez generales des Mathematiques, c'est à dire, celles qui regardent les grandeurs prises generalement, sans supposer neanmoins d'autres connoissances que celles qu'on accorde ; mais en se servant des seules operations qui sont établies dans la premiere partie.

Dans le premier Livre de cette partie, l'on fait voir que l'unité & les nombres sont les seules idées par lesquelles nous pouvons regler la mesure de ces grandeurs, & déterminer exactement ce qui s'en peut connoître. Et aprés avoir exposé les idées fondamentales qui nous servent à comparer entr'elles les grandeurs ; l'on explique dans la suite de ce même Livre les quatre premieres operations qui se font par nombres ou grandeurs entieres, qui sont considerées comme des rapports, dont le premier terme seul est exprimé ; & le second, qui est toûjours l'unité, est sous-entendu.

Le second Livre est des mêmes operations sur les nombres ou grandeurs rompuës, qu'on appelle aussi *Fractions*, & qui sont des rapports de grandeurs, dont chaque terme est exprimé.

Le troisiéme est des puissances & de leurs resolutions, dont toutes les regles se trouvent renfermées dans un seul probleme, par le moyen d'une Table qui represente en abregé toutes ces regles avec leur demonstration, d'une maniere qui n'est pas moins generale qu'elle est simple & facile à concevoir.

Cette resolution des puissances ne donnant pas toûjours des

ē ij

grandeurs commenſurables, ou qui ſoient exactement connuës, fournit les grandeurs incommenſurables, que l'ordre naturel a demandé qu'on expliquaſt dans le quatriéme Livre, avec toutes les operations que l'on fait ſur elles. Ces grandeurs ſont nommées incommenſurables ; parce que, ainſi qu'il eſt expliqué dans ce Livre, entre les parties infinies, qui priſes autant de fois qu'il le faut, meſurent exactement l'unité, il ne peut s'en trouver aucune qui puiſſe meſurer ces grandeurs ſans laiſſer quelque reſte.

Le ſixiéme Livre traite de la comparaiſon des rapports, qu'on appelle auſſi *proportions*. Cette partie eſt ſi vaſte & ſi feconde, & ſes uſages ont une telle étenduë dans la pluſpart des ſciences, qu'il y en a peu, pour ne point dire aucune, qui puiſſe eſtre expliquée ſans elle. Les égalitez & les proportions Geometriques, qui ſont une eſpece du genre des égalitez, ſont les choſes qui rendent cette partie ſi conſiderable; & c'eſt auſſi à les éclaircir qu'on s'eſt le plus attaché dans tout cét ouvrage. Car pour les quatre derniers Livres de la ſeconde Partie, ils ne ſont que la ſuite de ce qu'on a dit des égalitez dans le cinquiéme de la premiere. L'on établit premierement dans ces quatre Livres les fondemens de l'Analyſe. Enſuite, aprés y avoir donné quelque idée de la methode de Diophante, & de celle de Viete, l'on s'arreſte particulierement à expliquer celle de Monſieur Deſcartes, parce qu'elle eſt la plus generale, la plus feconde, & la plus facile de toutes. Cependant comme ce ſçavant Homme n'a pas démontré ny même expoſé tous les principes qui luy ont ſervy, l'on ne trouvera pas dans ſes écrits les mêmes avantages pour bien entendre ſon Analyſe, que l'on peut tirer de ces Elemens. Car aprés en avoir expoſé & démontré clairement tous les principes, l'on en déduit par ordre non ſeulement toutes les découvertes qu'elle renferme, mais auſſi d'autres nouvelles encore plus utiles; Car comme on verra dans le dernier Livre, elles fourniſſent des regles qui ſont beaucoup plus courtes que les ſiennes, & l'on peut même en déduire analytiquement certaines connoiſſances tres-univerſelles, qu'il n'a pas crû que l'on puſt découvrir ſans le ſecours des lignes paraboliques, ou des autres qui appartiennent à la Geometrie compoſée, comme l'Hyperbolique, &c.

Mais comme ces Elemens ſont principalement faits pour ceux

qui commencent, & qui n'ont encore aucune teinture des Mathematiques, ny même de l'Arithmetique , il eſt à propos de
les avertir qu'ils ne doivent lire que la plume à la main , afin de
faire eux-mêmes les operations de tous les differens exemples
dont on apporte un aſſez grand nombre, parce qu'on a deſſein
de les accoûtumer à pratiquer les regles , & de leur rendre fa-
milieres & ſenſibles des matieres, qui ſemblent d'abord aſſez abſtraites & difficiles, ſur tout à ceux qui ne ſont point encore accoûtumez à faire uſage de leur eſprit. Il y a cependant quelques matieres qui ne ſont pas de grand uſage ; & que ceux qui
voudront, pourront paſſer outre ſans lire , comme eſt par
exemple ce qu'on explique des incommenſurables depuis la page
130. juſques à la page 148. & tout le traité des nombres polygones, & ce qu'on a donné ſur la fin des égalitez du quatriéme
degré. Pour ceux qui ſont déja verſez dans l'Arithmetique &
dans l'Algebre commune, ils auront aſſez de diſcernement pour
s'exempter de lire ce qu'ils ſçavent déja. Il y en aura cependant
qui pourroient bien ne point s'ennuyer de tout parcourir , afin
d'avoir la ſatisfaction de remarquer les liaiſons qu'ils n'auroient
point encores apperçeuës entre toutes les veritez & les differentes parties des Mathematiques ; & afin d'établir auſſi leurs connoiſſances ſur des principes, qui leur ſembleront peut-eſtre plus
ſimples , plus naturels , & en plus petit nombre que ceux dont
ils ſe ſont déja ſervis.

QUOYQUE ces Notes foient expliquées chacune en fon lieu ; neanmoins on a crû les devoir encore mettre icy, afin de les faire mieux entendre.

 ╪ fignifie *plus* : Ainfi 9╪3, c'eft à dire ; neuf plus trois.

 ─── *moins* : Ainfi 14──2, c'eft à dire ; quatorze moins deux.

 ═ *marque de l'égalité* : Ainfi 9╪3═14──2, c'eft à dire ; neuf plus trois eft égal à quatorze moins deux.

 : : Ces quatre points entre deux termes devant, & deux termes aprés, marquent que ces quatre termes font une proportion geometrique : Ainfi 6. 2 : : 12. 4. c'eft à dire ; 6 eft à 2, comme 12 eft à 4 ; ou bien, 6 contient 2 fois 2, comme 12 contient deux fois 4.

 ∴ Ces mêmes quatre points avec une ligne qui les coupe, marquent la proportion continuë : Ainfi ∴ 3. 9. 27. c'eft à dire ; 3 eft autant de fois dans 9, que 9 eft de fois dans 27.

 : Ces deux points entre deux termes devant, & deux termes aprés, marqueront la proportion arithmetique : Ainfi 7. 3 : 13. 9. c'eft à dire ; 7 furpaffe autant le nombre 3, que 13 furpaffe 9.

 ÷ Ces mêmes deux points avec une ligne qui les coupe, marquent la proportion arithmetique continuë : Ainfi ÷ 3. 7. 11. c'eft à dire ; 3 eft furpaffé par 7, autant que 7 eft furpaffé par 11.

 Deux ou plufieurs lettres enfemble marquent une multiplication de deux ou plufieurs grandeurs, qui font chacune appellées par le nom de l'une de ces lettres. Ainfi *bd*, c'eft à dire le produit de deux nombres, comme 2 & 4, appellez l'un *b* & l'autre *d*.

 √ fignifie *racine* : Ainfi √4, c'eft à dire la racine de 4, ou le nombre, comme 2, qui multiplié par foy-même donne 4, parceque 2 fois 2 font 4.

 Les Livres font divifez en nombres ou propofitions par des chiffres, qui font en marge : & c'eft feulement à cela qu'on a égard dans les citations & dans les renvois à quelques points des Livres precedens : Le premier chiffre, qui eft Romain, marquant le Livre ; & le fecond qui eft Arabe, marquant le nombre de ce Livre. Ainfi V. 29. veût dire *le vingt-neuvième nombre du Livre cinquiéme.*

 Que fi l'endroit où l'on renvoye eft du même Livre, on cite quelquefois un tel Theoreme, ou une telle propofition, avec cette marque *S* qui veut dire *fupra*. Comme 15. *S.* c'eft à dire, *dans l'article ou la propofition quinziéme cy-acffus, ou dans ce même Livre.*

TABLE
DES MATIERES PRINCIPALES.

Fin de la Table.

FAVTES A CORRIGER.

Avant que de lire, il est à propos de corriger avec la plume les fautes qui suivent.

Page 2. ligne 19. signifie, escrivez, r signifie. p. 16, l. 31. escr. $10+8=18$. p. 17, l. 11. escr. $16-7=9$. ibid. l. 26, au dessous, escr. au dessus. p. 28, l. 17. j'écris o demi, escr. j'écris o au demi, & l. 20. un plusieurs, escr. un ou plusieurs. p. 29, l. 22. pour 32. escr. 34. p. 32. l. penult. parceque, escr. par qui. p. 36, l. 13. $8ab$ à $2b$, escr. $8ab$ à $4b$. p. 45, l. 4. est $\frac{3}{6}$, escr. $3\frac{3}{8}$. p. 55, l. 39. $\frac{40}{28}$, escr. $\frac{38}{28}$. p. 57, l. 30. le premier 42, escr. le premier 12. p. 61, lignes 33, 36, & 37, pour $\frac{393}{315}$, escr. $\frac{291}{315}$. p. 62, lignes 29 & 30. pour $\frac{1}{1}$, escr. $\frac{1}{11}$. p. 64, l. 5. additions, escr. additions composées. p. 65, l. 27. escr. le quarré du quarré de quarré. p. 75, l. 9. solides des deux, escr. solides du quarré des deux. p. 112, l. 4. plus simple $b\sqrt{c}$, escr. plus simple que $b\sqrt{c}$. p. 117, l. penult. $\frac{8}{2}a\sqrt{\frac{3}{b}}$, escr. $\frac{3}{2}a\sqrt{\frac{3}{bc}}$. p. 120, l. 12. $\frac{pzz+aam}{pzz}$, escr. $\frac{pzz-aam}{apz}$. p. 125, l. 16. $\sqrt{\frac{17ca}{5aa}}$, escr. $\sqrt{\frac{225a}{5aa}}$. & l. 26. $ab\sqrt{6^c}.a$, escr. $\sqrt{6^c.\frac{1}{n}}$. p. 132, l. 11. $-\sqrt{7^c}.ab^5+\sqrt{7^c}$. escr. $-\sqrt{7^c}.ab^5+\sqrt{7^c}.b^6$. p. 133. l. 29. $-a\sqrt{bc}$, escr. $-a\sqrt{bc}-bc$. p. 136, l. 4. $\sqrt{4\frac{5}{4}}$, escr. $\sqrt{\frac{45}{4}}$. & l. 24. $a+\sqrt{ab}$, escr. $\overline{a+b}\sqrt{ab}$. & l. 26. $aa+2abb+bbab$, escr. $aa+2ab+bb$ par ab. & l. 34. que $2a\sqrt{b}$, escr. que $2a\sqrt{bc}$. p. 146, l. 1. pour 176. escr. 1. & pour 32000 escr. 5. & l. 8. pour 2704, escr 2. & pour 7311488, escr. 2. p. 154, l. 34. est z, escr. est zz. p. 155, l. 19. $2z^3$, escr. z^3. p. 175. l. 27. $a=6$, escr. $a=3$. p. 179, l. 25. $35bb$, escr. $3\sqrt{vb}$. p. 112, l. 2. $\frac{cd}{b+d}$, escr. $\frac{cd}{b+c}$. p. 272, l. 10. aura donné, escr. aura donc. p. 273, l. 26. $-c+2x$, escr. $-c+a+2x$. p. 275, l. 17. $\frac{7}{108}$, escr. $\frac{7}{104}$. & l. 18. $\frac{108}{7}$, escr. $\frac{104}{7}$. & l. 19. 7344 sols, ou 367 livres 2 sols, escr. 7072 sols, ou 353 livres 12 sols. p. 278, l. 27. & la somme, escr. & chaque somme. p. 279, l. 6. $+\frac{1}{2}b+\frac{1}{2}c$, escr. $+\frac{1}{2}b-\frac{1}{2}c$. & l. 16. pag. escr. pag. 272. & l. 18. premiers, escr. premières. & l. 35. pair, escr. impair, & impair, escr. pair. p. 282. l. 5. grandeur, trouver, escr. grandeur & le rapport de l'excez au deffaut, trouver. p. 291, l. 34. $\frac{1}{2}c-2aa$, escr. $\frac{1}{2}c-aa$. p. 304, l. 14. $a\sqrt{aa-c}$, escr. $a+\sqrt{aa-c}$. p. 305, l. 2. multiplié, escr. multipliée. p. 306, l. 19. nouveaux, escr. nouvelles. p. 330, l. 15. 125. escr. 225. p. 343, l. 37. escr. suivi d'une cesure. p. 345, l. 38. tot, escr. sunt. p. 365, l. 22. $f=a$, escr. $t=a$. p. 366, l. 27. abcefghi, escr. abcefghl. p. 273, l. antepenult. de la multiplier par, escr. de multiplier deux fois par. p. 389, l. 15. $+aa=0$, escr. $+aa-bb=0$. p. 402, l. 20. escr. une fois, —r. p. 403, l. 3. réduite, escr. transformée. p. 412. l. penult. paraboliques, ajoûtez, &c. p. 406, l. 29. $\frac{1}{2}p=a$, escr. $\frac{1}{2}p=aa$.

ELEMENS
DES
MATHEMATIQUES

LIVRE PREMIER.
DES GRANDEURS ET DE LEUR MESURE,
ET DES QUATRE PREMIERES OPERATIONS
SUR LES GRANDEURS ENTIERES.

NOS penſées different eſſentiellement des paroles qui frappent nos oreilles, & des figures qui paroiſſent à nos yeux, les idées que nous avons des choſes n'ont pas même le moindre rapport à ces paroles ni à ces figures. Mais quoique ces ſignes ſenſibles n'en puiſſent eſtre les naturelles & les veritables expreſſions ; cependant elles en ſont des ex-preſſions qu'on peut appeller arbitraires ; parceque l'on eſt convenu de s'en ſervir, & que l'on peut par leur moyen repreſenter d'une maniere ſenſible les penſées les plus cachées & les plus abſtraites de l'eſprit.

L'aſſemblage de pluſieurs de ces ſignes eſt une expreſſion, ou une expo-ſition d'une ou de pluſieurs idées que nous leur avons jointes.

L'expreſſion courte & diſtincte de ces idées, s'abbrege ordinairement par une autre encore plus courte, mais qui n'eſt pas diſtincte, parcequ'elle n'eſt pas familiere. Et alors l'expreſſion diſtincte eſt une explication de la plus courte, & l'on dit qu'elle en eſt la *définition*. Voici les définitions de quelques expreſſions ou de quelques mots de cette ſorte qui ſerviront dans cet ouvrage:

EXPLICATIONS
OU DEFINITIONS DE QUELQUES MOTS.

Axiome eſt une connoiſſance naturelle & ſi claire que l'on n'en peut

A

2   **ELEMENS**

douter. Ou ce qui eſt la même choſe , c'eſt une propoſition ſi claire qu'elle n'a pas beſoin de preuves , à cauſe que tout homme raiſonnable en tombe d'accord.

Suppoſition ou *demande* eſt une propoſition moins evidente qu'un axiome, mais qui eſt inconteſtable. Ainſi on demande qu'on l'accorde pour n'eſtre pas obligé de la démontrer.

Theoreme eſt une propoſition dont il faut démontrer la verité.

Probleme ou *queſtion* eſt une propoſition qui demande qu'on découvre quelque verité cachée , & qu'on démontre qu'elle eſt découverte.

Lemme eſt une propoſition qui n'eſt au lieu où elle eſt que pour ſervir de preuve à d'autres qui ſuivent.

Corollaire eſt une propoſition qui ſuit naturellement d'une autre.

Si les mots parlent à nos oreilles , les figures ou les marques parlent en leur maniere à nos yeux. Voici les définitions des figures ou des marques principales qui ſerviront dans cet ouvrage.

EXPLICATIONS
OU DEFINITIONS DE QUELQUES MARQUES.

o ſignifie ce qui n'a point de proprietez , & que l'on appelle *rien* ou *zero* , 1 ſignifie l'unité , 2 ſignifie deux , 3 trois , 4 quatre , 5 cinq , 6 ſix , 7 ſept , 8 huit , 9 neuf.

$\frac{1}{2}$ ſignifie un demi , $\frac{1}{3}$ ſignifie un tiers , $\frac{1}{4}$ un quart , $\frac{1}{5}$ un cinquiéme , $\frac{1}{6}$ un ſixiéme , $\frac{1}{7}$ un ſeptiéme , $\frac{1}{8}$ un huitiéme , $\frac{1}{9}$ un neuviéme.

Cette marque $+$ ſignifie plus. Ainſi $9+3$ eſt le même que neuf plus trois.

Celle-ci $-$ ſignifie moins. Ainſi $14-2$ eſt le même que quatorze moins deux.

Celle-ci $=$ eſt la marque d'égalité. Ainſi $9+3=14-2$ eſt le même que neuf plus trois ſont égaux à quatorze moins deux , ou neuf plus trois ſont quatorze moins deux.

Les Mathematiques ne ſont point ſi difficiles qu'on le croit ordinaire-ment. Toutes ces Sciences ne dépendent que des axiomes qui ſuivent , & qui ſont ſi ſimples qu'on ne les peut ignorer.

AXIOMES,
QUI SONT LES PRINCIPES GENERAUX DES MATHEMATIQUES.

I.   Chaque grandeur eſt égale à elle-même.

II.   Chaque grandeur moins elle-même eſt égale à rien.

III. Chaque grandeur , ou chaque tout , eſt égal à l'aſſemblage de toutes ſes parties.

IV. Chaque grandeur , ou chaqne tout eſt plus grand que ſa partie.

V.   Pluſieurs riens ſont égaux à un rien.

VI. Les grandeurs égales à une même grandeur ſont égales entr'elles.

VII. Si à grandeurs égales on en ajoute d'égales , les tous ſeront égaux.

Si de grandeurs égales on en retranche d'égales, les restes seront égaux. VIII.

Si à grandeurs inégales on en ajoute d'égales, les tous seront in- IX. égaux.

Si de grandeurs inégales on en retranche d'égales, les restes seront in- X. égaux.

Lorsque la verité d'une proposition est évidente, on se contente de XI. *l'énoncer par des termes clairs. Si cette proposition a besoin de preuves, on la prouve en ne se servant que des définitions, ou des axiomes, ou des suppositions qui ont esté accordées, ou des theoremes, problemes, lemmes, ou enfin des corollaires dont les veritez ont esté déja démontrées.*

DE LA NATURE ET DES PROPRIETEZ
DE LA GRANDEUR EN GENERAL.

La grandeur en general est tout ce qui a des parties, & qui est capable XII. du plus & du moins, c'est à dire d'augmentation & de diminution.

La différence du plus ou du moins fait aussi differentes grandeurs.   XIII.

Si des grandeurs sont égales, nous disons qu'elles ont un *rapport d'é-* XIV. *galité.*

Et si elles sont inégales qu'elles ont un *rapport d'inégalité.*   XV.

Nous n'examinons point ce que sont les grandeurs absolument, & dans XVI. elles-mêmes, nous les considerons seulement en les comparant selon les rapports d'égalité ou d'inégalité qu'elles ont entr'elles. Je puis bien connoître que la grandeur d'un pied contient douze fois la grandeur d'un pouce; que la grandeur d'un pouce contient douze fois la grandeur d'une ligne : mais ne connoissant point quelle est la grandeur d'une ligne absolument & dans elle-même, je ne puis connoître aussi ni la grandeur d'un pouce ni la grandeur d'un pied. Et ainsi je n'examine point ce que ces grandeurs sont en elles-mêmes, mais seulement les rapports qu'elles ont entr'elles, c'est à dire combien les unes sont de fois dans les autres.

Le rien ou le zero nous sert de milieu pour faire les comparaisons des gran- XVII. deurs, & pour juger de leurs rapports.

Les grandeurs ont plus de realité lorsque leur estre les éloigne davantage de XVIII. zero, & elles ont moins de realité lorsque leur non estre les éloigne davantage de ce même zero.

L'usage a voulu que l'on appellast *positive* ou *vraie* toute grandeur qui XIX. ajoute à zero, & *négative* ou *fausse* toute grandeur qui retranche de ce même zero.

L'addition des grandeurs vraies se marque par le signe + qui signifie plus, XX. & le retranchement ou la soustraction de ces mêmes grandeurs se marque par le signe — qui signifie moins.

Si le plus d'une grandeur est si grand qu'on ne puisse lui rien ajoûter XXI. qu'elle n'ait déja, cette grandeur est infiniment vraie. Et si le moins d'une grandeur estoit si grand, qu'on ne pust lui rien retrancher dont elle ne manquast déja, cette grandeur seroit infiniment fausse. Mais parceque nostre esprit est

4

refferré dans des bornes tres-étroites, & que fi une grandeur eftoit vraye ou
fauffe infiniment, elle ne feroit refferrée dans aucunes bornes, nous n'entreprendrons point de comprendre ni même de raifonner fur l'infini. Nous
entreprendrons feulement de raifonner fur les grandeurs finies qui peuvent
recevoir le plus & le moins.

XXII.   L'effence de toutes ces grandeurs eft d'eftre divifibles & d'avoir des parties. Ce qui convient effentiellement à ces grandeurs, convient effentiellement à chacune de leurs parties, puifque chacune de ces parties eft auffi
une grandeur. Toutes ces parties feront donc auffi divifibles, & elles auront
d'autres parties qui feront encore divifibles, & qui auront encore de nouvelles parties. Et ainfi de parties plus petites en plus petites jufques à
l'infini.

Si l'on objecte que partageant une grandeur en deux parties égales,
& chacune de ces parties en deux autres égales, & chacune de ces dernieres
en deux autres nouvelles, & ainfi de fuitte, l'on arriveroit enfin aprés un
nombre déterminé de femblables partages à quelques parties fi petites,
qu'eftant encore une fois partagées elles feroient aneanties. Chacune de
ces dernieres parties fera donc égale aux deux riens aufquels le dernier partage les aura reduites. Or la grandeur partagée eft égale à l'affemblage déterminé de tous les riens qui font égaux à ces parties (par 3. 5) Quelque
chofe fera donc égale à rien : Ce qui eft une abfurdité manifefte. Il eft
donc clair que toute grandeur eft divifible à l'infini.

DE LA CONNOISSANCE DES GRANDEURS
ET DE LEUR MESURE.

XXIII.   En comparant des grandeurs finies, on peut bien connoître les rapports
d'égalité, ou d'inégalité qu'elles ont entr'elles, puifqu'on peut mefurer les-
unes par les autres ; mais on n'en peut du tout rien connoître, fi on les confidere en elles-mêmes, parceque l'infinité de leurs parties qui les éloigne
actuellement de zero, les rend comme de petits infinis, que l'efprit humain
tout immenfe qu'il eft, n'eft pas capable de comprendre.

XXIV.   Pour mefurer ces grandeurs finies, ou plûtoft pour comparer entr'eux ces
petits infinis, c'eft à dire pour connoître des grandeurs ce qui s'en peut connoître, il ne fuffit pas d'avoir zero pour le milieu auquel on les rapporte,
il faut encore avoir une regle pour mefurer l'éloignement de ces grandeurs à
ce milieu. Cette regle generale eft l'unité.

XXV.   Pour en concevoir diftinctement la nature, il faut faire attention fur les
idées que nous avons de l'unité & de la multitude. Nous ne pouvons douter que ces deux idées ne foient directement oppofées l'une à l'autre. L'idée
de l'unité détruit l'idée de la multitude, & l'idée de la multitude détruit
l'idée de l'unité.

XXVI.   L'unité eft fimple, indivifible, & fans compofition d'aucunes parties.
Car fi elle eftoit divifible, & qu'elle euft des parties, l'idée de la multitude

lui conviendroit ; & ainſi l'unité ne ſeroit pas unité.

L'on ne fait pas aſſez de reflexion ſur cette verité. Noſtre eſprit fait ſouvent un faux mélange des veritables idées qui ſont en lui. Souvent nous avons conſideré que chaque grandeur eſtoit diviſible dans une multitude innombrable de parties. L'union de toutes ces parties n'eſt qu'une participation, ou pour parler plus proprement, qu'une repreſentation groſſiere & tres-imparfaite de l'unité, parceque chacune de ces parties eſt actuellement diſtinguée de chaque autre, & qu'elle n'en dépend point pour ſubſiſter ; Et enfin parcequ'elles n'ont toutes aucune liaiſon neceſſaire les unes avec les autres. Cependant cette union ou cette liaiſon que noſtre eſprit imagine dans les grandeurs, nous a fait regarder reciproquement chaque grandeur comme veritablement une, & l'unité comme veritablement diviſible. C'eſt ainſi que nous nous ſommes accoûtumez mal à propos à répandre l'idée de l'unité ſur chaque grandeur, & l'idée de chaque grandeur ſur l'unité.

Si nous refléchiſſons ſur toutes nos connoiſſances, nous verrons facile- **XXVII.** ment qu'il n'y en a aucune qui nous ſoit plus claire & plus diſtincte que celle de l'unité. Car ſa nature & ſes proprietez ſont d'eſtre tres-ſimple, indiviſible, & ſans compoſition d'aucunes parties. Non ſeulement elle ſe meſure elle-même, mais elle eſt auſſi la regle immuable & naturelle par laquelle on meſure tous les nombres qui la ſuivent juſques à l'infini, leſquels ne ſont que cette unité même repetée pluſieurs fois.

Cette unité & tous ces nombres ne ſont pas du genre des grandeurs dont **XXVIII.** nous avons expliqué la nature & les proprietez. Car l'unité eſt indiviſible, & ainſi chacun de ces nombres n'eſt pas diviſible à l'infini, puiſqu'il eſt un aſſemblage fini & déterminé de pluſieurs indiviſibles, c'eſt à dire de l'unité repetée pluſieurs fois. Nous concevons ſeulement que cette unité & que ces nombres ſont des idées tres-claires & tres-intelligibles, qu'ils ſont preſens à nos eſprits, & qu'ils n'ont aucune exiſtence réelle dans les grandeurs particulieres. Cependant c'eſt par eux que nous reglons la meſure de toutes ces grandeurs en meſurant les unes par les autres, comme cette unité & les nombres intelligibles ſe meſurent ou ſont meſurez les uns par les autres.

Pour cet effet entre les grandeurs comparées nous en choiſiſſons quel- **XXIX.** qu'une qui repreſente & qui reçoive le nom de l'unité, & nous concevons cette unité comme diviſible & connuë en elle-même, quoiqu'elle nous ſoit entierement inconnuë, & que même nous n'en puiſſions du tout rien connoître en la conſiderant de cette ſorte.

L'on compare à cette unité toute grandeur qu'on veut connoître, mais **XXX.** l'unité n'eſt comparée qu'à elle-même, parcequ'on ſuppoſe qu'elle eſt parfaitement connuë.

Souvent l'unité diviſible & les grandeurs qu'on lui compare, peuvent avoir **XXXI.** une meſure commune, c'eſt à dire quelqu'une de leurs parties appliquée une ou pluſieurs fois ſur les unes & ſur les autres, peut meſurer chacune d'elles exactement & ſans réſte. Alors ces grandeurs ſont appellées *grandeurs* ou *nombres commenſurables.*

XXXII. Mais fuppofant qu'aucune de leurs parties ne puiffe ainfi les mefurer, ces grandeurs comparées à l'unité divifible, font appellées *grandeurs ou nombres incommenfurables*. Mais l'unité eft toûjours appellée commenfurable, parcequ'elle fe mefure toûjours elle-même exactement & fans refte, & que non feulement toute grandeur pour eftre connuë n'eft comparée qu'à cette unité, mais auffi parceque cette unité qu'on fuppofe toûjours connuë n'eft comparée qu'à elle-même. On parlera au 4. Livre de ces grandeurs incommenfurables.

XXXIII. L'ufage a voulu que l'unité divifible fuft comprife fous le mot de nombre commenfurable. Car on dit ordinairement que les grandeurs commenfurables dont cette unité eft toûjours l'une, comme on le vient de dire, font entr'elles comme nombre à nombre, c'eft à dire qu'elles fe mefurent ou qu'elles font mefurées les unes par les autres, comme quelque nombre mefure ou eft mefuré par quelqu'autre.

XXXIV. Les nombres commenfurables font de deux fortes. 1°. Si l'unité divifible à qui on les compare eftant repetée une ou plufieurs fois, peut les mefurer exactement & fans refte, on les appelle *nombres entiers* ou fimplement *nombres*, & on les exprime par les caracteres des nombres intelligibles 1, 2, 3, 4, 5, &c. qu'ils reprefentent, à caufe qu'ils font mefurez par l'unité divifible, comme les nombres intelligibles par l'unité veritable. Par exemple la grandeur de quatre pieds eft mefurée par la grandeur d'un pied, comme le nombre intelligible 4 eft mefuré par 1.

XXXV. 2. Mais fi l'unité divifible ne peut ainfi mefurer ces nombres, on les appelle *nombres rompus*, ou fimplement *fractions*, & on les exprime en cette forte $\frac{1}{2}$, $\frac{1}{3}$, $\frac{1}{4}$, $\frac{1}{5}$, $\frac{1}{6}$, & les autres. Ces fractions expriment une ou plufieurs parties de l'unité divifible, qui mefurent cette unité comme l'unité veritable mefure les nombres intelligibles. Par exemple le quart d'un pied mefure un pied, comme 1 mefure le nombre intelligible 4. Ou bien cette unité divifible & les fractions font mefurées par une de leurs parties, comme deux des nombres intelligibles & differens entr'eux font mefurez par l'unité veritable. Par exemple les trois quarts d'un pied & un pied font mefurez par le quart d'un pied, comme les nombres intelligibles 3 & 4 font mefurez par 1, à caufe que $\frac{1}{4}$ eft 3 fois dans $\frac{3}{4}$ & 4 fois dans 1.

XXXVI. Par les mots *unité* & *nombres* nous n'entendons pas ordinairement dans la fuite l'unité veritable, & les nombres intelligibles, mais par unité nous entendons toute unité divifible, & par nombres cette unité même & toute grandeur qu'on lui compare.

DE L'EXPRESSION
DES GRANDEURS.

XXXVII. La maniere d'exprimer les grandeurs eft arbitraire. Nous fuivrons la plus commune & la plus univerfellement receuë, qui eft celle des lettres de l'alphabeth *a, b, c, d*, &c. & des neuf chifres 1, 2, 3, 4, 5, 6, 7, 8, 9, aufquels on ajoute encore o la marque de zero.

Ces neuf caractéres des neuf premiers nombres seroient trop petits pour XXXVIII.
exprimer tout autre au dessus de 9, sans l'adresse qu'on a eu de les faire valoir
différemment, en changeant leur disposition sans changer leur figure. On
es dispose en plusieurs rangs consecutifs, qui sont contez de droite à gauche. Tout chifre écrit au premier rang qui est vers la droite, ne vaut que
l'assemblage des unitez simples qu'il enferme. Ainsi 1, ou 2, ou 3, au premier
rang ne vaudront qu'un, ou deux, ou trois. Tout chifre au second rang vaut
dix fois autant qu'au premier, c'est à dire autant de dixaines qu'il enferme
d'unitez. Ainsi 1, ou 2, ou 3, au second rang valent dix, ou vingt, ou trente.
Tout chifre au troisiéme rang vaut dix fois autant qu'au second, & cent fois
autant qu'au premier, c'est à dire autant de centaines qu'il enferme d'unitez.
Ainsi 1, ou 2, ou 3, au troisiéme rang, valent cent, ou deux cent, ou trois
cent. De même tout chifre au quatriéme rang vaut autant de dix cent ou de
mille qu'il enferme d'unitez, au cinquiéme autant de dix mille, au sixiéme
autant de cent mille, au septiéme autant de dix cent mille ou de millions, au
huitiéme autant de dix millions, au neuviéme autant de cent millions, au
dixiéme autant de dix cent millions ou de milliars, à l'onziéme autant de dix
milliars, au douziéme autant de cent milliars, au treiziéme autant de mille
de milliars &c. au vingtiéme autant de dix milliars de milliars, au trentiéme
autant de cent milliars de milliars de milliars. Et ainsi de dix rangs en dix rangs
à l'infini.

Cette disposition faisant donc valoir chaque rang dix fois autant que celui XXXIX.
qui le precede, il est facile de connoître comment on doit écrire ou lire tous
les nombres qu'ils expriment. Par exemple pour écrire ce nombre trois cent
quarante-cinq milliars, quatre cent soixante-sept millions, neuf cent huitante-
trois mille, quatre cent vingt-cinq. Au premier rang j'écris 5 pour les cinq
unitez, au second j'écris 2 pour les deux dixaines qui valent vingt, au
troisiéme rang 4 pour les quatre centaines, au quatriéme 3 pour les trois
mille, au cinquiéme 8 pour les huit dixaines de mille, au sixiéme 9 pour les
neuf centaines de mille. Et ainsi des autres.

345467983425.

Et reciproquement pour lire le nombre écrit 345467983425, je parcours
tous les rangs de ses chifres en disant nombres, dixaines, centaines, mille,
dixaines de mille, centaines de mille, millions, dixaines de millions, centaines
de millions, milliars, dixaines de milliars, centaines de milliars &c. Et
lorsque je suis arrivé au dernier chifre
qui est par exemple ici dans le rang
des centaines de milliars, je puis lire
aisément le nombre proposé en cette
sorte, trois cent quarante-cinq milliars, quatre cent soixante-sept millions, neuf cens huitante-trois mille,
quatre cent vingt-cinq. Il en est ainsi
de tous les autres nombres.

centaines de milliars.	dixaines de milliars.	milliars.	centaines de millions.	dixaines de millions.	millions.	centaines de mille.	dixaines de mille.	mille.	centaines.	dixaines.	unitez ou nombres.
3	4	5	4	6	7	9	8	3	4	2	5

XL. *Les Arithmeticiens prononcent septante , huitante , & nonante , pour soixante & dix , quatre-vingt , & quatre-vingt-dix , afin de ne point se brouiller en contant.*

Chaque zero qui remplit un rang ne donne rien dans ce rang , mais il fait valoir chaque chifre qui le suit selon le rang qu'il occupe. Ainsi dans 20 qui signifie vingt, zero ne donne rien au premier rang , mais il fait rencontrer 2 au second rang , où il doit valoir deux dixaines , c'est à dire vingt. De même dans 200 chaque zero ne donne rien au premier ni au second rang , mais ils font rencontrer 2 au troisiéme rang , où il doit valoir deux cent. Ainsi 4005 vaudra quatre mille cinq , 1609 vaudra mille six cent neuf, & ainsi des autres, où quoique ces zero ne donnent rien d'eux-mêmes , ils ne font pas cependant inutiles , puisqu'ils font valoir chaque chifre qui les suit selon le rang qu'il occupe.

Les inventeurs des chifres avoient la liberté d'en choisir plus ou moins que neuf, mais il leur a plû de choisir ce nombre , plûtost par hazard que par raison. Car il y a grande apparence qu'ils se sont déterminez à ce choix à cause que l'arrangement des neuf chifres selon l'ordre & la disposition dont ils sont convenus , fait que chaque unité d'un rang en vaut dix au rang suivant , c'est à dire autant que nous avons de doigts dans nos deux mains. Car si l'on y prend garde , on apprend comme naturellement à conter sur ses doigts.

Cependant le choix de sept chifres , ou celui de quinze auroit esté plus commode pour éviter beaucoup de fractions, & plus agreable à l'esprit. Car leur disposition auroit fait valoir leurs rangs selon le rapport de 1 à 8 , ou de 1 à 16 , qui sont deux nombres qu'on peut partager sans fractions en deux moitiez , & chacune de ces moitiez en deux autres , & ainsi jusques à l'unité , ce qui est le plus simple & le plus facile de tous les partages , à cause qu'il se fait selon la progression double , qui approchant le plus de l'unité est aussi la plus connuë.

DES GRANDEURS CONNUES ET INCONNUES,
ET DE LEURS DIFFERENTES EXPRESSIONS.

XLI. On a fait voir assez clairement (par 16. S.) qu'on ne peut rien connoître des grandeurs que les rapports qu'elles ont entr'elles. Tous ces rapports supposent au moins deux grandeurs comparées. On appelle ces deux grandeurs les deux *termes* du rapport. Le premier terme est la premiere grandeur comparée, & le second terme la seconde. Ainsi comparant 3 avec 1, le premier terme est 3, & le second est 1. Et comparant 1 avec 3, le premier terme est 1 & le second est 3.

XLII. Comme la comparaison de deux grandeurs fait un rapport , la comparaison de deux rapports fait un rapport de rapports , la comparaison de deux rapports de rapports , fait un rapport de rapports de rapports. Et ainsi à l'infini.

Pour

Pour exprimer le rapport de deux grandeurs on écrit l'une sur l'autre, le XLIII.
premier terme au deffus, & le fecond au deffous, avec une petite ligne qui
en fait la féparation. Ainfi $\frac{3}{1}$ marque le rapport ou la comparaifon de 3 à 1,
& $\frac{1}{3}$ marque le rapport ou la comparaifon de 1 à 3.

Il eft important de bien remarquer que tous les nombres entiers 1, 2, 3, 4, XLIV.
& les autres, font des rapports dont le premier terme eft feulement exprimé,
& le fecond qui eft l'unité eft fous-entendu. Car c'eft le même que fi on di-
foit $\frac{1}{1}$ $\frac{2}{1}$ $\frac{3}{1}$ $\frac{4}{1}$, c'eft à dire le rapport de 1 à 1, de 2 à 1, de 3 à 1, de 4 à 1;
&c. Cette obfervation fert auffi pour les lettres, a, ou b, ou c, eft le même
que $\frac{a}{1}$ ou $\frac{b}{1}$ ou $\frac{c}{1}$. La raifon de cela eft tres-évidente, puifque la comparaifon feule des grandeurs avec l'unité fait découvrir ce qui s'en peut
connoître.

On appellera *grandeurs connuës* celles dont les rapports qui font en- XLV.
tr'elles & l'unité nous font connus, & *inconnuës* celles dont ces rapports
nous font inconnus. Car fi nous connoiffons que ces rapports foient d'é-
galité, ou puiffent eftre exprimez par nombres, nous connoiffons de ces
grandeurs ce qui s'en peut connoître. Si nous connoiffons que ces rapports
foient d'inégalité, c'eft à dire du plus au moins, ou du moins au plus, &
qu'ils ne puiffent eftre exprimez par nombres, nous connoiffons confufé-
ment, & tres-imparfaitement ces grandeurs. Et fi ces rapports nous font
entierement inconnus, nous ne connoiffons point du tout ces grandeurs.

Toute grandeur exprimée par nombres s'appelle *grandeur numerique*, & XLVI.
toute grandeur exprimée par lettres s'appelle *grandeur literale*.

Toute grandeur entierement connuë peut s'exprimer par nombres, ou XLVII.
par lettres. Par exemple on peut également dire 243, ou bien a, ou b, ou c,
&c. On exprime les grandeurs connuës par les premieres lettres de
l'alphabeth, comme a, ou b, ou c, &c. & les autres par les dernieres, comme z, y, x, v, &c.

DES MILIEUX
POUR ARRIVER A LA CONNOISSANCE
DES GRANDEURS.

Lorfque l'on connoît des grandeurs ce qui s'en peut connoître, on n'en XLVIII.
doit rien chercher davantage ; mais lorfque l'on n'en connoît pas ce qui s'en
peut connoître, ce que l'on en connoît déja fert de milieu pour arriver à ce
que l'on n'en connoît pas encore, & que l'on cherche. Si l'on n'en connoiffoit aucune chofe, c'eft à dire fi l'on ne connoiffoit aucun des rapports
qui font entre ces grandeurs, on n'en pourroit avoir aucune connoiffance.

L'on paffe du connu à la connoiffance de l'inconnu en parcourant avec XLIX.
ordre tous les rapports connus de l'un à l'autre par des raifonnemens naturels, juftes, & tres-clairs.

L'ordre que l'on donne pour paffer ainfi du connu à l'inconnu, eft ce qu'on L.
appelle *methode* ou *regles*.

LI.   Et l'obſervation de cette methode ou de ces regles, eſt ce qu'on appelle *operations ſur les grandeurs*.

LII.   Toute operation ſur les grandeurs ne ſe fait que par le $+$ & par le $-$.

LIII.   Le $+$ & le $-$ des grandeurs égales ſe font l'un à l'autre des retranche-mens mutuels. Le $+$ retranche du $-$, & le $-$ retranche du $+$. La poſition ou la poſſeſſion de mille écus retranche la negation ou la privation de mille écus, & la négation ou la privation de mille écus retranche la poſition ou la poſſeſſion de mille écus, c'eſt à dire $+$ mille écus retranche $-$ mille écus, & $-$ mille écus retranche $+$ mille écus. Ou ce qui eſt une même choſe, $+$ 1000 écus $-$ 1000 écus ſont égaux à zero.

LIV.   D'où il eſt clair, 1°. que plus plus ou $+$ $+$ eſt égal à moins moins ou $-$ $-$, & que $-$ $-$ $=$ $+$ $+$, c'eſt a dire que l'addition du plus eſt égale à la ſouſtraction du moins, & que la ſouſtraction du moins, eſt égale à l'addition du plus. Ainſi $+$ $+$ a $=$ $-$ $-$ a, & $-$ $-$ a $=$ $+$ $+$ a.

LV.   2°. Que $+$ $-$ $=$ $-$ $+$, & que $-$ $+$ $=$ $+$ $-$, c'eſt à dire que l'addition du moins eſt égale à la ſouſtraction du $+$, & que la ſouſtraction du $+$ eſt égale à l'addition du $-$. Ainſi $+$ $-$ a $=$ $-$ $+$ a.

LVI.   L'on conçoit l'Addition & la Souſtraction comme ſimples, on les conçoit auſſi comme compoſées. Les ſimples ſont les operations fondamentales dont toutes les autres dépendent. On traittera par ordre des unes & des autres.

DES QUATRE PREMIERES OPERATIONS
SUR LES GRANDEURS ENTIERES.

LVII.   Ces quatre operations ſont celles que nous appellons *Addition, Souſtraction, Multiplication* & *Diviſion*.

LVIII.   Et nous appellons *grandeur entiere* non ſeulement tout nombre entier comme 1, 2, 3, 4, & les autres, mais auſſi toutes les lettres comme *a, b, c, d*, &c. qui ne ſont point conçeuës partagées en pluſieurs de leurs parties comme en moitiez, en tiers, en quarts, &c.

On ſçait déja (par 44. S.) que toute grandeur entiere eſt un rapport dont le premier terme eſt exprimé, & le ſecond qui eſt l'unité eſt ſous-entendu. Ainſi tout ce qu'on dira dans ce premier Livre ſe doit entendre de ces rapports. Ceux qui commencent doivent eux-mêmes reſoudre en chaque operation tous les exemples particuliers que l'on donne, avant qu'ils s'en propoſent aucun autre. Car quoique tous ces exemples ſe rapportent aux regles generales des problemes qu'on donne, chacun enferme neanmoins quelque cas conſiderable, qu'on ne trouve pas dans chaque autre.

DE L'ADDITION.
DEFINITION GENERALE.

LIX.   L'Addition eſt une expreſſion que l'on fait de l'aſſemblage de pluſieurs grandeurs données en une seule.

L'assemblage de ces grandeurs s'appelle aussi leur *somme.*   LX.

Comme l'Addition des nombres se fait autrement que celle des lettres,
on expliquera l'une aprés l'autre.

DE L'ADDITION DES NOMBRES.
DEMANDE.

On demande que l'on sçache déja ajoûter tout nombre au dessous de 10 à
tout autre, comme que 3+4=7, que 7+2=9, que 64+8=72, que   LXI.
72+9=81, que 81+6=87, & ainsi des autres. Il reste à sçavoir trouver
les autres sommes des nombres au dessus de 9 à l'infini, lesquelles ne pouvant d'ordinaire se trouver tout d'un coup, on est obligé de les chercher par
parties en cette sorte.

PREMIER PROBLEME.

Trouver la somme de plusieurs nombres donnez.

1°. On dispose les uns sous les autres, les unitez sous les unitez, les   LXII.
dixaines sous les dixaines, les centaines sous les centaines, les mille sous
les mille, &c.

2°. On ajoûte par ordre ce qui est en chaque rang en commançant par le   LXIII.
premier, & l'on écrit sous ce rang ce qui lui appartient, en reservant pour
l'autre qui le suit autant d'unitez que l'on a trouvé de dixaines au premier de
ces deux rangs. L'operation étant ainsi achevée, les chifres écrits sous les
rangs sont la somme qu'on cherche. Les exemples éclairciront ces regles.

PREMIER EXEMPLE.

Pour trouver la somme des deux nombres 432 & 245. 1°. Je dispose
ainsi l'un sous l'autre. J'écris 5 qui vaut 5 unitez, sous 2 qui vaut   432
2 unitez, 4 qui vaut 4 dixaines sous 3 qui vaut 3 dixaines, & 2 qui   245
vaut 2 centaines sous 4 qui vaut 4 centaines.   ———

2°. Je fais ainsi l'addition en commançant au premier rang ; je dis
2+5=7 unitez, & j'écris 7 sous le rang des unitez. Et venant au second
rang je dis 3+4=7 dixaines, & j'écris 7 sous le rang des dixaines. Et enfin
au troisiéme rang je dis 4+2=6 centaines, j'écris 6 sous le rang   432
des centaines. Et l'operation étant ainsi achevée, je connois que   245
677 écrits sous les rangs font la somme cherchée.   ———
                                                            somme 677

SECOND EXEMPLE.

Pour trouver la somme de 459 & 565. 1° Je les dispose comme au premier
exemple. 2°. Je dis 9+5=14, unitez qui font 1 dixaine plus 4 unitez, j'écris
les 4 unitez sous le rang des unitez, & je retiens 1 dixaine pour le second
rang qui est celui des dixaines. Et venant à ce second rang je dis 1 dixaine
que j'ai retenuë +5=6, 6+6=12 dixaines, qui font 1 centaine plus 2
dixaines, j'écris donc ces deux dixaines sous le rang des dixaines, & je reserve 1 centaine pour le troisiéme rang qui est celui des centaines. En suite à
ce troisiéme rang je dis 1 centaine que j'ai retenuë +4=5, 5+5=10 centaines qui font 1 mille que je reserve pour le quatriéme rang, qui est celui des

mille, & parce qu'aprés 1 dixaine de centaine ou 1 mille il ne reste plus de centaine, je remplis le troisiéme rang qui est celui des centaines par le caractere o qui n'y donne rien, mais qui conserve la valeur des rangs qui suivent. Enfin ne trouvant rien à ajoûter davantage, j'avance 1 mille que j'ai retenu sous le rang des mille, & je connois que 1024 est la somme cherchée.

459
565
———
somme 1024

Troisie'me Exemple.

Pour trouver la somme de 575 & 425. 1°. Je les dispose comme aux exemples precedens. 2°. Je dis $5+5=10$ unitez qui font 1 dixaine que je reserve pour le second rang, & j'écris o sous le premier, à cause qu'aprés 1 dixaine il ne reste aucune unité. Et venant au second rang, je dis 1 que j'ai retenu $+7=8$, $8+2=10$ dixaines, qui font une centaine que je reserve pour le troisiéme rang, & j'écris un nouveau o sous le second. Je dis en suite au troisiéme rang 1 centaine que j'ai retenuë $+5=6$, $6+4=10$ centaines ou 1 mille que je retiens pour le quatriéme rang, & j'écris o sous le troisiéme. Enfin ne trouvant rien davantage à ajoûter, j'avance 1 mille que j'ai retenu sous le quatriéme rang, & je connois que 1000 est la somme cherchée.

575
425
———
somme 1000

Quatrie'me Exemple.

Pour trouver la somme de 2000, 3000, & 4000. 1°. Je les dispose comme à l'ordinaire. 2°. Je dis au premier rang $0+0+0=0$ (par 5. S.) & j'écris o sous ce rang. Et venant au second, je dis $0+0+0=0$, & j'écris encore o sous ce rang. Je dis en suite au troisiéme $0+0+0=0$, & j'écris o sous ce rang. Et enfin je dis au quatriéme $2+3=5$, $5+4=9$, j'écris 9 sous ce rang. Et je connois que 9000 est la somme cherchée.

2000
3000
4000
———
somme 9000

Cinqvie'me Exemple.

On est ordinairement bien-aise de faire ses operations avec promptitude. La connoissance des operations qu'on vient de faire, & des raisons qu'on y a apportées étant distinctement apperçeuë, on peut abbreger ainsi son discours dans toutes les additions des nombres. Pour trouver la somme de 5678 & 4625. 1°. Je les dispose à l'ordinaire. 2°. Je dis au premier rang $8+5=13$, j'écris 3 & je retiens 1. Au second rang $1+7=8$, $8+2=10$, j'écris o & je retiens 1. Au troisiéme rang $1+6=7$, $7+6=13$, j'écris 3, & je retiens 1. Au quatriéme rang $1+5=6$, $6+4=10$, j'écris o, & j'avance 1. Et je connois que 10303 est la somme cherchée.

5678
4625
———
somme 10303

Sixie'me Exemple.

Pour trouver pareillement la somme de 4567, 7919, 3488, 5896, & 7685. 1°. Je les dispose à l'ordinaire. 2°. Je dis au premier rang $7+9=16$, $16+8=24$, $24+6=30$, $30+5=35$, j'écris 5 & je retiens 3. Au second

rang $3+6=9, 9+1=10, 10+8=18, 18+9=27, 27+8=35,$ 4567
j'écris 5 & je retiens 3. Au troisiéme rang $3+5=8, 8+9=17,$ 7919
$17+4=21, 21+8=29, 29+6=35,$ j'écris 5 & je retiens 3.   3488
Enfin au dernier rang $3+4=7, 7+7=14, 14+3=17,$ 5896
$17+5=22, 22+7=29,$ j'écris 9, & j'avance 2. Et je connois   7685
que 29555 est la somme cherchée.   somme $\overline{29555}$

AVERTISSEMENT.

Lorsqu'on veut trouver la somme de plusieurs nombres, pour ne point LXIV.
se brouiller dans son operation, & pour la faire avec plus de facilité, il
faut la partager en n'ajoûtant pas tous ces nombres à la fois. Si par exem-
ple on vouloit trouver la somme de trente nombres, l'on en feroit trois
partages de dix chacun, l'on reduiroit ces trois partages en trois sommes,
lesquelles étant ajoûtées en une seule, donneroient la somme totale des
trente nombres proposez.

DE L'ADDITION
DES GRANDEURS LITERALES.

Pour ajoûter une ou plusieurs grandeurs literales à une ou à plusieurs
autres, il ne faut que les lier & les joindre toutes ensemble en conservant les LXV.
mêmes signes $+$ ou $-$ qui les precedent. Ainsi pour ajouter c à b, c'est à
dire $+c$ à b, la somme est $b+c$. Pour ajoûter $d-e+f$ à $b-c$, la somme
est $b-c+d-e+f$.

Lorsque la somme renferme quelque grandeur repetée plusieurs fois sous
un même signe, on écrit une seule fois cette grandeur precedée de son signe, LXVI.
& du nombre qui exprime combien de fois elle est repetée. Ainsi au lieu de
$b+b$, l'on écrit $2b$. Au lieu de $2a+a+a+c+d+c$, on écrit $4a+2c+d$.

Lorsque la somme renferme quelque grandeur repetée plusieurs fois sous
differens signes, on efface autant de fois cette grandeur qu'elle se trouve LXVII.
également sous $+$ & sous $-$. Ainsi au lieu de $b+c-b$, l'on écrit seulement
c, parceque $b-b=0$ (par 2. S) De même au lieu de $3b-b+4c-d-2c$,
l'on écrit $2b+2c-d$, parceque $3b-b=2b$, & $4c-2c=2c$. Ces deux regles
sont d'un usage tres-frequent. Il suffit d'en avertir une fois pour toutes.

EXEMPLES DE L'ADDITION
DES GRANDEURS LITERALES.

Add. $\begin{cases} a+3b \\ a+2b \end{cases}$ $\begin{matrix} 3a-3b \\ 2a-b \end{matrix}$ $\begin{matrix} 6a+b+d+2d \\ 9a+7b+4d+6f \end{matrix}$ $\begin{matrix} a-4e+3f \\ 2a+3e-f \end{matrix}$

Somme $2a+5b.$ $5a-4b.$ $15a+8b+7d+6f.$ $3a-e+2f.$

Add. $\begin{cases} 2a+6b \\ 3c-2d \\ 2c+g \end{cases}$ $\begin{matrix} 2aa+3ab-bb \\ 5ab-3aa \end{matrix}$ $\begin{matrix} 2abc-ffg+fgg \\ abd-abc+2ffg \end{matrix}$

Somme $2a+6b+5c-2d+g.$ $8ab-aa-bb.$ $abc+abd+ffg+fgg.$

B iij

ELEMENS

LXVIII. Lorſque l'on ajoûte des grandeurs fauſſes avec des vraies, la ſomme eſt plus petite que les vraies. Ainſi ajoûtant —6 à 8 la ſomme 8—6$=$2 eſt plus petite que 8, car 6 eſt retranché de 8. Ajoûtant —c à b la ſomme b—c eſt plus petite que b, car c eſt retranché de b. Ces ſortes d'additions negatives ſont de veritables retranchemens, ce n'eſt qu'improprement qu'on les appelle additions.

DE LA SOUSTRACTION.
DEFINITION GENERALE.

LXIX. LA Souſtraction eſt une expreſſion que l'on fait du retranchement d'une ou de pluſieurs grandeurs données, d'une ou de pluſieurs grandeurs auſſi données.

LXX. Comme l'on connoît ce qu'on retranche, & cela dont on le retranche, on cherche ſeulement la partie qui reſte aprés le retranchement. Cette partie qui eſt le reſte de la ſouſtraction eſt la difference de ce qu'on retranche à ce dont on le retranche. Si par exemple on retranche 6 de 8, le reſte eſt 8—6$=$2, & 2 qui fait partie de 8 eſt la difference qui eſt entre 6 & 8.
Comme la ſouſtraction des nombres ſe fait autrement que celle des lettres, on expliquera l'une aprés l'autre.

DE LA SOUSTRACTION DES NOMBRES.
DEMANDE.

LXXI. ON demande que l'on ſçache déja ſouſtraire tout nombre au deſſous de 10 de tout autre au deſſous de 19, comme que 4—3$=$1, que 9—5$=$4, que 18—9$=$9, que 15—7$=$8, que 14—8$=$6, &c. Il reſte à ſçavoir trouver les autres differences des nombres qui ſont l'un au deſſus de 10, ou l'autre au deſſus de 18 à l'infini, leſquelles ne pouvant d'ordinaire ſe trouver tout d'un coup, on eſt obligé de les chercher par parties en cette ſorte.

SECOND PROBLEME.

Trouver la difference de deux nombres donnez.

LXXII. 1°. On diſpoſe le plus petit ſous le plus grand, les unitez ſous les unitez, les dixaines ſous les dixaines, &c.

LXXIII. 2°. Commençant au premier rang on retranche par ordre & dans chaque rang le chiffre de deſſous du chiffre de deſſus, & l'on écrit ſous ce rang ce qui reſte

LXXIV. 3°. Et ſi dans un rang le chiffre de deſſous ſurpaſſe celui de deſſus, ce chiffre de deſſus empruntera 1 dixaine de celui qui le ſuit, lequel pour cet effet diminuera de l'unité. L'operation étant ainſi achevée, les chiffres écrits ſous les rangs ſont la difference cherchée. Les exemples éclairciront ces regles.

PREMIER EXEMPLE.

Pour trouver la difference des deux nombres 869 & 234. 1°. Je diſpoſe le petit ſous le grand dans le même ordre que j'ai fait au premier Probleme. 2°. Je fais ainſi la ſouſtraction en commençant au premier rang ; je dis.

$9-4=5$, & j'écris 5 sous ce rang. Et venant au second je dis $6-3=3$, & j'écris 3 sous ce rang. Je dis ensuite au troisiéme rang $8-2=6$, j'écris 6 sous ce troisiéme rang. Et l'opération étant ainsi achevée, je connois que $633=869-234$ est le reste de la soustraction, ou la différence cherchée.

$$\begin{array}{r} +869 \\ -234 \\ \hline \text{difference } 635 \end{array}$$

Second Exemple.

Pour trouver la différence de 678 à 489. 1°. Je dispose comme au premier exemple 489 sous 678. 2°. Je dis au premier rang 8 unitez -9 unitez ostent trop, car 9 ne peut estre compris dans 8. J'emprunte donc (selon la troisiéme regle de nostre Probleme) 1 dixaine des 7 dixaines qui sont au second rang, écrivant 6 au lieu de 7 que j'efface. Cette dixaine empruntée plus 8 unitez du premier rang font 18 unitez, je dis donc $18-9$ unitez font 9 unitez, & j'écris 9 sous le rang des unitez. Et venant au second rang, je dis 6 dixaines -8 dixaines ostent trop, j'emprunte donc une dixaine de dixaines des 6 dixaines de dixaines qui sont au troisiéme rang, écrivant 5 au lieu de 6 que j'efface. Cette dixaine de dixaines plus 6 dixaines du second rang font 16 dixaines. Je dis donc $16-8=8$ dixaines, & j'écris 8 sous le rang des dixaines. Je dis enfin au troisiéme rang $5-4=1$, j'écris 1 sous ce rang, & je connois que 189 est la différence cherchée.

$$\begin{array}{r} 56 \\ +678 \\ -489 \\ \hline \text{difference} \; 189 \end{array}$$

Troisie'me Exemple.

Pour trouver la différence de 842 à 405. 1°. Je les dispose comme aux exemples precedens. 2°. Je dis au premier rang $2-5$ ostent trop, j'emprunte donc 1 dixaine de 4 écrivant 3 au lieu de 4. Cette dixaine $+2=11$, je dis donc $11-5=7$, & j'écris 7 sous le premier rang. Et venant au second, je dis $3-0=3$, & j'écris 3 sous ce rang. Je dis enfin au troisiéme $8-4=4$, j'écris 4 sous ce rang, & je connois que 437 est la différence cherchée.

$$\begin{array}{r} 3 \\ +842 \\ -405 \\ \hline \text{difference } 437 \end{array}$$

Quatrie'me Exemple.

Pour trouver la différence de 346 à 246. 1°. Je les dispose à l'ordinaire. 2°. Je dis au premier rang $6-6=0$, & j'écris o sous ce rang. Et venant au second, je dis $4-4=0$, & j'écris encore o sous ce rang. Je dis enfin au troisiéme rang $3-2=1$, j'écris 1 sous ce rang, & je connois que 100 est la différence cherchée.

$$\begin{array}{r} +346 \\ -246 \\ \hline \text{difference } 100 \end{array}$$

Cinquie'me Exemple.

Pour trouver la différence de 800 à 200. 1°. Je les dispose à l'ordinaire. 2°. Je dis au premier rang $0-0=0$, & j'écris o sous ce rang. Et venant au second, je dis encore $0-0=0$, & j'écris encore o sous ce rang. Je dis enfin au troisiéme rang $8-2=6$, j'écris 6 sous ce rang, & je connois que 600 est la différence cherchée.

$$\begin{array}{r} +800 \\ -200 \\ \hline \text{difference } 600 \end{array}$$

Sixie'me Exemple.

Pour trouver la différence de 900 à 432. 1°. Je les dispose à l'ordinaire.

2°. Je dis au premier rang 0—2 oste trop, car 2 ne peut estre compris dans 0, j'emprunte donc 1 dixaine de 0 écrit au rang des dixaines, écrivant —1 au lieu de 0. Ces 10 empruntez plus 0 du premier rang font 10, je dis donc 10—2=8, & j'écris 8 sous ce rang. Et venant au second, je dis —1—3 ostent trop, car 3 ne peut estre compris dans —1, j'emprunte donc 1 dixaine de 9, écrivant 8 au lieu de 9. Ces 10 empruntez —1 écrit au second rang font 9, je dis donc 9—3=6, & j'écris 6 sous ce rang. Je dis enfin au troisiéme 8—4=4, j'écris 4 sous ce rang, & je connois que 468 est la différence cherchée.

$$\begin{array}{r} 8\text{-}1 \\ +\,900 \\ -432 \\ \hline \text{différence } 468 \end{array}$$

LXXV. Quelques-uns au lieu de diminuer de l'unité le chiffre dont ils empruntent 1 dixaine, aiment mieux augmenter de la même unité celui qui est écrit sous lui. Par exemple pour faire la soustraction qui precede selon leur methode, je dis 0—2 oste trop, j'emprunte donc 1 dixaine de 0 écrit au rang des dixaines en ajoûtant 1 à 3 écrit sous lui. Ensuitte je dis au premier rang les 10 empruntez —2=8 unitez, & j'écris 8 sous le rang des unitez. Et venant au second rang je dis 0—4 oste trop, j'emprunte donc 1 dixaine de 9 qui est dans le troisiéme rang en ajoûtant 1 à 4 écrit sous 9, & je dis au second rang, les 10 empruntez —4=6, & j'écris 6 sous ce rang. Enfin au troisiéme je dis 9—5=4, j'écris 4 sous ce rang, & je connois que 468 est la différence cherchée.

$$\begin{array}{r} +\,900 \\ -432 \\ -11 \\ \hline \text{différence } 468 \end{array}$$

LXXVI. On peut faire aussi la soustraction des nombres en commençant de gauche à droite, & observant de retenir 1 de chaque rang qui vaudra 10 pour le rang qui precede, lorsqu'on voit dans ce rang qui precede que son chiffre écrit dessous est plus grand que celui de dessus, ou bien lorsque ces chiffres étant égaux, on voit au nouveau rang qui les precede que le chiffre écrit dessous est plus grand que celui de dessus.

Par exemple pour retrancher 19218 de 68386, j'écris ces nombres à l'ordinaire, & je dis en commençant au cinquiéme & dernier rang 6—1=5, mais parce qu'au quatriéme rang qui precede, 9 surpasse 8 sous qui il est écrit, j'écris seulement 4 sous le cinquiéme rang, & je retiens 1 qui vaut 10 pour le quatriéme. Et venant à ce quatriéme rang je dis 10+8=18, 18—9=9, & j'écris 9 sous ce rang. Et venant au troisiéme je dis 3—2=1, & j'écris 1 sous ce rang. Je dis ensuite au second rang 8—1=7; mais parce qu'au premier rang 8 est plus grand que 6 sous qui il est écrit, j'écris seulement 6 sous le second rang, & je retiens 1 qui vaut 10 pour le premier. Enfin je dis à ce premier rang 10+6=16, 16—8=8, j'écris 8 sous ce rang, & je connois que 49168 est la différence cherchée.

$$\begin{array}{r} +\,68386 \\ -19218 \\ \hline \text{différence } 49168 \end{array}$$

Pareillement pour retrancher 77989675 de 257389560, j'écris ces nombres à l'ordinaire, & je dis au neuviéme & dernier rang 2 moins rien fait 2, mais parce qu'au huitiéme rang 7 surpasse 5 sous qui il est placé, j'écris seulement 1 sous le neuviéme rang, & je retiens 1, qui vaut 10 au huitiéme. Et venant

à

à ce huitiéme rang, je dis 10+5=15, 15—7=8, mais parceque 7 & 7 écrits au septiéme rang font égaux, & qu'au fixiéme 9 furpaffe 3 fous qui il eft placé, j'écris feulement 7 fous le huitiéme, & je retiens 1 dixaine pour le feptiéme. Je dis enfuite à ce feptiéme rang 10+7=17, 17—7=10, j'en écris feulement 9 fous ce rang. Et venant au fixiéme je dis 10+3=13, 13—9=4, mais parceque 8 & 8 écrits au cinquiéme rang, plus 9 & 9 écrits au quatriéme font égaux dans chacun de ces rangs, & qu'au troifiéme 6 furpaffe 5 fous qui il eft placé, j'écris feulement 3 fous le fixiéme rang, & 9 fous le cinquiéme, plus encore 9 fous le quatriéme. Et venant au troifiéme je dis 10+5=15, 15—6=9, j'en écris feulement 8, & je dis au fecond rang 10+6=16, 16—6=9, j'en écris 8. Et enfin je dis au premier rang 10+0=10, 10—5=5, j'écris 5 fous ce rang, & je connois que 17939885 eft la difference cherchée.

$$+\ 257389560$$
$$-\ \ 77989675$$
$$\text{difference}\ \ 17939885$$

Cette methode me femble plus d'ufage, & je m'en fers plus volontiers que des precedentes, parcequé je trouve qu'elle charge beaucoup moins la memoire que celle du probleme, & qu'outre cela il ne faut effacer ni ajoûter aucuns chiffres, ce qui eft fort commode pour les fupputations longues & frequentes, où le meilleur eft toûjours d'embaraffer fes nombres & fes calculs le moins qu'on le peut.

Lorfque le nombre à retrancher eft plus grand que le nombre duquel on le retranche, la difference ou le refte eft negatif. Si par exemple une perfonne devoit 5 écus à une autre, & lui en payoit 9, il eft vifible que celle à qui elle devoit lui feroit redevable de 4 écus, c'eft à dire que cette perfonne qui devoit auparavant 4 écus auroit rendu fa debte moins que rien de 5 écus.   LXXVII.

Dans ces rencontres on écrit le plus grand nombre au deffous, & aprés avoir operé à l'ordinaire l'on écrit — devant la difference qu'on trouve. Si par exemple on vouloit retrancher 68386 de 9218, il faudroit écrire 68386, & fous lui 9218, & mettre le figne — devant 59168 qui reftent. Ce refte negatif marque qu'il s'en manque 59168 que le nombre 9218 ne foit auffi grand que 68386 qui en doit eftre retranché.   LXXVIII.

$$-\ 68386$$
$$+\ \ 9218$$
$$\text{Refte}\ \ —59168$$

Lorfqu'on veut retrancher plufieurs nombres donnez d'un ou de plufieurs auffi donnez, il faut par le premier Probleme trouver la fomme des nombres qu'on veut retrancher, & celle des nombres dont on les veut retrancher, & enfuite trouver la difference de la premiere fomme à l'autre nombre, ou à la fomme des autres nombres dont on veut retrancher les premiers. Par exemple pour retrancher 5782+3436 de 68386, le premier Probleme donnera 9218 pour la fomme de 5782+3436. C'eft pourquoi je difpofe à l'ordinaire cette fomme 9218 fous 68386, & faifant l'operation felon les regles, je connois que 59168 eft la difference cherchée.   LXXIX.

$$+\ 68386$$
$$-\ \ 9218$$
$$\text{Difference}\ \ 59168$$

C.

Pareillement pour retrancher $57321 + 7640 + 90345$ de $34561 + 207456$. Le premier Probleme me donne 155306 pour la somme des trois nombres à retrancher, & 242017 pour la somme des deux autres dont il les faut retrancher. Ecrivant donc sous cette somme, celle des trois nombres à retrancher, les regles ordinaires me donnent 86711 pour la difference cherchée.

$$+242017$$
$$-155306$$
$$\text{Difference } \overline{86711}$$

DE LA SOUSTRACTION
DES GRANDEURS LITERALES.

LXXX. Pour soustraire une ou plusieurs grandeurs literales d'une ou de plusieurs autres, il ne faut que les joindre en changeant chacun des signes de la grandeur ou des grandeurs à soustraire. Car s'il faut retrancher le plus, le moins en fait le retranchement, & s'il faut retrancher le moins, le plus en fait le retranchement (par 53. S.) Ainsi pour retrancher b de a, le reste ou la difference est $a - b$, & pour retrancher $-b$ de a, le reste ou la difference est $a + b$. De même pour retrancher $d - e + f$ de $b - c$, la difference est $b - c - d + e - f$.

EXEMPLES DE LA SOUSTRACTION
DES GRANDEURS LITERALES.

De	$2a + 5b$	$5a - 4b$	$9a + 7b + 4d + 6f$	$2a - 4e + 3f$
Oster	$a + 2b$	$3a - 3b$	$6a + b + d + 2d$	$a + 3e - 5f$
Reste	$a + 3b.$	$2a - b.$	$3a + 6b + d + 6f.$	$a - 7e + 8f.$

De	$2a + 6b$		
Oster	$\begin{cases} 3c - 2d \\ 2c + g \end{cases}$	$\begin{array}{l} 3aa + 13ab \\ 5ab - 2aa - bb \end{array}$	$\begin{array}{l} 2abc - ffg + fgg \\ abd - abc \end{array}$
Reste	$2a + 6b - 5c + 2d - g.$	$5aa + 8ab + bb.$	$3abc - abd - ffg + fgg.$

LXXXI. Si l'on soustrait une grandeur fausse d'une vraie, le reste du retranchement ou la difference est plus grande que la vraie. C'est ainsi que la difference de 4 à -3 est $4 + 3$ qui surpasse 4. De même $-b$ soustrait de a donne la difference $a + b$ qui surpasse a, puisque b est ajoûté à a. Ces sortes de soustractions negatives sont de veritables additions, ce n'est qu'improprement qu'on les appelle soustractions.

Peut-estre que d'abord on aura un peu de peine à voir comment la difference d'une grandeur positive comme 4 à une autre negative comme -3 peut estre $4 + 3 = 7$, mais on comprendra aisément cette verité, si l'on examine que pour arriver de 4 à -3, il faut premierement descendre de 4 unitez pour arriver de 4 à zero, & qu'ensuite il faut encore descendre de 3 unitez, pour arriver de zero à -3, c'est à dire qu'il faut descendre en tout de $4 + 3$ ou de 7 unitez pour arriver de 4 à -3.

LXXXII. L'Addition & la soustraction sont opposées l'une à l'autre. L'une défait ce que l'autre a fait, & elles se servent reciproquement de preuves. Le tout est égal à l'assemblage de toutes ses parties, si donc on oste les parties du tout il ne doit rien rester de ce tout. Ainsi pour s'assurer que 677 est la somme des deux nombres 432 & 245, il ne faut que retrancher ces deux nombres de 677, s'il ne reste rien, l'addition est bien faite; mais s'il reste + ou — que rien, l'addition est mal faite, il la faut recommencer.

Et par un raisonnement reciproque les parties sont égales au tout qu'elles composent. Si donc on réünit toutes ces parties on aura leur tout. Ainsi pour s'assurer que 245 est la difference du tout 677 à sa partie 432, il faut ajoûter 245 à 432. Si la somme rend le tout 677, la soustraction est bien faite; mais si la somme ne rend pas ce tout la soustraction est mal faite, il la faut recommancer.

Il ne faut pas s'imaginer comme on le fait ordinairement, que cette maniere d'examiner si on n'a point failli, soit une démonstration veritable : Car outre qu'elle n'éclaire pas l'esprit, il pourroit arriver que l'on se tromperoit autant dans la soustraction qu'on se feroit trompé dans l'addition. La veritable démonstration de ces operations sur les nombres dépend de la disposition des chiffres & de leurs rangs expliquée 38. S. Car cette disposition regle les operations, & fait voir que l'on doit ajoûter les unitez aux unitez, les dixaines aux dixaines, &c. ou que l'on doit ainsi les retrancher les unes des autres, comme on l'explique dans les exemples qui precedent. C'est à peu prés la même chose des deux operations qui suivent.

DE L'ADDITION COMPOSE'E OU MULTIPLICATION.
DEFINITION GENERALE.

LA Multiplication est l'addition ou la position d'une grandeur donnée LXXXIII. dans quelqu'une qu'on cherche, égale à l'addition ou à la position de l'unité dans une grandeur aussi donnée.

On appelle la grandeur qu'on cherche le *produit* des deux données, & ces LXXXIV. grandeurs les deux *racines* du produit.

Chacune de ces racines peut estre positive, ou l'une positive & l'autre negative, ou bien chacune negative. Ce qui fait les trois Cas qui suivent.

PREMIER CAS.

Si chaque racine est positive le produit sera positif. Si par exemple on LXXXV. multiplie +2 par +4, le nombre donné ou la racine +2 est l'addition ou la somme positive de l'unité repetée deux fois; le produit de 2 par 4 sera donc aussi l'addition ou la somme positive de l'autre racine +4 repetée 2 fois, c'est à dire le nombre positif +8.

+1 *unité*	+4 *autre racine*
+1 *repetée*	+4 *repetée*
+2 *racine.*	+8 *produit.*

Ou par un raisonnement reciproque la racine +4 est l'addition ou la somme positive de l'unité repetée 4 fois; le produit de 2 par 4 sera donc aussi l'addition ou la somme positive de l'autre racine +2 repetée 4 fois, c'est à dire le nombre positif +8.

+1	+2
+1 *unité*	+2 *autre*
+1 *repetée*	+2 *racine*
+1	+2 *repetée*
+4 *racine.*	+8 *produit.*

SECOND CAS.

LXXXVI.   Si une racine est positive & l'autre negative , leur produit sera negatif.
Si par exemple on multiplie $+2$ par -4, la racine $+2$ est l'addition ou la
somme positive de l'unité repetée 2 fois, le produit de $+2$ par -4 sera donc
aussi l'addition ou la some positive de

$+1$ *unité*　　　　-4 *autre racine*
l'autre racine -4 repetée 2 fois, c'est à　$+1$ *repetée*　　-4 *repetée*
dire le nombre negatif -8 (par 55. S.)

$+2$ *racine.*　　　-8 *produit.*

Ou bien par un raisonnement reciproque la racine -4 est l'addition negative ou la somme negative de l'unité
repetée 4 fois , le produit de $+2$ par　　　$+1$　　　　　$+2$ *autre*
-4 sera donc aussi l'addition negative　　$+1$ *unité*　　$+2$ *racine*
ou la somme negative de l'autre racine　　$+1$ *repetée*　$+2$ *repetée*
$+2$ repetée 4 fois , c'est à dire le nom-　　$+1$　　　　　$+2$
bre negatif -8 (par 55. S.)

-4 *racine.*　　-8 *produit.*

TROISIE'ME CAS.

Si chaque racine est negative leur produit sera positif. Si par exemple on
multiplie -2 par -4, la racine -2 est l'addition negative ou la somme negative de l'unité repetée 2 fois , le produit de -2 par -4 sera donc aussi
l'addition negative ou la somme negative
de l'autre racine -4 repetée 2 fois, c'est　　$+1$ *unité*　　-4 *autre racine*
à dire le nombre positif moins moins　　　$+1$ *repetée*　-4 *repetée*
$8=+8$. (par 54. S.)

-2 *racine.*　　$+8$ *produit.*

LXXXVII   Ou bien par un raisonnement reciproque la racine -4 est l'addition negative ou la somme negative de l'unité repetée 4 fois , le produit de -2 par
-4 sera donc aussi l'addition negative　　$+1$　　　　　-2
ou la somme negative de l'autre racine　　$+1$ *unité*　　-2 *autre*
-2 repetée 4 fois , c'est à dire le　　　　$+1$ *repetée*　-2 *racine*
nombre positif moins moins $8=+8$　　　$+1$　　　　　-2 *repetée*
(par 54. S.)

-4 *racine.*　　$+8$ *produit.*

LXXXVIII   Il est donc évident que plus multiplié par plus, ou moins par moins donne
plus : Et que plus multiplié par moins , ou moins par plus donne moins.

DE LA MULTIPLICATION DES NOMBRES.

DEMANDE.

LXXXIX.   ON demande que l'on sçache déja multiplier l'un par l'autre deux nombres
qui soient chacun au dessous de 10 , comme que 2 fois $4=8$, que 3 fois $5=15$,

Voyez la pre- que 5 fois $7=35$, que 8 fois $9=72$, & les autres. Voici une Table pour trou-
miere Planche ver facilement tous ces petits produits. Ceux qui commencent auront soin de
Table   pre- l'apprendre par cœur & de se la rendre tres-familiere, parcequ'elle est d'une
miere. necessité absoluë pour la suite.

Cette Table est divisée en dix rangs , & chaque rang en dix petits quarrez
qu'on appelle cellules. Les cellules du rang A B & celles du rang A C contiennent les dix premiers nombres 1, 2, 3, 4, 5, &c.

Pour trouver le produit de deux nombres qui soient chacun au dessous de

10, il faut prendre l'un de ces nombres au rang A B & l'autre au rang A C, la cellule qui répondra à chacun de ces deux nombres renferme le nombre cherché. Par exemple pour avoir le produit de 6 par 7, je prens 6 au rang A B & 7 au rang A C, la cellule qui répond à chacun de ces deux nombres 6 & 7 renferme le produit cherché 42. Ou bien aussi je prens 7 au rang A B & 6 au rang A C, & la cellule qui répond à chacun de ces deux nombres renferme le même produit cherché 42. Il en est ainsi des autres produits dont je parle. Il reste à sçavoir trouver ceux à l'infini qui ont quelque racine au dessus de 10, lesquels ne pouvant d'ordinaire se trouver tout d'un coup, on est obligé de les chercher par parties en cette sorte.

Troisie'me Probleme.

Trouver le produit de deux nombres donnez.

1°. On dispose le petit nombre donné ou la petite racine sous la grande, XC. les unitez sous les unitez, &c.

2°. On multiplie la grande racine, 1°. par le premier chiffre de la petite, XCI. 2°. par le second, 3°. par le troisiéme, &c. Et commençant à écrire chacun de ces produits sous le rang du chifre multipliant, on écrit sous chaque rang ce qui lui appartient, c'est à dire les unitez sous les unitez, les dixaines sous les dixaines, &c. La somme de tous ces produits partiaux sera le produit cherché. Les exemples éclairciront ces regles.

Premier Exemple.

Pour trouver le produit des deux racines 24 & 3. 1°. Je dispose la petite 3 sous la grande 24. 2°. Je dis 3 fois 4=12, j'écris 2 sous le rang des unitez, & je retiens 1 dixaine pour le rang des dixaines. Et venant à ce rang je dis 3 fois 2 dixaines plus 1 dixaine retenuë font 7 dixaines, j'écris   24
donc 7 sous le rang des dixaines, & je connois que 72 est le   3
produit cherché.   ─────
                                                       Produit 72

Second Exemple.

Pour trouver le produit de 84 par 26. 1°. Je dispose 26 sous 84. 2°. Je multiplie 84, 1°. par 6 premier chifre de 26, en disant 6 fois 4=24, j'écris 4 sous le premier rang, & je retiens 2 pour le second. Et venant à ce second, je dis 6 fois 8=48, 4+2 que j'ai retenu font 50, j'écris donc 0 sous le second rang, & j'avance 5 sous le troisiéme. 2°. Je multiplie 84 par 2 second chifre de 26, en disant 2 fois 4=8, c'est à dire 80, à cause que le chifre   84
multipliant 2 vaut 2 dixaines, j'écris donc 8 sous le second rang,   26
& je dis 2 fois 8=16, j'écris 6 sous le troisiéme rang, & j'avance   ─────
1 sous le quatriéme, & je connois que 2184 est le produit   504
cherché.   168
                                                              ─────
                                                       Produit 2184

Troisiéme Exemple.

Pour trouver le produit de 80 par 60. 1°. Je dispose 60 sous 80. 2°. Je multiplie 80 par 0 premier chifre de 60, en disant 80 fois 0=0, & j'écris 0 fous le premier rang feul, afin de conferver la valeur des chifres fuivans. Je multiplie enfuite 80 par 6 fecond chifre de 60, en difant 6 fois 0=0, & j'écris 0 fous le fecond rang, 6 fois 8=48, j'écris 8 fous le troifiéme, & avançant 4 fous le quatriéme, je connois que 4800 eft le produit cherché.

80
60
—————
Produit 4800

Pour multiplier un nombre par 10, par 100, par 1000, &c. il ne faut que lui ajoûter 0, 00, 000, &c. Car dans ces fortes de multiplications, il ne faut que reculer d'un, ou de deux, ou de trois rangs le nombre qu'on propofe, afin qu'il vaille dix fois, cent fois, ou mille fois autant. C'eft ainfi que le produit de 59 par 10 eft 590, que le produit de 5475 par 10 eft 54750, que le produit de 1090 par 100 eft 109000, que le produit de 34987 par 1000 eft 34987000. Et ainfi des autres.

Quatriémo Exemple.

Pour trouver le produit de 670 par 305. 1°. Je difpofe 305 fous 670. 2°. Je multiplie 670 par 5 premier chifre de 305, en difant 5 fois 0=0, & j'écris 0 fous le premier rang. Et venant au fecond, je dis 5 fois 7=35, j'écris 5 fous le fecond rang, & je retiens 3 pour le troifiéme. Et venant à ce troifiéme rang, je dis 5 fois 6=30, 30+3 que j'ai retenu font 33, j'écris donc 3 fous le troifiéme rang, & j'avance 3 fous le quatriéme. Je multiplie enfuite 670 par 0 fecond chifre de 305, en difant 670 fois 0=0, & j'écris 0 fous le fecond rang. Enfin je multiplie 670 par 3 dernier chifre de 305, en difant 3 fois 0=0, & j'écris 0 fous le troifiéme rang aprés 0 écrit au fecond, 3 fois 7=21, j'écris 1 fous le quatriéme rang, & je retiens 2 pour le cinquiéme, 3 fois 6=18, 18+2 que j'ai retenu font 20, j'écris 0 fous le cinquiéme rang, & j'avance 2 fous le fixiéme, & je connois que 204350 eft le produit cherché.

670
305
—————
3350
20100.
—————
Produit 204350

DE LA MULTIPLICATION
DES LETTRES.

XCII.   Lorfque chaque racine eft exprimée par lettres, on joint immediatement ces lettres, & l'on écrit devant le figne +, fi chaque racine a le même figne + ou le même figne —, à caufe que + par +, ou — par — donne + (par 88. S.) mais on écrit devant le figne —, fi une racine a + & l'autre —, à caufe que + par — ou — par + donne — (par 88. S.) Ainfi pour multiplier +a par +b, ou —a par —b, on écrit +ab. Et pour multiplier +a par —b, ou —a par +b, on écrit —ab.

XCIII   Si quelques nombres precedent les lettres, 1°. on multiplie les nombres par les nombres, 2°. les lettres par les lettres, 3°. on écrit le produit des nombres devant le produit des lettres. Ainfi pour multiplier +2a par +4b, 1°. on multiplie +2 par +4, le produit eft +8. 2° on multiplie a par b, le produit eft ab. 3°. on écrit +8 devant ab, & l'on obtient +8ab pour le produit de +2a par +4b. De même le produit de —2a par —4b eft 8ab. Et le produit de $+2a$ par $-4b$, ou de $-2a$ par $+4b$ est $-8ab$.

L'une des marques ordinaires de la multiplication est encore x. Ainsi $a \times b$ **XCIV.** signifie que a est multiplié par b. De même 9×8 signifie que 9 est conçeu comme multiplié par 8.

Lorsque chaque racine ou qu'une seulement est exprimée par plusieurs **XCV.** lettres qui en désignent les parties, chaque partie d'une part sera multipliée par chaque partie de l'autre part, à peu prés comme aux nombres, où on multiplie chaque chifre d'une racine par chaque chifre de l'autre. Ainsi pour multiplier $a+b$ par c. 1°. b par $c = bc$, 2°. a par $c = ac$, la somme $ac+bc$ des deux produits partiaux bc & ac fait le produit total de $a+b$ par c.

$$\begin{array}{r} a+b \\ c \\ \hline \text{Produit } ac+bc \end{array}$$

De même pour multiplier $a+b$ par $c+d$. 1° b par $d = bd$, 2° a par $d = ad$, 3° b par $c = bc$, 4° a par $c = ac$, la somme $ac+bc+ad+bd$ des quatre produits partiaux fait le produit total de $a+b$ par $c+d$.

$$\begin{array}{r} a+b \\ c+d \\ \hline ad+bd \\ ac+bc \\ \hline \text{Produit } ac+bc+ad+bd \end{array}$$

EXEMPLES DE LA MULTIPLICATION
DES GRANDEURS LITERALES.

$$\begin{array}{r} a+b \\ a-b \\ \hline -ab-bb \\ aa+ab \\ \hline aa \quad * \quad -bb. \end{array} \qquad \begin{array}{r} a+b \\ a+b \\ \hline ab+bb \\ aa+ab \\ \hline aa+2ab+bb. \end{array} \qquad \begin{array}{r} a-b \\ c-d \\ \hline +ad+bd \\ ac-bc \\ \hline ac-bc-ad+bd. \end{array} \qquad \begin{array}{r} a+b \\ c+d \\ \hline ad+bd \\ ac+bc \\ \hline ac+bc+ad+bd. \end{array}$$

$$\begin{array}{r} aa+2ab+bb \\ a+b \\ \hline aab+2abb+b^3 \\ a^3+2aab+abb \\ \hline a^3+3aab+3abb+b^3. \end{array} \qquad \begin{array}{r} aa-2ab+bb \\ a-b \\ \hline -aab+2abb-b^3 \\ a^3-2aab+abb \\ \hline a^3-3aab+3abb-b^3. \end{array} \qquad \begin{array}{r} aa-ab+bb \\ a+b \\ \hline aab-abb+b^3 \\ a^3-aab+abb \\ \hline a^3 \quad * \quad * +b^3. \end{array} \quad \textbf{XCVI.}$$

On se contente souvent d'exprimer la multiplication des grandeurs composées de plusieurs parties, en écrivant une ligne au dessus de chacune des racines & les joignant en cette sorte $\overline{a-b+c}\ \overline{b+f}$ c'est à dire $a-b+c$ **XCVII.** multiplié par $b+f$.

Dans la multiplication de deux racines le produit de la premiere par la seconde est le même que le produit de la seconde par la premiere. Ainsi le produit de 2 par 4 est le même que le produit de 4 par 2, puisque 2 fois 4 ou 4 fois 2 font 8. Pareillement ab produit de a par b est le même que ba produit de b par a. D'où il est clair que dans la multiplication de plusieurs racines, l'ordre selon lequel on les multiplie est indifferent. abc par exemple, produit des trois racines a, b, & c est le même que acb, ou bac, ou cab, ou cba; Il n'importe point par où l'on commence, ni par où l'on finisse.

DES PRODUITS

ET DE LEURS GENRES DIFFERENS.

XCVIII. Les produits se distinguent en differens genres, qu'on appelle *dimensions* ou *degrez*.

XCIX. Lorsque des grandeurs sont considerées comme n'étant point multipliées, on les appelle grandeurs *simples* ou *lineaires*. Ainsi *a* ou *b* ou *x* sont des grandeurs lineaires.

C. Le produit de deux grandeurs lineaires est appellé *plan*. Ainsi *ab* est le plan de *a* par *b*.

CI. Le produit d'un plan par une grandeur lineaire est appellé *solide*. Ainsi *abc* est un solide de *ab* par *c*, ou de *a* par *cb*, ou de *b* par *ac*.

CII. Le produit d'un solide par une grandeur lineaire, ou d'un plan par un autre plan s'appellera un *surfolide*. Ainsi *abcd* sera un surfolide de *abc* par *d*, ou de *ab* par *cd*, ou de *a* par *bcd* &c.

CIII. Le produit d'un surfolide par une grandeur lineaire, ou d'un solide par un plan est appellé produit *de cinq dimensions*. Ainsi *abcde* est un produit de cinq dimensions de *abcd* par *e*, ou de *abc* par *de*, ou de *a* par *bcde* &c. Et l'on conçoit dans le même ordre que des grandeurs peuvent monter à d'autres dimensions plus hautes jusques à l'infini. Mais il ne faut pas s'imaginer que ces dimensions soient quelque chose de réel dans ces grandeurs; ce sont seulement certaines additions plus ou moins composées que nostre esprit y conçoit.

CIV. Les produits des lettres marquent ordinairement aux yeux les racines conçeuës dans les grandeurs exprimées par ces lettres. Ainsi *ab* marque aux yeux une grandeur conçeuë comme un plan des deux racines lineaires *a* & *b*. De même *abc* marque aux yeux une grandeur conçeuë comme un solide des trois racines lineaires *a*, *b*, & *c*, ou ce qui est une même chose, du plan *ab* par la racine lineaire *c*, ou du plan *ac* par la racine lineaire *b*.

CV. Mais ce n'est pas la même chose dans les nombres, car un même nombre se conçoit comme lineaire, ou comme produit de dimensions differentes & de differentes racines dans une même dimension. Par exemple on peut entendre par 144 un nombre lineaire, on peut entendre aussi un plan des deux racines 2 & 72, ou 3 & 48, ou 4 & 36, ou 6 & 24, ou 8 & 18, ou 9 & 16, ou 12 & 12, à cause que 144 est égal à 2 fois 72, ou à 3 fois 48, ou à 4 fois 36, ou à 6 fois 24, ou à 8 fois 18, ou à 9 fois 16, ou à 12 fois 12.

On peut aussi par le même nombre 144 entendre un solide des trois racines 2, 2 & 36, ou 2, 3 & 24, ou 2, 4 & 18, ou 2, 6 & 12, ou 2, 8 & 9, ou 3, 3 & 16, ou 3, 4 & 12, ou 3, 6 & 8, ou 4, 6 & 6, à cause que 144 est égal à 2 fois 2 fois 36, ou à 2 fois 3 fois 24, ou à 2 fois 4 fois 18, ou à 2 fois 6 fois 12, ou à 2 fois 8 fois 9, ou à 3 fois 3 fois 16, ou à 3 fois 4 fois 12, ou à 3 fois 6 fois 8, ou à 4 fois 6 fois 6. On peut entendre aussi par le même nombre 144 un surfolide des quatre racines 2, 2, 3 & 12, ou 2, 2, 4 & 9, ou 2, 3, 4 & 6, &c. à cause que 144 est égal à 2 fois 2 fois 3 fois 12, ou à 2 fois 2 fois 4 fois 9, ou à 2 fois

3 fois.

3 fois 4 fois 6, &c. Et ainsi des autres dimensions.

On considere souvent les grandeurs comme produits, desquels une ou plu-   CVI.
sieurs racines étant déterminées, il en faut aussi déterminer quelque autre.
On peut par exemple considerer 144 comme un plan, dont la racine 9 étant
déterminée, il faut aussi déterminer l'autre, ou bien comme un solide, où 3 &
8 étant déterminez pour deux racines, il en faut aussi déterminer la troisiéme.
C'est dequoi nous allons traitter dans l'opération suivante.

DE LA SOUSTRACTION COMPOSE'E, OU DIVISION.

DEFINITION GENERALE.

LA Division est l'addition ou la position de l'unité dans une grandeur que   CVII.
l'on cherche, égale à l'addition ou à la position d'une racine donnée dans un
produit donné.

La racine donnée s'appelle *diviseur* du produit donné, & la somme de l'u-   CVIII.
nité que l'on cherche s'appelle *exposant* de ce produit à son diviseur. 2 par
exemple est l'exposant du produit 8 à son diviseur 4, parceque 2 expose que 4
est renfermé 2 fois dans 8.

*Le produit & son diviseur peuvent estre chacun positif, ou l'un positif &
l'autre negatif, ou bien chacun negatif. Ce qui fait les trois Cas suivans.*

PREMIER CAS.

SI chacun est positif l'exposant sera positif. Si par exemple on divise le   CIX.
produit donné —+8 par la racine donnée ou par le diviseur —+4, le produit
—+8 est l'addition ou la somme positive du diviseur —+4 repeté 2 fois, l'exposant de —+8 à —+4 sera donc aussi l'addition   —+4 *diviseur*   —+1 *unité*
ou la somme positive de l'unité repetée 2 fois,   —+4 *repeté*   —+1 *repetée*
c'est à dire le nombre positif —+2.
                                                  —+8 *produit.*   —+2 *exposant.*

SECOND CAS.

SI l'un est positif & l'autre negatif, l'exposant sera negatif. Si par exem-   CX.
ple on divise le produit —+8 par le diviseur —4, le produit —+8 est l'addition
negative ou la somme negative du diviseur —4 repeté 2 fois, l'exposant de
—+8 à —4 sera donc aussi l'addition negative   —4 *diviseur*   —+1 *unité*
ou la somme negative de l'unité repetée 2 fois,   —4 *repeté*   —+1 *repetée*
c'est à dire le nombre negatif 2.
                                                  —+8 *produit.*   —2 *exposant.*

Et si l'on divisoit —8 par —+4, le produit —8 est l'addition negative ou
la somme negative du diviseur —+4 repeté 2 fois, l'exposant de —8 à —+4
sera donc aussi l'addition negative ou la   —+4 *diviseur* |—+1 *unité*
somme negative de l'unité repetée 2 fois,   —+4 *repeté*   —+1 *repetée*
c'est à dire le nombre negatif —2.
                                            —8 *produit.*   —2 *exposant.*

TROISIE'ME CAS.

CXI.   Si chacun eſt negatif, l'expoſant ſera poſitif. Si par exemple on diviſe le produit —8 par le diviſeur —4, le produit —8 eſt l'addition ou la ſomme poſitive du diviſeur —4 repeté 2 fois, l'expoſant de —8 à —4 ſera donc auſſi l'addition ou la ſomme poſitive de l'unité repetée 2 fois, c'eſt à dire le nombre poſitif —+ 2. (par 54. S.)

—4 *diviſeur*	—+ 1 *unité*
—4 *repeté*	—+ 1 *repetée*
—8 *produit.*	—+ 2 *expoſant.*

CX II.   Il eſt donc évident que plus diviſé par plus, ou moins par moins donne plus : Et que plus diviſé par moins, ou moins par plus donne moins.

DE LA DIVISION DES NOMBRES.

DEMANDE.

CXIII.   On demande que l'on ſçache déja diviſer tout produit au deſſous de 82 par tout diviſeur au deſſous de 10, comme que dans 8 on trouve 2 fois 4, qu'en 6 on trouve 3 fois 2, qu'en 56 on trouve 7 fois 8, qu'en 81 on trouve 9 fois 9. Et ainſi des autres. La Table des petites multiplications ſervira auſſi pour trouver avec facilité les expoſants de ces petites diviſions. Par exemple pour trouver l'expoſant de 42 à 6, je prens 6 au rang AB & la cellule qui enfermant 42 répond à ce nombre 6, la cellule du rang AC qui répond auſſi à la cellule où eſt 42, enferme l'expoſant cherché 7. Ou bien auſſi je prens 6 au rang AC & la cellule qui enfermant 42 répond à ce nombre 6, la cellule du rang AB qui répond auſſi à la cellule où eſt 42, enferme l'expoſant cherché 7.

Voyez la premiere Planche Table premiere.

Mais ſi aucune des cellules qui répondent à la racine donnée n'enferme le produit donné, l'expoſant cherché n'eſt pas un nombre entier, & alors on cherche ſeulement combien de fois le diviſeur eſt tout entier dans le produit en cette ſorte. On prend le plus grand des nombres au deſſous de la racine donnée qui ſont dans les cellules qui lui répondent, & l'expoſant de ce nombre à la racine donnée eſt l'expoſant entier le plus approchant de celui qu'on cherche. Si par exemple je cherche l'expoſant de 44 à 6, je prens 6 au rang AB, & voyant qu'aucune des cellules qui répondent à 6 n'enferme 44, je prens 42 le plus grand des nombres au deſſous de 44 qui ſont dans les cellules qui répondent à 6, & alors 7 expoſant de 42 à 6, me marquant que 6 n'eſt que 7 fois tout entier dans 44, eſt auſſi l'expoſant entier le plus approchant de l'expoſant de 44 à 6. De même au lieu de l'expoſant de 78 à 8 on prendra le nombre entier 9, à cauſe que 8 n'eſt que 9 fois tout entier dans 78. Il en eſt ainſi des autres. Et il reſte à ſçavoir trouver les autres expoſants entiers ou les plus approchants des produits qui ſont au deſſus de 81 à tout diviſeur qui ſoit au deſſous du produit qu'on diviſe. Ces expoſants ne pouvant d'ordinaire ſe trouver tout d'un coup, on eſt obligé de les chercher par parties en cette ſorte.

QUATRIE'ME PROBLEME.

Trouver l'expoſant d'un nombre donné à un autre auſſi donné.

CXIV.   1°. On diſpoſe le diviſeur ſous les rangs du produit qui commencent à gauche, obfervant que le divifeur ne furpaffe jamais les rangs fous qui on le place.

2°. On cherche par parties , en commençant à gauche , combien de fois **CXV.** le divifeur eft dans ces rangs , & écrivant l'expofant trouvé dans un demi cercle à part, on retranche des rangs divifez le produit du divifeur par cet expofant.

3°. On avance d'un rang vers la droite chaque chiffre du divifeur, & on **CXVI.** cherche par parties combien de fois le divifeur eft dans les rangs fous qui on le place , & cet expofant étant écrit avec l'autre au demi cercle , en l'avançant vers la droite , on retranche des rangs divifez le produit du divifeur par cet expofant nouveau. Et on repete la même operation, jufques à ce que le divifeur ait parcouru tous les rangs du produit donné. Tout ce qu'on trouve à la fin écrit au demi cercle eft l'expofant cherché. Les exemples éclairciront ces regles.

Premier Exemple.

Pour trouver l'expofant du produit 64 à 2 qu'on prend pour fon divifeur. 1°. Je difpofe 2 fous le rang 6 du produit 64. 2°. Je dis 2 eft 3 fois dans 6, j'écris 3 dans un demi cercle à part, & je retranche du rang divifé 6 le produit de l'expofant 3 par 2 écrit fous le rang 6, en difant 3 fois 2 = 6, 6 — 6 = 0, c'eft à dire qu'il ne refte rien de ce retranchement.

Et ainfi j'efface 6 & 2 écrit fous lui.

$$64\ (3$$
$$2$$

3°. J'avance du fecond rang où eft 6, au premier où eft 4 le divifeur 2, en l'écrivant fous 4, & je dis 2 eft 2 fois dans 4, j'écris 2 au demi cercle avec l'autre expofant 3, en l'avançant vers la droite , & je retranche du rang divifé qui eft 4, le produit du divifeur 2 par l'expofant nouveau qui eft auffi 2, en difant 2 fois 2 = 4, 4 — 4 = 0, c'eft à dire qu'il ne refte rien ; j'efface donc 4 & 2 écrit fous lui. Et l'operation étant ainfi achevée , je connois que 32 écrit au demi cercle eft l'expofant cherché de 64 à 2, c'eft à dire que 2 eft 32 fois dans 64.

$$64\ (32.$$
$$22$$

Second Exemple.

Pour trouver l'expofant de 84 à 42. 1°. Je difpofe 42 fous 84. 2°. Je dis 4 eft 2 fois dans 8, j'écris 2 au demi cercle , & je retranche du rang 8 le produit de l'expofant 2 par 4 écrit fous 8, en difant 2 fois 4 = 8, 8 — 8 = 0, & j'efface 8 & 4 écrit fous lui. Je retranche auffi de 4 écrit au premier rang le produit de l'expofant 2 par 2 écrit fous 4, en difant 2 fois 2 = 4, 4 — 4 = 0. Effaçant donc 4 & 2 , je connois que 2 eft l'expofant cherché.

$$84\ (2 \qquad 84\ (2$$
$$42 \qquad 42$$

Troifiéme Exemple.

Pour trouver l'expofant de 800 à 4. 1°. Je difpofe comme au premier exemple 4 fous 800. 2°. Je dis 4 eft 2 fois dans 8, & j'écris 2 au demi cercle , je dis enfuite 2 fois 4 = 8, 8 — 8 = 0, & j'efface 8 & 4 écrit fous 8.

$$800\ (2.$$
$$4$$

3°. J'avance 4 fous o écrit au fecond rang , & je dis 4 n'eft aucune fois dans o, j'écris o qui expofe cette nullité, avec 2 au demi cercle, & je dis o par 4, ou 4 fois o = o, o — o = o, & j'efface 4.

$$800\ (20.$$
$$44$$

4°. J'avance 4 sous o écrit au premier rang, & je dis 4 n'est aucune fois dans o, j'écris donc o au demi cercle, & je dis 4 fois o══o, o──o══o. Il ne reste rien, & je connois que 200 est l'exposant 800 (200 cherché.   ~~444~~

Quatriéme Exemple.

Pour trouver l'exposant de 5000 à 10. 1°. Je dispose 10 sous 5000. 2°. Je dis 1 est 5 fois dans 5, & j'écris 5 au demi cercle, 5 fois 1══5, 5──5══o, & j'efface 5 & 1, 5 fois o══o, & j'efface o écrit sous le troisiéme 5000 (5 rang, sans rien retrancher du produit donné.   ~~10~~

3°. J'avance d'un rang chaque chifre du diviseur 10, écrivant o sous o du second rang, & 1 sous le troisiéme, je dis ensuite 1 n'est aucune fois dans o sous qui il est placé, j'écris donc o au demi cercle, & j'efface 5000 (50 seulement 10 à cause que 10 fois o══o, & qu'ainsi il ne faut ~~100~~ rien retrancher du produit donné.   ~~1~~

4°. J'avance d'un rang chaque chifre du diviseur 10, écrivant o sous o du premier rang & 1 sous o du second, je dis ensuite 1 n'est aucune fois dans o, j'écris o demi cercle, & j'efface 10, le reste 5000 (500 est 000══o, & je connois que 500 est   ~~1000~~ l'exposant cherché.   ~~11~~

Premier Avertissement.

Lorsque les nombres donnez ont chacun un plusieurs zero consecutifs aux premiers de leurs rangs, il ne faut qu'effacer de part & d'autre un nombre égal de ces zero, & diviser le reste selon les regles ; l'exposant de cette division sera le même que si l'on n'effaçoit point ces zero, comme on le peut voir dans l'exemple qui precede ; car si au lieu de diviser 1000 par 10 comme j'ai fait, j'efface le zero qui occupe le premier rang de l'un & de l'autre, j'aurai 100 & 1, & 100 estant divisé par 1 donne 100 qui est le même exposant que j'avois trouvé par les regles. De même divisant 24000 par 600, si j'efface les deux zero consecutifs écrits aux premier & second rangs dans l'un & dans l'autre, j'aurai 240 & 6, & 240 estant divisé par 6 donnera 40, qui est aussi l'exposant de 24000 à 600 qu'on auroit trouvé par les regles.

Second Avertissement.

On entend que tout ce qui est à gauche sur un nombre est aussi sur ce nombre, & qu'un nombre est sous tout ce qui est à gauche sur lui. Par exemple dans 24 on entend que 24 est sur 4, & que 4 est sous 24. De même

         4

dans 2406 on entend que 240 est sur 9, & que 9 est sous 240, mais on n'en-

     9

tend pas que 9 soit sous 6, ni que 6 soit sur 9. Cette remarque est de consequence pour la suite.

Cinquiéme Exemple.

Pour trouver l'exposant de 248 à 62. 1°. parceque le diviseur 62 surpasse 24 écrit aux premiers rangs vers la gauche, j'avance d'un rang vers 248 la droite chaque chifre de 62 en l'écrivant sous 48.   62

2°. Je dis 6 est 4 fois dans 24, & j'écris 4 au demi cercle, 4 fois 6═24, 24—24═0, & j'efface 24 & 6, 4 fois 2═8, 8—8═0. Il ne reste rien, & je connois que 4 est l'exposant cherché.

$$248\,(\,4$$
$$62$$

Sixiéme Exemple.

Pour trouver l'exposant de 8670 à 34. 1°. Je dispose 34 sous 8670. 2°. Je dis 3 est 2 fois dans 8, & j'écris 2 au demi cercle 2 fois 3═6, 8—6═2, j'efface 8 & 3, & j'écris 2 sur 8, 2 fois 4═8, 26—8═18, j'efface 26 & 4, & j'écris 18 sur 26.

$$
\begin{array}{cc}
1 & \\
2 & 28 \\
8670\,(\,2 & 8670\,(\,2 \\
34 & 34
\end{array}
$$

3°. J'avance d'un rang chacun des chifres de 34 en écrivant ce nombre sous 87, & je dis 3 est 6 fois dans 18, & j'écris 6 au demi cercle, 6 fois 3═18, 18—18═0, & j'efface 18 & 3, 6 fois 4═24, 7—24═—17, ce qui manifestement oste trop, car 24 ne peut estre compris dans 7, l'exposant 6 est donc trop grand, & ainsi j'écris seulement 5 au demi cercle, & je récris les chifres effacez 18 & 3, afin de recommencer un nouveau conte que je fais en disant 5 fois 3═15, 18—15═3, j'efface 18 & 3, & j'écris 3 sur 8, 5 fois 4═20, 37—20═17, j'efface 3 & 4, & j'écris 1 sur 3, en laissant 7 où il est.

$$
\begin{array}{ccc}
& & 1 \\
& 1 & 13 \\
1 & 18 & 18 \\
28 & 28 & 28 \\
8670\,(\,26 & 8670\,(\,25 & 8670\,(\,25 \\
344 & 344 & 344 \\
3 & 3 & 3 \\
& 3 & 3
\end{array}
$$

4°. J'avance d'un rang chaque chifre de 32, en l'écrivant sous 70, & je dis 3 est 5 fois dans 17, & j'écris 5 au demi cercle, 5 fois 3═15, 17—15═2, j'efface 17 & 3, & j'écris 2 sur 7, 5 fois 4═20, 20—20═0, il ne reste rien, & je connois que 255 est l'exposant cherché.

$$
\begin{array}{c}
1 \\
13 \\
18 \\
282 \\
8670\,(\,255 \\
3444 \\
33 \\
3
\end{array}
$$

Septiéme Exemple.

Pour trouver l'exposant de 24096 à 48. 1°. Je dispose 48 sous 24096, écrivant 4 sous 24 & 8 sous 0. 2°. Je dis 4 est 6 fois dans 24, mais je connois d'abord que l'exposant 6 est trop grand, car 6 fois 4═24, 24—24═0, & 6 fois 8═48, 0—48═—48, ce qui manifestement oste trop, j'écris donc 5 au lieu de 6, & je dis 5 fois 4═20, 24—20═4, j'efface 2 & 4 qui est écrit sous le produit, & je laisse 4 écrit dans le produit au lieu où il est, 5 fois 8═40, 40—40═0, & j'efface 40 & 8.

$$
\begin{array}{cc}
24096\,(\,5 & 24096\,(\,5 \\
48 & 48
\end{array}
$$

3°. J'avance d'un rang chaque chifre de 48 en l'écrivant sous 09, & je dis 4 n'est aucune fois dans rien sous qui je l'ai placé, j'écris donc 0 au demi cercle, & j'efface 48. J'avance enfin d'un rang chaque chifre de 48 en l'écrivant sous 96, & je dis 4 est 2 fois dans 9, & j'écris 2 au demi cercle, 2 fois 4═8, 9—8═1, j'efface 9 & 4 & j'écris 1 sur 9, 2 fois 8═16, 16—16═0, il ne reste rien, & je connois que 502 est l'exposant cherché.

$$
\begin{array}{cc}
& 1 \\
24096\,(\,50 & 24096\,(\,502 \\
488 & 4888 \\
4 & 44
\end{array}
$$

ELEMENS

Huitiéme Exemple.

Pour trouver l'expofant de 82 à 24. 1°. Je difpofe 24 fous 82. 2°. Je dis 2 eft 4 fois dans 8, mais en contant comme à l'ordinaire, je trouve que 4 eft trop grand, & j'écris feulement 3 au demi cercle au lieu de 4, je dis enfuite 3 fois 2=6, 8—6=2, j'efface 8 & 2 écrit fous 8, & j'écris 2 qui reftent fur 8, 3 fois 4=12, 12—12=0, j'efface 22 & 4, & j'écris 10 fur 22. Et parceque le divifeur 24 occupe tous les rangs du produit donné, je ne dois plus avancer d'un rang chacun des chiffres de ce divifeur. Ainfi l'operation eft achevée, & je connois que l'expofant de 82 à 24 ne peut eftre un nombre entier, à caufe que l'expofant trouvé 3 & le refte 10 me font voir que 84 enferme 3 fois 24 tout entier, plus 10 des parties de l'unité rompuë en 24 parties égales, l'expofant 3 & ces parties s'écrivent ainfi $3 + \frac{10}{24}$, ou plus communément & pour abbreger $3\frac{10}{24}$, ce qui fignifie 3 unitez entieres, & 10 vingt-quatriémes parties de l'unité, ou bien 3 plus 10 divifez par 24.

Ces fortes de refte font du genre des nombres rompus, ou des fractions dont nous devons parler au Livre fuivant.

$$\begin{array}{r} \text{1} \\ \text{20} \\ 82\ (3\frac{10}{24} \\ 24 \end{array}$$

Neuviéme Exemple.

Pour trouver l'expofant de 2142178 à 352. 1°. Je difpofe 352 fous 2142178 en l'écrivant fous 142. 2°. Je dis 3 eft 7 fois dans 21; mais fi j'écrivois 7 au demi cercle, il faudroit plus retrancher des rangs divifez qu'ils ne renferment, j'écris donc feulement 6 au demi cercle, & je dis 6 fois 3=18, 21—18=3, j'efface 21 & 3 & j'écris 3 fur 1, 6 fois 5=30, 34—30=4, j'efface 3 & 5, & je laiffe 4 où il eft, 6 fois 2=12, 42—12=30, j'efface 42 & 2, & j'écris 30 fur 42.

$$\begin{array}{r} 330 \\ 2142178\ (6 \\ 382 \end{array}$$

3°. J'avance d'un rang chaque chifre de 352 en l'écrivant fous 301, & je dis 3 eft 1 fois dans 3, mais fi j'écrivois 1 au demi cercle, il faudroit plus retrancher des rangs divifez qu'ils ne renferment, puifque 301 n'eft pas fi grand que 1 fois 352, qui eft placé fous 301, j'écris donc 0 au demi cercle, & j'efface 352 fans rien retrancher du produit donné, à caufe que 352 fois 0=0.

$$\begin{array}{r} 330 \\ 2142178\ (60 \\ 3822 \\ 38 \end{array}$$

4°. J'avance d'un rang chaque chifre de 352 en l'écrivrnt fous 017, & je dis 3 eft 10 fois dans 30, mais 10 eft trop grand, car aucun expofant de cette forte ne doit eftre exprimé par plus d'un caractere, & ainfi je prends 9 au lieu de 10; mais fi j'écrivois 9 au demi cercle, il faudroit plus retrancher des rangs divifez qu'ils ne renferment, j'écris donc feulement 8 au demi cercle, & je dis 8 fois 3=24, 30—24=6, j'efface 30 & 3, & j'écris 6 fur 0, 8 fois 5=40, 61—40=21, j'efface 6 & 5, & j'écris 2 fur 6 en laiffant 1 où il eft, 8 fois 2=16, 17—16=1, j'efface 17 & 2, & j'écris 1 fur 7 & 0 fur 1 du rang qui fuit 7, pour conferver la valeur de 2 écrit au rang qui fuit 17.

$$\begin{array}{r} 2 \\ 6 \\ 33001 \\ 2142178\ (608 \\ 38222 \\ 388 \\ 3 \end{array}$$

5°. J'avance d'un rang chaque chifre de 352, en l'écrivant fous 018, & je dis 3 eft 6 fois dans 20, mais cet expofant 6 eftant trop grand, comme on le

peut aifément voir, j'écris feulement 5 au demi cercle, & je dis 5 fois 3=15,
20—15=5, j'efface 20 & 3, & j'écris 5 fur 0, 5 fois 5=25, 51—25=26,
j'efface 51 & 5, & j'écris 26 fur 51, 5 fois 2=10,
68—10=58, j'efface 6 & 2, & j'écris 5 fur 6 en
laiffant 8 où il eft. Il refte 258 que j'écris avec
l'expofant, en lui foufcrivant le divifeur 352, comme dans l'exemple qui precede. Et l'operation
eftant ainfi achevée, je connois que $608 \frac{258}{352}$ eft
l'expofant cherché, & que 608 eft le nombre
entier qui approche le plus de cet expofant.

$$
\begin{array}{r}
225 \\
686 \\
33001 \\
2142178 \ (\ 608 \frac{258}{352} \\
352222 \\
3888 \\
33
\end{array}
$$

Demonftration du Probleme.

Les regles prefcrites pour la divifion des nombres paroiffent démontrées,
ou par les raifons que nous avons apportées dans les exemples precedens, ou
par l'ordre & la difpofition des chifres que nous y avons obfervée. La feule
chofe qui me femble avoir befoin de preuves, eft pourquoi l'on avance au
demi cercle autant d'expofants vers la droite, que chaque chifre du divifeur
eft de fois avancé d'un rang; la raifon eft que l'expofant des premiers rangs
du produit au divifeur écrit à la fin fous ces rangs, marque des fimples unitez,
que l'expofant des feconds rangs au divifeur écrit fous ces rangs marque des
dixaines, que l'expofant des troifiémes rangs au divifeur écrit fous ces rangs
marque des centaines, & ainfi de fuite à l'infini. De forte que quand ces
expofants ne feroient que des zero, il ne faut pas laiffer de les écrire au demi
cercle, parcequ'ils font valoir les chifres qui les fuivent, felon l'ordre & la
difpofition des rangs qu'ils occupent.

Par exemple en cherchant l'expofant de 24098 à 48, l'expofant 2 des premiers rangs de 24096, à 48 écrit à la fin fous ces rangs, marque 2 fimples
unitez, l'expofant 0 des feconds rangs de 24096, à 48 écrit la feconde fois
fous ces rangs, marque des dixaines, ou du moins le rang des dixaines,
parceque zero ne donne rien dans fon rang, & l'expofant 5 des derniers rangs
de 24096, à 48 écrit la premiere fois fous ces rangs marque 5 centaines, qui
ne feroient pas exprimées, fi l'on n'avoit eü foin de remplir le rang des
dixaines du fecond expofant 0.

*Comme plufieurs de ceux qui commencent trouvent ordinairement la
divifion tres-difficile à faire felon la methode du probleme qui precede,
nous en donnerons une autre un peu plus longue à la verité, mais plus facile
à obferver, & qui fervira de difpofition pour faciliter celle qui precede.
Cette methode eft telle.*

1°. On difpofe le divifeur comme au probleme precedent.

2°. On cherche combien de fois le chifre qui occupe le dernier rang du
divifeur, eft de fois dans ceux fous qui on l'a placé, & l'on efface ce divifeur,
mais on l'écrit feparément, & fous lui on écrit fon produit par l'expofant
qu'on a trouvé. Si ce produit furpaffe les rangs fous qui le divifeur eft placé,
on prend un autre expofant plus petit de l'unité, par qui on multiplie ce divifeur : Si le produit furpaffe encore les rangs fous qui le divifeur eft placé, on

CXVII.

prend encore un autre expofant plus petit de l'unité que celui qui precede, par qui on multiplie auffi le divifeur. Et l'on continuë la même operation, jufques à ce qu'on ait un produit qui ne furpaffe point les rangs fous qui le divifeur eft placé, & l'on écrit les chiffres des rangs fous qui le divifeur n'a point efté placé aprés ce qui refte,

3°. On avance d'un rang vers la droite chaque chifre du divifeur, & réiterant une operation femblable à celle qui precede, on ajoûte l'expofant qu'on trouve au demi cercle. Et repetant ainfi la même operation, jufques à ce que le divifeur ait parcouru tous les rangs du produit donné, on trouve enfin au demi cercle l'expofant qu'on cherche. Les exemples fuivans éclairciront ces regles.

Premier Exemple.

Pour divifer 2142178 par 352. 1°. Je difpofe 352 fous 2142178, en l'écrivant fous 142. 2°. Je dis 3 eft 7 fois dans 21, & j'efface le divifeur 352, mais je l'écris feparément, & fous lui fon produit par l'expofant trouvé 7, ce produit eft 2464, qui furpaffe 2142 fous qui le divifeur 352 eft placé; Connoiffant donc que l'expofant 7 eft trop grand, je prends feulement 6, par qui je multiplie le divifeur 352, le produit eft 2112, qui ne furpaffe point 2142, fous qui le divifeur 352 eft placé, & ainfi j'écris 6 au demi cercle, & je retranche 2112 produit du divifeur 352 par l'expofant trouvé 6, des rangs 2142, fous qui le divifeur eft placé, il refte 30, & j'écris 178, fous qui le divifeur n'a point encore efté placé, aprés ce refte.

```
  +2142178 ( 6          pour le premier chifre de l'expofant.
    352                        352              352
  —2112                         7                6
  ————————                    ——————          ——————
  +30|178                     2464             2112
```

3°. J'avance d'un rang chaque chifre de 352, en l'écrivant fous 301, & je dis 3 eft 1 fois dans 3, mais voyant d'abord que 352 produit du divifeur 352 par cet expofant trouvé 1, furpaffe 301, fous qui le divifeur eft placé, j'écris feulement 0, c'eft à dire l'expofant trouvé 1 diminué de l'unité, au demi cercle, & j'efface 352, fans rien retrancher du produit donné, parceque 0 par 352, ou 35 fois 0=0.

```
  +2142178 ( 60          pour le premier chifre de l'expofant.
    352                        352              352
  —2112                         7                6
  ————————                    ——————          ——————
  +30|178                     2464             2112
    352
```

4°. J'avance d'un rang chaque chifre de 352, en l'écrivant fous 017, & je dis 3 ne doit point eftre pris plus de 9 fois dans 30, & j'efface le divifeur 352, mais je l'écris feparément, & fous lui fon produit par l'expofant trouvé 9, ce produit eft 3168 qui furpaffe 3017, fous qui le divifeur 352 eft placé, je prends donc feulement 8, parceque je multiplie 352, & le produit 2816 ne furpaffant point 3017, j'écris 8 au demi cercle, & je retranche 2816 produit de 352 par 8,

da

de 3017 ; il reste 201, & j'écris 8, sous qui le diviseur n'a point encore esté placé, aprés ce reste.

```
  +2142178 (608        pour le premier chifre de l'expofant.
    352                    352              352
  —2112                     7                6
  ————                  ————————         ————
  +30|178               24694             2112
    352 .                          pour le troisiéme chifre.
    352                    352              352
  —2816                     9                8
  ————                  ————————         ————
  +201|8                 3168             2816
```

J'avance enfin d'un rang chaque chifre de 352, en l'écrivant sous 018, & je dis 3 est 6 fois dans 20, & j'efface 352, mais je l'écris feparément, & fous lui fon produit par l'expofant trouvé 6, ce produit est 2112, qui furpasse 2018, fous qui 352 est placé, je prends donc feulement 5, par qui je multiplie 352, & le produit 1760 ne furpaffant point 2018, j'écris 5 au demi cercle, & je retranche 1760 produit dé 352 par 5, de 2018, le reste est 258 que j'écris avec l'expofant, en lui foufcrivant 352. Et je connois que 6085 $\frac{258}{352}$ est l'expofant cherché.

```
  +2142178 ( 6085 258/352       pour le premier chifre de l'expofant.
    352                    352              352
  —2112                     7                6
  ————                  ————————         ————
  +30|178               24694             2112
    352                          pour le troifiéme chifre.
    352                    352              352
  —2816                     9                8
  ————                  ————————         ————
  +201|8                 3168             2816
    352                          pour le quatriéme chifre.
  —1760                    352              352
  ————                      6                5
  +258                  ————————         ————
                          2112             1760
```

Second Exemple.

Pour divifer 7339456r par 179. 1°. Je difpofe 179 fous 7339456r, en l'écrivant fous 733. 2°. Je dis 1 est 7 fois dans 7, mais connoiffant d'abord que 7 est trop grand, je prends feulement 6, & j'efface 179, mais je l'écris feparément, & fous lui fon produit par l'expofant trouvé 6, ce produit est 1074, qui furpaffe 733 fous qui le divifeur 179 est placé, je prens donc feulement 5, par qui je multiplie 179, le produit est 895, qui furpaffant auffi 733 fous qui 179 est placé, m'oblige de ne prendre que 4, par qui je multiplie de nouveau 179, & le produit 716 ne furpaffant point 733, j'écris 4 au demi cercle, & je retranche 716 de 733 ; le reste est 17, & j'écris 94561 aprés ce reste.

E

```
+7394561 (4          pour le premier chifre de l'exposant.
 179                   179        179        179
—716                     6          8          4
                      ————       ————       ————
+17|94561             1014        898        716
```

3°. J'avance d'un rang 179, en l'écrivant fous 179, & je dis 1 eft 1 fois dans 1, & voyant d'abord que le produit du divifeur par l'expofant eft 179 qui ne furpaffe point 179 fous qui le divifeur eft placé, j'écris 1 au demi cercle, & je retranche 179 produit du divifeur 179 par 1, de 179 fous qui le divifeur eft placé, & il ne refte rien.

4°. J'avance d'un rang 179 en l'écrivant fous 004, & voyant que 1 n'eft aucune fois dans 0, j'écris 0 au demi cercle, & effaçant le divifeur 179, je l'avance d'un rang en l'écrivant fous 045, mais voyant encore que 1 n'eft aucune fois dans 0, fous qui je l'ai placé, j'écris encore 0 au demi cercle, & j'efface 179.

5°. J'avance d'un autre rang 179, en l'écrivant fous 456, & je dis 1 eft 4 fois dans 4, mais connoiffant d'abord que 4 eft trop grand, je prens feulement 3, & j'efface 179, mais je l'écris feparément, & fous lui fon produit par 3, ce produit eft 537, qui furpaffe 456 fous qui 179 eft placé, je prends donc feulement 2, par qui je multiplie 179, & le produit 358 ne furpaffant point 456, j'écris 2 au demi cercle, & je retranche 358 de 456, il refte 98, & j'écris 1 aprés ce refte.

```
+7394561 (41002        pour le premier chifre de l'exposant.
 179                    179        179        179
—716                      6          8          4
                       ————       ————       ————
+17|94561              1014        898        716
 179                   pour le cinquiéme chifre.
—179                    179        179
                          3          2
000|4561               ————       ————
 179.          1        837        358
 179.
 179
—358
+98|1
```

J'avance enfin d'un rang le divifeur 179, en l'écrivant fous 981, & je dis 1 eft 9 fois dans 9 ; mais connoiffant d'abord que 9 eft trop grand, je prends feulement 8, & j'efface 179, mais je l'écris feparément, & fous lui fon produit par 8, ce produit eft 1432, qui furpaffe 981, je prends donc feulement 7, par qui je multiplie 179, le produit eft 1253 qui furpaffe auffi 981, je prends donc feulement 6, par qui je multiplie 179, le produit eft 1074, qui furpaffant encore 981, m'oblige de nouveau de ne prendre que 5, par qui je multiplie 179, & le produit 895 ne furpaffant point 981, j'écris 5 au demi cercle, & je retranche 895, produit de 179 par 5, de 981, le refte eft 86, que j'écris avec l'expofant, en lui foufcrivant le divifeur 179. Et l'operation eftant ainfi achevée, je connois que $4100 \frac{86}{179}$ est l'exposant cherché.

pour le premier chifre de l'exposant.

pour le cinquième chifre.

pour le sixième chifre.

On trouvera pareillement que l'exposant de 9342501 à 194 est $48157\frac{41}{194}$.

pour le premier chifre de l'exposant.

pour le deuxième chifre. *pour le troisième chifre.*

pour le quatrième chifre.

pour le cinquième chifre.

DE LA DIVISION
DES GRANDEURS LITERALES.

Lorsque le produit & le diviseur donnez sont exprimez chacun par lettres, CXVIII. & ne renferment point plusieurs parties liées par + ou par —, on efface de part & d'autre celles qui s'y trouvent également & autant de fois, & l'on écrit devant le reste le signe +, si chaque grandeur a le même signe + ou le même signe —, à cause que + divisé par +, ou — par — donne + (*par* 112. *S.*) Mais on écrit le signe —, si l'une des grandeurs a +, & l'autre —, à cause que + divisé par —, ou — par + donne — (*par* 112. *S.*) Ainsi pour diviser +*ab* par *a*, ou —*ab* par —*a*, on écrit *b*. Et pour diviser —*ab* par *a*, ou *ab* par —*a*, on écrit *b*. De même pour diviser *ab* par *b*, ou —*ab* par —*b*, on écrit *a*. Et pour diviser —*ab* par *b*, ou *ab* par —*b*, on écrit —*a*.

CXIX. Si quelque nombre precede les lettres, 1°. On divise les nombres par les nombres. 2°. les lettres par les lettres, 3°. on écrit l'exposant des nombres avant l'exposant des lettres. Ainsi pour diviser 8*ab* par 4*b*, 1°. on divise 8 par 4, & l'exposant est 2, 2°. on divise *ab* par *b* & l'exposant est *a*, 3°. on écrit l'exposant 2 devant l'exposant *a*, ce qui fait 2*a*, & 2*a* est l'exposant de 8*ab* à 2*b*. De même l'exposant de —8*ab* à —4*b* est 2*a* ; mais l'exposant de 8*ab* à —4*b*, ou de —8*ab* à 4*b* est —2*a*.

On voit assez que dans la division d'un produit par son diviseur, l'exposant du produit au diviseur n'est pas le même que l'exposant du diviseur à ce produit. Ainsi l'exposant de 8 à 4 n'est pas le même que l'exposant de 4 à 8, à cause que 4 est 2 fois dans 8, & que 8 n'est pas 2 fois dans 4. Pareillement l'exposant de ab à b n'est pas le même que l'exposant de b à ab à cause que b n'est pas autant mesuré par ab que ab est mesuré par b.

CXX. Lorsque chaque grandeur donnée ou qu'une seulement est exprimée par plusieurs lettres qui en designent les parties, la division se fait à peu prés comme celle des nombres. Par exemple pour diviser *aa*+*ab*+*ac*+*bc* par *a*+*b*. 1°. Je les dispose comme les nombres en cette sorte.

$$aa + ab + ac + bc$$
$$a + b$$

2°. Je dis l'exposant de *aa* à *a* est *a*, & j'écris *a* au demi cercle, je dis ensuite le produit de *a* par *a* est *aa*, & j'efface *aa* & *a* écrit sous *aa*, je dis aussi le produit de *a* par *b* est *ab*, *ab*—*ab*=0, & j'efface *ab* & *b* écrit sous *ab*.

$$2aa + 2ab + ac + ba\ (a$$
$$2a + 2b$$

3°. J'avance chaque partie du diviseur *a*+*b*, en écrivant *a* sous *ac* & +*b* sous *bc*, & je dis l'exposant de *ac* à *a* est *c*, & j'écris +*c* au demi cercle, *a* par *c*=*ac*, *ac*—*ac*=0, & j'efface *ac* & *a* écrit dessous, *b* par *c*=*bc*, *bc*—*bc*=0, & j'efface *bc* & *b* écrit dessous. Il ne reste rien, & je connois que *a*+*c* est l'exposant cherché.

$$2aa + 2ab + 2ac + 2bc\ (a + c$$
$$2a + 2b \qquad 2a + 2b$$

On a joint ici des chiffres tranchez aux lettres qu'on dit devoir estre effacées parceque l'imprimeur n'a pas eu des caractères propres pour les marquer autrement.

De même pour diviser y^6—8y^4—124*yy*—64 par *yy*—16. 1°. Je les dispose comme dans l'exemple precedent. 2°. Je dis l'exposant de y^6 à *yy* est y^4, & j'écris y^4 au demi cercle, y^4 par *yy*=y^6, y^6—y^6=0, & j'efface y^6 & *yy*, y^4 par —16=—16y^4, —8y^4+16y^4=8y^4, j'efface —8y^4 & —16, & j'écris +8y^4 sur —8y^4.

$$+8y^4$$
$$y^6 - 8y^4 - 124yy - 64\ (y^4$$
$$2yy - 16$$

3°. J'avance le diviseur yy—16, écrivant yy sous —$8y^4$, & —16 sous —124yy, & je dis l'expofant de —$8y^4$ à yy eft —8yy, & j'écris —8yy au demi cercle, 8yy par yy═—$8y^4$, & j'efface —$8y^4$ & yy, 8yy par —16═—128yy, —124yy—128yy═—4yy, j'efface —124yy & —16, & j'écris —4yy fur —124yy.

$$-8y^4　-4yy$$
$$xy^6-8y^4-124yy-64\ (\ y^4-8yy$$
$$xyy-16\ -16$$
$$xyy$$

4°. J'avance le diviseur yy—16, écrivant yy sous —4yy & —16 sous —64, & je dis l'expofant de —4yy à yy eft —4, & j'écris —4 au demi cercle, —4 par yy═—4yy, —4yy—4yy═0, & j'efface —4yy & yy, —4 par —16═—64, —64—64═0.

Il ne refte rien, & je connois que y^4—8yy—4 eft l'expofant cherché.

$$-8y^4　-4yy$$
$$xy^6-8y^4-124yy-64\ (\ y^4-8yy-4$$
$$xyy-16\ -16\ -16$$
$$xyy\ .\ xyy$$

CXXI.
Lorfque le produit & le diviseur ne peuvent avoir un expofant entier & fans refte, ces reftes s'appellent *fractions*, & ces fractions font du genre de celles dont nous traitterons au Livre fuivant. Ainfi cherchant l'expofant de abb à abc, j'efface ab qui fe trouve de part & d'autre, & il refte b du produit abb, & c du produit abc pris pour diviseur de abb. Ces reftes b & c font une fraction, qu'on écrit comme aux nombres en cette forte $\frac{b}{c}$, c'eft à dire b divifé par c.

CXXII.
Lorfqu'un produit literal enferme plufieurs parties liées par —, ou par —, & que la divifion ne peut du tout fe faire, ou qu'elle laiffe un refte, on fe contente ordinairement d'écrire ce produit tout entier avec fon diviseur au deffous. Ainfi aa—ab—ac—bc ne peut eftre divifé par a—d, & je me contente d'écrire $\frac{aa-ab-ac-bc}{a-d}$. De même xx—ax—bx—ab—cc ne peut eftre divifé par x—a, fans laiffer le refte cc, & je me contente d'écrire $\frac{xx-ax-bx-ab-cc}{x-a}$. Je pourois auffi écrire x—$b\frac{-cc}{x-a}$. Il en eft ainfi des autres.

THEORE'ME.

CXXIII.
En toute divifion le produit du diviseur par l'expofant eft égal au produit donné.

Demonftration. Soit ab le produit donné, & a diviseur de ce produit, l'expofant de ab à a eft b ; Or le produit du diviseur a par cet expofant b eft ab, & ab eft auffi le produit donné. Donc le produit du diviseur par l'expofant eft égal au produit donné. Et c'eft ce qu'il falloit démontrer.

PREMIER COROLLAIRE.

CXXIV.
Il eft donc évident qu'en toute divifion le diviseur & l'expofant font les deux racines, l'une donnée, & l'autre cherchée, du produit qu'on donne à divifer.

SECOND COROLLAIRE.

CXXV.   C'eſt pour cela que la multiplication & la diviſion ſont oppoſées l'une à l'autre ; l'une défait ce que l'autre a fait, & elles ſe ſervent réciproquement de preuves, comme l'addition à la ſouſtraction, & la ſouſtraction à l'addition. C'eſt ainſi que pour s'aſſurer que $xx + ax + bx + ab$ eſt le produit de $x + a$ par $x + b$, il ne faut que diviſer ce produit par l'une de ces deux racines, ſi l'expoſant donne l'autre racine, la multiplication eſt bien faite ; mais s'il ne la donne pas, la multiplication eſt mal faite, il la faut recommencer. Et reciproquement pour s'aſſurer que $x + b$ eſt l'expoſant de $xx + ax + bx + ab$ à $x + a$, il ne faut que multiplier l'expoſant $x + b$ par le diviſeur $x + a$, ſi le produit eſt le même que le produit donné, la diviſion eſt bien faite, mais ſi ce produit n'eſt pas le même, la diviſion eſt mal faite, il la faut recommencer.

DES DIVISEURS

DES GRANDEURS ENTIERES.

CXXVI.   On ſçait déja que ſouvent un produit peut eſtre conçeu comme formé par des racines de differens degrez, & differentes dans un même degré. Lorſque ces racines meſurent pluſieurs fois ſans reſte un produit donné, on les appelle *diviſeurs entiers*, ou ſimplement *diviſeurs* de ce produit. Par exemple 2, 3, & 4 meſurent chacun ſans reſte le nombre 12, & 2, 3 & 4 ſont appellez diviſeurs de 12. L'unité ſe met auſſi dans le rang des diviſeurs de chaque nombre entier, à cauſe qu'eſtant repetée autant de fois qu'il faut, elle les meſure tous exactement & ſans reſte. Ces nombres s'appellent auſſi quelquefois diviſeurs d'eux-mêmes, parceque l'expoſant de toute grandeur à elle-même eſt l'unité. Ainſi l'expoſant de 12 à 12 eſt 1, car 12 eſt 1 fois dans 12. On a beſoin dans pluſieurs rencontres de ſçavoir quels ſont tous les diviſeurs d'un nombre, ou d'une grandeur literale & entiere ; Et c'eſt ce qu'on trouvera par le moyen des deux regles qui ſuivent.

PREMIERE REGLE.

Pour trouver tous les diviſeurs entiers d'un nombre.

CXXVII.   1°. Si ce nombre eſt pair on le diviſera par 2, & reſervant ce diviſeur 2, ſi l'expoſant eſt encore pair, on le diviſera pareillement par 2, & reſervant encore ce nouveau diviſeur 2, on reïterera une ſemblable diviſion par 2, juſqu'à ce qu'il vienne un nombre impair pour expoſant d'une telle diviſion.

CXXVIII   2°. Et ſi le nombre donné eſt impair, ou ſi aprés quelque diviſion l'expoſant eſt un nombre impair, on diviſera ce nombre par 3 ſi on le peut faire ſans reſte, & reſervant ce diviſeur 3, on reïterera une ſemblable diviſion par 3, juſques à ce qu'il vienne un expoſant qu'on ne puiſſe diviſer par 3.

CXXIX.   3°. On reïterera de ſemblables diviſions par 5, par 7, par 11, par 13, par 19, par 23, par 29, & ainſi de ſuite par tout autre nombre qui n'aura que l'unité ou que lui-même pour diviſeur, juſques à ce qu'on trouve un expoſant qu'on ne puiſſe diviſer que par l'unité ou par lui-même, & cet expoſant ſera reſervé.

avec les diviseurs precedens.

4°. Le premier des nombres reservez sera multiplié par le second, le pre- CXXX.
mier & le second plus leur produit seront multipliez par le troisiéme ; le premier & le second plus leur produit, plus le troisiéme plus ses produits par les
trois nombres precedens seront multipliez par le quatriéme , & ainsi de suite
à l'infini.

Par exemple pour trouver tous les diviseurs du nombre 462. 1°. Comme
ce nombre est pair, je fais une premiere division par 2, & je reserve ce premier
diviseur 2. 2°. L'exposant de la premiere division qui est 231 estant impair,
je fais une seconde division par 3, & je reserve le second diviseur 3. 3°. 77
exposant de la seconde division ne peut plus estre divisé par 3, il ne peut l'estre
aussi par 5, je le divise donc par 7, & je reserve ce troisiéme diviseur 7. 4°. 11
exposant de la troisiéme division ne peut estre divisé que qar l'unité ou par
lui-même, & ainsi je le reserve avec les diviseurs precedens. 5°. Je multiplie
2 premier nombre reservé par le second qui est 3, & le produit est 6, je multiplie ensuite 2, 3, & 6 premier & second nombre reservez , plus leur produit
par le troisiéme des nombres reservez qui est 7, & les produits font 14, 21, &
42. Je multiplie ensuite 2, 3, 6, 7, 14, 21, & 42 tous les nombres. & tous les
produits precedens, par 11 dernier des nombres reservez , & les produits font
22, 33, 66, 77, 154, 231, & 462. Et tous ces nombres 1, 2, 3, 6, 7, 11, 21, 33,
42, 66, 77, 154, 231, & 462 font les diviseurs que je cherche.

```
1ere division.   2e division.   3e division.   4e division.
462(231  231(77  77(11  11(1            1er| 2|
222       33     77     11         2e  | 3| 6,
                                nombres 3e | 7| 14, 21, 42,
                                reservez 4° |11| 22, 33, 66, 77, 154, 231, 462.
```

On trouveroit par la même regle que tous les diviseurs de 144 font 1, 2, 3, 4,
8, 12, 16, 24, 36, 48, 72, & 144.

```
1ere division.  2e division.  3e division.  4e division.  5e division.  6e division.
144(72(36(18(9(3(1            1er|2|
22 22 22  2 3 3          2e |2| 4,
                        3e |2| 4, 4, 8,
                        4e |2| 4, 4, 4, 8, 16,
                nombres 5° |3| 6, 6, 12, 6, 24, 6, 48,
                reservez 6° |3| 6, 6, 12, 6, 24, 6, 48, 36, 72, 144.
```

SECONDE REGLE.

Pour trouver tous les diviseurs d'une grandeur literale & entiere.

On fera à peu prés comme aux nombres. 1°. On divisera cette grandeur CXXXI.
par quelqu'une qu'on ne puisse diviser que par l'unité ou par elle-même,

& l'on refervera ce premier divifeur.

CXXXII.   2°. L'expofant fera nouvellement divifé par ce même divifeur, fi cela peut fe faire, ou par quelqu'autre qu'on ne puiffe divifer que par l'unité ou par lui-même, fi cela ne peut pas fe faire, & l'on refervera ce fecond divifeur.

CXXXIII.   3°. On reïterera de femblables divifions jufques à ce qu'on trouve un expofant qu'on ne puiffe auffi divifer que par l'unité ou par lui-même, & l'on refervera cet expofant avec les divifeurs qui precedent.

Par exemple pour trouver tous les divifeurs entiers de $a^3b + aabb$. 1°. Je fais une premiere divifion par a, l'expofant eft $aab + abb$, & je referve le premier divifeur a. 2°. Je divife encore cet expofant par a, l'expofant eft $ab + bb$, & je referve le fecond divifeur a, 3°. Le fecond expofant $ab + bb$ ne peut plus eftre divifé par a, je le divife donc par b, l'expofant eft $a + b$, & je referve le troifiéme divifeur b, je referve auffi le dernier expofant $a + b$, qu'on ne peut divifer exactement que par l'unité ou par lui-même. 4°. Je multiplie le premier divifeur a par le fecond qui eft a, & le produit eft aa, plus a & a premier & fecond divifeurs, & leur produit aa, par b, & les produits font ab, ab, & aab (je ne conte ab qu'une fois,) je multiplie enfuite a, a, aa, ab, & aab tous les divifeurs & tous les produits qui precedent par le troifiéme divifeur $a + b$ & les produits font $aa + ab$, $a^3 + aab$, $ab + bb$, $aab + abb$, & $a^3b + aabb$. Et ainfi je trouve que tous les divifeurs cherchez font 1, a, aa, b, ab, aab, $a + b$, $aa + ab$, $a^3 + aab$, $ab + bb$, $aab + abb$, & $a^3b + aabb$.

$$
\begin{array}{cccc}
\text{1}^{ere}\ \text{divifion.} & \text{2}^{e}\ \text{divifion.} & \text{3}^{e}\ \text{divifion.} & \text{4}^{e}\ \text{divifion.}
\end{array}
$$

$$a^3b + aabb\ (\ aab + abb\ (\ ab + bb\ (\ a + b\ (\text{E}$$
$$a \qquad\quad a \qquad a \qquad\quad a \qquad b \qquad b \qquad a + b$$

$$
\begin{array}{rl|l}
\text{1}^{er} & a & \\
\text{2}^{e} & a & aa, \\
\text{divifeurs 3}^{e} & b & ab,\ aab, \\
\text{refervez 4}^{e} & a + b & aa + ab,\ a^3 + aab,\ ab + bb,\ aab + abb,\ a^3b + aabb.
\end{array}
$$

Pour trouver pareillement tous les divifeurs de $a^6 + 2a^4cc + aac^4$. Je fais une premiere & feconde divifion par a, & l'expofant de la feconde divifion ne pouvant plus eftre divifé par a, ni par c, ni par aa, ni par cc, je le divife par $aa + cc$, & l'expofant $aa + cc$ eft refervé avec les trois divifeurs precedens a, a, & $aa + cc$, & je trouve que tous les divifeurs cherchez font 1, a, aa, $aa + cc$, $a^3 + acc$, $a^4 + aacc$, $a^4 + 2aacc + c^4$, $a^5 + 2a^3cc + ac^4$, & $a^6 + 2a^4cc + aac^4$.

Demonftration

Demonſtration des deux regles precedentes.

Il y a deux choſes à faire voir dans les regles precedentes qui dépendent chacune d'un même principe, la premiere eſt que toutes les grandeurs trouvées doivent eître diviſeurs du produit donné, & cela eſt évident; car ſi on prend, comme on l'a fait dans ces deux regles, l'expoſant d'un produit donné à quelqu'un de ſes diviſeurs, le produit de ce diviſeur par l'expoſant, ou par un diviſeur de l'expoſant, ſera toûjours diviſeur du produit donné. Soit *abc* le produit donné, & *ab* l'expoſant de ce produit à quelqu'un de ſes diviſeurs comme *c*, il eſt clair que *abc* produit de *ab* par *c*, ou *ac* produit de *a* diviſeur du diviſeur *ab*, par *c*, ou *bc* produit de *b* autre diviſeur de *ab* par *c*, ſont tous diviſeurs du produit donné *abc*; car les expoſans de ce produit à lui-même, & à *ac*, & à *bc*, ſont 1, *b*, & *a*, qui ſont tous diviſeurs du produit donné *abc*.

La ſeconde choſe qui reſte à démontrer, eſt que ces regles découvrent tous les diviſeurs du produit donné, & cela eſt encore évident; car ſoit *abc* le produit donné, il eſt clair qu'on ne peut le diviſer exactement & ſans reſte que par les trois grandeurs lineaires *a*, *b*, ou *c*, ou par les trois planes *ab*, *ac*, ou *bc*, ou enfin par l'unité ou par lui-même, c'eſt à dire qu'il ne peut avoir que les diviſeurs 1, *a*, *b*, *c*, *ab*, *ac*, *bc*, & *abc*. Or les regles propoſées découvrent tous ces mêmes diviſeurs, & c'eſt la même choſe en tout autre produit. Ces regles donnent donc tous les diviſeurs du produit donné.

COROLLAIRE.

Le plus grand diviſeur d'une grandeur entiere eſt cette grandeur même, & ſon plus petit diviſeur eſt l'unité. Ainſi le plus grand diviſeur de 12 eſt 12, & ſon plus petit diviſeur eſt 1; car aucun nombre entier plus grand que 12, ou plus petit que 1, ne peut eſtre exactement renfermé dans 12.   CXXXIV.

ELEMENS
DES
MATHEMATIQUES.

LIVRE SECOND.
DES QUATRE PREMIERES OPERATIONS
SUR LES FRACTIONS DES GRANDEURS ENTIERES.

N a expliqué au Livre precedent les quatre premieres operations sur les rapports des grandeurs entieres, dont le premier terme seul est exprimé, & le second qui est l'unité est sous-entendu; & on expliquera dans celui-ci les quatre mêmes operations sur tout rapport des grandeurs entieres, dont chaque terme est exprimé.

I.   La nature & l'expression de ces rapports ne differe point de la nature & de l'expression des divisions. $\frac{8}{4}$ marque également le rapport de 8 à 4, & la division de 8 par 4, car dans le rapport de 8 à 4, je considere combien de fois 4 est dans 8, & dans la division de 8 par 4, je considere aussi combien de fois 4 est dans 8.

II.   Tout ce qui convient à la division d'une grandeur par une autre, convient donc également au rapport de l'une à l'autre, & l'exposant de l'une sera aussi l'exposant de l'autre. Lorsque 8 est divisé par 4, on dit que 2 est l'exposant de 8 à 4, & lorsque 8 est rapporté à 4, on dit aussi que 2 est l'exposant de 8 à 4, ou du rapport de 8 à 4.

III.   On appelle aussi *fractions* ces divisions ou ces rapports, $\frac{8}{4}$ & $\frac{4}{8}$ sont des fractions, à cause que par $\frac{8}{4}$ on entend un tout divisé ou rompu en 8 quarts, c'est à dire en 8 parties égales, dont chacune est le quart de l'unité, & par $\frac{4}{8}$, on entend un tout rompu en 4 huitiémes, c'est à dire en 4 parties égales, dont chacune eſt un huitiéme de l'unité.

Il eſt à propos de bien remarquer avant que de paſſer outre que ces trois expreſſions differentes divifions, rapports, ou fractions ne marquent qu'une même choſe énoncée differemment, afin que tout ce qu'on aura démontré des unes ſoit auſſi démontré des autres.

IV. Les rapports, dont le premier terme enferme exactement pluſieurs fois le ſecond, s'appellent *multiples*, comme ceux qu'on appelle *doubles, triples, quadruples*, &c.

V. Et les rapports, dont le premier terme eſt enfermé exactement pluſieurs fois dans le ſecond, s'appellent *foûmultiples*, comme ceux qu'on appelle *foûdoubles, foûtriples, foûquadruples*, ou plus vulgairement demis, tiers, quarts, &c.

Mais pour ne point s'embaraſſer la memoire de tous les differens noms de ces rapports, il vaut mieux les appeller par le nom des nombres qui les expriment, comme le rapport de 2 à 1, de 5 à 1, de 12 à 7, de 101 à 10, de 3 à 5, de 1 à 2, de 121 à 50, & ainſi des autres.

VI. Les nombres les plus ſimples, qui expriment combien de fois les deux termes d'un rapport ſe contiennent, ou ſont contenus les uns par les autres, s'appellent *expoſants exacts*, ou ſimplement *expoſants* de ces rapports. Par exemple 8, premier terme du rapport $\frac{8}{4}$, contient autant de fois 4 qui en eſt le ſecond terme, que 2 contient de fois l'unité, & ainſi $\frac{2}{1}$ ou ſimplement 2 eſt l'expoſant de $\frac{8}{4}$. De même 4, premier terme du rapport $\frac{4}{8}$, eſt autant de fois contenu dans 8, que 1 eſt de fois contenu dans 2, & ainſi $\frac{1}{2}$ eſt l'expoſant de $\frac{4}{8}$. Pareillement l'expoſant de $\frac{12}{16}$ eſt $\frac{3}{4}$, parceque de même que 3, premier terme de $\frac{3}{4}$, n'enferme que les trois quarts du ſecond terme 4, de même auſſi 12, premier terme de $\frac{12}{16}$, n'enferme que les trois quarts du ſecond terme 16. Par de ſemblables raiſonnemens, nous dirons que $\frac{1}{3}$ eſt l'expoſant de $\frac{20}{12}$, que $\frac{2}{7}$ eſt l'expoſant de $\frac{18}{63}$, que $\frac{7}{6}$ eſt l'expoſant de $\frac{45}{30}$, & ainſi des autres.

VII. Lorſque deux grandeurs ſont diviſées chacune ſans reſte par une autre, on dit que cette autre eſt un *diviſeur commun* des deux premieres; & ſouvent deux grandeurs peuvent avoir pluſieurs de ces diviſeurs communs, les uns plus grands, les autres plus petits. Par exemple 36 & 12 peuvent avoir les diviſeurs communs 1, 2, 3, 4, 6, & 12, parceque 1 eſt 36 fois dans 36, & 12 fois dans 12; que 2 eſt 18 fois dans 36, & 6 fois dans 12; que 3 eſt 12 fois dans 36, & 4 fois dans 12; que 4 eſt 9 fois dans 36, & 3 fois dans 12; que 6 eſt 6 fois dans 36, & 2 fois dans 12; & que 12 eſt 3 fois dans 36, & 1 fois dans 12.

Si on ſuppoſe tout ce qui eſt démontré au Livre precedent, on peut avancer ici pour Axiomes les propoſitions ſuivantes.

Axiomes.

VIII. Si des grandeurs égales ſont également multipliées, les produits ſont égaux.

IX. Si des grandeurs égales ſont également diviſées, les expoſants ſont égaux.

X.　Toute grandeur n'a point de diviseur plus grand qu'elle même.

XI.　Tout diviseur commun à chaque partie d'un tout, est aussi diviseur de ce tout. a est diviseur commun de ab & de ac parties du tout $ab + ac$, & a est aussi diviseur du tout $ab + ac$.

XII.　Et reciproquement tout diviseur commun d'un tout & de sa partie, est aussi diviseur de l'autre partie. a est diviseur commun du tout $ab + ac$ & de ab l'une des deux parties de ce tout, & a est aussi diviseur de ac qui est l'autre partie de ce tout.

XIII.　Le plus grand diviseur commun des deux parties qui composent un tout, est aussi le plus grand diviseur commun de ce même tout & de l'une de ces parties. a est le plus grand diviseur commun de ab & de ac les deux parties du tout $ab + ac$, & a est aussi le plus grand diviseur commun du tout $ab + ac$ & de l'une de ses deux parties ab & ac.

XIV.　Le plus grand diviseur commun d'un tout & de sa partie, est aussi le plus grand diviseur commun du même tout & de son autre partie. a est le plus grand diviseur commun du tout $ab + ac$ & de la partie de ce tout ab, ou ac, & a est aussi le plus grand diviseur commun du même tout $ab + ac$ & de l'autre partie de ce tout ac, ou ab.

PREMIER PROBLEME.

Trouver le plus grand diviseur commun de deux grandeurs.

XV.　Si chacune est un nombre entier, 1°. on divise le grand par le petit.

XVI.　2°. Si cette division laisse un reste ou une fraction, on divise le second terme de cette fraction par le premier.

XVII.　3°. Si cette division laisse encore une fraction, on divise son second terme par le premier. Et on repete de semblables divisions jusques à ce qu'il s'en fasse une sans reste. Le diviseur de la premiere de ces divisions qu'on fera sans reste, sera le diviseur qu'on cherche. Les exemples éclairciront ces regles.

Premier Exemple.

Pour trouver le plus grand diviseur commun de 32 à 64. 1°. On divise 64 par 32, l'exposant est 2, & parceque cette premiere division se fait sans reste, 32 diviseur de cette même division est le plus grand diviseur commun de 64 & de 32. Cela est clair, puisque 32 ne peut avoir un diviseur plus grand que lui-même.

$$64\ (\ 2$$
$$\underline{32} \qquad 32 \text{ } \textit{diviseur cherché.}$$

Second Exemple.

Pour trouver le plus grand diviseur commun de 30 & de 25. 1°. Je divise 30 par 25, & l'exposant est $1\frac{5}{25}$. 2°. Cette division laisse la fraction $\frac{5}{25}$, & je divise 25 second terme de la même fraction par 5 qui est son premier terme, l'exposant est 5, & parceque cette division se fait sans reste, 5 diviseur de cette même division, est aussi le plus grand diviseur commun de 30 & de 25.

$$\overset{\text{1}^{\text{ere}}\textit{ division.}}{30\ (\ 1\frac{5}{25},} \quad \overset{\text{2}^{\text{e}}\textit{ division.}}{25\ (\ 5}$$
$$\underline{25} \qquad\qquad\ \underline{\ \ }\qquad 5 \text{ } \textit{diviseur cherché.}$$

Troisiéme Exemple.

Pour trouver le plus grand diviseur commun de 27 & de 21. 1°. Je divise 27 par 21, & l'exposant est $1\frac{6}{21}$. 2°. Cette division laisse la fraction $\frac{6}{21}$, & je divise son second terme 21 par le premier qui est 6, l'exposant est $\frac{1}{6}$. 3°. Cette troisiéme division laisse encore la fraction $\frac{1}{6}$ & je divise 6 par 3, l'exposant est 2, & parceque la division se fait sans reste, 3 qui en est le diviseur, est aussi le plus grand diviseur commun que je cherche.

$$27\,(1\tfrac{6}{21},\ 21\,(3\tfrac{1}{6},\ 6\,(2$$
$$21 \qquad 6 \qquad 3 \qquad \text{3 diviseur cherché.}$$

Quatriéme Exemple.

Pour trouver le plus grand diviseur commun de 98 & de 47. 1°. Je divise 98 par 47, & l'exposant est $2\frac{4}{47}$. 2°. Cette premiere division laissant la fraction $\frac{4}{47}$, je divise 47 par 4, & l'exposant est $11\frac{1}{4}$. 3°. Cette seconde division laissant la fraction $\frac{1}{4}$, je divise 4 par 3, & l'exposant est $1\frac{1}{3}$. 4°. Cette troisiéme division laissant la fraction $\frac{1}{3}$, je divise trois par 1, l'exposant est 3, & parceque cette division se fait sans reste, son diviseur 1 est aussi le plus grand diviseur commun de 98 & de 47.

$$98\,(2\tfrac{4}{47},\ 47\,(11\tfrac{1}{4},\ 4\,(1\tfrac{1}{3},\ 3\,(3$$
$$47 \qquad 44 \qquad 3 \qquad 1 \qquad \text{1 diviseur cherché.}$$

Les mêmes regles servent aussi pour les grandeurs literales composées de **XVIII.** *plusieurs parties, mais parcequ'elles supposent encore quelque chose qu'on n'expliquera que dans la suite, & que souvent la pratique en seroit trop longue & trop penible, on en donnera d'autres ailleurs qui seront plus courtes & plus commodes. Et si l'on veut en attendant on poura s'exercer à chercher tous les diviseurs de chacune des grandeurs données, en suivant les regles du Livre precedent. 131. & seq. Et lorsqu'on aura trouvé tous ces diviseurs, on prendra le plus grand de ceux qui sont communs à l'une & à l'autre de ces grandeurs données.*

Demonstration du Probleme.

Soient a & b les deux grandeurs dont il faut trouver le plus grand diviseur commun ; soit b plusieurs fois tout entier dans a, comme 3 fois, & qu'il reste c. Donc $a=3b+c$. Soit encore c plusieurs fois tout entier dans b, comme 5 fois, plus un reste d. Donc $b=5c+d$. Et qu'enfin d soit exactement plusieurs fois dans c, & le premier qui fasse la division sans reste. Il est clair (*par* 10. S.) que d partie du tout $c+d$ est le plus grand diviseur commun de c & de d, & (*par* 11. S.) de $5c$ & de d, ou bien du tout $5c+d$ & de sa partie d. Donc *par le dernier axiome* 14. S. d est le plus grand diviseur commun de $5c+d$ & de $5c$, & par 10. & 11. S. de $5c+d$ & de c. Or $5c+d=b$. Donc d est le plus grand diviſeur de b & de c, & par 10. & 11. S. de $3b$ & de c, ou bien de $3b+c$ & de b. Or $3b+c=a$. Donc d eſt le plus grand diviſeur commun de a & de b. Et c'eſt ce qu'il falloit démontrer.

XIX.   Lorſque chacune des grandeurs données eſt exprimée par pluſieurs lettres, & n'enferme point pluſieurs parties unies par $+$ ou par $-$, le produit de toutes les lettres qui ſe trouvent également diſtribuées dans chacune, ſera le diviſeur qu'on cherche. Par exemple le plus grand diviſeur commun de abc & acd, eſt ac produit des lettres a & c, qui ſe trouvent une fois chacune dans chacun des deux produits propoſez abc & acd. De même le plus grand diviſeur commun de $afghh$ & ah^3 eſt ahh. Il en eſt ainſi des autres.

Premier Theoreme.

XX.   Toute diviſion, tout rapport, ou toute fraction, eſt égale à ſon expoſant.

Démonſtration. Soit $\frac{a}{b}$ tel rapport, ou telle diviſion que l'on voudra, & ſoit e l'expoſant de $\frac{a}{b}$, je dis que $\frac{a}{b}=e$; car en toute diviſion, le produit du diviſeur par l'expoſant eſt égal au produit donné, (*par* 123 *du Livre precedent.*) Or dans $\frac{a}{b}$, le produit donné eſt a, & ſon diviſeur eſt b; Donc $be=a$, & (*par* 9. S.) $\frac{be}{b}=\frac{a}{b}$. Or $\frac{be}{b}$ eſt le même que e multipliée, & enſuite diviſée par b, & toute grandeur multipliée, & enſuite diviſée par une autre, reſte égale à elle-même, puiſque la diviſion défait ce que la multiplication a fait. Donc $\frac{be}{b}=e$. Or $\frac{a}{b}=\frac{be}{b}$. Donc $\frac{a}{b}=e$, ce qu'il falloit démontrer.

Pareillement l'expoſant de $\frac{2}{4}$ eſt 2, & $\frac{8}{4}=2$, car on ne peut douter qu'un tout rompu en 8 parties, dont chacune eſt un quart de l'unité, ne ſoit égal à 2 unitez.

Second Theoreme.

XXI.   Les fractions qui ſont égales entr'elles, ont chacune un même expoſant. *Démonſtration.* Chacune de ces fractions eſt égale à ſon expoſant. Or par la ſuppoſition elles ſont égales entr'elles, elles ont donc des expoſants égaux; or ces expoſants égaux ſont chacun le même, puiſque chacun exprime une même valeur par les plus ſimples termes qui la puiſſent exprimer. Donc les fractions qui ſont égales entr'elles ont chacune un même expoſant.

Corollaire.

XXII.   Toute fraction qui vaut un nombre entier, a pour expoſant ce nombre entier. Car ce nombre eſtant égal à la fraction, l'expoſant de chacun eſt le même. Or ce nombre entier eſt ſon expoſant à lui-même, puiſqu'on ne peut l'exprimer par des termes plus ſimples. Il eſt donc auſſi l'expoſant de la fraction.

Troisie'me Theoreme.

XXIII.   Les fractions qui ont chacune un meſme expoſant ſont égales entr'elles. Car chacune de ces fractions eſt égale à ſon expoſant, *par le* 1. *Theoreme.*

Or par la suppofition l'expofant de chacune eft le même , elles font donc égales entr'elles.

Quatrie'me Theoreme.

Toute fraction dont chaque terme eft multiplié par une mefme grandeur, a même valeur eftant ainfi multipliée que ne l'eftant point.   XXIV.

Soient par exemple ab le premier terme & a le fecond de la fraction $\frac{ab}{a}$ multipliez chacun par la grandeur c, cette fraction ainfi multipliée fera $\frac{abc}{ac}$, qui a même valeur que $\frac{ab}{a}$ par le Theoreme precedent, car l'expofant de chacune eft b.

Cinquie'me Theoreme.

Toute fraction dont chaque terme eft divifé par une même grandeur, a même valeur eftant ainfi divifée que ne l'eftant point.   XXV.

Soient par exemple abc le premier terme, & ac le fecond de la fraction $\frac{abc}{ac}$ divifez chacun par la grandeur c, cette fraction ainfi divifée fera $\frac{ab}{a}$, qui a même valeur que $\frac{abc}{ac}$ par le troifiéme Theoreme, car l'expofant de chacune eft b.

Ces deux Theoremes paroiftront peut-eftre plus naturellement démontrez fi l'on fait attention que c'eft une même chofe de multiplier ou de divifer chaque terme d'une fraction par une même grandeur que de multiplier & enfuite divifer, ou que divifer & enfuite multiplier cette fraction par cette grandeur ; car cela ne peut changer fa valeur, puifque la multiplication fait ce que la divifion défait, & que la divifion défait ce que la multiplication fait.

On voit affez par les Theoremes precedents, que chaque rapport peut s'exprimer par differens termes, les uns plus grands, & les autres plus petits; & que l'expofant de toutes ces fractions felon la définition que nous en avons donnée 6.S.fera toûjours l'expreffion réduite aux moindres termes qui puiffent marquer la valeur de chacune des fractions égales. $\frac{1}{2}$ par exemple dont les deux termes font 4 & 2, peut s'exprimer par $\frac{6}{3}, \frac{8}{4}, \frac{10}{5}, \frac{12}{6}, \frac{14}{7}, \frac{16}{8}, \frac{18}{9}, &c.$ dont les deux termes font 6 & 3, 8 & 4, 10 & 5, 12 & 6, 16 & 8, 18 & 9, &c. les uns plus grands & les autres plus petits; & 2 ou $\frac{2}{1}$, expofant commun de toutes ces divifions, eft réduit aux deux termes 2 & 1, qui font les moindres qui puiffent marquer la valeur de la fraction $\frac{1}{2}, \frac{2}{4}, \frac{3}{6}, &c.$ De même le rapport $\frac{ab}{a}$ peut eftre exprimé par $\frac{abc}{ac}, \frac{abcd}{acd}, \frac{abcde}{acde}, \frac{abcdef}{acdef}$, dont les deux termes ab & a, abc & ac, abcd & acd, abcde & acde, abcdef & acdef, font les uns plus grands, & les autres plus petits, mais b ou $\frac{b}{1}$, l'expofant commun de toutes ces fractions ou divifions, eft réduit aux deux termes b & 1, qui font les moindres qui puiffent marquer la valeur de la fraction $\frac{abc}{ac}, \frac{abcd}{acd}, &c.$

Comme les plus grands termes s'éloignent davantage de l'unité qui nous eft plus connuë, ils nous rendent auffi les fractions ou rapports qu'ils expriment plus inconnus que ne font les moindres termes, qui s'approchent davantage de l'unité. Ainsi les exposants des fractions, qui sont toûjours reduits aux moindres termes, rendent toûjours ces fractions les plus connuës qu'elles puissent estre. C'est pourquoi, afin de mieux connoître la valeur d'une fraction, il la faut toûjours reduire aux moindres termes qui peuvent marquer sa valeur, c'est à dire qu'il faut trouver son exposant.

XXVI.   Lorsqu'une grandeur literale est conçeuë divisée en plusieurs parties, comme en deux, en trois, en quatre &c. on exprime ces parties par une fraction numerique, aprés laquelle on écrit cette grandeur literale en cette sorte $\frac{1}{3}a$, $\frac{3}{4}ab$, $\frac{7}{9}c^3$, & ainsi des autres, où l'on doit remarquer que la grandeur literale est dans le premier terme, car c'est le même que si l'on disoit $\frac{1a}{3}$, $\frac{3ab}{4}$, $\frac{7c^3}{9}$, &c. c'est à dire $1a$ rompu ou divisé en 3 parties, $3ab$ rompus en 4, $7c^3$ en 9, &c.

Second Probleme.

Trouver l'exposant d'une fraction proposée.

XXVII.   1°. On divisera chacun de ses deux termes par leur plus grand diviseur commun.

2°. On fera du premier de ces deux exposants le premier terme, & du second le second terme de l'exposant que l'on cherche. Les exemples éclairciront ces regles.

Premier Exemple.

Pour trouver l'exposant de $\frac{56}{56}$. 1°. Je divise chacun des termes 56 & 56 par 56 qui est leur plus grand diviseur commun. 2°. Je fais de 1 premier exposant de ces divisions le premier terme, & de 1, qui est pareillement le second exposant, le second terme de l'exposant $\frac{1}{1}$ ou 1, qui est celui que je cherche.

1ere division.	1er exposant.	2e division.	2e exposant.	
56	(1,	56	(1.	
56		56		$\frac{1}{1}$ exposant cherché.

Second Exemple.

Pour trouver l'exposant de $\frac{64}{32}$. 1°. Je divise chacun des termes 64 & 32 par 32 qui est leur plus grand diviseur commun. 2°. Je fais de 2 premier exposant de ces divisions le premier terme, & de 1 second exposant le second terme de l'exposant $\frac{2}{1}$ ou 2, qui est celui que je cherche.

1ere division.	1er exposant.	2e division.	2e exposant.	
64	(2,	32	(1.	
32		32		$\frac{2}{1}$ exposant cherché.

Troisième Exemple.

Pour trouver l'exposant de $\frac{abc}{acd}$. 1°. Je divise chacun des termes abc & acd par

par ac qui est leur plus grand diviseur commun. 2°. Je fais de b
premier exposant de ces divisions le
premier terme, & de d second expo-
sant le second terme de l'exposant $\frac{b}{d}$,
qui est celui que je cherche.

1ere division.	1er exposant.	2e division.	2e exposant.
$abc\,(b$,		$acd\,(d$.	
ac		ac	$\frac{b}{d}$ exposant cherché,

Quatrième Exemple.

Pour trouver l'exposant de $\frac{102}{42}ab$. 1°. Je divise $102ab$ & 42 par 6 qui est
leur plus grand diviseur com-
mun. 2°. Je fais de $17ab$ premier exposant de ces divisions
le premier terme, & de 7 second exposant le second ter-
me de l'exposant $\frac{17ab}{7}$ ou $\frac{17}{7}ab$,
qui est celui que je cherche.

1ere division.	1er exposant.	2e division.	2e exposant.
6			
$102ab\,(17ab$,		$42\,(7$.	
66		6	$\frac{17}{7}ab$ exposant cherché,

Cinquième Exemple.

Pour trouver l'exposant de $\frac{a^6ccoomm + 4a^6ccm^3p}{ooppz^4 + 4mp^3z^4}$ 1°. Je divise chacun des termes $a^6ccoomm + 4a^6ccm^3p$ & $ooppz^4 + 4mp^3z^4$ par $oo + 4mp$ qui est leur
plus grand diviseur commun. 2°. Je fais de a^6ccmm, premier exposant de
ces divisions, le premier terme, & de ppz^4, second exposant, le second terme de $\frac{a^6ccmm}{ppz^4}$, qui est l'exposant que je cherche

1ere division.	1er exposant.	2e division.	2e exposant.
$a^6ccoomm + 4a^6ccm^3p\,(a^6ccm$,		$ooppz^4 + 4mp^3z^4\,(ppz^4$.	
$oo\quad + 4mp$		$oo\quad + 4mp$	$\frac{a^6ccmm}{ppz^4}$ exposant cherché.

Lorsque chaque terme de la fraction donnée n'a point de diviseur commun
plus grand que l'unité, elle est son exposant à elle-même, car l'exposant de
chacun de ces termes à l'unité est ce même terme. Ainsi $\frac{47}{98}$ n'a point d'autre
exposant que lui-même, car 1 étant le plus grand diviseur commun de 47 &
de 98, $\frac{47}{1} = 47$, & $\frac{98}{1} = 98$.

Démonstration du Probleme.

1°. Les plus grands diviseurs donnent des exposants plus petits, puisqu'une
grande partie est moins de fois dans un tout qu'une petite. 2°. Ces petits
exposants deviennent les termes d'une fraction qui vaut autant que la pie-

miere, *par* 15. S. puisque chaque terme de cette fraction est divisé par une même grandeur. 3°. Ces petits exposants ne peuvent estre plus petits, & conserver la valeur de la fraction proposée; car en toute fraction, chaque terme ne peut estre également divisé sans reste par une grandeur qui surpasse leur plus grand diviseur commun. Les regles du probleme ont donc prescrit ce qu'il falloit faire.

XXVIII.　On reduit les nombres ou grandeurs entieres en fractions, en leur souscrivant l'unité pour second terme, ce qui ne change en rien leur valeur. 3 par exemple est un nombre entier, & $\frac{3}{1}$ est une fraction qui ne diffère point de 3. Pareillement *a* est une grandeur entiere, & $\frac{a}{1}$ est une fraction qui ne diffère point de *a*.

DE L'ADDITION ET SOUSTRACTION
DES FRACTIONS.

DEMANDE.

XXIX.　ON demande que l'on sçache déja ajoûter & soustraire les fractions qui ont chacune un même second terme. Par exemple que $\frac{1}{4}+\frac{2}{4}=\frac{3}{4}$, que $\frac{2}{3}+\frac{2}{3}=\frac{4}{3}$, que $\frac{3}{4}a+\frac{3}{4}a=\frac{6}{4}a$, que $\frac{a}{b}+\frac{c}{b}=\frac{a+c}{b}$. Et qu'au contraire $\frac{3}{4}-\frac{1}{4}=\frac{2}{4}$, que $\frac{2}{3}-\frac{1}{3}=\frac{1}{3}$, que $\frac{3}{4}a-\frac{2}{4}a=\frac{1}{4}a$, que $\frac{a}{b}-\frac{c}{b}=\frac{a-c}{b}$, & ainsi des autres.

AVERTISSEMENT.

XXX.　*C'est une regle generale pour chacune des operations qui suivent, que les fractions sur lesquelles on veut operer soient toûjours des exposants, c'est à dire qu'elles soient toûjours reduites aux moindres termes, afin que l'on en connoisse mieux la valeur, & que les operations en soient plus courtes & plus faciles.*

TROISIE'ME PROBLEME.

XXXI.　Faire que deux fractions qui ont leur second terme different, en ayent chacune un même sans changer de valeur.

Si l'exposant du plus grand des seconds termes au plus petit est entier, on multiplie par cet exposant chaque terme de la fraction où le second terme est plus petit, & l'on a ce qu'on cherche.

Mais si cet exposant n'est pas entier, on multiplie reciproquement le premier terme de la premiere fraction par le second terme de la seconde, & le premier terme de la seconde par le second de la premiere; ensuite on fait du produit des deux seconds termes le second terme de chacune, & l'on a ce qu'on cherche.

Premier Exemple.

Pour faire que 6 ou $\frac{6}{1}$ & $\frac{9}{4}$ ayent chacune un même second terme, l'expofant de 4, le plus grand, à 1, le plus petit des deux seconds termes 1 & 4, est le nombre entier 4 ; je multiplie donc par cet exposant 4 chaque terme de $\frac{6}{1}$ où le second terme est plus petit. Cela me donne $\frac{24}{4}=\frac{6}{1}$; & ainsi, au lieu de $\frac{6}{1}$ & de $\frac{9}{4}$, j'ay $\frac{24}{4}$ & $\frac{9}{4}$, qui sans changer de valeur, ont chacune de même second.

$$\frac{6}{1} \ \& \ \frac{9}{1}=\frac{24}{4} \ \& \ \frac{9}{4}$$

Second Exemple.

Pour donner un même second terme à $\frac{3}{2}$ & $\frac{5}{6}$, l'exposant de 6 à 2 est le nombre entier 3, je multiplie donc par 3 chaque terme de $\frac{3}{2}$. Cela me donne $\frac{9}{6}=\frac{3}{2}$, & ainsi, au lieu de $\frac{3}{2}$ & $\frac{5}{6}$ j'ay $\frac{9}{6}$ & $\frac{5}{6}$, qui sans changer de valeur ont chacune un second terme.

$$\frac{3}{2} \ \& \ \frac{5}{6}=\frac{9}{6} \ \& \ \frac{5}{6}$$

Troisiéme Exemple.

Pour donner un même second terme à $\frac{5}{4}$ & $\frac{5}{6}$, l'exposant de 6 à 4, qui est $\frac{3}{2}$, n'est pas un nombre entier, je multiplie donc reciproquement 5, premier terme de $\frac{5}{4}$, par 6, second terme de $\frac{5}{6}$, & 5, premier terme de $\frac{5}{6}$, par 4 second terme de $\frac{5}{4}$, & je fais de 24 produit de 6 par 4 le second terme de chacune. Cela me donne $\frac{30}{24}=\frac{5}{4}$ & $\frac{20}{24}=\frac{5}{6}$, & ainsi, au lieu de $\frac{5}{4}$ & de $\frac{5}{6}$, j'ai $\frac{30}{24}$ & $\frac{20}{24}$, qui sans changer de valeur, ont chacune un même second terme.

$$\frac{5}{4} \ \& \ \frac{5}{6}=\frac{30}{24} \ \& \ \frac{20}{24}$$

Quatriéme Exemple.

Pour donner un même second terme à $\frac{a}{b}$ & $\frac{ce}{bd}$ d, exposant de bd à b, est entier, je multiplie donc chaque terme de $\frac{a}{b}$ par d, cela me donne $\frac{ad}{bd}=\frac{a}{b}$; & ainsi, au lieu de $\frac{a}{b}$ & de $\frac{ce}{bd}$, j'ai $\frac{ad}{bd}$ & $\frac{ce}{bd}$, qui sans changer leur valeur, ont chacune un même second terme.

$$\frac{a}{b} \ \& \ \frac{ce}{bd}=\frac{ad}{bd} \ \& \ \frac{ce}{bd}$$

Cinquiéme Exemple.

Pour donner un même second terme à $\frac{a}{b}$ & $\frac{c}{d}$, l'exposant de b à d ou de d à b n'est pas entier, je multiplie donc reciproquement le premier terme de $\frac{a}{b}$ par d, & le premier terme de $\frac{c}{d}$ par b, & je fais de bd produit de b par d le second terme de chacune. Cela me donne $\frac{ad}{bd}=\frac{a}{b}$ & $\frac{bc}{bd}=\frac{c}{d}$; & ainsi, au lieu de $\frac{a}{b}$ & $\frac{c}{d}$, j'ay $\frac{ad}{bd}$ & $\frac{bc}{bd}$, qui sans changer leur valeur, ont chacune un même second terme.

$$\frac{a}{b} \ \& \ \frac{c}{d}=\frac{ad}{bd} \ \& \ \frac{bc}{bd}$$

Sixiéme Exemple.

Pour donner un même second terme à $\frac{17}{7}ab$ & $\frac{5}{9}bc$. $\frac{9}{7}$ exposant de 9 à 7 n'est pas entier, je multiplie donc reciproquement 17ab, premier terme de $\frac{17}{7}ab$, par 9, second terme de $\frac{5}{9}bc$, & 5, premier terme de $\frac{5}{9}bc$, par 7, second terme de $\frac{17}{7}ab$; & je fais de 63, produit de 9 par 7, le second terme de chacune. Cela me donne $\frac{153}{63}ab=\frac{17}{7}ab$, & $\frac{35}{63}bc=\frac{5}{9}bc$; & ainsi, au lieu de $\frac{17}{7}ab$ & $\frac{7}{9}bc$, j'ai $\frac{153}{63}ab$ & $\frac{35}{63}bc$, qui sans changer leur valeur, ont chacune un même second terme.

$$\frac{17}{7}ab \ \& \ \frac{5}{9}bc=\frac{153}{63}ab \ \& \ \frac{35}{63}bc$$

Septiéme Exemple.

Pour donner un même second terme à $\frac{x^3+axx+abb}{aa-bb}$ & $\frac{xx-bx+bb}{a+b}$. $a-b$ exposant de $aa-bb$ à $a+b$ est entier, je multiplie donc chaque terme de $\frac{xx-bx+bb}{a+b}$ par $a-b$, cela me donne $\frac{axx-abx+a\ldots-bxx+bbx-b3}{aa-bb} = \frac{xx-bx+bb}{a+b}$; & ainsi, au lieu de $\frac{x^3+axx+abb}{aa-bb}$ & $\frac{xx-bx+b^3}{a+b}$, j'ai $\frac{x^3+axx-1bb}{aa-bb}$ & $\frac{axx-abx+abb-bcx+bbx-b^3}{aa-b}$, qui sans changer leur valeur, ont chacune un même second terme.

Huitiéme Exemple.

Pour donner un même second terme à $\frac{b+2c-e}{a-b}$ & $\frac{x-a}{b-c+e} \cdot \frac{b-c+e}{a-b}$, exposant de $b-c+e$ à $a-b$, ou $\frac{a-b}{b-c+e}$, exposant de $a-b$ à $b-c+e$, n'est pas entier ; je multiplie donc reciproquement $b+2c-e$ par $b-c+e$, & $x-a$ par $a-b$, & je fais de $ab-ac+ae-bb+bc-be$, produit de $a-b$ par $b-c+e$, le second terme de chacune. Cela me donne $\frac{bb+bc-2cc+3ce-ee}{ab-ac+ae-bb+bc-be} = \frac{b+2c-e}{a-b}$, & $\frac{aa-aa-bx+ab}{ab-ac+ac-bb+bc-be} = \frac{x-a}{b-c+e}$; & ainsi, au lieu de $\frac{b+2c+e}{a-b}$ & $\frac{x-a}{b-c+e}$, j'ai $\frac{bb+bc-2cc+3ce-ee}{ab-ac-ce-bb+b-be}$ & $\frac{ax-aa-bx+ab}{ab-ac+ae-bb+bc-be}$, qui sans changer leur valeur, ont chacune un même second terme.

Démonstration du Probleme.

Il est évident qu'en operant selon les regles du probleme, l'on donne aux fractions un même second terme ; & parceque dans les operations que l'on fait sur elles, on multiplie également chacun de leurs termes, il est évident par 24. S. qu'on ne change point leur valeur. Le probleme a donc prescrit ce qu'il falloit faire.

QUATRIÉME PROBLEME.

Ajoûter plusieurs fractions.

XXXII. 1°. On trouve par le probleme precedent à chacune des deux premieres de ces fractions un même second terme, si le leur est différent, & on les ajoûte en une somme qu'on reduit à son exposant.

2°. On donne à cette somme ainsi reduite & à la troisiéme fraction un même second terme, si le leur est différent, & l'on en prend la somme ; & ainsi de suite.

Par exemple pour adjoûter $\frac{2}{3}+\frac{5}{6}+\frac{7}{5}$ en une somme. 1°. On trouve *par le probleme qui precede*, que $\frac{2}{3}+\frac{5}{6}=\frac{4}{6}+\frac{5}{6}$, dont l'exposant est $\frac{3}{2}$. 2°. On trouve que $\frac{3}{2}+\frac{7}{5}=\frac{15}{10}+\frac{14}{10}=\frac{29}{10}$, & $\frac{29}{10}$ est une somme égale à $\frac{2}{3}+\frac{5}{6}+\frac{7}{5}$, & ainsi c'est celle que l'on cherche.

De même pour ajoûter les deux fractions $\frac{b+2c-e}{a-b}$ & $\frac{x-a}{b-c+e}$, on trouve en adjoûtant le produit de $b+2c-e$ par $b-c+e$ au produit de $x-a$ par $a-b$, que $\frac{bb+bc-2cc+3ce-ee+ax-aa-bx+ab}{ab-ac+ae-bb+bc-be}$ est la somme qu'on cherche. Il en est ainsi des autres.

La démonstration de ce probleme, & celle du probleme suivant, font une suite naturelle de la demande & du probleme qui precedent,

CINQUIÉME PROBLEME.

Souſtraire des fractions les unes des autres.   XXXIII.

1°. On reduit par le probleme precedent toutes celles qu'on veut retrancher en une ſomme, & toutes ce[l]les dont on les veut retrancher en une autre, & l'on donne à chacune un même ſecond terme.

2°. On retranche de la derniere ſomme la precedente, & le reſte eſt ce qu'on cherche.

Par exemple pour retrancher $\frac{2}{3}+\frac{5}{6}$ de $\frac{3}{4}+\frac{6}{7}$, la ſomme de $\frac{2}{3}+\frac{5}{6}=\frac{3}{2}$, & celle de $\frac{3}{4}+\frac{6}{7}=\frac{45}{28}$, donnant donc à $\frac{3}{2}$ & $\frac{45}{28}$ un même ſecond terme, on trouve que $\frac{3}{2}=\frac{45}{28}$ qui eſtant retranché de $\frac{45}{28}$ laiſſé $\frac{45-42}{28}=\frac{3}{28}$ pour la difference ou le reſte qu'on cherche.

De même pour retrancher la fraction $\frac{x-a}{b-c+e}$ de $\frac{b+2c-e}{a-b}$, on trouve que $\frac{x-a}{b-c+e}=\frac{ax-aa-bx+ab}{ab-ac+ae-bb+bc-bc}$ & $\frac{b+2c-e}{a-b}=\frac{bb+bc-2cc+3ce-ee}{ab-ac+ae-bb+bc-be}$, & ainſi retranchant $ax-aa-bx+ab$ de $bb+bc-2cc+3ce-ee$, la difference ou le reſte qu'on cherche, eſt $\frac{bb+bc-2cc+3ce-ee-ax+aa+bx-ab}{ab-aa+ac-bb+bc-be}$. Il en eſt ainſi des autres.

COROLLAIRE.

Il eſt d'un grand uſage de reconnoiſtre de combien un rapport ſurpaſſe, ou eſt ſurpaſſé par un autre; & c'eſt ce qu'on reconnoiſt facilement en donnant à chacun de ces rapports un même ſecond terme, & retranchant l'un de l'autre, ſelon les regles de ce probleme.   XXXIV.

Pour exemple pour connoiſtre de combien le rapport de 5 à 7 ou $\frac{5}{7}$ ſurpaſſe ou eſt ſurpaſſé par le rapport de 8 à 11 ou $\frac{8}{11}$, donnant à chacun un même ſecond terme, on aura $\frac{55}{77}=\frac{5}{7}$ & $\frac{56}{77}=\frac{8}{11}$, où l'on voit facilement que $\frac{8}{11}$ ſurpaſſe $\frac{5}{7}$ de la partie $\frac{1}{77}$, à cauſe que $\frac{56}{77}=\frac{8}{11}$ ſurpaſſe $\frac{55}{77}=\frac{5}{7}$ de la même partie $\frac{1}{77}$.

Lorſqu'on retranche une fraction de quelque autre, on change ſeulement les ſignes qui ſont au premier terme de la fraction qu'on retranche, ſans changer ceux du ſecond terme. Par exemple en retranchant $\frac{4+2}{5+3}$ de $\frac{7}{5+3}$ on n'écrit pas   XXXV.
$\frac{7}{5+3}\ \frac{-4-2}{-5-3}$, mais on écrit $\frac{7}{5+3}\ \frac{-4-2}{5+3}$ ou $\frac{7-4-2}{5+3}$, c'eſt à dire $\frac{1}{8}$.

Pour adjoûter commodement les fractions; avant qu'on opere ſur elles, on reduit en chacune à l'unité & aux nombres tout ce qui eſt égal à l'unité & aux nombres, & l'on écrit en fractions les reſtes qui ſont moindres que l'unité.   XXXVI.

Par exemple pour ajoûter $\frac{5}{4}+\frac{7}{3}+\frac{23}{5}+\frac{1}{2}$. 1°. Je dis $\frac{5}{4}=1\frac{1}{4}$, $\frac{7}{3}=2\frac{1}{3}$, $\frac{23}{5}=4\frac{3}{5}$, & $\frac{1}{2}$ eſt égal à lui-même, j'ajoûte enſuite les fractions $\frac{1}{4}$ & $\frac{1}{3}$, leur ſomme eſt $\frac{7}{12}$, à qui j'ajoûte $\frac{3}{5}$, la ſomme eſt $\frac{71}{60}=1\frac{11}{60}$, je laiſſe 1 à part, & j'ajoûte $\frac{11}{60}$ & $\frac{1}{2}$, la ſomme eſt $\frac{41}{60}$, à qui j'ajoûte enfin les quatre nombres entiers 1, 2, 4, & 1 que j'avois laiſſé à part, & la ſomme totale $8\frac{41}{60}$ eſt la ſomme cherchée. Cette methode eſt d'un grand uſage. En voici d'autres exemples ſur des grandeurs d'eſpeces differentes, dont les grandes ſont des entiers au regard des petites , & reciproquement les petites des fractions au regard des grandes.

Premier Exemple.

J'ai à reduire en une somme plusieurs monnoyes differentes , comme des pistoles , des livres , des sols , & des deniers, la pistole vaut 10 livres , la livre 20 sols , & le sol 12 deniers. Je place en ces monnoyes, les deniers sous les deniers, les sols sous les sols , les livres sous les livres , & les pistoles sous les pistolles , en appellant chaque pistole P, chaque livre l, chaque sol s, & chaque denier d. Et les ayant écrit en cette sorte , j'en fais ainsi l'addition en commençant par les deniers ; Je dis

4+10=14,14+8=22,22+7=29d=2 fois 12d, (ou 2s) + 5d, j'écris les 5d sous les deniers , & rejettant 2 fois 12d, ou 2s avec les sols, je dis 2+8=10,10+9=19, 19+7=26 , 26+0=26s, j'écris 6 sous les sols , & rejettant 2 au rang suivant, je dis 2+1=3 , 3+1=4 dixaines de sols

Pistoles	livres	sols	deniers
5	6	8	4
7	8	9	10
11	9	17	8
23	8	10	7

Somme 59 P + 3 l + 6 s + 5 d.

ou 2l,rejettant donc 2l, avec les livres, je dis 2+6=8,8 † 8=16,16+9=25, 25+8=33l=3 fois 10 livres (ou 3P) +3l, j'écris 3l sous les livres , & rejettant 3P avec les pistoles, je dis 3+5=8, 8+7=15, 15+1=16,16+3=9, j'écris 9 sous les pistoles , & rejettant 2 au rang suivant, je dis 2+1=3, 3+2=5, j'écris 5 sous ce rang , & je connois que 59 P+3l+6s+5d est la somme cherchée.

Second Exemple.

J'ai à reduire en une somme la valeur de plusieurs mesures d'especes differentes , comme de perches , de pieds , de pouces , & de lignes. La perche dans la Province de France vaut 18 pieds, le pied vaut 12 pouces, & le pouce 12 lignes , je place ces mesures les lignes sous les lignes , les pouces sous les pouces , &c. en appellant chaque perche P, chaque pied p, chaque pouce p, & chaque ligne l, & les ayant écrit en cette sorte, j'en fais ainsi l'addition, je dis

11+6=17,17+10=27,27+7=34l, qui font 2p, +10l, j'écris donc 10l sous les lignes , & rejettant 2p avec les pouces , je dis 2+10=12, 12+11=23, 23+10=33,33+9=42p =3 fois 12p (ou 3P) +6p, j'écris 6p

Perches	pieds	pouces	lignes
354	17	10	11
272	15	11	6
64	9	10	10
557	13	9	7

Somme 1250 P + 3 p + 6 p + 10 l

sous les pouces , & rejettant 3P avec les pieds , je dis 3+17=20, 20+15=35, 35+9=44 , 44+13=57P=3 fois 18P (ou 3P) +3P ; j'écris 3P sous les pieds , & rejettant 3 perches avec les perches, je dis 3+4=7, 7+2=9, 9+4=13, 13+7=20, j'écris 0 ; & je retiens 2 , & continuant le reste de l'operation comme aux entiers , je connois enfin que 1250P+3P+6p+10l est la somme cherchée.

Troisième Exemple.

On mesure tout dans l'Astronomie par le moyen du cercle. Il est partagé en 360 parties égales, qu'on appelle *degrez* ; chaque degré est partagé en 60

parties égales , qu'on appelle *minutes* ou *premieres* ; chaque premiere en 60
autres parties égales , qu'on appelle *fecondes* ; chaque feconde en 60
troifiémes , chaque troifiéme en 60 *quatriémes* , &c. Et toutes ces parties
s'appellent *fractions Aftronomiques*. Je fuppofe que j'aie à reduire en une
fomme la valeur de plufieurs de ces fractions d'efpeces differentes , comme
des degrez , des premieres , des fecondes , des troifiémes , & des quatriémes.
Je place ces fractions les quatriémes fous les quatriémes &c. en appellant,
comme font les Aftronomes , chaque degré d , chaque premiere ′ , chaque
feconde ″ , chaque troifiéme ‴ , & chaque quatriéme ⁗ , & les ayant écrit
en cette forte , je fais ainfi leur
addition , je dis 8+9=17,
17+7=24 , 24+6=30⁗,
j'écris 0⁗ fous les quatriémes,
& rejettant 3 au rang fuivant,
je dis 3+3=6 , 6+5=11,
11+4=15, 15+5=20 dixaines

$$25d + 59' + 34'' + 56''' + 38''''$$
$$64 \quad 30 \quad 47 \quad 9 \quad 59$$
$$28 \quad 48 \quad 55 \quad 45 \quad 47$$
$$35 \quad 17 \quad 45 \quad 32 \quad 56$$
$$\overline{\text{Somme } 154d + 27' + 3'' + 25''' + 20''''}$$

ou 200⁗=3 fois 60⁗ (ou 3‴) +20⁗, j'écris donc 20⁗, c'eft à dire ;
j'avance 2 devant 0⁗, & rejettant 3 avec les troifiémes , je dis 3+6=9,
9+9=18,18+5=23, 23+2=25‴, j'écris 5‴ fous les troifiémes , & rejettant 2 au rang fuivant, je dis 2+5=7, 7+4=11, 11+3=14 dixaines,
ou 140‴=2 fois 60‴ (ou 2″) +20‴ qui avec 5‴ déja écrites font 25‴,
j'avance donc fimplement 2 avant 5, & rejettant 2″ avec les fecondes. je dis
2+4=6,6+7=13,13+5=18,18+5=23″, j'écris 3″,& rejettant 2 au rang
fuivant , je dis 2+3=5, 5+4=9,9+5=14, 14+4=18 dixaines ou 180″
=3 fois 60″ (ou 3′) fans aucun refte, rejettant donc 3′ avec les premieres,
je dis 3+9=12, 12+0+8=20, 20+7=27′, j'écris 7′, & rejettant 2 au
rang fuivant, je dis 2+5=7, 7+3=10, 10+4=14, 14+1=15 dixaines,
ou 150′=2 fois 60′ (ou 2d) +30′, j'écris donc 3 devant 7′, & rejettant 2
au rang fuivant , je dis 2+5=7, 7+4=11, 11+8=19, 19+5=24d,
j'écris 4d, & rejettant 2 au rang fuivant, je dis 2+2=4, 4+6=10,
10+2=12, 12+3=15, j'écris 5 & j'avance 1. Et je connois enfin que
154d+27'+3''+25'''+20'''' eft la fomme cherchée.

Lorfqu'on retranche une fraction d'une autre, pour abbreger, on reduit XXXVII.
avant l'operation à l'unité & aux nombres , ce qui eft égal en chacune à l'unité & aux nombres ; & s'il refte une fraction dans le nombre à retrancher , on
ofte cette fraction de celle qui refte dans l'autre nombre , fuppofé qu'il y en
refte une plus grande , ou bien de l'unité qu'on ofte à ce nombre , fuppofe
qu'il n'y refte pas une fraction plus grande.

Par exemple pour retrancher $\frac{40}{28}$ de $\frac{7}{2}$. 1°. Je dis $\frac{40}{28} = 1\frac{5}{14}$, & $\frac{7}{2} = 3\frac{1}{2}$. 2°. Je
retranche $\frac{5}{14}$ de $\frac{1}{2}$ ou de $\frac{7}{14}$ égal à $\frac{1}{2}$, & il refte $\frac{2}{14}$ ou $\frac{1}{7}$, je retranche enfuite
1 de 3, & le refte 2 plus le refte $\frac{1}{7}$ fait $2\frac{1}{7}$ qui eft la difference que je
cherche.

De même pour retrancher $\frac{26}{3}$ de $\frac{846}{10}$. 1°. Je dis $\frac{26}{3} = 8\frac{2}{3}$ & $\frac{846}{10} = 84\frac{1}{5}$. 2°. Je
vois que $\frac{1}{3}$ ou $\frac{10}{15}$ ne peut eftre retranché de $\frac{1}{5}$ ou $\frac{9}{15}$, & ainfi je retranche $\frac{1}{3}$ de
1 que j'ofte à 84, écrivant 83 au lieu de 84, & il refte $\frac{1}{3}$. Enfuite je retran-

Pagination incorrecte — date incorrecte

NF Z 43-120-12

che 8 de 83, le reſte eſt 75, j'ajoûte enſuite $\frac{1}{3}$ ou $\frac{5}{15}$ à $\frac{1}{5}$ ou $\frac{9}{15}$, ce qui fait $\frac{14}{15}$, que j'ajoûte enfin à 75, & $75\frac{14}{15}$ eſt le reſte que je cherche. Voici d'autres exemples de la même methode ſur des grandeurs d'eſpeces differentes.

Premier Exemple.

Pour trouver la difference de $25P + 7l + 15ſ + 8d$ à $19P + 9l + 18ſ + 10d$, je les diſpoſe à l'ordinaire, & je fais ainſi leur ſouſtraction en commençant par les deniers, je dis 8—10 oſte trop, car 10d ne peuvent eſtre compris dans 8, j'emprunte donc 1ſ ou 12d du rang ſuivant, écrivant 4 au lieu de 5, & je dis 12+8=20d, 20—10=10, & j'écris 10d ſous les deniers ; & venant aux ſols, je dis 4—8 oſte trop ; j'emprunte donc 1 au rang ſuivant, écrivant 0 au lieu de 1, & je dis 1 dixaine empruntée +4=14 ; 14—8=6ſ, & j'écris 6ſ ſous 8ſ, 0—1 dixaine de ſols oſte trop, j'emprunte donc 2 dixaines de ſols ou 1 livre au rang ſuivant, écrivant 6 au lieu de 7, & je dis 2 empruntez +0—1=1, & j'écris 1 ſous ce rang : venant aprés aux livres, je dis 6—9 oſte trop, j'emprunte donc 1P ou 10l, écrivant 4 au lieu de 5, & je dis 10+6=16, 16—9=7l, & j'écris 7l ſous les livres : & enfin venant aux piſtoles, je dis 4—9 oſte trop, j'emprunte donc 1 du rang ſuivant, écrivant 1 au lieu de 2, & je dis 10+4=14.
14—9=5P, & j'écris 5P ſous 9P, je dis enſuite 1—1=0. Et je connois que $5P + 7l + 16ſ + 10d$ eſt la difference cherchée.

$$\begin{array}{llll} 14 & 6 & 04 & \\ +25P & +7l & +15ſ & +8d \\ -19 & -9 & -18 & -10 \\ \hline \end{array}$$

$$\textit{difference} \quad 5P + 7l + 16ſ + 10d$$

Second Exemple.

Pour trouver la difference de 24 perches 16 pieds 10 pouces 6 lignes à $13P + 17p + 11p + 10l$, je les diſpoſe à l'ordinaire, & j'en fais ainſi la ſouſtraction en commençant par les lignes ; je dis 6—10 oſte trop, & j'emprunte 1p ou 12l, écrivant 9 au lieu de 10, je dis enſuite 12+6=18, 18—10=8l, & j'écris 8l ſous les lignes ; & venant aux pouces, je dis 9—11p oſte trop, & j'emprunte 1p ou 12p, écrivant 5 au lieu de 6, je dis enſuite 12+9=21, 21—11=10p, & j'écris 10p ſous les pouces : enſuite je dis en venant aux pieds, 15—17 oſte trop, j'emprunte donc 1P ou 18p, écrivant 3 au lieu de 4, & je dis 18+15=33, 33—17=16p, & j'écris 16p ſous les pieds : Et enfin aux perches je dis 3—3=0, & j'écris 0 ſous 3P, & au rang ſuivant, je dis 2—1=1, & j'écris 1 aprés 0. Et je connois que le reſte ou la difference cherchée eſt $10P + 16p + 10p + 8l$.

$$\begin{array}{llll} 3 & 5 & 9 & \\ +24P & +16p & +10p & +6l \\ -13 & -17 & -11 & -10 \\ \hline \end{array}$$

$$\textit{difference} \quad 10P + 16p + 10p + 8l$$

Troiſiéme Exemple.

Pour trouver la difference de $359d + 47' + 35'' + 48''' + 15''''$ à $148d + 49' + 58'' + 56''' + 37''''$, je les diſpoſe à l'ordinaire, & je fais ainſi leur ſouſtraction en commençant par les quatriémes, je dis 5—7 oſte trop, j'emprunte donc 1 au rang ſuivant, écrivant 0 au lieu de 1, & je dis 10 empruntez

pruntez +5=15, 15—7=8'''', & j'écris 8'''' sous 7'''', je dis ensuite 0—3
osté trop, j'emprunte donc 1''' ou 6 fois 10'''', écrivant 7 au lieu de 8, & je
dis 6—3=3 dixaines, j'avance donc 3 aprés 8 : & venant aux troisiémes, je
dis 7—6=1''', & j'écris 1''' sous 6''', je dis ensuite 4—5 osté trop, & j'emprunte 1'' ou 6 fois 10''', écrivant 4 au lieu de 5, & je dis 6+4=10,
10—5=5 dixaines de troisiémes, & j'écris 5 aprés 1''' : ensuite venant aux
secondes, je dis 4—8 osté trop, j'emprunte donc 1, écrivant 2 au lieu de 3,
& je dis 10+4=14, 14—8=6'', & j'écris 6'' sous 8'', & ensuite je dis
2—5 osté trop, j'emprunte donc 1' ou 6 dixaines de secondes, écrivant 6 au
lieu de 7, & je dis 6+2=8, 8—5=3, & j'écris 3 aprés 6'' : Et venant aux
premieres, je dis 6—9 osté trop, j'emprunte donc 1, écrivant 3 au lieu de 4,
& je dis 10+6=16, 16—9=7', & j'écris 7' sous 9', & ensuite je dis 3—4
osté trop, j'emprunte donc 1d ou 6 fois 10', écrivant 8 au lieu de 9, & je dis
6+3=9, 9—4=5, & j'écris 5 aprés 7' : Et enfin venant aux degrez, je dis
8—8=0, & j'écris od sous 8d,

je dis ensuite 5—4=1, & j'écris
1 sous 4, 3—3=0; il ne faut plus
rien écrire, & je connois que
10d+57'+36''+51'''+38'''' est
la différence cherchée.

$$
\begin{array}{lllll}
8 & 36 & 24 & 7 & 0 \\
+359d & +47' & +35'' & +48''' & +25'''' \\
-348 & -49 & -58 & -56 & -37 \\
\hline
\end{array}
$$

difference 10d +57' +36'' +51''' +38''''

DE LA MULTIPLICATION

DES FRACTIONS.

SIXIÉME PROBLÉME.

Trouver le produit de deux fractions.

On fait deux produits, le premier des deux premiers termes, & le second **XXXVIII.**
des deux seconds termes de ces fractions. Le premier de ces produits est le
premier terme, & le second produit le second terme d'une autre fraction,
dont l'exposant est le produit qu'on cherche. Les exemples éclairciront
cette regle.

Premier Exemple.

Pour trouver le produit de $\frac{4}{3}$ par $\frac{3}{5}$, je fais deux produits, le premier 12,
des deux premiers termes 4 & 3, & le second 15, des deux seconds termes
3 & 5, & le premier produit 12 est le premier terme, & le second produit 15
le second terme de la fraction $\frac{12}{15}$ dont l'exposant $\frac{4}{5}$ est le produit cherché.

Second Exemple.

Pour trouver le produit de $\frac{4}{5}$ par $\frac{2}{3}$, le produit 8, de 4 par 2, est le premier
terme, & le produit 15 de 5 par 3, le second terme de la fraction $\frac{8}{15}$, qui n'a
point d'autre exposant qu'elle-même, à cause qu'elle est réduite aux moindres
termes qui peuvent marquer sa valeur. Ainsi cette fraction est le produit
qu'on cherche.

Troisième Exemple.

Pour trouver le produit de $\frac{ab}{g}$ par $\frac{fc}{b}$, le produit $abfc$, de ab par fc, est le premier terme, & le produit bg, de g par b, le second terme de la fraction $\frac{abfc}{bg}$, dont l'exposant $\frac{afc}{g}$ est le produit cherché.

Quatrième Exemple.

Pour trouver le produit de $\frac{a+b}{a-e}$ par $\frac{a+b-e}{b+e}$, le produit $aa+2ab+bb-ae-be$, de $a+b$ par $a+b-e$, est le premier terme, & le produit $ab+ae-be-ee$, de $a-e$ par $b+e$, est le second terme de la fraction $\frac{aa+2ab+bb-ae-be}{ab+ae-be-ee}$, qu'on ne peut réduire à de moindres termes. Et ainsi cette fraction est le produit qu'on cherche.

Démonstration du Problème.

Soient $\frac{a}{b}$ & $\frac{c}{d}$ les deux fractions à multiplier, je dis que l'exposant de $\frac{ac}{bd}$ est le produit qu'on cherche. Car soit e l'exposant de $\frac{a}{b}$, & f l'exposant de $\frac{c}{d}$. Donc (*par I.* 123.) $be=a$, & $df=c$; Donc $\frac{bedf}{bd}=\frac{ac}{bd}$. Or ef est l'exposant de $\frac{bedf}{bd}$, il est donc aussi l'exposant de $\frac{ac}{bd}$. Or e & f ont même valeur que les fractions $\frac{a}{b}$ & $\frac{c}{d}$. Donc ef sera le produit de ces deux fractions, puisque les grandeurs égales également multipliées donnent des produits égaux, l'exposant de $\frac{ac}{bd}$ est donc le produit cherché. Ce qu'il falloit démontrer.

Voici encore une démonstration plus sensible par nombres. Soit à multiplier $\frac{1}{2}$ par $\frac{1}{4}$, le produit trouvé par la regle est $\frac{1}{8}$. Or *par la définition generale de la multiplication I.* 83. puisque la fraction donnée $\frac{1}{2}$ n'enferme que la position de la moitié de l'unité, le produit de $\frac{1}{2}$ par $\frac{1}{4}$ n'enferme pareillement que la moitié de l'autre fraction $\frac{1}{4}$, c'est à dire $\frac{1}{8}$ (puisque $\frac{1}{8}+\frac{1}{8}=\frac{1}{4}$) Or $\frac{1}{8}$ est aussi le produit trouvé par la regle. On a donc fait ce qu'il falloit faire.

Ou bien par un raisonnement reciproque, la fraction $\frac{1}{4}$ n'enferme que la position du quart de l'unité, le produit de $\frac{1}{2}$ par $\frac{1}{4}$ n'enferme donc aussi que la position du quart de l'autre fraction $\frac{1}{2}$, c'est à dire $\frac{1}{8}$ (puisque $\frac{1}{8}+\frac{1}{8}+\frac{1}{8}+\frac{1}{8}=\frac{4}{8}=\frac{1}{2}$) Or $\frac{1}{8}$ est aussi le produit trouvé par la regle: On a donc fait ce qu'il falloit faire.

XXXIX. Pour trouver plus facilement le produit de deux fractions, avant que d'operer sur elles, 1°. On réduit en chacune à l'unité & aux nombres, tout ce qui est égal à l'unité & aux nombres. 2°. On prend le produit des nombres entiers, plus celuy des fractions restées, plus deux autres produits l'un de la premiere fraction restée par le second des nombres entiers, & l'autre de la seconde fraction par le premier nombre. 3°. On prend la somme de ces quatre produits, & l'on a ce qu'on cherche.

Par exemple pour multiplier $\frac{17}{3}$ par $\frac{21}{8}$. 1°. Je dis $\frac{17}{3}=5\frac{2}{3}$, & $\frac{21}{8}=2\frac{5}{8}$. 2°. Je prens 10 produit de 5 par 2, plus $\frac{5}{12}$ produit de $\frac{2}{3}$ par $\frac{5}{8}$, plus $1\frac{1}{3}$ produit de $\frac{2}{3}$

par 2 ou $\frac{2}{1}$, plus $3\frac{1}{2}$ produit de $\frac{1}{8}$ par 5. 3°. Je prends la somme des produits trouvez 10, $\frac{5}{12}$, $1\frac{1}{3}$, & $3\frac{1}{2}$, & cette somme qui est $14\frac{7}{8}$ est aussi le produit que je cherche.

Cette maniere abregée est d'un grand usage, lorsqu'on veut prendre le produit des fractions qui renferment beaucoup de chifres.

DE LA DIVISION
DES FRACTIONS.
SEPTIÉME PROBLÊME.

Trouver l'exposant d'une fraction à une autre.

On fait deux produits, le premier du premier terme de la premiere fraction par le second terme de la seconde, & le second du second terme de la premiere fraction par le premier terme de la seconde. Le premier de ces produits sera le premier terme, & le second produit le second terme d'une autre fraction, dont l'exposant est l'exposant qu'on cherche. Les exemples suivans éclairciront cette regle.

Premier Exemple.

Pour trouver l'exposant de $\frac{4}{5}$ à $\frac{4}{3}$, je fais deux produits, le premier 12 de 4, premier terme de $\frac{4}{5}$, par 3, second terme de $\frac{4}{3}$; & le second 20 de 5, second terme de $\frac{4}{5}$, par 4, premier terme de $\frac{4}{3}$. Le premier produit 12 est le premier terme, & le second produit 20 le second terme de la fraction $\frac{12}{20}$, dont l'exposant $\frac{1}{5}$ est aussi l'exposant cherché.

Second Exemple.

Pour trouver l'exposant de $\frac{8}{15}$ à $\frac{2}{3}$, je fais deux produits le premier 24, de 8 par 3; & le second 30, de 15 par 2; le premier produit 24 est le premier terme, & le second produit 30 le second terme de $\frac{24}{30}$, dont l'exposant $\frac{4}{5}$ est aussi l'exposant cherché.

Troisiéme Exemple.

Pour trouver l'exposant de $\frac{ab}{cg}$ à $\frac{bc}{cf}$, le produit $abcf$, de ab par cf, est le premier terme, & le produit $bccg$, de cg par bc, le second terme de $\frac{abcf}{bccg}$, dont l'exposant $\frac{af}{cg}$ est aussi l'exposant cherché.

Quatriéme Exemple.

Pour trouver l'exposant de $\frac{a}{b}$ à $\frac{c}{g}$, le produit ag est le premier terme, & le produit bc le second terme de $\frac{ag}{bc}$, qui ne pouvant estre réduit à de moindres termes, est aussi l'exposant cherché.

Cinquiéme Exemple.

Pour trouver l'exposant de $\frac{aa+2ab+bb-cc-be}{ab+ae-bc-ee}$ à $\frac{a+b-e}{b+e}$, le produit

$aab + 2abb + aae + abe - aee - bee + b^3$, de $aa + 2ab + bb - ae - be$ par $b + e$, est le premier terme, & le produit de $ab + ae - be - ee$ par $a + b$, qui est $aab + abb + aae - abe - 2aee - bbe + e^3$, est le second terme de $\frac{aab + 2abb + aae - abe - aee - bee + b^3}{aab + abb + aae - abe - 2aee - bbe + e^3}$, dont l'exposant $\frac{a+b}{e-e}$ est aussi l'exposant cherché.

Démonstration du Probleme.

Soit $\frac{a}{b}$ la fraction à diviser, & $\frac{c}{d}$ son diviseur; je dis que l'exposant de $\frac{ad}{bc}$ est aussi l'exposant qu'on cherche : Car soit e l'exposant de $\frac{a}{b}$, & f l'exposant de $\frac{c}{d}$: Donc (*par* f. 123.) $be = a$, & $df = c$; Donc $\frac{bed}{bdf} = \frac{ad}{bc}$. Or $\frac{e}{f}$ est l'exposant de $\frac{bed}{bdf}$, il est donc aussi l'exposant de $\frac{ad}{bc}$. Or e & f ont même valeur que les fractions $\frac{a}{b}$ & $\frac{c}{d}$; Donc $\frac{e}{f}$ sera l'exposant de $\frac{a}{b}$ à $\frac{c}{d}$, puisque les grandeurs égales également divisées donnent les mêmes exposants : l'exposant de $\frac{ad}{bc}$ sera donc l'exposant qu'on cherche. Ce qu'il falloit démontrer.

Voici encore une démonstration plus sensible par nombres. Soit à diviser $\frac{1}{8}$ par $\frac{1}{4}$, l'exposant trouvé par la regle est $\frac{1}{2}$. Or *par la définition generale de la division* I.107. puisque la fraction donnée $\frac{1}{8}$ n'enferme que la position de la moitié de son diviseur $\frac{1}{4}$, l'exposant de $\frac{1}{8}$ à $\frac{1}{4}$ n'enferme pareillement que la moitié de l'unité, c'est à dire $\frac{1}{2}$, qui est aussi l'exposant trouvé par la regle.

Soit pareillement à diviser $\frac{1}{4}$ par $\frac{1}{8}$, l'exposant trouvé par la regle est 2 ou $\frac{2}{1}$. Or *par la définition generale de la division* I. 107. puisque la fraction $\frac{1}{4}$ est une addition ou une somme de son diviseur $\frac{1}{8}$ repeté 2 fois (puisque $\frac{1}{8} + \frac{1}{8} = \frac{2}{8} = \frac{1}{4}$) l'exposant de $\frac{1}{4}$ à $\frac{1}{8}$ sera aussi l'addition ou la somme de l'unité repetée 2 fois, c'est à dire 2, qui est aussi l'exposant trouvé par la regle : On a donc fait ce qu'il falloit faire.

DE LA REDUCTION DES GRANDEURS
DE DIFFERENTES ESPECES.

XLI.   Pour multiplier ou diviser des grandeurs d'especes differentes, on les réduit toutes de part & d'autre à la plus grande des especes proposées, ce que l'on fait en divisant les petites especes par le nombre qui marque combien elles sont de fois dans les grandes, ausquelles on les veut réduire ; & l'on cherche ensuite le produit ou l'exposant qu'on demande par les regles ordinaires des operations sur les grandeurs rompuës.

Par exemple pour multiplier 24 pistoles 10 livres 15 sols 10 deniers par $12P + 7l + 10s + 11d$, chaque $s = 12d$, chaque $l = 20s = 20$ fois $12d$, & chaque $P = 10l = 10$ fois $20s = 10$ fois 20 fois $12d$: C'est pourquoi je divise d'une part $10l$ par 10, $15s$ par 240, & $10d$ par 2400 ; & de l'autre part $7l$ par 10, $9s$ par 240, & $11d$ par 2400. Les trois exposans d'une part, qui sont $1p$, $\frac{1}{16}p$, & $\frac{1}{240}p$ avec $24p$, donnent la somme $25\frac{1}{15}p$; & les trois exposans de l'autre part, qui font $\frac{7}{10}p$, $\frac{1}{24}p$, & $\frac{11}{2400}p$ avec 12p, donnent la fomme $12\frac{597}{800}p$, & le produit de ces deux fommes eft $319\frac{387}{1000}p$, qui eft auffi le produit cherché.

Pour reduire une efpece de grandeur à une autre plus grande, on divife cette **XLII.** efpece par le nombre qui marque combien elle eft de fois dans la plus grande. Ainfi pour réduire 1842476090 deniers à des piftoles, je divife ce nombre par 2400, à caufe que chaque d eft 2400 fois dans 1P, l'expofant de cette divifion eft $767698P + 890d$.

Pour réduire 890d à des livres, je divife 890 par 240, à caufe que chaque d eft 240 fois dans 1l, l'expofant de cette divifion eft $3l + 170d$.

Pour réduire 170d à des fols, je divife 170 par 12, à caufe que chaque d eft 12 fois dans 1f, l'expofant de cette divifion eft $14f + 2d$. Et par ce moyen je viens enfin à connoiftre que 1842476090d eft le même que $767698P + 3l + 14f + 2d$.

Avant que d'ajoûter, fouftraire, multiplier, ou divifer les fractions des **XLIII.** grandeurs d'efpeces differentes, on réduit dans chacune de leurs fommes partiales les grandes à des entiers, & l'on rejette aux petites les reftes moindres que l'unité.

Si par exemple $\frac{35}{6}d + \frac{59}{3}' + \frac{16}{7}'' + \frac{52}{27}''' + \frac{16}{15}''''$ eftoit une des fommes partiales qu'il fallut ajoûter, retrancher, multiplier ou divifer par quelque autre. Avant que d'operer felon ce qu'on vient de dire, je la réduis ainfi : je dis aux degrez $\frac{35}{6}d = 5\frac{5}{6}d$, j'écris 5$d$ fous les degrez, & je multiplie $\frac{5}{6}$ par 60 ou $\frac{60}{1}$, le produit eft $\frac{300}{6}' = 50'$ que j'écris fous les premieres ; & venant à ces premieres, je dis $\frac{59}{3} = 19\frac{2}{3}$, j'écris 19$'$ fous les premieres, & je multiplie $\frac{2}{3}$ par 60, le produit eft $\frac{120}{3}''$ ou 40$''$ que j'écris fous les fecondes ; & venant à ces fecondes, je dis $\frac{16}{7}'' = 5\frac{1}{7}''$, j'écris 5 fous les fecondes, & je multiplie $\frac{1}{7}$ par 60, le produit eft $\frac{60}{7}$ ou $8\frac{4}{7}'''$, j'écris 8$'''$ fous les troifiémes, & je retiens $\frac{4}{7}'''$, je dis enfuite $\frac{52}{27}''' = 1\frac{25}{27}'''$, j'écris 1$'''$ fous 8$'''$, & j'ajoûte $\frac{25}{27}'''$ à $\frac{4}{7}'''$ que j'avois retenu, la fomme eft $\frac{283}{189} = 1\frac{94}{189}'''$, j'écris donc encore 1$'''$ fous les troifiémes, & je multiplie $\frac{94}{189}$ par 60, le produit eft $\frac{5640}{189}'''' = 29\frac{9}{63}''''$, j'écris 29$''''$ fous les quatriémes, & je retiens $\frac{51}{63}''''$, je dis enfuite $\frac{16}{15}'''' = 2\frac{1}{15}''''$, j'écris 2$''''$ fous 9$''''$, & j'ajoûte $\frac{1}{15}$ à $\frac{51}{63}''''$ que j'avois retenu, la fomme eft $\frac{303}{315}''''$ que j'écris en la laiffant en fraction, à caufe que multipliant $\frac{303}{315}$ par 60, le produit ne peut eftre réduit à des cinquiémes fans fraction. Enfin je réduis toutes ces grandeurs en une fomme, & je trouve $6d + 9' + 45'' + 10''' + 31\frac{303}{315}''''$ qui n'a qu'une fraction $\frac{303}{315}$, & qui eft neanmoins égale à $\frac{35}{6}d + \frac{59}{3}' + \frac{16}{7}'' + \frac{52}{27}''' + \frac{16}{15}''''$. Il en eft ainfi des autres.

$$\frac{35}{6}d + \frac{59}{3}' + \frac{16}{7}'' + \frac{52}{27}''' + \frac{16}{15}''''$$
$$5d + 50' + 40'' + 8''' + 29''''$$
$$19' + 5'' + 1''' + 2''''$$
$$1''' + 2\frac{303}{315}''''$$
$$\text{Somme } 6d + 9' + 45'' + 10''' + 31\frac{303}{315}''''$$

ELEMENS
DES FRACTIONS
DE FRACTIONS.

XLIV.   Comme les nombres partagez en differentes parties produifent les fractions, ainfi les fractions partagées en differentes parties produifent les fractions de fractions ; & pareillement les fractions de fractions partagées en d'autres parties produifent les fractions de fractions de fractions : & ainfi de fuite. $\frac{2}{3}$ par exemple eft une fraction, $\frac{2}{3}$ de $\frac{4}{5}$ eft une fraction de fraction, $\frac{2}{3}$ de $\frac{4}{5}$ de $\frac{5}{6}$ eft une fraction de fraction de fraction, & ainfi des autres.

XLV.   Pour operer fur ces fortes de fractions de fractions, ou de fractions de fractions de fractions, &c. On les réduit auparavant à des fractions ordinaires qui ont une même valeur, ce qui fe fait en multipliant les unes par les autres, car leur produit aura même valeur qu'elles.

Par exemple pour réduire à une fraction ordinaire $\frac{2}{3}$ de $\frac{4}{5}$, je multiplie l'une de ces fractions par l'autre, & le produit $\frac{8}{15}$ eft égal à $\frac{2}{3}$ de $\frac{4}{5}$: Car foit $\frac{4}{5}$ appellé a, donc $\frac{2}{3}$ de $\frac{4}{5} = \frac{2}{3}a$ qui eft la même chofe que $\frac{2}{3}$ multiplié par a, puifque $\frac{2}{3}a$ & $\frac{2a}{3}$ font la même chofe (*par 26. S.*) Donc le produit de $\frac{2}{3}$ par $\frac{4}{5}$, qui eft $\frac{8}{15}$, eft égal à $\frac{2}{3}$ de $\frac{4}{5}$.

Pareillement pour réduire à une fraction ordinaire $\frac{2}{3}$ de $\frac{4}{5}$ de $\frac{5}{6}$. 1°. Je multiplie la premiere fraction par la feconde, & le produit eft $\frac{8}{15}$. 2° Je multiplie ce produit $\frac{8}{15}$ par la troifiéme fraction $\frac{5}{6}$, & le produit $\frac{4}{9}$ eft une fraction égale à $\frac{2}{3}$ de $\frac{4}{5}$ de $\frac{5}{6}$. Il en eft ainfi des autres.

DES ALIQUOTES
DES NOMBRES ENTIERS.

XLVI.   Toutes les grandeurs, qui eftant prifes plufieurs fois mefurent exactement & fans refte un nombre, font appellées fes *parties aliquotes*, ou fimplement fes *aliquotes*. Nous difons par exemple que $\frac{1}{2}$, $\frac{1}{4}$, $\frac{1}{8}$, $\frac{1}{12}$, &c. font des aliquotes de 4, parceque 4 renferme exactement & fans refte 4 fois 1, 2 fois 2, 8 fois $\frac{1}{2}$, 16 fois $\frac{1}{4}$, 32 fois $\frac{1}{8}$, 48 fois $\frac{1}{12}$, &c. Nous difons pareillement que $\frac{1}{6}$, $\frac{1}{9}$, $\frac{1}{12}$, &c. font des aliquotes de $\frac{1}{3}$, parceque $\frac{1}{3}$ renferme exactement & fans refte 2 fois $\frac{1}{6}$, 3 fois $\frac{1}{9}$, 4 fois $\frac{1}{12}$, &c.

XLVII.   Tout nombre pouvant fe partager en une infinité de parties égales, peut avoir auffi une infinité d'aliquotes. Et l'on poura découvrir autant de ces aliquotes que l'on voudra.

Car, 1°. fi le nombre eft entier, l'unité eftant prife pour le premier terme d'une fraction, & le produit du nombre entier qu'on propofe par tout nombre entier, eftant pris pour le fecond terme de la même fraction, cette fraction fera toûjours une aliquote du nombre propofé. Soit par exemple a le nombre entier qu'on propofe, & b tel nombre entier que l'on voudra ; il eft vifible que la fraction $\frac{1}{ab}$ eft aliquote du nombre entier a, car l'expofant du nombre entier a à la fraction $\frac{1}{ab}$ eft le nombre entier aab, qui expofe combien de fois

$\frac{1}{ab}$ est exactement & sans reste renfermé de fois dans a. La fraction $\frac{1}{ab}$ est donc aliquote du nombre entier a.

Or comme b marque indéterminément tout nombre entier, $\frac{1}{ab}$ aliquote de a poura varier à l'infini, en prenant successivement pour b chacun des nombres infinis 1, 2, 3, 4, 5, 6, &c. Ce qui donnera des aliquotes infinies du nombre entier a que l'on propose.

2°. Mais si le nombre proposé estoit une fraction, l'unité prise pour le premier terme d'une autre fraction, & le produit du second terme de la fraction proposée par tout nombre entier, estant pris pour le second terme de cette autre fraction, cette fraction nouvelle sera toûjours une aliquote de celle qu'on propose. Car soit $\frac{a}{c}$ la fraction proposée, & b tel nombre entier que l'on voudra; il est visible que la fraction $\frac{1}{bc}$ est aliquote de $\frac{a}{c}$, puisque l'exposant de $\frac{a}{c}$ à $\frac{1}{bc}$ est le nombre entier ab qui expose combien de fois $\frac{1}{bc}$ est exactement & sans reste renfermé dans $\frac{a}{c}$.

Et parceque b marque indéterminément tout nombre entier, la fraction $\frac{1}{bc}$ poura varier à l'infini, en prenant successivement pour b chacun des nombres infinis 1, 2, 3, 4, 5, 6, &c. Ce qui donnera des aliquotes infinies de la fraction proposée $\frac{a}{c}$.

ELEMENS

DES

MATHEMATIQUES

LIVRE TROISIE'ME.

DES PUISSANCES,

ET DE LEUR RESOLUTION.

I. N a pû déja remarquer que a^3, b^4, c^5, &c. font la même chose que aaa, $bbbb$, ccc, &c. On voit affez qu'il y a beaucoup de différence entre ces multiplications reïterées & les sommes des grandeurs, entre b^3 par exemple & $3b$, entre b^4 & $4b$, b^5, & $5b$, &c. Car b^3, b^4, b^5, &c. marquent des additions ou des multiplications, mais $3b$, $4b$, $5b$, &c. ne marquent que des additions fimples : de forte que les unes de ces grandeurs font beaucoup differentes des autres. $3b$ par exemple & b^3 font beaucoup differens l'un de l'autre ; car fi b vaut 4, $3b$ vaudront 3 fois 4, c'eft à dire 12 ; mais b^3 vaudra 4 fois 4 fois 4, c'eft à dire 16 fois 4, ou 64, ce qui eft beaucoup different de 12.

DEFINITIONS.

II. Ces Multiplications reïterées d'une grandeur s'appellent fes *puiffances*. Le plan de b par b eft bb que j'appelle la *feconde puiffance* de b. Le folide fait du plan bb par b, ou la *troifiéme puiffance* de b, eft b^3. Sa *quatriéme puiffance* eft b^4. Sa cinquiéme b^5, &c.

De même la feconde puiffance de 3 eft 9. Sa troifiéme puiffance eft 27. Sa quatriéme 81. Et ainfi de fuite.

III. Le plan d'une grandeur par elle-même, ou la feconde puiffance d'une grandeur

grandeur s'appelle *quarré* de cette grandeur, & cette grandeur *racine quarrée*, ou simplement *racine* de ce quarré. *bb* par exemple est le quarré de *b*, & *b* la racine quarrée, ou simplement la racine de *bb*. 9 est le quarré de 3, & 3 est la racine de 9. 100 est le quarré de 10, & 10 est la racine de 100.

IV. Le solide fait du plan d'une grandeur par elle-même multiplié de nouveau par cette grandeur, ou bien la troisiéme puissance d'une grandeur est appellée son *cube*, & cette grandeur la *racine cubique* de ce cube. b^3 par exemple est le cube de *b*, & *b* la racine cubique de b^3. 27 est le cube de 3, & 3 la racine cubique de 27.

V. La quatriéme puissance d'une grandeur est appellée le *quarré du quarré* de cette grandeur, & cette grandeur la *racine de la racine* de ce quarré de quarré. b^4 par exemple est le quarré du quarré de *b*, & *b* la racine de (*bb*) la racine de b^4.

VI. Si une grandeur est mise en *cinquiéme puissance*, nous disons que cette grandeur est la *racine* 5e. de cette puissance. b^5 par exemple est la cinquiéme puissance de *b*, & *b* la racine 5e. de b^5.

VII. La sixiéme puissance d'une grandeur est appellée le *quarré du cube* de cette grandeur, & cette grandeur la *racine de la racine cubique*, ou la *racine cubique de la racine* de cette puissance. b^6 par exemple est la sixiéme puissance de *b*, ou le quarré de b^3 cube de *b*, ou le cube de *bb* quarré de *b*, & *b* est la racine de (*bb*) la racine cubique de b^6, ou bien *b* est la racine cubique de (b^3) la racine de b^6 ; & pour abbreger nos expressions nous disons que *b* est la racine 6e. de b^6.

VIII. Pareillement si une grandeur est en *septiéme puissance*, nous l'appellons racine 7e. de cette puissance. Ainsi b^7 estant la septiéme puissance de *b*, nous disons que *b* est la racine 7e. de b^7.

IX. On appelle la huitiéme puissance d'une grandeur, le *quarré du quarré* de cette grandeur. La neuviéme, le *cube du cube* de cette grandeur. La dixiéme, le *quarré de sa cinquiéme puissance*. La douziéme, le *cube du quarré de son quarré*. La quinziéme, le *cube de sa cinquiéme puissance*. Et ainsi des autres.

X. Mais il est plus court d'appeller ces puissances selon le nombre de leurs dimensions ou degrez, & les grandeurs lineaires, dont elles sont formées par des multiplications reïterées, les *racines* 8e. 9e. 10e. 11e. 12e. &c. Ainsi nous dirons que b^8 est la huitiéme puissance de *b*, & *b* la racine 8e. de b^8. Que b^9 est la neuviéme puissance de *b*, & *b* la racine 9e. de b^9. Que b^{10} est la dixiéme puissance de *b*, & *b* la racine 10e. de b^{10}. De même que *b* est la racine 11e. de b^{11}, la racine 12e. de b^{12}, & ainsi des autres.

XI. Lorsqu'une grandeur sera exprimée par plusieurs parties ou caracteres, nous dirons que la premiere partie ou le premier caractere, est celui qui est écrit plus à gauche, & le dernier celui qui est plus à droite.

Par exemple dans $a+b+c$, le premier caractere est *a*, le second est *b*, & le troisiéme *c*. De même dans 542, le premier caractere est 5 écrit au troisiéme & dernier rang, le second caractere est 4, & le troisiéme est 2 écrit au premier rang.

I.

ELEMENS
DE LA FORMATION
DES PUISSANCES.

PREMIER THEOREME.

XII. Le quarré de toute grandeur exprimée par deux parties ou caractères enferme le quarré du premier caractere, plus deux produits du premier par le second, plus le quarré du second.

Démonstration. Le quarré de $a+b$ est $aa+2ab+bb$, car $a+b$ par $a+b$ donne un tel produit. Or ce quarré enferme aa quarré du premier caractere a, plus $2ab$ deux produits du premier caractere a par le second b, plus enfin bb quarré du second caractere b. Donc &c.

$$\begin{array}{r} \text{Racine } a+b \\ \text{par } a+b \\ \hline ab+bb \\ aa+ab \\ \hline \text{Quarré } aa+2ab+bb \end{array}$$

SECOND THEOREME.

XIII. Le cube de toute grandeur exprimée par deux caracteres enferme le cube du premier, plus trois solides du quarré du premier par le second, plus trois autres solides du premier par le quarré du second, plus enfin le cube du second.

Démonstration. Le cube de $a+b$ est $a^3+3aab+3abb+b^3$, qui enferme a^3 cube de a, plus $3aab$ trois solides du quarré aa par b, plus $3abb$ trois autres solides de a par le quarré bb, plus enfin b^3 cube de b. Tout cela est évident par la formation même du cube.

$$\begin{array}{r} \text{Quarré } aa+2ab+bb \\ \text{par } a+b \\ \hline aab+2abb+b^3 \\ a^3+2aab+abb \\ \hline \text{Cube } a^3+3aab+3abb+b^3 \end{array}$$

TROISIE'ME THEOREME.

XIV. On verra pareillement que le quarré du quarré d'une telle grandeur enferme le quarré du quarré du premier caractere, plus quatre surfolides du cube de ce premier caractere par le second, plus six autres surfolides du quarré du premier par le quarré du second, plus encore quatre surfolides du premier par le cube du second, plus enfin le quarré du quarré du second.

Dém. Le quarré du quarré de $a+b$ est $a^4+4a^3b+6aabb+4ab^3+b^4$, qui enferme a^4 le quarré du quarré de a, plus $4a^3b$ quatre surfolides du cube a^3 par b, plus $6aabb$ six autres surfolides du quarré aa par le quarré bb, plus encore $4ab^3$ quatre surfolides de a par le cube b^3, plus enfin b^4 quarré du quarré de b.

$$\begin{array}{r} \text{Cube } a^3+3aab+3abb+b^3 \\ \text{par } a+b \\ \hline a^3b+3aabb+3ab^3+b^4 \\ a^4+3a^3b+3aabb+ab^3+b^4 \\ \hline \text{Quarré du quarré } a^4+4a^3b+6aabb+4ab^3+b^4 \end{array}$$

Le produit de cette quatriéme puiſſance par $a+b$ donne la cinquiéme XV.
puiſſance $a^5 + 5a^4b + 10a^3bb + 10aab^3 + 5ab^4 + b^5$.

Laquelle eſtant de nouveau multipliée par $a+b$ donne la ſixiéme

$$a^6 + 6a^5b + 15a^4bb + 20a^3b^3 + 15aab^4 + 6ab^5 + b^6.$$

Cette ſixiéme par $a+b$ donne la ſeptiéme qui eſt

$$a^7 + 7a^6b + 21a^5bb + 35a^4b^3 + 35a^3b^4 + 21aab^5 + 7ab^6 + b^7.$$

Et ainſi des autres qui ſuivent à l'infini.

La Table que nous donnons pour la compoſition des puiſſances, eſt une XVI.
deſcription de ces puiſſances qu'on vient de former, & qu'on a continuées *Voyez la pre-*
juſques à la dixiéme. Chaque rang de cette Table, qui va de gauche à droite, *miere Planche*
marque une puiſſance de $a+b$, & $a+b$ marque toute grandeur exprimée par *Table troi-*
deux parties ou caractères ſeparez. Il importe beaucoup pour la ſuite de *ſiéme.*
ſçavoir diſtinctement comment ces puiſſances ſe forment, & il eſt facile de
le ſçavoir, ſi on s'exerce à les former ſoi-même.

PREMIERE DEMANDE.

On demande que l'on puiſſe trouver le quarré de toute grandeur literale XVII.
exprimée par pluſieurs parties.

Le produit de cette grandeur par elle-même donnera ce quarré. Mais on
peut beaucoup abreger ſon operation en cette ſorte.

On écrit le quarré de la premiere partie.

Plus deux produits de la premiere par la ſeconde, plus le quarré de la
ſeconde.

Plus deux produits des deux premieres par la troiſiéme, plus le quarré de
la troiſiéme.

Plus deux produits des trois premieres par la quatriéme, plus le quarré de
la quatriéme.

Plus deux produits des quatre premieres par la cinquiéme, plus le quarré
de la cinquiéme. Et ainſi de ſuite à l'infini.

Par exemple pour quarrer $a+b+c$, j'écris aa quarré de la premiere
partie. Plus $2ab$ deux plans de a par la ſeconde partie b, plus bb quarré de b.
Plus $2ac+2bc$ deux plans des deux premieres parties $a+b$ par la troiſiéme c,
plus enfin cc quarré de c, & tout le
plan $aa+2ab+bb+2ac+2bc+cc$;
eſt le quarré de $a+b+c$.

$$\text{Racine } a+b+c$$
$$\overline{\qquad\qquad\qquad}$$
$$\text{Quarré } aa+2ab+bb+2ac+2bc+cc$$

Pareillement, pour quarrer $bb+2bc+6bd+4cc$, j'écris b^4 quarré de bb.
Plus $4b^3c$ deux produits de bb par $2bc$, plus $4bbcc$ quarré de $2bc$. Plus
$12b^3d+24bbcd$ deux produits des deux premieres parties $bb+2bc$ par la
troiſiéme $6bd$, plus $36bbdd$ quarré de $6bd$. Plus $8bbcc+16bc^3+48bccd$
deux produits des trois premieres parties $bb+2bc+6bd$ par la quatriéme
$4cc$. Plus $16c^4$ quarré de $4cc$, & toute la ſomme de ces produits qui eſt
$b^4+4b^3c+12bbcc+12b^3d+24bbcd+36bbdd+16bc^3+48bccd+16c^4$,
eſt le quarré de $bb+2bc+6bd+4cc$. Il en eſt ainſi des autres.

$$\text{Racine } bb+2bc+6bd+4cc$$
$$\overline{\qquad\qquad\qquad\qquad\qquad}$$
$$\text{Quarré } b^4+4b^3c+4bbcc+12b^3d+24bbcd+36bbdd+8bbcc+16bc^3+48bccd+16c^4$$
$$\text{Ou } b^4+4b^3c+12bbcc+12b^3d+24bbcd+36bbdd \quad * \quad +16bc^3+48bccd+16c^4$$

COROLLAIRE.

XVIII.   Il eſt évident par cette formation, que tout quarré renferme le quarré de telle des parties de ſa racine qu'on voudra, plus deux produits de cette partie par toutes les autres, plus le quarré de toutes ces autres.

Ainſi $aa + 2ab + bb + 2ac + 2bc + cc$ renferme le quarré aa de la premiere partie de ſa racine qui eſt a, plus $2ab + 2ac$ deux plans de a par toutes les autres parties de la racine qui ſont $b + c$, plus enfin $bb + 2bc + cc$ quarré de ces autres parties $b + c$.

Ou bien auſſi ce quarré renferme bb quarré de b, plus $2ab + 2bc$ deux plans de b par $a + c$, plus $aa + 2ac + cc$ quarré de $a + c$.

Ou bien encore le même quarré renferme cc quarré de c, plus $2ac + 2bc$ deux plans de c par $a + b$, plus $aa + 2ab + bb$ quarré de $a + b$. C'eſt à dire que $aa + 2ab + bb + 2ac + 2bc + cc = bb + 2ab + 2bc + aa + 2ac + cc = cc + 2ac + 2bc + aa + 2ab + bb$. Il en eſt ainſi de tout autre quarré.

SECONDE DEMANDE.

XIX.   On demande que l'on puiſſe trouver le cube de toute grandeur literale exprimée par pluſieurs parties.

Le produit de cette grandeur par ſon quarré donnera ce cube. Mais on peut beaucoup abreger ſon operation en cette ſorte.

On écrit le cube de la premiere partie.

Plus trois produits du quarré de la premiere par la ſeconde, plus trois autres produits de la premiere par le quarré de la ſeconde, plus le cube de la ſeconde.

Plus trois produits du quarré des deux premieres par la troiſiéme, plus trois autres produits des deux premieres par le quarré de la troiſiéme, plus le cube de la troiſiéme.

Plus trois produits du quarré des trois premieres par la quatriéme, plus trois autres produits des trois premieres par le quarré de la quatriéme, plus le cube de la quatriéme. Et ainſi de ſuite à l'infini.

Par exemple pour cuber $a + b + c$, j'écris a^3 cube de la premiere partie a. Plus $3aab$ trois ſolides de aa (quarré de a) par la ſeconde partie b, plus $3abb$ trois autres ſolides de a par le quarré bb, plus b^3 cube de b. Plus $3aac + 6abc + 3bbc$ trois ſolides de $aa + 2ab + bb$ (quarré de $a + b$) par la troiſiéme partie c, plus $3acc + 3bcc$ trois autres ſolides de $a + b$ par le quarré cc, plus enfin c^3 cube de c.

$$\text{Racine } a + b + c$$
$$\text{Cube } a^3 + 3aab + 3abb + b^3 + 3aac + 6abc + 3bbc + 3acc + 3bcc + c^3$$

Pareillement, pour cuber $bb + 2bc + 6bd + 4cc$, j'écris b^6 cube de bb. Plus $6b^5c$ trois produits de b^4 (quarré de bb) par $2bc$, plus $12b^4cc$ trois autres produits de bb par $4bbcc$ quarré de $2bc$, plus $8b^3c^3$ cube de $2bc$. Plus $18b^5d + 72b^4cd + 72b^3ccd$ trois produits de $b^4 + 4b^3c + 4bbcc$ (quarré de $bb + 2bc$) par la troiſiéme partie $6bd$, plus $108b^4dd + 216b^3cdd$ trois autres produits de $bb + 2bc$ par $36bbdd$ quarré de $6bd$, plus $216b^3d^3$ cube de $6bd$,

Plus $12b^4cc + 48b^3c^3 + 48bbcc^4 + 144b^3ccd + 288bbc^3d + 432bbccdd$ trois produits de $b^4 + 4b^3c + 4bbcc + 12b^3d + 24bbcd + 36bbdd$ (quarré des trois premieres parties $bb + 2bc + 6bd$) par $4cc$, plus $48bbc^4 + 96bc^5 + 288bc^4d$ trois autres produits de $bb + 2bc + 6bd$ par $16c^4$ quarré de $4cc$, plus enfin $64c^6$ cube de $4cc$, & toute la somme $b^6 + 6b^5c + 24b^4cc + 56b^3c^3 + 18b^5d + 72b^4cd + 216b^3ccd + 108b^4dd + 216b^3cdd + 216b^3d^3 + 96bbc^4 + 288bbc^3d + 432bbccdd + 96bc^5 + 288bc^4d + 64c^6$.

$$\text{Racine } bb + 2bc + 6bd + 4cc$$

Cube $b^6 + 6b^5c + 12b^4cc + 8b^3c^3 + 18b^5d + 72b^4cd + 72b^3ccd + 108b^4dd$
$+ 216b^3cdd + 216b^3d^3 + 12b^4cc + 48b^3c^3 + 48bbc^4 + 144b^3ccd$
$+ 288bbc^3d + 432bbccdd + 48bbc^4 + 96bc^5 + 288bc^4d + 64c^6$.

COROLLAIRE.

Il eſt évident par cette formation que tout cube renferme le cube de telle **XX.** des parties de ſa racine qu'on voudra, plus trois produits du quarré de cette partie par toutes les autres, plus trois autres produits de cette partie par le quarré de toutes les autres, plus le cube de toutes ces autres.

Ainſi le cube $a^3 + 3aab + 3abb + b^3 + 3aac + 6abc + 3bbc + 3acc + 3bcc + c^3$ renferme a^3 cube de a, plus $3aab + 3aac$ trois ſolides du quarré aa par toutes les autres parties de la racine qui ſont $b + c$, plus $3abb + 6abc + 3acc$ trois autres ſolides de a par $bb + 2bc + cc$ quarré de $b + c$, plus $b^3 + 3bbc + 3bcc + c^3$ cube de $b + c$.

Ou bien auſſi ce cube renferme b^3 cube de b, plus $3abb + 3bbc$ trois ſolides de bb (quarré de b) par $a + c$, plus $3aab + 6abc + 3bcc$ trois autres ſolides de b par $aa + 2ac + cc$ quarré de $a + c$, plus $a^3 + 3aac + 3acc + c^3$ cube de $a + c$, c'eſt à dire que ce cube eſt le même que la ſomme totale $b^3 + 3abb + 3bbc + 3aab + 6abc + 3bcc + a^3 + 3aac + 3acc + c^3$.

Ou bien encore le même cube renferme c^3 cube de c, plus $3acc + 3bcc$ trois ſolides de cc par $a + b$, plus $3aac + 6abc + 3bbc$ trois autres ſolides de c par $aa + 2ab + bb$ quarré de $a + b$, plus enfin $a^3 + 3aab + 3abb + b^3$ cube $a + b$. C'eſt à dire que ce cube eſt le même que la ſomme totale $c^3 + 3acc + 3bcc + 3aac + 6abc + 3bbc + a^3 + 3aab + 3abb + b^3$. Il en eſt ainſi de tout autre cube.

COROLLAIRE GENERAL.

On vient de voir aux demandes qui precedent, en élevant une grandeur **XXI.** literale exprimée par pluſieurs parties ou caracteres à la ſeconde ou troiſième puiſſance, que la même operation qui ſe fait par le moyen de la premiere & de la ſeconde partie de cette grandeur, ſe reïtere par le moyen des deux premieres & de la troiſiéme, & enſuite par le moyen des trois premieres & de la quatriéme, & encore enſuite par le moyen des quatre premieres & de la cinquiéme, &c.

La même choſe ſe fait auſſi pour les autres puiſſances plus élevées que la troiſiéme, & on peut reconnoître au rang de chaque puiſſance de la Troiſiéme Table, ce qu'on doit écrire pour élever toute grandeur literale qui a pluſieurs parties à la puiſſance égale à celle de ce rang. Car ſi on prend ſucceſſivement *a* pour la premiere partie de cette grandeur, & *b* pour la ſeconde, & enſuite *a* pour les deux premieres & *b* pour la troiſiéme, & encore enſuite *a* pour les trois premieres & *b* pour la quatriéme, & ainſi à l'infini : La premiere cellule du rang qu'on aura pris marquera ſingulierement ce qu'on doit écrire pour la premiere partie. Et toutes les cellules de ce rang qui ſuivent la premiere, marqueront ſucceſſivement ce qu'on doit encore écrire par le moyen de la premiere & ſeconde partie, & enſuite par le moyen des deux premieres & de la troiſiéme, & encore enſuite par le moyen des trois premieres & de la quatriéme, des quatre premieres & de la cinquiéme, des cinq premieres & de la ſixiéme. Et ainſi de ſuite à l'infini.

Par exemple au rang de la ſeconde puiſſance qui eſt $aa + 2ab + bb$, la premiere cellule aa marque ſingulierement que pour élever toute grandeur à ſon quarré, on doit premierement écrire le quarré de ſa premiere partie. Et les deux cellules $2ab + bb$ marqueront ſucceſſivement qu'on doit écrire deux produits de la premiere par la ſeconde, plus le quarré de la ſeconde. Et enſuite deux produits des deux premieres par la troiſiéme, plus le quarré de la troiſiéme. Et encore enſuite deux produits des trois premieres par la quatriéme, plus le quarré de la quatriéme. Et ainſi à l'infini, comme on l'a déja vû aux exemples de la premiere demande.

De même au rang de la troiſiéme puiſſance $a^3 + 3aab + 3abb + b^3$, la premiere cellule a^3 marque ſingulierement qu'en écrivant le cube d'une grandeur exprimée par pluſieurs parties, on doit premierement écrire le cube de la premiere partie. Et les trois cellules $3aab + 3abb + b^3$, qu'on doit ſucceſſivement écrire trois produits du quarré de la premiere par la ſeconde, plus trois autres produits de la premiere par le quarré de la ſeconde, plus le cube de la ſeconde. Et enſuite trois produits du quarré des deux premieres par la troiſiéme, plus trois autres produits des deux premieres par le quarré de la troiſiéme, plus le cube de la troiſiéme. Et encore enſuite trois produits du quarré des trois premieres par la quatriéme, plus trois autres produits des trois premieres par le quarré de la quatriéme, plus le cube de la quatriéme. Et ainſi à l'infini, comme on l'a déja vû aux exemples de la ſeconde demande.

Pareillement au rang de la cinquiéme puiſſance, laquelle eſt $a^5 + 5a^4b + 10a^3bb + 10aab^3 + 5ab^4 + b^5$, la premiere cellule a^5 marque ſingulierement qu'en écrivant la 5e puiſſance d'une grandeur exprimée par pluſieurs parties, on doit premierement écrire la cinquiéme puiſſance de la premiere partie. Et les cinq autres cellules $5a^4b + 10a^3bb + 10aab^3 + 5ab^4 + b^5$, qu'on doit ſucceſſivement écrire cinq produits du quarré de quarré de la premiere partie par la ſeconde, plus dix produits du cube de la premiere par le quarré de la ſeconde, plus dix autres produits du quarré de la premiere par le cube de la ſeconde, plus cinq produits de la premiere par le quarré du quarré de la ſeconde, plus la cinquiéme puiſſance de la ſeconde.

Et enſuite, cinq produits du quarré de quarré des deux premieres par la troiſiéme, plus dix produits du cube des deux premieres par le quarré de la troiſiéme, plus dix autres produits du quarré des deux premieres par le cube de la troisiéme, plus cinq produits des deux premieres par le quarré du quarré de la troisiéme, plus la cinquiéme puissance de la troisiéme. Et ainsi à l'infini.

C'est la même chose des autres puissances, en se servant des rangs de la Troisiéme Table qui ont même degré que ces puissances. *Voyez la premiere Planche. Table troisiéme.*

Nous dirons dans la suite qu'un nombre est dans un rang & dans ceux qui suivent, c'est à dire dans ceux qui sont avancez vers la gauche, lorsque ce nombre est non seulement dans les uns & dans les autres de ces rangs, mais aussi lorsqu'il est tout entier dans le premier, ou dans le premier & second de ces rangs. Je dirai par exemple dans 148 que 8, ou 38, ou 48, ou 108, ou 126, &c. sont au premier rang & dans ceux qui suivent. Et cela afin de marquer seulement le rang où quelque nombre commence à se rencontrer sans faire attention aux caracteres qui sont aux rangs suivans, ni se mettre en peine de sçavoir s'il y en a, ou s'il n'y en a pas plusieurs. **XXII.**

Et si on suppose que tous les caracteres d'un nombre soient tranchez par de petites lignes de deux en deux, ou de trois en trois, ou de quatre en quatre, &c. en commençant de droite à gauche, nous appellerons *A* ou *premiere tranche*, celle qui est plus à gauche, *B* ou *seconde tranche* celle qui suit la premiere, *C* ou *troisiéme* celle qui suit la seconde, *D* ou *quatriéme* celle qui suit la troisiéme. Et ainsi de suite. **XXIII.**

A	*B*	*C*		*A*	*B*	*C*		*A*	*B*	*C*
29	48	49		160	103	007		869	3593	2801

TROISIÉME DEMANDE.

On demande que l'on puisse trouver le quarré de tout nombre donné. **XXIV.** Le produit de ce nombre par lui-même donnera ce quarré. C'est ainsi que le produit de 543 par lui-même donne le quarré 294849, dont la racine est 543.

$$
\begin{array}{r}
\textit{Racine } 543 \\
\textit{par } 543 \\
\hline
1629 \\
2172. \\
2715.. \\
\hline
\textit{Quarré } 294849
\end{array}
$$

COROLLAIRE.

En tout nombre quarré tranché de deux en deux caracteres & de droite à gauche. 1°. Le quarré du premier caractere est dans la tranche *A*. **XXV.**

2°. Deux plans de ce premier caractere par le second sont au second rang de *B* & dans ceux qui suivent, & le quarré du second caractere est au premier rang de *B* & dans ceux qui suivent.

3°. Deux plans des deux premiers caracteres par le troisiéme sont au second rang de *C* & dans ceux qui suivent, & le quarré du troisiéme caractere est au premier rang de *C* & dans ceux qui suivent.

4°. Deux plans des trois premiers caracteres par le quatriéme sont au second rang de *D* & dans ceux qui suivent, & le quarré du quatriéme caractere est au premier rang de *D* & dans ceux qui suivent. Et ainsi des autres tranches *E*, *F*, &c. à l'infini.

Soit par exemple le quarré 294849 tranché comme on vient de dire. En quarrant 543 racine de ce quarré, on multiplie 3 par 3, ce qui fait 9. Plus 54 dixaines par 3, & 3 par 54 dixaines, ce qui fait 324 dixaines, plus 4 dixaines par 4 dixaines, ce qui fait 16 centaines, plus 5 centaines par 4 dixaines, & 4 dixaines par 5 centaines, ce qui fait 40 mille, plus enfin 5 centaines par 5 centaines, ce qui fait 25 dixaines de mille.

Racine 543
par 543
```
              9
        32|4 .
        16| . .
      4 0| . . .
      25| . . . . .
Quarré 29 48 49
      A  B  C
```

Tous ces plans difposez par ordre, & reduits en une fomme rendent le quarré propofé 294849. Et dans cette fomme ou ce quarré. 1°. 25 quarré du premier caractere 5 eft dans la tranche *A*. 2°. 40 deux plans de 5 par le fecond caractere 4 font au fecond rang de *B* & dans ceux qui fuivent, & 16 quarré de 4 eft au premier rang de *B* & dans ceux qui fuivent. 3°. 324 deux plans des deux premiers caracteres 54 par le troifiéme qui eft 3 font au fecond rang de *C* & dans ceux qui fuivent, & 9 quarré de 3 eft au premier rang de *C*.

Pareillement au quarré 97515625 tranché comme dans l'exemple qui precede, & dont la racine eft 9875. 1°. 81 quarré de 9 eft dans *A*. 2°. 144 deux plans de 9 par 8 font au fecond rang de *B* & dans ceux qui fuivent, & 64 quarré de 8 eft au premier rang de *B* & dans ceux qui fuivent. 3°. 1372 deux plans de 98 par 7 font au fecond rang de *C* & dans ceux qui fuivent, & 49 quarré de 7 eft au premier rang de *C* & dans ceux qui fuivent. 4°. 9870 deux plans de 987 par 5 font au fecond rang de *D* & dans ceux qui fuivent, & 25 quarré de 5 eft au premier rang de *D* & dans ceux qui fuivent. C'eft la même chofe de tout nombre quarré.

Racine 9875
par 9875
```
                25
          9 87 0 .
            49  . . .
        1 37 2 .  . .
          64 . .  . . . .
      14 4 . . .  . .
      81 . . . .  . . .
Quarré 97 51 56 25
      A  B  C  D
```

QUATRIÉME DEMANDE.

XXVI.   On demande que l'on puiffe trouver le cube de tout nombre donné. Le produit de ce nombre par fon quarré donnera ce cube. C'eft ainfi que le produit de 543 par 294849 quarré de 543, donne le cube 160103007, dont la racine cubique eft 543.

Racine 543
Quarré 294849
```
        884547
      1179396 .
     1474245 . .
Cube 160103007
```

COROLLAIRE.

COROLLAIRE.

En tout nombre cube tranché de trois en trois caracteres. 1°. Le cube du   XXVII.
premier caractere est dans la tranche *A*.

2°. Trois solides du quarré de ce premier caractere par le second sont au
troisiéme rang de *B* & dans ceux qui suivent, plus trois autres solides du
premier caractere par le quarré du second sont au second rang de *B* & dans
ceux qui suivent, & le cube du second caractere est au premier rang de *B* &
dans ceux qui suivent.

3°. Trois solides des deux premiers caracteres par le troisiéme sont au
troisiéme rang de *C* & dans ceux qui suivent, plus trois autres solides des
deux premiers caracteres par le quarré du troisiéme sont au second rang de
C & dans ceux qui suivent, & le cube du troisiéme caractere est au premier
rang de *C* & dans ceux qui suivent.

4°. Trois solides du quarré des trois premiers caracteres par le quatriéme
sont au troisiéme rang de *D* & dans ceux qui suivent, plus trois autres
solides des trois premiers caracteres par le quarré du quatriéme sont au second
rang de *D* & dans ceux qui suivent, & le cube du quatriéme caractere est au
premier rang de *D* & dans ceux qui suivent. Et ainsi des autres tranches à
l'infini.

Soit par exemple le cube 160103007 tranché comme on vient de dire. En
cubant 543 racine de ce cube, on multiplie 9
(quarré de 5) par 3, ce qui fait 27. Plus 324
dixaines (deux plans de 54 dixaines par 3) par 3,
ce qui fait 1458 dixaines, plus 25 dixaines de
mille, plus 40 mille, plus 16 centaines, c'est
à dire plus 2916 centaines (quarré de 54
dixaines) par 3, & 54 dixaines par 324 dixaines
(deux plans de 54 dixaines par 3) ce qui fait
26244 centaines. Plus 16 centaines par 4
dixaines, ce qui fait 64 mille, plus 16 centaines par 5 centaines, & 40 mille par 4
dixaines, ce qui fait 240 dixaines de mille,
plus 25 dixaines de mille par 4 dixaines, & 40
mille par 5 centaines, ce qui fait 300 centaines
de mille, plus enfin 25 dixaines de mille par 5
centaines, ce qui fait 125 millions.

*Voyez la for-
mation   du
quarré de 543
au Corollaire
precedent.*

```
  Racine  543
     par  543
          ___
            9
          324  .
           16  ..
           40  ...
           25  ....
          _________
Quarré 294849
    par  543
    _________
           27
         14 58 .
       2 6244 ..
           64 ...
       2 40 ...
      30 0 .. ...
     125 ... ...
     _______________
     160 103 007
      A   B   C
```

Tous ces produits difposez par ordre, & réduits en une fomme, rendent le cube même qu'on propofe, & dans cette fomme ou dans ce cube. 1°. 125 cube du premier caractere 5 eft dans la tranche *A*. 2°. 300 trois folides de 25 (quarré du premier caractere 5) par le fecond caractere qui eft 4, font au troifiéme rang de *B* & dans ceux qui fuivent, plus 240 trois autres folides de 5 par 16 quarré de 4 font au fecond rang de *B* & dans ceux qui fuivent, & 64 cube de 4 eft au premier rang de *B* & dans ceux qui fuivent. 3°. 26244 trois folides de 2916 (quarré des deux premiers caracteres 54) par le troifiéme qui eft 3, font au troifiéme rang de *C* & dans ceux qui fuivent, plus 1458 trois autres folides de 54 par 9 quarré de 3 font au fecond rang de *C* & dans ceux qui fuivent, & 27 cube de 3 eft au premier rang de *C* & dans ceux qui fuivent.

```
             Quarré 294849
                    par 543
                    ─────────
                          27
                   1.4│58.
                  2│624│4...
                     │ 64│..°
                  2│ 40│...
                 30│ 0..│...
                125│...│...
             ──────────────────
       Cube 160│103│007
             A │ B │ C
```

Voyez la formation du quarré de 9875 au Corollaire precedent.

Pareillement au cube 962966796875 dont la racine eft 9875. 1°. 729 cube de 9 eft dans *A*.

2°. 1944 trois folides de 81 (quarré de 9) par 8, font au troifiéme rang de *B* & dans ceux qui fuivent, plus 1728 trois autres folides de 9 par 64 (quarré de 8) font au fecond rang de *B* & dans ceux qui fuivent, & 512 cube de 8 eft au premier rang de *B* & dans ceux qui fuivent.

3°. 201684 trois folides de 9604 (quarré de 98) par 7, font au troifiéme rang de *C* & dans ceux qui fuivent, plus 14406 trois autres folides de 98 par 49 quarré de 7, font au fecond rang de *C* & dans ceux qui fuivent, & 343 cube de 7 eft au premier rang de *C* & dans ceux qui fuivent.

4°. 14612535 trois folides de 974169 (quarré de 984) par 5, font au troifiéme rang de *D* & dans ceux qui fuivent, plus 74025 trois autres folides de 987 par 25 quarré de 5, font au fecond rang de *D* & dans ceux qui fuivent, & 125 cube de 5 eft au premier rang de *D* & dans ceux qui fuivent. C'eft la même chofe de tout nombre cube.

```
         Racine 9875
            par 9875
            ─────────
                  25
              9870.
               49.°
             1372...
              64....
             144.....
              81......
         ──────────────
  Quarré 97515625
            par 9875
         ──────────────
                  │1 2 5
              740│2 5.
         1461 2 5 3│5..
              3 4 3│...
            144 06│....
          20168│4..│...
             512│...│...
            1728│...│...
           1944│...│...
            729│...│...
         ──────────────────────
    Cube 962│966│796│875
           A │ B │ C │ D
```

Corollaire General.

Comme on reconnoît en chaque rang de la Troisiéme Table ce qu'on doit XXVIII.
écrire pour élever toute grandeur literale à une puissance égale à celle de ce
rang, on reconnoît aussi dans chaque rang de la même Table ce qu'on dispose
en chaque tranche qui suit *A*, en élevant toute grandeur numerique à une
puissance égale à celle de ce rang. Car si l'on prend successivement *a* pour le
premier caractere du nombre qu'on propose, & *b* pour le second caractere;
& ensuite *a* pour les deux premiers, & *b* pour le troisiéme; & encore ensuite
a pour les trois premiers, & *b* pour le quatriéme, &c. La premiere cellule
du rang qu'on aura pris marquera ce qui est dans la tranche *A*. Et toutes les
cellules de ce rang qui suivent *A* marqueront successivement ce qui est dans
tous les rangs de *B* & dans ceux qui suivent, & ensuite, ce qui est dans tous
les rangs de *C* & dans ceux qui suivent, & encore ensuite, ce qui est dans
tous les rangs de *D* & dans ceux qui suivent. Et ainsi des autres tranches
E, *F*, *G*, &c.

C'est ainsi qu'au rang de la seconde puissance $aa + 2ab + bb$, la premiere
cellule *aa* marque qu'en quarrant tout nombre entier, on dispose premierement le quarré du premier caractere de ce nombre dans la tranche *A*. Et les
deux cellules $2ab + bb$ qui suivent la premiere *aa*, marquent aussi qu'on
dispose successivement deux plans du premier caractere par le second au second
rang de *B* & dans ceux qui suivent, plus le quarré du second caractere au
premier rang de *B* & dans ceux qui suivent. Et ensuite, qu'on dispose deux
plans des deux premiers caracteres par le troisiéme au second rang de *C* &
dans ceux qui suivent, plus le quarré du troisiéme au premier rang de *C* &
dans ceux qui suivent. Et encore ensuite, qu'on dispose deux plans des trois
premiers caracteres par le quatriéme au second rang de *D* & dans ceux qui
suivent, plus le quarré du quatriéme caractere au premier rang de *D* & dans
ceux qui suivent. Et ainsi des autres, comme on a déja vû aux exemples du
Corollaire de la troisiéme demande.

De même au rang de la troisiéme puissance $a^3 + 3aab + 3abb + b^3$, la premiere cellule a^3 marque qu'en cubant tout nombre entier, on dispose le cube
de son premier caractere dans la tranche *A*. Et les trois cellules
$3aab + 3abb + b^3$ qui suivent la premiere a^3, marquent aussi qu'on dispose
successivement & par ordre trois solides du quarré du premier caractere par
le second au troisiéme rang de *B* & dans ceux qui suivent, plus trois autres
solides du premier par le quarré du second au second rang de *B* & dans ceux
qui suivent, plus le cube du second caractere au premier rang de *B* & dans
ceux qui suivent. Et ensuite, qu'on dispose par ordre trois solides du quarré
des deux premiers caracteres par le troisiéme au troisiéme rang de *C* & dans
ceux qui suivent, plus trois autres solides des deux premiers caracteres par le
quarré du troisiéme au second rang de *C* & dans ceux qui suivent, plus le
cube du troisiéme caractere au premier rang de *C* & dans ceux qui suivent.
Et encore ensuite, qu'on dispose trois solides du quarré des trois premiers
caracteres par le quatriéme, au troisiéme rang de *D* & dans ceux qui suivent,

plus trois autres solides des trois premiers caracteres par le quarré du quatriéme, au second rang de *D* & dans ceux qui suivent, plus le cube du quatriéme caractere au premier rang de *D* & dans ceux qui suivent. Et ainsi des autres, comme on a déja vû aux exemples du Corollaire de la quatriéme Demande.

Pareillement au rang de la cinquiéme puissance qui est comme l'on sçait, $a^5 + 5a^4 b + 10a^3 bb + 10aab^3 + 5ab^4 + a^5$, la premiere cellule a^5 marque qu'en élevant tout nombre entier à la cinquiéme puissance, on dispose la cinquiéme puissance du premier caractere de ce nombre dans la tranche *A*. Et les cinq autres cellules $5a^4 b + 10a^3 bb + 10aab^3 + 5ab^4 + b^5$, marquent aussi qu'on dispose par ordre cinq produits du quarré de quarré du premier caractere par le second, au cinquiéme rang de *B* & dans ceux qui suivent, plus dix produits du cube du premier caractere par le quarré du second, au quatriéme rang de *B* & dans ceux qui suivent, plus dix autres produits du quarré du premier caractere par le cube du second, au troisiéme rang de *B* & dans ceux qui suivent, plus cinq produits du premier caractere par la quatriéme puissance du second, au second rang de *B* & dans ceux qui suivent, plus la cinquiéme puissance du second caractere au premier rang de *B* & dans ceux qui suivent.

Et ensuite, que l'on dispose par ordre cinq produits de la quatriéme puissance des deux premiers caracteres par le troisiéme, au cinquiéme rang de *C* & dans ceux qui suivent, plus dix produits du cube des deux premiers caracteres par le quarré du troisiéme, au quatriéme rang de *C* & dans ceux qui suivent, plus dix autres produits du quarré des deux premiers caracteres par le cube du troisiéme, au troisiéme rang de *C* & dans ceux qui suivent, plus cinq produits des deux premiers par la quatriéme puissance du troisiéme, au second rang de *C* & dans ceux qui suivent, plus la cinquiéme puissance du troisiéme, au premier rang de *C* & dans ceux qui suivent.

Il en est ainsi des autres rangs de la troisiéme Table, dont les puissances sont plus élevées, & des nombres élevez à ces puissances. On poura, si l'on veut, s'en former des exemples soi-même.

DE LA RESOLUTION

DES PUISSANCES.

XXIX. LEs puissances estant formées par une multiplication reïterée de leurs racines, ces racines se découvrent par une espece de division qui est ce qu'on appelle *Extraction de racines*, ou *Resolution des puissances*.

XXX. Auparavant que l'on commence la resolution d'une puissance numerique, je suppose, 1°. qu'on appelle *a* le premier caractere de sa racine laquelle on cherche à découvrir, & *b* le second caractere de la même racine. 2°. Que pour oster l'équivoque & la confusion, on appelle *c* les deux premiers caracteres $a+b$, & *d* le troisiéme; qu'on appelle *e* les trois premiers caracteres $a+b+d$, & *f* le quatriéme; qu'on appelle *g* les quatre premiers $a+b+d+f$, & *b* le cinquiéme; & ainsi des autres. De sorte que

$$a+b=c, \quad a+b+d=e, \quad a+b+d+f=g, \quad a+b+d+f+b=i, \&c.$$

Cela nous fervira beaucoup pour abreger nos raifonnemens, pour les faire mieux concevoir, & pour rendre nos operations claires & fenfibles.

Je fuppofe encore que l'on faffe plufieurs tranches dans la puiffance à re- **XXXI.** foudre, en commençant de droite à gauche, & que chaque tranche que l'on y fait ait autant de caracteres que l'on conçoit de degrez dans cette puiffance.

Je fuppofe par exemple que pour chercher la racine d'un nombre quarré, on le tranche de deux en deux caracteres, parceque c'eft une puiffance de deux degrez : que pour chercher la racine cubique d'un nombre cube, on le tranche de trois en trois caracteres, parceque c'eft une puiffance de trois degrez. Pareillement que pour chercher la racine cinquiéme d'un nombre en cinquiéme puiffance, on le tranche de cinq en cinq caracteres ; que pour chercher la racine feptiéme d'une feptiéme puiffance, on la tranche de fept en fept caracteres. Et ainfi des autres.

Lorfque ces tranches font ainfi faites, on peut déja fçavoir combien la **XXXII.** racine qu'on cherche a de caracteres, puifqu'elle en a autant que l'on trouve de tranches au nombre propofé, comme il eft clair par le Corollaire general 28. S.

Or pour commencer la refolution d'une puiffance numerique qu'on donne, **XXXIII.** on tire premierement a de la tranche A, c'eft à dire la racine fimple ou lineaire du plus grand nombre qui eft enfermé dans A, & qui a même degré que la puiffance à refoudre.

Cette racine lineaire peut aller jufques à 9 ; & jamais plus haut que 9. Et **XXXIV.** ainfi pour refoudre les puiffances élevées des nombres, il faut fçavoir jufqu'où vont les puiffances également élevées des dix premiers nombres, & quelles font les racines lineaires de ces puiffances.

La feconde Table de la premiere planche renferme les fecondes, troifiémes, *Voyez la premiere planche Table 2.* quatriémes, cinquiémes, fixiémes, & feptiémes puiffances, dont ces dix premiers nombres font les racines lineaires.

Le Probleme fuivant renferme une methode generale pour refoudre telle **XXXV.** puiffance numerique qu'on voudra. Mais pour le bien concevoir, & pour le mettre facilement en pratique, on doit poffeder pleinement tout ce que nous avons dit dans ce Livre de la compofition des puiffances ; & il faut encore examiner avec foin la quatriéme Table que l'on donne pour la refolution de ces puiffances. Cette Table n'eft point autre que celle de la compofition des *Voyez la premiere planche Table 4.* puiffances, dont chacune des premieres cellules eft détachée, & chaque autre divifée par b.

Il faut bien auffi fe fouvenir que a & b, dans les cellules de ces Tables & dans nos raifonnemens, fignifient la même chofe que le premier & fecond caractere de la racine lineaire qu'on cherche, & qu'on fuppofe, comme on a déja dit S. 30. que $c = a + b$, $e = a + b + d$, $g = a + b + d + f$, $i = a + b + d + f + h$, &c.

PROBLEME GENERAL.

Trouver la racine lineaire de toute puiffance numerique & déterminée. **XXXVI.**

K iij

1°. On la tranche comme on a expliqué 31. S. & on tire a de la tranche A, comme on a dit 33. S. Ensuite on écrit a au demi cercle, & l'on retranche sa puissance de A. Et l'on écrit B aprés ce qui reste.

2°. On prend dans la quatriéme Table le rang de la puissance donnée, & l'on écrit sa premiere cellule, c'est à dire le nombre qu'elle vaut, sous le dernier rang de B & sous ceux qui suivent. On cherche l'exposant de ces rangs à ce nombre écrit sous eux ; cet exposant est le second caractere de la racine, & celui que nous appellons b : on écrit donc b au demi cercle, & on efface le diviseur écrit sous le dernier rang de B & sous ceux qui suivent, mais on l'écrit separément, & aprés lui, ou au dessous dans un rang plus à droite, on écrit la seconde cellule de la même puissance ; & dans un nouveau rang plus à droite, la troisiéme cellule de cette puissance. Et ainsi de chaque autre cellule de la puissance qu'on a prise dans la seconde Table. On prend la somme de tous ces nombres ainsi disposez, laquelle on multiplie par b, & on oste le produit de tous les rangs de B & de ceux qui suivent, & l'on écrit C aprés ce qui reste.

3°. On fait une semblable operation sur tous les rangs de C & sur ceux qui suivent, par le moyen des deux premiers caracteres $a + b$ qui sont appellez c, & qu'on a écrits au demi cercle, & du troisiéme d que l'on découvre. Et l'on écrit D aprés ce qui reste.

4°. On fait encore une semblable operation sur tous les rangs de D & sur ceux qui suivent, par le moyen des trois premiers caracteres $a + b + d = e$ qu'on a écrits au demi cercle, & du quatriéme f que l'on découvre. Et l'on écrit E aprés ce qui reste.

5°. On fait de nouveau une semblable operation sur tous les rangs de E & sur ceux qui suivent, par le moyen des quatre premiers caracteres $a + b + d + f = g$ & du cinquiéme appellé h. Et ainsi de suite à l'infini. Tous les exemples suivans éclairciront ces regles.

Premier Exemple.

Pour tirer la racine du quarré 294849. 1°. Je le tranche de deux en deux caracteres en commençant de droite à gauche, & je dis, la racine du plus grand quarré renfermé dans $A = 29$, est 5 racine du quarré 25, & j'écris 5 au demi cercle pour le premier caractere appellé a. Je dis ensuite 5 fois $5 = 25$, $29 - 25 = 4$, il reste donc 4, & j'écris B ou $48 = B$ aprés ce premier reste 4.

2°. Je prends dans la quatriéme Table le rang de la seconde puissance. Ce rang est $2a + b$. J'écris donc sa premiere cellule $2a$, c'est à dire 10 double du premier caractere $5 = a$, sous 4 second rang de B & sous ceux qui suivent, & je dis 1 est 4 fois dans 4 écrit sur 1 : J'écris donc 4 au demi cercle pour le second caractere appellé b, & j'efface 10 écrit sous 44, mais je l'écris separément, & aprés lui dans un rang plus à droite, j'écris $+ b$ la seconde cellule de $2a + b$, c'est à dire $4 = b$. Ces deux nombres 10 & 4 ainsi disposez font $104 = 2a + b$; je multiplie cette somme 104 par $4 = b$, le produit est $416 = 2ab + bb$ que je retranche de 448 les deux rangs de B & ceux qui suivent. Il reste 32, & j'écris $49 = C$ aprés ce second reste.

3°. Je reïtere une semblable operation sur les deux rangs de C & sur ceux qui suivent en cette sorte. J'appelle c les deux premiers caracteres $54 = a + b$ qui sont écrits au demi cercle, & j'écris $2c = 108$ double de 54 sous le second rang de C & sous ceux qui suivent, & je dis 1 est 3 fois dans 3, j'écris 3 au demi cercle pour le troisiéme caractere appellé d, & j'efface 108, mais je l'écris separément, & aprés lui dans un rang plus à droite le troisiéme caractere trouvé $3 = d$. Ces deux nombres 108. & 3 ainsi disposez font $1083 = 2c + d$, dont le produit par le troisiéme caractere trouvé 3 est $3249 = 2cd + dd$ que je retranche de 3249 les deux rangs de C & ceux qui suivent. Il ne reste rien, & je connois que 543 est la racine cherchée.

$$
\begin{array}{c|c|c}
A & B & C
\end{array}
$$

Quarré $+29 \mid 48 \mid 49$ (543 Racine $5 = a$, $4 = b$, $3 = d$,

$$-25$$

1er reste $+ 4 \mid 48$

$1\,0$.

$$-4\ 16$$

2e reste $+3\ 2 \mid 49$

$1\,0\,8$.

$$-3\ 2\ 49$$

3e reste $00\ 00$

	Pour B	Pour C
	$104 = 2a + b$	$1083 = 2c + d$
	par $4 = b$	par $3 = d$
	$416 = 2ab + bb$	$3249 = 2cd + dd$

Second Exemple.

Pour tirer la racine du quarré 97515625. 1°. Je le tranche comme au premier exemple, & je dis la racine du plus grand quarré enfermé dans $97 = A$, est 9 racine du quarré 81, & j'écris $9 = a$ au demi cercle ; je dis ensuite 9 fois $9 = 81$, $97 - 81 = 16$. Il reste donc 16 de la tranche A, & j'écris B ou $51 = B$ aprés ce premier reste.

$$
\begin{array}{c|c|c|c}
A & B & C & D
\end{array}
$$

Quarré $+97 \mid 51 \mid 56 \mid 25$ (9 $9 = a$,

$$-81$$

1er reste $+16 \mid 51$

2°. Je prends dans la quatriéme Table le rang $2a + b$, & j'écris $2a$ ou 18 double de 9 sous 5 second rang de B & sous ceux qui suivent, & je dis 1 est

16 fois dans 16, mais je ne puis prendre plus que 9. J'écris donc 9 au demi cercle pour le second caractere appellé b, & j'efface 18, mais je l'écris feparément, & aprés lui dans un rang plus à droite $+b$ ou le second caractere trouvé 9. Ces deux nombres 18. & 9 ainfi difpofez font 189, dont le produit par 9 eft 1701, que je dois retrancher de 1651 les deux rangs de B & ceux qui fuivent. Mais parceque le produit 1701 furpaffe 1651 de qui je dois le retrancher, je connois que le fecond caractere 9 écrit au demi cercle eft trop grand ; je l'efface donc en écrivant 8 fur lui, & je r'écris feparément 18 double du premier caractere $9 = a$, & aprés lui dans un rang plus à droite le fecond caractere 8 nouvellement trouvé. Ces deux nombres 18. & 8 ainfi difpofez font 188, dont le produit par $8 = b$ eft $1504 = 2ab + bb$, & je retranche ce produit de 1651 les deux rangs de B & ceux qui fuivent. Il refte 147, & j'écris $56 = C$ aprés ce fecond refte.

3°. J'écris $2c$ ou 196 double des deux premiers caracteres 98 fous 5 fecond rang de C & fous ceux qui fuivent, & je dis 1 eft 14 fois dans 14 ; mais en contant comme j'ai fait pour B, je reconnois que 9 & 8 font chacun trop grands, j'écris donc feulement 7 au demi cercle pour le troifiéme caractere appellé d, & j'efface 196, mais je l'écris feparément, & aprés lui dans un rang plus à droite le troifiéme caractere trouvé 7. Ces nombres ainfi difpofez font 1967, dont le produit par 7 eft 13769, que je retranche de 14756, les deux rangs de C & ceux qui fuivent. Il refte 987, & j'écris $25 = D$ aprés ce refte.

4°. J'écris $2c$ ou 1974 double des trois premiers caracteres trouvez 987, fous 2 fecond rang de D & fous ceux qui fuivent, & je dis 1 eft 9 fois dans 9, mais je voi d'abord que 9 eft trop grand, & je trouve en contant que 8, 7, & 6 font auffi chacun trop grands, j'écris donc feulement $5 = f$ au demi cercle, & j'efface 1974, mais je l'écris feparément, & aprés lui dans un rang plus à droite le quatriéme caractere trouvé 5. Ces nombres ainfi difpofez font 19745, dont le produit par 5 eft 98725, que je retranche de 98725, les deux rangs de D & ceux qui fuivent. Il ne refte rien, & je connois que 9875 eft la racine cherchée.

$$
\begin{array}{l}
\ A\ |\ B\ |\ C\ |\ D \qquad 8 \\
Quarré\ +97|51|56|25\ (\ 9875\ \text{Racine} \qquad 9 = a, \quad 8 = b, \quad 7 = d, \quad 5 = f, \\
{-81} \\
1^{er}\ refte\ +16|51 \\
\phantom{1^{er}\ refte\ +1}\times 8. \\
\phantom{1^{er}\ refte}{-1504} \\
2^{e}\ refte\ +1\,47|56 \\
\phantom{2^{e}\ refte\ +1}\times 98. \\
\phantom{2^{e}\ refte}{-13769} \\
3^{e}\ refte\ +9\,87|25 \\
\phantom{3^{e}\ refte\ +9}\times 974. \\
\phantom{3^{e}\ refte}{-98725} \\
\phantom{3^{e}\ refte\ +9}000\,00
\end{array}
$$

Pour B
$$189 = 2a + b$$
$$\text{par } 9 = b$$
$$1701 = 2ab + bb.$$

Pour C
$$1967 = 2c + d$$
$$\text{par } 7 = d$$
$$13769 = 2cd + dd$$

Pour B
$$188 = 2a + b$$
$$\text{par } 8 = b$$
$$1504 = 2ab + bb$$

Pour D
$$19745 = 2e + f$$
$$\text{par } 5 = f$$
$$98725 = 2ef + ff$$

Troifiéme Exemple.

Pour tirer la racine du quarré 927324304. 1°. Je le tranche à l'ordinaire, & je dis la racine du plus grand quarré renfermé dans 9 $=A$, eft 3 racine de ce même quarré 9, & j'écris 3 au demi cercle. Je dis enfuite 3 fois 3 $=$ 9, 9 — 9 $=$ o, & j'efface 9.

2°. Je prends dans la quatriéme Table 2$a+b$, & j'écris 2a ou 6 double de 3 $=a$ fous le fecond rang de B, & je dis 6 n'eft aucune fois dans 2 fous qui je l'ai placé, j'écris donc o au demi cercle pour le fecond caractere appellé b, & parceque 60 par o, ou 60 fois o $=$ o, je n'ai rien à retrancher de B ni des rangs qui fuivent, & ainfi j'efface fimplement 6.

3°. J'écris 2c ou 60 double de 30 $=c$ fous le fecond rang de C & fous ceux qui fuivent, & je dis 6 eft 4 fois dans 27, j'écris 4 au demi cercle, & j'efface 60, mais je l'écris feparément, & aprés lui dans un rang plus à droite d ou le troifiéme caractere trouvé 4. Ces deux nombres 60 . & 4 ainfi difpofez font 604, dont le produit par 4 eft 2416, que je retranche des deux rangs de D & de ceux qui fuivent. Il refte 316, & j'écris 43 $=D$ aprés ce refte.

4°. J'écris 2e ou 608 double de 304, fous le fecond rang de D & fous ceux qui fuivent, & je dis 6 eft 5 fois dans 31, j'écris 5 au demi cercle, & j'efface 608, mais je l'écris feparément, & aprés lui dans un rang plus à droite le quatriéme caractere trouvé 5 $=f$. Ces deux nombres 608 . & 5 ainfi difpofez font 6085, dont le produit par 5 eft 30425, que je retranche de 31643, les deux rangs de D & ceux qui fuivent. Il refte 1218, & j'écris 04 $=E$ aprés ce refte.

5°. J'écris 2g ou 6090 double de 3045, fous le fecond rang de E & fous ceux qui fuivent, & je dis 6 eft 2 fois dans 12, j'écris 2 au demi cercle, & j'efface 6090, mais je l'écris feparément, & aprés lui dans un rang plus à droite le cinquiéme caractere trouvé 2 $=h$. Ces deux nombres 6090 . & 2 ainfi difpofez font 60902, dont le produit par 2 eft 121804, que je retranche de 121804, les deux rangs de E & ceux qui fuivent. Il ne refte rien, & je connois que 30452 eft la racine cherchée.

$$A \mid B \mid C \mid D \mid E$$
Quarré $+$ 9 | 27 | 32 | 43 | 04 (30452 *Racine* 3 $=a$, o $=b$, 4 $=d$, 5 $=f$, 2 $=h$,

6 .	*Pour C*	*Pour D*
60 .	604 $=$ 2$c+d$	6085 $=$ 2$e+f$
— 2416	par 4 $=d$	par 5 $=f$
$+$ 316 | 43 .	2416 $=$ 2$cd+dd$	30425 $=$ 2$ef+ff$
608 .		
— 30425		*Pour E*
$+$ 1218 | 04	60902 $=$ 2$g+h$	
6090 .	par 2 $=h$	
— 121804	121804 $=$ 2$gh+hh$	
0000 00		

L

AUTRE MANIERE POUR TIRER LA RACINE
DES NOMBRES QUARREZ.

XXXVII. LA maniere ordinaire de refoudre les nombres quarrez, differe un peu de celle que nous venons d'éclaircir par les exemples precedens, cependant elle est fondée fur les mêmes principes. Voici par exemple comment je tire la racine du quarré 9751565 felon cette methode.

1°. Je le tranche à l'ordinaire, & je dis la racine du plus grand quarré enfermé dans *A* est 9 racine du quarré 81, & j'écris 9 au demi cercle. Je dis enfuite 9 fois 9=81, 97—81=16, j'efface 97, & j'écris 16 fur 97.

```
       16
     97|51|56|25 (9
      A | B| C| D
```

2°. J'écris 18 double de 9 fous le fecond rang de *B* & fous ceux qui fuivent, & je dis 1 ne peut eftre pris plus de 9 fois dans 16. Mais fi j'écrivois 9 au demi cercle, il faudroit dire 9 fois 1=9, 16—9=7, 9 fois 8=72, 75—72=3, 9 fois 9=81, 31—81=—51, ce qui ofteroit trop ; l'expofant 9 eft donc trop grand, & j'écris feulement 8 au demi cercle & fous le premier rang de *B*, & je dis 8 fois 1=8, 16—8=8, j'efface 16 & 1, & j'écris 8 fur 6, 8 fois 8=64, 85—64=21, j'efface 85 & 8 écrit fous 5, & j'écris 21 fur 85, 8 fois 8=64, 211—64=147, j'efface 211 & 8 écrit fous 1, & j'écris 147 fur 211.

```
        1
        2
       8 4
      16 17
     97|82|56|25 (98
      1 88
```

3°. J'écris 196 double de 98 fous le fecond rang de *C* & fous ceux qui fuivent, & je dis 1 eft 14 fois dans 14, mais je reconnois en contant que 9 & 8 font chacun trop grands, j'écris donc feulement 7 au demi cercle & fous le premier rang de *C*, & je dis 7 fois 1=7, 14—7=7, j'efface 14 & 1, & j'écris 7 fur 4, 7 fois 9=63, 77—63=14, j'efface 77 & 9, & j'écris 14 fur 77, 7 fois 6=42, 45—42=3, j'efface 45 & 6, & j'écris 3 fur 5 & o fur 4, pour conferver la valeur de 1 qui fuit 4, je dis auffi 7 fois 7=49, 1036—49=987, j'efface 1036, & j'écris 987 fur 036.

```
        1                    1 1 9
        2                    2 70
       8 4                  3 44 8
      16 17                16 17 37
     97|82|56|25 (987     97|82|56|25 (987
      1 88 67              1 88 67
        19                    19
```

4°. J'écris 1974 double de 987 fous le fecond rang de *D* & fous ceux qui fuivent, & je dis 1 eft 9 fois dans 9, mais je connois en contant que 9, 8, &

7 font chacun trop grands, j'écris donc feulement 5 au demi cercle & fous le premier rang de *D*, & je dis 5 fois 1═5, 9─5═4, j'efface 9 & 1, & j'écris 4 fur 9, 5 fois 9═45, 48─45═3, j'efface 48 & 9, & j'écris 3 fur 8, 5 fois 7═35, 37─35═2, j'efface 37 & 7, & j'écris 2 fur 7, 5 fois 4═20, 22─20═2, j'efface 2 écrit fur 7 & 4 écrit fous 2, & je laiffe 2 où il eft, 5 fois 5═25, 25─25═0. Il ne refte rien, & je connois que 9875 eft la racine cherchée.

```
 1 1 9                      4
 2 7 0                    1 1 9
 8 4 4 8                  2 7 0 3
1 0 1 7 37               8 4 4 8 2
9 7 | 8 1 | 8 6 | 25 (9875    1 0 1 7 37
 1 88 6 7 45            9 7 | 8 1 | 8 6 | 25 (9875
  1 0 97                  1 88 6 7 45
   1                       1 0 9 7
                            1
```


AVERTISSEMENT.

La pratique de cette methode eft beaucoup plus difficile que celle du Probleme general ; mais quoiqu'elle me femble plus d'ufage, parcequ'elle eft plus courte, je me contenterai pourtant de ne l'expofer qu'en paffant & fans en donner de regles ; car j'aime mieux tout rapporter à un probleme feul, dont l'operation eft fans doute plus facile qu'aucune autre, que d'établir plufieurs problemes differens & particuliers, afin d'expliquer quelques methodes abregées, mais qui ne font ni generales, ni faciles à fuivre comme celle du probleme que nous venons de donner, & que nous éclaircirons encore par d'autres exemples fur des puiffances plus élevées que la feconde.

Quatriéme Exemple.

Pour tirer la racine cubique du cube 160103007. 1°. Je le tranche de trois en trois caractéres en commençant de droite à gauche, & je dis la racine cubique du plus grand cube enfermé dans *A* ou 160 eft 5 racine cubique de 125, & j'écris 5 au demi cercle, je dis enfuite 160─125═35. Il refte donc 35 de la tranche *A*, & j'écris 103═*B* aprés ce premier refte.

```
             A  |  B  |  C
   Cube   +160 | 103 | 007 (5            5 ═ A

             ─125
   1er refte +35 | 103
```

2°. Je prens dans la quatriéme Table le rang de la troifiéme puiffance, ce rang eft 3*aa* +3*ab* +*bb*. J'écris fa premiere cellule 3*aa*, c'eft à dire 75 triple de 25 quarré du premier caractere 5=*a* fous le troifiéme rang de *B* & fous ceux qui fuivent, & je dis 7 eft 5 fois dans 35, mais je connois d'abord que 5 eft trop grand, j'écris donc feulement 4 au demi cercle pour le fecond caractere appellé *b*, & j'efface 75, mais je l'écris feparément, & fous lui dans un rang plus à droite la feconde cellule +3*ab*, c'eft à dire 60 trois plans du premier caractere 5=*a* par le fecond qui eft 4=*b*, & dans un autre rang plus à droite la troifiéme cellule +*bb*, c'eft à dire 16 quarré de 4. La fomme de ces nombres ainfi difpofez eft 8116=3*aa*+3*ab*+*bb*, dont le produit par 4=*b* eft 32464 que je retranche de 35103 les trois rangs de *B* & ceux qui fuivent. Il refte 2639, & j'écris *C* qui eft 007 aprés ce fecond refte.

3°. J'écris 3*cc* ou 8748 triple de 2916 quarré des deux premiers caracteres 54 fous le troifiéme rang de *C* & fous ceux qui fuivent, & je dis 8 eft 3 fois dans 26, j'écris 3 au demi cercle, & j'efface 8748, mais je l'écris feparément, & fous lui dans un rang plus à droite 3*cd* ou 486 trois plans des deux premiers caracteres 54 par le troifiéme qui eft 3, & dans un autre rang plus à droite *dd* ou 9 quarré de 3. La fomme de ces trois nombres ainfi difpofez eft 879669, dont le produit par 3 eft 2639007 que je retranche des trois rangs de *C* & de ceux qui fuivent. Il ne refte rien, & je connois que 543 eft la racine cherchée.

```
            A | B | C
Cube  +160|103|007 (543 Racine       5=a,      4=b,      3=d,

        —125
1er refte + 35|103           Pour B                    Pour C
        7 8..            75..=3aa                   8748..=3cc
      —32 464            60.=3ab                     486.=3cd
2e refte +2 639|007      16= bb                        9= dd
        8748..          ─────────────            ──────────────────
      —2639 007         8116=3aa+3ab+bb          879669=3cc+3cd+dd
      ───────────       par 4= b                  par 3= d
        0000 000        ─────────────            ──────────────────
                        32464=3aab+3abb+b³       2639007=3ccd+3cdd+d³
```

Cinquiéme Exemple.

Pour tirer la racine cubique de 962966796875. 1°. Je le tranche à l'ordinaire, & je dis la racine cubique du plus grand cube enfermé dans *A* eft 9 racine cubique de 729, & j'écris 9 au demi cercle, je dis enfuite 962—729=233. Il refte donc 233, & j'écris 966 aprés ce premier refte.

2°. Je prends dans la quatriéme Table 3*aa*+3*ab*+*bb* le rang de la troifiéme puiffance, & j'écris 3*aa* ou 243 triple de 81 quarré de 9=*a* fous le troifiéme rang de *B* & fous ceux qui fuivent, & je dis 2 eft au moins 9 fois dans 23, j'écris 9 au demi cercle, & j'efface 243, mais je l'écris feparément, & fous lui dans un rang plus à droite j'écris 3*ab* ou 243 trois autres plans du premier caractere 9 par le fecond qui eft auffi 9, & au deffous dans un rang encore plus à droite bb ou 81 quarré de 9. La somme de ces nombres ainsi disposez est 26811, dont le produit par 9 est 241299 que je devrois retrancher de 233966 les trois rangs de B & ceux qui suivent. Mais parceque le produit 241299 surpasse 233966 de qui je dois le retrancher, je reconnois que 9 second caractere écrit au demi cercle est trop grand, j'écris donc seulement 8 au demi cercle pour le caractere appellé b, & je r'écris separément $3aa$ ou 243 triple de 81 quarré du premier caractere 9$=a$, & sous lui dans un rang plus à droite $3ab$ ou 216 trois plans de 9$=a$ par 8$=b$, & dans un rang encore plus à droite bb ou 64 quarré de 8. La somme de ces trois nombres ainsi disposez est 26524, dont le produit par 8 est 212192 que je retranche de 233966 les trois rangs de B & ceux qui suivent. Il reste 21774, & j'écris 796$=C$ aprés ce reste

3°. J'écris $3cc$ ou 28812 triple de 9604 quarré de 98, sous 7 troisiéme rang de C & sous ceux qui suivent, & je dis 2 est au moins 9 fois dans 21, mais je connois en operant comme j'ai fait pour B, que 9 & 8 sont chacun trop grands, j'écris donc seulement 7 au demi cercle, & j'efface 28812, mais je l'écris separément, & sous lui dans un rang plus à droite $3cd$ ou 2058 trois plans de 98 par 7, & dans un rang encore plus à droite dd ou 49 quarré de 7. La somme de ces nombres ainsi disposez est 2901829, dont le produit par 7 est 20312803, que je retranche de 21774796 les trois rangs de C & ceux qui suivent. Il reste 1461993, & j'écris 875$=D$ aprés ce troisiéme reste.

4°. J'écris $3ee$ ou 2922507 triple de 974169 quarré de 987$=e$, sous le troisiéme rang de D & sous ceux qui suivent, & je dis 2 est 7 fois dans 14, mais je connois d'abord que 7 est trop grand, & je trouve aussi en contant que 6 est trop grand, j'écris donc seulement 5 au demi cercle, & j'efface 2922507, mais je l'écris separément, & sous lui dans un rang plus à droite $3ef$ ou 14805 trois plans de 987 par 5, & dans un rang encore plus à droite ff ou 25 quarré de 5. La somme de ces trois nombres ainsi disposez est 292398775, dont le produit par 5 est 1461993875, que je retranche de 1461993875 les trois rangs de D & ceux qui suivent. Il ne reste rien, & je connois que 9875 est la racine cubique que je cherche.

$$9=a,\quad 8=b,\quad 7=d,\quad 5=f.$$

$$
\begin{aligned}
&\qquad\qquad A \;|\; B \;|\; C \;|\; D \qquad 8\\
&\text{Cube} \;\; +962|966|796|875 \;(\,9875\ \textit{Racine cubique.}\\
&\hphantom{\text{Cube}\;\;}-729\\
&1^{er}\ reste\ +233|966\\
&\hphantom{1^{er}\ reste\ }243..\\
&\hphantom{1^{er}\ reste\ }-212192\\
&2^{e}\ reste\ +21\,774|796\\
&\hphantom{2^{e}\ reste\ }2882..\\
&\hphantom{2^{e}\ reste\ }-20312\,803\\
&3^{e}\ reste\ +1\,461\,993|875\\
&\hphantom{3^{e}\ reste\ }2922587..\\
&\hphantom{3^{e}\ reste\ }-1\,461\,993\,875\\
&\hphantom{3^{e}\ reste\ }0000\,000\,000
\end{aligned}
$$

Pour B

$$
\begin{aligned}
243.. &= 3aa\\
243. &= 3ab\\
81 &= bb\\
\hline
26811 &= 3aa + 3ab + bb\\
\text{par } 9 &= b\\
\hline
241299 &= 3aab + 3abb + b^3
\end{aligned}
$$

Pour C

$$
\begin{aligned}
28812.. &= 3cc\\
2058. &= 3cd\\
49 &= dd\\
\hline
2901829 &= 3cc + 3cd + dd\\
\text{par } 7 &= d\\
\hline
20312803 &= 3ccd + 3cdd + d^3
\end{aligned}
$$

Pour B

$$
\begin{aligned}
243.. &\\
216. &\\
64 &= bb\\
\hline
26524 &= 3aa + 3ab + bb\\
\text{par } 8 &= b\\
\hline
212192 &= 3aab + 3abb + b^3
\end{aligned}
$$

Pour D

$$
\begin{aligned}
2922507. &= 3ee\\
14805. &= 3ef\\
25 &= ff\\
\hline
292398775 &= 3ee + 3ef + ff\\
\text{par } 5 &= f\\
\hline
1461993875 &= 3eef + 3eff + f^3
\end{aligned}
$$

ELEMENS.
Sixiéme Exemple.

Pour tirer la racine cubique de 28238879705408. 1°. Je le tranche à l'ordinaire, & je dis la racine cubique du plus grand cube enfermé dans *A*, est 3 racine cubique de 27, & j'écris 3 au demi cercle. Je dis ensuite 28—27=1, & j'écris 238=*B* aprés ce premier reste 1.

2°. Je prens $3aa + 3ab + bb$ dans la quatriéme Table, & j'écris $3aa$ ou 27 triple de 9 quarré de 3=*a*, sous 2 troisiéme rang de *B* & sous ceux qui suivent, & je dis 2 n'est aucune fois dans 1, j'écris donc 0 au demi cercle, & j'efface 27. Il reste donc *B* tout entier &.1 écrit devant *B*, & j'écris 879=*C* aprés tout ce reste.

3°. J'écris $3cc$ ou 2700 triple de 900 quarré de 30, sous 8 troisiéme rang de *C* & sous ceux qui suivent, & je dis 2 est 6 fois dans 12, mais je voi d'abord que 6 est trop grand, & je trouve en contant que 5 est aussi trop grand, j'écris donc seulement 4 au demi cercle, & j'efface 2700, mais je l'écris separément, & sous lui dans un rang plus à droite $3cd$ ou 360 trois plans de 30 par 4, & dans un rang encore plus à droite dd ou 16 quarré de 4. La somme de ces trois nombres ainsi disposez est 273616, dont le produit par 4 est 1094464, que je retranche de 1238876, les trois rangs de *C* & ceux qui suivent. Il reste 144415, & j'écris 705=*D* aprés ce reste.

4°. J'écris $3ee$ ou 277248 triple de 92416 quarré de 304 sous le troisiéme rang de *D* & sous ceux qui suivent, & je dis 2 est 7 fois dans 14, mais je voi d'abord que 7 est trop grand, & je trouve aussi en contant que 6 est trop grand, j'écris donc seulement 5 au demi cercle, & j'efface 277248, mais je l'écris separément, & sous lui dans un rang plus à droite $3ef$ ou 4560 trois plans de 304 par 5, & dans un rang encore plus à droite ff ou 25 quarré de 5. La somme de ces trois nombres ainsi disposez est 27770425, dont le produit par 5 est 138852125, que je retranche de 144415705 les trois rangs de *D* & ceux qui suivent. Il reste 5563580, & j'écris 408=*E* aprés ce reste.

5°. J'écris $3gg$ ou 27816075 triple de 9272025 quarré de 3045, sous le troisiéme rang de *E* & sous ceux qui suivent, & je dis 2 est 2 fois dans 5, j'écris 2 au demi cercle, & j'efface 27816025, mais je l'écris separément, & sous lui dans un rang plus à droite $3gh$ ou 18270 trois plans de 3045 par 2, & dans un rang encore plus à droite hh ou 4 quarré de 2. La somme de ces trois nombres ainsi disposez est 2781790104, dont le produit par 2 est 5563580408, que je retranche de 5563580408 les trois rangs de *E* & ceux qui suivent. Il ne reste rien, & je connois que 30452 est la racine cubique que je cherche.

<pre>
 A   B   C   D   E
+28 |238| 879| 705| 408 (30452 Racine cubique.   3=a, 0=b, 4=d, 5=f, 2=h,
—27
 +1 |238| 879   Pour C   Pour D
 2 7..
   270 0...   2700 . . =3cc   277248 . . =3ee
—1 094 464   360 . =3cd   4560 . =3ef
 +144 415|705   16 = dd   25 = ff
   277 724 8..   ─────────────────────   ─────────────────────
 —138 852 125   273616 =3cc+3cd+dd   27770425 =3ee+3ef+ff
  +5 563 580|408   par 4 = d   par 5 = f
                        ─────────────────────   ─────────────────────
                        1094464 =3ccd+3cdd+d³   138852125 =3eef+3eff+f³
</pre>

$$+5563580|408$$
$$2781698..$$
$$-5563580\ 408$$
$$\overline{\ 0000000\ 000}$$

Pour E

$$2781607\ 5..=3gg$$
$$182704=3gh+hh$$
$$\overline{2781790204=3gg+3gh+hh}$$
$$par\ 2=h$$
$$\overline{5563580408=3ggh+3ghh+h^3}$$

Septiéme Exemple.

Pour tirer la racine 4ᵉ du quarré de quarré 8693593281. 1°. Je le tranche de quatre en quatre caracteres en commençant de droite à gauche, & je dis la racine du plus grand quarré de quarré enfermé dans $869=A$, est 5 racine 4ᵉ de 625, & j'écris 5 au demi cercle. Je dis ensuite $869-625=244$. Il reste donc 244 de la tranche A, & j'écris $3593=B$ aprés ce premier reste.

2°. Je prends dans la quatriéme Table $4a^3+6aab+4abb+b^3$ le rang de la quatriéme puissance, & j'écris sa premiere cellule $4a^3$, ou 500 quatre cubes du premier caractere $5=a$, sous le quatriéme rang de B & sous ceux qui suivent, & je dis 5 est 4 fois dans 24, j'écris 4 au demi cercle, pour le second caractere appellé b, & j'efface 500, mais je l'écris separément, & sous lui dans un rang plus à droite la seconde cellule $6aab$, ou 600 six solides de 25 quarré de $5=a$ par $4=b$, & dans un autre rang plus à droite la troisiéme cellule $4abb$, ou 320 quatre solides de 5 par 16 quarré de 4, & dans un rang encore plus à droite 64 cube de 4. La somme de ces nombres ainsi disposez est 563264, dont le produit par 4 est 2253056, que je retranche de 2443593 les quatre rangs de B & ceux qui suivent. Il reste 190537, & j'écris $2801=C$ aprés ce second reste.

3°. J'écris $4c^3$ ou 629856 cube de 54, sous le quatriéme rang de C & sous ceux qui suivent, & je dis 6 est 3 fois dans 19, j'écris 3 au demi cercle, & j'efface 629856, mais je l'écris separément, & sous lui dans un rang plus à droite $6ccd$ ou 52488 six solides de 2916 quarré de 54 par 3, & dans un autre rang plus à droite $4cdd$ ou 1944 quatre solides de 54 par 9 quarré de 3, & dans un rang encore plus à droite 27 cube de 3. La somme de ces quatre nombres ainsi disposez est 635124267, dont le produit par 3 est 1905372801, que je retranche de 1905372801 les quatre rangs de C & ceux qui suivent. Il ne reste rien, & je connois que 543 est la racine cherchée.

$$A\ |\ B\ |\ C$$
$$+869|3593|2801\ (543\ \textit{Racine}\ 4^c.\qquad 5=a,\qquad 4=b,\qquad 3=d,$$
$$-625$$

	Pour B	Pour C
$+244|3593$	$500...=4a^3$	$629856...=4c^3$
$50\ 0...$	$600..=6aab$	$52488..=6ccd$
$-225\ 3053$	$320.=4abb$	$1944.=4cdd$
$+19\ 0537|2801$	$64=b^3$	$27=d^3$
$62985\ 6...$	$563264=4a^3+6aab+4abb+b^3$	$635124267=4c^3+6ccd+4cdd+d^3$
$-19\ 0537\ 2801$	$par\ 4=b$	$par\ 3=d$
$00\ 0000\ 0000$	$2253056=4a^3b+6aabb+4ab^3+b^4$	$1905372801=4c^3d+6ccdd+4cd^3+d^4$

AUTRE MANIERE POUR RESOUDRE
LES QUATRIÉMES PUISSANCES.

XXXVIII. On tire plus communément la racine 4e d'une quatriéme puissance en cette sorte. On tire premierement la racine quarrée de cette puissance, & ensuite la racine quarrée de la racine découverte, & l'on a ce qu'on cherche.

Ainsi pour tirer la racine 4e de 8693593280r de l'exemple qui precede, on tire premierement sa racine quarrée qui est 294849, & tirant ensuite la racine quarrée de cette racine découverte 294849, on trouve 543, & 543 est la racine 4e de 8693593280r, & la même qu'on a découverte par l'operation de l'exemple precedent.

Huitiéme Exemple.

Pour tirer la racine 5e de 135425933183430000o. 1°. Je le tranche de cinq en cinq caracteres en commençant de droite à gauche, & je dis la racine 5e du plus grand nombre en cinquiéme puissance qui soit enfermé dans A, est 4 racine 5e de 1024, & j'écris 4 au demi cercle. Je dis ensuite $1354 - 1024 = 330$. Il reste donc 330, & j'écris $25933 = B$ aprés ce premier reste.

2° Je prends dans la quatriéme Table le rang de la cinquiéme puissance $5a^4 + 10a^3b + 10aabb + 5ab^3 + b^4$, & j'écris sa premiere cellule $5a^4$, c'est à dire 1280 cinq quarrez de 16 quarré de $4 = a$, sous le cinquiéme rang de B & sous ceux qui suivent, & je dis 1 est 3 fois dans 3, mais je connois d'abord que 3 est trop grand, j'écris donc seulement 2 au demi cercle pour le second caractere appellé b & j'efface 1280, mais je l'écris feparément, & sous lui dans un rang plus à droite la seconde cellule $10a^3b$, c'est à dire 1280 dix surfolides de 64 cube du premier caractere 4 par le second qui est 2, & dans un autre rang plus à droite la troisiéme cellule $10aabb$, c'est à dire 640 dix autres sur folides de 16 quarré de 4 par 4 quarré de 2, & dans un nouveau rang plus à droite la quatriéme cellule $5ab^3$, c'est à dire 160 cinq autres surfolides de $4 = a$ par 8 cube de $2 = b$, & dans un rang encore plus à droite la cinquiéme cellule b^4, c'est à dire 16 quarré du quarré de 2. La somme de ces cinq nombres ainsi disposez est 1414561,6, dont le produit par le second caractere $2 = b$ est 2829123r, que je retranche de 33025933 les cinq rangs de B & ceux qui suivent. Il reste 4734701, & j'écris $18343 = C$ aprés ce second reste.

3°. J'écris $5c^4$, c'est à dire 15558480 cinq quarrez du quarré des deux premiers caracteres 42, sous le cinquiéme rang de C & sous ceux qui suivent, & je dis 1 est 4 fois dans 4, mais je connois d'abord que 4 est trop grand, j'écris donc seulement 3 au demi cercle, & j'efface 15558480, mais je l'écris feparément, & sous lui dans un rang plus à droite $10c^3d$, c'est à dire 2222640 dix surfolides de 74088 cube de 42 par le troisiéme caractere $3 = d$, & dans un nouveau rang plus à droite $10ccdd$, c'est à dire 158760 dix autres surfolides de 1764 quarré de 42 par 9 quarré de 3, & dans un nouveau rang plus à droite $5cd^3$, c'est à dire 5670 cinq surfolides de 42 par 27 cube de 3, & dans un rang encore plus à droite d^4 ou 81 quarré du quarré de 3. La somme de ces

cinq

cinq nombres ainsi disposez est 15782337278i, dont le produit par 3 est 473470118343 que je retranche des cinq rangs de C & de ceux qui suivent, & il ne reste rien.

Or j'ai encore à operer sur la tranche D toute entiere. Mais comme elle n'a que cinq zero, tout ce que j'écrirois sous ses rangs ne pouroit donner pour exposant que zero, & ce zero multipliant la somme des cinq nombres que j'écrirois separément, & selon l'ordre accoutumé de nos regles, ne pouroit donner aussi que zero pour produit. Je finis donc l'operation en écrivant seulement o au demi cercle, & connoissant qu'il ne reste rien, je sçai que 4230 est la racine 5.e que je cherche.

$$\begin{array}{c|c|c|c} A & B & C & D \end{array}$$
$$+13\,54 \mid 25933 \mid 18343 \mid 00000 \ (\,4230 \ \textit{Racine } 5.^e.$$
$$-1024$$
$$\overline{+33\,0 \mid 25\,933}$$
$$128\,\emptyset\ldots.$$
$$-282\,91\,23\,2$$
$$\overline{+47\,3470\,1 \mid 18\,34\,3}$$
$$28\,55848\,\emptyset\ldots.$$
$$-47\,34701\,18343$$
$$\overline{+00\,00000\,00000}$$

Pour B

$$\begin{aligned}
1280\ldots. &= 5a^4 \\
1280\ldots. &= 10a^3 b \\
640\ldots &= 10aabb \\
160. &= 5ab^3 \\
16 &= b^4 \\
\hline
141\,45\,61\,6 &= 5a^4 + 10a^3 b + 10aabb + 5ab^3 + b^4 \\
par\ 2 &= b \\
\hline
28291232 &= 5a^4 b + 10a^3 bb + 10aab^3 + 5ab^4 + b^5
\end{aligned}$$

Pour C

$$\begin{aligned}
1555\,8480\ldots. &= 5c^4 \\
2222\,640\ldots &= 10c^3 d \\
158\,760.. &= 10ccdd \\
5670. &= 5cd^3 \\
81 &= d^4 \\
\hline
1578233\,72781 &= 5c^4 + 10c^3 d + 10ccdd + 5cd^3 + d^4 \\
par\ 3 &= d \\
\hline
473\,47011\,83\,43 &= 5c^4 d + 10c^3 dd + 10ccd^3 + 5cd^4 + d^5
\end{aligned}$$

DE LA RESOLUTION
DES AUTRES PUISSANCES.

Pour resoudre les puissances beaucoup élevées, il faut sçavoir, comme on a déja dit 34. S. jusqu'où vont les puissances également élevées des dix premiers nombres, & quelles sont les racines simples ou lineaires de ces puissances. Si l'on en vouloit donner encore d'autres que celles qui sont dans la seconde Table, il suffiroit de donner les onziémes, treiziémes, dix-septiémes, dix-neuviémes, & les autres seules qui suivent où le nombre des degrez n'a point de diviseurs que l'unité ou que lui-même, à cause que sça-

M

chant resoudre ces sortes de puissances, on sçait resoudre aussi toutes les autres.

Car par exemple, pour tirer la racine 4e d'une quatriéme puissance, on fera comme on a dit 38. S. Pareillement pour tirer la racine 6e d'une sixiéme puissance, on tire premierement la racine de cette puissance, & la racine cubique de cette racine est ce qu'on cherche.

Mais on tire la racine 7e d'une septiéme puissance immediatement, & selon les cellules du septiéme rang qui lui est particulierement propre.

Pour tirer la racine 9e d'une neuviéme puissance, on tire premierement la racine cubique de cette puissance, & la racine cubique de cette racine cubique est celle que l'on cherche. Et ainsi en suivant le même ordre pour les autres puissances plus élevées à l'infini.

Demonstration du Probleme general.

Toutes les regles de ce probleme, & l'application qu'on en a faite sur tous les exemples precedens, paroîtront plus que suffisamment démontrées, si l'on considere qu'elles font une suite naturelle ou plûtost une simple application du Corollaire general 28. S. Car pour resoudre les puissances numeriques, nous ostons successivement & par ordre de chacun de leurs rangs par le moyen de la quatriéme Table, les mêmes produits que la troisiéme nous a marqué devoir estre enfermez dans ces rangs. Or par les regles du Probleme general, tous ces produits font formez par le moyen des caracteres écrits au demi cercle, & par le Corollaire general 28. S. les mêmes produits font formez par le moyen des caracteres qui marquent la racine des puissances proposées. Ce qui est au demi cercle marquera donc cette racine.

DE LA RESOLUTION
DES PUISSANCES LITERALES.

Mais afin de rendre nos preuves encore plus sensibles, & pour rendre aussi le Probleme general autant étendu qu'il le peut estre, nous appliquerons sur les puissances literales ce qu'on a fait sur les numeriques. Mais l'on doit observer que la disposition des rangs & des tranches qui convient aux grandeurs numeriques, ne convient pas en même sorte aux grandeurs literales.

Premier Exemple.

Pour tirer la racine quarrée de $aa - 6ab + 9bb + 2ac - 6bc + cc$. 1°. Je dis la racine du quarré aa est a, j'écris a au demi cercle, & j'efface le quarré aa, écrivant o sous lui.

2°. J'écris $2a$ double de a sous $-6ab$, & je dis, l'exposant de $-6ab$ à $2a$ est $-3b$, & j'écris $-3b$ au demi cercle, & sous $+bb$. Je multiplie ensuite $2a - 3b$ par $-3b$, & le produit est $-6ab + 9bb$ que j'oste du quarré donné.

3°. J'écris $2a - 6b$ double de $a - 3b$ sous $2ac - 6bc$, & je dis l'exposant de $2ac$ à $2a$ est $+c$, & j'écris $+c$ au demi cercle, & sous $+cc$. Je multiplie enfuite $2a - 6b + c$ par $+c$, & le produit eft $2ac - 6bc + cc$, que j'ofte du quarré donné. Il ne refte rien, & je connois que $a - 3b + c$ eft la racine cherchée.

$$\text{Quarré } aa - 6ab + 9bb + 2ac - 6bc + cc \ (\, a - 3b + c \text{ Racine}$$
$$2a - 3b, \quad 2a - 6b + 2c$$
$$- aa + 6ab - 9bb, - 2ac + 6bc - cc$$
$$\underline{\qquad\qquad\qquad\qquad\qquad\qquad\qquad}$$
$$0 \quad 0 \quad 0 \quad 0 \quad 0 \quad 0$$

Second Exemple.

Pour refoudre le cube $a^3 + 3aab + 3abb + b^3 + 3aac + 6abc + 3bbc + 3acc + 3bcc + c^3$. 1°. Je dis la racine cubique de a^3 eft a, j'écris a au demi cercle, & j'efface a^3 du cube à refoudre.

2°. J'écris $3aa$ triple de aa quarré de a fous $+3aab$, & je dis l'expofant de $+3aab$ à $3aa$ eft $+b$, & j'écris $+b$ au demi cercle, j'écris auffi $3ab$ trois plans de a par b fous $+3abb$, & $+bb$ quarré de b fous b^3. Je multiplie enfuite $3aa + 3ab + bb$ par b, & le produit eft $3aab + 3abb + b^3$, que j'ofte du cube à refoudre.

3°. J'écris $3aa + 6ab + 3bb$ triple de $aa + 2ab + bb$ quarré de $a+b$, fous $+3aac + 6abc + 3bbc$, & je dis l'expofant de $3aac$ à $3aa$ eft $+c$, que j'écris au demi cercle, j'écris auffi $3ac + 3bc$ trois autres plans de $a+b$ par c, fous $+3acc + 3bcc$, & $+cc$ quarré de c fous $+c^3$. Je multiplie enfuite tout ce que je viens d'écrire par c, & j'ofte le produit $3aac + 6abc + 3bbc + 3acc + 3bcc + c^3$ du cube à refoudre. Il ne refte rien, & je connois que $a+b+c$ eft la racine cubique que je cherche.

$$\text{Cube } a^3 + 3aab + 3abb + b^3 + 3aac + 6abc + 3bbc + 3acc + 3bcc + c^3 \,(\, a+b+c \text{ Rac. cubiq.}$$
$$3aa + 3ab + 2bb, 3aa + 6ab + 3bb, + 3ac + 3bc, + 2cc$$
$$- a^3 - 3aab - 3abb - b^3, - 3aac - 6abc - 3bbc, - 3acc - 3bcc, - c^3$$
$$\underline{\qquad\qquad\qquad\qquad\qquad\qquad\qquad\qquad\qquad\qquad\qquad}$$
$$0 \quad 0 \quad 0 \quad 0 \quad 0 \quad 0 \quad 0 \quad 0 \quad 0 \quad 0$$

AUTRE MANIERE PLUS COURTE
ET PLUS FACILE.

Pour les Quarrez.

XXXIX

On peut refoudre tout quarré literal felon la methode générale qu'on vient d'expliquer, mais on pourra trouver plus commode d'abreger fon operation en la commençant par celui des quarrez qui font au quarré donné, dont la racine fe peut plus facilement connoître. Car cette racine eftant écrite au demi cercle, on divife par fon double tous les produits qu'on peut ainfi divifer fans refte. On ajoûte l'expofant de cette divifion au demi cercle, & on efface du quarré donné tous les produits divifez, plus le quarré de l'expofant nouvellement trouvé. S'il ne refte rien, on a la racine qu'on cherche; mais s'il refte quelque chofe, on reïtere une femblable operation, en choififfant au lieu du quarré qu'on a pris l'un des autres qui font au quarré donné; ou bien on fuit la methode générale expliquée avant celle-ci.

Exemple.

Pour tirer la racine quarrée de $169aa + 208ab + 64bb - 442ac - 272bc + 289cc$. 1°. Je tire la racine du quarré $64bb$ qui eſt le plus facile à reſoudre, cette racine eſt $8b$ que j'écris au demi cercle, & j'oſte ſon quarré du quarré donné.

2°. Je diviſe par $16b$ double de $8b$, les plans $+208ab - 272bc$ que $8b$ peut diviſer ſans reſte, l'expoſant que je trouve eſt $13a - 17c$, & j'écris $+13a - 17c$ au demi cercle, j'oſte enſuite du quarré donné les plans diviſez $208ab - 272bc$, plus $169aa - 442ac + 289cc$, quarré de l'expoſant nouvellement trouvé. Il ne reſte rien, & je connois que $8b + 13a - 17c$ eſt la racine que je cherche.

$$\text{Quarré } +169aa+208ab+64bb-442ac-272bc+289cc \;(\; 8b+13a-17c \;\text{ Racine.}$$
$$\underset{8b}{} \qquad\qquad \underset{8b}{}$$
$$-169aa-208ab-64bb+442ac+272bc-289cc$$
$$\overline{}$$
$$\quad 0 \quad\quad 0 \quad\quad 0 \quad\quad 0 \quad\quad 0 \quad\quad 0$$

Pour les Cubes.

On peut auſſi dans le même ordre reſoudre tout cube literal en commençant ſon operation par celui des cubes qui ſont dans le cube donné, dont la racine cubique ſe peut plus facilement connoître.

Car cette racine eſtant écrite au demi cercle, on diviſe par le triple de ſon quarré tous les produits qu'on peut ainſi diviſer ſans reſte; on ajoûte l'expoſant de cette diviſion au demi cercle, & on oſte du cube donné tous les produits diviſez, plus trois autres produits de la premiere racine par le quarré de l'expoſant nouvellement trouvé, plus auſſi le cube de ce même expoſant. S'il ne reſte rien, on a la racine cherchée, & s'il reſte quelque choſe, on reïtere une ſemblable operation, en choiſiſſant au lieu du cube qu'on a pris l'un des autres qui ſont dans le cube à reſoudre. Ou bien on ſuit la methode generale du Probleme qui precede.

Exemple.

Pour tirer la racine cubique de $25609875a^6b^3 + 13306425a^4bbcdd + 230505aabccd^4 + 1331c^3d^6 + 8449665a^4bbc^3 + 8770aabc^4dd + 2532c^5d^4 + 93345aabc^6 + 1617c^7dd + 343c^9$. 1°. Je tire la racine cubique de $343c^9$ qui eſt la plus facile à trouver. Cette racine eſt $7c^3$ que j'écris au demi cercle, & j'oſte ſon cube du cube donné.

2°. Je diviſe par $147c^6$ triple de $49c^6$ quarré de $7c^3$, les produits $93345aabc^6 + 1617c^7dd$, où c a le plus de dimenſions, & qu'on peut diviſer ſans reſte; l'expoſant eſt $635aab + 11cdd$ que j'écris au demi cercle, & j'oſte du cube donné les produits diviſez, plus $8449665a^4bbc^3 + 8770aabc^4dd + 2532c^5d^4$ trois autres produits de $7c^3$ par $40325a^4bb + 1370aabcdd + 121ccd^4$ quarré de l'expoſant trouvé $635aab + 11cdd$; J'oſte auſſi $25609875a^6b^3 + 13306425a^4bbcdd + 230505aabccd^4 + 1331c^3d^6$ cube de $635aab + 11cdd$. Il ne reſte rien, & je connois que $7c^3 + 635aab + 11cdd$ eſt la racine cubique que je cherche. S'il reſtoit quelque choſe, on pourroit reïterer une ſemblable operation, en choisissant au lieu du cube $343c^9$ l'un des autres qui sont enfermez dans le cube à resoudre. Ou bien l'on pouroit suivre la methode generale.

Troisie'me Maniere.

Lorsque tous les produits d'un quarré qu'on propose à resoudre ont le **XL.** signe +, & qu'on peut facilement connoître chaque racine de chacun des quarrez qu'il renferme, on peut abreger ainsi son operation.

Pour les Quarrez.

On tire chaque racine de chacun des quarrez qu'on voit au quarré donné. On écrit toutes ces racines au demi cercle, & on oste leur quarré du quarré donné. S'il ne reste rien, on a la racine cherchée ; mais s'il reste quelque chose, on continuë son operation sur ce reste par le moyen de ce qui est au demi cercle, & lorsqu'en operant ainsi, on ne trouve pas ce qu'on cherche, on suit la methode generale, ou bien l'autre qui precede celle-ci.

Exemple.

Pour tirer la racine quarrée de $49a^6 + 70a^4bb + 25aab^4 + 126a^3bc + 90aab^3c + 81aabbcc$, je tire chaque racine de chacun des quarrez $49a^6$, $25aab^4$, & $81aabbcc$ qui sont au quarré donné. Les trois racines de ces quarrez sont $7a^3$, $5abb$, & $9abc$. j'écris donc au demi cercle $7a^3 + 5abb + 9abc$, & j'oste leur quarré de celui qu'on propose à resoudre. Or comme ce quarré lui est égal, il ne reste rien, & je connois que $7a^3 + 5abb + 9abc$ est la racine que je cherche.

$$49a^6 + 70a^4bb + 25aab^4 + 126a^3bc + 90aab^3c + 81aabbcc\,(7a^3 + 5abb + 9abc$$
$$-7a^3, \qquad\qquad 5abb \qquad\qquad\qquad\qquad 9abc$$
$$-49a^6 - 70a^4bb - 25aab^4 - 126a^3bc - 90aab^3c - 81aabbcc$$
$$\quad 0 \qquad 0 \qquad\quad 0 \qquad\quad 0 \qquad\quad 0 \qquad\quad 0$$

Pour les Cubes.

Pareillement en tout cube literal, soient que les produits qui le composent ayent le signe +, soit qu'ils ayent le signe —, lorsqu'on peut facilement connoître chaque racine cubique de chacun des cubes qui sont au cube donné, on abrege ainsi son operation.

On tire chaque racine cubique de chacun des cubes qu'on voit dans le cube donné, on écrit toutes ces racines au demi cercle, & on oste leur cube de celui qu'on veut resoudre. S'il ne reste rien, on a la racine cherchée ; mais s'il reste quelque chose, on continuë son operation sur ce reste par le moyen de ce qui est au demi cercle. Et lorsqu'en operant ainsi l'on ne trouve pas ce qu'on cherche (ce qui arrive assez rarement) on recommence son operation, & on la fait en suivant la methode generale.

Premier Exemple.

Pour tirer la racine cubique de $a^3 + 3aab + 3abb + b^3 + 3aac + 6abc + 3bbc + 3acc + 3bcc + c^3$, je tire chaque racine cubique de chacun des cubes a^3, b^3, & c^3, qui sont dans le cube à resoudre ; les trois racines de ces cubes sont a, b, & c, j'écris donc $a + b + c$ au demi cercle, & j'en cherche le cube pour l'oster de celui qu'on propofe. Or comme ce cube lui eſt égal, il ne reſte rien, & ainſi je connois que $a+b+c$ eſt la racine cubique que je cherche.

$$a^3 + 3aab + 3abb + b^3 + 3aac + 6abc + 3bbc + 3acc + 3bcc + c^3\ (\ a+b+c$$
$$a, \qquad\qquad\qquad b,$$
$$-a^3 - 3aab - 3abb - b^3 - 3aac - 6abc - 3bbc - 3acc - 3bcc - c^3$$
$$\overline{}$$
$$0\quad 0\quad 0\quad 0\quad 0\quad 0\quad 0\quad 0\quad 0\quad 0$$

Second Exemple.

Pour tirer la racine cubique de $b^6 + 6b^5c + 24b^4cc + 56b^3c^3 + 18b^5d + 72b^4cd + 216b^3ccd + 108b^4dd + 216b^3cdd + 216b^3d^3 + 96bbc^4 + 288bbc^3d + 432bbccdd + 96bc^5 + 288bc^4d + 64c^6$, je tire chaque racine cubique de chacun des cubes b^6, $216b^3d^3$, & $64c^6$, qui font au cube donné, les racines de ces cubes font bb, $6bd$, & $4cc$; j'écris donc $bb + 6bd + 4cc$ au demi cercle, & je cherche leur cube qui eſt $b^6 + 18b^5d + 108b^4dd + 216b^3d^3 + 12b^4cc + 144b^3ccd + 432bbccdd + 48bbc^4 + 288bc^3d + 64c^6$, que je retranche du cube total. Il reſte $6b^5c + 12b^4cc + 72b^4cd + 72b^3ccd + 216b^3cdd + 56b^3c^3 + 48bbc^4 + 288bbc^3d + 96bc^5$.

Enſuite j'écris le triple du quarré de $bb + 6bd + 4cc$ fous ce reſte, ou plûtoſt je me contente de placer feulement $3b^4$ la premiere partie de ce triple fous $6b^5c$, & je dis l'expofant de $6b^5c$ à $3b^4$ eſt $2bc$, que j'écris au demi cercle, je multiplie enſuite le triple du quarré de $bb + 6bd + 4cc$, plus le triple du produit de $bb + 6bd + 4cc$ par $2bc$, plus encore le quarré de $2bc$, par $2bc$, & j'oſte le produit de ce qui eſt reſté au cube à refoudre. Il ne reſte rien, & ainſi je connois que $bb + 6bd + 4cc + 2bc$ eſt la racine cubique que je cherche. Il en eſt ainſi des autres.

DE L'USAGE DE CETTE MÉTHODE.

XLI. Cette Troifiéme Methode eſt ordinairement la plus courte. Comme fon ufage a beaucoup d'étenduë, on fe la doit rendre auſſi tres-familiere. On peut l'étendre à toute autre puiſſance impaire, & l'on peut encore l'étendre à toutes les puiſſances paires, defquelles chaque partie a le figne +. Or il eſt toûjours facile de réduire une puiſſance paire à fa racine fimple, ou à une autre puiſſance impaire, en tirant fa racine quarrée, & de nouveau la racine de cette racine, & ainſi de fuite, jufqu'à ce qu'on découvre la racine de cette puiſſance, ou jufqu'à ce qu'on arrive à une puiſſance impaire.

Si par exemple on avoit à refoudre une vingtiéme puiſſance literale, fa racine quarrée feroit une dixiéme puiſſance, dont une nouvelle racine quarrée feroit une cinquiéme puiſſance, c'eſt à dire une puiſſance impaire.

Je ne m'arreſte point à expliquer davantage les raifons de la feconde & troifiéme maniere de refoudre les puiſſances literales, elles font trop évidentes pour arreſter les perfonnes attentives.

Au reſte pour s'aſſurer qu'une racine découverte numerique ou literale eſt celle que l'on cherche, il ne faut que l'élever à une puiſſance égale à celle qu'on avoit à refoudre. Car fi la racine ainſi élevée rend la puiſſance qu'on s'eſt propoſée à reſoudre, elle eſt celle qu'on cherche, mais ſi elle ne rend pas cette puiſſance, elle n'eſt pas celle qu'on cherche, & l'operation eſtant mal faite, il la faut recommencer.

PREMIER THEOREME.

Si on ajoûte à un nombre quarré le double de ſa racine, plus l'unité, la **XLII.** ſomme ſera égale au nombre quarré qui ſuit de plus prés le quarré qu'on propoſe.

Démonſtration. Soit aa le quarré propoſé. La racine de ce quarré eſt a; Or ajoûtant au quarré aa le double de ſa racine a, on fait la même choſe que ſi on prenoit deux plans de a (qui devient la premiere partie d'un nouveau quarré) par l'unité qui en eſt la ſeconde partie : Et en ajoûtant encore l'unité au quarré aa, plus aux deux plans de a par 1, on leur ajoûte le quarré de 1 qui eſt la ſeconde partie du nouveau quarré. Donc la ſomme $aa+2a+1$ doit eſtre le quarré de la racine $a+1$. Or $a+1$ eſt le nombre qui ſuit immediatement & de plus prés le nombre a racine du quarré aa, puiſque $a+1$ ne ſurpaſſe a que de l'unité ſeule. Donc la ſomme $aa+2a+1$ eſt le nombre quarré qui ſuit de plus prés aa. Ce qu'il falloit démontrer.

COROLLAIRE QUI PEUT SERVIR D'UN PROBLEME POUR FORMER UNE TABLE DE TOUS LES NOMBRES QUARREZ.

SI l'on diſpoſe ſucceſſivement & par ordre tous les nombres impairs **XLIII.** $1, 3, 5, 7, 9, 11, 13, 15, 17, 19, 21, 23, 25$, & les autres, le premier de ces nombres qui eſt 1 ſera le premier nombre quarré. Ce quarré 1, plus 3 qui ſuit 1, donnent le ſecond quarré 4. Le quarré 4 plus 5 qui ſuit 3, donnent le troiſiéme quarré 9. Pareillement $9+7$ font le quatriéme quarré 16, $16+9=25$, $25+11=36$, $36+13=49$. Et ainſi des autres.

La raiſon de cela eſt claire par le Theoreme precedent. Car en ajoûtant 3 au quarré 1, on lui ajoûte le double de ſa racine, plus l'unité; ce qui doit donner le quarré ſuivant qui eſt 4. En ajoûtant 5 au quarré 4, on lui ajoûte le double de ſa racine 2, plus 1, ce qui doit donner le quarré ſuivant qui eſt 9. Et ainſi des autres. Car puiſque tous les nombres impairs $3, 5, 7, 9, 11$, &c. pris ſucceſſivement & par ordre, ſont le double de tous les nombres $1, 2, 3, 4, 5$, &c. augmenté de l'unité, il eſt viſible que l'addition des quarrez & de ces nombres eſtant continuée ſucceſſivement & par ordre, comme on le vient de dire, doit auſſi donner ſucceſſivement tous les nombres quarrez.

SECOND THEOREME.

Si on ajoûte à un nombre cube le triple du quarré de ſa racine, plus le **XLIV.** triple de la même racine, plus l'unité, la ſomme ſera égale au nombre cube qui ſuit de plus prés le cube qu'on propoſe.

Démonſtration. Soit a^3 le cube propoſé. Je dis que la ſomme $a^3+3aa+3a+1$ eſt le nombre cube qui ſuit de prés a^3. Car $a+1$ qui eſt la racine cubique de cette ſomme, eſt le nombre qui ſuit immediatement & de plus prés le nombre a racine cubique du cube proposé a^3, puisque $a+1$ ne surpasse a que de l'unité seule.

XLV. Si pareillement on ajoûte à un quarré de quarré quatre cubes de sa racine 4e, plus six quarrez de la même racine, plus 4 fois cette racine, plus encore l'unité, la somme sera le quarré de quarré qui suit de plus prés celui qu'on propose.

Car si le quarré de quarré qu'on propose est a^4, la somme sera le quarré de quarré $a^4+4a^3+6aa+4a+1$, dont la racine 4e. $a+1$, surpasse a de l'unité. Il en est ainsi des autres puissances.

A V E R T I S S E M E N T.

XLVI. *Mais je ne dois pas oublier une methode assez facile pour former une Table de tous les nombres cubes.*

Si l'on dispose successivement & par ordre tous les nombres impairs

1. 3. 5. 7. 9. 11. 13. 15. 17. 19. 21. 23. 25. 27. 29. 31. 33. 35. 37. &c.

(1ere difference, 2e difference, 3e difference)

Le premier de ces nombres qui est l'unité, sera le premier cube. Si l'on passe les deux suivans 3 & 5, & qu'on ajoûte 7 au premier cube 1, on aura le second cube 8. Si l'on passe les cinq suivans 9, 11, 13, 15, & 17, & qu'on ajoûte 19 au cube 8, on aura le troisiéme cube 27. Si l'on passe les huit suivans 21, 23, 25, 27, 29, 31, 33, & 35, & qu'on ajoûte 37 au cube 27, on aura le quatriéme cube 64. &c. c'est à dire qu'en passant de ces nombres impairs selon l'ordre de ceux-ci 2, 5, 8, 11, 14, &c. qui croissent toûjours de 3, & ajoûtant les autres qui les suivent 7, 19, 37, 61, 91, &c. aux cubes 1, 8, 27, 64, 125, &c. que l'on aura trouvé, on découvrira successivement & par ordre tous les nombres cubes.

Et afin de trouver avec moins de peine les nombres 7, 19, 37, 61, 91, &c. qui font les differences que les cubes 1, 8, 27, 64, 125, 216, &c. ont entr'eux, on disposera une suite des nombres 6, 12, 18, 24, & les autres, qui commençant par 6 croissent toûjours de 6. L'unité ajoûtée au premier nombre 6 donne la premiere difference 7; 7 ajoûté au second nombre 12 donne la seconde difference 19. $19+18$ donne 37. $37+24=61$. $61+30=91$. Et ainsi des autres.

6, 12, 18, 24, 30, 36, 42, 48, 54.

Differences 1, 7, 19, 37, 61, 91, 127, 169, 227.

Cubes 1, 8, 27, 64, 125, 216, 343, 512.

TROISIE'ME

Troisiéme Theoreme.

Tout produit de deux nombres quarrez eſt un quarré, qui a pour ſa racine le produit des deux racines de ces quarrez.

Démonſtration: Soient deux quarrez tels qu'on voudra aa & bb. Le produit de ces deux quarrez eſt $aabb$; Or ce produit eſt égal à ab multiplié quarrément, $aabb$ eſt donc un quarré qui a pour ſa racine ab. Or ab eſt le produit de a & b les deux racines des quarrez aa & bb. Donc tout produit de deux nombres quarrez eſt un quarré, qui a pour ſa racine le produit des deux racines de ces quarrez. Ce qu'il falloit démontrer.

Quatriéme Theoreme.

On prouvera en même ſorte que tout produit de deux nombres cubes eſt un cube, qui a pour ſa racine cubique le produit des deux racines cubiques de ces cubes.

$a^3 b^3$ par exemple produit des deux cubes a^3 & b^3, eſt un cube qui a pour racine cubique ab, le produit de a & b les deux racines cubiques des cubes a^3 & b^3. Il en eſt ainſi des autres puiſſances.

DES PUISSANCES EXPRIMEÉS PAR FRACTIONS.

Second Probleme.

Reſoudre les puiſſances exprimées par fractions.   XLVII.

On tire chaque racine de chacun de leurs termes ; la premiere de ces racines ſera le premier terme, & la ſeconde racine le ſecond terme d'une fraction qui eſt la racine qu'on cherche.

Premier Exemple.

Pour tirer la racine de $\frac{aa}{bb}$, je tire a & b chaque racine de chacun des termes aa & bb ; La premiere racine a eſt le premier terme, & la ſeconde b le ſecond terme de la fraction $\frac{a}{b}$, qui eſt la racine de $\frac{aa}{bb}$. Car $\frac{a}{b}$ par $\frac{a}{b} = \frac{aa}{bb}$.

Second Exemple.

Pour tirer la racine de $\frac{25}{9}$, 5 racine de 25 eſt le premier terme, & 3 racine de 9 le ſecond terme de $\frac{5}{3}$, qui eſt la racine de $\frac{25}{9}$. Car $\frac{5}{3}$ par $\frac{5}{3} = \frac{25}{9}$.

Pareillement la racine de $20\frac{1}{4} = \frac{81}{4}$ eſt $\frac{9}{2}$ ou $4\frac{1}{2}$, celle de $\frac{1}{4}qq$ eſt $\frac{1}{2}q$. Car $\frac{1}{2}q$ par $\frac{1}{2}q = \frac{1}{4}qq$.

Troiſiéme Exemple.

Pour tirer la racine cubique de $\frac{a^3}{b^3}$, a racine cubique de a^3 eſt le premier terme, & b racine cubique de b^3 le ſecond terme de $\frac{a}{b}$ qui eſt la racine cubique de $\frac{a^3}{b^3}$.

N

Pareillement la racine cubique de $2\frac{10}{27} = \frac{64}{27}$ est $1\frac{1}{3}$, celle de $\frac{1}{27}p^3$ est $\frac{1}{3}p$. Et ainsi des autres.

XLVIII. Les trois methodes qu'on a donné 36, 39, & 40. S. pour resoudre les puissances literales & entieres, servent aussi pour resoudre les puissances rompuës, lorsqu'elles sont composées de plusieurs parties, excepté que les divisions se peuvent également faire sans fractions, ou avec fractions.

Premier Exemple.

Pour tirer la racine de $aa + ab - \frac{1}{2}bc + \frac{1}{4}bb + \frac{1}{4}cc - ac$. 1°. Selon la seconde methode 39. S. je prends a racine du quarré aa, j'écris a au demi cercle, & j'efface aa.

2°. Je divise par $2a$ les deux plans $ab - ac$ multipliez chacun par a, l'exposant est $\frac{1}{2}b - \frac{1}{2}c$ que j'écris au demi cercle, & j'efface les deux plans divisez $ab - ac$, plus aussi $\frac{1}{4}bb - \frac{1}{2}bc + \frac{1}{4}cc$ quarré de $\frac{1}{2}b - \frac{1}{2}c$. Il ne reste rien, & je connois que $a + \frac{1}{2}b - \frac{1}{2}c$ est la racine cherchée.

$$\text{Quarré } aa + ab - \tfrac{1}{2}bc + \tfrac{1}{4}bb + \tfrac{1}{4}cc - ac \;\big(\; a + \tfrac{1}{2}b - \tfrac{1}{2}c \;\text{ Racine}$$
$$2a,\,2a \qquad\qquad\qquad\qquad 2a$$
$$-aa - ab + \tfrac{1}{2}bc - \tfrac{1}{4}bb - \tfrac{1}{4}cc + ac$$
$$o \qquad o \qquad o \qquad o \qquad o \qquad o$$

Second Exemple.

Je trouve par une operation semblable que la racine de $4a^4 + 2aabb + \frac{1}{4}b^4 - 4aabc - b^3c + bbcc + 2aacc + \frac{1}{2}bbcc - bc^3 + \frac{1}{4}c^4$ est $2aa + \frac{1}{2}bb - bc + \frac{1}{2}cc$.

$$4a^4 + 2aabb + \tfrac{1}{4}b^4 - 4aabc - b^3c + bbcc + 2aacc + \tfrac{1}{2}bbcc - bc^3 + \tfrac{1}{4}c^4 \;\big(\; 2aa + \tfrac{1}{2}bb - bc + \tfrac{1}{2}cc$$
$$2aa,\,4aa, \qquad\qquad 4aa, \qquad\qquad 4aa$$
$$-4a^4 - 2aabb - \tfrac{1}{4}b^4 + 4aabc + b^3c - bbcc - 2aacc - \tfrac{1}{2}bbcc + bc^3 - \tfrac{1}{4}c^4$$
$$o \quad o \quad o \quad o \quad o \quad o \quad o \quad o \quad o$$

Troisiéme Exemple.

On trouvera que la racine cubique de $\frac{1}{8}a^6 - \frac{1}{4}a^5b + \frac{1}{6}a^4bb - \frac{1}{27}a^3b^3$ est $\frac{1}{2}aa - \frac{1}{3}ab$. Cela se voit d'abord en prenant selon la troisiéme methode 40. S. chacune des deux racines cubiques des cubes $\frac{1}{8}a^6$, & $-\frac{1}{27}a^3b^3$. Car ces deux racines sont $\frac{1}{2}aa$ & $-\frac{1}{3}ab$, dont le cube est le même que celui qu'on propose à resoudre.

$$\text{Cube } \tfrac{1}{8}a^6 - \tfrac{1}{4}a^5b + \tfrac{1}{6}a^4bb - \tfrac{1}{27}a^3b^3 \;\big(\; \tfrac{1}{2}aa - \tfrac{1}{3}ab \;\text{ Racine cubique.}$$
$$\tfrac{1}{2}aa \qquad\qquad\qquad -\tfrac{1}{3}ab$$
$$-\tfrac{1}{8}a^6 + \tfrac{1}{4}a^5b - \tfrac{1}{6}a^4bb + \tfrac{1}{27}a^3b^3$$
$$o \qquad o \qquad o \qquad o$$

Cinquie'me Theoreme.

Tout nombre quarré a pour expofant un nombre quarré.　　XLIX.

Démonftration. Ce nombre quarré ne peut eftre qu'entier ou rompu, s'il eft entier, le Theoreme eft évident, car ce nombre eft fon expofant à lui-même, puifqu'il ne peut eftre exprimé par des termes plus fimples.

S'il eft rompu, foit ce quarré appellé $\frac{aa}{bb}$, & fon expofant $\frac{c}{d}$; je dis que $\frac{c}{d}$ eft un nombre quarré. Car foit $\frac{e}{f}$ l'expofant de $\frac{a}{b}$, donc $\frac{ee}{ff}$ fera l'expofant de $\frac{aa}{bb}$. Or $\frac{c}{d}$ eft auffi l'expofant de $\frac{aa}{bb}$. Donc $\frac{c}{d}$ eft le même que $\frac{ee}{ff}$. Or $\frac{ee}{ff}$ eft un nombre quarré, car $\frac{e}{f}$ qui en eft la racine eft un nombre commenfurable, puifqu'on le fuppofe égal au nombre commenfurable $\frac{a}{b}$ dont il eft l'expofant. Donc $\frac{c}{d}$ eft un nombre quarré. Donc tout nombre quarré a pour expofant un nombre quarré. Ce qu'il falloit démontrer.

Et l'on poura démontrer auffi dans le même ordre que tout nombre cube a pour expofant un nombre cube. Et ainfi des autres puiffances.

Sixie'me Theoreme.

Toute fraction quarrée égale à un nombre entier, a fa racine égale à un nombre entier.　　L.

Démonftration. Le nombre entier eftant égal à la fraction, l'expofant de chacun eft le même *par II.* 21. Or ce nombre entier eft fon expofant à lui-même, il eft donc auffi l'expofant de la fraction *par II.* 21. Or un tel expofant eft quarré par le cinquiéme Theoreme. Il fera donc le produit d'un nombre entier par lui-même, ou, ce qui eft la même chofe, la racine de ce quarré fera un nombre entier. Or cette racine eft égale à l'expofant de la racine de la fraction quarrée, car fi des puiffances font égales, leurs racines font égales. La racine d'une telle fraction eft donc égale à un nombre entier. Ce qu'il falloit démontrer.

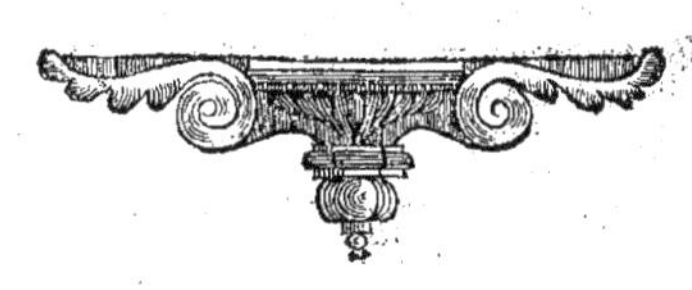

ELEMENS
DES
MATHEMATIQUES.

LIVRE QUATRIE'ME.
DES GRANDEURS INCOMMENSURABLES,
ET DES OPERATIONS SUR CES GRANDEURS.

Des Puissances imparfaites.

I. **T**OUT ce qu'on a dit au Livre precedent, regarde principalement les puissances parfaites, c'est à dire celles dont l'on tire les racines sans qu'il vienne aucun reste. Mais il y a peu de ces puissances, si on les compare aux imparfaites qui sont celles dont l'on ne peut tirer les racines sans qu'il vienne un reste. 16 & 25 par exemple, sont des quarrez parfaits, mais on trouve entre ces deux quarrez tous les nombres 17, 18, 19, 20, 21, 22, 23, & 24, qui ne le sont pas. Car il est clair qu'on ne peut trouver aucun nombre entier dont le produit par lui-même donne aucun de ces nombres que je viens de marquer. 1 fois 1, par exemple, ni 2 fois 2, ni 3 fois 3, ni 4 fois 4, ni 5 fois 5, &c. ne donneront jamais le nombre 18. Et nous allons démontrer plus bas qu'aucun nombre rompu multiplié par lui-même ne peut donner aussi ce même nombre 18, ou quelqu'autre semblable ; & que les puissances imparfaites ont leurs racines incommensurables.

PREMIER THEOREME.

II. Toute grandeur qui peut mesurer une ou plusieurs fois sans reste quelque nombre, peut toûjours s'exprimer par nombres.

Démonstration. Soit tout nombre appellé *a*, & la grandeur qui mesure *a*

Table 1ʳᵉ des petites Multiplications & Divisions.

A   B

1	2	3	4	5	6	7	8	9	10
2	4	6	8	10	12	14	16	18	20
3	6	9	12	15	18	21	24	27	30
4	8	12	16	20	24	28	32	36	40
5	10	15	20	25	30	35	40	45	50
6	12	18	24	30	36	42	48	54	60
7	14	21	28	35	42	49	56	63	70
8	16	24	32	40	48	56	64	72	80
9	18	27	36	45	54	63	72	81	90
10	20	30	40	50	60	70	80	90	100

C

Table 2ᵉ pour les premieres puissances des 10 premiers nombres.

Racines.	Quarrez.	Cubes.	4ᵉˢ Puissances.	5ᵉˢ Puissances	7ᵉˢ Puissances.
1	1	1	1	1	1
2	4	8	16	32	128
3	9	27	81	243	2187
4	16	64	256	1024	16384
5	25	125	625	3125	78125
6	36	216	1296	7776	179936
7	49	343	2401	16807	823543
8	64	512	4096	32768	2097152
9	81	729	6561	59049	4782969
10	100	1000	10000	100000	10000000

Table 3ᵉ pour la composition des puissances.

	1	2	3	4	5	6	7	8	9	10	Puissance
a	b										puissance 1ᵉʳᵉ ou lineaire.
aa	$2ab$	bb									2ᵉ puissance.
a^3	$3aab$	$3abb$	b^3								3ᵉ puissance.
a^4	$4a^3b$	$6aabb$	$4ab^3$	b^4							4ᵉ puissance.
a^5	$5a^4b$	$10a^3bb$	$10aab^3$	$5ab^4$	b^5						5ᵉ puissance.
a^6	$6a^5b$	$15a^4bb$	$20a^3b^3$	$15aab^4$	$6ab^5$	b^6					6ᵉ puissance.
a^7	$7a^6b$	$21a^5bb$	$35a^4b^3$	$35a^3b^4$	$21aab^5$	$7ab^6$	b^7				7ᵉ puissance.
a^8	$8a^7b$	$28a^6bb$	$56a^5b^3$	$70a^4b^4$	$56a^3b^5$	$28aab^6$	$8ab^7$	b^8			8ᵉ puissance.
a^9	$9a^8b$	$36a^7bb$	$84a^6b^3$	$126a^5b^4$	$126a^4b^5$	$84a^3b^6$	$36aab^7$	$9ab^8$	b^9		9ᵉ puiss.
a^{10}	$10a^9b$	$45a^8bb$	$120a^7b^3$	$210a^6b^4$	$252a^5b^5$	$210a^4b^6$	$120a^3b^7$	$45aab^8$	$10ab^9$	b^{10}	10ᵉ puiss.

Table 4ᵉ pour la resolution des puissances.

	1	2	3	4	5	6	7	8	9	Puissance
a	b									
aa	$2a$	b								2ᵉ puissance.
a^3	$3aa$	$3ab$	bb							3ᵉ puissance.
a^4	$4a^3$	$6aab$	$4abb$	b^3						4ᵉ puissance.
a^5	$5a^4$	$10a^3b$	$10aabb$	$5ab^3$	b^4					5ᵉ puissance.
a^6	$6a^5$	$15a^4b$	$20a^3bb$	$15aab^3$	$6ab^4$	b^5				6ᵉ puissance.
a^7	$7a^6$	$21a^5b$	$35a^4bb$	$35a^3b^3$	$21aab^4$	$7ab^5$	b^6			7ᵉ puissance.
a^8	$8a^7$	$28a^6b$	$56a^5bb$	$70a^4b^3$	$56a^3b^4$	$28aab^5$	$8ab^6$	b^7		8ᵉ puissance.
a^9	$9a^8$	$36a^7b$	$84a^6bb$	$126a^5b^3$	$126a^4b^4$	$84a^3b^5$	$36aab^6$	$9ab^7$	b^8	9ᵉ puiss.
a^{10}	$10a^9$	$45a^8b$	$120a^7bb$	$210a^6b^3$	$252a^5b^4$	$210a^4b^5$	$120a^3b^6$	$45aab^7$	$10ab^8$ b^9	10ᵉ puiss.

ne ou plusieurs fois sans reste, appellée b.; soit encore appellé c le nombre qui marque combien de fois b est dans a. La grandeur b est donc autant de fois dans le nombre a, que l'unité est de fois dans le nombre c. Donc $\frac{a}{b}=\frac{c}{1}$ par I. 107. & 108. & par II. 20. Car $\frac{c}{1}$ est l'exposant de $\frac{a}{b}$. Or multipliant par b chacun des deux rapports égaux $\frac{a}{b}$ & $\frac{c}{1}$, les produits a & $\frac{bc}{1}$ sont égaux par II. 8. & divisant encore chacun de ces produits égaux par c, les exposants $\frac{a}{c}$ & $\frac{b}{1}$ sont égaux par II. 9.. Or a & c sont chacun un nombre selon la supposition , & $\frac{b}{1}=b$ par I. 44. La fraction $\frac{a}{c}$ ou la grandeur b qui lui est égale , poura donc s'exprimer par nombres. Ce qu'il falloit démontrer.

Second Theoreme.

Si un nombre entier ne peut avoir de nombre entier pour sa racine , aucune fraction multipliée par elle-même ne donnera ce nombre pour produit.   III.

Démonstration. Par la supposition le produit de la fraction par elle-même est égal au nombre entier. La racine de ce produit est donc égale à un nombre entier , *par III.* 50. c'est à dire que le nombre qu'on propose a pour sa racine un nombre entier. Or on suppose que cela est impossible. Donc la racine veritable que l'on conçoit dans une puissance imparfaite , ne peut estre exprimée par aucuns nombres ni entiers ni rompus. Ce qu'il falloit démontrer.

Troisiéme Theoreme.

Les racines des puissances imparfaites sont des grandeurs incommensurables à toutes sortes de nombres entiers ou rompus.   IV.

Démonstration. Tous les nombres ont quelque mesure commune. Car si des nombres sont entiers , l'unité repetée autant qu'il faudra les mesure chacun exactement & sans reste : Et si des nombres sont rompus , l'unité & ces nombres auront quelque mesure commune , laquelle estant prise autant de fois qu'il faudra , les mesurera chacun exactement & sans reste ; par exemple , & telle fraction que l'on voudra comme $\frac{a}{b}$, ont $\frac{1}{b}$ pour mesure commune , parceque $\frac{1}{b}$ se trouve autant de fois dans 1, qu'il y a d'unitez dans b ; & autant de fois dans $\frac{a}{b}$, qu'il y a d'unitez dans a. De même $\frac{a}{b}$ & $\frac{c}{d}$ ont $\frac{1}{bd}$ pour mesure commune , parceque $\frac{1}{bd}$ se trouve autant de fois dans $\frac{a}{b}$ qu'il y a d'unitez dans ad, & autant de fois $\frac{c}{d}$ qu'il y a d'unitez dans bc. Or les racines des puissances imparfaites ne peuvent estre exprimées par aucuns nombres ni entiers ni rompus par le second Theoreme ; ces racines ne peuvent donc mesurer une ou plusieurs fois aucun nombre sans reste , car autrement ces racines pouroient estre exprimées par nombres, selon le premier Theoreme. Or si de semblables racines ne peuvent mesurer une ou plusieurs fois sans reste aucun nombre, leur moitié , ni leur tiers , ni leur quart, ni aucune autre semblable de leurs parties, qui les mesure exactement plusieurs fois, ne pouront pareillement mesurer une ou plusieurs fois aucun nombre fans reſte. Car ſoit toute grandeur comme *a*, qui ne puiſſe meſurer une ou pluſieurs fois aucun nombre ſans reſte, & ſoit telle partie de cette grandeur qu'on voudra, qui la meſure pluſieurs fois ſans reſte, appellée *b*; ſoit encore appellé *c* le nombre qui marque combien de fois *b* eſt dans *a*. Là partie *b* eſt donc autant de fois dans la grandeur *a*, que l'unité eſt de fois dans le nombre *c*. Donc $\frac{a}{b}=\frac{c}{1}$ par I. 107 & 108, & par II. 20. Car $\frac{c}{1}$ eſt l'expoſant de $\frac{a}{b}$. Or multipliant par *b* chacun des deux rapports égaux $\frac{a}{b}$ & $\frac{c}{1}$, les produits *a* & $\frac{bc}{1}$ ſont égaux, *par II. 8.* & diviſant chacun de ces produits égaux par *c*, les expoſans $\frac{a}{c}$ & $\frac{b}{1}$ ſont égaux, *par II. 9.* Or *c* eſt un nombre ſelon la ſuppoſition, ſi donc la partie de *a* que nous appellons *b*, peut s'exprimer par nombre, la fraction $\frac{a}{c}$ qui lui eſt égale poura pareillement s'exprimer par nombres. Mais nous avons ſuppoſé que la grandeur *a* ne peut eſtre exprimée par nombres, la fraction $\frac{a}{c}$ ne poura donc auſſi l'eſtre, ni par conſequent la partie *b* qui lui eſt égale. Donc les racines des puiſſances imparfaites ſont des nombres ou grandeurs incommenſurables à toutes ſortes de nombres entiers ou rompus, *par I. 32.* Ce qu'il falloit démontrer.

V. *Mais quoique de ſemblables grandeurs ne puiſſent jamais s'exprimer par des nombres commenſurables, & qu'eſtant incommenſurables, l'on ne puiſſe en avoir une connoiſſance exacte & parfaite, cependant elles ſont tres-réelles, & la Geometrie nous fournit les moyens de les déterminer exactement par lignes.*

COROLLAIRE.

VI. Si le rapport de deux grandeurs n'eſt pas de nombre à nombre, ou, ce qui eſt la même choſe, ſi ce rapport ne peut pas s'exprimer par nombres, les deux grandeurs ſont incommenſurables entr'elles. Si $\frac{b}{c}$ ne peut eſtre exprimé par nombres, les deux grandeurs *b* & *c* ſont incommenſurables entr'elles.

DE L'APPROXIMATION DES RACINES VERITABLES.

PREMIER PROBLEME.

VII. On connoît que les nombres entiers ne ſont pas quarrez, ou cubes, &c. lorſqu'ayant trouvé les plus grands nombres entiers & quarrez ou cubes qu'ils enferment, on trouve encore quelque reſte.

18 par exemple, n'eſt pas quarré à cauſe qu'aprés 16 le plus grand nombre entier & quarré renfermé dans 18, on trouve encore 2 pour reſte. De même 1038 n'eſt pas quarré, à cauſe qu'en cherchant ſa racine, on trouve au demi cercle 32 la racine de 1024 le plus grand nombre entier & quarré renfermé dans 1038, & qu'il reſte encore 14, ce qui empêche que 1038 ne ſoit un quarré parfait.

Ce qu'il y a de merveilleux dans les puiſſances imparfaites , c'eſt que leurs racines ne pouvant jamais eſtre exactement connuës , l'on en peut toutefois approcher de plus en plus à l'infini en cette maniere.

Second Probleme.

Approcher à l'infini de la juſte valeur d'une racine cherchée dans une VIII. puiſſance imparfaite.

1°. On opere ſur elle ſelon les regles ordinaires , juſqu'à ce qu'on ait trouvé le reſte qui la rend imparfaite , & alors on ſouſcrit 1 à ce qui eſt au demi cercle.

2°. On ajoûte à ce qui reſte une tranche de zero , c'eſt à dire autant de zero que la puiſſance à reſoudre a de degrez , & l'on continuë l'operation comme à l'ordinaire ſur les rangs de cette tranche ajoûtée , & ſur ceux qui la ſuivent. On ajoûte au demi cercle l'expoſant qu'on trouve , & on lui ſouſcrit un zero.

3°. Comme cette ſeconde operation laiſſe un nouveau reſte , on ajoûte encore à ce reſte une tranche de zero , & l'on continuë l'operation comme auparavant ſur les rangs de cette tranche & ſur ceux qui ſuivent , on ajoûte au demi cercle l'expoſant qu'on trouve , & on lui ſouſcrit un zero.

4°. Comme cette troiſiéme operation laiſſe encore un reſte , on reïtere une ſemblable operation qui laiſſe auſſi un nouveau reſte , ſur lequel on reïtere encore une ſemblable operation ; Et ainſi de ſuite à l'infini. Les exemples éclairciront ces regles.

Premier Exemple.

Pour approcher de la juſte valeur de la racine de 18. 1°. J'écris au demi cercle 4 racine de 16 le plus grand quarré renfermé dans 18, & j'écris 1 ſous 4.

2°. Comme il reſte 2, j'ajoûte à ce reſte une tranche de zero , c'eſt à dire deux , à cauſe que je conſidere 18 comme une puiſſance de deux degrez , & je continuë l'operation comme à l'ordinaire ſur les rangs de cette tranche & ſur ceux qui ſuivent , l'expoſant que je trouve eſt 2, & j'écris 2 au demi cercle, & o ſous 2.

3°. Comme cette ſeconde operation laiſſe le reſte 36, j'ajoûte encore à ce reſte deux zero , & continuant l'operation comme auparavant ; l'expoſant que je trouve eſt 4, & j'écris 4 au demi cercle ; & o ſous 4.

$$\textit{Quarré imparfait} \; +18 \; (\; \tfrac{424}{100}$$

$$\begin{array}{r} -16 \\ \hline \textit{1}^{\text{er}} \; \textit{reſte} \; +2|00 \\ 8. \\ -164 \\ \hline 2^{\text{e}} \; \textit{reſte} \; +36|00 \\ 8 \; 4. \\ -1276 \\ \hline 3^{\text{e}} \; \textit{reſte} \; +2 \, 24|00 \end{array}$$

4°. Comme cette troisiéme operation laisse le reste 224, je reïtere une semblable operation, l'exposant que je trouve est 2, & j'écris 2 au demi cercle, & o sous 2.

5°. Comme cette quatriéme operation laisse le reste 5436, je reïtere encore une semblable operation, l'exposant que je trouve est 6, & j'écris 6 au demi cercle, & o sous 6.

6°. Comme il vient un nouveau reste 34524, je reïtere encore une semblable operation, l'exposant que je trouve est 4, & j'écris 4 au demi cercle, & o sous 4.

7°. Comme il vient un autre reste 58304, je reïtere de nouveau une semblable operation, l'exposant que je trouve est o, & j'écris o au demi cercle, & o sous o.

8°. Il reste donc 5830400 sur qui reïterant l'operation accoûtumée, l'exposant que je trouve est 6, & j'écris 6 au demi cercle, & o sous 6. Il reste encore 73923164 sur qui on peut renouveller l'operation. Et ainsi de suite.

$$\textit{Quarré imparfait} \longrightarrow 18 \ \left(\frac{42416406}{10000000}\right. \textit{Racine approchée}$$

$$\begin{array}{l}
\phantom{\textit{1}^{\text{er}} \textit{reste} \ } -16 \\
\textit{1}^{\text{er}} \textit{reste} \longrightarrow +2|00 \\
\phantom{\textit{1}^{\text{er}} \textit{reste} \ } 8 \ . \\
\phantom{\textit{1}^{\text{er}} \textit{reste} \ } -1\ 64 \\
\textit{2}^{\text{e}} \textit{reste} \longrightarrow +3\ 6|00 \\
\phantom{\textit{2}^{\text{e}} \textit{reste} \ } 8\ 4\ . \\
\phantom{\textit{2}^{\text{e}} \textit{reste} \ } -33\ 76 \\
\textit{3}^{\text{e}} \textit{reste} \longrightarrow +2\ 24|00 \\
\phantom{\textit{3}^{\text{e}} \textit{reste} \ } 84\ 8\ . \\
\phantom{\textit{3}^{\text{e}} \textit{reste} \ } -1\ 69\ 64 \\
\textit{4}^{\text{e}} \textit{reste} \ 5\ 4\ 3\ 6|00 \\
\phantom{\textit{4}^{\text{e}} \textit{reste} \ } 8\ 48\ 4\ . \\
\phantom{\textit{4}^{\text{e}} \textit{reste} \ } -5\ 0\ 90\ 76 \\
\textit{5}^{\text{e}} \textit{reste} \longrightarrow +3\ 4\ 5\ 24|00 \\
\phantom{\textit{5}^{\text{e}} \textit{reste} \ } 84\ 85\ 2\ . \\
\phantom{\textit{5}^{\text{e}} \textit{reste} \ } -3\ 39\ 40\ 96 \\
\textit{6}^{\text{e}} \ \& \ \textit{7}^{\text{e}} \textit{restes} \longrightarrow +5\ 83\ 04|00|00 \\
\phantom{\textit{6}^{\text{e}} \ \& \ } 8\ 48\ 52\ 8\ . \\
\phantom{\textit{6}^{\text{e}} \ \& \ } 84\ 85\ 28\ 0\ . \\
\phantom{\textit{6}^{\text{e}} \ \& \ } -5\ 09\ 11\ 68\ 36 \\
\textit{8}^{\text{e}} \textit{reste} \longrightarrow +73\ 92\ 31\ 64\ . \ \&c.
\end{array}$$

Second Exemple.

Pour approcher de la juste valeur de la racine de 1038. 1°. Je trouve selon les regles ordinaires 32 au demi cercle, & j'écris 1 sous 32.

2°. Comme j'ai auſſi trouvé 14 de reſte, j'ajoûte à ce reſte une tranche de zero, c'eſt à dire deux autant que la puiſſance à reſoudre a de degrez, & je continué l'operation comme à l'ordinaire ſur les rangs de cette tranche & ſur ceux qui ſuivent, l'expoſant que je trouve eſt 2, & j'écris 2 au demi cercle, & o ſous 2.

3°. Comme cette ſeconde operation laiſſe le reſte 116, j'ajoûte encore à ce reſte deux zero, & continuant l'operation comme auparavant, l'expoſant que je trouve eſt 1, & j'écris 1 au demi cercle, & o ſous 1.

4°. Comme cette troiſiéme operation laiſſe le reſte 5159, je reïtere une ſemblable operation, l'expoſant que je trouve eſt 8, & j'écris 8 au demi cercle, & o ſous 8.

5°. Comme cette quatriéme operation laiſſe le reſte 476, je reïtere encore une ſemblable operation, l'expoſant que je trouve eſt o, & j'écris o au demi cercle, & o ſous o.

6°. Comme cette cinquiéme operation laiſſe le reſte 47600, je reitere de nouveau une ſemblable operation, l'expoſant que je trouve eſt encore o que j'écris au demi cercle, & o ſous lui.

7°. Comme cette ſixiéme operation laiſſe le reſte 4760000, je reitere une autre ſemblable operation, l'expoſant que je trouve eſt 7, & j'écris 7 au demi cercle, & o ſous 7. Il reſte encore 24947951 ſur qui je puis pareillement renouveller l'operation. Et je connois déja que $32\frac{118007}{1000000}$ eſt une racine qui approche beaucoup de la veritable que je cherche.

$$
\begin{array}{l}
\textit{Quarré imparfait} \ +1038 \ (\ \tfrac{3218007}{1000000} \ \text{ou} \ 32\tfrac{118007}{1000000} \ \textit{racine approchée.} \\
\qquad\qquad\quad -1024 \\
1^{\text{er}} \ \textit{reſte} \ +14\,|00 \\
\qquad\qquad\quad 64 \cdot \\
\qquad\qquad -1284 \\
2^{\text{e}} \ \textit{reſte} \ +1\,16\,|00 \\
\qquad\qquad\quad 644 \cdot \\
\qquad\qquad\ -64\ 41 \\
3^{\text{e}} \ \textit{reſte} \ +51\ 59\,|00 \\
\qquad\qquad\quad 6442 \cdot \\
\qquad\qquad\ -5\,1\,54\,24 \\
4^{\text{e}} \ 5. \ \& \ 6^{\text{e}} \ \textit{reſtes} \ +4\ 76\,|00\,|00\,|00 \\
\qquad\qquad\quad 64\ 43\ 6 \cdot \\
\qquad\qquad\quad 6\ 44\ 36\,0 \cdot \\
\qquad\qquad\quad 64\ 43\ 60\ 0 \cdot \\
\qquad\qquad\ -4\ 51\ 05\ 20\ 49 \\
7^{\text{e}} \ \textit{reſte} \ +24\ 94\ 79\ 51 \cdot \textit{&c.}
\end{array}
$$

O

Troifiéme Exemple.

Pour approcher de la jufte valeur de la racine cubique de 1038. 1°. Sélon les regles ordinaires du Probleme general je trouve 10 au demi cercle.

2°. J'ajoûte trois zero à 38 qui reftent, & je continuë l'operation, l'expofant que je trouve eft 1 que j'écris au demi cercle en lui foufcrivant 10. Car c'eft le même d'écrire 1 fous 10 que j'ai trouvé dans la premiere operation, & 0 fous 1 que je trouve en celle-ci, ou bien d'écrire 10 dans cette premiere operation, & $\frac{1}{10}$ dans celle-ci.

3°. Comme cette feconde operation laiffe le refte 7699, j'ajoûte encore à ce refte trois zero, & je continuë l'operation, l'expofant que je trouve eft 7, & j'écris 7 au demi cercle, & 0 fous 7.

Comme cette troifiéme operation laiffe encore le refte 409487, j'ajoûte de nouveau trois zero à ce refte, & je continuë l'operation, l'expofant que je trouve eft 1, & j'écris 1 au demi cercle & 0 fous 1. Il refte encore 99169789 fur qui je puis encore continuer de nouvelles operations. Et $10\frac{171}{1000}$ écrit au demi cercle eft une racine qui approche déja beaucoup de celle que je cherche.

$$Cube\ imparfait \longrightarrow 1\,03\,8 \;(\; 10\tfrac{171}{1000}\ \ Racine\ cubique\ approchée.$$

$$\longrightarrow 1\,000$$
$$1^{er}\ refte \longrightarrow 3\,8\,|\,000$$
$$3\,\emptyset\,\emptyset\,.\,.$$
$$\longrightarrow 3\,0\,3\,0\,1$$
$$2^{e}\ refte \longrightarrow 7\,699\,|\,000$$
$$1\,\emptyset\,2\,\emptyset\,1\,.\,.$$
$$\longrightarrow 7\,289\,513$$
$$3^{e}\ refte \longrightarrow 4\,09\,487\,|\,000$$
$$3\,1\,\emptyset\,286\,7\,.\,.$$
$$\longrightarrow 310\,317\,211$$
$$4^{e}\ refte \longrightarrow 99\,169\,789\,.\ \&c.$$

Démonftration du Probleme.

Chaque tranche ajoûtée multiplie toute la puiffance à refoudre par 100, fi c'eft une feconde puiffance, par 1000, fi ç'en eft une troifiéme, &c. (par ce qu'on a dit au troifiéme exemple du 3e Probleme I. 91.) c'eft à dire que chaque tranche ajoûtée multiplie la feconde puiffance par le quarré de 10, la troifiéme puiffance par le cube de 10, & ainfi des autres. Or chaque fois qu'on multiplie en cette forte la puiffance à refoudre par une puiffance pareille de 10, on fait un produit dont la racine eft multipliée par 10. Divifant donc en même temps cette racine, qu'on écrit par parties au demi cercle, par 10, comme les regles du Probleme l'enfeignent, on la multiplie & on la divife également, & ainsi l'on ne change en rien sa valeur par II. 24. & 25. Mais quand on reitereroit de nouvelles operations, on trouveroit à l'infini de nouveaux restes, & l'on n'arriveroit jamais à la racine veritable, quoiqu'on en approchast toûjours de plus en plus. Car chaque exposant qu'on ajoûte au demi cercle, doit toujours estre tel que ses deux plans par tous les caracteres écrits avant lui, plus son quarré puissent estre retranchez des rangs sur lesquels on opere. Or ces plans & ce quarré ne peuvent estre enfermez dans ces rangs exactement & sans reste, car les exposans qu'on ajoute au demi cercle estant toujours commensurables, ils ne peuvent jamais estre assez justes pour donner ce qui manque à la veritable racine, puisqu'elle est incommensurable selon la supposition. Il faut donc qu'il y ait toujours quelque reste. Et enfin l'on approche toujours de plus en plus de la racine veritable, lorsqu'écrivant quelques nombres au premier terme de la fraction qu'on écrit au demi cercle, l'on n'écrit rien au second que des zero.

MANIERE POUR APPROCHER EN DESSUS
DES RACINES INCOMMENSURABLES.

On prend aussi quelquefois pour racines approchées celles qui surpassent la racine veritable, d'une grandeur plus petite que telle autre qu'on voudra. IX.

Ces racines se reconnoissent facilement lorsqu'on a celles qui en approchent de si prés au dessous, que la grandeur qui leur manque est plus petite que celle qu'on aura déterminée. Car il ne faut qu'ajouter l'unité au premier terme de leur fraction, pour en avoir de celles qu'on demande.

Exemple.

Supposons qu'on demande une racine cubique qui surpasse celle de 1038, d'une grandeur plus petite que $\frac{1}{1000}$. Je trouve en suivant le Probleme precedent $10\frac{171}{1000}$ qui approche de si prés la racine cubique de 1038, que la grandeur qui lui manque est plus petite que $\frac{1}{1000}$. Car si j'ajoute encore $\frac{1}{1000}$ à $10\frac{171}{1000}$, j'aurai $10\frac{172}{1000}$ dont le cube surpasse 1038. Comme donc c'est une notion commune que les plus grands quarrez ou les plus grands cubes ont de plus grandes racines, il est vrai de conclure que $10\frac{171}{1000}$ est plus petit, & $10\frac{171}{1000}$ plus grand que la racine cubique de 1038. Or $\frac{1}{1000}$ estant la difference de ces deux racines approchées l'une au dessous, & l'autre au dessus de la veritable qu'on cherche, il paroît évident que l'une est surpassée & que l'autre surpasse cette racine incommensurable d'une grandeur plus petite que $\frac{1}{1000}$.

AVERTISSEMENT.

Si je m'estois engagé de suivre la methode ordinaire de ceux qui traittent des puissances, j'aurois dû parler des puissances imparfaites & de l'ap-

proximation de leurs racines au Livre precedent ; mais l'ordre m'a semblé plus naturel de n'en parler qu'ici. Car les grandeurs incommensurables, qui me fournissent le sujet de ce quatriéme Livre, naissent de la resolution des puissances imparfaites, puisqu'elles en sont les racines veritables.

DE L'EXPRESSION
DES RACINES VERITABLES.

X.   Souvent on exprime la juste valeur de la racine conçeuë dans une puissance parfaite ou imparfaite, par de certains signes qu'on appelle radicaux.

On exprime la racine d'une seconde puissance par ce signe $\sqrt{}$, qui signifie racine quarrée ou simplement racine. On exprime la racine cubique d'une troisiéme puissance par ce signe $\sqrt{}C$. qui signifie racine cubique. Celle d'une quatriéme s'exprime par $\sqrt{}\sqrt{}$ qui signifie racine de racine. Celle d'une cinquiéme par $\sqrt{}5^e$. D'une sixiéme par $\sqrt{}C.\sqrt{}$ ou $\sqrt{}\sqrt{}C$. D'une septiéme par $\sqrt{}7^e$. D'une huitiéme par $\sqrt{}\sqrt{}\sqrt{}$. D'une neuviéme par $\sqrt{}C\sqrt{}C$. D'une dixiéme par $\sqrt{}5^e.\sqrt{}$ ou $\sqrt{}\sqrt{}5^e$. Et ainsi des autres.

XI.   Dans chacune de ces racines ou de ces signes radicaux, nous disons que les nombres, qui sont écrits ou sous-entendus aprés eux, sont les nombres de ces signes. Par exemple dans $\sqrt{}C$. ou $\sqrt{}3^e$. nous appellons 3 le nombre de ce signe. De même 6 est le nombre de $\sqrt{}C\sqrt{}$. 10 celui de $\sqrt{}5^e.\sqrt{}$. On appelle aussi les nombres 2, 3, 4, &c. les exposans des signes radicaux $\sqrt{}$, $\sqrt{}C$, $\sqrt{}\sqrt{}$, &c.

XII.   Ces signes servent particulierement pour marquer la juste valeur des differentes racines que l'on conçoit dans les puissances imparfaites, & qu'on ne peut exactement déterminer par nombres.

La racine de 18 par exemple, ne peut estre déterminée par nombres, & l'on se contente de l'exprimer ainsi $\sqrt{}18$. De même $\sqrt{}1038$ exprime la juste valeur de la racine de 1038 qu'on ne peut déterminer par nombres. De même la racine de $\sqrt{}5 + \sqrt{}3$ ne peut estre déterminée par nombres, & je l'exprime ainsi $\sqrt{}.\overline{\sqrt{}5 + \sqrt{}3}$.

Pareillement la racine de $aa - 2ab + bb + cc$ ne peut estre exactement déterminée, & je me contente de l'exprimer ainsi $\sqrt{}\overline{aa - 2ab + bb + cc}$. La racine de $\frac{1}{4}qq + \frac{1}{27}p^3$ ne peut estre déterminée, & je l'exprime en cette forte $\sqrt{}\overline{\frac{1}{4}qq + \frac{1}{27}p^3}$. La racine cubique de $\frac{1}{2}q + \sqrt{}\overline{\frac{1}{4}qq + \frac{1}{27}p^3}$ ne peut estre déterminée, & je l'exprime en cette forte $\sqrt{}C.\overline{\frac{1}{2}q + \sqrt{}\overline{\frac{1}{4}qq + \frac{1}{27}p^3}}$. Il en est ainsi des autres.

XIII.   Les racines incommensurables des fractions s'expriment en deux manieres. Par exemple pour marquer la racine de $\frac{3}{5}$, on écrit $\sqrt{}\frac{3}{5}$, ou bien $\frac{\sqrt{}3}{\sqrt{}5}$, parceque chacun des termes 3 & 5 est conçeu renfermé sous le signe radical $\sqrt{}$, & qu'il est égal d'écrire $\sqrt{}\frac{aa}{bb}$, ou $\frac{\sqrt{}aa}{\sqrt{}bb}$, puisque l'un & l'autre sont la même chose que $\frac{4}{b}$. De même la racine de $\frac{4}{5}$ s'exprime en cette forte $V\frac{4}{5}$, ou bien $\frac{V4}{V5}$; & parceque $V4=2$, au lieu de $V\frac{4}{5}$ ou de $\frac{V4}{V5}$, on peut encore écrire $\frac{2}{V5}$, ou bien $2V\frac{1}{5}$. Et par la même raifon, au lieu de $V\frac{5}{4}$ ou de $\frac{V5}{V4}$, on écrit $\frac{V5}{2}$, ou bien $\frac{1V5}{2}$, ou enfin felon l'ufage le plus ordinaire $\frac{1}{2}V5$.

Pareillement pour marquer la racine cubique de $\frac{3}{5}$, on écrit $VC.\frac{3}{5}$, ou bien $\frac{VC.3}{VC.5}$. Et pour marquer la racine cubique de $\frac{8}{5}$, on écrit $\frac{2}{VC.5}$, ou $2VC.\frac{1}{5}$. Mais pour marquer la racine cubique de $\frac{5}{8}$, on écrit $\frac{1}{2}VC.5$. Il en eft ainfi des autres.

XIV.

S'il arrive que je fois obligé de marquer le quarré de quelque racine, comme par exemple celui d'une racine cubique, je puis marquer ainfi ce quarré $Q\,V\,C$. Par ex. au lieu d'écrire le quarré de $VC.\frac{1}{2}q + V\frac{1}{4}qq + \frac{1}{27}p^3$, j'écris $Q\,V\,C.\frac{1}{2}q + V\frac{1}{4}qq + \frac{1}{27}p^3$.

AVERTISSEMENT.

XV.

Il ne faut pas s'imaginer que les fignes radicaux, ni même que les lignes des Geometres donnent aucune connoiffance diftincte des grandeurs qu'elles expriment. Si les puiffances dont ces grandeurs font les racines qu'on y conçoit, font imparfaites, on ne les poura jamais exactement connoître, parceque leurs racines ne pouvant eftre exprimées par nombres, elles font incommenfurables ; de forte qu'aucune partie de ces grandeurs ou de l'unité à qui on les compare, eftant appliquée une ou plufieurs fois fur les unes & fur les autres, ne peut mefurer chacune d'elles exactement & fans refte, comme on l'a démontré au troifiéme Theoreme 4. S.

DES OPERATIONS

SUR LES GRANDEURS INCOMMENSURABLES.

XVI.

Comme la divifion des grandeurs entieres, dont l'expofant n'eft pas entier, donne des fractions qui ne peuvent eftre entieres, de même la refolution des grandeurs commenfurable, dont la racine ne peut eftre exprimée par nombres, donne les grandeurs incommenfurables.

XVII.

Comme auffi on réduit les fractions à leurs moindres termes, c'eft à dire à leur expofant, pour les rendre plus connuës, & pour operer plus facilement fur elles, on réduit pareillement les grandeurs incommenfurables à des expreffions plus courtes, pour les rendre en quelque façon plus connuës, & pour operer auffi plus facilement fur elles.

On fait cette réduction lorfqu'on tire hors des fignes radicaux V, VC. ou autres, toutes les racines des quarrez ou des cubes, ou des autres puiffances qui font divifeurs des grandeurs renfermées fous les fignes V, ou VC. &c. On réduit par exemple $V75$ à $5V3$, à caufe que $5=V25$, & $75=25$ par 3; de forte que $5V3=V25$ par $3=V75$. Ces reductions fe font ainfi.

XVIII.　Réduire toute racine incommensurable des grandeurs entieres à l'expression la plus courte qui en marque la valeur.

Lorsque la grandeur enfermée sous le signe radical est entiere & qu'elle a le signe $\sqrt{}$, ou $\sqrt{}$ C. ou quelque autre, on choisit parmi tous ses diviseurs le plus grand quarré, ou cube, ou autre puissance déterminée par le signe radical. On divise la grandeur qui est sous le signe par ce quarré, ou par ce cube, &c. & on écrit la racine simple du quarré, ou du cube, &c. devant le signe radical $\sqrt{}$, ou $\sqrt{}$ C. &c. & l'exposant nouvellement trouvé aprés ce signe. Et l'on a ce qu'on cherche.

Premier Exemple.

Pour réduire $\sqrt{}$ 75 à son expression la plus simple, je choisis 25 le plus grand nombre quarré diviseur de 75, je divise 75 par 25, l'exposant est 3, & j'écris 5 racine du quarré 25 devant $\sqrt{}$ signe radical de $\sqrt{}$ 75, & 3 exposant nouvellement trouvé aprés ce signe. Cela me donne $5\sqrt{}3$, & $5\sqrt{}3$ est l'expression la plus simple qui marque exactement la valeur de $\sqrt{}$ 75.

$$\sqrt{}\,75 = 5\sqrt{}3$$

$\sqrt{}$ 27 se réduiroit de même à $3\sqrt{}3$.

$$\sqrt{}\,27 = 3\sqrt{}3$$

Second Exemple.

Pour réduire $\sqrt{}$ C.81 à son expression la plus simple, je choisis 27 le plus grand cube diviseur de 81, je divise 81 par 27, l'exposant est 3, & j'écris 3 racine cubique du cube 27 devant $\sqrt{}$ C. & 3 exposant nouvellement trouvé aprés ce signe. Cela me donne $3\sqrt{}$C.3, & $3\sqrt{}$C.3 est l'expression la plus simple qui marque exactement la valeur de $\sqrt{}$ C.81

$$\sqrt{}\,\mathrm{C}.81 = 3\sqrt{}\mathrm{C}.3$$

$\sqrt{}$ C.375 se réduiroit de même à $5\sqrt{}$C.3.

$$\sqrt{}\,\mathrm{C}.325 = 5\sqrt{}\mathrm{C}.3$$

Troisiéme Exemple.

Pour réduire $\sqrt{}\,a^3b$ à son expression la plus simple, je choisis aa le plus grand quarré diviseur de a^3b, je divise a^3b par aa, & j'écris a racine de aa devant $\sqrt{}$, & ab exposant nouvellement trouvé aprés ce signe. Cela me donne $a\sqrt{}ab$, & $a\sqrt{}ab$ est l'expression la plus simple qui marque exactement la valeur de $\sqrt{}\,a^3b$.

$\sqrt{}\,a^5b^3$ se réduiroit de même à $aab\sqrt{}ab$.

Pareillement $\sqrt{}$ C.a^4b se réduiroit à $a\sqrt{}$C.ab.

$\sqrt{}$ C.a^5b^3 se réduiroit de même à $ab\sqrt{}$C.aa.

$$\sqrt{}\,a^3b = a\sqrt{}ab$$
$$\sqrt{}\,a^5b^3 = aab\sqrt{}ab$$
$$\sqrt{}\,\mathrm{C}.a^4b = a\sqrt{}\mathrm{C}.ab$$
$$\sqrt{}\,\mathrm{C}.a^5b^3 = ab\sqrt{}\mathrm{C}.aa$$

Quatriéme Exemple.

Pour réduire $\sqrt{}\,\overline{a^3b - aabb + 2aabc + abcc - ab^3 + bbcc - 2b^3c + b^4}$ à son expression la plus simple, je choisis $aa + 2ac + cc + 2ab - 2bc + bb$ le plus grand quarré diviseur de ce qui est sous le signe $\sqrt{}$, je fais la division à l'ordinaire, & j'écris $a + c - b$ racine du quarré que j'ai pris devant $\sqrt{}$, & $ab + bb$ exposant de la division que j'ai faite aprés ce signe. Cela me donne

$a + c - b\sqrt{ab + bb}$ pour l'expreſſion la plus ſimple qui marque exactement la valeur de la racine propoſée.

$$\sqrt{a^3b - aabb + 2aabc + abcc - ab^3 + bbcc - 2b^3c + b^4} = a + c - b\sqrt{ab + bb}$$

Cinquiéme Exemple.

Pour réduire $\sqrt{C}.x^6 - 9x^5 + 27x^4 - 15x^3 - 108xx + 324x - 324$ à ſon expreſſion la plus ſimple, je choiſis $x^3 - 9xx + 27x - 27$ le plus grand cube diviſeur de tout ce qui eſt ſous $\sqrt{C}$. je diviſe tout ce qui eſt ſous ce ſigne par ce cube, l'expoſant eſt $x^3 + 12$, & j'écris $x - 3$ racine cubique du cube que j'ai pris devant $\sqrt{C}$. & $x^3 + 12$ aprés ce ſigne. Cela me donne $x - 3\sqrt{C}.x^3 + 12$ pour l'expreſſion la plus ſimple qui marque exactement la valeur de la racine propoſée.

$$\sqrt{C}.x^6 - 9x^5 + 27x^4 - 15x^3 - 108xx + 324x - 324 = x - 3\sqrt{C}.x^3 + 12$$

Sixiéme Exemple.

Mais ſi les grandeurs entieres renfermées ſous les ſignes radicaux $\sqrt{}$ ou XIX. $\sqrt{C}$. n'ont aucun autre quarré ou cube pour diviſeur que l'unité, les racines incommenſurables qu'on propoſe ſont réduites à leurs expreſſions les plus ſimples, *par 16. S.* parcequ'alors on ne peut rien tirer hors des ſignes que l'unité, laquelle on ſous-entend toûjours en eſtre tirée ; car $\sqrt{a} = 1\sqrt{a}$, parcequ'on entend toûjours en prenant $\sqrt{a}$ qu'on le prend 1 fois.

Ainſi $\sqrt{35}$ ſera réduite à ſon expreſſion la plus ſimple, parceque 35 n'a point d'autre quarré pour diviſeur que l'unité. De même $\sqrt{C}.35$ ſera réduite à ſon expreſſion la plus ſimple, parceque 35 n'a point d'autre cube pour diviſeur que l'unité. Pareillement $\sqrt{ab}$ & $\sqrt{C}.aab$ ſont réduites à leurs expreſ-ſions les plus ſimples, parceque ab n'a point d'autre quarré, ni aab d'autre cube pour diviſeur que l'unité.

Démonſtration du Probleme.

Soit propoſée la racine incommenſurable $\sqrt{a}$, qu'il faille réduire à ſon expreſſion la plus ſimple. Soit bb le plus grand quarré diviſeur de la grandeur entiere a, & c l'expoſant de a au quarré bb. 1°. Il faut démontrer que $b\sqrt{c}$ trouvé ſelon les regles du Probleme eſt égal à $\sqrt{a}$. Or cela eſt évident. Car puiſque c eſt l'expoſant de a à bb ; donc $a = bbc$ (*par I. 123*) Or $\sqrt{bb} = b$; donc $b\sqrt{c} = \sqrt{bbc}$, & par conſequent $b\sqrt{c} = \sqrt{a}$.

2°. Mais il reſte encore à démontrer que $\sqrt{a}$ ne peut eſtre réduite à une expreſſion plus ſimple que $b\sqrt{c}$, & cela eſt encore évident. Car ſi bb eſt le plus grand quarré diviſeur de a, aucun quarré ne poura exactement diviſer l'expoſant c. Car ſoit dd un quarré diviſeur de c, & e l'expoſant de c au quarré dd ; donc $dde = c$ (*par I. 123.*) Or $bbc = a$; donc $bbdde = a$. Or $bbdd$ eſt un diviſeur de $bbdde$; il eſt donc auſſi un diviſeur de a. Mais ce diviſeur $bbdd$ eſtant un produit des quarrez bb & dd, doit neceſſairement eſtre un quarré, (*par III. 2.*) & parceque bb & dd ſont chacun entiers, il eſt viſible que le quarré $bbdd$ ſera un plus grand diviſeur de a que le quarré

bb. Or cela est contre la supposition, aucun quarré ne peut donc diviser l'exposant e ; & ainsi $\sqrt{e}$ sera réduite à son expression la plus simple (par 16. S.) Donc $\sqrt{bbc}$, ou $\sqrt{a}$ qui lui est égale, ne peut estre réduite à une expression plus simple $b\sqrt{c}$. Les regles du Probleme ont donc prescrit ce qu'il falloit faire.

QUATRIÉME PROBLÉME.

XX.   Réduire toute racine incommensurable des grandeurs rompuës à son expression la plus simple.

On opere sur chaque terme de la fraction proposée comme au Probleme precedent, & l'on trouve l'expression cherchée. Les exemples éclairciront cette regle.

Premier Exemple.

Pour réduire $\sqrt{\frac{27}{20}}$ à son expression la plus simple. Cette grandeur est la même que $\frac{\sqrt{27}}{\sqrt{20}}$ par 12. S. Je réduis donc par le Probleme precedent $\sqrt{27}$ à $3\sqrt{3}$, & $\sqrt{20}$ à $2\sqrt{5}$, & j'écris $\frac{3\sqrt{3}}{2\sqrt{5}}$, ou selon l'usage le plus ordinaire, j'écris $\frac{3}{2}\sqrt{\frac{3}{5}}$ pour l'expression la plus simple de $\sqrt{\frac{27}{20}}$.

$$\sqrt{\tfrac{27}{20}} = \tfrac{3}{2}\sqrt{\tfrac{3}{5}}$$

Second Exemple.

Pour réduire $\sqrt{\frac{1}{4}}$ à son expression la plus simple. $\sqrt{5}$ ne peut s'exprimer plus simplement, & $\sqrt{4} = 2$; j'écris donc $\frac{1}{2}\sqrt{5}$ pour l'expression la plus simple que je cherche.

$$\sqrt{\tfrac{5}{4}} = \tfrac{1}{2}\sqrt{5}$$

Mais pour réduire $\sqrt{\frac{4}{5}}$ à son expression la plus simple, j'écris $\frac{2}{\sqrt{5}}$ ou bien $2\sqrt{\frac{1}{5}}$.

$$\sqrt{\tfrac{4}{5}} = 2\sqrt{\tfrac{1}{5}}$$

De même $\sqrt{\frac{48}{10}a^3b}$ se réduit à $4a\sqrt{\frac{3}{10}ab}$. $\sqrt{\frac{2aa}{5bc}}$ se réduit à $a\sqrt{\frac{2}{5bc}}$.

On réduiroit pareillement $\sqrt{C.\frac{81}{4}a^3b}$ à $3\sqrt{C.\frac{3}{4}ab}$, & $\sqrt{C.\frac{8ab^3}{5ccdd}}$ à $2b\sqrt{C.\frac{a}{5ccdd}}$. Et ainsi des autres.

Troisiéme Exemple.

Pour réduire $\sqrt{\frac{aaoomm}{ppzz} + \frac{4aam^3}{pzz}}$, ou donnant à chaque partie le même second terme $ppzz$, pour réduire $\sqrt{\frac{aaoomm + 4aam^3p}{ppzz}}$ à son expression la plus simple, $\sqrt{aaoomm + 4aam^3p}$ se réduit à $am\sqrt{oo + 4mp}$, & $\sqrt{ppzz}$ se réduit à pz. Ecrivant donc $\frac{am}{pz}\sqrt{oo + 4mp}$, j'ai l'expression la plus simple que je cherche.

$$\sqrt{\tfrac{aaoomm}{ppzz} + \tfrac{4aam^3}{pzz}} = \tfrac{am}{pz}\sqrt{oo + 4mp}$$

On trouvera pareillement que $\sqrt{\frac{oozz + 4mpzz}{aa}} = \frac{z}{a}\sqrt{oo + 4mp}$. Il en est ainsi des autres.

Dém.

Démonstration du Probleme.

Soit $\sqrt{\frac{a}{b}}$ une racine incommensurable qu'il faille réduire à son expression la plus simple. Soit cc le plus grand quarré diviseur de a, & d l'exposant de a au quarré bb, & soit pareillement ee le plus grand quarré diviseur de b, & f l'exposant de b au quarré ee ; je dis que $\frac{c}{e}\sqrt{\frac{d}{f}}$ trouvée en operant selon le Probleme, est l'expression la plus simple de $\sqrt{\frac{a}{b}}$. Car puisque d est l'exposant de a au quarré cc, & f l'exposant de b au quarré ee ; donc $a = ccd$, & $b = eef$ (par I. 123.) Donc $\sqrt{\frac{a}{b}} = \sqrt{\frac{ccd}{eef}}$. Or $\frac{c}{e}\sqrt{\frac{d}{f}}$ est l'expression la plus simple de $\sqrt{\frac{ccd}{eef}}$, parceque d & f n'ont aucun quarré pour diviseur, comme il est évident par la seconde partie de la démonstration du troisiéme Probleme. Donc $\frac{c}{e}\sqrt{\frac{d}{f}}$ est l'expression la plus simple $\sqrt{\frac{a}{b}}$. On a donc fait ce qu'il falloit faire.

AVERTISSEMENT.

Mais pour avoir une preuve sensible qu'on a bien fait l'operation, on remarquera qu'il faut seulement multiplier le quarré ou le cube de ce qu'on a tiré hors du signe $\sqrt{}$ ou $\sqrt{}C$. par la grandeur qui reste enfermée sous ce signe. Car si le produit est égal à la grandeur qui estoit sous le signe avant qu'on operast, c'est une marque qu'on a bien fait l'operation, mais si le produit n'est pas égal à cette grandeur, on a mal fait l'operation, il la faut recommencer.

DE LA REDUCTION DES GRANDEURS
INCOMMENSURABLES SOUS UN MÊME SIGNE.

Comme pour operer sur les fractions on donne à chacune un même second terme sans changer leur valeur, de même pour operer sur les grandeurs incommensurables on leur donne a chacune un même signe radical sans changer aussi leur valeur. Ces changemens des signes radicaux se font en cette sorte. **XXI.**

CINQUIEME PROBLEME.

Réduire deux grandeurs incommensurables sous un même signe sans changer leur valeur.

Si l'exposant du nombre de la grande racine à la petite est entier, on éleve la petite au nombre de la grande ; & si cet exposant n'est pas entier, on éleve chacune au nombre que donne le produit du nombre de la grande par le nombre de la petite. Et l'on a ce qu'on cherche. Les exemples suivans éclairciront cette regle. **XXII.**

Premier Exemple.

Pour réduire sous un même signe $\sqrt{3}$ & $\sqrt{}\sqrt{}C.15$. L'exposant de 6 nombre de $\sqrt{}\sqrt{}C.15$ à 2 nombre de $\sqrt{3}$ est le nombre entier 3, j'éleve donc $\sqrt{3}$ à $\sqrt{}\sqrt{}C.$ en multipliant 3 enfermé sous $\sqrt{}$, cubiquement, à cause que

2 nombre de √ est 3 fois dans 6 nombre de √ √ C. Et j'ai alors sous u[n]
même signe √ √ C.27 = √ 3, & √ √ C.15 où je n'ai rien changé.

Second Exemple.

Pour réduire sous un même signe 4√ 3 & 5√ C.2. ½ exposant de 3 nom[bre] de √ C. à 2 nombre de √ n'est pas entier, & 6 est le produit de 3 par 2. j'éleve donc √ 3 & √ C.2 à √ C√, en multipliant cubiquement 3 écri[t] aprés √, & quarrément 2 écrit aprés √ C√, à cause que 2 nombre de √ est 3 fois dans 6 nombre de √ C. & que 3 nombre de √ C. est 2 fois dans l[e] même nombre 6. Et j'ai alors sous un même signe 4√ C√ 27 = 4√ 3, &[c.] 5√ C√ 4 = 5√ C.2.

Troisième Exemple.

Pour réduire sous un même signe √ 5ab & √ √ a²b + ab³. L'exposa[nt] de 4 nombre de √ √ à 2 nombre de √ est le nombre entier 2. J'éleve don[c] √ 5ab à √ √, en multipliant 5ab quarrément. Et j'ai alors sous un mêm[e] signe √ √ 25aabb = √ 5ab, & √ √ a²b + ab³, où je n'ai rien changé.

Quatrième Exemple.

Pour réduire sous un même signe √ aq & √ C.aaq. ⅔ exposant de 3 à [2] n'est pas entier, & 6 est le produit de 3 par 2. J'éleve donc √ aq & √ C.aa[q] à √ C√, en multipliant aq cubiquement, & aaq quarrément, à cause qu[e] 2 nombre de √ est 3 fois dans 6 nombre de √ C√, & que 3 nombre [de] √ C. est 2 fois dans le même nombre 6. J'ai donc sous un même sign[e] √ C√ a³q³ = √ aq, & √ C√ a²qq = √ C.aaq.

Démonstration du Probleme.

Elle n'est pas moins sensible qu'elle paroist évidente. Car l'on voit asse[z] qu'il est égal d'écrire √ aa, ou √ √ a⁴, ou √ C√ a⁶, &c. puisque chacun[e] de ces grandeurs est égale à a. Cela est si clair qu'on pouroit en faire u[n] axiome.

SIXIÉME PROBLEME.

XXIII.　Réduire entierement les grandeurs incommensurables sous leurs signe[s]

1°. On éleve ce qui est hors du signe, au degré qui est marqué par le nom[bre] de ce signe.

2°. On multiplie la puissance trouvée par ce qui reste sous le signe.

3°. On écrit le nouveau produit sous le signe, & l'on a ce qu'on cherche.

Premier Exemple.

Par exemple, pour réduire entierement 5√ 3 sous son signe √, je multipl[ie] 5 quarrément, à cause que le nombre du signe √ est 2, le produit est 2[5.] 2°. Je multiplie 25 par 3 qui est sous le signe √. 3°. J'écris le nouveau pr[o]duit 75 sous √ ; & je connois que √ 75 est la même chose que 5√ 3 rédui[te] entierement sous le signe √.　　　　　　　　　　5√ 3 = √ 7[5.]

Second Exemple.

Pour réduite toute la grandeur 6√ C.3 sous son signe √ C. je multip[lie] 6 cubiquement, & le produit 216 par 3, ensuite j'écris le nouveau produ[it] 648 sous le signe √ C. & je connois que √ C.648 est la même chose q[ue] 6√ C.3 réduite entierement sous √ C.　　　　　6√ C.3 = √ C.64[8]

Il en est ainsi des autres, & la démonstration du Probleme n'est que l'inverse de celles du troisiéme & du quatriéme Probleme.

COROLLAIRE.

Cette méthode de réduire entierement les grandeurs incommensurables XXIV. sous leurs signes, nous fournit un moyen pour reconnoître entre plusieurs de ces grandeurs, quelles sont les plus grandes ou les plus petites ; car ces grandeurs estant réduites entierement sous un même signe par le cinquiéme Probleme & par celui que je viens d'exposer, on connoît facilement quelles sont les plus grandes.

Si par exemple on propose les deux grandeurs $5\sqrt{3}$ & $6\sqrt{C.3}$, & qu'on veüille sçavoir laquelle des deux est la plus grande, on les réduit premierement sous un même signe par le cinquiéme Probleme, & l'on a les deux expressions $5\sqrt{6^e.27}$ & $6\sqrt{6^e.9}$, lesquelles estant réduites entierement sous leur signe par le Probleme qui precede, on trouve $\sqrt{6^e.421875}$ & $\sqrt{6^e.419904}$. Et alors voyant que $\sqrt{6^e.421875}$ est plus grande que $\sqrt{6^e.419904}$, on connoît aussi que la grandeur $5\sqrt{3}=\sqrt{6^e.421875}$ est plus grande que $6\sqrt{C.3}=\sqrt{6^e.419904}$. Il en est ainsi des autres.

AVERTISSEMENT.

Si les grandeurs qu'on veut réduire sous les signes sont tout-à-fait com- XXV. *mensurables, on les éleve au degré marqué par le nombre des signes sous lesquels on les veut réduire, & l'on écrit les puissances qu'on trouve sous ces signes. Par exemple, pour réduire 5 sous le signe $\sqrt{}$, je quarre 5 & j'écris le quarré 25 sous $\sqrt{}$ en cette sorte $\sqrt{25}$. Et pour réduire 5 sous le signe $\sqrt{C}$. je cube 5, & j'écris le cube 125 sous $\sqrt{C}$. en cette sorte $\sqrt{C.125}$. Il en est ainsi des autres.*

DES RAPPORTS QUE LES GRANDEURS
INCOMMENSURABLES ONT ENTR'ELLES.

On sçait que les grandeurs incommensurables n'ont aucun rapport de nombre à nombre avec les grandeurs commensurables. Mais il arrive souvent que ces grandeurs incommensurables sont commensurables entr'elles.

QUATRIE'ME THEOREME.

Car si des racines incommensurables ont chacune une même grandeur XXVI. renfermée sous un même signe, elles seront commensurables entr'elles.

Démonstration. Soient les racines incommensurables $5\sqrt{3}$ & $3\sqrt{3}$ qui ayent chacune le même nombre 3 renfermé sous le même signe $\sqrt{}$; je dis que $5\sqrt{3}$ & $3\sqrt{3}$ sont commensurables entr'elles. Car le rapport de l'une à l'autre, c'est à dire $\frac{5\sqrt{3}}{3\sqrt{3}}$ est la même chose que $\frac{5}{3}$, dont chaque terme est également multiplié par $\sqrt{3}$. Et ainsi $\frac{5\sqrt{3}}{3\sqrt{3}}=\frac{5}{3}$, ou ce qui est la même chose, le rapport de $5\sqrt{3}$ à $3\sqrt{3}$ est égal au rapport de 5 à 3. Or le rapport de 5 à 3 qu'elles se réduisent à $\frac{1}{3}\sqrt{C.\frac{1}{3}}$ & $2\sqrt{C.\frac{1}{3}}$.

Second Exemple.

Pour connoître si $\sqrt{\frac{48}{10}}$ & $\sqrt{\frac{54}{5}}$ sont commensurables entr'elles. Ces racines se réduisent à $4\sqrt{\frac{3}{10}}$ & $3\sqrt{\frac{6}{5}}$. Mais parceque les fractions $\frac{3}{10}$ & $\frac{6}{5}$ qui restent sous les signes $\sqrt{\ }$ ne sont point égales, je donne à chacune un même second terme, & j'ai $3\sqrt{\frac{11}{10}}=3\sqrt{\frac{6}{5}}$. Réduisant donc $3\sqrt{\frac{12}{10}}$ à son expression la plus simple, je trouve $6\sqrt{\frac{3}{10}}$ qui lui est égale; & qui a sous le signe $\sqrt{\ }$ la même fraction qui est restée sous ce signe dans $4\sqrt{\frac{3}{10}}$, d'où je connois que $4\sqrt{\frac{3}{10}}$ & $6\sqrt{\frac{3}{10}}$, ou bien $\sqrt{\frac{48}{10}}$ & $\sqrt{\frac{54}{5}}$ qui leur sont égales, sont commensurables entr'elles, & leur rapport est celui de 4 à 6 ou $\frac{1}{3}$.

Troisiéme Exemple.

Pour connoître si $\sqrt{\frac{10}{48}}$ & $\sqrt{\frac{5}{54}}$ sont commensurables entr'elles. Ces racines réduites à leurs expressions les plus simples sont $\frac{1}{4}\sqrt{\frac{10}{3}}$ & $\frac{1}{3}\sqrt{\frac{5}{6}}$. Voyant donc que les fractions restées sous les signes sont inégales entr'elles, je donne à chacune un même second terme, & j'ai au lieu de $\frac{1}{4}\sqrt{\frac{10}{3}}$ & $\frac{1}{3}\sqrt{\frac{5}{6}}$, les deux autres $\frac{1}{4}\sqrt{\frac{60}{18}}$ & $\frac{1}{3}\sqrt{\frac{15}{18}}$ qui leur sont égales. Réduisant donc ces racines à leurs expressions les plus simples, je trouve $\frac{1}{6}\sqrt{\frac{15}{2}}$ & $\frac{1}{9}\sqrt{\frac{15}{2}}$ qui leur sont égales, & qui ont chacune la même fraction sous le signe $\sqrt{\ }$, d'où je connois que les racines proposées sont commensurables entr'elles, & leur rapport est celui de $\frac{1}{6}$ à $\frac{1}{9}$ ou $\frac{3}{2}$.

Quatriéme Exemple.

Pour connoître si $\sqrt{\frac{ooxx+4mpxx}{aa}}$ & $\sqrt{\frac{aaoomm+4aann3p}{ppxx}}$ sont commensurables entr'elles. Ces grandeurs réduites à leurs expressions les plus simples, sont $\frac{x}{a}\sqrt{oo+4mp}$ & $\frac{am}{px}\sqrt{oo+4mp}$, & parceque la même grandeur $oo+4mp$ reste sous chaque signe $\sqrt{\ }$, elles sont commensurables entr'elles, & leur rapport est celui qui est entre $\frac{x}{a}$ & $\frac{am}{px}$, c'est-à-dire $\frac{pxx}{aam}$. Il en est ainsi des autres.

Démonstration du Probleme.

Elle est la même que celle du Probleme precedent. Car lorsque les grandeurs restées sous les signes sont égales, leur rapport peut estre exprimé par nombres, par 26. S. & ainsi elles sont commensurables entr'elles. Mais lorsque les grandeurs restées sous les signes sont inégales, & ne peuvent estre renduës égales par de nouvelles réductions, leur rapport ne peut pas estre exprimé par nombres, par 27. S. & ainsi elles sont incommensurables entr'elles. Or si selon les regles du Probleme, on donne aux grandeurs qui restent sous les signes un même second terme, & que le premier de chacune estant réduite à son expression la plus simple, il reste encore sous les signes des grandeurs inégales, on ne peut les égaler par des réductions nouvelles fans changer leur valeur. Car leurs premiers termes eftant réduits à leurs expreffions les plus fimples, on n'en peut rien tirer davantage hors des fignes, & leurs feconds termes eftant égaux, ainfi qu'on le fuppofe, on ne peut rien tirer de l'un hors du figne, qu'on ne puiffe tirer pareillement de l'autre. De forte que ces grandeurs ne peuvent eftre renduës égales par des réductions nouvelles.

Corollaire.

Une même racine incommenfurable peut recevoir differentes expreffions XXX. fans changer fa valeur. Par exemple $\sqrt{\frac{6}{5}}$ eft réduite à fon expreffion la plus fimple, parcequ'aucun quarré ne la multiplie, cependant fi je multiplie chaque terme 6 & 5 renfermez fous $\sqrt{}$ par le nombre 2, ou 3, ou 5, ou 6, qui font divifeurs de l'un des deux termes 5 & 6, j'aurai $\sqrt{\frac{12}{10}}$, ou $\sqrt{\frac{18}{15}}$, ou $\sqrt{\frac{30}{25}}$, ou $\sqrt{\frac{16}{30}}$ qui feront chacune égale à $\sqrt{\frac{6}{5}}$, & qu'on poura réduire aux nouvelles expreffions: $2\sqrt{\frac{3}{10}}$, $3\sqrt{\frac{2}{15}}$, $\frac{1}{5}\sqrt{30}$, & $6\sqrt{\frac{1}{30}}$. Il en eft ainfi des autres. Cependant j'attribuë également le nom de *fimple*, à chacune de ces expreffions differentes de la même racine, parcequ'on ne trouve dans chacune aucun nombre quarré qui puiffe divifer fans refte l'un ou l'autre des termes qui font renfermez fous le figne $\sqrt{}$.

Or la raifon pourquoi ces fortes de multiplications eftant faites, on peut tirer quelque grandeur hors du figne radical, c'eft que toute grandeur multipliée par quelqu'un de fes divifeurs, donne un produit dont un quarré eft divifeur, de forte que dans les multiplications femblables à celles dont on vient de parler, la racine de ce quarré poura fe tirer hors du figne $\sqrt{}$. Soit par exemple abc telle grandeur qu'on voudra qui aura pour divifeurs a, b, c, ab, ac, bc, & abc. Si on multiplie abc par quelqu'un de ces divifeurs comme a, ou b, ou c, il eft vifible que le produit $aabc$, ou $abbc$, ou $abcc$, aura le quarré aa, ou bb, ou cc pour divifeur.

PREPARATION DES RACINES INCOMMENSURABLES

POUR FAIRE LES QUATRE PREMIERES OPERATIONS SUR ELLES.

C'eft une regle generale pour chacune des quatre premieres operations qui XXXI. fuivent fur les racines incommenfurables, qu'elles foient toûjours réduites à leurs expreffions les plus fimples par le troifiéme ou quatriéme Problême. Qu'on réduife toûjours chacune fous un même figne par le cinquiéme. Et qu'on reconnoiffe par le feptiéme ou huitiéme, fi ces racines font commenfurables entr'elles.

Neuviéme Probleme.

Ajoûter ou retrancher les racines incommenfurables.

Si elles font commenfurables entr'elles, on écrit devant le figne radical XXXII. qu'elles ont, la fomme ou la difference de ce qui eft écrit avant chaque figne, & on laiffe fous le figne radical ce qu'on y trouve.

est un rapport de nombre à nombre, puisque 5 & 3 sont chacun un nombre; 5$\sqrt{3}$ & 3$\sqrt{3}$ ont donc aussi un rapport de nombre. Elles sont donc commensurables entr'elles. Ce qu'il falloit démontrer.

CINQUIÉME THEOREME.

XXVII. 　Si des racines incommensurables réduites à leurs expressions les plus simples, n'ont pas chacune une même grandeur renfermée sous un même signe, elles sont incommensurables entr'elles.

　Démonstration. Soient les racines incommensurables $a\sqrt{b}$ & $c\sqrt{d}$, lesquelles estant réduites à leurs expressions les plus simples, ne peuvent avoir une même grandeur renfermée sous le même signe $\sqrt{}$, ces grandeurs $a\sqrt{b}$ & $c\sqrt{d}$ sont incommensurables entr'elles, *par 6. 8.* Car il est certain par la démonstration du quatriéme Probleme que leur rapport $\frac{a\sqrt{b}}{c\sqrt{d}}$ ou $\frac{a}{c}\sqrt{\frac{c}{d}}$ ne peut estre exprimé par nombres.

SEPTIÉME PROBLEME.

XXVIII. 　Reconnoître si les racines incommensurables des grandeurs entieres, sont commensurables entr'elles.

　On les réduit chacune par le troisiéme Probleme aux expressions les plus simples qui marquent leur valeur, & on leur donne par le cinquiéme un même signe, si le leur est different. Si alors il reste dans chacune une même grandeur sous le signe radical, elles sont commensurables entr'elles, & le rapport en peut estre connu. Mais s'il ne reste pas dans chacune une même grandeur sous le signe, elles sont incommensurables entr'elles, & leur rapport ne peut estre connu.

Premier Exemple.

　Pour connoître si les racines incommensurables $\sqrt{75}$ & $\sqrt{27}$ sont commensurables entr'elles. Ces racines réduites à leurs expressions les plus simples sont 5$\sqrt{3}$ & 3$\sqrt{3}$. Or chacune a le même nombre 3 sous le signe $\sqrt{}$, elles sont donc commensurables entr'elles, *par 26. S.* & leur rapport est celui de 5 à 3, c'est à dire $\frac{5}{3}$.

　De même le rapport des racines cubiques $\sqrt{C.81}$ & $\sqrt{C.325}$, est celui de 3 à 5, ou $\frac{3}{5}$.

Second Exemple.

　Pour connoître si $\sqrt{a^3b}$ & $\sqrt{ab^3}$ sont commensurables entr'elles. Ces racines réduites à leurs expressions les plus simples, sont $a\sqrt{ab}$ & $b\sqrt{ab}$. Elles sont donc commensurables entr'elles, & leur rapport est celui de a à b, c'est à dire $\frac{a}{b}$.

　De même le rapport de $\sqrt{C.81a^4c}$ & $\sqrt{C.24ab^3c}$, est celui de $3a$ à $2b$, ou $\frac{3a}{2b}$.

Troisiéme Exemple.

　De même pour connoître si les deux grandeurs $\sqrt{a^3b+aabb}$ & $\sqrt{a^3b-aabb+2aabc+abcc-ab^3+bbcc-2b^3c+b^4}$ sont commensurables entr'elles. Ces racines réduites à leurs expressions les plus simples, sont

$\sqrt{ab+bb}$, & $\overline{a+c-b}\sqrt{ab+bb}$; de sorte qu'elles font commenfurables, & leur rapport eft celui de a à $a+c-b$, ou $\frac{a}{a+c-b}$.

Pareillement $\sqrt{C}.x^6 - 9x^5 + 27x^4 - 15x^3 - 108xx + 324x - 324$ & $\sqrt{C}.3x^3 + 36$, ont pour leur rapport celui de $x-3$ à 3, ou $\frac{x-3}{3}$. Il en eft ainfi des autres.

Lorfque j'appelle a, b, c, x, &c. des grandeurs commenfurables, je l'entends feulement par fuppofition, c'eft à dire, quoique ces lettres puiffent également marquer toute forte de grandeurs commenfurables ou incommenfurables, neanmoins je les confidere alors feulement comme les expreffions de telles grandeurs que l'on voudra choifir, pourveu que ces grandeurs foient commenfurables.

Quatriéme Exemple.

Mais pour connoître fi les racines incommenfurables $\sqrt{12}$ & $\sqrt{45}$ font commenfurables entr'elles. Ces racines réduites à leurs expreffions les plus fimples font $2\sqrt{3}$ & $3\sqrt{5}$, & parceque 3 & 5 enfermez fous les fignes $\sqrt{}$, font differents entr'eux, les racines $2\sqrt{3}$ & $3\sqrt{5}$, ou $\sqrt{12}$ & $\sqrt{45}$ qui leur font égales, ne font point commenfurables entr'elles, par le cinquiéme Theoreme, à caufe que $\sqrt{3}$ n'eft point égal à $\sqrt{5}$.

Démonftration du Probleme.

La premiere partie du Probleme fuit neceffairement du quatriéme Theoreme, & la feconde fuit pareillement du cinquiéme Theoreme.

HUITIÉME PROBLEME.

XXIX.

Reconnoître fi les racines incommenfurables des fractions font commenfurables entr'elles.

On les réduit, comme au Probleme precedent, à leurs expreffions les plus fimples, & fous un même figne. Si alors il refte une même grandeur fous chaque figne, elles font commenfurables entr'elles. Mais s'il ne refte pas une même grandeur fous chaque figne, on donne aux fractions reftées fous les fignes un même fecond terme, fi le leur eft different, & on les réduit de nouveau à leurs expreffions les plus fimples. Si alors il refte une même grandeur fous chaque figne, elles font commenfurables entr'elles; finon, elles font incommenfurables entr'elles. Les exemples éclairciront cette regle.

Premier Exemple.

Pour connoître fi $\sqrt{\frac{48}{10}}$ & $\sqrt{\frac{27}{40}}$ font commenfurables entr'elles. Ces racines eftant réduites à leurs expreffions les plus fimples, font $4\sqrt{\frac{3}{10}}$ & $\frac{1}{2}\sqrt{\frac{3}{10}}$, & parceque $\frac{3}{10}$ refte fous chaque figne $\sqrt{}$, elles font commenfurables entr'elles, & leur rapport eft celui de 4 à $\frac{1}{2}$ ou $\frac{8}{1}$.

De même $\sqrt{\frac{27aa}{4bc}}$ & $\sqrt{\frac{12bb}{25bc}}$ font commenfurables entr'elles, parcequ'elles fe réduifent à $\frac{3}{2}a\sqrt{\frac{3}{bc}}$ & $\frac{2}{5}b\sqrt{\frac{3}{bc}}$.

Pareillement $\sqrt{C}.\frac{24}{54}$ & $\sqrt{C}.\frac{192}{16}$ font commenfurables entr'elles, parcequ'elles se réduisent à $\frac{1}{3}\sqrt{}C.\frac{1}{3}$ & $2\sqrt{}C.\frac{1}{2}$.

Second Exemple.

Pour connoître si $\sqrt{\frac{48}{10}}$ & $\sqrt{\frac{14}{5}}$ sont commensurables entr'elles. Ces racines se réduisent à $4\sqrt{\frac{3}{10}}$ & $3\sqrt{\frac{6}{5}}$. Mais parceque les fractions $\frac{3}{10}$ & $\frac{6}{5}$ qui restent sous les signes $\sqrt{}$ ne sont point égales, je donne à chacune un même second terme, & j'ai $3\sqrt{\frac{12}{10}}=3\sqrt{\frac{6}{5}}$. Réduisant donc $3\sqrt{\frac{12}{10}}$ à son expression la plus simple, je trouve $6\sqrt{\frac{3}{10}}$ qui lui est égale, & qui a sous le signe $\sqrt{}$ la même fraction qui est restée sous ce signe dans $4\sqrt{\frac{3}{10}}$, d'où je connois que $4\sqrt{\frac{3}{10}}$ & $6\sqrt{\frac{3}{10}}$, ou bien $\sqrt{\frac{48}{10}}$ & $\sqrt{\frac{14}{5}}$ qui leur sont égales, sont commensurables entr'elles, & leur rapport est celui de 4 à 6 ou $\frac{2}{3}$.

Troisiéme Exemple.

Pour connoître si $\sqrt{\frac{10}{48}}$ & $\sqrt{\frac{5}{54}}$ sont commensurables entr'elles. Ces racines réduites à leurs expressions les plus simples sont $\frac{1}{4}\sqrt{\frac{10}{3}}$ & $\frac{1}{3}\sqrt{\frac{5}{6}}$. Voyant donc que les fractions restées sous les signes sont inégales entr'elles, je donne à chacune un même second terme, & j'ai au lieu de $\frac{1}{4}\sqrt{\frac{10}{3}}$ & $\frac{1}{3}\sqrt{\frac{5}{6}}$, les deux autres $\frac{1}{4}\sqrt{\frac{60}{18}}$ & $\frac{1}{3}\sqrt{\frac{15}{18}}$ qui leur sont égales. Réduisant donc ces racines à leurs expressions les plus simples, je trouve $\frac{1}{6}\sqrt{\frac{15}{2}}$ & $\frac{1}{9}\sqrt{\frac{15}{2}}$ qui leur sont égales, & qui ont chacune la même fraction sous le signe $\sqrt{}$, d'où je connois que les racines proposées sont commensurables entr'elles, & leur rapport est celui de $\frac{1}{6}$ à $\frac{1}{9}$ ou $\frac{3}{2}$.

Quatriéme Exemple.

Pour connoître si $\sqrt{\frac{oozz+4mpzz}{aa}}$ & $\sqrt{\frac{aaoonm+4aan3p}{ppzz}}$ sont commensurables entr'elles. Ces grandeurs réduites à leurs expressions les plus simples, sont $\frac{z}{a}\sqrt{oo+4mp}$ & $\frac{am}{pz}\sqrt{oo+4mp}$, & parceque la même grandeur $oo+4mp$ reste sous chaque signe $\sqrt{}$, elles sont commensurables entr'elles, & leur rapport est celui qui est entre $\frac{z}{a}$ & $\frac{am}{pz}$, c'est à dire $\frac{pzz}{aam}$. Il en est ainsi des autres.

Démonstration du Probleme.

Elle est la même que celle du Probleme precedent. Car lorsque les grandeurs restées sous les signes sont égales, leur rapport peut estre exprimé par nombres, *par 26. S.* & ainsi elles sont commensurables entr'elles. Mais lorsque les grandeurs restées sous les signes sont inégales, & ne peuvent estre renduës égales par de nouvelles réductions, leur rapport ne peut pas estre exprimé par nombres, *par 27. S.* & ainsi elles sont incommensurables entr'elles. Or si selon les regles du Probleme, on donne aux grandeurs qui restent sous les signes un même second terme, & que le premier de chacune estant réduite à son expression la plus simple, il reste encore sous les signes des grandeurs inégales, on ne peut les égaler par des réductions nouvelles ſans changer leur valeur. Car leurs premiers termes eſtant réduits à leurs expreſſions les plus ſimples, on n'en peut rien tirer davantage hors des ſignes, & leurs ſeconds termes eſtant égaux, ainſi qu'on le ſuppoſe, on ne peut rien tirer de l'un hors du ſigne, qu'on ne puiſſe tirer pareillement de l'autre. De ſorte que ces grandeurs ne peuvent eſtre renduës égales par des réductions nouvelles.

Corollaire.

Une même racine incommenſurable peut recevoir differentes expreſſions XXX. ſans changer ſa valeur. Par exemple $\sqrt{\frac{6}{5}}$ eſt réduite à ſon expreſſion la plus ſimple, parcequ'aucun quarré ne la multiplie, cependant ſi je multiplie chaque terme 6 & 5 renfermez ſous $\sqrt{\ }$ par le nombre 2, ou 3, ou 5, ou 6, qui ſont diviſeurs de l'un des deux termes 5 & 6, j'aurai $\sqrt{\frac{12}{10}}$, ou $\sqrt{\frac{18}{15}}$, ou $\sqrt{\frac{30}{25}}$, ou $\sqrt{\frac{36}{30}}$ qui ſeront chacune égale à $\sqrt{\frac{6}{5}}$, & qu'on poura réduire aux nouvelles expreſſions $2\sqrt{\frac{3}{10}}$, $3\sqrt{\frac{2}{15}}$, $\frac{1}{5}\sqrt{30}$, & $6\sqrt{\frac{1}{30}}$. Il en eſt ainſi des autres. Cependant j'attribuë également le nom de *ſimple*, à chacune de ces expreſſions differentes de la même racine, parcequ'on ne trouve dans chacune aucun nombre quarré qui puiſſe diviſer ſans reſte l'un ou l'autre des termes qui ſont renfermez ſous le ſigne $\sqrt{\ }$.

Or la raiſon pourquoi ces ſortes de multiplications eſtant faites, on peut tirer quelque grandeur hors du ſigne radical, c'eſt que toute grandeur multipliée par quelqu'un de ſes diviſeurs, donne un produit dont un quarré eſt diviſeur, de ſorte que dans les multiplications ſemblables à celles dont on vient de parler, la racine de ce quarré poura ſe tirer hors du ſigne $\sqrt{\ }$. Soit par exemple abc telle grandeur qu'on voudra qui aura pour diviſeurs a, b, c, ab, ac, bc, & abc. Si on multiplie abc par quelqu'un de ces diviſeurs comme a, ou b, ou c, il eſt viſible que le produit $aabc$, ou $abbc$, ou $abcc$, aura le quarré aa, ou bb, ou cc pour diviſeur.

PREPARATION DES RACINES INCOMMENSURABLES
POUR FAIRE LES QUATRE PREMIERES OPERATIONS SUR ELLES.

C'eſt une regle generale pour chacune des quatre premieres operations qui XXXI. ſuivent ſur les racines incommenſurables, qu'elles ſoient toûjours réduites à leurs expreſſions les plus ſimples par le troiſiéme ou quatriéme Probleme. Qu'on réduiſe toûjours chacune ſous un même ſigne par le cinquiéme. Et qu'on reconnoiſſe par le ſeptiéme ou huitiéme, ſi ces racines ſont commenſurables entr'elles.

Neuviéme Probleme.

Ajoûter ou retrancher les racines incommenſurables.

Si elles ſont commenſurables entr'elles, on écrit devant le ſigne radical XXXII. qu'elles ont, la ſomme ou la difference de ce qui eſt écrit avant chaque ſigne, & on laiſſe ſous le ſigne radical ce qu'on y trouve.

Mais si les racines sont incommensurables entr'elles, on se contente de les écrire simplement avec les signes $+$ ou $-$. Les exemples suivans éclairciront ces regles.

Premier Exemple.

Pour trouver la somme de $5\sqrt{3}$ & $3\sqrt{3}$, ces racines sont commensurables entr'elles, & la somme de 5 & de 3 écrits avant les signes $\sqrt{}$ est 8, j'écris donc $8\sqrt{3}$ pour la somme cherchée.

Pareillement la somme de $\frac{1}{4}\sqrt{}C.5$ & de $\frac{1}{6}\sqrt{}C.5$ est $\frac{11}{12}\sqrt{}C.5$.

Second Exemple.

Pour trouver la somme de $\frac{x}{a}\sqrt{00+4mp}$ & $\frac{am}{px}\sqrt{00+4mp}$. Ces racines sont commensurables, & la somme de $\frac{x}{a}$ & de $\frac{am}{px}$ est $\frac{pxx+aam}{apx}$, j'écris donc $\frac{pxx+aam}{pxx}\sqrt{00+4mp}$ pour la somme cherchée.

Troisiéme Exemple.

Pour retrancher $3\sqrt{3}$ de $5\sqrt{3}$, la difference de 5 à 3 est 2, & j'écris $2\sqrt{3}$ pour la difference cherchée.

Pareillement la difference de $\frac{1}{4}\sqrt{}C.5$ & de $\frac{1}{6}\sqrt{}C.5$ est $\frac{7}{12}\sqrt{}C.5$.

Quatriéme Exemple.

Pour retrancher $\frac{x}{a}\sqrt{00+4mp}$ de $\frac{am}{px}\sqrt{00+4mp}$. $\frac{am}{px}-\frac{x}{a}=\frac{aam-pxx}{apx}$, & j'écris $\frac{aam-pxx}{apx}\sqrt{00+4mp}$ pour la difference cherchée.

Cinquiéme Exemple.

Mais pour trouver la somme de $\sqrt{21}$ & de $\sqrt{15}$. Ces racines sont incommensurables, car aucun quarré ne peut diviser exactement 21 ni 15, ni faire qu'il reste un même nombre sous le signe $\sqrt{}$. Je me contente donc d'ajoûter ces racines en écrivant simplement $\sqrt{21}+\sqrt{15}$ pour leur somme.

Et si j'avois à retrancher $\sqrt{15}$ de $\sqrt{21}$, j'écrirois pour reste $\sqrt{21}-\sqrt{15}$.

De même pour ajoûter $2+\sqrt{5}$ à $\sqrt{5}$, j'écris $2+2\sqrt{5}$.

Et pour retrancher 2 de $\sqrt{5}$, j'écris $\sqrt{5}-2$.

C'est de ces dernieres sortes d'additions ou de soustractions que naissent certaines grandeurs qu'on appelle *binomes*, & *multinomes incommensurables*.

Démonstration du Probleme.

Soient les racines incommensurables $3\sqrt{3}$ & $5\sqrt{3}$ à ajoûter en une somme, il est clair que $8\sqrt{3}$ trouvée en suivant le Probleme, est la somme cherchée. Car soit faite $\sqrt{3}=a$. Donc $3\sqrt{3}=3a$, & $5\sqrt{3}=5a$. Or $3a+5a=8a$. Donc $3\sqrt{3}+5\sqrt{3}=8\sqrt{3}$.

On prouvera en même sorte que $5\sqrt{3}-3\sqrt{3}=2\sqrt{3}$. On a donc fait ce qu'il falloit faire.

AUTRE MANIERE D'AJOUTER OU SOUSTRAIRE
LES RACINES INCOMMENSURABLES QUI N'ONT QUE LE SIGNE $\sqrt{}$.

Outre la methode generale d'ajoûter ou soustraire toute sorte de racines incommensurables

incommenſurables par le *Probleme precedent* ; lorſque les racines qu'on propoſe n'ont que le ſigne radical V, on peut encore les ajoûter ou ſouſtraire par les regles qui ſuivent.

REGLE POUR L'ADDITION.   XXXII.

On ajoûte en une ſomme les deux grandeurs qui ſont ſoûs les ſignes V, plus 2 fois la racine du produit de ces deux grandeurs. Et la racine de la ſomme totale réduite à ſon expreſſion la plus ſimple, eſt la ſomme qu'on cherche.

Premier Exemple.

Pour ajoûter en une ſomme V 75 & V 48, j'ajoûte en une ſomme 75 & 48 qui ſont ſous les ſignes V, & j'ai 123 à qui j'ajoûte encore 120, c'eſt à dire 2 fois 60 racine de 3600 produit de 75 par 48. La ſomme totale eſt 243, & V 243 réduite à 9 V 3, eſt la ſomme de V 75 & de V 48.

$$
\begin{array}{r}
75 \\
par\ 48 \\
\hline
produit\ 3600 \\
ſa\ racine\ 60 \\
par\ 2 \\
\hline
120
\end{array}
$$

$$
\begin{array}{l}
75 \\
+ 48 \\
\hline
ſomme\ 123 \\
+ 120 \\
\hline
V\ 243 = 9\,V\ 3\ ſomme\ cherchée.
\end{array}
$$

Second Exemple.

Pour ajoûter $V\ \overline{a^3 + aab}$ & $V\ \overline{abb + b^3}$, j'ajoûte en une ſomme $a^3 + aab$ & $abb + b^3$, plus $2aab + 2abb$, c'eſt à dire 2 fois $aab + abb$ la racine de $a^3bb + 2a^2b^3 + aab^4$ produit de $a^3 + aab$ par $abb + b^3$, & j'ai la ſomme totale $a^3 + 3aab + 3abb + b^3$, dont la racine quarrée réduite à $\overline{a + b}\,V\,\overline{a + b}$, eſt la ſomme cherchée.

$$
\begin{array}{l}
a^3 + aab \\
par\ abb + b^3 \\
\hline
produit\ a^3bb + 2a^3b^3 + aab^4 \\
ſa\ racine\ aab + abb \\
par\ 2 \\
\hline
2aab + 2abb
\end{array}
$$

$$
\begin{array}{l}
a^3 + aab \\
+ abb + b^3 \\
\hline
ſomme\ a^3 + aab + abb + b^3 \\
+ 2aab + 2abb \\
\hline
V\ \overline{a^3 + 3aab + 3abb + b^3} = \overline{a + b}\,V\,\overline{a + b}\ ſomme\ cherchée.
\end{array}
$$

Q

Troisiéme Exemple.

Pour ajoûter $\sqrt{8}$ & $\sqrt{10}$, j'ajoûte en une somme 8 & 10, & j'ai 18 à qui j'ajoûte encore $8\sqrt{5}$, c'est à dire 2 fois $\sqrt{80}$ la racine de 80 produit de 8 par 10, la somme totale est $18 + 8\sqrt{5}$, & $\sqrt{18 + 8\sqrt{5}}$ est la somme cherchée. Mais les grandeurs $\sqrt{8}$ & $\sqrt{10}$ sont incommensurables entr'elles, à cause que le signe $\sqrt{}$ se trouve necessairement avant $18 + 8\sqrt{5}$ & devant 5. En pareilles rencontres j'aimerois mieux écrire $\sqrt{8} + \sqrt{10}$ que $\sqrt{18 + 8\sqrt{5}}$, parceque celle-là me semble exprimée plus simplement que celle-ci.

$$
\begin{array}{ll}
& 8 \\
& par\ 10 \\
\hline
8 & produit\ 80 \\
+10 & sa\ racine\ 4\sqrt{5} \\
\hline
somme\ 18 & par\ 2 \\
+8\sqrt{5} & \overline{8\sqrt{5}} \\
\hline
\end{array}
$$

$\sqrt{18 + 8\sqrt{5}}$ ou plûtost $\sqrt{8} + \sqrt{10}$ somme cherchée.

XXXIII.

RÈGLE POUR LA SOUSTRACTION.

On ajoûte en une somme les deux grandeurs qui sont sous les signes $\sqrt{}$, & l'on retranche de cette somme 2 fois la racine du produit de ces deux grandeurs. Et la racine de ce qui reste est la difference ou le reste qu'on cherche.

Premier Exemple.

Pour retrancher $\sqrt{48}$ de $\sqrt{75}$, j'ajoûte en une somme 75 & 48, & j'ai 123 dont je retranche 120, c'est à dire 2 fois 60 la racine de 3600 produit de 75 par 48. Il reste 3 ; & $\sqrt{3}$ est la difference ou le reste qu'on cherche.

$$
\begin{array}{ll}
& 75 \\
& par\ 48 \\
\hline
75 & produit\ 3600 \\
+48 & sa\ racine\ 60 \\
\hline
somme\ 123 & par\ 2 \\
-120 & \overline{120} \\
\hline
\end{array}
$$

$\sqrt{3}$ difference cherchée.

Second Exemple.

On trouvera pareillement que $\sqrt{abb + b^3}$ retranchée de $\sqrt{a^3 + aab}$ laisse le reste ou la difference $a - b\sqrt{a + b}$.

$$
\begin{array}{ll}
& a^3 + aab \\
& par\ abb + b^3 \\
\hline
a^3 + aab & produit\ a^4bb + 2a^3b^3 + aab^4 \\
+abb + b^3 & sa\ racine\ aab + abb \\
\hline
somme\ \overline{a^3 + aab + abb + b^3} & par\ 2 \\
-2aab - 2abb & \overline{2aab + 2abb} \\
\hline
\end{array}
$$

$\sqrt{a^3 - aab - abb + b^3} = a - b\sqrt{a + b}$ difference cherchée.

Troisiéme Exemple.

Mais on trouveroit que la difference de $\sqrt{10}$ à $\sqrt{8}$ est $\sqrt{18-8\sqrt{5}}$, ou pour l'exprimer plus simplement, $\sqrt{10}-\sqrt{8}$.

$$
\begin{array}{ll}
 & 10 \\
 & par\ 8 \\
\hline
 & produit\ 80 \\
 & sa\ racine\ 4\sqrt{5} \\
 & par\ 2 \\
\hline
 & 8\sqrt{5}
\end{array}
$$

$$
\begin{array}{l}
10 \\
+8 \\
\hline
somme\ 18 \\
-8\sqrt{5} \\
\hline
\end{array}
$$

$\sqrt{18-8\sqrt{5}}$ ou plûtost $\sqrt{10}-\sqrt{8}$ difference cherchée.

Démonstration des Regles.

Soient $\sqrt{aa}$ & $\sqrt{bb}$ telles grandeurs que l'on voudra. Si par la regle de l'addition on ajoûte en une somme les deux grandeurs aa & bb renfermées sous les signes $\sqrt{\ }$, plus $2\sqrt{aabb}$, c'est à dire 2 fois ab la racine du produit de aa par bb, la somme totale sera $aa+2ab+bb$. Or la racine de cette somme totale, c'est à dire $\sqrt{aa+2ab+bb}=a+b$, & pareillement $\sqrt{aa}+\sqrt{bb}=a+b$, puisque $\sqrt{aa}=a$, & $\sqrt{bb}=b$. La regle a donc découvert la somme cherchée, & prescrit ce qu'il falloit faire.

On démontrera semblablement la regle de la soustraction, en renversant le raisonnement qu'on vient de faire pour démontrer la regle de l'addition.

AVERTISSEMENT.

XXXIV.

Les grandeurs qu'on ajoûte ou qu'on retranche sont toûjours commensurables entr'elles, lorsque le produit des grandeurs qui sont sous les signes $\sqrt{\ }$ est un quarré. Mais au contraire elles sont toûjours incommensurables entr'elles, lorsque ce produit n'est point un quarré. C'est pourquoi si-tost qu'on apperçoit que ce produit n'est point quarré, il suffit d'écrire simplement les racines qu'on propose avec les signes $+$ ou $-$, comme on l'a déja dit aux troisiémes exemples des deux regles; sans continuer l'operation.

DIXIE'ME PROBLEME.

XXXV.

Multiplier deux racines incommensurables.

On écrit devant le signe radical le produit des grandeurs qui sont hors des signes, & après, le produit de celles qui sont sous ces signes, & l'on a le produit cherché. Ce produit peut aussi quelquefois se réduire à une expression plus simple.

Mais si les racines proposées ont le signe $\sqrt{\ }$, & sont commensurables entr'elles, l'operation s'abrege en multipliant le produit des grandeurs qui sont hors des signes, par celle qui reste sous chacun d'eux. Les exemples suivans éclairciront ces regles.

Premier Exemple.

Pour multiplier $8\sqrt{3}$ par $4\sqrt{2}$, 8 par $4 = 32$, & 3 par $2 = 6$, j'écris donc $32\sqrt{6}$ pour le produit cherché.

$$8\sqrt{3}\ par\ 4\sqrt{2} = 32\sqrt{6}$$

Pareillement $3\sqrt{a}$ par $2\sqrt{b} = 6\sqrt{ab}$

Second Exemple.

Pour multiplier $3\sqrt{5}$ par $2\sqrt{10}$, 3 par $2 = 6$, & 5 par $10 = 50$, j'écris donc $6\sqrt{50}$ pour le produit cherché. Et parceque $\sqrt{50}$ se réduit à $5\sqrt{2}$ au lieu de $6\sqrt{50}$, je puis encore écrire 6 fois $5\sqrt{2}$, c'est à dire $30\sqrt{2}$ pour le produit cherché.

$$3\sqrt{5}\ par\ 2\sqrt{10} = 6\sqrt{50} = 30\sqrt{2}$$

Ainsi $5\sqrt{ab}$ par $6\sqrt{bc} = 30b\sqrt{ac}$.

$$5\sqrt{ab}\ par\ 6\sqrt{bc} = 30\sqrt{abbc} = 30b\sqrt{ac}$$

Troisiéme Exemple.

Pour multiplier $5\sqrt{2}$ par $\sqrt{2}$ ou par $1\sqrt{2}$. Comme ces racines sont commensurables entr'elles, & que 5 par $1 = 5$, & $\sqrt{2}$ par $\sqrt{2} = 2$, je multiplie 5 par 2, & 10 est le produit cherché.

$$5\sqrt{2}\ par\ 1\sqrt{2} = 5\sqrt{4} = 10$$

De même $3\sqrt{a}$ par $\frac{1}{2}\sqrt{a} = 1\frac{1}{2}a$.

$$3\sqrt{a}\ par\ \tfrac{1}{2}\sqrt{a} = \tfrac{3}{2}\sqrt{aa} = 1\tfrac{1}{2}a$$

Mais $3\sqrt{\frac{1}{a}}$ par $\frac{1}{2}\sqrt{\frac{1}{a}} = \frac{3}{2a}$.

$$3\sqrt{\tfrac{1}{a}}\ par\ \tfrac{1}{2}\sqrt{\tfrac{1}{a}} = \tfrac{3}{2}\sqrt{\tfrac{1}{aa}} = \tfrac{3}{2a}$$

Et pareillement $3\sqrt{\frac{5}{a}}$ par $\frac{1}{2}\sqrt{\frac{5}{a}} = \frac{15}{2a}$.

$$3\sqrt{\tfrac{5}{a}}\ par\ \tfrac{1}{2}\sqrt{\tfrac{5}{a}} = \tfrac{3}{2}\sqrt{\tfrac{25}{aa}} = \tfrac{15}{2a}$$

Quatriéme Exemple.

Pour multiplier $\sqrt{\frac{242}{5}}$ par $\sqrt{5}$, $\frac{242}{5}$ par $5 = 242$, j'écris donc $\sqrt{242}$ pour le produit cherché. Pareillement $\frac{1}{2}\sqrt{5}$ par $\sqrt{5} = 12\frac{1}{2}$.

Cinquiéme Exemple.

Pour multiplier $2\sqrt{C.3}$ par $3\sqrt{C.3}$, 2 par $3 = 6$, & 3 par $3 = 9$, j'écris donc $6\sqrt{C.9}$ pour le produit cherché.

Pareillement $2\sqrt{C.ab}$ par $3\sqrt{C.ab} = 6\sqrt{C.aab}$.

Mais $2\sqrt{C.aab}$ par $3\sqrt{C.aab} = 6a\sqrt{C.ab}$.

On trouvera aussi que $\sqrt{6^c.5}$ par $\sqrt{6^e.\frac{1}{20}} = \sqrt{C.\frac{1}{2}}$. Et ainsi des autres.

Démonstration du Probleme.

Soient $\sqrt{a}$ & $\sqrt{b}$ deux racines incommensurables telles qu'on voudra, il faut prouver que $\sqrt{ab}$ trouvée selon la methode du Probleme est le produit de $\sqrt{a}$ par $\sqrt{b}$. Pour cet effet soit $\sqrt{a}$ appellée c, & $\sqrt{b}$ appellée d, le produit de $\sqrt{a}$ par $\sqrt{b}$ est donc égal au produit cd. Or $\sqrt{ab} = \sqrt{ccdd}$, & $\sqrt{ccdd} = cd$. Donc $\sqrt{ab}$ est le produit de $\sqrt{a}$ par $\sqrt{b}$. Le Probleme a donc prescrit ce qu'il falloit faire.

Onziéme Probleme.

XXXVI. Diviser une racine incommensurable par une autre.

On écrit devant le signe radical l'exposant de la grandeur qui est hors du premier signe à celle qui est hors du second, & aprés, l'exposant de ce qui est sous le premier signe à ce qui est sous le second. Et l'on a l'exposant qu'on cherche.

Mais si les racines proposées sont commensurables entr'elles, l'operation s'abrege en écrivant le seul exposant des grandeurs qui sont hors des signes. Car cet exposant est celui que l'on cherche. Les exemples suivans éclairciront ces regles.

Premier Exemple.

Pour diviser $32\sqrt{6}$ par $4\sqrt{2}$, $\frac{32}{4}=8$, & $\frac{6}{2}=3$, j'écris donc $8\sqrt{3}$ pour l'exposant cherché.

$$\frac{32\sqrt{6}}{4\sqrt{2}}=8\sqrt{3}$$

Pareillement $6\sqrt{ab}$ divisée par $2\sqrt{b}$ donne $3\sqrt{a}$.

$$\frac{6\sqrt{ab}}{2\sqrt{b}}=3\sqrt{a}$$

Second Exemple.

Pour diviser 10 par $\sqrt{2}$, c'est à dire $10\sqrt{1}$ par $\sqrt{2}$, $\frac{10}{1}=10$, & $\frac{\sqrt{1}}{\sqrt{2}}=\sqrt{\frac{1}{2}}$, j'écris donc $10\sqrt{\frac{1}{2}}$ pour l'exposant cherché.

Je pourois encore trouver le même exposant sous une expression différente en cette sorte. Pour diviser 10 par $\sqrt{2}$, c'est à dire $\sqrt{100}$ par $\sqrt{2}$, $\frac{100}{2}=50$, j'écris donc $\sqrt{50}$ pour l'exposant cherché, & parceque $\sqrt{50}=5\sqrt{2}$, j'écris $5\sqrt{2}$ au lieu de $\sqrt{50}$.

$$\frac{10}{\sqrt{2}}=\sqrt{\frac{100}{2}}=\sqrt{50}=5\sqrt{2}$$

De même $\frac{1}{2}a$ divisé par $\frac{1}{2}\sqrt{a}$ donne $3\sqrt{a}$.

$$\frac{3a}{\sqrt{a}}=\sqrt{\frac{9aa}{a}}=3\sqrt{a}$$

Mais $\frac{1}{2a}$ divisé par $\frac{1}{2}\sqrt{\frac{1}{a}}$ donne ou $\frac{3}{a}\sqrt{a}$, par 30. S.

$$\frac{3\sqrt{a}}{a}=\sqrt{\frac{9a}{aa}}=3\sqrt{\frac{1}{a}}=\frac{3}{a}\sqrt{a}$$

Et pareillement $\frac{15}{2a}$ divisé par $\frac{1}{2}\sqrt{\frac{1}{a}}$ donne $3\sqrt{\frac{1}{a}}$, ou $\frac{3}{a}\sqrt{5a}$, par 30. S.

$$\frac{15\sqrt{a}}{a\sqrt{5}}=\sqrt{\frac{175a}{5aa}}=3\sqrt{\frac{5\cdot a}{a}}=\frac{3}{a}\sqrt{5a}$$

Troisiéme Exemple.

Pour diviser $30\sqrt{5}$ par $10\sqrt{5}$, $\frac{30}{10}=3$, & $\frac{\sqrt{5}}{\sqrt{5}}=1$, j'écris donc 3 exposant de 30 à 10 pour l'exposant cherché, à cause que les racines proposées sont commensurables entr'elles, par 26. S.

$$\frac{30\sqrt{5}}{10\sqrt{5}}=3$$

Pareillement $a\sqrt{b}$ divisée par $b\sqrt{b}$ donne $\frac{a}{b}$, par 26. S.

$$\frac{a\sqrt{b}}{b\sqrt{b}}=\frac{a}{b}$$

On trouvera en même sorte que $\sqrt{a^3b-ab^3}$ divisée par $\sqrt{aa-bb}$, donne $\sqrt{ab}$.

On trouvera aussi que $\sqrt{C.\frac{1}{2}}$ divisée par $\sqrt{6^e.5}$, donne $\sqrt{6^e.\frac{1}{10}}$. Car $\sqrt{C.\frac{1}{2}}=\sqrt{6^e.\frac{1}{4}}$.

Et pareillement, $\sqrt{6^e.ab}$ par $\sqrt{6^e.a^4b^3}$, donne $ab\sqrt{6^e.a}$. Et ainsi des autres.

Démonstration du Probleme.

Soient $\sqrt{a}$ & $\sqrt{b}$ deux racines incommensurables telles qu'on voudra, il faut prouver que $\sqrt{\frac{a}{b}}$ trouvée selon la methode du Probleme, est l'exposant de $\sqrt{a}$ par $\sqrt{b}$. Pour cet effet, soit $\sqrt{a}$ appellée c & $\sqrt{b}$ appellée d, l'exposant de $\sqrt{a}$ à $\sqrt{b}$ est donc égal à l'exposant $\frac{c}{d}$. Or $\sqrt{\frac{a}{b}}=\sqrt{\frac{cc}{dd}}$, & $\sqrt{\frac{cc}{dd}}=\frac{c}{d}$. Donc $\sqrt{\frac{a}{b}}$ est l'exposant de $\sqrt{a}$ à $\sqrt{b}$. Le Probleme a donc prescrit ce qu'il falloit faire.

Q iij

DES BINOMES ET MULTINOMES
INCOMMENSURABLES.

XXXVII. La somme de deux grandeurs incommensurables entr'elles s'appelle *binome:* On dit par exemple que $a + \sqrt{b}$ est un binome, parceque les deux grandeurs a & $\sqrt{b}$ sont considerées comme estant incommensurables entr'elles.

XXXVIII. Mais la difference de deux grandeurs incommensurables entr'elles s'appelle *apotome* ou *residu.* On dit par exemple que $a - \sqrt{b}$ est un apotome. Cependant j'appellerai ces grandeurs *des binomes* aussi bien que les autres, à cause qu'elles s'expriment necessairement par deux noms, qui marquent des grandeurs incommensurables entr'elles.

XXXIX. Et si l'on ajoûte ou retranche plus de deux grandeurs incommensurables entr'elles, j'appellerai *multinome* la somme ou la difference trouvée. Je dirai par exemple que $a + \sqrt{b} + \sqrt{c}$ est un trinome, supposé que a, $\sqrt{b}$ & $\sqrt{c}$ soient toutes incommensurables entr'elles. Et je dirai pareillement que $a + \sqrt{b} + \sqrt{\sqrt{c}} + \sqrt{d}$ est un quadrinome.

Mais je dirai seulement que $\sqrt{8} + \sqrt{6} + \sqrt{2}$ est un binome. Car $\sqrt{8}$ & $\sqrt{2}$ estant commensurables entr'elles, puisque $\sqrt{8}$ se réduit à $2\sqrt{2}$, au lieu de $\sqrt{8} + \sqrt{6} + \sqrt{2}$ on peut écrire $2\sqrt{2} + \sqrt{6} + \sqrt{2}$, ou plûtost pour abreger la somme $3\sqrt{2} + \sqrt{6}$, ce qui ne peut passer que pour un binome. De même $ab + a\sqrt{bc} + c\sqrt{aa} + \sqrt{bcd}$ ne passera que pour un trinome. Car ab & $c\sqrt{aa}$ estant commensurables entr'elles, on peut écrire $ab + ac + a\sqrt{bc} + \sqrt{bcd}$, où quoiqu'il y ait quatre parties, l'on n'en conçoit toutefois que trois de differente nature, la premiere $\overline{ab + ac}$ tout-à-fait commensurable, & les deux autres $a\sqrt{bc}$ & $\sqrt{bcd}$, qui sont chacune incommensurables à la premiere, & qui le sont encore entr'elles. Il en est ainsi des autres.

DE L'ADDITION ET SOUSTRACTION
DES MULTINOMES.

XL. L'Addition & la Soustraction des multinomes n'ont rien de particulier. Car on ne fait qu'écrire ensemble ces grandeurs avec leurs signes, lorsqu'on cherche leur somme, & avec des signes contraires, lorsqu'on cherche leur difference, en la même sorte qu'on ajoûte ou qu'on retranche les grandeurs literales.

Par exemple pour ajouter $26 - 4\sqrt{5}$ & $8\sqrt{10 - 4\sqrt{5}}$, j'écris $26 - 4\sqrt{5} + 8\sqrt{10} - 4\sqrt{5}$.

Et pareillement pour retrancher $8\sqrt{10 - 4\sqrt{5}}$ de $26 - 4\sqrt{5}$, j'écris $26 - 4\sqrt{5} - 8\sqrt{10} - 4\sqrt{5}$. Et ainsi des autres.

DE LA MULTIPLICATION
DES MULTINOMES.

Elle se fait en multipliant par le dixiéme Probleme chaque partie d'une XLI.
part par chaque partie de l'autre, & prenant pour le produit qu'on cherche,
la somme totale de tous les produits partiaux qu'on a découvert.

Premier Exemple.

Pour multiplier $6+2\sqrt{5}$ par lui-même, je dis $2\sqrt{5}$ par $2\sqrt{5}=20$, &
j'écris $+20$, 6 par $2\sqrt{5}$, plus $2\sqrt{5}$ par 6 font $24\sqrt{5}$, & j'écris $+24\sqrt{5}$,
enfin je dis 6 par $6=36$, j'écris 36; & je connois que $36+24\sqrt{5}+20$,
c'est à dire que le binome $56+24\sqrt{5}$ est le produit cherché. Je trouverai
de même que $2\sqrt{2}-\sqrt{6}$ par $2\sqrt{3}-\sqrt{2}$ donne pour produit
$4\sqrt{6}-6\sqrt{2}-4+2\sqrt{3}$.

$$
\begin{array}{ll}
\quad\quad 6+2\sqrt{5} & \quad\quad\quad 2\sqrt{2}-\sqrt{6} \\
par\ \ 6+2\sqrt{5} & par\ \ 2\sqrt{3}-\sqrt{2} \\
\hline
Produit\ 56+24\sqrt{5}+20 & \quad\quad -4+2\sqrt{3} \\
ou\ 56+24\sqrt{5}\quad * & 4\sqrt{6}-6\sqrt{2} \\
\hline
& Produit\ 4\sqrt{6}-6\sqrt{2}-4+2\sqrt{3}
\end{array}
$$

Second Exemple.

Pour multiplier $\sqrt{a}+\sqrt{b}$ par lui-même, je dis $\sqrt{a}$ par $\sqrt{a}=a$, &
j'écris a, $\sqrt{a}$ par $\sqrt{b}$, plus $\sqrt{b}$ par $\sqrt{a}$ font $2\sqrt{ab}$, & j'écris $+2\sqrt{ab}$,
& enfin $\sqrt{b}$ par $\sqrt{b}=b$, j'écris $+b$, & je connois que le binome
$\overline{a+b}+2\sqrt{ab}$ est le quarré de $\sqrt{a}+\sqrt{b}$. Je trouverai en même sorte
que la grandeur commensurable $ab-aa+bb$ est le produit du binome
$\sqrt{ab}+\sqrt{aa-bb}$ par $\sqrt{ab}-\sqrt{aa-bb}$.

$$
\begin{array}{ll}
\quad \sqrt{a}+\sqrt{b} & \quad \sqrt{ab}+\sqrt{aa-bb} \\
par\ \sqrt{a}+\sqrt{b} & par\ \sqrt{ab}-\sqrt{aa-bb} \\
\hline
Produit\ \overline{a+2a\sqrt{b}+b} & \quad ab+\sqrt{a^{2}b-ab^{2}} \\
ou\ \overline{a+b+2a\sqrt{b}} & \quad -\sqrt{a^{2}b-ab^{2}}-aa+bb \\
\hline
& Produit\ ab\quad\quad *\quad\quad -aa+bb
\end{array}
$$

DE LA DIVISION
DES MULTINOMES NUMERIQUES.

On la fait souvent comme celle des grandeurs literales, en divisant par XLII.
parties selon les regles du Probleme onziéme, toutes les parties d'une part
par toutes les parties de l'autre, & prenant pour l'exposant cherché, la
somme totale de tous les exposans partiaux qu'on a découvert.

Premier Exemple.

Pour diviser $10\sqrt{2} + 2\sqrt{30} + 2\sqrt{35} + 2\sqrt{21}$ par 4, j'écris $\frac{5}{2}\sqrt{2} + \frac{1}{2}\sqrt{30} + \frac{1}{2}\sqrt{35} + \frac{1}{2}\sqrt{21}$.

Second Exemple.

Pour diviser $4\sqrt{6} - 6\sqrt{2} - 4 + 2\sqrt{3}$ par $2\sqrt{2} - \sqrt{6}$, je dis l'exposant de $4\sqrt{6}$ à $2\sqrt{2}$ est $2\sqrt{3}$ que j'écris au demi cercle, $2\sqrt{3}$ par $2\sqrt{2} - \sqrt{6}$, est $4\sqrt{6} - 6\sqrt{2}$ que j'ôte du produit donné, j'avance ensuite le diviseur $2\sqrt{2} - \sqrt{6}$ sous $-4 + 2\sqrt{3}$, & je dis l'exposant de -4 à $2\sqrt{2}$ est $\frac{-4}{2\sqrt{2}}$, ou $-\sqrt{2}$ que j'écris au demi cercle, $-\sqrt{2}$ par $2\sqrt{2} - \sqrt{6}$ est $-4 + 2\sqrt{3}$ que j'ôte du produit donné. Il ne reste rien, & ainsi je connois que $2\sqrt{3} - \sqrt{2}$ est l'exposant cherché.

$$4\sqrt{6} - 6\sqrt{2} - 4 + 2\sqrt{3} \; (\; 2\sqrt{3} - \sqrt{2} \; exposant.$$
$$| \; 2\sqrt{2} - \sqrt{6}, \; -2\sqrt{2} - \sqrt{6}.$$

DE LA DIVISION DES BINOMES

DONT L'EXPOSANT EST UN BINOME.

Mais tous les binomes numeriques ne peuvent pas se diviser en cette sorte, il faut souvent un peu d'adresse pour en trouver les exposans sous leurs expressions les plus simples. Lors par exemple qu'un binome doit estre divisé par un autre, si toutes leurs parties sont commensurables, ou n'ont pour signe radical que le signe $\sqrt{\ }$, l'exposant de l'un à l'autre est toûjours un binome qu'on peut trouver en cette sorte.

REGLE.

XLIII. Le binome à diviser & son diviseur sont chacun multipliez par la difference de la partie commensurable du diviseur à sa partie incommensurable. Ensuite on divise le premier des produits trouvez par le second, & l'exposant de cette division est un binome qui est aussi l'exposant qu'on cherche.

Premier Exemple.

Pour diviser $56 + 24\sqrt{5}$ par $6 + 2\sqrt{5}$, les deux parties $24\sqrt{5}$ & $2\sqrt{5}$ sont commensurables entr'elles, d'où je connois que l'exposant de leur division doit s'exprimer par un binome, & je trouve ainsi cet exposant. Je multiplie chacun des binomes $56 + 24\sqrt{5}$ & $6 + 2\sqrt{5}$ par $6 - 2\sqrt{5}$ difference de 6 partie commensurable du diviseur à sa partie incommensurable $2\sqrt{5}$. Ensuite je divise $96 + 32\sqrt{5}$ le premier des produits trouvez par le second qui est 16, l'exposant que je trouve est le binome $6 + 2\sqrt{5}$, & ce binome est aussi l'exposant que je cherche.

<table>
<tr><td>

Produit à diviser $56 + 24\sqrt{5}$
Mult. par $6 - 2\sqrt{5}$
―――――――――――
$-112\sqrt{5} - 240$
$336 + 144\sqrt{5}$
―――――――――――
1er *Produit* $96 + 32\sqrt{5}$
$\quad 96, \; 16$

</td><td>

Diviseur $6 + 2\sqrt{5}$
Mult. par $6 - 2\sqrt{5}$
―――――――――――
$-12\sqrt{5} - 20$
$36 + 12\sqrt{5}$
―――――――――――
2e *Produit* $36 \quad * \quad -20 = 16$
$(6 + 2\sqrt{5}$ *exposant cherché.*

</td></tr>
</table>

Second

Second Exemple.

Pour diviser $588 + 132\sqrt{2}$ par $12 + 2\sqrt{2}$, je multiplie chacun des binomes par $12 - 2\sqrt{2}$, & je divise $6528 + 408\sqrt{2}$ le premier des produits trouvez par le second qui est 136, l'exposant que je trouve est le binome $48 + 3\sqrt{2}$, qui est aussi l'exposant cherché.

$$\textit{Produit à diviser } 588 + 132\sqrt{2}. \qquad \textit{Diviseur } 12 + 2\sqrt{2}.$$
$$\textit{Mult. par } 12 - 2\sqrt{2} \qquad\qquad \textit{Mult. par } 12 - 2\sqrt{2}$$
$$-1176\sqrt{2} - 528 \qquad\qquad\qquad -24\sqrt{2} - 8$$
$$7056 + 1584\sqrt{2} \qquad\qquad\qquad\quad 144 + 24\sqrt{2}$$
$$\text{1.}^{\text{er}} \textit{ Produit } 6528 + 408\sqrt{2} \quad * \qquad \text{2.}^{\text{e}} \textit{ Produit } 136 \quad *$$

$$6528 + 408\sqrt{2} \; (\; 48 + 3\sqrt{2} \text{ exposant cherché.}$$

Démonstration de la Regle.

En operant selon la regle, on considere le binome à diviser & son diviseur comme les deux termes d'une fraction ou d'un rapport, dont il faut trouver l'exposant, puisqu'on suppose que l'un doit estre divisé par l'autre. Or multipliant comme on a fait aux exemples qui precedent, chacun de ces termes ou binomes qu'on propose par une même grandeur, on ne change point la valeur de leur exposant, *par II. 24.* les produits nouvellement trouvez auront donc un même exposant que ces binomes, *par II. 21.* Mais pour prouver que cet exposant doit encore estre un binome, soit $c + d\sqrt{b}$ & $a + \sqrt{b}$ les deux que l'on propose, soit de plus chacun de ces binomes multiplié selon la supposition par $a - \sqrt{b}$.

1°. En multipliant $c + d\sqrt{b}$ par $a - \sqrt{b}$, on trouve quatre produits, les deux commensurables ac & $-db$ qui ne passent que pour une partie, *par 39. S.* & les deux autres incommensurables $ad\sqrt{b}$ & $-c\sqrt{b}$, qui ne doivent passer aussi que pour une partie, à cause qu'ayant chacune la même grandeur b sous le signe $\sqrt{}$, elles sont commensurables entr'elles; de sorte que le produit $ac - db + ad - c\sqrt{b}$ ne doit passer que pour un binome, *par 39. S.*

2°. En multipliant le diviseur $a + \sqrt{b}$ par $a - \sqrt{b}$, on trouve deux produits $a\sqrt{b}$ & $-a\sqrt{b}$ qui s'effacent, de sorte qu'il ne reste au produit que la grandeur commensurable $aa - b$. Or le binome $ac - db + ad - c\sqrt{b}$ divisé par une grandeur commensurable comme $aa - b$, ne peut donner aucun trinome ou multinome, car toutes les parties de l'exposant seront commensurables, ou n'auront rien d'incommensurable que la grandeur $\sqrt{b}$.

R

L'exposant des binomes qu'on propose sera donc aussi un binome.

<table>
<tr><td>

Produit à diviser $c+d\sqrt{b}$
Mult. par $a-\sqrt{b}$
—————————
$\qquad -c\sqrt{b}- db$
$ac+ad\sqrt{b}$
—————————
1er Produit $ac-db+ad-c\sqrt{b}$.

</td><td>

Diviseur $a+\sqrt{b}$
Mult. par $a-\sqrt{b}$
—————————
$\qquad -a\sqrt{b}- b$
$aa+a\sqrt{b}$
—————————
2e Produit $aa \qquad -b$.

</td></tr>
</table>

METHODE GENERALE
POUR DIVISER LES MULTINOMES NUMERIQUES, DONT LES PARTIES N'ONT POINT D'AUTRE SIGNE QUE $\sqrt{}$.

XLIV.   Quoique tous les binomes divisez les uns par les autres n'ayent pas toûjours des binomes pour exposans, & que les multinomes en ayent encore moins que les binomes, cependant la regle precedente peut s'étendre generalement à toutes les divisions qu'on doit faire sur les uns & sur les autres, & donner des exposans de ces divisions; mais afin de trouver ces exposans, il faudra faire un nombre de multiplications d'autant plus grand que le diviseur aura plus de parties incommensurables entr'elles. Ceci s'expliquera & s'entendra peut-estre mieux par les exemples suivans.

Premier Exemple.

Pour diviser $2\sqrt{5}+\sqrt{14}$ par $\sqrt{10}+\sqrt{6}$, je multiplie chacun des binomes par $\sqrt{10}-\sqrt{6}$, & je divise le premier des produits trouvez qui est $10\sqrt{2}+2\sqrt{35}-2\sqrt{30}-2\sqrt{21}$, par le second qui est 4, l'exposant que je trouve est $\frac{1}{2}\sqrt{2}+\frac{1}{2}\sqrt{35}-\frac{1}{2}\sqrt{30}-\frac{1}{2}\sqrt{21}$, qui est aussi l'exposant que je cherche.

<table>
<tr><td>

Prod. à div. $2\sqrt{5}+\sqrt{14}$
Mult. par $\sqrt{10}-\sqrt{6}$
—————————
$\qquad -2\sqrt{30}-2\sqrt{21}$
$10\sqrt{2}+2\sqrt{35}$
—————————
1er Produit $10\sqrt{2}+2\sqrt{35}-2\sqrt{30}-2\sqrt{21}$
$\;4, \qquad 4, \qquad 4, \qquad 4,$

</td><td>

Diviseur $\sqrt{10}+\sqrt{6}$
Mult. par $\sqrt{10}-\sqrt{6}$
—————————
$\qquad -2\sqrt{15}- 6$
$10+2\sqrt{15}$
—————————
2e Produit $10 \qquad -6=4$

</td></tr>
</table>

$(\frac{1}{2}\sqrt{2}+\frac{1}{2}\sqrt{35}-\frac{1}{2}\sqrt{30}-\frac{1}{2}\sqrt{21}$ exposant.

Second Exemple.

Pour diviser 12 par $3+\sqrt{2}-\sqrt{3}$, je multiplie chaque grandeur par $3+\sqrt{2}+\sqrt{3}$, les produits sont $36+12\sqrt{2}+12\sqrt{3}$ & $8+6\sqrt{2}$. Mais parceque le diviseur ainsi multiplié ne donne point un nombre tout-à-fait commensurable pour produit, je multiplie de nouveau chaque produit trouvé par $8-6\sqrt{2}$, ou plûtost par $6\sqrt{2}-8$, à cause que 72 quarré de $6\sqrt{2}$ estant plus grand que 64 quarré de 8, $6\sqrt{2}$ est plus grand que 8, les produits que je trouve sont $-144+120\sqrt{2}-96\sqrt{3}+72\sqrt{6}$ & 8. Divisant donc le premier de ces produits par le second, je trouve l'exposant

—18+15$\sqrt{2}$—12$\sqrt{3}$+9$\sqrt{6}$, qui eſt celui que je cherche.

Produit à diviſer 12	*Diviſeur* 3+$\sqrt{2}$—$\sqrt{3}$
Mult par 3+$\sqrt{2}$+$\sqrt{3}$	*Mult. par* 3+$\sqrt{2}$+$\sqrt{3}$
1ᵉʳ *Produit* 36+12$\sqrt{2}$+12$\sqrt{3}$	2ᵉ *Produit* 9+6$\sqrt{2}$+2—3
Mult. par —8+6$\sqrt{2}$	ou 8+6$\sqrt{2}$ * *
+216$\sqrt{2}$+144+72$\sqrt{6}$	*Mult. par* —8+6$\sqrt{2}$
—288—96$\sqrt{2}$—96$\sqrt{3}$	*Produit* —64 + 72=8

Produit —144+120$\sqrt{2}$—96$\sqrt{3}$+72$\sqrt{6}$ (—18+15$\sqrt{2}$—12$\sqrt{3}$+9$\sqrt{6}$ *expoſant.*
88,   88,   88,   8,

Suite de la Méthode générale.

Pour faire methodiquement la diviſion des multinomes, il faut que le XLV. produit à diviſer & ſon diviſeur ſoient multipliez en telle ſorte que l'on trouve un nouveau diviſeur entierement commenſurable. Or ſi le diviſeur qu'on donne eſt un binome, & que chaque partie de ce binome ait le ſigne $\sqrt{}$C. ſelon cette forme $\sqrt{}$C.*a*+$\sqrt{}$C.*b*, on trouvera un nouveau diviſer entierement commenſurable, ſi on multiplie le produit à diviſer & ſon diviſeur $\sqrt{}$C.*a*+$\sqrt{}$C.*b* par un trinome qui ait cette forme $\sqrt{}$C.*aa*—$\sqrt{}$C.*ab*+$\sqrt{}$C.*bb*, car le produit du diviſeur donné $\sqrt{}$C.*a*+$\sqrt{}$C.*b* par ce trinome, eſt la grandeur tout-à-fait commenſurable *a*+*b*.

Diviſeur donné $\sqrt{}$C.*a* +$\sqrt{}$C.*b*
Mult. par $\sqrt{}$C.*aa* —$\sqrt{}$C.*ab* +$\sqrt{}$C.*bb*
+$\sqrt{}$C.*aab*—$\sqrt{}$C.*abb*+   *b*
a—$\sqrt{}$C.*aab*+$\sqrt{}$C.*abb*
Produit a   *   *   +   *b*

De même ſi le diviſeur eſt le binome $\sqrt{}\sqrt{}$*a*+$\sqrt{}\sqrt{}$*b*, on trouvera un nouveau diviſeur entierement commenſurable, ſi on multiplie le produit à diviſer & ſon diviſeur par le quadrinome $\sqrt{}\sqrt{}$*a³*—$\sqrt{}\sqrt{}$*aab*+$\sqrt{}\sqrt{}$*abb*—$\sqrt{}\sqrt{}$*b³*, car le produit de $\sqrt{}\sqrt{}$*a*+$\sqrt{}\sqrt{}$*b* par ce quadrinome eſt *a*—*b*.

Diviſeur donné $\sqrt{}\sqrt{}$*a* +$\sqrt{}\sqrt{}$*b*
Mult. par $\sqrt{}\sqrt{}$*a³* —$\sqrt{}\sqrt{}$*aab* +$\sqrt{}\sqrt{}$*abb*—$\sqrt{}\sqrt{}$*b³*
+$\sqrt{}\sqrt{}$*a³b*—$\sqrt{}\sqrt{}$*aabb*+$\sqrt{}\sqrt{}$*ab³*—   *b*
a—$\sqrt{}\sqrt{}$*a³b*+$\sqrt{}\sqrt{}$*aabb*—$\sqrt{}\sqrt{}$*ab³*
Produit a   *   *   *   —   *b*

Il en eſt ainſi des autres. Mais lorſque les deux parties du binome ou diviſeur donné ont un ſigne different, on doit les réduire chacune ſous un même signe par le cinquième Probleme 22. S.

Et afin qu'on ait une formule ou un modele general pour faire toute forte de divisions dans lesquelles le diviseur qu'on donne est un binome,

si ces binomes ou diviseurs sont	les produits à diviser seront multipliez par
$\sqrt{\ }a + \sqrt{\ }b$	$\sqrt{\ }a - \sqrt{\ }b$
$\sqrt{C}.a + \sqrt{C}.b$	$\sqrt{C}.aa - \sqrt{C}.ab + \sqrt{C}.bb$
$\sqrt{\ }\sqrt{\ }a + \sqrt{\ }\sqrt{\ }b$	$\sqrt{\ }\sqrt{\ }a^3 - \sqrt{\ }\sqrt{\ }aab + \sqrt{\ }\sqrt{\ }abb - \sqrt{\ }\sqrt{\ }b^3$
$\sqrt{5^e}.a + \sqrt{5^e}.b$	$\sqrt{5^e}.a^4 - \sqrt{5^e}.a^3b + \sqrt{5^e}.aabb - \sqrt{5^e}.ab^3 + \sqrt{5^e}.b^4$
$\sqrt{6^e}.a + \sqrt{6^e}.b$	$\sqrt{6^e}.a^5 - \sqrt{6^e}.a^4b + \sqrt{6^e}.a^3bb - \sqrt{6^e}.aab^3 + \sqrt{6^e}.ab^4 - \sqrt{6^e}.b^5$
$\sqrt{7^e}.a + \sqrt{7^e}.b$	$\sqrt{7^e}.a^6 - \sqrt{7^e}.a^5b + \sqrt{7^e}.a^4bb - \sqrt{7^e}.a^3b^3 + \sqrt{6^e}.aab^4 -$

Et l'on prendra dans tous ces cas pour diviseur commensurable la grandeur $a—$ ou $—+b$. L'on prendra $a—b$, si l'exposant du signe radical est un nombre pair, comme ceux de $\sqrt{\ }$, $\sqrt{\ }\sqrt{\ }$, $\sqrt{\ }C\sqrt{\ }$, &c. mais l'on prendra $a—+b$, si l'exposant du signe est un nombre impair, comme ceux de $\sqrt{C}$. $\sqrt{5^e}$. $\sqrt{7^e}$. &c. Au reste on remarquera que nous supposons ordinairement a plus grand que b. Et quoique l'on ait toûjours mis le signe $—+$ devant chaque partie du binome donné, on l'a seulement fait pour se déterminer, ce signe $—+$ marquera si l'on veut la position de son contraire, c'est à dire $—$, si par exemple les deux parties du binome donné pour diviseur avoient l'une $—+$ & l'autre $—$, chaque partie du multinome, par lequel on multiplie le produit à diviser, doit avoir le signe $—+$. Mais afin que l'on voye mieux l'usage de tout ceci, nous en ferons l'application aux exemples suivans.

Premier Exemple.

Pour diviser $10 —+5\sqrt{C}.3$ par $\sqrt{C}.2 —+ \sqrt{C}.3$, je multiplie le produit à diviser $10—+5\sqrt{C}.3$ par $\sqrt{C}.4 — \sqrt{C}.6 —+ \sqrt{C}.9$, & je divise le produit $10\sqrt{C}.4 — 10\sqrt{C}.6 —+5\sqrt{C}.12 —+10\sqrt{C}.9 — 5\sqrt{C}.18 —+15$ par $5 = 2 —+3$, l'exp. que je trouve est $2\sqrt{C}.4 — 2\sqrt{C}.6 —+\sqrt{C}.12 —+2\sqrt{C}.9 — \sqrt{C}.18 —+3$ qui est aussi celui que je cherche.

$$\text{Produit à diviser } 10—+5\sqrt{C}.3$$
$$\text{Mult. par } \sqrt{C}.4 — \sqrt{C}.6 —+ \sqrt{C}.9$$
$$\overline{\qquad\qquad\qquad\qquad\qquad}$$
$$—+5\sqrt{C}.12 — 5\sqrt{C}.18 —+15$$
$$10\sqrt{C}.4 — 10\sqrt{C}.6 —+10\sqrt{C}.9$$
$$\text{Produit } 10\sqrt{C}.4 — 10\sqrt{C}.6 —+5\sqrt{C}.12 —+10\sqrt{C}.9 — 5\sqrt{C}.18 —+15$$
$$8 \qquad 8 \qquad 8 \qquad 8 \qquad 8 \qquad 8$$
$$(2\sqrt{C}.4 — 2\sqrt{C}.6 —+\sqrt{C}.12 —+2\sqrt{C}.9 — \sqrt{C}.18 —+3 \text{ exposant}$$

Second Exemple.

Pour diviser 15 par $\sqrt{\ }\sqrt{\ }2 —+ \sqrt{\ }\sqrt{\ }3$, je multiplie 15 par $\sqrt{\ }\sqrt{\ }8 — \sqrt{\ }\sqrt{\ }12 —+ \sqrt{\ }\sqrt{\ }18 — \sqrt{\ }\sqrt{\ }27$, & je divise le produit par 5, l'exposant que je trouve est $3\sqrt{\ }\sqrt{\ }8 — 3\sqrt{\ }\sqrt{\ }12 —+3\sqrt{\ }\sqrt{\ }18 — 3\sqrt{\ }\sqrt{\ }27$, qui est aussi celui que je cherche. Il en est ainsi des autres.

DE LA DIVISION DES INCOMMENSURABLES
EXPRIMEZ PAR LETTRES.

Elle fuit à peu prés les regles de la divifion ordinaire des lettres, & celles **XLVI.** du huitiéme Probleme, où nous en avons donné des exemples fur les racines fimples & qui n'ont point plufieurs parties, cependant comme il eft fouvent difficile de réduire les incommenfurables literales à leurs expreffions les plus fimples, on aura foin de réduire fous un même figne le produit à divifer & fon divifeur.

On voit affez qu'il eft facile de divifer $a^3 + abb$ par $a\sqrt{aa + bb}$, car l'expofant de $a^3 + abb$ à a eft $aa + bb$; Or $aa + bb$ divifé par $\sqrt{aa + bb}$ qui en eft la racine, donne neceffairement $\sqrt{aa + bb}$. Et ainfi l'expofant de $a^3 + abb$ à $a\sqrt{aa + bb}$ eft $\sqrt{aa + bb}$.

Il ne paroift pas difficile non plus de divifer $a + b\sqrt{aa + bb}$ par $a + b$, car on voit d'abord que l'expofant eft $\sqrt{aa + bb}$.

Mais il paroift d'abord un peu difficile de divifer $\sqrt{a^4 + 2a^3 b - 2ab^3 - b^4}$ par $a + b$, à caufe que $\sqrt{a^4 + 2a^3 b - 2ab^3 - b^4}$ n'eft pas réduite à fon expreffion la plus fimple qui eft $a + b\sqrt{aa - bb}$. Comme donc le produit à divifer & fon divifeur $a + b$ n'ont pas le même figne $\sqrt{}$, je réduis fous ce figne $a + b$, en écrivant $\sqrt{aa + 2ab + bb}$ qui lui eft égale, & alors divifant $a^4 + 2a^3 b - 2ab^3 - b^4$ par $aa + 2ab + bb$, l'expofant eft $aa - bb$, & ainfi $\sqrt{aa - bb}$ fera l'expofant cherché.

S'il falloit divifer $ab + b\sqrt{bc}$ par $a + \sqrt{bc}$, ab divifé par a, & $b\sqrt{bc}$ divifée par $\sqrt{bc}$ donnent chacun l'expofant b, & ainfi b fera l'expofant cherché.

Pour divifer $aa - bc$ par $a + \sqrt{bc}$, l'expofant de aa à a eft a, a par $a + \sqrt{bc} = aa + a\sqrt{bc}$, qui eftant retranché de $aa - bc$, laiffe pour refte $-a\sqrt{bc} - bc$. Divifant donc de nouveau $-a\sqrt{bc}$ par a, l'expofant eft $-\sqrt{bc}$, $-\sqrt{bc}$ par $a + \sqrt{bc} = -a\sqrt{bc} - bc$, qui eftant retranché de $-a\sqrt{bc}$ ne laiffe aucun refte, de forte que l'expofant cherché eft $a - \sqrt{bc}$.

$$aa - bc, \; -a\sqrt{bc} \; (\, a. \qquad\qquad aa - bc, \; -a\sqrt{bc} \; (\, a - \sqrt{bc} \; \text{expofant.}$$
$$aa \; + a\sqrt{bc} \qquad\qquad\qquad\qquad aa \; - a\sqrt{bc},$$
$$\qquad\qquad\qquad\qquad\qquad\qquad\qquad + \sqrt{bc} + a$$

On trouvera en même forte que $ab - cd$ divifé par $\sqrt{ab} - \sqrt{cd}$, donne $\sqrt{ab} + \sqrt{cd}$.

Que $a^3 + bc\sqrt{bc}$ divifé par $a + \sqrt{bc}$ donne $aa + bc - a\sqrt{bc}$.

De même $aabb - ccdd$ divifé par $\sqrt{ab} - \sqrt{cd}$, donne
$$ab + cd\sqrt{ab} + ab + cd\sqrt{cd}.$$

De même encore $a^3 b - abbc$ divifé par $aa + a\sqrt{bc}$ donne $ab - b\sqrt{bc}$.

R iij

Et $a^3 + abc + aa - bc\sqrt{bc}$ divisé par $a - \sqrt{bc}$ donné $aa + bc + 2a\sqrt{bc}$.

Si l'on multiplie le produit à diviser & son diviseur par une même grandeur, les nouveaux produits auront un même exposant que les grandeurs données : Et pareillement si l'on divise le produit à diviser & son diviseur par une même grandeur, les nouveaux exposans auront un même exposant que les grandeurs données, *par II. 24. & 25.* C'est pourquoi, lorsqu'on poura diviser chacune de ces grandeurs par un même diviseur, on prendra pour l'exposant qu'on cherche, celui des exposans nouvellement trouvez.

Par exemple pour diviser $180 + 24x + 3xx + 2x^3 - x^4$ par $8\sqrt{xx + 12}$, chacune de ces grandeurs divisée par $xx + 12$, les exposans sont $15 + 2x - xx$ & $\dfrac{8}{\sqrt{xx + 12}}$, divisant donc $15 + 2x - xx$ par $\dfrac{8}{\sqrt{xx + 12}}$, l'exposant est $\dfrac{15 + 2x - xx}{8}\sqrt{xx + 12}$, qui est aussi l'exposant que je cherche.

Pareillement pour diviser $180 + 24x + 3xx + 2x^3 - x^4$ par $x^3 + 3xx + 12\sqrt{xx + 12}$, chacune de ces grandeurs divisée par $x^3 + 3xx + 12$, les exposans sont $5 - x$ & $\dfrac{1}{\sqrt{xx + 12}}$, divisant donc $5 - x$ par $\dfrac{1}{\sqrt{xx + 12}}$, l'exposant sera $5 - x\sqrt{xx + 12}$, qui est aussi l'exposant que je cherche.

Mais enfin, lorsque l'on trouve les calculs trop penibles, ou qu'on ne peut découvrir aucun moyen de trouver les plus simples exposans des grandeurs données, on se contente de les écrire à l'ordinaire en cette sorte. $\dfrac{1}{c - d}\sqrt{a^4 + b^4}$, c'est à dire $\sqrt{a^4 + b^4}$ divisé par $c - d$. $\dfrac{c - d}{\sqrt{a^4 + b^4}}$, c'est à dire $c - d$ divisé par $\sqrt{a^4 + b^4}$. $\dfrac{a}{a + b}\sqrt{aa + bb}$, c'est à dire $a\sqrt{aa + bb}$ divisé par $a + b$. $\dfrac{aa + \sqrt{abcd}}{a + \sqrt{bc}}$, c'est à dire $aa + \sqrt{abcd}$ divisé par $a + \sqrt{bc}$. De même $\dfrac{180 + 24x + 3xx + 2x^3 - x^4}{x + 3\sqrt{xx + 12}}$, c'est à dire $180 + 24x + 3xx + 2x^3 - x^4$ divisé par $x + 3\sqrt{xx + 12}$, je suppose dans ce dernier exemple, & dans d'autres semblables, qu'on ne puisse ou qu'on ne veuille point en chercher un exposant plus simple.

DE LA RESOLUTION DES MULTINOMES

INCOMMENSURABLES.

TREIZIÉME PROBLEME.

XLVII.   Trouver la racine quarrée d'un binome.

1°. On retranche le quarré de la petite partie du quarré de la grande, & on tire la racine du reste.

2°. On ajoute cette racine à la grande partie, ce qui fait une somme, & on la retranche de la même partie, ce qui fait une différence.

3°. On tire la racine de la moitié de la somme, & la racine de la moitié de la différence, ensuite on prend la somme de ces deux racines, si chaque partie du binome a +; ou bien on prend leur différence, si une partie a

+ & l'autre —, & l'on a la racine qu'on cherche. Les exemples suivans éclairciront ces regles.

Premier Exemple.

Pour tirer la racine de $33 + \sqrt{800}$. 1°. Je retranche 800 quarré de la petite partie $\sqrt{800}$, de 1089 quarré de la grande partie 33. Le reste est 289, dont je tire la racine quarrée 17.

2°. J'ajoute la racine 17 à la grande partie 33, la somme est 50 ; & je retranche la même racine 17 de la partie 33, & la difference est 16.

3°. Je tire 5 racine de 25 moitié de la somme 50, & $\sqrt{8}$ racine de 8 moitié de la difference 16, ensuite j'ajoute ensemble 5 & $\sqrt{8}$, parceque chaque partie du binome à resoudre a le signe +, & la somme $5 + \sqrt{8}$ est la racine que je cherche.

$$
\begin{array}{lll}
33, \quad +\sqrt{800}. & 33 & 33 \\
\quad par\ 33 & \underline{+17} & \underline{-17} \\
grand\ quarré\ \ +1089 & somme\ \ +50 & difference\ +16 \\
petit\ quarré\ \ -800 & sa\ moitié\ 25 & sa\ moitié\ 8 \\
\underline{reste\ \ +289} & \underline{\quad 5} & \underline{\quad + \quad \sqrt{8}}\ racine\ cherch. \\
sa\ racine\ 17 & &
\end{array}
$$

On trouvera pareillement que la racine de $116 + 12\sqrt{80}$ est $6 + \sqrt{80}$.

$$
\begin{array}{lll}
116, \quad +12\sqrt{80}. & 116 & 116 \\
\quad par\ 116 & \underline{+44} & \underline{-44} \\
grand\ quarré\ +13456 & somme\ \ +160 & difference\ +72 \\
petit\ quarré\ -11520 & sa\ moitié\ 80 & sa\ moitié\ 36 \\
\underline{reste\ \ +1936} & \underline{\sqrt{80}} & \underline{\quad + \quad 6}\ racine\ cherchée. \\
sa\ racine\ 44 & &
\end{array}
$$

Avertissement.

Il n'est pas toûjours ici le plus court de réduire les parties incommensurables à leurs expressions les plus simples.

Second Exemple.

Pour trouver la racine de $\sqrt{20} - \sqrt{15}$. 1°. Je retranche 15 quarré de la petite partie $\sqrt{15}$, de 20 quarré de la grande $\sqrt{20}$. Le reste est 5, dont je tire la racine quarrée $\sqrt{5}$.

2°. J'ajoute $\sqrt{5}$ à la grande partie $\sqrt{20} = 2\sqrt{5}$, la somme est $3\sqrt{5}$ ou $\sqrt{45}$; & je retranche $\sqrt{5}$ de $\sqrt{20}$, & la difference est $\sqrt{5}$.

3°. Je tire $\sqrt{\frac{1}{2}\sqrt{5}}$ ou $\sqrt{\sqrt{11\frac{1}{4}}}$ la racine de $\sqrt{11\frac{1}{4}}$ moitié de la somme $\sqrt{45}$, je tire aussi $\sqrt{\frac{1}{2}\sqrt{5}}$ ou $\sqrt{\sqrt{1\frac{1}{4}}}$ la racine de la moitié de la difference $\sqrt{5}$, ensuite je prends la difference de $\sqrt{\sqrt{11\frac{1}{4}}}$ & $\sqrt{\sqrt{1\frac{1}{4}}}$, à cause qu'une partie du binome a le signe —, & je connois que cette difference $\sqrt{\sqrt{11\frac{1}{4}}} - \sqrt{\sqrt{1\frac{1}{4}}}$ est la racine que je cherche.

$$\sqrt{20},-\sqrt{15}. \qquad \sqrt{20} \qquad\qquad \sqrt{20}$$
$$\text{par } \sqrt{20} \qquad\qquad +\sqrt{5} \qquad\qquad -\sqrt{5}$$

grand quarré $+20$ — somme $+3\sqrt{5}=\sqrt{45}.$ — difference $+\sqrt{5}$

petit quarré -15 — sa moitié $\tfrac{3}{2}\sqrt{5}=\sqrt{4\tfrac{5}{4}}=\sqrt{11\tfrac{1}{4}}.$ — sa moitié $\tfrac{1}{2}\sqrt{5}=\sqrt{\tfrac{5}{4}}=\sqrt{1\tfrac{1}{4}}$

reste $+5$ — $\sqrt{\sqrt{11\tfrac{1}{4}}}$ — $\sqrt{\sqrt{1\tfrac{1}{4}}}$ racine cherchée.

sa racine $\sqrt{5}$

On trouvera pareillement que la racine de $\sqrt{5}-\sqrt{3}$ est $\sqrt{.\sqrt{1\tfrac14}+\sqrt{\tfrac12}}-\sqrt{.\sqrt{1\tfrac14}-\sqrt{\tfrac12}}.$

$$\sqrt{5},-\sqrt{30}. \qquad \sqrt{5}. \qquad\qquad \sqrt{5}.$$
$$\text{par } \sqrt{5} \qquad\qquad +\sqrt{2} \qquad\qquad -\sqrt{2}$$

grand quarré $+5$ — somme $\sqrt{5}+\sqrt{2}$ — difference $\sqrt{5}-\sqrt{2}$

petit quarré -3 — sa moitié $\sqrt{1\tfrac14}+\sqrt{\tfrac12}$ — sa moitié $\sqrt{1\tfrac14}-\sqrt{\tfrac12}$

reste $+2$ — $\sqrt{.\sqrt{1\tfrac14}+\sqrt{\tfrac12}}$ — $\sqrt{.\sqrt{1\tfrac14}-\sqrt{\tfrac12}}$ racine cherchée.

sa racine $\sqrt{2}.$

Troisiéme Exemple.

Pour tirer la racine de $a+b\sqrt{ab}+2ab.$ 1°. Je retranche $4aabb$ quarré de la partie $2ab$, de $a^3b+2aabb+ab^3$ quarré de la partie $a+b\sqrt{ab}$. Le reste est $a^3b-2aabb+ab^3$, dont je tire la racine $a-b\sqrt{ab}$.

2°. J'ajoûte la racine $a-b\sqrt{ab}$ à la partie $a+b\sqrt{ab}$, la somme est $2a\sqrt{ab}$, & je retranche la même racine de cette partie, la difference est $2b\sqrt{ab}$.

3°. Je tire $\sqrt{a\sqrt{ab}}$ la racine de $a\sqrt{ab}$ moitié de la somme $2a\sqrt{ab}$, & $\sqrt{b\sqrt{ab}}$ la racine de $b\sqrt{ab}$ moitié de la difference $2b\sqrt{ab}$, & $\sqrt{a\sqrt{ab}}+\sqrt{b\sqrt{ab}}$, ou $\sqrt{\sqrt{a^3b}}+\sqrt{\sqrt{ab^3}}$ est la racine que je cherche.

$$a+\sqrt{ab},+2ab. \qquad a+b\sqrt{ab} \qquad a+b\sqrt{ab}$$
$$\text{par } a+b\sqrt{ab} \qquad +a-b\sqrt{ab} \qquad -a+b\sqrt{ab}$$

grand quarré $aa+2abb+bbab$ — somme $2a\sqrt{ab}$ — difference $2b\sqrt{ab}$

ou $a^3b+2aabb+ab^3$ — sa moitié $a\sqrt{ab}$ — sa moitié $b\sqrt{ab}$

petit quarré $-4aabb$ — $\sqrt{a\sqrt{ab}}$ — $+\sqrt{b\sqrt{ab}}$

reste $a^3b-2aabb+ab^3$ — ou $\sqrt{\sqrt{a^3b}}$ — $+\sqrt{\sqrt{ab^3}}$ {racine cherchée.

sa racine $a-b\sqrt{ab}$

Il en est ainsi des autres, mais on connoît souvent par un simple regard, ou en suivant à peu prés les methodes expliquées III. 39. & 40. quelles sont les racines des binomes exprimez par lettres. Par exemple pour trouver celle du binome $aa+bc+2a\sqrt{bc}$, je vois d'abord que $2a\sqrt{b}$ est double du plan de a racine du quarré aa par $\sqrt{bc}$ la racine de bc consideré comme quarré : Et ainsi je connois que $a+\sqrt{bc}$ est la racine du binome $aa+bc+2a\sqrt{bc}.$

Pareillement

Pareillement pour trouver la racine de $mm + \frac{pxx}{m} + x\sqrt{4pm}$, je vois que $x\sqrt{4pm}$, ou ce qui est la même chose, *par 30. S.* que $2mx\sqrt{\frac{p}{m}}$ est double du produit de m racine du quarré mm par $x\sqrt{\frac{p}{m}}$ racine de $\frac{pxx}{m}$ consideré comme quarré : Et ainsi je connois que $m + x\sqrt{\frac{p}{m}}$ est la racine du binome $mm + \frac{pxx}{m} + x\sqrt{4pm}$.

Démonstration du Probleme.

Soit pris tel binome qu'on voudra comme $\sqrt{a} + \sqrt{b}$. Pour quarrer ce binome, l'on prend a quarré de $\sqrt{a}$, plus $2\sqrt{ab}$ deux plans de $\sqrt{a}$ par $\sqrt{b}$, plus b quarré de $\sqrt{b}$. La somme $a + b + 2a\sqrt{ab}$ est donc le quarré de $\sqrt{a} + \sqrt{b}$, & ce quarré est un binome, car $a + b$ ne sont pris que pour une partie, *par 39. S.* & $2\sqrt{ab}$ pour une autre. Or retranchant par la premiere regle du Probleme le quarré de la partie incommensurable $2\sqrt{ab}$, du quarré de la partie commensurable $a + b$, il reste $aa - 2ab + bb$ qui est un quarré dont la racine est $a - b$. Ajoûtant donc $a - b$ par la seconde regle à $a + b$, la somme est $2a$, c'est à dire le double du quarré de la partie $\sqrt{a}$; & retranchant par la même regle cette racine $a - b$ de $a + b$, la difference est $2b$, c'est à dire le double du quarré de l'autre partie $\sqrt{b}$. Prenant donc a moitié de la somme $2a$, & b moitié de la difference $2b$, & tirant chaque racine de a & de b, on aura $\sqrt{a}$ & $\sqrt{b}$, dont la somme $\sqrt{a} + \sqrt{b}$ est la racine du binome $a + b + 2\sqrt{ab}$. Et l'on verra par un semblable raisonnement que la difference $\sqrt{a} - \sqrt{b}$ est la racine de l'autre binome $a + b - 2\sqrt{ab}$. Les regles du Probleme ont donc prescrit ce qu'il falloit faire.

DE L'EXTRACTION DES RACINES QUARRE'S
DES MULTINOMES.

Pour avoir quelque idée de leur nature, & pour trouver moyen de les resoudre, nous les pourons considerer dans leur formation.

Soit donc premierement le trinome $\sqrt{a} + \sqrt{b} + \sqrt{c}$ tel que sa premiere partie $\sqrt{a}$ surpasse chacune des deux autres, & que la seconde $\sqrt{b}$ surpasse la troisiéme $\sqrt{c}$. Ce trinome aura pour quarré le quadrinome suivant

$$a + b + c + 2\sqrt{ab} + 2\sqrt{ac} + 2\sqrt{bc}.$$

La premiere partie $a + b + c$ sera toute commensurable, la seconde $2\sqrt{ab}$ surpassera chacune des deux suivantes, à cause que a est plus grand que chacune des deux grandeurs b & c, & par la même raison la troisiéme partie $2\sqrt{ac}$ surpassera la quatriéme $2\sqrt{bc}$. Or cela estant ainsi, pour trouver la racine du quadrinome $a + b + c + 2\sqrt{ab} + 2\sqrt{ac} + 2\sqrt{bc}$, ou d'un autre semblable. 1°. Je prends $\sqrt{ab}$ moitié de la seconde partie $2\sqrt{ab}$, & je multiplie $\sqrt{ab}$ par $\sqrt{ac}$ moitié de la troisiéme $2\sqrt{ac}$, le produit est $a\sqrt{bc}$. 2°. Je divise le produit $a\sqrt{bc}$ par $\sqrt{bc}$ moitié de la quatriéme partie $2\sqrt{bc}$, & l'exposant est a, dont je prends la racine quarrée $\sqrt{a}$.

XLVIII.

S

3°. Je divise par $\sqrt{a}$ que je viens de trouver, $\sqrt{ab}$ moitié de la seconde partie $2\sqrt{ab}$, plus $\sqrt{ac}$ moitié de la troisiéme partie $2\sqrt{ac}$, & les exposans sont $\sqrt{b}$ & $\sqrt{c}$. Or voyant que $\overline{a+b+c}$ somme des trois quarrez des exposans $\sqrt{a}$, $\sqrt{b}$, & $\sqrt{c}$ que je viens de trouver, font la partie commensurable du quadrinome qu'on propose, je connois aussi que $\sqrt{a}+\sqrt{b}+\sqrt{c}$ est la racine que je cherche, *par III. 17. & 18.*

Pour trouver la racine du quadrinome $10+2\sqrt{10}-2\sqrt{15}-2\sqrt{6}$. 1°. Je l'écris en cette sorte $10-2\sqrt{15}+2\sqrt{10}-2\sqrt{6}$, car il faut que les parties incommensurables qui font les plus grandes soient les premieres, & que celles qui font les plus petites soient les dernieres, afin de le pouvoir resoudre selon la forme du quadrinome precedent. 2°. Je prends $\sqrt{15}$ moitié de la seconde partie $2\sqrt{15}$, & je multiplie $\sqrt{15}$ par $\sqrt{10}$ moitié de la troisiéme partie $2\sqrt{10}$, le produit est $\sqrt{150}$, ou $5\sqrt{6}$, je divise ce produit par $\sqrt{6}$ moitié de la quatriéme partie $2\sqrt{6}$, l'exposant est 5 dont je prends la racine qui est $\sqrt{5}$. 3°. Je divise par $\sqrt{5}$ que je viens de trouver $-\sqrt{15}$ moitié de la seconde partie $-2\sqrt{15}$, plus $\sqrt{10}$ moitié de la troisiéme partie $2\sqrt{10}$, & les exposans sont $-\sqrt{3}$ & $\sqrt{2}$. Or voyant que $5+3+2$ les trois quarrez des exposans $\sqrt{5}$, $-\sqrt{3}$, & $\sqrt{2}$ que je viens de trouver, font 10 qui est la partie commensurable du quadrinome à resoudre, je connois que $\sqrt{5}-\sqrt{3}+\sqrt{2}$ est la racine que je cherche.

On trouvera en même sorte que la racine de $6\sqrt{2}-4\sqrt{3}+2\sqrt{6}-4$ est $\sqrt{\sqrt{18}}-\sqrt{\sqrt{8}}+\sqrt{\sqrt{2}}$.

Soit en second lieu le quadrinome $\sqrt{a}+\sqrt{b}+\sqrt{c}+\sqrt{d}$ tel que ses premieres parties soient les plus grandes, & que les dernieres soient les plus petites. Ce quadrinome aura pour son quarré le septinome suivant $\overline{a+b+c+d}+2\sqrt{ab}+2\sqrt{ac}+2\sqrt{bc}+2\sqrt{ad}+2\sqrt{bd}+2\sqrt{cd}$. La premiere partie $\overline{a+b+c+d}$ sera toute commensurable, la seconde $2\sqrt{ab}$, & la troisiéme $2\sqrt{ac}$ surpasseront chacune de celles qui les suivent, mais la quatriéme $2\sqrt{bc}$ poura également surpasser ou estre surpassée par la cinquiéme $2\sqrt{ad}$. Car soit $a=7$, $b=3$, $c=2$, & $d=1$. Donc $2\sqrt{bc}=2\sqrt{6}$, & $2\sqrt{ad}=2\sqrt{7}$ qui surpasse $2\sqrt{6}$. Mais par une supposition nouvelle, soit $a=7$, $b=5$, $c=3$, & $d=1$. Donc $2\sqrt{bc}=2\sqrt{15}$, & $2\sqrt{ad}=2\sqrt{14}$ qui est surpassée par $2\sqrt{15}$. Il peut donc également arriver, lors même que a est plus grand que chacune des grandeurs b, c, & d, & b plus grand que chacune des grandeurs c & d, & c plus grand que d; que la quatriéme partie du septinome $2\sqrt{bc}$ surpasse la cinquiéme $2\sqrt{ad}$, ou bien qu'elle en soit surpassée. Ainsi quoique les septinomes qui ont des quadrinomes pour racines, puissent toûjours se resoudre, cependant leur resolution ne poura pas toûjours se faire d'une même maniere, mais seulement par l'une ou par l'autre des deux suivantes.

Premiere Maniere.

Par exemple pour resoudre le septinome $\overline{a+b+c+d}+2\sqrt{ab}+2\sqrt{ac}+2\sqrt{bc}+2\sqrt{ad}+2\sqrt{bd}+2\sqrt{cd}$. 1°. Je prends $\sqrt{ab}$ moitié de la seconde partie $2\sqrt{ab}$, & je multiplie $\sqrt{ab}$ par $\sqrt{ac}$ moitié de la troisiéme $2\sqrt{ac}$

lé produit eſt $a\sqrt{bc}$. 2°. Je diviſe le produit $a\sqrt{bc}$ par $\sqrt{bc}$ moitié de la quatriéme partie $2\sqrt{bc}$, & l'expoſant eſt a dont je prends la racine quarrée qui eſt $\sqrt{a}$. 3°. Je diviſe par $\sqrt{a}$ que je viens de trouver, $\sqrt{ab}$ moitié de la ſeconde partie $2\sqrt{ab}$, plus $\sqrt{ac}$ moitié de la troiſiéme $2\sqrt{ac}$, plus $\sqrt{ad}$ moitié de la cinquiéme $2\sqrt{ad}$, je paſſe la quatriéme $2\sqrt{bc}$, parceque $\sqrt{a}$ n'a pas multiplié $\sqrt{bc}$, les expoſans que je trouve ſont $\sqrt{b}$, $\sqrt{c}$, & $\sqrt{d}$. 4°. Je quarre $\sqrt{a}+\sqrt{b}+\sqrt{c}+\sqrt{d}$ qui eſt la ſomme de touś les expoſans que j'ai trouvez, & voyant que le quarré de cette ſomme eſt le même qu'on propoſe à reſoudre, je connois que $\sqrt{a}+\sqrt{b}+\sqrt{c}+\sqrt{d}$ eſt la racine que je cherche.

Seconde Maniere.

Máis pour reſoudre le ſeptinome $\overline{a+b+c+d+2\sqrt{ab}+2\sqrt{ac}+2\sqrt{ad}}$ $+2\sqrt{bc}+2\sqrt{bd}+2\sqrt{cd}$, où la partie $2\sqrt{ad}$ eſt miſe devant $2\sqrt{bc}$, parcequ'elle eſt plus grande. 1°. Je prends comme dans l'exemple qui precede, $\sqrt{ab}$ moitié de la ſeconde partie $2\sqrt{ab}$, & je multiplie $\sqrt{ab}$ par $\sqrt{ac}$ moitié de la troiſiéme $2\sqrt{ac}$, le produit eſt $a\sqrt{bc}$. 2°. Je diviſe le produit $a\sqrt{bc}$ par $\sqrt{ad}$ moitié de la quatriéme partie $2\sqrt{ad}$, & l'expoſant eſt $a\sqrt{\frac{bc}{ad}}$. 3°. Je diviſe par cet expoſant, $\sqrt{ab}$, plus $\sqrt{ac}$, plus $\sqrt{bc}$, les moitiez de la ſeconde, troiſiéme, & cinquiéme partie, mais voyant que le quarré de la ſomme des expoſans trouvez n'eſt pas le même qu'on propoſe à reſoudre, je change ainſi l'operation. 1°. Je multiplie $\sqrt{ac}$ par $\sqrt{ab}$, & le produit eſt $a\sqrt{bc}$. 2°. Je ne diviſe pas $a\sqrt{bc}$ par $\sqrt{ad}$ moitié de la quatriéme partie, mais par $\sqrt{bc}$ moitié de la cinquiéme, & l'expoſant eſt a dont je prends la racine quarrée $\sqrt{a}$. 3° Je diviſe par $\sqrt{a}$ les moitiez des parties conſecutives $2\sqrt{ab}$, $2\sqrt{ac}$, & $2\sqrt{ad}$, les expoſans ſont $\sqrt{b}$, $\sqrt{c}$, & $\sqrt{d}$. 4°. Voyant que le quarré de $\sqrt{a}+\sqrt{b}+\sqrt{c}+\sqrt{d}$ ſomme de tous les expoſans trouvez, eſt le même qu'on propoſe à reſoudre, je connois que $\sqrt{a}+\sqrt{b}+\sqrt{c}+\sqrt{d}$ eſt la racine que je cherche.

On diſtinguera mieux dans la reſolution des ſeptinomes numeriques ces deux manieres differentes. On verra par exemple que $13+2\sqrt{21}+2\sqrt{14}$ $-2\sqrt{7}+2\sqrt{6}-2\sqrt{3}-2\sqrt{2}$ peut bien ſe reſoudre par la premiere, mais il ne peut pas ſe reſoudre par la ſeconde. La racine qu'on trouve eſt $\sqrt{7}+\sqrt{3}+\sqrt{2}-1$.

Comme au contraire, on verra que $17+2\sqrt{35}+2\sqrt{21}+2\sqrt{15}-2\sqrt{14}$ $-2\sqrt{10}-2\sqrt{6}$ peut bien ſe reſoudre par la ſeconde maniere, mais il ne poura pas ſe reſoudre par la premiere. La racine qu'on trouve eſt $\sqrt{7}+\sqrt{5}+\sqrt{3}-\sqrt{2}$.

Cependant on a diſpoſé par ordre dans chacun de ces exemples les plus grandes parties les premieres, & les plus petites les dernieres.

Stevin l'un des Auteurs qui ont traitté plus à fonds les incommenſurables, nous propoſe une eſpece de quadrinome dont la racine eſt pareillement quadrinome. Mais il dit, que n'ayant point encore trouvé de regles pour les reſoudre legitimement, il ſe contentera d'en propoſer un exemple pour ceux qui voudront bien s'en occuper.

L'exemple qu'il apporte est le quadrinome $15 + 6\sqrt{6} + 10\sqrt{2} + 8\sqrt{3}$, lequel a même forme que le quarré du quadrinome $\sqrt{ab} + b + \sqrt{a} + \sqrt{b}$, qui est $\overline{ab + bb} + a + b + \overline{2b + 2\sqrt{ab}} + \overline{2a + 2b\sqrt{b}} + 4b\sqrt{a}$. Or pour resoudre ce quadrinome literal. 1°. Je vois si $\overline{a + b}$ moitié de ce qui est hors du second signe $\sqrt{}$, égale les grandeurs b & a, qui sont l'une sous le second signe & l'autre sous le troisiéme, & si b qui est sous le second, égale le quart des $4b$ qui sont hors du troisiéme. 2°. Par le moyen des deux grandeurs a & b que je viens de trouver, j'en compose les quatre $\sqrt{ab}, b, \sqrt{a},$ & $\sqrt{b}$; & voyant que le quarré de $\sqrt{ab} + b + \sqrt{a} + \sqrt{b}$ somme de ces quatre parties, rend le quadrinome même qu'on propose, je connois aussi que $\sqrt{ab} + b + \sqrt{a} + \sqrt{b}$ est la racine que je cherche.

Pareillement pour resoudre le quadrinome $15 + 6\sqrt{6} + 10\sqrt{2} + 8\sqrt{3}$ de l'exemple que Stevin nous apporte. 1°. Je vois si 5 moitié de 10 qui est hors du second signe, égale les deux nombres 2 & 3, qui sont l'un sous le second signe & l'autre sous le troisiéme, & si 2 qui est sous le second égale le quart de 8 qui est hors du troisiéme. 2°. Par le moyen des deux nombres 3 & 2 que je viens de trouver, je compose les quatre grandeurs $\sqrt{6}, 2, \sqrt{3}$ & $\sqrt{2}$, & voyant que le quarré de $\sqrt{6} + 2 + \sqrt{3} + \sqrt{2}$, rend le quadrinome même que Stevin nous propose à resoudre, je connois que $\sqrt{6} + 2 + \sqrt{3} + \sqrt{2}$ en est la racine.

On trouvera en même sorte que la racine de $20 + 8\sqrt{6} + 10\sqrt{3} + 12\sqrt{2}$ est $3 + \sqrt{6} + \sqrt{3} + \sqrt{2}$.

Mais il peut souvent arriver que $\overline{2b + 2\sqrt{ab}}$ soit plus petite que $\overline{2a + 2b\sqrt{b}}$, ce qui change un peu l'operation. Par exemple je ne puis resoudre le quadrinome $209 + 18\sqrt{2} + 6\sqrt{14} + 8\sqrt{7}$ comme j'ai fait les deux precedens, mais je le puis resoudre en le considerant selon la forme du quadrinome $\overline{ab + bb} + a + b + \overline{2a + 2b\sqrt{b}} + \overline{2b + 2\sqrt{ab}} + 4b\sqrt{a}$ où la partie $\overline{2a + 2b\sqrt{b}}$ est écrite devant $\overline{2b + 2\sqrt{ab}}$. Car je trouve ainsi la racine de $209 + 18\sqrt{2} + 6\sqrt{14} + 8\sqrt{7}$. 1°. Je vois si 9 moitié de 18 qui est hors du premier signe, égale 2 & 7 qui sont l'un sous le premier & l'autre sous le troisiéme, & si 2 qui est sous le premier égale le quart de 8 qui est hors du troisiéme signe. 2°. Par le moyen des deux nombres 2 & 7 que je viens de trouver, je compose les quatre grandeurs $\sqrt{14}, \sqrt{7}, 2$ & $\sqrt{2}$, & voyant que le quarré de $\sqrt{14} + \sqrt{7} + 2 + \sqrt{2}$ rend celui qu'on propose à resoudre, je connois que $\sqrt{14} + \sqrt{7} + 2 + \sqrt{2}$ en est la racine.

J'aurois encore à examiner & à expliquer plusieurs cas semblables, mais cela me meneroit trop loin, & n'auroit pas beaucoup d'usage. Peut-estre qu'en parlant des égalitez, je donnerai un moyen general pour resoudre tous les quadrinomes dont la racine est quadrinome. Je me contenterai seulement de faire remarquer ici qu'il se rencontre souvent des trinomes dont la racine est quadrinome, quoique Stevin n'en tombe pas d'accord. Tel est par exemple le trinome $15 - 2\sqrt{6} + 2\sqrt{2}$ dont la racine est $\sqrt{6} - 2 + \sqrt{3} + \sqrt{2}$, & qui a même forme que le trinome literal

$ab + bb + a + b - 2b + 2\sqrt{ab} + 2a - 2b\sqrt{b}$, lequel a pour racine le quadrinome literal $\sqrt{ab} - b + \sqrt{a} + \sqrt{b}$.

J'ajoûterai aussi qu'il y a d'autres especes de multinomes dont la racine se
pouroit trouver selon les regles du Probleme treiziéme 47. S.

Par exemple $26 - 4\sqrt{5} - \sqrt{640 - 256\sqrt{5}}$ est une espece de trinome dont
je trouve ainsi la racine. 1°. Je retranche $640 - 256\sqrt{5}$ quarré de la petite
partie $\sqrt{640 - 256\sqrt{5}}$, de $756 - 208\sqrt{5}$ quarré de la grande partie
$26 - 4\sqrt{5}$. Le reste est $116 + 48\sqrt{5}$, & je tire comme au premier exemple
du Probleme treiziéme, $6 + 4\sqrt{5}$ la racine de ce reste.

2°. J'ajoûte la racine $6 + 4\sqrt{5}$ à la grande partie $26 - 4\sqrt{5}$, & la somme
est 32, & je retranche la même racine $6 + 4\sqrt{5}$ de la partie $26 - 4\sqrt{5}$, & la
difference est $20 - 8\sqrt{5}$.

3°. Je tire 4 racine de 16 moitié de la somme 32, & $\sqrt{10 - 4\sqrt{5}}$ racine de
$10 - 4\sqrt{5}$ moitié de la difference $20 - 8\sqrt{5}$, ensuite je prends la difference
de 4 & $\sqrt{10 - 4\sqrt{5}}$, à cause que la partie $\sqrt{640 - 256\sqrt{5}}$ a le signe —
au multinome qu'on propose, & je connois enfin que $4 - \sqrt{10 - 4\sqrt{5}}$ est
la racine que je cherche.

$$26 - 4\sqrt{5}, \; -\sqrt{640 - 256\sqrt{5}}$$

	$26 - 4\sqrt{5}$	$26 - 4\sqrt{5}$
par $26 - 4\sqrt{5}$	$+ 26 - 4\sqrt{5}$	$- 6 + 4\sqrt{5}$
grand quarré $+756 - 208\sqrt{5}$	$+ 6 + 4\sqrt{5}$	
petit quarré $-640 + 256\sqrt{5}$	somme 32 *	difference $20 - 8\sqrt{5}$
reste $+116 + 48\sqrt{5}$	sa moitié 16	sa moitié $10 - 4\sqrt{5}$
sa racine $6 + 4\sqrt{5}$	4	$\sqrt{10 - 4\sqrt{5}}$ rac. cherch.

AVERTISSEMENT.

L.

Lorsque la racine d'un binome ou d'un autre multinome ne peut avoir
une expression assez simple, il vaut mieux écrire devant eux le signe
radical. On trouve par exemple selon les regles du Probleme treiziéme
47. S. que la racine quarrée de $\sqrt{5} - \sqrt{3}$ est $\sqrt{\sqrt{1\frac{1}{4}} + \sqrt{\frac{1}{2}}}$
$- \sqrt{\sqrt{1\frac{1}{4}} - \sqrt{\frac{1}{2}}}$. qui est beaucoup plus composée que $\sqrt{\sqrt{5} - \sqrt{3}}$. C'est
pourquoi au lieu de cette racine $\sqrt{\sqrt{1\frac{1}{4}} + \sqrt{\frac{1}{2}}} - \sqrt{\sqrt{1\frac{1}{4}} - \sqrt{\frac{1}{2}}}$, il est
plus à propos d'écrire $\sqrt{\sqrt{5} - \sqrt{3}}$. Car cette expression est non seule-
ment plus simple, & en quelque façon plus connuë que la precedente,
mais elle a encore cet avantage qu'on peut en Geometrie la déterminer
plus facilement par lignes. Car on n'a besoin que de trouver trois fois
une moyenne proportionnelle entre deux lignes pour déterminer
$\sqrt{\sqrt{5} - \sqrt{3}}$, au lieu que pour déterminer par lignes $\sqrt{\sqrt{1\frac{1}{4}} + \sqrt{\frac{1}{2}}}$
$- \sqrt{\sqrt{1\frac{1}{4}} - \sqrt{\frac{1}{2}}}$, on a besoin de trouver quatre fois une moyenne proportionnelle entre deux lignes.

DE L'EXTRACTION

DES AUTRES RACINES.

LI.   Pour tirer la racine 4e d'un binome ou multinome, on tire premierement sa racine quarrée, & la racine de cette racine est celle que l'on cherche. Pareillement pour en tirer une racine 8e. on en tire la racine quarrée, & ensuite la racine de cette racine, & une nouvelle racine tirée de cette racine de racine, est celle que l'on cherche. Il en est ainsi des racines 16e. 32e. &c. Mais on n'a pas encore donné de regles generales pour tirer les racines cubiques, 5es. 7es. & autres semblables de tous les multinomes qui pouroient se resoudre. Si on avoit de telles regles, on en auroit aussi pour tirer toutes les autres, comme les racines 6e. 9e. 12e. 15e. &c. *par III. 38. & seq.* Schooten nous en a seulement donné une generale pour tirer toute sorte de racines des binomes, lorsque ces racines peuvent pareillement estre exprimées par d'autres binomes. Sa regle est telle.

Regle generale pour tirer toutes sortes de racines des binomes,
qui ont des binomes pour leurs racines.

PREPARATION.

LII. 1°. Pour tirer les racines des binomes où l'on trouve des fractions, on multiplie chacune de leurs parties par le second terme de ces fractions afin de les oster. Par exemple pour tirer quelque racine de $12\frac{1}{2} + 11\sqrt{2}$, je multiplie chaque partie du binome par 2, & j'ai $25 + 22\sqrt{2}$. Pareillement pour tirer quelque racine de $11\sqrt{\frac{2}{5}} + \frac{5}{2}\sqrt{5}$, je multiplie tout le binome premierement par $\sqrt{5}$, & j'ai $11\sqrt{2} + \frac{25}{2}$, c'est à dire $12\frac{1}{2} + 11\sqrt{2}$, & ensuite par 2, comme j'ai déja fait. Il en est ainsi des autres.

2°. Si les binomes qu'on se propose de resoudre, n'ont aucune de leurs parties qui soit commensurable, on réduit l'une de ses deux parties à son expression la plus simple, & l'on multiplie ou l'on divise chacune par ce qui reste sous le signe radical de cette partie. Par exemple pour tirer quelque racine de $\sqrt{242} + \sqrt{243}$, je réduis la partie $\sqrt{242}$ à $11\sqrt{2}$, & alors, multipliant chaque partie par $\sqrt{2}$, j'ai $22 + \sqrt{486}$, où 22 est commensurable. Pareillement pour tirer quelque racine de $\sqrt{C.3993} + \sqrt{6^e.17578125}$, je réduis $\sqrt{C.3993}$ à $11\sqrt{C.3}$, & divisant chaque partie par $\sqrt{C.3}$, j'ai $11 + \sqrt{125}$, où 11 est commensurable.

3°. Pour tirer les racines 3e. 5e. 7e. & autres semblables, lorsque la racine 3e. 5e. 7e. ou autre, de la difference qui se trouve entre les quarrez des parties du binome, ne sera pas un nombre entier, on multipliera chaque partie du binome par cette difference, s'il en faut tirer une racine cubique; par le quarré de cette difference, s'il en faut tirer une racine 5e. par le cube de cette difference, s'il en faut tirer une racine 7e. par la 5e. puissance de cette difference, s'il en faut tirer une racine 11e. & ainsi des autres. Et alors, on aura un autre binome, où la racine 3e. 5e. 7e. ou autre, de la difference qui eſt entre les quarrez des parties, ſera toûjours un nombre entier.

Par exemple pour tirer la racine cubique de $22 + \sqrt{486}$, j'oſte 484 quarré de 22, de 486 quarré de $\sqrt{486}$, & il reſte 2, dont la racine cubique n'eſt pas un nombre entier. C'eſt pourquoi je multiplie tout le binome par 2, & j'ai $44 + \sqrt{1944}$, où la racine cubique de 8 difference de 1936 & 1944 quarrez de 44 & $\sqrt{1944}$, eſt le nombre entier 2. De même pour tirer la racine 5e. de $11 + \sqrt{125}$, 121 quarré de 11, oſté de 125 quarré de $\sqrt{125}$, laiſſe la difference 4 dont la racine 5e. n'eſt pas un nombre entier ; & ainſi je multiplie tout le binome par 16 quarré de 4, & j'ai $176 + \sqrt{3200}$, où la racine 5e. de 1024, difference de 30976 & 3200, qui ſont les quarrez de 176 & $\sqrt{3200}$, eſt le nombre entier 4.

Pareillement pour tirer la racine 7e. de $338 + \sqrt{114242}$, la difference qui eſt entre les quarrez des parties eſt 2, dont la racine 7e. n'eſt pas un nombre entier. Je multiplie donc tout le binome par 8 cube de 2, & j'ai $1704 + \sqrt{7311488}$, où la racine 7e. de la difference qui eſt entre les quarrez des parties eſt 2. Il en eſt ainſi des autres.

La preparation precedente donne toûjours des binomes dans leſquels une partie, & le quarré de l'autre partie, plus la racine 3e. 5e. 7e. ou autre, de la difference qui eſt entre les quarrez des parties, ſont des nombres entiers. Et ce binome reſolu, donne auſſi la reſolution de celui qu'on propoſe, quoiqu'ils ſoient differens entr'eux. Car il ne faut, comme on verra plus bas, que diviſer ou multiplier la racine 3e. 5e. 7e. ou autre que l'on a découverte, par les racines 3es. 5es. 7es. ou autres, des nombres par leſquels on a multiplié ou diviſé le binome qu'on avoit premierement propoſé.

R E G L E.

Or le binome eſtant ainſi preparé, afin d'en trouver la racine, on cherche par 9. S. un nombre commenſurable, qui en ſurpaſſe la veritable racine d'une grandeur qui ne ſoit point au deſſus de $\frac{1}{2}$. Et alors, ſi la partie commenſurable du binome eſt plus grande que ſon autre partie, 1°. On réduit en une ſomme le nombre pris pour racine approchée, plus l'expoſant de la racine 3e. 5e. 7e. ou autre, de la difference qui eſt entre les quarrez des parties, à ce nombre; Et la moitié du plus grand nombre entier renfermé dans la ſomme, eſt la partie commenſurable de la racine cherchée. Enſuite on oſte du quarré de cette partie découverte la racine 3e. 5e. 7e. ou autre de la difference des quarrez des parties, & ce qui reſte eſt le quarré de l'autre partie que l'on cherche.

Mais ſi la partie commenſurable du binome à reſoudre eſt plus petite que ſon autre partie; 1°. On oſte du nombre pris pour racine approchée l'expoſant de la racine 3e. 5e. 7e. ou autre de la difference qui eſt entre les quarrez des parties, à ce nombre; Et la moitié du plus grand nombre entier renfermé dans le reſte, eſt la partie commenſurable de la racine cherchée. Enſuite on ajoûte au quarré de cette partie découverte la racine 3e. 5e. 7e. ou autre, de la difference qui eſt entre les quarrez des parties. Et la ſomme eſt le quarré de l'autre partie que l'on cherche.

Or on connoît ſi le binome découvert eſt la racine cherchée, en élevant

ce binome à une puiſſance égale à celle du premier qu'on avoit à reſoudre.
Les exemples ſuivans éclairciront ce qu'on vient de dire.

Premier Exemple.

Pour tirer la racine cubique de $20 + \sqrt{392}$. Connoiſſant que la racine cubique de la difference qui eſt entre les quarrez des parties eſt le nombre entier 2, je tire quelque racine quarrée de 392, qui ſoit preſque égale à ce nombre, afin qu'en la joignant à 20, je puiſſe avoir une ſomme commenſurable preſqu'égale au binome $20 + \sqrt{392}$. Cette racine eſt 19 ou 20, laquelle eſtant ajoûtée à la partie commenſurable 20, donne la ſomme 39 ou 40. Or je connois en operant ſelon la methode expliquée 9. S. que la racine cubique de 39 ou de 40 eſt entre 3 & $3\frac{1}{2}$. Et ainſi $3\frac{1}{2}$ ſurpaſſera la veritable racine cubique du binome $20 + \sqrt{392}$ qui eſt entre 39 & 40, d'une grandeur qui eſt au deſſous de $\frac{1}{2}$. C'eſt pourquoi je prends $3\frac{1}{2}$ ſelon la regle pour la racine cubique de $20 + \sqrt{392}$. Enſuite je diviſe 2, c'eſt à dire la racine cubique de la difference qui eſt entre les quarrez des parties, par $3\frac{1}{2}$ que j'ai pris pour racine approchée, & l'expoſant eſt $\frac{4}{7}$. Or parceque la partie commenſurable 20 eſt plus grande que la partie incommenſurable $\sqrt{392}$, j'ajoûte l'expoſant trouvé $\frac{4}{7}$ à la racine approchée $3\frac{1}{2}$. La ſomme eſt $4\frac{1}{14}$; & 2, moitié de 4 qui eſt le plus grand nombre entier renfermé dans $4\frac{1}{14}$, eſt la partie commenſurable de la racine cubique ou du binome que je cherche. Enſuite le quarré de cette partie eſt 4, dont j'oſte 2 racine cubique de 8 difference des quarrez des parties, & le reſte 2 eſt le quarré de l'autre partie que je cherche. Le binome $2 + \sqrt{2}$ ſera donc la racine cubique cherchée, ſi toutefois on la peut exprimer par un binome. Et pour m'en aſſurer, je prens le cube de $2 + \sqrt{2}$; & voyant que ce cube eſt le binome même que j'avois à réſoudre, je ſuis certain que le binome $2 + \sqrt{2}$ en eſt la racine cubique.

Second Exemple.

Pour tirer la racine cubique de $25 + \sqrt{968}$. Connoiſſant que la racine cubique de la difference des quarrez des parties eſt le nombre entier 7, je tire une racine quarrée de 968, afin d'avoir une ſomme commenſurable preſqu'égale au binome $25 + \sqrt{968}$. Cette racine eſt 31 ou 32, laquelle eſtant ajoûtée à la partie commenſurable 25, donne la ſomme 56 ou 57. Or je connois en operant ſelon la methode expliquée 9. S. que la racine cubique de 56 ou de 57 eſt entre $3\frac{1}{2}$ & 4. Et ainſi 4 ſurpaſſera la veritable racine cubique du binome $25 + \sqrt{968}$ qui eſt entre 56 & 57, d'une grandeur qui eſt au deſſous de $\frac{1}{2}$. C'eſt pourquoi je prens 4 ſelon la regle pour la racine cubique de $25 + \sqrt{968}$. Enſuite je diviſe 7, c'eſt à dire la racine cubique de la difference qui eſt entre les quarrez des parties, par 4 que j'ai pris pour racine approchée, & l'expoſant eſt $\frac{7}{4}$. Or parceque la partie commenſurable 25 ne ſurpaſſe point la partie incommenſurable 968, je retranche l'expoſant trouvé $\frac{7}{4}$ de la racine approchée 4. Le reſte eſt $\frac{9}{4}$ ou $2\frac{1}{4}$; & 1, moitié de 2 qui eſt le plus grand nombre entier enfermé dans $2\frac{1}{4}$, eſt la partie commenſurable furable de la racine ou du binome que je cherche. Enfuite le quarré de cette partie eft 1, à qui j'ajoûte 7 racine cubique de la difference qui eft entre les quarrez des parties , & la fomme 8 eft le quarré de l'autre partie. Le binome $1+\sqrt{8}$ fera donc la racine cubique cherchée, fi toutefois cette racine peut eftre exprimée par un binome. Et pour m'en affûrer je prens le cube de $1+\sqrt{8}$; & voyant que ce cube eft le binome même $25+\sqrt{968}$ que j'avois à réfoudre , je fuis certain que le binome $1+\sqrt{8}$ en eft la racine cubique.

L'on trouvera en même forte que la racine cubique du binome $44+\sqrt{1944}$ eft le binome $2+\sqrt{6}$.

Troifiéme Exemple.

Pour tirer la racine 5e. de $176+\sqrt{32000}$. 1°. Je prens $3\frac{1}{7}$ pour racine 5e. approchée du binome, à peu prés comme aux exemples precedens. 2°. Je divife 4, racine 5e. de la difference qui eft entre les quarrez des parties, par $3\frac{1}{7}$ pris pour racine approchée, & l'expofant eft $1\frac{2}{7}$. Or parceque la partie 176 eft plus petite que $\sqrt{32000}$, j'ofte l'expofant $1\frac{2}{7}$ de $3\frac{1}{7}$ pris pour la racine 5e. du binome. Le refte eft $2\frac{5}{14}$; & 1, moitié de 2 le plus grand nombre entier enfermé dans $2\frac{5}{14}$, eft la partie commenfurable de la racine cherchée. Enfuite le quarré de cette partie 1 eft 1, à qui j'ajoûte 4 la racine 5e. de la difference des quarrez des parties , & la fomme 5 eft le quarré de l'autre partie que je cherche. Et pour fçavoir fi $1+\sqrt{5}$ eft la racine du binome $176+\sqrt{32000}$, j'en prens la 5e. puiffance , & voyant que cette puiffance rend le binome même qu'il faut refoudre ; je m'affure que $1+\sqrt{5}$ en eft la racine 5e.

Quatriéme Exemple.

Pour tirer la racine 7e. de $2704+\sqrt{7311488}$. 1°. Je prens $3\frac{1}{7}$ pour la racine 7e. approchée. 2°. Je divife 2 racine 5e. de la difference qui eft entre les quarrez des parties, par $3\frac{1}{7}$ pris pour racine approchée , & l'expofant eft $\frac{4}{7}$. Or parceque 2704 furpaffe $\sqrt{7311488}$, j'ajoûte l'expofant $\frac{4}{7}$ à $3\frac{1}{7}$. La fomme eft $4\frac{1}{14}$, & 2, moitié de 4 le plus grand nombre entier renfermé dans $4\frac{1}{14}$, eft la partie commenfurable de la racine cherchée. Enfuite le quarré de cette partie 2 eft 4, dont je retranche 2 racine 7e. de la difference des quarrez des parties ; le refte 2 eft le quarré de l'autre partie. Et je connois que $2+\sqrt{2}$ eft la racine que je cherche , parceque fa 7e. puiffance eft $2704+\sqrt{7311488}$, dont il falloit trouver la racine 7e. Il en eft ainfi des autres puiffances plus élevées.

Moyen pour faciliter la preuve.

Mais l'on doit remarquer qu'il n'eft pas toûjours neceffaire d'élever entierement les binomes qu'on a découvert à une puiffance égale à celle des binomes qu'il faut refoudre, afin d'eftre affuré qu'ils en font les racines cherchées ; car on peut le reconnoître en abregeant, ou même en fupprimant une partie de fon operation , par le moyen de la Table des puiffances.

Par exemple pour voir fi le binome $1+\sqrt{5}$ eft la racine 5e. de

T

176 + $\sqrt{}$ 32000, je suppose 176 $=a$, & $\sqrt{}$ 32000 $=b$, & prenant le rang de la 5e. puissance $a^5 + 5a^4b + 10a^3bb + 10aab^3 + 5ab^4 + b^5$, j'ajoûte en une somme les parties a^5, $10a^3bb$, & $5ab^4$, où b n'a point de dimensions impaires, c'est à dire j'ajoûte 1, 50, & 125 ; & voyant que la somme 176 est la partie commensurable du binome 176 + $\sqrt{}$ 32000, je connois aussi que 1 + $\sqrt{}$ 5 en est la racine 5e.

De même pour voir si 2 + $\sqrt{}$ 2 est la racine 7e. du binome 2704 + $\sqrt{}$ 7311488, je suppose 2704 $=a$, & $\sqrt{}$ 7311488, & prenant le rang de la 7e. puissance $a^7 + 7a^6b + 21a^5bb + 35a^4b^3 + 35a^3b^4 + 21aab^5 + b^7$, j'ajoûte en une somme les parties a^7, $21a^5bb$, $35a^3b^4$, & $7ab^6$, où b n'a point de dimensions impaires , c'est à dire j'ajoûte en une somme 128 $=a^7$, 1344 $=21a^5bb$, 1120 $=35a^3b^4$, & 112 $=7ab^6$, & voyant que la somme 2704 est la partie commensurable du binome à resoudre , je connois aussi que 2 + $\sqrt{}$ 2 en est la racine 7e. Il en est ainsi des autres.

Suite de la Regle.

LIII.   Enfin lorsque pour resoudre un binome , on l'aura multiplié ou divisé par quelque nombre , & réduit par ce moyen à un autre binome , dont on aura découvert la racine 3e. 5e. 7e. ou autre, il faudra diviser ou multiplier cette racine découverte par la racine 3e. 5e. 7e. ou autre, du nombre par lequel on aura multiplié ou divisé le binome qu'on avoit premierement à resoudre.

Par exemple pour tirer la racine cubique de $12\frac{1}{2}$ + $\sqrt{}$ 242, on a multiplié ce binome par 2, & l'on a découvert que la racine du binome produit par cette multiplication est 1 + $\sqrt{}$ 8 ; ainsi il faudra diviser 1 + $\sqrt{}$ 8 par $\sqrt{}$ C.2, & l'on aura $\sqrt{}$ C.$\frac{1}{2}$ + $\sqrt{}$ 6e.128 $= \overline{\sqrt{} \text{C.}12\frac{1}{2} + \sqrt{} 242}$.

On a aussi multiplié $\sqrt{}\frac{125}{4}$ + $\sqrt{}\frac{242}{5}$ par $\sqrt{}$ 5, & on a trouvé $12\frac{1}{2}$ + $\sqrt{}$ 242, dont la racine cubique est $\sqrt{}$ C$\frac{1}{2}$ + $\overline{\sqrt{} 6^e.128}$, laquelle estant divisée par $\sqrt{}$ 6e.5, donne $\sqrt{}$ 6e.$\frac{1}{20}$ + $\sqrt{}$ 6e.$\frac{128}{5}$ $= \sqrt{} \text{C.}\sqrt{}\frac{125}{4} + \sqrt{}\frac{242}{5}$.

Pareillement pour resoudre $\sqrt{}$ C.3993 + $\sqrt{}$ 6e.17578125, on a divisé ce binome par $\sqrt{}$ C.3, & pour en tirer la racine 5e. on l'a encore multiplié par 16. C'est pourquoi on divisera la racine 5e. 1 + $\sqrt{}$ 5 du binome resolu par $\sqrt{}$ 5e.16, & on la multipliera par $\sqrt{}$ 15e.3.

Je ne m'arreste point à démontrer toutes ces choses , on poura voir ce qu'en a dit Schooten *pag.* 395. *& seq.* Je dirai seulement que l'un des principaux usages de cette regle a esté jusqu'ici de servir pour réduire à des grandeurs commensurables certaines racines cubiques , que Cardan détermine en quelques égalitez du 3e. degré par des expressions qui les renferment sous les signes radicaux $\sqrt{}$ & $\sqrt{}$ C. Mais en traittant de ces égalitez , j'establis d'autres regles plus courtes & plus geometriques , pour découvrir immediatement ces racines , lorsqu'elles sont commensurables. Et de plus , on n'est pas assuré en cherchant par la methode precedente les racines 3e. 5e. 7e. ou autres, des binomes qu'on veut resoudre, si les grandeurs qu'on découvre sont veritablement les racines qu'on cherche. Il faut pour s'en assurer des éleve

u degré de la puiſſance du binome à reſoudre, & voir ſi elles rendent ce binome, ou ſi elles ne le rendent pas. En quoi l'eſprit n'eſt pas éclairé.

Ce que nous avons dit de la reſolution des quadrinomes, ſeptinomes & autres ſemblables, a le même defaut.

Je ne dis rien de l'approximation des racines des binomes ou multinomes. Car il n'y aura perſonne de ceux qui ſeront arrivez juſques à la fin de ce Quatrième Livre, & qui ſçauront bien les principes de toutes les matieres principales que nous avons déja traittées, qui ne voye facilement qu'en cherchant les racines approchées des parties du binome ou multinome, & réduiſant ces parties en une ſomme, cette ſomme ſera la racine approchée de tout le binome ou multinome propoſé.

ELEMENS
DES
MATHEMATIQUES

LIVRE CINQUIÉME.

DE LA COMPARAISON DES GRANDEURS,
ET DE LEURS RAPPORTS.

N OUS *avons enseigné dans les Livres precedens la maniere d'operer sur les differens rapports des grandeurs, & nous enseignerons dans celui-ci les proprietez de ces rapports dont la connoissance & l'usage sont les plus importans pour les Mathematiques.*

I.   On sçait déja que comme la comparaison des grandeurs est un rapport de ces grandeurs, ainsi la comparaison des rapports est un rapport de ces rapports, & que la comparaison des rapports de rapports est un rapport de ces rapports de rapports. Et ainsi des autres à l'infini. Or tous ces rapports ont une égalité ou inégalité entr'eux, & leur inégalité se peut toûjours réduire à l'égalité, si l'on retranche des plus grands l'excez qui les empesche d'égaler les plus petits, ou si l'on ajoûte aux plus petits ce qui leur manque pour égaler les plus grands.

II.   De toutes ces égalitez celles qui se trouvent entre des grandeurs en partie connuës & en partie inconnuës, sont les expressions ordinaires de tous les problemes ou questions que l'on propose sur les grandeurs. C'est pour cela que nous avons jugé qu'il estoit à propos de parler ici des problemes & des égalitez qui les expriment, non seulement pour éclaircir les démonstrations de ce Sixiéme Livre, mais encore pour faire voir que ces égalitez ont une liaison si estroite avec les rapports, qu'elles ne sont proprement qu'une même chose énoncée differemment, & envifagée fous differens coftez.

DES PROBLEMES.

Tous les Problemes qui regardent les grandeurs, & qu'on fe propofe de III.
réfoudre doivent toûjours renfermer des grandeurs connuës avec les rapports
connus de ces grandeurs à quelques autres. Car fi tout eftoit connu dans ces
Problemes, on auroit leur refolution, & ainfi il feroit inutile de la chefcher;
& fi tout en eftoit incoûnu, ne connoiffant aucun milieu pour arriver à leur
refolution, il feroit impoffible de les refoudre. Si par exemple on me demandoit le nombre qui eft égal à 6 & double de 3, il eft bien vifible que
celui qui me feroit une femblable demande, y répondroit en même temps,
puifque le nombre connu 6 eftant égal à lui-même eft double de 3. Mais fi
cette perfonne me demandoit le nombre qu'elle a dans fa penfée, fans me
rien déterminer davantage; ne pouvant deviner la penfée de cette perfonne,
& n'ayant rien qui me puiffe fervir de principe, ni d'où je puiffe déduire par
des raifonnemens fuivis la connoiffance de ce qu'on me demande, la refolution
m'en eft tout-à-fait impoffible. Ce n'eft donc point à ces fortes de queftions
ou problemes qu'on doit chercher quelque réponfe, c'eft feulement à ceux
où l'on envelope des grandeurs, & des rapports de grandeurs, qui ayant quelque chofe de connu, ont auffi quelque chofe d'inconnu.

Lorfqu'un probleme ne fuppofe point de contradiction, & qu'il eft IV.
poffible, on l'appelle *un probleme réel*. On demande par exemple qu'un
nombre pofitif plus 3 faffe 5, ce nombre qu'on demande eft 2, car 2+3=5,
& le probleme eftant poffible, on l'appelle réel.

Mais lorfqu'un probleme fuppofe quelque contradiction, & qu'il eft V.
impoffible, on l'appelle *un probleme imaginaire*. On demande par exemple
qu'un nombre pofitif plus 5 faffe 3, ce nombre eft impoffible à trouver, & le
probleme enfermant une contradiction, on dit qu'il eft imaginaire, car c'eft
vouloir que la partie d'un tout foit égale ou plus grande que fon tout.

Si ces problemes font tels que l'on y fuppofe quelque grandeur inconnuë VI.
& confiderée comme lineaire égale à d'autres grandeurs entierement connuës,
on les appelle *problemes fimples*.

Si par exemple on demande quelle grandeur eft égale aux nombres
$\frac{1}{2}$, $\frac{1}{3}$, & $\frac{1}{4}$; comme on connoît tous les nombres $\frac{1}{2}$, $\frac{1}{3}$, $\frac{1}{4}$, qui font égaux
à la grandeur inconnuë qu'on demande, le probleme eft appellé fimple.

Mais fi quelque produit entierement inconnu eft fuppofé égal ou inégal VII.
à d'autres produits, qui ayent même degré que le produit inconnu, & dans
lefquels le connu fe trouve envelopé avec l'inconnu, plus ou moins d'autres
produits entierement connus, on les appelle *problemes compofez*.

Si par exemple on demande quel eft un quarré égal au plan fait de fa
racine par 4+6, plus ou moins un autre plan fait de 4 par 6, le quarré qu'on
demande eft tout inconnu, le plan fait de fa racine par 4+6 eft un produit,
où la racine du quarré inconnu, qui eft pareillement inconnuë, fe trouve
envelopée avec le connu 4+6, & enfin le plan de 4 par 6 eft un produit
entierement connu. Ce probleme eft appellé compofé.

T iij

VIII.   Or il peut y avoir des problemes compofez de plus en plus à l'infini, parceque les rapports du connu à l'inconnu peuvent eftre cachez & envelopez de plus en plus à l'infini. La partie des Mathematiques qui nous apprend à déveloper ces fortes de rapports, eft celle que nous appellons *Analyfe*, d'un mot Grec qui fignifie refolution. Les principales de fes regles font celles-ci.

Premiere Regle.

IX.   Lorfqu'un Probleme eft propofé, la premiere chofe qu'on doit faire pour commencer à le réfoudre, c'eft de confiderer attentivement l'eftat de la queftion, & toutes les conditions qu'elle renferme, & de bien diftinguer tout ce qu'on peut d'abord y connoître, de ce que l'on n'y connoît pas encore.

Seconde Regle.

X.   Enfuite il faut marquer exactement toutes les grandeurs qui font les termes de la queftion, par les caracteres des nombres ou des lettres de l'alphabeth.

XI.   Celles de ces grandeurs que l'on connoît feront exprimées par les caracteres des nombres qui marquent le rapport qu'elles ont avec l'unité, ou plûtoft par les premieres lettres a, b, c, d; &c. fur tout fi les problemes font difficiles à réfoudre; car il y a deux avantages fort confiderables à exprimer ainfi par a, b, c, d; &c. les grandeurs qui font connuës. Le premier, c'eft qu'on abrege beaucoup la longueur & le travail de fes operations; & le fecond, c'eft que les refolutions qu'on découvre font fi univerfelles qu'elles peuvent iervir de formules ou de modeles generaux & fenfibles pour réfoudre les queftions infinies de même efpece que celles qu'on aura réfoluës.

Mais pour les autres grandeurs que l'on ne connoît pas encore; elles feront exprimées par les dernieres lettres z, y, x, v, &c. Or quoique la methode la plus generale foit toûjours d'exprimer chacune de ces grandeurs par une lettre inconnuë qui ne marquera qu'elle feule, cependant il eft toûjours avantageux d'en pouvoir exprimer plufieurs, fans employer plus d'une lettre inconnuë, comme on le peut faire en plufieurs rencontres. Car fi par exemple deux grandeurs inconnuës ont la grandeur connuë a pour leur difference, appellant z la plus grande inconnuë, la plus petite peut eftre appellée $z - a$, puifqu'on fuppofe qu'il s'en manque a qu'elle ne foit égale à la plus grande. Et fi l'on appelle z la plus petite, la plus grande par la même fuppofition pourroit eftre appellée $z + a$. De forte qu'employant la feule inconnuë z, l'on exprime cependant deux grandeurs inconnuës, qui ont a pour leur difference.

Troisiéme Regle.

XII.   Chaque grandeur ayant receu fa dénomination felon la regle precedente, on confidere le probleme comme eftant déja refolu, & l'on tire autant d'égalitez des fuppofitions que l'on y a faites, que l'on employe de lettres inconnuës pour exprimer tous fes termes. Peut-eftre que ces regles s'entendront mieux par un exemple.

Exemple.

Supposons qu'on nous ait donné un tel probleme à resoudre. Les âges de deux personnes font 100 années, l'âge du premier surpasse de 40 années l'âge du second; l'on demande quel est l'âge de chaque personne?

Pour commencer à le resoudre, 1°. J'examine attentivement selon la premiere regle, quel est l'estat de la question, & je reconnois qu'elle renferme deux conditions, ausquelles en satisfaisant la question est resoluë; la premiere de ces conditions, c'est de trouver deux nombres qui soient égaux à 100; & la seconde, c'est qu'il faut que le plus grand de ces deux nombres surpasse le plus petit de 40.

2°. Je donne donc selon la seconde de nos regles un nom à chacun de ces deux nombres. Or si j'appelle z le plus petit des deux âges, le plus grand, par la seconde des suppositions qu'on a faites, sera $z+40$, car cette supposition demande que le plus grand âge surpasse le plus petit de 40. Ainsi les deux âges seront, le premier $z+40$, & le second z.

3°. Chaque âge ayant ainsi receu son nom, je suppose selon la troisiéme regle que le probleme est déja resolu, & je tire autant d'égalitez des suppositions qu'on y a faites, que j'employe de lettres inconnuës pour exprimer les deux âges. Or n'employant pour cette expression qu'une seule inconnuë qui est z, je n'ai aussi qu'une égalité à chercher, & je la trouve en raisonnant ainsi. La somme des deux âgez $z+40$ & z, est $2z+40$. Or par la premiere supposition qu'on a faite, cette somme doit égaler 100 années, j'ai donc l'égalité cherchée $2z+40=100$. Où il faut remarquer qu'ayant employé la seconde supposition pour dénommer les deux grandeurs z & $z+40$, j'employe la premiere supposition qui me reste pour former mon égalité $2z+40=100$. Car il faut toûjours prendre garde que les mêmes suppositions qui servent à dénommer quelque grandeur, ne doivent point servir pour en tirer des égalitez.

premier âge,	second âge,	somme des deux âges,	égalité cherchée.
$z+40$,	z,	$z+40+z$, ou $2z+40$,	$2z+40=100$.

Les deux parties qu'on trouve en ces sortes d'égalitez de part & d'autre de leur signe $=$, en seront appellées les deux membres. Ainsi dans nostre égalité $2z+40=100$, $2z+40$ qui est devant le signe $=$, & 100 qui est aprés ce signe, font les deux membres de l'égalité.

Autre dénomination plus generale.

Mais supposons par la methode la plus generale de la seconde regle, que chacun des deux nombres inconnus soit exprimé par une lettre inconnuë qui ne marque que lui seul, & que le plus petit estant appellé z, le plus grand soit appellé y. Comme j'employe les deux inconnuës z & y afin de marquer les deux âges, je dois aussi selon la troisiéme regle, tirer des suppositions que l'on fait au probleme, deux égalitez differentes qui en puissent marquer toutes les conditions. Or je le fais en raisonnant ainsi. La somme des deux

âges z & y, eſt $z+y$. Or par la premiere ſuppoſition cette ſomme doit
égaler 100 années ; j'ai donc pour premiere égalité $z+y=100$.

le plus petit âge,   le plus grand,   la ſomme des deux,   premiere égalité.
         z, y, $z+y$, $z+y=100$.

Or par la ſeconde ſuppoſition y, c'eſt à dire les années de la premiere
perſonne ſurpaſſent de 40 celles de la ſeconde, qui ſont appellées z, ſi donc
j'ajoûte à z les 40 années qui lui manquent pour égaler y, j'égalerai ces
deux grandeurs , & j'aurai pour la ſeconde égalité cherchée $z+40=y$.

le plus petit âge,   le plus grand,   leur difference,   ſeconde égalité.
         z, y,   40, $z+40=y$.

XIII.

    Mais ſoit que l'on n'ait qu'une égalité ſeule en n'employant qu'une ſeule
lettre inconnuë ; ſoit qu'on en ait pluſieurs en employant pluſieurs de ces
lettres ; toutes les conditions du probleme ne laiſſent pas d'eſtre auſſi bien
renfermées dans l'égalité qui eſt ſeule , que dans les autres qui ſont en plus
grand nombre. Et pour le voir par noſtre exemple , l'égalité ſeule
$2z+40=100$, qui n'a que la ſeule lettre inconnuë z, renferme la premiere
condition du probleme, qui demande que les deux âges égalent 100 années;
Et la même égalité $2z+40=100$ renferme auſſi la ſeconde condition du
probleme, qui demande que le premier âge ſurpaſſe le ſecond de 40 années,
car comme on l'a dit auparavant, $z+40$ eſt la ſomme des deux nombres
inconnus $z+40$ & z, dont le premier ſurpaſſe le ſecond de 40.

    Pour les deux autres égalitez $z+y=100$, & $z+40=y$; il eſt aſſez viſible
qu'elles renferment auſſi les deux mêmes conditions qui ſont déterminées
dans le probleme.

    D'où l'on peut tirer cette conſequence , que l'égalité qui eſt ſeule & qui
n'a qu'une lettre inconnuë ; peut autant ſervir pour réſoudre le probleme,
que toutes les autres qui en ont pluſieurs. Elle peut même y ſervir davantage, parceque s'il y en a pluſieurs, on eſt obligé, comme on verra plus
bas ; de les réduire toutes à une ſeule qui n'ait qu'une lettre inconnuë. Or
quand on eſt arrivé à l'égalité ſeule , voici comment l'on continuë la réſo-
lution du probleme.

QUATRIE'ME REGLE.
*Pour la reſolution des problemes qui ſont réduits à une ſeule égalité,
dans laquelle il n'y a qu'une lettre inconnue.*

XIV.

    L'on ajoûte ou l'on retranche des grandeurs égales de chacun de ſes
membres ; ou bien l'on multiplie , ou l'on diviſe également chacun de ces
membres ; ou bien enfin l'on tire de chacun des racines égales. Et ces operations ſe continuent juſques à ce qu'on ait tout l'inconnu ſeul d'une part
& le connu de l'autre , en quoi l'on a auſſi la reſolution que l'on
cherche.

    L'on appelle ordinairement l'obſervation de cette regle , *réduction des
égalitez.* En voici des exemples.

LA

DE LA REDUCTION
PAR ADDITION.

Elle se fait en effaçant d'un membre ce qu'on y trouve avec le signe —, XV.
& l'écrivant dans l'autre avec le signe +.

Si par exemple on a l'égalité $y-20=50$, j'efface 20 du premier membre
où il est avec —, & je l'écris dans l'autre avec + ; aprés quoi je connois
que le nombre 70 entierement connu, est la valeur de l'inconnuë y.

$$y-20=50, \quad y-2\!\!\!/\,=50+20. \quad \text{Or } 50+20=70. \quad \text{Donc } y=70.$$

Démonstration. Les deux membres $y-20$ & 50 sont égaux entr'eux par
la supposition ; Or si à grandeurs égales on en ajoûte d'égales, les tous seront
égaux entr'eux. Ajoûtant donc à chacun des deux membres égaux $y-20$
& 50, le même nombre 20, les tous qui sont $y-20+20$, & $50+20$, seront
égaux entr'eux. Or $-20+20=0$. Donc
$y-20+20=y$: Or $50+20=70$. Donc
$y=70$. Ce qu'il falloit démontrer.

$$\begin{aligned} y-20 &= 50 \\ +20 &= +20 \\ \hline \textit{sommes } y \quad * \ &= 70 \end{aligned}$$

Par la même raison si $z-b=a$, l'on aura $z=a+b$. Et pareillement si
$a-z=0$, l'on aura $a=0+z$, c'est à dire $a=z$, car $0+z=z$, puisque zero
ne donne rien.

DE LA REDUCTION
PAR SOUSTRACTION.

Elle se fait en effaçant d'un membre ce qu'on y trouve avec le signe +, XVI.
& l'écrivant dans l'autre avec le signe —.

Si par exemple on a l'égalité $z+20=50$, j'efface 20 du premier membre,
où il est avec + ; & je l'écris dans l'autre avec — ; aprés quoi je connois
que le nombre 30 entierement connu, est la valeur de l'inconnuë z.

$$z+20=50, \quad z+2\!\!\!/\,=50-20. \quad \text{Or } 50-20=30. \quad \text{Donc } z=30.$$

Démonstration. Les deux membres $z+20$ & 50 sont égaux entr'eux par
la supposition ; Or si de grandeurs égales on en retranche d'égales, les restes
seront égaux entr'eux. Retranchant donc de chacun des deux membres égaux
$z+20$ & 50, le même nombre 20, les restes qui sont $z+20-20$, &
$50-20$, seront égaux entr'eux. Or $+20-20=0$. Donc $z+20-20=z$:
Or $50-20=30$. Donc $z=30$. Ce qu'il
falloit démontrer.

$$\begin{aligned} z+20 &= 50 \\ -20 &= -20 \\ \hline \textit{restes } z \quad * \ &= 30 \end{aligned}$$

Par la même raison, si $z+b=a$, l'on aura $z=a-b$. Et pareillement
si $a+z=0$, l'on aura $a=0-z$, c'est à dire $a=-z$, ou bien si l'on avoit
transposé a, en laissant $+z$ au premier membre où il est, l'on auroit

$+z = -a$. De forte que la grandeur z vaudroit moins que rien. Ce qui femble impoffible à concevoir, quoique cela ne foit pas fans exemple même dans le langage commun, puifqu'on dit d'un homme endebté, qu'il s'en faut vingt mille efcus qu'il n'ait un fol.

COROLLAIRE.

XVII. Il s'enfuit de tout ce que nous venons de dire que les grandeurs qu'on trouve également diftribuées dans chaque membre & fous un même figne, doivent y eftre effacées. Si par exemple on a l'égalité $z -a = b + c -a$, comme $-a$ fe trouve en chaque membre, il le faut effacer fans rien écrire, car fi l'on écrivoit $+a$ dans l'un ou l'autre membre, ou dans chacun des deux, il y auroit $-a + a$, ce qui feroit égal à rien.

Pareillement fi l'on réduit l'égalité $z -a + 3b = 2b + c -3a$, comme $-a + 2b$ fe trouvent en chaque membre, il les faut effacer, aprés quoi il refte $z + b = c -2a$, laquelle eftant réduite en effaçant $+b$ du premier membre, & l'écrivant au fecond avec le figne $-$, l'on trouve $z = c -2a -b$. Il en eft ainfi des autres.

$$z -a + 3b = 2b + c -3a$$
$$\text{Or } +a -2b = -2b \quad +a$$
$$\text{Donc } z \quad * + b = \quad * \quad c -2a$$
$$\text{Or} \quad -b = \quad -b$$
$$\text{Donc } z \quad * \quad * = \quad * \quad c -2a -b$$

DE LA REDUCTION
PAR MULTIPLICATION.

XVIII. Elle fe fait en multipliant toutes les parties de l'égalité par chaque fecond terme des fractions qui s'y trouvent.

Si par exemple on me propofe à réduire l'égalité $\frac{z}{3} = 6$, je multiplie chaque membre par 3, aprés quoi je connois que le nombre 18 entierement connu, eft la valeur de l'inconnuë z.

$$\frac{z}{3} = 6. \quad \text{Or } 3 \text{ fois } \frac{z}{3} = z, \text{ & } 3 \text{ fois } 6 = 18. \quad \text{Donc } z = 18.$$

Démonftration. Les deux termes $\frac{z}{3}$ & 6 font égaux entr'eux par la fuppofition : Or fi des grandeurs égales font également multipliées, les produits font égaux. Multipliant donc les deux termes égaux $\frac{z}{3}$ & 6 par le même nombre 3, les produits, qui font z & 18, feront auffi egaux entr'eux. Et c'eft ce qu'il falloit démontrer.

Par la même raifon, fi $\frac{z}{a} = b$, l'on aura $z = ab$. Et fi $\frac{zz}{b-c} = b + c$, effaçant $b -c$ du premier membre $\frac{zz}{b-c}$, il eft multiplié par $b -c$, & le produit eft z, il faudra donc auffi multiplier le fecond membre $b + c$ par $b -c$, afin d'avoir le produit $bb -cc$, & que l'égalité propofée foit réduite à $zz = bb -cc$.

Pareillement fi l'on avoit à réduire cette égalité $\frac{zz}{a} = \frac{ac+ab}{z}$, effaçant a du premier membre, il eft multiplié par a, & effaçant z du fecond membre, il eft multiplié par z; il refte donc à multiplier reciproquement, c'eft à dire en croix, le premier terme du second membre par a, & le premier terme du premier membre par z, afin d'avoir l'égalité proposée réduite à celle-ci $z^3 = a^3 + abb$.

$$\frac{z^3,\ zz}{a} \times \frac{aa+ab,\ a^3+abb}{z}$$

Premier Corollaire.

XIX. Si les deux membres de l'égalité font divisez chacun par une même grandeur, il ne faut que l'effacer de part & d'autre fans rien multiplier par elle. Ainfi pour réduire $\frac{zz}{a} = \frac{aa-bb}{a}$, effaçant a de part & d'autre, l'on aura $zz = aa - bb$.

Et pour réduire $\frac{z^3}{aa-bb} = \frac{ab+bc}{a+b}$, chacun de fes membres eft divifé par $a+b$. Car le premier eft divifé par $aa-bb$, qui eft le produit de $a+b$ par $a-b$; effaçant donc $a+b$ de chaque membre, ce qui fe fait en divifant par $a+b$ le fecond terme $aa-bb$ de la première fraction, & lui laiffant pour fecond terme l'expofant trouvé $a-b$; & effaçant enfuite $a+b$ de la feconde fraction, l'égalité proposée fera réduite à $\frac{z^3}{a-b} = ab+bc$. Et cette égalité nouvelle fe réduira en effaçant $a-b$ de fon premier membre, ce qui fait z^3, & multipliant par $a-b$ le fecond membre, afin d'avoir pour produit $aab+abc-abb-bbc$, & que l'égalité foit enfin réduite à celle-ci qui eft fans fraction $z^3 = aab+abc-abb-bbc$.

Second Corollaire.

XX. Toute égalité dont chaque membre eft une fraction, fe peut réduire à une autre qui foit fans fraction, fi l'on multiplie en croix le premier terme de la première fraction par le fecond de la feconde, & le premier terme de la feconde par le fecond de la première. Car en ceci l'on ne fait que donner un même fecond terme aux deux fractions égales fans changer leur valeur, aprés quoi l'on efface de part & d'autre le fecond terme qu'on leur a donné, ce qui ne trouble point leur égalité par le Corollaire qui precede.

Suite de la Reduction par Multiplication.

XXI. Cette maniere de réduire les égalitez en multipliant également chacun de leurs membres, nous fert encore pour les délivrer des grandeurs incommenfurables qui peuvent s'y trouver. Soit par exemple $\sqrt{z} = 3$, puifque ces deux grandeurs font égales, leurs quarrez, ou leurs cubes, &c. feront pareillement égaux. Si donc on multiplie quarrément chaque membre, l'on aura $z = 9$.

Par la même raifon, fi $\sqrt{z} = \sqrt{aa-bb}$, l'on aura $z = aa-bb$. Et fi pareillement l'on avoit $\sqrt{C.zz} = \sqrt{C.a^3+b^3}$, l'on aura $zz = a^3+b^3$.

DE LA REDUCTION

par Division.

XXII. Elle fe fait en divifant toutes les parties de l'égalité par les grandeurs connuës qui multiplient les termes inconnus.

Si par exemple on me propose à réduire l'égalité $9z=144$, je divise chaque membre par 9, après quoi je connois que le nombre 16 entierement connu, est la valeur de l'inconnue z.

$$9z=144. \quad \text{Or } \tfrac{9z}{9}=z, \ \& \ \tfrac{144}{9}=16. \quad \text{Donc } z=16.$$

Démonstration. Les deux termes $9z$ & 144 sont égaux entr'eux par la supposition. Or si des grandeurs égales sont également divisées, les exposants sont égaux. Divisant donc les deux termes égaux $9z$ & 144, par le même nombre 9, les exposants, qui sont z & 16, seront aussi égaux entr'eux. Ce qu'il falloit démontrer.

Par la même raison, si $az=bc$, l'on aura $z=\frac{bc}{a}$. Et si $bzz-czz=bb-cc$, le premier membre divisé par $b-c$ a pour exposant zz, & le second divisé pareillement par $b-c$, a $b+c$ pour exposant, de sorte que l'égalité proposée se trouve réduite à $zz=b+c$.

C O R O L L A I R E.

XXIII.   Si les deux membres de l'égalité se trouvent multipliez chacun par les mêmes grandeurs, on les effacera de part & d'autre. Ainsi pour réduire $azz=aaz+abz$, effaçant az de part & d'autre, l'on aura $z=a+b$. Pareillement si l'on avoit $z^4=abzz+cdzz$, effaçant zz de part & d'autre, l'égalité sera réduite à $zz=ab+cd$.

Et pour réduire $aaz^3-bbz^3=ab^2c-b^3c+abc^3-bbc^3$, chacun de ses membres est multiplié par $a-b$. Divisant donc chacun par $a-b$, l'on a $az^3+bz^3=b^3c+bc^3$, laquelle estant divisée de nouveau par $a+b$, l'on trouve enfin $z^3=\frac{b^3c+bc^3}{a+b}$. En quoi l'on voit qu'il en est de même des égalitez que des fractions, car les unes & les autres se réduisent à leurs moindres termes afin d'estre mieux connuës.

DE LA REDUCTION
PAR EXTRACTION DES RACINES.

XXIV.   Elle se fait en tirant également les racines de part & d'autre. Si par exemple on a $zz=144$, la racine quarrée estant tirée de part & d'autre, l'on trouvera que $z=12$.

$$zz=144. \quad \text{Or } \sqrt{zz}=z, \ \& \ \sqrt{144}=12 \quad \text{Donc } z=12.$$

La démonstration est évidente. Car si des quarrez ou des cubes &c. sont égaux entr'eux, leurs racines quarrées, ou cubiques, &c. seront pareillement égales. Or les quarrez zz & 144 sont égaux entr'eux. Donc z & 12 qui en sont les racines seront égales entr'elles. Ce qu'il falloit démontrer.

Par la même raison, si $zz=aa+2ab+bb$, l'on aura $z=a+b$. Et si $zz=aa+bc+2a\sqrt{bc}$, l'on aura $z=a+\sqrt{bc}$. Comme pareillement si

$$zz=-\tfrac{1}{2}a+\sqrt{\tfrac{1}{4}aa+bb}, \ \text{l'on aura } z=\sqrt{-\tfrac{1}{2}a+\sqrt{\tfrac{1}{4}aa+bb}}.$$

De même si $z^3=\tfrac{1}{2}q+\sqrt{\tfrac{1}{4}qq+\tfrac{1}{27}p^3}$, l'on aura $z=\sqrt{C.}\,\tfrac{1}{2}q+\sqrt{\tfrac{1}{4}qq+\tfrac{1}{27}p^3}$.

Suite des Réductions precedentes.

Tous les exemples precedens font affez voir que la feule fin des ré- XXV.
ductions n'eft que pour dégager tout l'inconnu des grandeurs connuës avec
lefquelles il fe trouve envelopé, afin que reftant feul d'une part, fon égalité
avec les grandeurs connuës qui font de l'autre part, puiffe eftre immediatement concluë. C'eft pourquoi, lorfqu'on a d'une part tout l'inconnu dégagé
du connu, il ne faut plus faire aucune operation, quand même il y auroit des
fractions de l'autre part. Car autrement ce feroit enveloper de nouveau
l'inconnu avec le connu, duquel il fe trouve dégagé. Si par exemple j'avois
l'égalité $zz = \frac{aa}{bb - c}$, j'aurois tort fi je voulois ofter la fraction du fecond
terme, en effaçant $bb - cc$ de ce terme, & multipliant le premier zz qui eft
entierement inconnu, par $bb - cc$ qui eft entierement connu.

Mais fi j'avois $zz = \frac{aab + abb}{z}$, parcéque z qui divife le fecond terme, eft
inconnuë, je ferois obligé de multiplier le premier terme par z, aprés-quoi
l'égalité feroit réduite à $z^3 = aab + abb$.

Application des regles precedentes.

Au refte afin que l'on voye mieux l'ufage des regles precedentes, fur tout
de la quatriéme, & des réductions dont nous venons d'expliquer les principaux fondemens, & de démontrer la pratique; on en fera l'application fur
les queftions fuivantes.

Premiere Queftion.

Les âges de deux perfonnes font 100 années, & le premier âge furpaffe
le fecond de 40 années. Quel eft chacun de ces deux âges?

Soit le plus petit âge appellé z. Donc par la feconde fuppofition le plus
grand âge fera $z + 40$, puifqu'il doit furpaffer l'autre de 40 années. Or par
la premiere fuppofition, la fomme des deux âges doit égaler 100 années; j'ai
donc l'égalité $zz + 40 = 100$. Or pour la réfoudre, en réduifant tout l'inconnu feul d'une part, & laiffant le connu feul qui lui eft égal de l'autre part,
j'ofte 40 de chacun des deux membres, & j'ai $zz = 60$, dont chaque membre
eftant divifé par 2, je trouve enfin que $z = 30$. Le fecond âge eft donc 30
années, & le premier $30 + 40$, c'eft à dire 70 années; & la queftion eft refoluë. Car ces deux nombres 70 & 30 font égaux à 100, & le plus grand
furpaffe le plus petit de 40.

fecond âge,	premier âge,	leur fomme,	leur égalité.
z,	$z + 40$,	$zz + 40$,	$zz + 40 = 100$.

Réduction par fouftraction,	Reduction par divifion, & refolution.
Donc $zz = 60$,	Donc $z = 30$, & $z + 40 = 70$.

Autre Refolution.

La queftion peut auffi fe réfoudre fi l'on nomme autrement les deux âges,
en commençant par le plus grand en cette forte. Soit le plus grand âge
appellé y, le plus petit fera donc $y - 40$ par la feconde fuppofition, puifqu'il

s'en faut 40 années qu'il n'égale le plus grand. Or par la première suppo
sition la somme des deux âges égale 100 années ; j'ai donc l'égali
$2y - 40 = 100$. Or pour la resoudre j'ajoûte 40 à chaque membre, & j'
$2y = 140$, dont chaque membre estant divisé par 2, je trouve enfin que
$y = 70$. Le premier âge est donc 70 années, & le second $70 - 40$, c'est à
dire 30 années. Et la question est resoluë.

premier âge,	*second âge,*	*leur somme,*	*égalité,*
y,	$y - 40$,	$2y - 40$;	$2y - 40 = 100$.

Reduction par addition,	*Reduction par division & resolution.*
Donc $2y = 140$.	Donc $y = 70$, & $y - 40 = 30$.

Seconde Question.

Les âges de trois personnes font 100 années, le premier âge surpasse le
second de 24 années, & le second surpasse le troisiéme de 20 années. Quel
est chacun de ces trois âges.

Soit le troisiéme & le plus petit âge appellé z, le second sera donc $z + 20$,
par la troisiéme supposition, puisqu'il doit surpasser le troisiéme âge z de 20
années. Or par la seconde supposition le premier âge doit surpasser le second
$z + 20$ de 24 années, le premier âge sera donc $z + 44$. Or par la premiere
supposition la somme des trois âges z, $z + 20$, & $z + 44$, doit estre égale à
100 années ; j'ai donc l'égalité $3z + 64 = 100$. Et afin de la resoudre, j'oste
64 de chaque membre, & j'ai $3z = 36$, dont chaque membre estant divisé
par 3, je trouve enfin que $z = 12$, le troisiéme âge est donc 12 années, le
second 32, & le premier 56.

troisiéme âge,	*second âge,*	*premier âge,*	*leur somme,*	*égalité.*
z,	$z + 20$;	$z + 44$,	$3z + 64$,	$3z + 64 = 100$.

Réduction par soustraction.	*Réduction par division, & resolution.*
Donc $3z = 36$.	Donc $z = 12$, $z + 20 = 32$, & $z + 44 = 56$.

Autre Resolution.

La question peut aussi se resoudre si l'on nomme autrement les trois âges
en cette sorte. Soit le premier & le plus grand âge appellé y, le second sera
donc $y - 24$ années par la seconde supposition, & le troisiéme $y - 44$ par
la troisiéme supposition. Or il faut par la premiere que les trois âges fassent
100 années, l'égalité sera donc $3y - 68 = 100$. Or afin de la resoudre j'ajoûte
68 à chaque membre, & j'ai $3y = 168$, dont chaque membre estant divisé
par 3, je trouve enfin que $y = 56$, le premier âge est donc 56 années, le second
32, & le troisiéme 12.

premier âge,	*second âge,*	*troisiéme âge,*	*leur somme,*	*égalité.*
y,	$y - 24$;	$y - 44$,	$3y - 68$,	$3y - 68 = 100$.

réduction par addition,	*réduction par division, & resolution.*
Donc $3y = 168$.	Donc $y = 56$, $y - 24 = 32$, & $y - 44 = 12$.

COROLLAIRE.

Or la raifon pourquoi je n'ai pas refolu d'abord la queftion en cette feconde maniere, bien qu'elle femble un peu plus naturelle, c'eft que la dénomination des grandeurs fe doit plûtoft faire en commençant par les plus petites que par les plus grandes, parceque l'égalité trouvée en cette forte eft plus facile à refoudre. Car il eft bien vifible que l'égalité $3z + 64 = 100$, eft plus facile à refoudre que $3y - 68 = 100$, puifque l'une fe réduit à $3z = 36$, qu'on peut divifer plus facilement par 3, que $3y = 168$ à qui l'autre eft réduite.

Troifiéme Queftion.

Les âges de trois perfonnes font 144 années, le premier a trois fois l'âge du fecond, & le fecond a deux fois l'âge du troifiéme. Quel eft chacun de ces trois âges ?

Soit le troifiéme & le plus petit âge appellé z, le fecond fera donc $2z$ par la troifiéme fuppofition, puifqu'il doit avoir deux fois le troifiéme âge z. Or par la feconde fuppofition le premier âge doit avoir 3 fois le fecond $2z$, cet âge fera donc $6z$. Or la fomme des trois âges z, $2z$, & $6z$, doit eftre égale à 144 années par la premiere fuppofition, j'ai donc l'égalité $9z = 144$. Et afin de la refoudre, je divife chaque membre par 9, & j'ai enfin $z = 16$. Le troifiéme âge eft donc 16 années, le fecond 2 fois 16, ou 32, & le premier eft 3 fois 32, ou 96. Et la queftion eft refoluë.

troifiéme âge,	fecond âge,	premier âge,	leur fomme,	égalité.
z,	$2z$,	$6z$,	$9z$,	$9z = 144$.

réduction par divifion, & refolution.
Donc $z = 16$, $2z = 32$, & $6z = 96$.

Autre Réfolution.

La queftion fe peut auffi refoudre, fi l'on nomme autrement les trois âges en cette forte. Soit le premier & le plus grand âge appellé y, le fecond fera donc $\frac{1}{3}y$ par la feconde fuppofition, puifque cet âge fe doit trouver 3 fois dans y. Or par la troifiéme fuppofition, le fecond âge $\frac{1}{3}y$ doit avoir deux fois le troifiéme, le troifiéme âge fera donc $\frac{1}{6}y$, car 2 fois $\frac{1}{6}y = \frac{1}{3}y$. Les trois âges feront donc y, $\frac{1}{3}y$, & $\frac{1}{6}y$, & leur fomme $\frac{3}{2}y$. Or cette fomme doit égaler les 144 années par la premiere fuppofition, j'aurai donc l'égalité $\frac{3}{2}y = 144$. Et pour la refoudre, je multiplie chaque membre par 2, & j'ai $3y = 288$, dont chaque membre eftant divifé par 3, je trouve enfin que $y = 96$, le premier âge y eft donc 96 années, le fecond 32, & le troifiéme 16. Et la queftion eft refoluë.

premier âge,	fecond âge,	troifiéme âge,	leur fomme,	égalité.
y,	$\frac{1}{3}y$,	$\frac{1}{6}y$,	$\frac{3}{2}y$,	$\frac{3}{2}y = 144$.

réduction par multiplication,	réduction par divifion, & réfolution.
Donc $3y = 288$.	Donc $y = 96$, $\frac{1}{3}y = 32$, & $\frac{1}{6}y = 16$.

Corollaire.

XXVI. Cette seconde maniere nous confirme encore que la dénomination des grandeurs doit ordinairement se commencer plûtost par les plus petites que par les plus grandes, afin d'éviter les fractions, & de rendre ainsi ses operations plus faciles à faire.

Quatriéme Question.

L'on dit qu'une mere a quatre fois l'âge de son enfant, & que le produit de leurs âges fait 100 années. Et l'on demande quel est chacun de ces deux âges.

Soit l'âge de l'enfant appellé z, l'âge de sa mere sera donc $4z$ par la premiere supposition, & le produit de ces deux âges sera $4zz$. Or par la seconde supposition ce produit doit estre égal à 100 années, j'ai donc l'égalité $4zz = 100$. Et pour la resoudre, je divise chaque membre par 4, & j'ai $zz = 25$, d'où tirant également la racine quarrée de chaque membre, je trouve enfin que $z = 5$. L'âge de l'enfant est donc 5 années, & celui de sa mere 20.

petit âge,	grand âge,	leur produit,	égalité.
z,	$4z$,	$4zz$,	$4zz = 100$.

réduction par diuision, réduction par extraction de racine, & resolution.
Donc $zz = 25$. Donc $z = 5$, & $4z = 20$.

Regle Cinquié́me et Generale.

Pour la resolution des problemes qui sont exprimez par plusieurs égalitez, dans lesquelles il y a plusieurs lettres inconnuës.

XXVII. Lorsqu'on a trouvé par la troisiéme rege 12. S. autant d'égalitez, qu'on employe de lettres inconnuës pour l'expression de toutes les grandeurs.

1°. L'on cherche à découvrir par la quatriéme regle dans la premiere égalité, une valeur de la premiere inconnuë qui s'y trouve, exprimée par le moyen des autres grandeurs connuës ou inconnuës, & l'on substituë cette valeur à la place de l'inconnuë qui lui est égale, par tout où cette inconnuë se trouve dans les égalitez suivantes.

2°. L'on cherche en même sorte dans la premiere égalité, où l'on vient de substituer la valeur découverte, une valeur de la premiere inconnuë qui s'y trouve, exprimée par les autres grandeurs connuës ou inconnuës, & l'on substituë cette valeur à la place de l'inconnuë qui lui est égale, par tout où cette inconnuë se trouve dans les égalitez suivantes.

3°. L'on reïtere de nouveau une semblable operation par le moyen de la premiere des égalitez où l'on vient de substituer la valeur découverte. Et ainsi de suite, jusques à ce qu'on soit enfin arrivé à une égalité qui n'ait qu'une lettre inconnuë.

4°. Lorsqu'on a découvert cette égalité, on la resout par la quatriéme regle 14. S. & la valeur de son inconnuë estant ainsi entierement connuë, l'on l'on fubftituë cette valeur à la place de l'inconnuë qui lui eft égale, par tout où cette inconnuë fe trouve dans la derniere des égalitez qui precede, aprés quoi cette égalité n'a plus qu'une inconnuë.

5°. Lorſqu'on a cette égalité, on la refout par la maniere accoûtumée, de la quatriéme regle 14. S. & la valeur de ſon inconnuë eſtant ainſi entierement connuë, l'on ſubſtituë cette valeur à la place de l'inconnuë qui lui eft égale, par tout où cette inconnuë fe trouve dans l'égalité precedente. Aprés quoi cette égalité n'enferme plus qu'une lettre inconnuë. L'on refout donc cette égalité, & l'on ſubſtituë la valeur de ſon inconnuë, plus celle qu'on a dé- couverte avant elle, au lieu des inconnuës qui ſont égales à ces valeurs, dans l'égalité precedente. Ce qui donne une nouvelle égalité qui n'a qu'une lettre inconnuë. L'on reïtere de nouveau une ſemblable operation par le moyen de cette égalité trouvée. Et ainſi de ſuite en retrogradant, juſques à ce que l'on ſoit enfin arrivé à la connoiſſance de toutes les grandeurs inconnuës. Les exemples éclairciront ces regles.

Mais afin que l'on puiſſe mieux voir comme en ſuivant des voyes tout-à-fait differentes, l'on ne laiſſe pas d'arriver aux mêmes reſolu- tions, reprenons les deux premieres de nos queſtions precedentes.

Premiere Queſtion.

Les âges de deux perſonnes font 100 années, & le premier âge ſurpaſſe le ſecond de 40 années. Quel eft chacun de ces deux âges?

Soit le premier & le plus grand appellé y, & le plus petit z. Par la pre- miere ſuppoſition ces deux âges font 100 années, j'aurai donc pour pre- miere égalité $y+z=100$.

Or par la ſeconde ſuppoſition y doit ſurpaſſer z de 40 années. Si donc j'ajoûte à z les 40 années qui lui manquent pour égaler y, j'égalerai ces deux grandeurs, & j'aurai pour la ſeconde égalité $z+40=y$, ou bien en tranſpoſant 40, j'aurai $z=y-40$.

Cela eſtant, je refous ainſi la queſtion par le moyen de ces deux égalitez. 1°. Puiſque la premiere égalité eft $y+z=100$. Donc tranſpeſant z afin que l'inconnuë y reſte ſeule d'une part, j'aurai $y=100-z$, & $100-z$ ſera une valeur de y, exprimée par le moyen du nombre 100 entierement connu, & de l'inconnuë z. Je ſubſtituë donc cette valeur à la place de y qui lui eft égale dans la ſeconde égalité $z=y-40$, & j'ai $z=100-z-40$.

2°. Or cette égalité ne renfermant que la ſeule lettre inconnuë z, je la ré- duis par la quatriéme regle 14. S. & connoiſſant ainſi que 30 eft la valeur entierement connuë de z, je ſubſtituë cette valeur au lieu de z qui lui eft égale, dans l'égalité precedente $y=100-z$, & j'ai $y=100-30=70$. Les deux âges font donc 70 & 30, & la queſtion eft reſolue.

Premiere égalité $y+z=100$. Donc $y=100-z$.
Seconde égalité $z+40=y$. Donc $z=y-40=100-z-40$.
Or $z=100-z-40$ ſe réduit à $2z=60$.   Donc $z=30$.
Or $y=100-z$, & $100-z=100-30=70$.   Donc $y=70$.

Seconde Question.

Les âges de trois personnes font 100 années, le premier âge surpasse le second de 24 années, & le second surpasse le troisiéme de 20. Quel est chacun de ces trois âges?

Soit le premier & le plus grand âge appellé x, le second y, & le troisiéme z.

Par la premiere supposition ces trois âges font 100 années, j'aurai donc pour premiere égalité $x+y+z=100$.

Or par la seconde supposition, x est plus grand que y de 24 années, si donc j'oste de x les 24 années dont il surpasse y, j'égalerai ces deux grandeurs, & j'aurai pour seconde égalité $y=x-24$.

Or par la troisiéme supposition, le second âge y doit surpasser le troisiéme x de 20 années; si j'oste donc de y ces 20 années, j'aurai pour ma troisiéme égalité $z=y-20$.

Ensuite je resous ainsi la question par le moyen de ces trois égalitez. 1°. La premiere égalité est $x+y+z=100$. Donc transposant y & z, afin que l'inconnüe x reste seule d'une part, j'aurai $x=100-y-z$, je substitüe donc $100-y-z$ à la place de x qui lui est égale, dans les égalitez suivantes, c'est à dire seulement dans la seconde $y=x-24$, parceque x ne se rencontre point dans la troisiéme. Cette seconde égalité sera donc $y=100-y-z,-24$.

2°. Or cette égalité renfermant les deux lettres inconnües y & z, je réduis toute l'inconnüe y d'une part, en ajoûtant y à chaque membre, parcequ'elle est avec $-$ dans le second, j'ai donc par ce moyen $2y=76-z$, qui se réduit en divisant chaque membre par 2, à $y=38-\frac{1}{2}z$. Je substitüe donc $38-\frac{1}{2}z$ au lieu de y qui lui est égale, dans la troisiéme egalité qui reste & qui est $z=y-20$, & j'ai $z=38-\frac{1}{2}z,-20=18-\frac{1}{2}z$.

3°. Or cette egalité $z=18-\frac{1}{2}z$ ne renfermant que la seule inconnüe z, je la reduis par la quatriéme regle à $z=12$. Connoissant donc que 12 est la valeur de z, je substitue cette valeur au lieu de z qui lui est egale dans l'egalité precedente qui est $y=38-\frac{1}{2}z$, & j'ai $y=32$. Ensuite je substitue 12 valeur de z, & 32 valeur de y, au lieu de y & de z dans l'egalité precedente qui est $x=100-y-z$, ce qui me donne $x=100-32-12=56$. Les trois âges font donc 56, 32, & 12. Et la question est resolue.

Premiere egalité $x+y+z=100$.   Donc $x=100-y-z$.
Seconde egalité $y=x-24$.
Troisiéme egalité $z=y-20$.
        Or $x=100-y-z$.
Donc $y=100-y-z,-24=76-y-z$. Donc $2y=76-z$, & $y=38-\frac{1}{2}z$.
        Or $z=y-20$.
Donc $z=38-\frac{1}{2}z,-20=18-\frac{1}{2}z$. Donc $\frac{1}{2}z=18$. Donc $\frac{1}{2}z=6$, & $z=12$.
        Or $y=38-\frac{1}{2}z$, & $\frac{1}{2}z=6$.   Donc $y=32$.
    Or $x=100-y-z$, & $100-y-z=100-32-12=56$.   Donc $x=56$.

Troisiéme Question.

Trois personnes ont chacun un nombre d'écus, le premier & le second en ont 82 plus que le troisiéme, le premier & le troisiéme en ont 400 plus que le second, & le second & le troisiéme en ont 566 plus que le premier. Combien chacun a-t'il d'écus?

Pour rendre la question plus generale, & faire en sorte que sa resolution serve d'un modele general pour toute autre semblable, je rends mes grandeurs connuës $82 = a$, $400 = b$, & $566 = c$, & j'appelle le premier nombre inconnu des écus x, le second y, & le troisiéme z.

Or par la premiere supposition, le premier nombre d'écus x plus le second y ont a plus que le troisiéme z. J'aurai donc pour premiere egalité $x + y = z + a$.

De même par la seconde supposition $x + z$ ont b plus que le nombre y. J'aurai donc pour seconde egalité $x + z = y + b$.

Et la troisiéme supposition me donnera pareillement pour troisiéme egalité $y + z = x + c$.

Or ayant ces trois egalitez, je resous ainsi la question par leur moyen. 1°. $x + y = z + a$. Donc $x = z + a - y$. Je substitue donc $z + a - y$ à la place de x qui lui est egale dans la seconde egalité $x + z = y + b$, & dans la troisiéme $y + z = x + c$. Apres quoi je trouve au lieu de la seconde, $z + a - y, + z = y + b$, & au lieu de la troisiéme, $y + z = z + a - y, + c$.

2°. Or la seconde egalité $z + a - y, + z = y + b$ se réduit à $y = z + \frac{1}{2}a - \frac{1}{2}b$. Et la troisiéme $y + z = z + a - y, + c$ se réduit à $y = \frac{1}{2}a + \frac{1}{2}c$. C'est pourquoi connoissant par cette troisiéme egalité que $\frac{1}{2}a + \frac{1}{2}c$ est la valeur de y, je substitue cette valeur au lieu de y qui lui est égale dans la precedente qui est $y = z + \frac{1}{2}a - \frac{1}{2}b$, & j'ai en sa place $\frac{1}{2}a + \frac{1}{2}c = z + \frac{1}{2}a - \frac{1}{2}b$, qui se réduit à $z = \frac{1}{2}b + \frac{1}{2}c$. Ensuite je substitue $\frac{1}{2}a + \frac{1}{2}c$ valeur de y, & $\frac{1}{2}b + \frac{1}{2}c$ valeur de z, au lieu de y & de z dans l'egalité precedente $x = z + a - y$. Ce qui me donne enfin $x = \frac{1}{2}a + \frac{1}{2}b$. Les trois nombres d'écus sont donc $\frac{1}{2}a + \frac{1}{2}b = 241$, $\frac{1}{2}a + \frac{1}{2}c = 324$, & $\frac{1}{2}b + \frac{1}{2}c = 483$. Et la question est resoluë.

$$82 = a, \ 400 = b, \ \& \ 566 = c.$$

1ere egalité $x + y = z + a$. Donc $x = z + a - y$.

2e egalité $x + z = y + b$.

3e egalité $y + z = x + c$.

4e egalité $z + a - y, + z = y + b$. Donc $2z + a - b = 2y$, & $y = z + \frac{1}{2}a - \frac{1}{2}b$.

5e egalité $y + z = z + a - y, + c$. Donc $2y = a + c$, & $y = \frac{1}{2}a + \frac{1}{2}c$.

Or par la seconde egalité, $y = z + \frac{1}{2}a - \frac{1}{2}b$.

Donc $\frac{1}{2}a + \frac{1}{2}c = z + \frac{1}{2}a - \frac{1}{2}b$. Donc $z = \frac{1}{2}b + \frac{1}{2}c$.

Or par la premiere egalité $x = z + a - y$.

Donc $x = \frac{1}{2}b + \frac{1}{2}c + a - \frac{1}{2}a - \frac{1}{2}c$, c'est à dire $x = \frac{1}{2}a + \frac{1}{2}b$.

Or $a = 82$, $b = 400$, & $c = 566$.

Donc $\frac{1}{2}a + \frac{1}{2}b = 241$, $\frac{1}{2}a + \frac{1}{2}c = 324$, & $\frac{1}{2}b + \frac{1}{2}c = 483$.

Les calculs se font avec plus de facilité en appellant les grandeurs connues par les premieres lettres de l'alphabeth que par les caracteres des nombres qui valent ces grandeurs. Mais les calculs estant finis, au lieu de ces grandeurs connues a, b, c, &ç. desquelles on s'est servi pendant le cours de l'operation, il faut avoir soin de remettre les nombres qui sont egaux à ces grandeurs. Car autrement l'on ne pouroit distinctement connoître quelles sont les grandeurs inconnues que l'on vient de chercher.

Formule pour les Questions semblables.

La resolution de ce troisiéme exemple sert de formule pour toute autre question semblable, où l'on demande trois grandeurs dont la premiere & seconde ayent toute grandeur connue a plus que la troisiéme, la premiere & la troisiéme toute grandeur connue b plus que la seconde, & enfin la seconde & la troisiéme toute grandeur connue c plus que la premiere. Car alors, comme on vient de voir, la premiere de ces grandeurs qu'on demande sera toûjours $\frac{1}{2}a + \frac{1}{2}b$, la seconde $\frac{1}{2}a + \frac{1}{2}c$, & la troisiéme $\frac{1}{2}b + \frac{1}{2}c$.

Quatriéme Question.

Quatre personnes ont chacun un nombre d'écus; le premier, le second & le troisiéme en ont 50 plus que le quatriéme; le premier, second & quatriéme en ont 40 plus que le troisiéme; le premier, troisiéme & quatriéme en ont 30 plus que le second; & enfin le second, troisiéme & quatriéme en ont 20 plus que le premier. Combien chacun a-t'il d'écus?

Je suppose comme j'ai déja fait dans l'exemple precedent, que $50 = a$, $40 = b$, $30 = c$, & $20 = d$, & j'appelle le premier nombre inconnu des écus v, le second x, le troisiéme y, & le quatriéme z. Ensuite je tire des quatre suppositions qui sont dans la question, les quatre egalitez suivantes.

$$50 = a,\ 40 = b,\ 30 = c,\ \&\ 20 = d.$$

1ere egalité $v + x + y = z + a$. Donc $v = z + a - x - y$.
2e egalité $v + x + z = y + b$.
3e egalité $v + y + z = x + c$.
4e egalité $x + y + z = v + d$.

Or par la premiere je trouve $v = z + a - x - y$, mettant donc $z + a - x - y$ au lieu de v qui lui est égale dans les trois égalitez suivantes, j'aurai

pour 2e. $z + a - x - y, + x + z = y + b$. ou $2z + a - b = 2y$.

3e. $z + a - x - y, + y + z = x + c$. ou $2z + a - c = 2x$.

4e. $x + y + z = z + a - x - y, + d$ ou $2x + 2y = a + d$.

Or par la seconde egalité $2z + a - b = 2y$, je trouve $y = z + \frac{1}{2}a - \frac{1}{2}b$. Mettant donc $z + \frac{1}{2}a - \frac{1}{2}b$ au lieu de y qui lui est égale dans les deux égalitez suivantes, c'est à dire seulement dans la quatriéme égalité $2x + 2y = a + d$, parceque y ne se rencontre point dans la troisiéme qui est $2z + a - c = 2x$, j'aurai pour 4e. $2x, + 2z + a - b = a + d$, ou $2x + 2z = b + d$.

Or par la troisiéme égalité $2z + a - c = 2x$, je trouve $x = z + \frac{1}{2}a - \frac{1}{2}c$. Mettant donc $z + \frac{1}{2}a - \frac{1}{2}c$ au lieu de x qui lui est egale dans la quatriéme égalité $2x + 2z = b + d$, j'aurai $2z + a - c, + 2z = b + d$, c'est à dire

$4z = b + c + d - a$, qui se réduit à $z = \frac{1}{4}b + \frac{1}{4}c + \frac{1}{4}d - \frac{1}{4}a$.

C'est pourquoi mettant cette valeur de z entierement connuë dans l'égalité precedente $2x + 2z = b + d$, j'aurai $2x, + \frac{1}{2}b + \frac{1}{2}c + \frac{1}{2}d - \frac{1}{2}a = b + d$, c'est à dire $2x = \frac{1}{2}a + \frac{1}{2}b - \frac{1}{2}c + \frac{1}{2}d$, qui se réduit à $x = \frac{1}{4}a + \frac{1}{4}b - \frac{1}{4}c + \frac{1}{4}d$. Ensuite mettant les deux valeurs toutes connuës de x & de z par tout où ces grandeurs se trouvent dans l'egalité precedente $2x + 2y = a + d$, c'est à dire mettant seulement dans cette egalité la valeur de x, parceque z ne s'y rencontre point, j'aurai $2y = a + d, - \frac{1}{2}a - \frac{1}{2}b + \frac{1}{2}c - \frac{1}{2}d$, qui se réduit à $y = \frac{1}{4}a - \frac{1}{4}b + \frac{1}{4}c + \frac{1}{4}d$. Mettant enfin les valeurs découvertes des trois grandeurs x, y, & z, par tout où ces grandeurs se trouvent dans l'egalité precedente, ou v se trouve, c'est à dire dans l'egalité $v = z + a - x - y$, j'aurai $v = - + \frac{1}{4}a + \frac{1}{4}b + \frac{1}{4}c - \frac{1}{4}d$. Les quatre nombres d'écus sont donc $v = 25$, $x = 20$, $y = 15$, & $z = 10$. Et la question est resoluë.

Premiere Formule.

Si donc l'on demande quatre grandeurs dont les trois premieres surpassent la quatriéme de la grandeur a, les deux premieres & la quatriéme surpassent la troisiéme de la grandeur b, la premiere & les deux dernieres surpassent la seconde de la grandeur c, & enfin les trois dernieres surpassent la premiere de la grandeur d. Ces grandeurs seront toûjours celles-ci divisées chacune par 4.

$$\text{La 1}^{\text{ere}}\ \overline{a + b + c - d}. \qquad \text{La 2}^{\text{e}}.\ \overline{a + b - c + d}.$$
$$\text{La 3}^{\text{e}}.\ \overline{a - b + c + d}. \qquad \text{La 4}^{\text{e}}.\ \overline{- a + b + c + d}.$$

Seconde Formule.

L'on trouvera dans le même ordre que si l'on demande cinq grandeurs, dont les quatre premieres ayent a plus que la cinquiéme ; les trois premieres & la derniere ayent b plus que la quatriéme ; les deux premieres & les deux dernieres ayent c plus que la troisiéme ; la premiere & les trois dernieres ayent d plus que la seconde ; & enfin les quatre dernieres ayent e plus que la premiere. Ces grandeurs seront toûjours celles-ci divisées chacune par 6.

$$\text{La 1}^{\text{ere}}\ \overline{a + b + c + d - 2e}.\ \text{Là 2}^{\text{e}}.\ \overline{a + b + c - 2d + e}.\ \text{La 3}^{\text{e}}.\ \overline{a + b - 2c + d + e}.$$
$$\text{La 4}^{\text{e}}.\ \overline{a - 2b + c + d + e}. \qquad \text{La 5}^{\text{e}}.\ \overline{- 2a + b + c + d - e}.$$

Pareillement si l'on demandoit six grandeurs & que les excéz fussent a, b, c, d, e, & f ; l'on trouveroit de semblables sommes, lesquelles estant divisées chacune par 8, seroient les grandeurs cherchées. Et ainsi de suite à l'infini, en divisant ces sortes de sommes par le double du nombre de toutes les grandeurs qu'on demande moins 4. c'est à dire par 10 si l'on demande 7 grandeurs ; par 12 si l'on en demande 8 ; par 14, si l'on en demande 9, &c. Et dans chaque somme l'on retrancheroit alternativement 3 fois chaque difference, si l'on demandoit 6 grandeurs, 4 fois si l'on en demandoit 7, 5 fois si l'on en demandoit 8. &c.

X iij

ELEMENS
DE L'USAGE
DE LA METHODE GENERALE.

XXVIII. Les queſtions qui precedent & une infinité d'autres, ſe reſolvent plus facilement par d'autres voyes, & en employant moins de lettres inconnuës. Mais ces voyes ſont particulieres, & mon deſſein n'eſt de chercher ici que les plus generales. Or la methode d'exprimer chaque inconnuë par une lettre inconnuë eſt la plus generale de toutes. Car où les autres ſervent, elle eſt auſſi d'uſage ; & où l'on a de la peine à en trouver quelque autre, l'on en peut découvrir en la ſuivant, quoiqu'il ſoit inutile alors d'en trouver d'autre, puiſque ſi on l'obſerve elle ſuffira ſeule pour reſoudre le probleme qu'on propoſe. Et une ſeconde raiſon pour laquelle on doit encore la preferer aux autres methodes, c'eſt qu'elle ſuppoſe moins de connoiſſance dans l'eſprit de celui qui s'en ſert. Car tous ſes raiſonnemens ne ſont immediatement fondez que ſur les conditions portées par le probleme qu'on doit reſoudre, & toutes ſes déductions ne ſe tirent qu'en reſolvant les egalitez qu'on a formées, & mettant enſuite à la place de certaines grandeurs inconnuës, certaines valeurs exprimées differemment, mais qui leur ſont égales.

PREMIER ET PRINCIPAL COROLLAIRE DE L'ANALYSE.

XXIX. Et pour les formules qui ſuivent de nos reſolutions, elles font déja voir combien noſtre Analyſe eſt feconde non ſeulement pour découvrir les veritez qu'elle recherche, mais auſſi pour connoître avec autant de facilité que d'evidence, les progrez infinis que peuvent avoir ordinairement de ſemblables découvertes. Et cet avantage tout conſiderable qu'il eſt, lui convient ſi uniquement, que ce n'eſt pas tout-à-fait ſans raiſon que de tres-ſçavans hommes l'ont conſiderée & la conſiderent encore aujourd'hui comme la premiere & la plus noble partie des Mathematiques. Mais ce n'eſt pas ici le lieu d'examiner ſi leur ſentiment eſt bien fondé, ou s'il eſt mal fondé. Peut-eſtre en dirai-je quelque choſe au Livre ſuivant.

DE LA COMPOSITION
DES PROBLEMES EN GENERAL.

XXX. Pour avoir une idée generale de cette compoſition, il faut conſiderer que tout ce qu'il y a de plus difficile dans l'Analyſe, c'eſt de ſçavoir bien reſoudre les egalitez qu'on a découvertes. Car les problemes pouvant eſtre compoſez de plus en plus à l'infini, les egalitez qui les repreſentent, puiſqu'elles marquent toutes les conditions que l'on y renferme, feront auſſi compoſées de plus en plus à l'infini. Or en tout probleme, les raiſonnemens tirez de ce qu'on y connoît, font découvrir quelle eſt l'egalité ou l'inegalité des grandeurs inconnuës aux grandeurs connuës : Si donc ils ſont plus compoſez, les operations qu'il faut faire ſeront auſſi plus compoſées, & les raiſonnemens plus longs à déduire. Car ne pouvant conclure immediatement l'egalité ou l'inegalité qu'on cherche, il faut y arriver par d'autant plus de milieux que la compoſition des problemes eſt plus envelopée.

Si l'on suppose par exemple que $z = \frac{1}{2} + \frac{1}{3} + \frac{1}{4}$. Puisque $\frac{1}{2} + \frac{1}{3} + \frac{1}{4} = 1\frac{1}{12}$. Donc $z = 1\frac{1}{12}$. Ce probleme est simple, & il n'est pas difficile à resoudre, l'egalité de z avec $1\frac{1}{12}$ peut estre immediatement concluë.

Et si l'on suppose qu'un cube soit egal aux deux solides 2 & $\frac{11}{8}$, soit z la racine du cube. Donc par la supposition $z^3 = 2 + \frac{11}{8}$. Or $2 + \frac{11}{8} = \frac{27}{8}$, & parceque les cubes egaux ont leurs racines cubiques egales, $z = \frac{3}{2}$. Ce probleme est encore simple, quoique la grandeur inconnuë z^3 soit une troisiéme puissance, parceque l'inconnu n'entre point en composition avec le connu, & qu'il n'a pas differens degrez.

Mais si l'on suppose une autre grandeur dont le quarré soit egal à un plan composé de sa racine par $2 + 3$, moins un autre plan de 2 par 3. Prenant z pour la racine du quarré, je puis bien écrire selon la supposition $zz = 3z + 2z$, $- 2$ fois 3, c'est à dire $zz = 5z - 6$. Mais je n'apperçoi pas d'abord la valeur de z, ni celle aussi de son quarré zz. Ce probleme est composé, & les raisonnemens qui me feront conclure z égal à une grandeur connuë, me feront plus longs à déduire.

Si l'on suppose encore qu'un cube soit égal à un solide composé du quarré de la racine de ce cube par 9, moins un autre solide composé de la même racine par le plan 26, plus un solide égal à 24. Prenant z pour racine du cube, j'écrirai facilement selon la supposition $z^3 = 9zz - 26z + 24$, mais si l'on me demande quel est ce cube, & quelle en est la racine, je ne puis pas facilement répondre à cette question, car les raisonnemens qui peuvent me faire conclure l'égalité de z racine de ce cube à une grandeur connuë, sont plus longs à déduire, & je ne puis arriver mediatement à cette connoissance, il faut que j'y employe plusieurs milieux.

Or dans tous ces problemes & dans d'autres semblables, l'on peut XXXI. aisément voir que la difficulté de reduire tout l'inconnu seul d'une part & le connu de l'autre, vient de ce que l'inconnuë z est multipliée par soi-même, & de plus qu'elle est envelopée avec d'autres grandeurs connuës. Or plus cette inconnuë est ainsi multipliée par soi-même, & envelopée avec d'autres grandeurs connuës, plus le probleme est composé; La resolution en sera donc plus longue & plus difficile.

Ce n'est pas neanmoins que cette resolution se puisse autrement tirer que par nos réductions ordinaires, qui se font par le plus & par le moins, c'est à dire par toutes sortes d'additions & de soustractions simples ou composées, j'entends par additions composées toutes sortes de multiplications ou d'involutions des grandeurs, & par soustractions composées, j'entends toutes sortes de divisions ou de resolutions de puissances. Mais parceque si les egalitez qu'on veut resoudre, sont des egalitez composées, ces operations ne se font pas tout-à-fait de la même maniere que nous les avons faites dans nos réductions & resolutions precedentes, où nos egalitez ont toûjours esté simples, nous ne dirons rien dans ce Livre, ni dans celui qui suit de la nature des egalitez composées, ni comment il les faut resoudre. Nous reservons d'en traitter plus à fonds dans les Livres suivans.

Au reste l'on trouvera peut-estre à redire que je me sois aresté si long-temps à expliquer des choses trop faciles, si l'on a tant soit peu d'ouverture sur les Mathematiques ; mais j'ai crû le devoir faire pour arrester un peu ceux qui commencent, sur les fondemens principaux de toute l'Analyse, afin que s'en estant formé des idées tres-claires & tres-distinctes, ils pussent plus facilement dans la suite bien reconnoître ses usages, & l'appliquer plus methodiquement. Et de plus, je croy n'avoir rien expliqué qu'on ne doive sçavoir, & qui ne merite qu'on y fasse attention, si l'on veut bien appercevoir quel est en general l'ordre le plus naturel, selon lequel on doit se conduire pour arriver à la resolution des problemes.

DES PROPORTIONS ET PROGRESSIONS ARITHMETIQUES.

DEFINITIONS.

XXXII.   Tout excez ou difference suppose necessairement deux grandeurs, l'une plus grande & l'autre plus petite, & l'on appelle ces deux grandeurs les deux termes de la difference. Si 7 & 5 sont les deux grandeurs, leur difference est 7—5 ; & les deux nombres 7 & 5 sont les deux termes de la difference 7—5.

XXXIII.   L'usage a voulu que l'on appellaft l'egalité de deux differences, c'est à dire le rapport de deux differences egales, *proportion Arithmetique*. La difference de 7 à 5, ou 7—5, est la même que celle de 12 à 10, ou 12—10, & l'egalité de ces deux differences s'appelle proportion Arithmetique.

XXXIV.   Or chaque difference supposant deux termes, la proportion Arithmetique, qui renferme deux differences, en suppose necessairement quatre, & l'on dit que ces termes sont *arithmetiquement proportionnels*. L'on appelle aussi le premier terme *premier antecedent*, & le second *premier consequent*, le troisiéme *second antecedent*, & le quatriéme *second consequent*.

XXXV.   L'on appelle encore le premier & quatriéme terme *les deux extrêmes* de la proportion, & le second & troisiéme terme sont appellez *ceux du milieu*, ou *les moyens*.

XXXVI.   Si les deux moyens sont egaux, la proportion s'appelle continuë, & le terme qui tient la place de chacun des moyens, s'appelle *moyen arithmetiquement proportionel*.

PREMIER THEOREME.

XXXVII.   En toute proportion arithmetique, la somme des extrêmes est egale à la somme des moyens.

Démonstration. Soient *a, b, c,* & *d,* les quatre termes de toute proportion arithmetique, dont *a* & *d* soient les deux extrêmes, & *b* & *c* les deux moyens. Par la definition de la proportion arithmetique, il doit y avoir une même

même différence entre *a* & *b* qu'entre *c* & *d*. Or soit cette différence appellée *e*, si premierement l'on suppose *a* plus grand que *b*, & *c* par consequent plus grand que *d*. Donc $a = b + e$, & $c = d + e$, Or la somme des extrêmes est $a + d = b + e + d$, & la somme des moyens est $b + c = b + d + e$. Et visiblement $b + e + d = b + d + e$. Donc $a + d = b + c$, c'est à dire que la somme des extrêmes est egale à celle des moyens. Ce qu'il falloit démontrer.

Mais supposons en second lieu que *a* est plus petit que *b*, & *c* par consequent plus petit que *d*. Donc $a = b - e$, & $c = d - e$. Or la somme des extrêmes est $a + d = b - e + d$, & celle des moyens est $b + c = b + d - e$. Et visiblement $b - e + d = b + d - e$. Donc $a + d = b + c$. Ce qu'il falloit démontrer.

C O R O L L A I R E.

En toute proportion arithmetique continuë, la somme des extrêmes est **XXXVIII.** egale au moyen proportionel pris deux fois. Car ce terme tient la place de chacun des deux moyens.

P R E M I E R   P R O B L E M E.

Les trois premiers termes d'une proportion arithmetique estant connus, **XXXIX.** en trouver le quatriéme.

La somme des deux moyens moins le premier terme donnera ce terme. Soient par exemple 15, 10, & 18, les trois premiers termes d'une proportion arithmetique, la somme des moyens 10 & 18 est 38, dont le premier terme 15 estant retranché laisse pour reste 13 qui est le quatriéme terme. Car par le Theoreme precedent ce terme 13 plus le premier qui est 15 donne une même somme que les deux moyens 10 & 18.   15. 10. 18. 13.

A U T R E   M A N I E R E.

On peut trouver encore plus facilement ce terme. Car si le premier de **XL.** ceux qui sont connus est plus grand que le second, ostant la difference qui est entre les deux premiers du troisiéme terme, le reste laissera le quatriéme.

Si par exemple 15, 10, & 18, sont les trois premiers termes connus, la difference des deux premiers est 5, & cette difference retranchée du troisiéme terme 18 laisse le quatriéme qui est 13.   15. 10. 18. 13.

Mais si le premier terme est plus petit que le second, ajoûtant la difference qui est entre les deux premiers, au troisiéme terme, la somme donnera le quatriéme.

Si par exemple 10, 15, & 13, sont les trois premiers termes connus, la difference qui est entre les deux premiers est 5, & cette difference ajoûtée au troisiéme terme 13 donne le quatriéme qui est 18.   10. 15. 13. 18.

Tout cela est clair par le Theoreme precedent.

S E C O N D   P R O B L E M E.

Continuer une progression arithmetique, dont on connoît le premier **XLI.** terme & la difference qui est entre le premier & le second.

Y

Si le premier terme furpaſſe le ſecond, le premier moins la différence
connuë donnera le ſecond ; le ſecond moins la même différence donnera le
troiſiéme ; le troiſiéme moins cette différence donnera le quatriéme. Et
ainſi des autres.

Si par exemple 8 eſt le premier terme , & 1 la différence ou l'excez dont
ce terme 8 furpaſſe le ſecond , la progreſſion arithmetique ſera

$$8.\ 7.\ 6.\ 5.\ 4.\ 3.\ 2.\ 1.\ 0.\ -1.\ -2.\ -3.\ \&c.$$

Et ſi pareillement le premier & le plus grand terme eſt a, & que ſa
différence au ſecond ſoit d, la progreſſion arithmetique ſera

$$a.\ a-d.\ a-2d.\ a-3d.\ a-4d.\ a-5d.\ a-6d.\ a-7d.\ \&c.$$

Mais ſi le premier terme eſt plus petit que le ſecond, le premier plus
la différence connuë donnera le ſecond ; le ſecond plus la même différence
donnera le troiſiéme ; le troiſiéme plus cette différence donnera le quatriéme. Et ainſi des autres.

Si par exemple le premier terme eſt 1, & que la différence ou l'excez
dont le ſecond terme ſurpaſſe le premier, ſoit pareillement 1, la progreſſion
arithmetique ſera la ſuite naturelle de tous les nombres

$$1.\ 2.\ 3.\ 4.\ 5.\ 6.\ 7.\ 8.\ 9.\ 10.\ 11.\ 12.\ \&c.$$

Et ſi pareillement le premier & le plus petit terme eſt 1, & que la
différence ſoit 2, la progreſſion arithmetique ſera la ſuite de tous les
nombres impairs

$$1.\ 3.\ 5.\ 7.\ 9.\ 11.\ 13.\ 15.\ 17.\ 19.\ 21.\ 23.\ \&c.$$

Et ſi le premier terme & le plus petit eſt 2, & que la différence ſoit
auſſi 2, la progreſſion arithmetique ſera la ſuite de tous les nombres pairs

$$2.\ 4.\ 6.\ 8.\ 10.\ 12.\ 14.\ 16.\ 18.\ 20.\ 22.\ 24.\ \&c.$$

De même ſi le premier & le plus petit terme eſt a, & que la différence
ſoit d, la progreſſion arithmetique ſera

$$a.\ a+d.\ a+2d.\ a+3d.\ a+4d.\ a+5d.\ a+6d.\ a+7d.\ a+8d.\ \&c.$$

Cette progreſſion literale peut nous marquer generalement telle autre
qu'on voudra , & même celles dont le premier terme furpaſſe le ſecond,
car en ce cas $+d$ $+2d$, $+3d$, &c. vaudront moins que rien , & feront
du genre des grandeurs que nous appellons negatives. Ainſi tout ce que
nous aurons démontré de cette progreſſion , ſera generalement démontré de
toute autre.

Second Theoreme.

XLII.   En toute progreſſion arithmetique l'addition de deux termes egalement
eloignez des extrêmes , eſt egale à la ſomme des extrêmes.

Démonſtration. Soit priſe telle progreſſion arithmetique qu'on voudra,
comme $a.\ a+d.\ a+2d.\ a+3d.\ a+4d.\ a+5d.\ a+6d.$ Les deux termes
$a+d$ & $a+5d$, ou les deux autres $a+2d$ & $a+4d$ ſont egalement eloignez
des extrêmes a & $a+6d$. Or la ſomme des deux termes $a+d$ & $a+5d$,
ou celle des deux autres $a+2d$ & $a+4d$, eſt egale à la ſomme des
extrêmes a, & $a+6d$. Car chacune de ces ſommes eſt $2a+6d$. Et l'on
verra la même choſe en toute autre progreſſion. Donc l'addition de deux
termes egalement eloignez des extrêmes, eſt egale à la ſomme des extrêmes.

Ce qu'il falloit démontrer.

COROLLAIRE.

Lorsque le nombre des termes est impair, le terme du milieu ajoûté à lui-même donne une somme egale à la somme des deux extrêmes. Car ce terme du milieu tient lieu de deux termes, puisqu'il est le consequent de celui qui le precede, & l'antecedent de celui qui le suit ; de sorte que l'on peut considerer ce seul terme comme deux egalement eloignez des extrêmes. Et ainsi deux fois ce terme egaleront la somme des extrêmes. XLIII.

TROISIE'ME THEORÊME.

En toute progression arithmetique, la somme de tous les termes est égale au produit des deux extrêmes par la moitié du nombre de tous les termes. XLIV.

Démonstration. Par le Theoreme precedent, la somme des extrêmes est egale à celle des deux premiers termes qui en sont egalement eloignez, ou des deux seconds, ou des deux troisiémes, ou de tous les autres, lesquels estant pris pareillement deux à deux, sont aussi egalement eloignez des extrêmes. C'est pourquoi la somme de tous les termes est egale au produit des deux extrêmes par la moitié du nombre de tous les termes. Ce qu'il falloit démontrer.

COROLLAIRE.

D'où il est evident que si le nombre des termes est impair, leur somme entiere est egale au produit du moyen par le nombre de tous les termes. Car le moyen vaut la moitié des deux extrêmes. Or la somme de tous les termes est egale au produit des extrêmes, par la moitié du nombre de tous les termes, ou ce qui est la même chose, cette somme est egale au produit de la moitié des deux extrêmes par le nombre de tous les termes. Donc si le nombre des termes est impair, leur somme entiere est egale au produit du moyen par le nombre de tous les termes. XLV.

QUATRIE'ME THEORÊME.

En toute progression arithmetique, chaque terme renferme le prémier, plus autant de fois la difference qui regne dans la progression, qu'il y a de termes avant lui. XLVI.

Démonstration. Soit prise telle progression arithmetique que l'on voudra, comme $a.\ a+d.\ a+2d.\ a+3d.\ a+4d.\ a+5d.\ a+6d.$ & dans elle l'un de ses termes, par exemple le cinquiéme $a+4d$, ou le sixiéme $a+5d$. Le cinquiéme terme $a+4d$, renferme une fois le premier terme a, plus 4 fois la difference d, & le sixiéme renferme une fois a, & 5 fois la difference d. Or il y a quatre termes qui precedent le cinquiéme $a+4d$, & il y en a cinq qui precedent le sixiéme $a+5d$. Donc chaque terme renferme le premier plus autant de fois la difference qu'il y a de termes avant lui. Ce qu'il falloit démontrer.

PREMIER COROLLAIRE.

XLVII. Donc la difference d est égale au dernier terme moins le premier, divisé par le nombre de tous les termes diminué de l'unité.

Car $d = \frac{a+4d-a}{4} = \frac{a+5d-a}{5} = \frac{a+6d-a}{6}$ &c.

SECOND COROLLAIRE.

XLVIII. Et reciproquement le nombre de tous les termes egale l'unité, plus le dernier terme moins le premier, divisé par la difference. Car par exemple dans la progreffion $a. a+d. a+2d. a+3d. a+4d.$ qui n'a que 5 termes, le nombre $5 = 1 + \frac{a+4d-a}{d}$ Et dans la progreffion $a. a+d. a+2d. a+3d. a+4d. a+5d.$ qui a fix termes, le nombre $6 = 1 + \frac{a+5d-a}{d}$. Et ainfi des autres.

TROISIÉME COROLLAIRE.

XLIX. Le premier terme eft egal au dernier, moins le produit de la difference par le nombre de tous les termes diminué de l'unité. Car le dernier terme contient le premier, plus autant de fois la difference qu'il y a de termes avant lui, c'eft à dire autant qu'il y a de termes dans toute la progreffion moins un. De forte que retranchant du dernier terme autant de fois la difference qu'il y a de termes avant lui, le refte doit laiffer le premier terme.

QUATRIÉME COROLLAIRE.

L. Et reciproquement le dernier terme doit egaler le premier, plus le produit de la difference par le nombre de tous les termes diminué de l'unité; puifque ce dernier terme contient le premier, plus autant de fois la difference qu'il y a de termes avant lui.

TROISIÉME PROBLEME.

LI. Le premier terme a, le dernier que j'appelle m, & le nombre des termes que j'appelle n, eftant donnez, trouver la difference.

On divife le dernier terme moins le premier par le nombre des termes diminué de l'unité, & l'expofant $\frac{m-1}{n-1}$ eft la difference qu'on cherche. Cela eft clair, *par* 47. *S*.

Exemple.

Une perfonne diftribuë pendant 8 jours quelque aumône à des pauvres. Le premier jour elle leur donne 5 fols, le dernier jour 26, & chaque autre jour un certain nombre plus que le precedent, mais qui eft toûjours le même. On demande combien elle a donné chaque jour?

Les nombres des fols diftribuez pendant les 8 jours font une progreffion arithmetique dont le premier terme $a = 5$, le dernier $m = 26$, le nombre des termes $n = 8$, & ainfi la difference $\frac{m-1}{n-1}$ eft $\frac{21}{7} = 3$. Le nombre 3 eftant donc la difference de chaque terme à celui qui le fuit, le premier jour la perfonne a donné 5 fols, le fecond jour 8, le troifiéme 11. &c.

5. 8. 11. 14. 17. 20. 23. 26.

Quatrie'me Probleme.

Le premier terme *a*, la difference *d*, & le dernier terme *m* eſtant don- LII.
nez, trouver le nombre de tous les termes.

On prend l'unité, plus le dernier terme moins le premier, diviſé par
la difference, & la ſomme $1+\frac{m-a}{d}$ eſt la valeur du nombre inconnu qu'on
demande. C'eſt une ſuite du ſecond Corollaire 48. S.

Exemple.

Quelqu'un ayant emprunté de l'argent d'un uſurier s'eſt engagé de lui
payer pour intereſts le premier mois 2 écus, le ſecond 2 plus que le premier, le troiſiéme 2 plus que le ſecond, & ainſi de ſuite juſqu'au rembourſement total. Or il arrive que le dernier mois auquel il fait ce rembourſement, il paye 36 écus d'intereſt. On demande combien il s'eſt
écoulé de temps juſqu'au rembourſement total?

Les nombres des écus payez pour l'intereſt des mois qui ſont échûs,
font une progreſſion arithmetique, dont le premier terme $a=2$, la difference $d=2$, & le dernier terme $m=36$. Et ainſi le nombre des termes
$1+\frac{m-a}{d}$ eſt $1+\frac{34}{2}=18$. Le nombre 18 eſt donc celui des mois qui ſe ſont
écoulez juſqu'au rembourſement total.

2. 4. 6. 8. 10. 12. 14. 16. 18. 20. 22. 24. 26. 28. 30. 32. 34. 36.

Cinquieme Probleme.

La difference *d*, le nombre des termes *n*, & le dernier terme *m* eſtant LIII.
donnez, trouver le premier terme.

On oſte du dernier terme le produit de la difference par le nombre de
tous les termes diminué de l'unité; & le reſte $m-dn+1d$ eſt le premier
terme qu'on cherche, par 49. S.

Exemple.

Une perſonne a dépenſé de l'argent pendant 15 jours. Chaque jour
elle a dépenſé 3 ſols plus que le jour precedent, & le dernier jour elle
en a dépenſé 92. L'on demande combien cette perſonne a dépenſé de ſols
chaque jour?

La difference $d=3$, le nombre des termes $n=15$, & le dernier terme
$m=92$. Ainſi le premier terme $m-dn+1d$ eſt $92-45+3=50$. La
perſonne a donc dépenſé 50 ſols le premier jour, 53 le ſecond, 56 le
troiſiéme. Et ainſi de ſuite.

50. 53. 56. 59. 62. 65. 68. 71. 74. 77. 80. 83. 86. 89. 92.

Sixie'me Probleme.

Le premier terme *a*, la difference *d*, & le nombre des termes *n* eſtant LIV.
donnez, trouver le dernier terme.

On ajoûte au premier terme le produit de la difference par le nombre
de tous les termes diminué de l'unité; & la ſomme $a+dn-1d$ donne le
dernier terme, par 50. S.

Y iij

Exemple.

Un Jardinier a cueilli les pommes d'un pommier pendant 12 années; la première année il a cueilli 5 pommes, la seconde 60 plus que la première, la troisiéme 60 plus que la seconde. Et ainsi de suite jusqu'à la douziéme année. L'on demande combien il a cueilli de pommes la douziéme année.

Les nombres des pommes cueillies chaque année font une progreßion arithmetique, dont le premier terme $a=5$, la difference $d=60$, & le nombre des termes $n=12$. Ainsi le dernier terme $a+dn-1d$ sera $5+720-60=665$. Le Jardinier a donc cueilli 665 pommes la derniere année.

$$5. \; 65. \; 125. \; 185. \; 245. \; 305. \; 365. \; 425. \; 485. \; 545. \; 605. \; 665.$$

SEPTIÉME PROBLEME.

LV. Le premier terme a, la difference d, & le nombre des termes n estant donnez, trouver la somme de la progreßion.

On cherche par le probleme precedent, le dernier terme $a+dn-1d$. Ensuite on ajoûte les deux extrêmes a & $a+dn-1d$ en une somme, laquelle on multiplie par $\frac{1}{2}n$, c'est à dire par la moitié du nombre de tous les termes; Et le produit $an+\frac{1}{2}dnn-\frac{1}{2}dn$ donne la somme de la progreßion, par le troisiéme Theoreme 44. S.

Premier Exemple.

Un Prince ayant ordonné une levée de gens de guerre; le premier jour on enroole 50 soldats, le second jour 12 plus que le premier, le troisiéme 12 plus que le second. Et ainsi de suite pendant 2 mois qui font 60 jours. L'on demande combien l'on a enroolé de soldats pendant tout ce temps.

Le premier terme $a=50$, la difference $d=12$, & le nombre des termes $n=60$. Ainsi toute la somme de la progreßion, qui est $an+\frac{1}{2}dnn-\frac{1}{2}dn$, sera $300+21600-360=21540$. L'on a donc enroolé 21540 soldats pendant les deux mois.

Second Exemple.

Deux personnes ont dépensé une égale somme d'argent pendant plusieurs mois. L'un a dépensé 20 écus chaque mois, & l'autre a dépensé 6 écus le premier mois, le second 2 écus plus que le premier, le troisiéme 2 plus que le second, & ainsi de suite. L'on demande combien ils ont dépensé d'écus, & combien de temps ils ont employé à les dépenser?

Les nombres des écus que la seconde personne a dépensé font une progreßion arithmetique, dont le premier terme $a=6$, la difference $d=2$, & la somme de la progreßion doit estre égale au produit du nombre inconnu de tous les termes que j'appelle z par le nombre donné 20 que j'appelle b. Je connois donc que pour satisfaire à la question, il faut que le premier terme a, la difference d, & tel autre nombre que l'on voudra, comme b, estant donnez, la progreßion soit continuée de telle forte que la fomme inconnuë de tous fes termes foit égale au produit du nombre inconnu de ces mêmes termes par le nombre donné b.

Et afin de le faire generalement. Le premier terme eft a, la difference d, & le nombre inconnu des termes eft z. Donc par le probleme que l'on vient d'expofer, la fomme de la progreffion fera $az + \frac{1}{2}dzz - \frac{1}{2}dz$, car nous appellons ici z ce que nous y appellons n. Or par la fuppofition cette fomme doit égaler le produit du nombre inconnu de tous les termes qui eft z par le nombre donné b. Donc l'égalité $az + \frac{1}{2}dzz - \frac{1}{2}dz = bz$ renfermera toutes les conditions qu'on demande, & fa refolution donnera auffi celle de la queftion Or afin de la refoudre, je divife également chacun de fes membres par z, & j'ai $a + \frac{1}{2}dz - \frac{1}{2}d = b$. J'ajoûte enfuite $\frac{1}{2}d$, & je retranche a de part & d'autre, & j'ai de nouveau l'égalité $\frac{1}{2}dz = b + \frac{1}{2}d - a$, dont chaque membre multiplié par 2 & divifé par d, me donne enfin $z = \frac{2b + 1d - 2a}{d}$. Et remettant au lieu des lettres a, b, & d, les nombres 6, 20, & 2, qui leur font égaux, je connois que $z = \frac{30}{2} = 15$. Le nombre 15 eft donc celui des mois pendant lefquels chaque perfonne a dépenfé 15 fois 20 écus; c'eft à dire 300.

6. 8. 10. 12. 14. 16. 18. 20. 22. 24. 26. 28. 30. 32. 34.

Troifiéme Exemple.

Deux perfonnes partent dans un même temps pour faire un voyage. La premiere fait tous les jours 8 lieuës, & la feconde ne fait le premier jour que 3 lieuës, le fecond 4, le troifiéme 5, & ainfi de fuite faifant chaque jour une lieuë plus que le jour precedent. L'on demande dans combien de jours cette perfonne peut atteindre la premiere qui fait tous les jours 8 lieuës, & combien chacune aura fait de lieuës?

Les nombres des lieuës que la feconde perfonne fait chaque jour, font une progreffion arithmetique dont le premier terme $a = 6$, la difference $d = 1$, & la fomme inconnuë de la progreffion doit eftre égale au produit du nombre inconnu de tous les termes par le nombre donné 8. Si donc je fuppofe $8 = b$, le nombre de tous les termes $\frac{2b + 1d - 2a}{d}$ fera 11. Le nombre 11 eft donc celui des jours que la feconde perfonne a employé pour atteindre la premiere, & pendant lefquels chacune a fait 11 fois 8 lieuës, c'eft à dire 88.

Huitie'me Probleme.

La difference d, le nombre des termes n, & la fomme de la progreffion que j'appelle f eftant donnez, trouver les deux extrêmes & chacun des interpolez.   LVI.

1°. On divife la fomme de la progreffion par la moitié du nombre de tous les termes, & l'expofant qui eft $\frac{2f}{n}$ donne la fomme des extrêmes, *par 45 S.*

2°. On multiplie la difference par le nombre de tous les termes diminué de l'unité, & le produit qui eft $nd - 1d$ donne le dernier terme moins le premier, *par 54. S.*

3°. On ôte enfin le dernier terme moins le premier de la somme des deux extrêmes, aprés quoi il est visible que le premier terme doit se trouver 2 fois dans le reste $\frac{2f}{n} - nd + 1d$. Ce premier terme sera donc $\frac{f}{n} - \frac{1}{2}nd + \frac{1}{2}d$, & le dernier $\frac{f}{n} + \frac{1}{2}nd - \frac{1}{2}d$. Or le premier estant trouvé, & la difference estant donnée, le second l'est aussi, & pareillement chacun de ceux qui le suivent est donné.

Exemple.

Une Fontaine artificielle a 10 jets d'eaüë differens. Le second jette dans une heure 2 pintes d'eaüë plus que le premier, le troisiéme 2 plus que le second, & ainsi de suite. Et tous ensemble jettent 100 pintes d'eaüë dans une heure. L'on demande combien chacun de ces dix jets de la Fontaine jette d'eaüë dans une heure?

La difference $d = 2$, le nombre des termes $n = 10$, & la somme de la progression $f = 100$. Le premier terme $\frac{f}{n} - \frac{1}{2}nd + \frac{1}{2}d$ sera donc $\frac{100}{10} - 10 + 1$, c'est à dire 1. Et ainsi le premier jet de la Fontaine jette 1 pinte d'eaüë dans une heure, le second 3, le troisiéme 5. Et ainsi de suite.

1. 3. 5. 7. 9. 11. 13. 15. 17. 19.

AVERTISSEMENT.

LVII. *Lorsqu'on a établi des principes qui sont generaux, il y a toûjours une infinité de veritez cachées qui en dépendent & qu'on en peut déduire. Mais il est ordinairement difficile de reconnoître immediatement comment elles peuvent en estre déduites, parceque l'on ne voit qu'une liaison fort éloignée entre ces veritez & leurs principes. C'est pourquoi il est tres-important de trouver des moyens generaux pour découvrir en peu de temps ces veritez. Or le plus general, le plus facile, & peut-estre l'unique de tous les moyens que l'on puisse inventer à cet effet, c'est de trouver des égalitez qui representent la dépendance que les veritez inconnuës que l'on cherche à connoître, ont avec d'autres veritez que l'on connoît déja.*

Si par exemple le premier terme a, la difference d, & la somme de la progression f estant donnez, il falloit connoître le nombre des termes & le plus grand, & que je ne visse pas immediatement comment cette connoissance peut estre déduite des principes que j'ai déja établis pour les progressions arithmetiques, je pourois recourir aux égalitez, & tâcher d'en déduire la connoissance que je desire avoir, en cette sorte.

Le premier terme est a, la difference d, & j'appelle z le nombre inconnu des termes. Donc *par 55. S.* la somme de la progression sera $az + \frac{1}{2}dzz - \frac{1}{2}dz$. Or par la supposition f est aussi la somme de la progression. J'aurai donc l'égalité $az + \frac{1}{2}dzz - \frac{1}{2}dz = f$, & cette égalité resoluë me fera connoître ce que vaut le nombre des termes z, aprés quoi je trouverai le plus grand terme, *par 54. S.* Or afin de resoudre l'égalité $az + \frac{1}{2}dzz - \frac{1}{2}dz = f$, j'ajoûte $\frac{1}{2}dz$, & je retranche az de part & d'autre.

Je

Je multiplie enfuite chaque membre par 2, & je le divife par d. Ce qui me donne enfin l'égalité $zz = 1z - \frac{2\acute{e}z}{d} + \frac{2f}{d}$. Et cette égalité eft compofée, parceque zz & z font deux degrez differens de l'inconnuë z, defquels $\frac{2f}{d}$ n'enferme ny l'un ny l'autre. Ces égalitez compofées & leurs refolutions feront expliquées dans les Livres fuivans. Mais en attendant, lorfque le premier terme a, la difference d, & la fomme f feront déterminées, nous pourrons trouver le dernier terme de cette progreffion, & le nombre de tous fes termes par le moyen du Theoreme fuivant.

CINQUIE'ME THEOREME.

En toute progreffion arithmetique, fi l'on ajoûte le produit de la fomme de tous les termes par 8 fois la difference, à un quarré qui ait pour fa racine 2 fois le premier terme moins la difference, la fomme totale fera un quarré qui aura pour fa racine 2 fois le dernier terme plus la difference.

Démonftration. Soit prife telle progreffion arithmetique que l'on voudra, comme $a. a+d. a+2d. a+3d. a+4d.$ la fomme de tous fes termes eft $5a+10d$, dont le produit par 8 fois la difference d eft $40ad + 80dd$. Or ce produit ajoûté au quarré $4aa - 4ad + dd$ qui a pour fa racine $2a - d$, c'eft à dire 2 fois le premier terme a moins la difference d, l'on aura pour la fomme totale $4aa + 36ad + 81dd$. Or cette fomme eft un quarré, car elle eft égale au produit de $2a + 9d$ par foi-même, $2a + 9d$ en eft donc la racine. Or cette racine enferme 2 fois $a + 4d$ qui eft le dernier terme de la progreffion, plus 1 fois la difference d. La fomme totale eft donc un quarré qui a pour fa racine 2 fois le dernier terme plus la difference. Et l'on verra la même chofe en toute autre progreffion. Donc &c. Ce qu'il falloit démontrer.

COROLLAIRE.

Si donc on ajoûte au quarré de $2a - d$ le produit de la fomme des termes que j'appelle f par 8 fois la difference, & que j'ofte 1 fois la difference, de la racine de la fomme totale $4aa - 4ad + dd + 8df$; la moitié du refte, c'eft à dire $\frac{1}{2}\sqrt{4aa - 4ad + dd + 8df} - \frac{1}{2}d$, fera le dernier terme. Car fi nous prenons $2a + 9d$, la racine de la fomme totale $4aa + 36ad + 81dd$ du Theoreme precedent, il eft vifible que la difference d eftant 1 fois retranchée de cette racine, laiffera $2a + 8d$, dont la moitié $a + 4d$ eft le dernier terme de la progreffion.

NEUVIE'ME PROBLEME.

Le premier terme a, la difference d, & la fomme de la progreffion f eftant donnez, trouver le dernier terme de la progreffion & le nombre des termes.

1°. On prend un quarré qui ait pour fa racine 2 fois le premier terme moins la difference, on ajoûte à ce quarré le produit de la fomme des termes par 8 fois la difference.

Z

2°. On tire la racine quarrée de la fomme totale, & l'on retranche de cette racine 1 fois la difference. La moitié de ce qui refte, c'eft à dire $\frac{1}{2}\sqrt{4aa-4ad+dd+8df}-\frac{1}{2}d$, fera le dernier terme de la progreffion par le Corollaire precedent.

Or ce dernier terme eftant connu, le nombre de tous les termes eft auffi donné. Car fi nous appellons ce dernier terme m, l'on fçait, *par* 52. *S*. que le nombre de tous les termes doit eftre $1+\frac{m-a}{d}$, ou bien mettant au lieu de m fa valeur, ce nombre fera $\sqrt{\frac{4aa-4ad+dd+8df+d\cdot 2a}{2d}}$.

Exemple.

Quelqu'un ayant emprunté de l'argent d'un ufurier, il s'eft engagé de lui payer pour intereft, le premier mois 2 écus, le fecond mois 2 plus que le premier, le troifiéme 2 plus que le fecond, & ainfi de fuite. O il arrive que tous les interefts qu'il a payé fe montent à 342 écus. L'on demande combien il a payé d'écus le dernier mois, & combien il s'eft écoulé de temps jufqu'au rembourfement total?

Le premier terme $a=2$, la difference $d=2$, & la fomme des termes $f=342$. Et ainfi le dernier terme $\frac{1}{2}\sqrt{4aa-4ad+dd+8df}-\frac{1}{2}d$ fera 36. Et fi j'appelle m ce terme 36, le nombre de tous les termes $1+\frac{m-a}{d}$ fera 18. La perfonne a donc payé 36 écus le dernier mois, & 18 mois fe font écoulez jufqu'au rembourfement total.

DIXIE'ME PROBLEME.

LXI. Si nous prenons la Table des puiffances, & que la grandeur a foit confiderée comme le premier terme d'une progreffion arithmetique, & b comme la difference qui regne dans cette progreffion; la fomme de telles puiffances qu'on voudra de tous les termes de la progreffion, peut fe trouver ainfi.

On prend dans la Table des puiffances le rang de la puiffance plus haute d'un degré que les puiffances cherchées, & l'on éleve au même degré le terme qui fuit immediatement & de plus prés le dernier de la progreffion; & l'on en retranche.

1°. Le premier terme de la progreffion élevé à ce même degré.

2°. Le produit du nombre de tous les termes par la difference élevée à ce même degré.

3°. Chaque terme de la progrefsion élevé à chacune des puiffances qui font moindres d'un degré que les puiffances cherchées, & multiplié dans chacun de ces degrez par ce qui multiplie un pareil degré du premier terme a au rang que l'on a pris dans la Table des puiffances. Enfuite on divife le refte qu'on trouve par la puiffance du premier terme a, qui a même degré que les puiffances cherchées, multipliée par le nombre de la cellule où cette puiffance fe trouve au rang que l'on a pris. Et l'expofant qu'on trouve eft aufsi la fomme cherchée. Les exemples éclairciront ces regles.

Premier Exemple.

Soit proposée la progression arithmetique 5. 8. 11. 14. dont le premier terme est 5, & la difference 3, & qu'il faille trouver la somme de tous les quarrez de ses termes. Pour trouver cette somme, je prens dans la Table des puissances le rang qui surpasse d'un degré les puissances quarrées dont il faut trouver la somme. Ce rang est $a^3 + 3aab + 3abb + b^3$, & aprés avoir supposé le premier terme $5 = a$, & la difference $3 = b$, je prens 17 qui suit immediatement le dernier terme 14, & j'éleve 17 au degré du rang que j'ai pris, c'est à dire je prens 4913 cube de 17. Ensuite je retranche de ce cube, 1°. 125 cube du premier terme 5, 2°. 108 produit de 27 cube de la difference 3, par 4 nombre de tous les termes. 3°. J'en retranche aussi la somme 38 des nombres proposez 5. 8. 11. 14. multipliée par $3bb$, à cause que $3bb$ multiplie au rang que j'ai pris la puissance lineaire du premier terme a dans la cellule $3abb$, c'est à dire que j'en retranche encore 1026 produit de 38 par $27 = 3bb$. Et parcequ'il ne reste plus de puissance inferieure à celle des quarrez dont il faut trouver la somme, je divise le reste 3654 par $9 = 3b$, à cause que $3b$ multiplie au rang que j'ai pris le quarré aa dans la cellule $3aab$. L'exposant de la division est 406, qui est aussi la somme de tous les quarrez des termes proposez 5. 8. 11. 14. Car ces quarrez sont 25. 64. 121. & 196. & leur somme est 406.

<pre>
5. 8? 11. 14. | 17.   5 = a. 3 = b.

        par 17   125 = a³
    quarré 266   108 = 4b³
        par 17   1026 = 3bbf
    Cube 4913   1259 = a³ + 4b³ + 35bb   somme à re-
        —1259   trancher.
    reste 3654 (406 somme de tous les quarrez.
</pre>

Second Exemple.

Pour trouver la somme de tous les cubes des termes de la progression 5. 8. 11. 14. je prens dans la Table des puissances le rang qui surpasse d'un degré les puissances cubiques dont il faut trouver la somme. Ce rang est $a^4 + 4a^3b + 6aabb + 4ab^3 + b^4$, & aprés avoir supposé le premier terme $5 = a$, & la difference $3 = b$, je prens 17 qui suit immediatement le dernier terme 14, & j'éleve 17 au degré du rang que j'ai pris, c'est à dire je prens 83521 quarré du quarré de 17. Ensuite je retranche de ce nombre, 1°. 625 quarré du quarré du premier terme 5. 2°. 324 produit de 81 quarré du quarré de la difference 3, par le nombre des termes qui est 4. 3°. J'en retranche aussi la somme 38 de tous les nombres proposez 5. 8. 11. 14. multipliée par $4b^3$, à cause que la puissance lineaire du terme a est multipliée par $4b^3$ dans la cellule $4ab^3$, c'est à dire j'en retranche 4104 produit de 38 par $108 = 4b^3$. 4°. Plus aussi 21924 produit de 406 somme de tous les quarrez par $54 = 6bb$, à cause que la puissance quarrée aa est multipliée par $6bb$ dans la cellule $6aabb$. Et parce-qu'il ne reste plus de puissance inferieure à celle des cubes dont il faut trouver la somme, je divise 56544 qui reste par $1 = 4b$, à cause que $4b$ multiplie au rang que j'ai pris la puissance cubique a^3 dans la cellule $4a^3b$. L'exposant de la division est 4712, qui est aussi la somme de tous les cubes des termes proposez. Car ces cubes sont $125. 512. 1331. 2744.$ & leur somme est 4712.

$$5. 8. 11. 14. \mid 17$$
$$\text{quarré } 289$$
$$\text{quarré de quarré } 83521$$
$$\underline{\qquad 26977}$$
$$56544$$

$$625 = a^4$$
$$324 = 4b^4$$
$$4104 = 6b^3f$$
$$\underline{21924 = 6bb \text{ par } 406 \text{ somme de tous les quarrez.}}$$
$$26977 \text{ somme totale qu'il faut retrancher.}$$

$$56544 \; (\; 4712 \text{ somme de tous les cubes.}$$

Démonstration du Probleme.

Soit toute progression arithmetique $a.\ a+d.\ a+2d.\ a+3d.$ & qu'il faille trouver la somme de telles puissances de ses termes que l'on voudra, comme par exemple celle de tous leurs cubes. Selon les regles du probleme je prens le rang de la quatriéme puissance $a^4 + 4a^3b + 6aabb + 4ab^3 + b^4$, & j'éleve à ce même degré $a+4d$ qui suit immediatement le dernier terme de la progression, qui est $a+3d$. Je retranche ensuite de ce terme ainsi élevé, c'est à dire de $a^4 + 16a^3d + 96aadd + 256ad^3 + 256d^4$, $1^\circ.\ a^4,\ 4^e.$ puissance du premier terme a, plus $4d^4$ produit d'une pareille puissance de la difference d par le nombre des termes qui est 4, plus $16ad^3 + 24d^4$ produit de la somme de tous les termes par $4d^3 = 4b^3$, qui multiplie le premier terme a dans la cellule $4ab^3$, plus encore $24aadd + 72ad^3 + 84d^4$, produit de la somme de tous les quarrez par $6dd = 6bb$, qui multiplie le quarré aa dans la cellule $6aabb$. Le reste est $16a^3d + 72aadd + 168ad^3 + 144d^4$, & ce reste estant divisé par $4d = 4b$, qui multiplie la puissance cubique a^3 dans la cellule $4a^3b$, laisse pour exposant $4a^3 + 18aad + 42add + 36d^4$. Or cet exposant est la somme de tous les cubes des termes proposez, qui sont $a^3.\ a^3 + 3aad + 3add + d^3.\ a^3 + 6aad + 12add + 8d^3.$ & $a^3 + 9aad + 27add + 27d^3$. Et c'est la même chose en toute autre progression arithmetique, & pour telle autre de leurs puissances qu'on voudra. Les regles du probleme ont donc prescrit ce qu'il falloit faire.

$$a. \quad a+d. \quad a+2d. \quad a+3d.$$
$$\text{terme suivant immediatement } a+4d.$$
$$\text{sa } 4^e. \text{ puiss. } a^4 + 16a^3d + 96aadd + 256ad^3 + 256d^4.$$
$$-a^4 \quad * \quad -24aadd - 88ad^3 - 112d^4.$$
$$\overline{\text{reste} \quad * \quad 16a^3d + 72aadd + 168ad^3 + 144d^4 \; (4a^3 + 18aad + 42add + 36d^4 \text{ somme des cubes.}}$$
$$4d, \quad 4d, \quad 4d, \quad 4d,$$

$$a^4 \quad *$$
$$4d^4$$
$$16ad^3 + 24d^4$$
$$\underline{24aadd + 72ad^3 + 84d^4}$$
$$a^4 \quad * \quad + 24aadd + 88ad^3 + 112d^4$$

PREMIER COROLLAIRE.

En toute progreſſion arithmetique des nombres naturels, le quarré du LXII.
terme qui ſuit immediatement & de plus prés le dernier, moins le quarré
du premier terme, moins encore le nombre des termes, eſt égal à 2 fois
la ſomme de tous les termes. Par exemple ſi la progreſſion eſt $a. a+1.$
$a+2. a+3.$ le terme qui ſuit immediatement $a+3$ eſt $a+4$, dont le
quarré eſt $aa+8a+16$. Et ſi l'on oſte de ce quarré celuy du premier
terme a, plus le nombre des termes qui eſt 4, le reſte ſera $aa+8a+16$,
$—aa, —4$, c'eſt à dire $8a+12$. Or ce reſte eſt égal à 2 fois $4a+6$,
qui eſt la ſomme de tous les termes. Et il en eſt ainſi de toute autre progreſſion arithmetique des nombres naturels, où la difference eſt 1.
Donc &c.

SECOND COROLLAIRE.

L'on trouvera de même qu'en toute progreſſion arithmetique des nom- LXIII.
bres naturels, le cube du terme qui ſuit immediatement le dernier, moins
le cube du premier terme, moins le nombre des termes, moins trois
fois la ſomme de tous les termes, eſt égal à 3 fois la ſomme de tous les
quarrez. Ainſi la progreſſion eſtant $a. a+1. a+2. a+3.$ le cube du terme
qui ſuit immediatement $a+3$ eſt $a^3+12aa+48a+64$. Et ſi l'on en retranche a^3 cube du premier terme a, plus 4 nombre de tous les termes,
plus $12a+18$ triple de la ſomme de tous les termes, le reſte $12aa+36a+42$
ſera triple de la ſomme de tous les quarrez qui eſt $4aa+12a+14$. Or
la raiſon pourquoi cela eſt une ſuite du probleme, c'eſt qu'en retranchant
le nombre de tous les termes, l'on fait la même choſe que ſi l'on retran-
choit le produit du quarré ou du cube de la difference qui eſt 1 par le
nombre des termes.

L'on trouvera dans le même ordre qu'en toute progreſsion arithmetique LXIV.
où la difference eſt 1, le quarré du quarré du terme qui ſuit immediatement le dernier, moins le quarré du quarré du premier, moins le nombre
des termes, moins 4 fois la ſomme de tous les mêmes termes, moins
encore 6 fois la ſomme de tous leurs quarrez, ſera égal à 4 fois la
ſomme de tous les cubes. Et ainſi des autres à l'infini.

*Monſieur Paſchal à qui eſt deuë l'invention du Probleme & des
Corollaires precedens, les juge fort utiles dans la Geometrie des indiviſibles pour meſurer l'aire de toutes ſortes de paraboles, & d'une
infinité d'autres figures.*

DES NOMBRES POLYGONES.

DEFINITIONS.

L'on appelle *nombres Polygones*, ou *de pluſieurs angles*, les ſommes LXV.
des progreſsions arithmetiques dont le premier terme a eſt l'unité, & la
difference d tel autre nombre que l'on voudra.

Et ces nombres polygones ſe diſtinguent en pluſieurs genres differens, LXVI.

car si la difference qui regne dans la progression est l'unité, cette progression sera la suite naturelle des nombres 1. 2. 3. 4. 5. 6. 7. 8. 9. &c. & son premier terme qui est l'unité, & les sommes de ses deux premiers termes 1 & 2, ou des trois premiers 1. 2. & 3. ou des quatre premiers 1. 2. 3. & 4. ou des cinq 1. 2. 3. 4. & 5. &c. donneront les nombres 1. 3. 6. 10. 15. 21. 28. 36. 45. &c. qui sont appellez *trigones* ou *triangulaires*, parceque leurs unitez se peuvent arranger en forme d'un triangle en cette sorte.

LXVII.   Mais si la difference de la progression est 2, cette progression sera la suite naturelle des nombres impairs 1. 3. 5. 7. 9. 11. 13. 15. 17. &c. & son premier terme qui est l'unité, & les sommes ou de ses deux premiers termes 1, & 3, ou des trois premiers 1. 3. & 5. ou des quatre premiers 1. 3. 5. & 7. ou des cinq 1. 3. 5. 7. & 9. &c. donneront les nombres quarrez 1. 4. 9. 16. 25. 36. 49. 64. 81. &c. *par III. 43.* Et ces nombres s'appellent *tetragonones*, ou *quadrangulaires*, ou *quarrez*, parceque leurs unitez se peuvent arranger en forme d'un quarré en cette sorte.

LXVIII.   Et si la difference est 3, & que la progression soit 1. 4. 7. 10. 13. 16. 19. 22. 25. &c. l'unité qui en est le premier terme, & les sommes de 1 & 4, ou de 1. 4. & 7. ou de 1. 4. 7. & 10. ou de 1. 4. 7. 10. & 13. &c. donneront les nombres 1. 5. 12. 22. 35. 51. 70. 92. 117. &c. qui sont appellez *pentagones*.

LXIX.   Pareillement si la difference est 4, & que la progression soit 1. 5. 9. 13. 17. 21. 25. 29. 33. &c. l'unité, & les sommes de 1 & 5, ou de 1. 5. & 9. ou de 1. 5. 9. & 13. ou de 1. 5. 9. 13. & 17. &c. donneront les nombres 1. 6. 15. 28. 45. 66. 91. 120. 153. &c. qui sont appellez *hexagones*.

LXX.   De même si la progression est 1. 6. 11. 16. 21. 26. 31. 36. 41. &c. le nombres qu'on appelle *heptagones* seront 1. 7. 18. 34. 55. 81. 112. 148. 189. &c. Il en est ainsi pour tous les autres nombres polygones à l'infini,

LXXI.   L'on appelle *costé d'un polygone* le nombre qui marque la multitude de tous les termes, dont la somme a composé ce polygone. Si par exemple

les 5 termes 1. 2. 3. 4. & 5. eſtant réduits en une ſomme, ont compoſé
le nombre triangulaire 15, l'on dira que 5, qui eſt le nombre des termes,
eſt le coſté du triangle 15. De même ſi les 8 termes 1. 5. 9. 13. 17. 21.
25. & 29. ont compoſé l'hexagone 120, l'on dira que 8 eſt le coſté de cet
hexagone. L'on dira pareillement que 6 eſt le coſté de l'heptagone 81,
conſideré comme un heptagone formé par la ſomme des ſix termes 1. 6.
11. 16. 21. & 26. Et ſi l'on conſidere ce même nombre 81 comme un
quarré formé par la ſomme des 9 termes 1. 3. 5. 7. 9. 11. 13. 15. & 19,
l'on dira que 9 eſt le coſté de ce quarré 81. Par où l'on voit qu'un
même nombre peut eſtre quelquesfois conſideré comme un polygone en
pluſieurs manieres differentes, ſelon leſquelles il aura differens coſtez.

Or il paroiſt aſſez par toutes les definitions precedentes, que tout LXXII.
nombre entier qui eſt plus grand que 2, eſt un polygone qui aura 2 pour
ſon coſté, parceque les unitez de ce nombre pourront eſtre arrangées dans
des éloignemens égaux, en telle ſorte qu'elles repreſenteront une figure
qui aura 2 unitez pour ſon coſté, & autant d'angles qu'elle aura de coſtez;
ainſi qu'on le peut voir par ces figures.

&c.

Et pour ce qui eſt de l'unité, on la peut conſiderer comme un polygone LXXIII.
de tel genre & de telle eſpece que l'on voudra, comme un triangle par
exemple, ou comme un quarré, ou comme un pentagone, &c. parceque
toutes les proprietez qui conviendront generalement à toutes ſortes de
polygones pourront auſſi lui convenir.

Mais le nombre 2 ne peut eſtre conſideré comme aucun polygone, car LXXIV.
ſes deux unitez quelque arrangement qu'on leur donne, ne pourront jamais
repreſenter aucune figure angulaire, mais ſeulement les deux extrêmitez de
quelque ligne droite; Et de plus les autres proprietez generales qui conviennent à tous les polygones, ne peuvent convenir à 2.

L'un des principaux fondemens pour connoître les proprietez generales LXXV.
des nombres angulaires ou polygones, c'eſt que le nombre de leurs angles
ſurpaſſe toûjours de 2 unitez la difference qui regne dans la progreſſion
dont ces polygones ſont la ſomme. Par exemple, ſi les nombres ſont triangulaires, la difference de la progreſſion ſera 1, par 66. S. & le nombre
des angles 3, qui ſurpaſſe 1 de 2 unitez. De même ſi les nombres ſont
quarrez, la difference de la progreſſion ſera 2, par 67. S. & le nombre
des angles 4, qui ſurpaſſe 2 de 2 unitez. Et ſi pareillement les nombres
ſont pentagones, la difference eſt 3, par 68. S. & le nombre des angles
eſt 3+2, c'eſt à dire 5.

Onzie'me Probleme.

Le coſté d'un polygone que j'appelle n, & le nombre de ſes angles que LXXVI.
j'appelle b, eſtant donnez, trouver ce polygone.

1°. On prend 2 unitez, plus le produit de la moitié du nombre des angles diminuée de l'unité par le costé donné , & l'on retranche de la somme la moitié du nombre des angles.

2°. L'on multiplie tout ce qui reste par le costé donné , & le produit $2n + \frac{1}{2}bnn - nn - \frac{1}{2}bn$ donne le polygone qu'on cherche.

Démonstration. Car tout polygone est la somme d'une progression dont le premier terme $a = 1$, par 65. S. la difference $d = b - 2$, puisque le nombre des angles qui est b doit toûjours surpasser la difference d de 2 unitez , par 15. S. Et pour le costé nous l'appellons n, parcequ'il marque toûjours le nombre des termes. Or en toute progression dont le premier terme est a, la difference d, & le nombre des termes n, la somme de la progression est $an + \frac{1}{2}dnn - \frac{1}{2}dn$, par 55. S. Si donc nous supposons $a = 1$, & $d = b - 2$, cette somme sera le polygone qui aura pour costé la grandeur donnée n. Or substituant dans cette somme ou dans ce polygone 1 & $b - 2$, au lieu des deux grandeurs a & d qui leur sont égales , l'on aura pour sa même valeur, $2n + \frac{1}{2}bnn - nn - \frac{1}{2}bn$. Les regles du probleme ont donc prescrit ce qu'il falloit faire.

Et si l'on vouloit avoir des regles plus particulieres pour chaque espece de polygone, il faudroit seulement dans l'expression generale du polygone $2n + \frac{1}{2}bnn - nn - \frac{1}{2}bn$, mettre au lieu de b le nombre des angles qui lui est égal ; c'est à dire 3, si l'on veut chercher un triangle ; 4 si l'on veut chercher un quarré ; 5 si l'on veut chercher un pentagone ; 12 si l'on veut chercher un nombre de 12 angles. Et ainsi pour tous les autres nombres angulaires. D'où l'on poura tirer les regles suivantes.

Pour les Nombres

Triangulaires,	*Quarrez,*	*Pentagones,*	*Hexagones,*	*Heptagones,*
$\dfrac{nn+n}{2}$,	$\dfrac{2nn + *}{2}$,	$\dfrac{3nn - 1n}{2}$,	$\dfrac{4nn - 2n}{2}$,	$\dfrac{5nn - 3n}{2}$,

Et ainsi de suite pour tous les autres polygones à l'infini.

De sorte par exemple que si j'avois à trouver le triangle dont le costé est 6, supposant $6 = n$, & prenant la formule des nombres triangulaires, j'aurai $\dfrac{nn+n}{2} = 21$.

De même si le costé est 12, son triangle sera 78, son quarré 144, son pentagone $\dfrac{3nn - 1n}{2} = 210$, son hexagone $\dfrac{4nn - 2n}{2}$ ou $2nn - n = 276$, son heptagone sera 342. Et ainsi des autres.

DOUZIE'ME PROBLEME.

LXXVII. Le polygone f, & le nombre de ses angles n estant donnez, trouver son costé.

1°. On prend un quarré qui ait pour sa racine le nombre des angles diminué de 4 unitez, on ajoûte à ce quarré le produit du polygone par 8 fois le nombre des angles diminué de 2 unitez.

2°. On tire la racine de la somme totale , on lui ajoûte le nombre des angles diminué de 4 unitez ; & la somme qu'on trouve divisée par 2 fois le nombre des angles diminué de 2 unitez , c'est à dire $\sqrt{\dfrac{bb - 8b + 16 + 8bf - 16f + b - 4}{2b - 4}}$

donne

donne le costé qu'on cherche.

Démonstration. Le polygone donné f est la somme d'une progression dont le premier terme $a=1$, & la difference $d=b-2$. Or en toute progression dont le premier terme est a, la difference d, & la somme de la progression f, le nombre de ses termes est $\sqrt{\frac{4aa-4ad+dd+8df+d-2a}{2d}}$, par 60.

S. Supposant donc $a=1$ & $d=b-2$, ce nombre sera le costé du polygone f, car le costé de tout polygone marque le nombre de tous les termes de la progression dont ce polygone est la somme : Or substituant dans ce nombre des termes ou dans ce costé, 1 & $b-2$ au lieu des grandeurs a & d qui leur sont égales, l'on aura pour sa même valeur $\sqrt{\frac{bb-8b+16+8bf-16f+b-4}{2b-4}}$. Les regles du probleme ont donc prescrit ce qu'il falloit faire.

Et si à l'exemple du probleme precedent, on vouloit avoir des regles plus particulieres pour chaque espece de polygone, il faudroit seulement dans l'expression generale de leur costé, que l'on vient de donner, mettre au lieu de b le nombre des angles qui lui est égal, c'est à dire 3 si l'on veut chercher le costé d'un triangle ; 5 si c'est le costé d'un pentagone ; 6 si c'est celui d'un hexagone ; 15 si c'est celui d'un nombre de 15 angles. Et ainsi des autres. D'où l'on poura tirer les regles suivantes.

Pour les costez des nombres

Triangulaires,	*Quarrez,*	*Pentagones,*	*Hexagones,*	*Heptagones.*
$\sqrt{\dfrac{1+8f-1}{2}}$,	$\sqrt{\dfrac{*+16f*}{4}}$,	$\sqrt{\dfrac{1+24f+1}{6}}$,	$\sqrt{\dfrac{4+32f+2}{8}}$,	$\sqrt{\dfrac{9+40f+3}{10}}$,

Et ainsi de suite à l'infini. De sorte que si j'avois à trouver le costé du triangle 21, supposant $21=f$, & prenant la formule qui sert pour les costez des nombres triangulaires, j'aurai $\sqrt{\frac{1+8f-1}{2}}=6$.

De même si le triangle est 1225, son costé sera 49. Et si nous considerons 1225 comme un nombre quadrangulaire, son costé sera 35. Et si nous le considerons comme un hexagone, prenant la formule qui marque les costez des nombres hexagones, & supposant $1225=f$, nous trouverons que son costé $\sqrt{\frac{4+32f+2}{8}}=25$.

On trouvera en même sorte, que si l'on considere 81 comme un quarré & comme un heptagone, ses costez seront 9 & 6.

Corollaire.

Mais s'il arrivoit qu'on proposast un nombre polygone, & que sans LXXVIII. déterminer le nombre de ses angles ni de son costé, il fallut neanmoins trouver l'un & l'autre, de semblables demandes seroient quelquefois indéterminées, parcequ'un même nombre peut estre quelquefois consideré comme un polygone en plusieurs manieres differentes, selon lesquelles il aura differens costez. Cependant l'on pouroit toûjours déterminer toutes ces differentes manieres par le moyen des formules precedentes. Car si un nombre est polygone, le quarré qui aura pour sa racine le nombre des angles diminué de 4 unitez, plus le produit du polygone par 8 fois le nombre des angles diminué de 2 unitez, donnera toûjours un nombre quarré, *par* 58. *S.* & la racine de ce quarré plus le nombre des angles moins 4 estant divisée par 2 fois le nombre des angles moins 4 unitez, donnera toûjours un nombre entier qui sera le costé du polygone. C'est une suite du probleme.

C'est pourquoy si quelque nombre estant proposé, l'on prend le quarré d'un autre nombre diminué de 4 unitez, plus le produit du nombre proposé par 8 fois cet autre nombre diminué de 2 unitez, & que la racine de la somme ne soit pas commensurable, ou bien si cette racine estoit commensurable, mais qu'en lui ajoûtant le second nombre diminué de 4 unitez, & divisant la somme par 2 fois le même nombre moins 4 unitez, l'exposant ne fuit pas un nombre entier; il est bien visible que le nombre proposé ne pourroit pas estre un polygone, qui eust l'autre nombre pour son costé.

TREIZIE'ME PROBLEME.

LXXIX.   Ainsi tout nombre entier estant proposé, pour trouver en combien de manieres il peut estre appellé polygone.

Si l'on appelle ce nombre f, on verra succesivement & par ordre si chaque expression des formules precedentes peut valoir un nombre entier.

Soit par exemple 36 le nombre proposé, je suppose premierement que ce nombre est un triangle, & l'appellant f, je prens la formule $\sqrt{\dfrac{1+8f-1}{2}}$ qui sert pour les costez des nombres triangulaires, & voyant que la valeur de cette formule est le nombre entier 8, je conclus que 36 est un triangle dont le costé est 8. Voyant ensuite que la valeur de la formule qui sert pour les nombres quadrangulaires, est le nombre entier 6, ou plûtost sans me servir de cette formule pour les quarrez, voyant que 36 est un quarré dont le costé est 6, je conclus déja que 36 est un nombre polygone en deux differentes manieres. Ensuite voyant que la valeur des formules qui servent pour les costez des pentagones, hexagones, & autres, ne peut estre un nombre entier, excepté de celle qui sert pour les costez des nombres de 36 angles, qui est $\sqrt{\dfrac{1024-272f+32}{68}}$, dont la valeur est le nombre entier 2; je conclus enfin que 36 ne peut estre qu'un triangle dont le costé est 8, ou un quarré dont le costé est 6, ou un nombre de 36 angles dont le costé est 2. Il en est ainsi des autres. Et la démonstration du probleme n'est qu'une suite du precedent & du cinquiéme Theoreme 58. S.

Au reste en prenant les formules, il est assez visible que l'on ne doit point passer au delà de celle qui sert pour le costé des nombres angulaires qui ont plus d'angles que le nombre proposé n'a d'unitez. Ainsi dans l'exemple precedent du nombre 36, il n'auroit pû servir de rien de passer au delà de la formule $\sqrt{\dfrac{1024+272f+32}{68}}$ qui sert pour le costé des nombres de 36 angles.

AVERTISSEMENT.

Au reste l'on ne doit pas s'imaginer qu'il y ait des figures geome- LXXX.
triques autres que les triangles , ou bien les quarrez qui répon-
dent aux nombres angulaires, & ausquelles toutes les mêmes proprietez
puissent aussi bien convenir qu'elles conviennent à ces nombres polygones.

DE LA PROPORTION GEOMETRIQUE.

DEFINITIONS.

L'égalité de deux rapports , c'est à dire le rapport de deux rapports LXXXI.
égaux , ou la comparaison de deux rapports qui ont chacun un même exposant , s'appelle *proportion geometrique*, ou simplement *proportion*. Les
rapports $\frac{6}{3}$ & $\frac{8}{4}$ sont égaux entr'eux. Car $\frac{6}{3}$ ou 2 exposant de chacun est
le même , & $\frac{6}{3} = \frac{8}{4}$ s'appelle proportion geometrique.

Or chaque rapport supposant deux termes , la proportion geometrique LXXXII.
qui renferme deux rapports , en suppose necessairement quatre ; & ces
termes sont appellez *proportionels*. Le premier terme s'appelle aussi *pre-*
mier antecedent , & le second *premier consequent* ; le troisiéme *second*
antecedent , & le quatriéme *second consequent*. Et l'on dit que le premier antecedent est à son consequent , comme le second antecedent est
à son consequent , c'est à dire que l'exposant du premier au second terme
est égal à l'exposant du troisiéme au quatriéme. Et ces proportions se
marquent ainsi 6.3 :: 8.4. c'est à dire, 6 est à 3 comme 8 est à 4, ou
le rapport de 6 à 3 est égal au rapport de 8 à 4, ou bien $\frac{6}{3} = \frac{8}{4}$.

Avertissement.

Lors donc que l'on verra ces sortes d'expressions 6.3 :: 8.4. il faut
se figurer qu'elles ne signifient rien autre chose que les termes de deux
fractions qui sont égales entr'elles , la premiere fraction est le premier
antecedent divisé par son consequent , & la seconde fraction est le second
antecedent divisé par son consequent. L'on doit bien remarquer cela , car
l'on s'accoûtume presque toûjours à chercher des differences essentielles
& des distinctions réelles dans les choses qui sont exprimées ou figurées
differemment , quoique cependant elles soient les mêmes. Je me persuade
que cette sorte d'expression 6.3 :: 8.4. a esté choisie pour éviter celle
des petits caracteres qui marquent les fractions , & pour ne point se servir
de la marque d'égalité.

Le premier & le quatriéme terme de la proportion s'appellent LXXXIII.
extrêmes , & les deux autres *ceux du milieu* ou *les moyens*.

Si les deux moyens sont égaux , la proportion s'appelle *continuë* , &
le terme qui tient la place de chacun des moyens s'appelle *moyen pro-*
portionel.

A a ij.

Proportion continuë $8.4::4.2.$

Et afin d'abreger ces proportions continuës, & de les diftinguer des autres, on les exprime ainfi.

Proportion continuë $\div 8.4.2.$

LXXXIV.   Lorfqu'une proportion s'étend à plus de trois termes, on l'appelle *progreffion*, & on la marque ainfi.

Progreffion $\div 2.4.8.16.32.64.128.$ &c.

LXXXV.   La définition que nous venons de donner de la proportion geometrique, femblera peut-eftre plus facile à comprendre que celle qu'on en donne ordinairement par le moyen des aliquotes des grandeurs comparées ; Du moins elle en explique la nature d'une maniere plus generale, & l'on peut toûjours par fon moyen démontrer pofitivement fi quatre grandeurs font ou ne font pas en proportion geometrique, comme on le verra dans la fuite.

LXXXVI.   L'on peut même tirer des deux expreffions differentes de fes 4 termes une methode generale pour marquer le rapport qui fe trouve entre tels & tant d'autres rapports que l'on voudra. Par exemple pour marquer le rapport qui eft entre ces deux rapports $\frac{1}{4}$ & $\frac{1}{5}$, je divife $\frac{1}{4}$ par $\frac{1}{5}$, & l'expofant $\frac{5}{4}$ eft le rapport de $\frac{1}{4}$ à $\frac{1}{5}$. Car $\frac{1}{4}$ divifé par $\frac{1}{5}=\frac{5}{4}$, ou bien en l'exprimant ainfi $\frac{1}{4} \cdot \frac{1}{5} :: 5.4.$ De même pour marquer le rapport qui eft entre le rapport de $\frac{1}{4}$ à $\frac{1}{5}$, & celui de $\frac{1}{3}$ à $\frac{1}{7}$, je trouve en premier lieu $\frac{5}{4}$ expofant de $\frac{1}{4}$ à $\frac{1}{5}$, & $\frac{7}{3}$ expofant de $\frac{1}{3}$ à $\frac{1}{7}$, & enfuite je trouve $\frac{15}{28}$ expofant de l'expofant $\frac{5}{4}$ à l'expofant $\frac{7}{3}$; & $\frac{15}{28}$ marque le rapport qui fe trouve entre le rapport de $\frac{1}{4}$ à $\frac{1}{5}$, & celui de $\frac{1}{3}$ à $\frac{1}{7}$. Car $\frac{1}{4}$ divifé par $\frac{1}{5}$, divifé par $\frac{1}{3}$ divifé $\frac{1}{7}=\frac{15}{28}$, ou bien en l'exprimant ainfi $\frac{\frac{1}{4}}{\frac{1}{5}} \cdot \frac{\frac{1}{3}}{\frac{1}{7}} :: 15. 28.$ c'eft à dire $\frac{1}{4}$ divifé par $\frac{1}{5}$, eft à $\frac{1}{3}$ divifé par $\frac{1}{7}$, comme 15 eft à $28.$

COROLLAIRE.

D'où l'on peut tirer cette confequence, que deux differens rapports, qui ont chacun le même antecedent, font entr'eux comme leurs confequens dans un ordre renverfé. Par exemple $\frac{a}{b} \cdot \frac{a}{c} :: c.b.$ Car $\frac{a}{b}$ divifé par $\frac{a}{c}=\frac{c}{b}$. Pareillement $\frac{1}{3} \cdot \frac{1}{7}, 7. 3.$ Car $\frac{1}{3}$ divifé par $\frac{1}{7}=\frac{7}{3}$. De même $\frac{1}{4} \cdot \frac{1}{5} :: 5. 4.$

PREMIER THEOREME.

LXXXVII   Deux grandeurs confervent un même rapport quoiqu'on ajoûte à l'une & à l'autre, fi ce qu'on ajoûte à la premiere eft à ce qu'on ajoûte à la feconde comme la premiere eft à la feconde.

Démonftration. Soient les deux grandeurs a & b aufquelles on ajoûte c & d, fi $a.b :: c.d.$ c'eft à dire fi $\frac{a}{b}=\frac{c}{d}$, je dis que $a+c.b+d::a.b.$ c'eft à dire que $\frac{a+c}{b+d}=\frac{a}{b}$. Car foit e l'expofant de $\frac{a}{b}$. Par la fuppofition e eft auffi l'expofant de $\frac{c}{d}$. Donc $eb=a$ & $ed=c$. Et ainfi mettant à la place des grandeurs a & c, eb valeur de a, & ed valeur de c, dans les deux antecedens $a+c$ & a ; on aura $\frac{eb+ed}{b+d} = \frac{a+c}{b+d}$ & $\frac{eb}{b} = \frac{a}{b}$. Or $\frac{eb+ed}{b+d} = \frac{eb}{b}$. Car e l'expofant de chacun eft le même. Donc $\frac{a+c}{b+d} = \frac{a}{b}$, ou bien en l'exprimant ainfi $a+c . b+d :: a . b$. Ce qu'il falloit démontrer.

Second Théoreme.

LXXXVIII

Deux grandeurs confervent un même rapport quoiqu'on retranche de l'une & de l'autre, fi ce qu'on retranche de la premiere eft à ce qu'on retranche de la feconde, comme la premiere eft à la feconde.

Démonftration. Soient les deux grandeurs a & b, defquelles on retranche c & d. Si $a . b :: c . d$. je dis que $a-c . b-d :: a . b$. Car foit e l'expofant de $\frac{a}{b}$, par la fuppofition e eft auffi l'expofant de $\frac{c}{d}$. Donc $eb = a$ & $ed = c$. Et ainfi mettant à la place des grandeurs a & c, eb valeur de a & ed valeur de c dans les deux antecedens $a-c$ & a, on aura $\frac{eb-ed}{b-d} = \frac{a-c}{b-d}$ & $\frac{eb}{b} = \frac{a}{b}$. Or $\frac{eb-ed}{b-d} = \frac{eb}{b}$. Car e l'expofant de chacun eft le même. Donc $\frac{a-c}{b-d} = \frac{a}{b}$, ou bien en l'exprimant ainfi $a-c . b-d :: a . b$. Ce qu'il falloit démontrer.

Troisiéme Théoreme.

LXXXIX.

Si quatre termes font proportionels, ils le feront encore dans chacun des quatre changemens qui fuivent.

Premier changement qui s'appelle *de permutation.*

Ce changement fe fait lorfqu'on tranfpofe les termes de chaque rapport, ce qui s'appelle ordinairement *permutando.*

Soit par exemple $a . b :: c . d$. c'eft à dire $\frac{a}{b} = \frac{c}{d}$, je dis que *permutando* $b . a :: d . c$. ou $\frac{b}{a} = \frac{d}{c}$. Car foit e l'expofant de $\frac{a}{b}$, e eft auffi l'expofant de $\frac{c}{d}$. Donc $eb = a$, & $ed = c$. Et ainfi mettant à la place des grandeurs a & c, leurs valeurs eb & ed, dans les deux rapports $\frac{b}{a}$ & $\frac{d}{c}$, on aura $\frac{b}{eb} = \frac{b}{a}$, & $\frac{d}{ed} = \frac{d}{c}$. Or $\frac{b}{eb} = \frac{d}{ed}$, car $\frac{1}{e}$ l'expofant de chacun eft le même. Donc $\frac{b}{a} = \frac{d}{c}$, ou bien en l'exprimant ainfi $b . a :: d . c$. Ce qu'il falloit démontrer.

Second changement qui s'appelle *alternatif.*

XC.

Ce changement fe fait en comparant les antecedens enfemble, & les confequens enfemble ; le premier terme au troifiéme, & le fecond au quatriéme, ce qui s'appelle *alternando.*

Soit par exemple $a . b :: c . d$. c'eft à dire $\frac{a}{b} = \frac{c}{d}$. Donc *alternando* $a . c :: b . d$. ou $\frac{a}{c} = \frac{b}{d}$, car foit e l'expofant de $\frac{a}{b}$, e eft auffi l'expofant de $\frac{c}{d}$. Donc $eb = a$ & $ed = c$. Et ainfi mettant à la place des grandeurs a & c leurs valeurs eb & ed dans le rapport $\frac{a}{c}$, on aura $\frac{eb}{ed} = \frac{a}{c}$. Or $\frac{eb}{ed} = \frac{b}{d}$.

Car l'expofant de chacun eft $\frac{b}{d}$. Donc $\frac{a}{c} = \frac{b}{d}$, ou bien en l'exprimant ainfi $a.c::b.d.$ Ce qu'il falloit démontrer.

Troifiéme Changement qui s'appelle *de compofition.*

XCI. Ce changement fe fait en comparant chaque antecedent plus fon confequent avec fon confequent, ce qui s'appelle *componendo.*

Soit par exemple $a.b::c.d.$ c'eft à dire $\frac{a}{b} = \frac{c}{d}$. Donc *componendo* $a+b.b::c+d.d.$ ou $\frac{a+b}{b} = \frac{c+d}{d}$. Car foit e l'expofant de $\frac{a}{b}$, e eft auffi l'expofant de $\frac{c}{d}$. Donc $eb = a$, & $ed = c$. Et ainfi mettant à la place des grandeurs a & c leurs valeurs eb & ed dans les deux rapports $\frac{a+b}{b}$ & $\frac{c+d}{d}$, on aura $\frac{eb+b}{b} = \frac{a+b}{b}$ & $\frac{ed+d}{d} = \frac{c+d}{d}$. Or $\frac{eb+b}{b} = \frac{ed+d}{d}$. Car l'expofant de chacun eft $e+1$. Donc $\frac{a+b}{b} = \frac{c+d}{d}$, ou bien en l'exprimant ainfi $a+b.b::c+d.d.$ Ce qu'il falloit démontrer.

Quatriéme changement qui s'appelle *de divifion.*

XCII. Ce changement fe fait en comparant chaque antecedent moins fon confequent avec fon confequent, ce qui s'appelle *dividendo.*

Soit par exemple $a.b::c.d.$ c'eft à dire $\frac{a}{b} = \frac{c}{d}$. Donc *dividendo* $a-b.b::c-d.d.$ ou $\frac{a-b}{b} = \frac{c-d}{d}$. Car foit e l'expofant de $\frac{a}{b}$, e eft auffi l'expofant de $\frac{c}{d}$. Donc $eb = a$ & $ed = c$. Et ainfi mettant à la place de a & de c leurs valeurs eb & ed dans les deux rapports $\frac{a-b}{b}$ & $\frac{c-d}{d}$, on aura $\frac{eb-b}{b} = \frac{a-b}{b}$ & $\frac{ed-d}{d} = \frac{c-d}{d}$. Or $\frac{eb-b}{b} = \frac{ed-d}{d}$. Car l'expofant de chacun eft $e-1$. Donc $\frac{a-b}{b} = \frac{c-d}{d}$, ou bien en l'exprimant ainfi $a-b.b::c-d.d.$

Du troifiéme & quatriéme changement.

XCIII. On peut remarquer que dans le troifiéme changement on ne fait qu'adjoûter l'unité, & au quatriéme que la retrancher dans chacun des deux rapports égaux qui font la proportion. C'eft pourquoi on auroit appellé plus proprement ces deux changemens *addendo* & *detrahendo,* que *componendo* & *dividendo.* Car de même que *dividendo* convient plus à la divifion qu'à la fouftraction ; de même auffi *componendo* convient plus à la multiplication qu'à l'addition ; puifqu'il eft vrai de dire, que l'ufage femble avoir établi ces mots *compofition* & *refolution,* pour exprimer les deux idées directement oppofées de la multiplication, qui fait que les grandeurs fimples deviennent plus compofées ; & de la divifion, qui fait que les compofées fe réduifent à de plus fimples.

QUATRIÉME THEOREME.

XCIV. Plufieurs rapports eftant égaux, tous les antecedens font à tous les confequens, comme chaque antecedent eft à fon confequent.

Démonftration. Soient $a.b::c.d::f.g.$ c'eft à dire $\frac{a}{b} = \frac{c}{d} = \frac{f}{g}$, je dis que $\frac{a+c+f}{b+d+g} = \frac{a}{b} = \frac{c}{d} = \frac{f}{g}$. Car soit e l'exposant de $\frac{a}{b}$, e est aussi l'exposant de $\frac{c}{d}$ & de $\frac{f}{g}$. Donc $eb=a$, $ed=c$, & $eg=f$. Mettant donc à la place des grandeurs a, c, & f, leurs valeurs eb, ed, & eg, dans les rapports $\frac{a+c+f}{b+d+g}$, $\frac{a}{b}$, $\frac{c}{d}$, & $\frac{f}{g}$, on aura $\frac{eb+ed+eg}{b+d+g} = \frac{a+b+f}{b+d+g}$, $\frac{eb}{b} = \frac{a}{b}$, $\frac{ed}{d} = \frac{c}{d}$, & $\frac{eg}{g} = \frac{f}{g}$. Or $\frac{eb+ed+eg}{b+d+g} = \frac{eb}{b} = \frac{ed}{d} = \frac{eg}{g}$; Car l'exposant de chacun est e. L'on voit donc que $\frac{a+c+f}{b+d+g} = \frac{a}{b} = \frac{c}{d} = \frac{f}{g}$. Ce qu'il falloit démontrer.

QUATRIÈME THEOREME.

En toute proportion geometrique, le produit des extrêmes est égal au produit des moyens

  XCV.

Démonstration. Soit toute proportion geometrique appellée $a.b::c.d$. c'est à dire $\frac{a}{b} = \frac{c}{d}$. Je dis que $ad=bc$. Car soit e l'exposant de $\frac{a}{b}$, e est aussi l'exposant de $\frac{c}{d}$. Donc $eb=a$, & $ed=c$. Et mettant à la place des grandeurs a & b, eb valeur de a, & ed valeur de c, dans les produits ad & bc; on aura $ebd=ad$, & $bed=bc$. Or $ebd=bed$. Donc $ad=bc$. Ce qu'il falloit démontrer.

Autre Démonstration.

Ce Theoreme peut encore estre ainsi démontré. Selon la supposition, $a.b::c.d$. ou $\frac{a}{b} = \frac{c}{d}$. Si ces deux rapports égaux sont chacun également multipliez par bd produit des deux consequens b & d, les produits nouveaux seront ad & bc. Or les grandeurs également multipliées donnent des produits égaux. Donc $ad=bc$. Ce qu'il falloit démontrer.

COROLLAIRE.

En toute proportion continuë le produit des extrêmes est égal au quarré du moyen proportionel. $\therefore a.b.c.$ est une proportion continuë & $ac=bb$. Car $\therefore a.b.c.$ est le même que $a.b::b.c.$ Donc par le Theoreme precedent $ac=bb$.

  XCVI.

CINQUIÈME THEOREME.

Si quatre grandeurs sont tellement disposées que le produit des extrêmes soit égal au produit des moyens, ces grandeurs sont proportionelles.

  XCVII.

Démonstration. Soient par exemple ces quatre grandeurs ainsi disposées $a.\ b.\ c.\ d.$ & $ad=bc$, je dis que $a.b::c.d.$ ou $\frac{a}{b} = \frac{c}{d}$. Car si les deux produits égaux ad & bc sont chacun également divisez par bd, les exposants nouveaux seront $\frac{a}{b}$ & $\frac{c}{d}$. Or si des grandeurs égales sont également divisées, les exposans sont égaux. Donc $\frac{a}{b} = \frac{c}{d}$, ou bien en l'exprimant ainsi, $a.b::c.d.$ Ce qu'il falloit démontrer.

COROLLAIRE.

Les quatre changemens démontrez au troisiéme Theoreme, lorsque

  XCVIII.

quatre grandeurs sont proportionelles, pouroient encore estre ainsi démontrez. Selon la supposition $a.b :: c.d.$ Donc $ad = bc.$

Donc $\begin{cases} \textit{permutando } b.a :: d.c. & \text{Car } bc = ad. \\ \textit{alternando } a.c :: b.d. & \text{Car } ad = cb. \\ \textit{componendo } a+c.c :: b+d.d. & \text{Car } ad + cd = bc + cd, \text{ puisque } ad = bc. \\ \textit{dividendo } a-c.c :: b-d.d. & \text{Car } ad - cd = bc - cd, \text{ puisque } ad = bc. \end{cases}$

SIXIÉME THEOREME.

IC. En toute proportion geometrique, 1°. Le premier terme est égal au produit du second par le troisiéme, divisé par le quatriéme.

C. 2°. Le second terme est égal au produit du premier par le quatriéme, divisé par le troisiéme.

CI. 3°. Le troisiéme terme est égal au produit du premier par le quatriéme, divisé par le second.

CII. 4°. Et enfin le quatriéme terme est égal au produit du second par le troisiéme, divisé par le premier.

Démonstration. Soit prise telle proportion droite qu'on voudra, comme $a.b :: c.d.$ Donc par la définition de cette proportion 81. S. $\frac{a}{b} = \frac{c}{d}$, & par le quatriéme Theoreme 95. S. $ad = bc.$

$$\text{Or divisant les deux produits égaux } ad \text{ \& } bc. \begin{cases} 1°. \text{ par } d \\ 2°. \text{ par } c \\ 3°. \text{ par } b \\ 4°. \text{ par } a \end{cases} \text{on trouvera les exposans égaux} \begin{cases} a \ \& \ \frac{bc}{d} \\ b \ \& \ \frac{ad}{c} \\ c \ \& \ \frac{ad}{b} \\ d \ \& \ \frac{bc}{a} \end{cases}$$

Or 1°. le premier terme a, ou $\frac{bc}{d}$ qui lui est égal, est le produit du second terme b par le troisiéme c, divisé par le quatriéme d.

2°. Le second terme b, ou $\frac{ad}{c}$ qui lui est égal, est le produit du premier terme a par le quatriéme d, divisé par le troisiéme c.

3°. Le troisiéme terme c, ou $\frac{ad}{b}$ qui lui est égal, est le produit du premier terme a par le quatriéme d, divisé par le second b.

4°. Et enfin le quatriéme terme d, ou $\frac{bc}{a}$ qui lui est égal, est le produit du second terme b par le troisiéme c, divisé par le premier terme a.

Donc &c. Ce qu'il falloit démontrer.

DES PROPORTIONS DROITES,
ET RENVERSÉES.

CIII. Lorsque le premier terme d'une proportion est au second, comme le troisiéme est au quatriéme; ou ce qui est la même chose *par* 90. S. lorsque le premier terme est au troisiéme comme le second est au quatriéme, la proportion qui s'appelle geometrique, s'appelle aussi une *proportion droite.* Mais

Mais lorſque le premier terme d'une proportion eſt au troiſiéme, com- CIV.
me dans un ordre renverſé le quatriéme terme eſt au ſecond ; la proportion s'appelle *renverſée* ou *reciproque.*

Septie'me Theoreme.

Si donc l'on tranſpoſe reciproquement le premier terme d'une propor- CV.
tion renverſée à la place du troiſiéme, & le troiſiéme à la place du premier ; ou bien le ſecond terme à la place du quatriéme, & le quatriéme
à la place du troiſiéme ; la proportion qui eſtoit renverſée ſera renduë
droite, parcequ'aprés une ſemblable tranſpoſition le premier terme ſera au
ſecond comme le troiſiéme ſera au quatriéme. Par exemple 2. 6. 4. 3. eſt
une proportion reciproque, car le premier terme 2 eſt au troiſiéme 4,
comme le quatriéme terme 3 eſt au ſecond 6. Mais ſi je tranſpoſe
reciproquement 2 & 4, les premier & troiſiéme termes, à la place l'un
de l'autre, & que j'écrive 4. 6 :: 2. 3. la proportion qui eſtoit renverſée
auparavant eſt renduë droite, car le premier terme 4 eſt au ſecond qui
eſt 6, comme le troiſiéme 2 eſt au quatriéme 3. Et pareillement ſi je
tranſpoſe reciproquement 6 & 3, le ſecond & quatriéme termes de la
proportion renverſée à la place l'un de l'autre, & que j'écrive 2. 3 :: 4. 6.
la proportion ſera droite, puiſque 2 eſt à 3, comme 4 eſt à 6. Tout cela
eſt clair par la définition precedente.

Huitie'me Theoreme.

En toute proportion renverſée ou reciproque, le produit des deux pre- CVI.
miers termes eſt égal au produit des deux derniers.

Démonſtration. Si l'on tranſpoſe reciproquement le ſecond terme de la
proportion renverſée à la place du quatriéme, & le quatriéme à la place
du ſecond ; ou bien le premier à la place du troiſiéme, & le troiſiéme à la
place du premier ; on fera des deux premiers termes de la proportion renverſée les deux extrêmes, & des deux derniers les deux moyens d'une proportion droite : ou bien on fera des deux premiers termes de la proportion renverſée les deux moyens, & des deux derniers les deux extrêmes
d'une autre proportion droite. Or en chacune de ces deux proportions
droites, le produit des deux extrêmes eſt égal au produit des deux moyens.
Le produit des deux premiers termes de la proportion renverſée ſera donc
égal au produit des deux derniers. Et c'eſt ce qu'il falloit démontrer.

Neuvie'me Theoreme.

En toute proportion renverſée ou reciproque. 1°. Le premier terme eſt CVII.
égal au produit des deux derniers, diviſé par le ſecond.

2°. Le ſecond terme eſt égal au produit des deux derniers, diviſé par le CVIII.
premier.

3°. Le troiſiéme terme eſt égal au produit des deux premiers, diviſé par CIX.
le quatriéme.

4°. Et enfin le quatriéme terme eſt égal au produit des deux premiers, CX.
diviſé par le troiſiéme.

Démonstration. Soit prise telle proportion renversée que l'on voudra, comme $a. d. c. b.$ Donc par la définition de cette proportion , 104. S. $\frac{a}{c}=\frac{b}{d}.$ Donc par le Theoreme precedent $ad=bc.$

Or divisant les deux produits égaux ad & bc { $1^{e}.$ par d ; $2^{o}.$ par a ; $3^{o}.$ par b ; $4^{o}.$ par c | on trouvera les exposans égaux { a & $\frac{bc}{d}$; d & $\frac{bc}{a}$; c & $\frac{ad}{b}$; b & $\frac{ad}{c}$

Or $1^{o}.$ Le premier terme $a,$ ou $\frac{bc}{d}$ qui lui est égal , est le produit des deux derniers termes c & $b,$ divisé par le second $d.$

$2^{o}.$ Le second terme $d,$ ou $\frac{bc}{a}$ qui lui est égal , est le produit des deux derniers termes c & $b,$ divisé par le premier $a.$

$3^{o}.$ Le troisiéme terme $c,$ ou $\frac{ad}{b}$ qui lui est égal , est le produit des deux premiers termes a & $d,$ divisé par le quatriéme $b.$

$4^{o}.$ Et enfin le quatriéme terme $b,$ ou $\frac{ad}{c}$ qui lui est égal , est le produit des deux premiers termes a & $d,$ divisé par le troisiéme $c.$

Donc &c. Ce qu'il falloit démontrer.

DE LA REGLE DE TROIS
OU DE PROPORTION.

CXI.   Il est aisé de juger par ce neuviéme Theoreme , & par le sixiéme 90. S. que trois termes d'une proportion estant connus , l'on en peut connoître aussi le quatriéme. La regle qui fait connoître ce terme inconnu s'appelle communément *Regle de Trois* ou *de proportion,* & quelques-uns, à cause du grand usage que l'on en fait, lui ont donné le nom de *regle d'or.*

CXII.   Il y a dans les questions ordinaires qui dépendent de cette regle , deux des trois termes connus qui sont de même genre , & à l'un desquels la question proposée se rapporte. Si par exemple je dis 3 degrez du plus grand cercle qui entoure la terre , ont 72 lieuës de longueur , combien aura de lieuës le cercle entier qui vaut 360 degrez ? Les deux termes 3 degrez & 360 degrez sont de même genre , & la question se rapporte au dernier de ces deux termes , qui est 360 degrez. Or trois termes d'une proportion estant connus , on les peut ainsi disposer pour chercher le quatriéme inconnu.

CXIII.   On écrit le terme auquel la question se rapporte, à la troisiéme place; celui de même genre à la premiere , & l'autre terme qui est seul & d'un même genre que le quatriéme inconnu, à la seconde place. Ces termes estant ainsi disposez, si le premier est au second, comme le troisiéme est au quatriéme, la proportion est de celles que nous appellons droites; mais si le premier terme est au troisiéme, comme le quatriéme inconnu est au second, la proportion est de celles que nous appellons renversées u reciproques.

Si par exemple on me dit que 3 degrez du plus grand cercle qui environne la terre, ont 72 lieuës de longueur, & que l'on me demande combien aura de lieuës le cercle entier qui vaut 360 degrez ; j'écris 360 degrez aufquels la queſtion ſe rapporte, à la troiſiéme place, 3 degrez qui ſont d'un même genre, à la premiere, & 72 lieuës qui font le terme ſeul, & d'un même genre que le nombre inconnu
des lieuës qui font le quatriéme terme,   *degrez . lieuës : : degrez . lieuës*
à la ſeconde place.   3 .   72 :: 360 .   ?

J'examine enſuite ces trois termes ainſi diſpoſez, & je connois que le premier terme 3 degrez eſt au troiſiéme 360 degrez, comme le ſecond terme 72 lieuës eſt au quatriéme inconnu. Car autant que trois degrez font plus petits que 360 degrez, autant 72 lieuës doivent eſtre plus petites que le nombre inconnu des lieuës qui ſera le quatriéme terme. Et ainſi cette proportion s'appelle droite.

Il en eſt tout au contraire de cette autre queſtion. L'Hiſtoire Sainte rapporte que 153600 ouvriers employerent 7 années pour bâtir le Temple de Hieruſalem. Combien 33600 ouvriers auroient-ils employé d'années pour le bâtir ? J'écris 33600 ouvriers aufquels la queſtion ſe rapporte, à la troiſiéme place, 153600 ouvriers qui ſont du même genre, à la premiere, & 7 années qui ſont d'un   *ouvriers . années . ouvriers . années.*
genre different, à la ſeconde.   153600 .   7 .   33600 .   ?

J'examine enſuite ces trois termes ainſi diſpoſez, & je connois que le premier terme 153600 ouvriers, eſt au troiſiéme 33600 ouvriers, comme le quatriéme inconnu eſt au ſecond terme 7 années. Car autant que le premier terme eſt plus grand que le troiſiéme, autant le quatriéme inconnu doit eſtre plus grand que le ſecond, puiſqu'il faut d'autant plus d'années pour bâtir le Temple qu'il y a moins d'ouvriers. Et ainſi cette proportion eſt renverſée.

Comment l'on juge ſi la proportion eſt droite ou renverſée.

Ordinairement on juge aſſez par la queſtion même, ſi la proportion eſt droite, ou ſi elle eſt renverſée. On juge qu'elle eſt renverſée, ſi les deux termes connus qui ſont de même genre, ont un rapport reciproque, ou bien s'ils agiſſent reſpectivement ſur quelque choſe diſtincte & ſeparée des termes de la proportion. Mais ſi cela n'eſt point, on juge que la proportion eſt droite.

    CXIV.

Ainſi dans la queſtion du Temple & des ouvriers, on juge que la proportion eſt renverſée, à cauſe que les deux termes 153600 ouvriers & 33600 ouvriers agiſſent reſpectivement ſur le Temple qu'ils bâtiſſent, & qui eſt ſeparé des ouvriers & des années qui font la proportion.

Mais dans la queſtion de la Terre, & des degrez de ſon plus grand cercle, on juge que la proportion eſt droite, à cauſe que les deux termes 3 degrez & 360 degrez du plus grand cercle de la Terre, n'agiſſent reſpectivement ſur aucune choſe ſeparée des degrez & des lieuës qui font les termes de la proportion.

B b ij

CXV. Comme il y a une proportion droite, & une renverſée ou reciproque, il y a auſſi une regle de Trois droite, & une renverſée ou reciproque. La regle droite ſert à chercher le quatriéme terme d'une proportion droite, dont les trois premiers termes ſont connus. Et la renverſée ou reciproque ſert à chercher le quatriéme terme d'une proportion renverſée, dont les trois premiers termes ſont pareillement connus. Mais ces deux regles peuvent ſe réduire à la ſeule droite. Car ſi l'on connoît que la proportion ſoit renverſée, on la rendra droite en tranſpoſant reciproquement comme on a dit 104. S. le premier terme à la place du troiſiéme, & le troiſiéme à la place du premier. Ainſi dans la queſtion du Temple & des ouvriers qui ſont la proportion renverſée,

	ouvriers.	années.	ouvriers.	années.
	153600.	7.	33600.	2

je rends cette proportion droite en écrivant 33600.   7 :: 153600.   2

DE LA REGLE DROITE.

PREMIER PROBLEME.

CXVI. Trois termes d'une proportion droite eſtant connus, connoiſtre le quatriéme.

1°. On écrit le terme auquel la queſtion ſe rapporte à la troiſiéme place, celui de même genre à la premiere, & l'autre qui eſt d'un genre different à la ſeconde.

2°. Ces termes eſtant ainſi diſpoſez, on multiplie le ſecond par le troiſiéme, & l'on diviſe leur produit par le premier ; & l'expoſant qu'on trouve eſt le quatriéme terme de la proportion. Les exemples éclairciront ces regles.

Premier Exemple.

3 degrez du plus grand cercle qui entoure la Terre, ont 72 lieuës de longueur, combien en aura le cercle entier qui eſt de 360 degrez ? c'eſt à dire, combien aura de lieuës tout le tour de la Terre ?

1°. 3 degrez & 360 degrez n'agiſſent reſpectivement ſur aucune choſe ſeparée des termes de la proportion, ainſi la proportion eſt droite. J'écris donc 360 degrez auſquels la queſtion ſe rapporte, à la troiſiéme place, 3 degrez qui ſont d'un même genre, à la premiere, & 72 lieuës à la ſeconde place. 2°. Ces trois termes eſtant ainſi diſpoſez, je multiplie le ſecond terme 72 par le troiſiéme 360, & je diviſe leur produit 25920 par le premier terme 3, l'expoſant de cette diviſion eſt 8640, & cet expoſant eſt auſſi le quatriéme terme que je cherche. Le tour entier de la Terre aura donc 8640 lieuës.

	degrez.	lieuës :: degrez.	lieuës.
	3.	72 :: 360.	8640.

Second Exemple.

Une Tour fort élevée a 164 pieds d'ombre, & une perche de 26 pieds eſtant élevée perpendiculairement ſur l'horizon a 5 pieds d'ombre ; on demande quelle eſt la hauteur de la Tour ?

1°. 5 pieds d'ombre & 164 pieds d'ombre n'agissent respectivement sur aucune chose separée des termes de la proportion, ainsi la proportion est droite. J'écris donc les 164 pieds d'ombre de la Tour ausquels la question se rapporte, à la troisiéme place, les 5 pieds d'ombre de la perche à la premiere, & les 26 pieds de la hauteur de cette perche à la seconde. 2°. Ces trois termes estant ainsi disposez, je multiplie 26 par 164, & je divise leur produit par 5, l'exposant que je trouve est $852\frac{4}{5}$, & cet exposant est le quatriéme que je cherche. La hauteur de la Tour sera donc de 852 pieds 9 pouces 7 lignes plus la 5e partie d'une ligne.

pieds d'ombre	*pieds de la hauteur*	*pieds d'ombre*	*pieds de la hauteur*
de la perche.	*de la perche* ::	*de la Tour.*	*de la Tour.*
5.	26 ::	164.	$852\frac{4}{5}$.

Troisiéme Exemple.

On suppose que le bassin d'une fontaine a trois ouvertures, par la premiere l'eau s'écoule toute en 3 heures, par la seconde en 5, & par la troisiéme en 6. On demande en combien de temps tout le bassin plein d'eau s'écouleroit, si on ouvroit en même temps toutes ses ouvertures.

Selon la supposition 1 où toute l'eau du bassin s'écoule par la premiere ouverture en 3 heures. Donc il s'en écoulera $\frac{1}{3}$ par la même ouverture dans 1 heure; Et pareillement il s'en écoulera $\frac{1}{5}$ dans 1 heure par la seconde ouverture, $\frac{1}{6}$ par la troisiéme, & $\frac{1}{3}+\frac{1}{5}+\frac{1}{6}$ par toutes trois ensemble. Or $\frac{1}{3}+\frac{1}{5}+\frac{1}{6}$ font $\frac{21}{30}$ ou $\frac{7}{10}$. Si donc $\frac{7}{10}$ de toute l'eau s'écoulent dans 1 heure, dans combien de temps s'écouleront $\frac{10}{10}$, c'est à dire 1, ou toute l'eau de la fontaine. La regle de Trois droite donnera $1\frac{3}{7}$. Et la question est resoluë.

par la 1ere *ouverture.*		*par la seconde.*		*par la troisiéme.*	
heures. eau :: *heure. eau.*		*heures. eau* :: *heure. eau.*		*heures. eau* :: *heure. eau.*	
3.	1 :: 1. $\frac{1}{3}$.	5.	1 :: 1. $\frac{1}{5}$.	6.	1 :: 1. $\frac{1}{6}$.

	parties de l'eau. heure :: *toute l'eau. heures cherchées.*	
Or. $\frac{1}{3}+\frac{1}{5}+\frac{1}{6}=\frac{21}{30}=\frac{7}{10}$. Donc $\frac{7}{10}$.	1 :: 1.	$\frac{10}{7}=1\frac{3}{7}$.

Quatriéme Exemple.

Quatre tuyaux versent de l'eau dans le bassin d'une fontaine. Le premier emplit le bassin dans 8 heures, le second dans 9, le troisiéme dans 12, & le quatriéme dans 18. Le même bassin a 4 ouvertures par lesquelles toute son eau s'écoule, en 3 heures par la premiere, en 4 par la seconde, en 6 par la troisiéme, & en 7 par la quatriéme. L'on demande si on ouvre en même temps tous les tuyaux, & qu'on lâche toutes les ouvertures, combien tout le bassin plein d'eau sera de temps à s'écouler?

Selon la premiere supposition tous les tuyaux ensemble versent au bassin $\frac{1}{8}+\frac{1}{9}+\frac{1}{12}+\frac{1}{18}$, c'est à dire $\frac{1}{3}$ de toute l'eau qu'il peut contenir, pendant l'espace de 1 heure. Et par la seconde supposition il s'écoule du même bassin $\frac{1}{3} + \frac{1}{4} + \frac{1}{6} + \frac{1}{7}$, c'est à dire $\frac{25}{28}$ de toute son eau pendant l'espace de 1 heure. Donc retranchant $\frac{3}{8}$ de $\frac{25}{28}$, c'est à dire ce que tous les tuyaux ont versé au bassin dans 1 heure, de ce qui s'en est écoulé par toutes les ouvertures pendant le même temps, le reste $\frac{29}{56}$ marquera toute l'eau qui s'est écoulée du bassin dans 1 heure, outre celle que tous les tuyaux ensemble y ont versé pendant le même temps. Si donc $\frac{29}{56}$ de toute l'eau s'écoulent dans 1 heure, dans combien de temps 1, ou toute l'eau, s'écoulera-t'elle. La regle de Trois droite donnera $1\frac{27}{29}$. Et la question est resoluë.

$$\textit{l'eau qui entre.} \qquad\qquad \textit{l'au qui sort.}$$

$$\frac{1}{8} + \frac{1}{9} + \frac{1}{12} + \frac{1}{18} = \frac{3}{8}. \qquad\qquad \frac{1}{3} + \frac{1}{4} + \frac{1}{6} + \frac{1}{7} = \frac{25}{28}.$$

$$\textit{L'excez de l'eau qui sort.} \qquad \textit{heure} :: \textit{toute l'eau.} \qquad \textit{heures cherchées.}$$

$$\frac{25}{28} - \frac{3}{8} = \frac{19}{56}. \qquad\qquad 1. \quad :: \quad 1. \qquad\qquad \frac{56}{29} = 1\frac{27}{29}.$$

Démonstration du Probleme.

Selon la quatriéme partie du sixiéme Theoreme 102. S. le quatriéme terme de toute proportion droite est égal au produit du second par le troisiéme, divisé par le premier. Or si $a . b :: c$. sont les trois premiers termes d'une proportion droite, le quatriéme $\frac{bc}{a}$ trouvé selon les regles du probleme, est aussi le produit du second terme b par le troisiéme c, divisé par le premier terme a. Ces regles ont donc prescrit ce qu'il falloit faire.

Autre Démonstration.

Je pourois encore démontrer autrement que le quatriéme terme que j'appelle z est égal à $\frac{bc}{a}$. Car puisque la proportion droite est $a . b :: c . z$. je puis donc l'exprimer en cette autre maniere $\frac{a}{b} = \frac{c}{z}$, ce qui fait une égalité dont la resolution fera connoître la grandeur inconnuë z. Or pour resoudre cette égalité, je multiplie chacun de ses membres par bz; & je trouve cette autre $az = bc$ dont chaque membre estant divisé par a laisse $z = \frac{bc}{a}$.

CXVII.   Cette démonstration donnée par le moyen des égalitez, nous fait assez connoître que la regle de Trois n'est qu'une suite des égalitez qui se trouvent entre les rapports des grandeurs, & qu'elle n'en differe point par sa nature, mais par la seule maniere dont nous avons accoûtumé de l'exprimer. Il ne faut donc pas s'imaginer selon la plaisante remarque de Stifelius que les équations soient à l'égard de la regle de Trois, comme les Servantes sont à l'égard de leurs Maîtresses, & qu'elles ne peuvent résoudre tout ce qu'on résout par cette regle. Car au contraire on peut dire sans crainte de se tromper, que non seulement les égalitez ne

font pas moins generales que les proportions, mais auſſi que celles-là font
le genre, dont celles-ci ne font que des eſpeces particulieres.

DE LA REGLE RENVERSE'E.

Second Probleme.

Trois termes d'une proportion renverſée eſtant connus, connoître le qua-   CXVIII.
triéme.

1°. On écrit le terme auquel la queſtion ſe rapporte, à la troiſiéme place,
celui qui eſt du même genre à la premiere, & l'autre qui eſt d'un genre
different à la feconde.

2°. Ces termes eſtant ainſi difpoſez, on multiplie le premier par le fecond, & l'on diviſe leur produit par le troiſiéme. Et l'expoſant qu'on trouve eſt le quatriéme terme de la proportion. Les exemples éclairciront ces
regles.

Premier Exemple.

Si 153600 ouvriers bâtirent le Temple de Hieruſalem dans 7 années,
dans combien d'années 33600 ouvriers l'auroient-ils pû bâtir?

1°. 153600 ouvriers & 33600 ouvriers agiſſent reciproquement ſur le
Temple, car les uns le bâtiſſent dans un nombre d'années d'autant plus
petit qu'ils font en plus grand nombre, & reciproquement les autres le
bâtiſſent dans un nombre d'années d'autant plus grand qu'ils font en plus
petit nombre. Ainſi la proportion eſt reciproque. J'écris dònc 33600 ouvriers auſquels la queſtion ſe rapporte, à la premiere place, 153600 ouvriers à la troiſiéme, & 7 années à la feconde. 2°. Je multiplie le premier
terme 153600 par le fecond terme 7, & je diviſe le produit par le troiſiéme
33600, l'expoſant que je trouve eſt 32, & cet expoſant eſt le quatriéme
terme que je cherche. Les 33600

ouvriers auroient donc pû bâtir le   *ouvriers.*   *années.*   *ouvriers.*   *années.*
Temple dans 32 années.   153600.   7.   33600.   32

Second Exemple.

Si Hieruſalem aſſiegée par l'armée de Vefpaſian, avoit aſſez de provi-
ſions pour nourir 2000000 perfonnes pendant 10 années, on demande
pendant combien d'années elle en auroit pû nourir 400000?

1°. 2000000 & 400000 perfonnes ont un rapport reciproque aux vi-
vres, car elles peuvent s'en nourir pendant un nombre d'années d'autant
plus petit qu'elles font en plus grand nombre, & d'autant plus grand
qu'elles font en plus petit nombre. La proportion eſt donc reciproque,
& j'écris 400000 perfonnes auſquelles la queſtion ſe rapporte, à la troiſiéme place, les 2000000 à la premiere, & les 10 années à la feconde.
2°. Je multiplie le premier terme 2000000 par le fecond terme 10, & je
diviſe le produit par le troiſiéme 400000, l'expoſant que je trouve eſt
50, & cet expoſant eſt le quatriéme terme que je cherche. De ſorte que
Hieruſalem auroit pû nourir les

400000 perfonnes pendant 50   *perfonnes.*   *années.*   *perfonnes.*   *années.*
années.   2000000.   10.   400000.   50.

Troifiéme Exemple.

S'il faut 12 aûnes d'une étoffe qui aura ¼ de largeur, pour faire un habit, combien faudra-t'il d'aûnes d'une étoffe qui n'aura que ⅔ de largeur?

1°. L'on connoît que la proportion eft renverfée, parceque les deux largeurs des étoffes ont un rapport reciproque fur l'habit; car plus l'étoffe aura de largeur, moins il en faudra d'aûnes pour le faire, & au contraire moins l'étoffe aura de largeur, plus il en faudra d'aûnes. La proportion eft donc reciproque, & j'écris les ⅔ de largeur à qui la queftion fe rapporte, à la troifiéme place, les ¼ de largeur à la premiere, & les 12 aûnes à la feconde. 2°. Je multiplie le premier terme ¼ par le fecond terme 12, & je divife le produit qui eft 9, par le troifiéme ⅔, l'expofant que je trouve eft 13½. Et cet expofant eft le quatriéme terme que je cherche. De forte qu'il faudroit 13 aûnes & demie d'une étoffe qui auroit ⅔ de largeur, pour faire l'habit, en fuppofant qu'il en falluft 12 aûnes d'une étoffe qui auroit ¼ de largeur.

	1ere largeur.	aûnes.	2e largeur.	aûnes.
	¼.	12.	⅔.	13½.

Démonftration du Probleme.

Selon la quatriéme partie du neuviéme Theoreme 100. S. le quatriéme terme de toute proportion renverfée eft égal au produit du premier par le fecond, divifé par le troifiéme. Or fi $a. d. c.$ font les trois premiers termes d'une proportion renverfée, le quatriéme $\frac{ad}{c}$ trouvé felon les regles du probleme, eft auffi le produit du premier a par le fecond d, divifé par le troifiéme c. Ces regles ont donc prefcrit ce qu'il falloit faire.

Preuve pour l'operation de la Regle de Trois.

Pour s'affurer que le terme qu'on a découvert eft veritablement celui qu'on cherche, lorfque la proportion eft droite, on prend le produit des extrêmes & celui des moyens; fi ces deux produits font égaux, l'operation eft bien faite, & s'ils font inégaux l'operation eft mal faite.

Mais lorfque la proportion eft renverfée, ou reciproque dans la difpofition de fes termes, on prend le produit des deux premiers termes & celui des deux derniers. Si ces produits font égaux, l'operation eft bien faite, & s'ils font inégaux, l'operation eft mal faite, il la faut recommencer.

AUTRE MANIERE POUR LA REGLE DE TROIS RENVERSÉE.

CXIX.   Si l'on connoît qu'une queftion propofée dépende de la proportion renverfée, & qu'on difpofe fes trois termes connus en telle forte que le terme auquel la queftion fe rapporte foit à la premiere place, celui qui eft d'un même genre à la troifiéme, & l'autre qui eft feul & d'un genre different à la feconde; la queftion poura fe refoudre en multipliant, comme on fait pour la regle de Trois, le fecond terme par le troifième, & divifant le produit qu'on trouve par le premier : Car l'expofant d'une femblable divifion fera le terme inconnu que l'on cherche.

Connoiffant

Connoissant par exemple que la question des ouvriers qui bâtissent le Temple dépend de la proportion renversée, si j'écris les 33600 ouvriers ausquels la question se rapporte, à la premiere place, les 153600 qui sont d'un même genre, à la troisiéme, & les 7 annéés à la seconde ; je resoudrai la question en multipliant le second terme 7 par le troisiéme 153600, & divisant le produit trouvé par le premier terme 33600, car l'exposant de cette division qui est 32, sera le terme inconnu que je cherche.

$$\begin{array}{cccc} \textit{ouvriers.} & \textit{années} :: & \textit{ouvriers.} & \textit{années.} \\ 33600. & 7 :: & 153600. & 32. \end{array}$$

Autre Maniere pour la Regle de Trois.

Lorsque la proportion est droite dans la disposition de ses termes, l'on peut rendre assez souvent son operation plus commode en divisant le second terme par le premier, & multipliant l'exposant qu'on trouve par le troisiéme. Ou bien, ce qui revient au même, & si on le juge plus facile, en divisant le troisiéme terme par le premier, & multipliant l'exposant qu'on trouve par le second ; car le produit trouvé en suivant l'une ou l'autre de ces deux manieres, sera le quatriéme terme de la proportion ; puisque si les trois premiers termes d'une proportion droite sont $a \cdot b :: c$. on trouvera toûjours le quatriéme qui est $\frac{bc}{a}$, soit qu'on multiplie, comme on fait dans la Regle de Trois droite, le second terme b par le troisiéme c, & qu'on divise le produit bc par le premier terme a ; soit qu'on divise b par a, & qu'on multiplie l'exposant $\frac{b}{a}$ par c ; soit enfin qu'on divise c par a, & qu'on multiplie l'exposant $\frac{c}{a}$ par b. L'usage de ceci pourra mieux se connoître, si l'on en fait l'application aux exemples qui precedent.

Premier Exemple.

Pour résoudre la question de la Terre & des degrez de son plus grand cercle. Les trois termes connus, 3 degrez, 72 lieües, & 360 degrez, estant disposez à l'ordinaire, je divise le second 72 par le premier qui est 3, & je multiplie l'exposant 24 par le troisiéme 360 ; le produit que je trouve est 8640, & ce nombre est celui des lieües qu'aura tout le tour de la Terre.

$$\begin{array}{cccc} \textit{degrez.} & \textit{lieues} :: & \textit{degrez.} & \textit{lieues.} \\ 3. & 72 :: & 360. & 8640. \end{array}$$

Second Exemple.

Pour resoudre la question de la Tour & des pieds de son ombre. Les trois termes connus 5 pieds de l'ombre de la perche, 26 pieds de sa hauteur, & 164 pieds d'ombre de la Tour, estant disposez à l'ordinaire, je divise 26 par 5, & je multiplie l'exposant $5\frac{1}{5}$ par 164 ; le produit que je trouve est $852\frac{4}{5}$, & ce nombre est celui des pieds que la Tour a pour sa hauteur.

$$\begin{array}{cccc} \textit{pieds d'ombre} & \textit{pieds de la hauteur} & \textit{pieds d'ombre} & \textit{pieds de la hauteur} \\ \textit{de la perche.} & \textit{de la perche} :: & \textit{de la Tour.} & \textit{de la Tour.} \\ 5. & 26 :: & 164. & 852\frac{4}{5}. \end{array}$$

Troifiéme Exemple.

Pour réfoudre la queftion du Temple & des ouvriers qui le bâtiffent,
Les trois termes connus 33600 ouvriers, 7 années, & 153600 ouvriers,
eftant difpofez en telle forte qu'ils foient les trois premiers d'une proportion droite, je divife le fecond terme 7 par le premier 33600, & je multiplie l'expofant $\frac{1}{4800}$ par le troifiéme 153600, (ce qui fe fait en divifant ce
dernier nombre par 4800.) le produit que je trouve eft 32, & ce nombre eft
celuy des années que les 33600 ouvriers auroient dû employer pour
bâtir le Temple.　　　　　　　　　　*ouvriers. années :: ouvriers. années.*

$$33600. \quad 7 :: \quad 153600. \quad 32.$$

Quatriéme Exemple.

Pour réfoudre la queftion de Hierufalem & de fes Citoyens affiegez.
Les trois termes connus 400000 perfonnes, 10 années, & 2000000 de
perfonnes, eftant difpofez en telle forte qu'ils foient les trois premiers
d'une proportion droite, je divife le troifiéme terme 2000000 par le
premier 400000, (ce qui fe fait en divifant fimplement 20 par 4). &
je multiplie l'expofant 5 par 10, le produit que je trouve eft 50, & ce
nombre eft celui des années
que la ville auroit pû nourir　　　*perfonnes. années :: perfonnes. années.*
400000 perfonnes.

$$400000. \quad 10 :: \quad 2000000. \quad 50.$$

AVERTISSEMENT.

<CXXI. *Cette Methode peut eftre fort utile dans une infinité de rencontres
pour ceux qui ont beaucoup d'operations & de calculs à faire, fur tout
s'ils ont de la facilité pour operer fur les fractions. Car il eft incomparablement plus court dans la plufpart des proportions droites de divifer
le fecond terme par le premier, & de multiplier l'expofant par le troifiéme, ou bien de divifer le troifiéme terme par le premier, & de multiplier l'expofant par le fecond, que de compofer un grand nombre par
le produit du fecond & troifiéme terme, pour le refoudre & divifer enfuite par le premier. L'experience & l'ufage pourront prouver ce que
je dis.*

DE LA REGLE DE COMPAGNIE.

La Regle de Trois nous fournit plufieurs regles qui n'en font que des
fuites.

Nous parlerons ici des principales qui font la Regle de Compagnie, les
Regles d'Alliage, & celles de fauffe pofition.

CXXII.　　La Regle de Compagnie eft celle qui enfeigne à divifer une grandeur
donnée en plufieurs parties proportionnelles à d'autres grandeurs qui
font déterminées. Son nom fe tire des Compagnies ou Societez que font
enfemble des Marchands pour trafiquer tous en commun, à caufe que
fon ufage y eft abfolument neceffaire.

Troisie'me Probleme.

Diviser une grandeur donnée en plusieurs parties proportionelles à CXXIII.
d'autres grandeurs qui sont pareillement déterminées.

1°. On écrit la somme de ces grandeurs qui sont déterminées, à la premiere place d'une proportion droite, l'autre grandeur qu'on donne à diviser à la seconde, & chacune des grandeurs déterminées à la troisiéme.

2°. On applique autant de fois la regle de trois droite que l'on a écrit de grandeurs à la troisiéme place, & l'on trouve autant de nouveaux termes, qui sont les parties proportionelles qu'on cherche. Les exemples éclairciront ces regles.

Premier Exemple.

Trois Marchands ont fait en commun une bourse de 10000 écus, avec laquelle ils en ont gagné 4000. Le premier Marchand a mis 2000 écus dans la bourse, le second y en a mis 5000, & le troisiéme 3000. On demande ce que chaque Marchand doit recevoir du gain total des 4000 écus, à proportion de l'argent qu'il a mis dans la bourse ?

1°. J'écris 10000 la somme totale des écus qu'on a mis dans la bourse, à la premiere place d'une proportion droite, 4000 le nombre des écus qui font le gain total, duquel chaque Marchand reçoit une partie proportionelle au nombre des écus qu'il a mis dans la bourse, à la seconde place, & les trois nombres 2000, 5000, & 3000, qui sont ceux des écus que chacun des Marchands a mis dans la bourse, à la troisiéme place. 2°. J'applique trois fois la regle de trois droite, & je trouve les trois quatriémes termes 800, 2000, & 1200, qui sont aussi ceux que je cherche.

Le premier Marchand doit donc recevoir 800 écus de gain total, le second doit en recevoir 2000, & le troisiéme 1200.

contribution totale.	gain total		contributions particulieres.	gains particuliers.
10000 .	4000	::	2000 .	800 .
		::	5000 .	2000 .
			3000 .	1200 .

Second Exemple.

Quatre Marchands ont fait en commun une bourse de 16000 écus, sur laquelle ils en ont perdu 4000. Le premier Marchand a mis 2000 écus dans la bourse, le second y en a mis 5000, le troisiéme 3000, & le quatriéme 6000. On demande ce que chaque Marchand doit porter pour sa part de la perte totale des 4000 écus à proportion de l'argent qu'il a mis dans la bourse?

1°. J'écris la contribution totale des 16000 à la premiere place d'une proportion droite, la perte totale des 4000 écus à la seconde, & chacune des contributions particulieres 2000, 5000, 3000, & 6000, à la troisiéme.

2°. J'applique quatre fois la regle de trois droite, & je trouve les qua-

Cc ij

triémes termes —500, —1250, —750, & —1500, qui font auffi ceux que je cherche.

Le premier Marchand doit donc porter 500 efcus de perte, le fecond en doit porter 1250, le troifiéme 750, & le quatriéme 1500. Et fi l'on retranche la perte de chacun fur l'argent qu'il a mis dans la bourfe, le premier qui a mis 2000 efcus n'en retirera que 1500, le fecond qui en a mis 5000 n'en retirera que 3750, le troifiéme qui en a mis 3000 n'en retirera que 2250, & le quatriéme enfin qui en a mis 6000 n'en retirera que 4500.

contribution totale.	perte totale ::	contributions particulieres.	pertes particulieres.	restes particuliers.
+16000.	—4000 ::	+2000.	—500.	+1500
		+5000.	—1250.	+3750
		+3000.	—750.	+2250
		+6000.	—1500.	+4500

Troifiéme Exemple.

On peut auffi trouver la même chofe par une autre operation femblable aux precedentes. Car fi 16000 efcus de contribution portent 4000 efcus de perte, il en reftera 12000. Or chacun des 4 Marchands doit retirer de ce refte une partie proportionelle à l'argent qu'il a mis dans la bourfe.

Je fais donc une nouvelle operation en cette forte. 1°. J'écris la contribution totale des 16000 efcus à la premiere place d'une proportion droite, le refte total des 12000 à la feconde, & chacune des contributions particulieres 2000, 5000, 3000, & 6000 à la troifiéme. 2°. J'applique quatre fois la regle de trois droite, & je trouve les quatriémes termes 2500, 3750, 2250, & 4500, qui marquent ce que chacun des quatre Marchands doit retirer des 12000 efcus reftez, à proportion de l'argent qu'il a mis dans la bourfe. Et fi l'on retranche chacun de ces reftes particuliers de chacune des contributions particulieres, les quatre reftes 500, 1250, 750, & 1500, marqueront les pertes particulieres que les Marchands feront obligez de porter.

contribution totale.	refte total ::	contributions particulieres.	restes particuliers.	pertes particulieres.
+16000.	+12000 ::	+2000.	+1500.	—500
		+5000.	+3750.	—1250
		+3000.	+2250.	—750
		+6000.	+4500.	—1500

CXXIV. Mais comme il peut y avoir quelques perfonnes qui douteront que ceux-là qui ont le plus contribué pour la bourfe commune, foient obligez de porter une plus grande partie de la perte totale, & que ceux au contraire lefquels y ont le moins contribué ne foient obligez d'en porter qu'une moindre partie, on pourra les en convaincre par ce raifonnement. Il eft vifible que fi un feul Marchand avoit rifqué les 16000 efcus , il porteroit lui feul toute la perte des 4000 efcus ; Et fi deux Marchands avoient rifqué chacun 8000 efcus, c'eft à dire la moitié de la contribution totale des 16000, il eft encore vifible que chacun d'eux ne feroit obligé de porter que 2000 efcus de perte, c'eft à dire la moitié de la perte totale des 4000 efcus. Et pareillement fi quatre Marchands avoient rifqué chacun le quart de la contribution totale, ils ne feroient obligez de porter chacun que le quart de la perte, & ainfi des autres. Et fi quelques Marchands s'eftoient mis dans la compagnie de ceux qui ont perdu les 4000 efcus fans avoir rien contribué dans leur bourfe commune, ceux-là ne feroient obligez de porter aucune partie des 4000 efcus de la perte qu'ils ont faite, car en ne rifquant rien, on ne peut ni gagner ni perdre. Donc ceux qui ont le plus contribué doivent porter une plus grande partie de la perte, & ceux au contraire qui ont le moins contribué n'en doivent porter qu'une moindre partie.

Tout cela n'eft pas difficile à concevoir, cependant il y a des cas qui s'y rapportent, lefquels on prendra d'abord pour des paradoxes. Si par exemple quelques-uns des Marchands avoient contribué moins que rien, ils perdroient fi les autres gagnoient. Et au contraire ils gagneroient fi ces autres perdoient. Voici deux queftions paradoxes de cette forte, fur lefquelles Schooten écrit ainfi à Monfieur Defcartes.

Je ferois bien-aife, dit-il, que vous vouluffiez prendre la peine d'exa- «
miner fi ces deux queftions paradoxes font bien refoluës. Deux perfonnes «
s'eftant affociées ont gagné 12 efcus. Or la premiere de ces deux perfon- «
nes avoit 5 efcus lorfqu'elle s'eft affociée, & la feconde en avoit —2, «
c'eft à dire qu'elle eftoit redevable de ces 2 efcus. L'on demande ce que «
chaque perfonne doit avoir pour fa part du gain total des 12 efcus. Et «
l'on répond que la feconde doit payer 8 efcus à la premiere, quoique «
le gain foit evident. Au contraire, fi les deux perfonnes ont perdu 12 «
efcus, parceque la premiere en a fourni 5, & la feconde —2, il eft bien «
vifible par la nature de la queftion, que la premiere perfonne doit rece- «
voir —20 efcus, & que la feconde au contraire doit en recevoir +8, quoique «
la perte foit evidente. «

CAS DE GAIN.

contribution totale.	gain total ::	contributions particulieres.	gains particuliers.
+3.	+12 ::	{ +5. —2.	+20 —8

CAS DE PERTE.

contribution totale.	perte totale ::	contributions particulieres,	pertes particulieres.
+3.	—12 ::	{ +5. —2.	—20 +8

La raifon pourquoi cela doit arriver ainfi, eft celle qu'en rend Monfieur Defcartes dans la réponfe qu'il fait à Schooten. Voici fes termes.

» Les deux queſtions que vous nommez paradoxes ſont bien réſoluës ;
» & encore qu'il ne ſoit pas ordinaire qu'un homme qui a quelque bien
» ſe mette en compagnie avec un autre qui a moins que rien, il peut
» toutefois arriver des cas auſquels cela ſe pratique. Par exemple, deux
» Marchands d'Amſterdam ont chacun leurs Commis en' Alep, & parce-
» qu'ils ne ſe fient pas trop en ces deux Commis, & qu'ils ſçavent qu'ils
» ſont ennemis l'un de l'autre, ils leur écrivent que du jour qu'ils auront
» receu leurs lettres, ils ſe rendent conte l'un à l'autre de tout ce qu'ils ont
» entre leurs mains du bien de leur Maiſtre ; & que s'il ſe trouve que l'un
» d'eux doive plus qu'il n'a, que cela ſoit payé de l'argent de l'autre, &
» que le ſurplus ſoit mis en commun, pour eſtre employé en marchandiſe,
» ſans que l'un des Commis puiſſe rien vendre ni achéter ſans le ſçeu de
» l'autre ; Et ils s'accordent entr'eux qu'ils partageront enſemble le gain ou
» la perte, à raiſon de l'argent que leurs Commis auront eü entre leurs
» mains, lorſqu'ils recevront les lettres. Enſuite dequoi, s'il arrive qu'un
» de ces Commis ait cinq mille livres, & que l'autre doive deux mille livres,
» ayant payé ces deux mille livres de l'argent du premier ; il reſtera trois
» mille livres qu'ils employeront en marchandiſe ; Et ſi de ces trois mille
» livres ils gagnent douze mille livres, c'eſt le quadruple de leur argent :
» C'eſt pourquoi celui qui avoit au commencement cinq mille livres en doit
» gagner vingt mille, & par conſequent l'autre qui eſtoit reliquataire de
» deux mille livres en doit perdre huit mille. Au contraire, s'il y a douze
» mil livres de perte, celui qui avoit cinq mille livres en doit perdre vingt
» mille, & l'autre par conſequent en gagner huit mille, parcequ'ayant payé
» ſes deux mille livres de l'argent du premier, il l'a empeſché de les em-
» ployer en la marchandiſe, où il y avoit le quadruple à perdre.

Démonſtration du Probleme.

Soit *g* toute grandeur donnée à diviſer en trois parties proportionelles
aux trois grandeurs déterminées *a, b,* & *c.* Selon les regles du probleme,
$a+b+c$ ſomme des trois grandeurs déterminées, ſera le premier terme
d'une proportion droite, la grandeur *g* qu'on donne à diviſer ſera le ſecond, & chacune des trois *a, b, c,* en ſera un troiſiéme ; enſuite dequoi
l'on trouvera ſelon les regles les trois termes nouveaux $\frac{ag}{a+b+c}$, $\frac{bg}{a+b+c}$ &
$\frac{ag}{a+b+c}$. Or ces trois termes ne ſont autre choſe que *a, b,* & *c,* multipliées chacune également par *g,* & diviſées par $a+b+c$, ce qui ne
change rien dans le rapport des unes aux autres, *par II.* 24. & 25. Ces
trois termes ont donc entr'eux mêmes rapports que les trois grandeurs
a, b, & *c,* qu'on a déterminées. Or la ſomme de ces trois termes découverts, qui eſt $\frac{ag+bg+cg}{a+b+c}$, eſt égale à la grandeur *g* qu'on donne à diviſer.
Les regles du probleme ont donc preſcrit ce qu'il falloit faire.

$$a+b+c. \qquad g \colon \begin{cases} a. & \dfrac{ag}{a+b+c} \\[4pt] b. & \dfrac{bg}{a+b+c} \\[4pt] c. & \dfrac{cg}{a+b+c} \end{cases}$$

Formules.

On poura prendre cette démonstration pour une formule generale de la resolution des exemples infinis qui sont de même espece. Car suppofant qu'on appelle *g* toute grandeur donnée à diviser en trois parties proportionelles à trois autres grandeurs déterminées. Si on appelle ces trois grandeurs *a*, *b*, & *c*, les trois parties proportionelles seront toûjours

$$\frac{ag}{a+b+c}, \quad \frac{bg}{a+b+c}, \quad \& \quad \frac{cg}{a+b+c}.$$

L'on trouvera dans le même ordre que les quatre parties de toute grandeur *g* proportionelles aux quatre autres grandeurs *a*, *b*, *c*, & *d*, font

$$\frac{ag}{a+b+c+d}, \quad \frac{bg}{a+b+c+d}, \quad \frac{cg}{a+b+c+d}, \quad \& \quad \frac{dg}{a+b+c+d}.$$

Et pareillement que les cinq parties de *g* proportionelles aux cinq grandeurs *a*, *b*, *c*, *d*, & *e*, font

$$\frac{ag}{a+b+c+d+e}, \quad \frac{bg}{a+b+c+d+e}, \quad \frac{cg}{a+b+c+d+e}, \quad \frac{dg}{a+b+c+d+e}, \quad \frac{eg}{a+b+c+d+e}.$$

Et ainfi de fuite à l'infini.

DE LA REGLE D'ALLIAGE.

C'eft une regle qui enfeigne à mélanger des chofes de differentes **CXXV.** valeurs, en forte que leur mélange faffe un compofé qui ait une autre valeur déterminée & moyenne entre celles qui font differentes. Par exemple, un Orfévre a de deux fortes d'or, l'un vaut 130 piftoles le marc, & l'autre n'en vaut que 124 ; On demande quel mélange il doit faire de ces deux fortes d'or, afin d'en avoir un marc du prix de 128 piftoles? Les prix de 130 & de 124 piftoles font les prix differens des deux fortes qu'il faut mélanger enfemble, 1 marc eft le compofé que doit faire ce mélange, & 128 piftoles font le prix déterminé & moyen entre les prix differens 130 & 124, puifque 130 eft plus grand que 128, & que 124 eft plus petit.

QUATRIE'ME PROBLEME.

Allier deux grandeurs de differens prix, en forte que leur compofé ait **CXXVI.** un prix moyen.

1°. On prend la difference du plus grand prix au prix moyen, & celle du prix moyen au moindre prix. Enfuite on ordonne deux proportions droites en écrivant la fomme totale des deux differences au premier terme d'une proportion droite, la grandeur qui a le prix moyen pour fa valeur, au fecond terme, & chacune des deux differences au troifiéme.

2°. On cherche les deux quatriémes termes des proportions, & ces deux termes marquent reciproquement, le fecond, ce qu'on doit prendre de la grandeur du plus grand prix, & le premier, ce qu'on doit prendre de la grandeur du moindre prix, afin d'avoir l'alliage ou le mélange qu'on cherche. Les exemples éclairciront ces regles.

Premier Exemple.

Un Orfévre a de deux fortes d'or, l'un vaut 130 piftoles le marc, & l'autre n'en vaut que 124 ; Quel mélange doit-il faire de ces deux fortes, afin d'avoir un marc d'or du prix de 128 piftoles ?

1°. La difference du plus grand prix qui eft 130, au prix moyen 128, eft 2 ; & la difference de 128 au moindre prix 124, eft 4, j'écris donc 6 fomme des differences 2. & 4 au premier terme de deux proportions droites, 1 marc ou la grandeur qui vaut le prix moyen, au fecond, & chacune des deux differences 2 & 4 au troifiéme terme. 2°. Je cherche les deux quatriémes termes de cette proportion. Ces termes font $\frac{1}{3}$ & $\frac{2}{3}$, dont la fomme fait 1. Et le terme $\frac{1}{3}$ marque ce qu'on doit prendre de l'or du plus petit prix, & reciproquement $\frac{2}{3}$ ce qu'il faut prendre de l'or du plus grand prix, afin d'avoir 1 marc qui ait le prix moyen pour fa valeur. Et en effet le tiers qu'on doit prendre d'un marc de 124 piftoles en vaut $41\frac{1}{3}$, & les deux tiers qu'on doit prendre d'un marc de 130 piftoles en valent $86\frac{2}{3}$; de forte que joignant ces deux valeurs $41\frac{1}{3}$ & $86\frac{2}{3}$ en une fomme, l'on aura le prix moyen 128.

grand prix. prix moyen. petit prix. premiere difference. feconde difference.
130 *piftoles.*   128.   124. $130 - 128 = 2$. $128 - 124 = 4$.

                               parties du mélange reci-
fomme des differences. mélange total : : differences.   proquement prifes.
     6.   1 : : $\left\{\begin{array}{l} 2 . \ \frac{1}{3} \ \textit{d'un marc de 124 piftoles.} \\ 4 . \ \frac{2}{3} \ \textit{d'un marc de 130 piftoles.} \end{array}\right.$

Second Exemple.

Une perfonne a deux fortes de vin, l'un qui vaut 8 fols la pinte, & l'autre qui n'en vaut que 5. On demande ce qu'elle doit prendre de chacun, pour en faire une piece de 400 pintes, qui puiffe valoir 40 efcus ?

En premier lieu, fi 400 pintes valent 40 efcus, 1 pinte vaudra la $\frac{1}{10}$ partie d'un efcu, c'eft à dire 6 fols. Cela eftant, je dis, fi deux fortes de vin valent l'un 5 fols, & l'autre 8 fols, quel mélange en doit-on faire, pour en avoir 400 pintes du prix de 6 fols chaque pinte ? & je le trouve ainfi.

1°. La difference du plus grand prix qui eft 8, au prix moyen 6, eft 2 ; & la difference de 6 au moindre prix 5, eft 1. J'écris donc 3 fomme des differences au premier terme, 400 pintes qui ont chacune pour valeur le prix moyen 6 au fecond terme, & chacune des deux differences 2 & 1 au troifiéme. 2°. Je cherche les deux quatriémes termes de ces proportions. Ces termes font $266\frac{2}{3}$ & $133\frac{1}{3}$, dont la fomme fait 400. Et le premier de ces termes $266\frac{2}{3}$ marque le nombre des pintes qu'on doit prendre du vin

de

le moindre prix, & l'autre terme $133\frac{1}{3}$, celui des pintes qu'on doit prendre du vin du plus grand prix, afin d'avoir 400 pintes, qui valent 400 fois
le prix moyen 6 fols , c'est à dire 2400 fols , qui font 120 livres, ou bien
40 efcus.

400 pintes.   40 efcus ::   1 pinte. $\frac{1}{10}$ d'un efcu, qui vaut 6 fols.

grand prix. prix moyen. petit prix. premiere difference. feconde difference.
8 fols.   6.   5.   8—6=2.   6—5=1.

| | | mélanges particuliers |
fomme des differences.	mélange total :: differences.	& reciproques.
3.	400	:: $\left\{\begin{matrix} 2. \\ 1. \end{matrix}\right.$ $266\frac{2}{3}$ pintes à 5 fols. $133\frac{1}{3}$ pintes à 8 fols.

Démonftration du Probleme.

Cette Regle d'Alliage differe fort peu de la Regle de Compagnie,
parcequ'il ne faut qu'y partager la grandeur qui vaut le prix moyen en
deux parties proportionelles aux differences. Mais il faut que ces parties
trouvées l'une par le moyen de la premiere difference , & l'autre par le
moyen de la feconde, foient entr'elles reciproquement comme ces differences. Car foient a & c les prix de deux grandeurs qu'il faut allier, &
m le mélange qu'on doit faire de ces grandeurs , en forte qu'eftant mé-
langées, elles ayent un prix moyen que j'appelle b. a fera donc plus grand,
& c fera plus petit que le prix moyen b. Or foit e la premiere difference
ou l'excez de a fur b. Donc $a - e = b$. Et foit pareillement f la feconde
difference ou le deffaut qui empefche que c ne foit égal à b. Donc $c + f = b$.
Or il eft bien vifible que la partie que je dois prendre du prix a doit reciproquement furpaffer ou eftre furpaffée d'autant plus par la partie que
je dois prendre du prix c, que e excez de a fur b, qui eft la premiere
difference , eft furpaffée ou qu'elle furpaffe f excez de b fur c, qui eft la
feconde difference. Car pour faire une jufte compenfation des deux prix
differens a & c, qui les puiffe égaler à b, il faut que les parties qu'on
en prendra foient telles, que l'excez d'une part détruife le defaut de l'autre.
Or multipliant chacune des égalitez precedentes $a - e = b$, & $c + f = b$, la
premiere, par la feconde difference f, & la feconde , par la premiere difference e, l'on trouve $af - ef = bf$, & $ce + ef = be$. De forte que prenant
$af - ef$, ou bf qui lui eft égale, de la grandeur a, plus $ce + ef$, ou be qui
lui eft égale , de la grandeur c, la fomme fera $af - ef + ce + ef$, ou $bf + be$.
Et dans cette fomme l'excez de ce qu'on prend d'une part détruit le defaut
de ce qu'on prend de l'autre , puifque $- ef + ef = o$. & de plus l'égalité
fe conferve toûjours avec le prix moyen b également multiplié. Ainfi
il faudra que la partie qu'on prendra de la grandeur qui vaut a, foit
à la partie qu'on prendra de la grandeur qui vaut c, comme bf eft
à be, c'eft à dire reciproquement comme la premiere difference e eft
à la feconde difference f. Mais il faudra de plus que la fomme de ces
parties foit égale à m. Or fi les deux grandeurs bf & be font multipliées
chacune par m & divifées par $be + bf$, l'on trouvera les deux parties

Voyez ce rai-
fonnement fi-
guré dans la
page fuivante.

D d

$\frac{fm}{e+f}$ & $\frac{em}{e+f}$, qui sont entr'elles comme bf est à be, ou ce qui est la même chose, comme f est à e, c'est à dire reciproquement comme e est à f. Or la somme de ces parties est égale à m. Car l'une estant un produit de la grandeur m par la seconde difference f, divisé par $e+f$ somme des deux differences e & f, & l'autre estant un produit de la même grandeur m par la premiere difference e, divisé pareillement par $e+f$, la somme des deux doit necessairement estre un produit de la grandeur m par $e+f$, divisé par $e+f$, c'est à dire que cette somme doit donner necessairement la grandeur m. L'on prendra donc la partie $\frac{fm}{e+f}$ de la grandeur qui vaut a, & la partie $\frac{em}{e+f}$ de la partie qui vaut c. Or l'on trouve aussi par les regles du probleme qu'il faut prendre $\frac{fm}{e+f}$ de la grandeur qui vaut a, & $\frac{em}{e+f}$ de la grandeur qui vaut c. Ces regles ont donc prescrit ce qu'il falloit faire.

grand prix.	moyen.	petit.	premiere difference.	seconde difference.
a.	b.	c.	$a - b = e$.	$b - c = f$.

Donc $a - e = b$, & $c + f = b$. Donc $af - ef = bf$, & $ce + ef = be$.
Donc $af - ef + ce + ef = bf + be$. ou bien $af + ce = bf + be$.

$$\begin{array}{ll}
\text{somme des} & \text{mélange} \\
\text{differences,} & \text{total} \; :: \; \text{differences.}
\end{array}
\qquad
\begin{array}{l}
\text{parties du mélange reci-} \\
\text{proquement prises.}
\end{array}$$

$$e + f. \qquad m \; :: \; \left\{ \begin{array}{l} e. \\ f. \end{array} \right.
\qquad
\begin{array}{l}
\frac{em}{e+f} \; \text{partie de la grandeur du prix } a. \\
\frac{fm}{e+f} \; \text{partie de la grandeur du prix } c.
\end{array}$$

Troisiéme Exemple.

La démonstration precedente estant bien comprise, il ne sera pas difficile de concevoir la resolution de cette question si commune chez les Historiens. Hieron Prince de Siracuse, commanda qu'on fist une Couronne d'or pur pour l'offrir à l'une de ses idoles. L'Orfévre fit la Couronne du poids que Hieron l'avoit commandé, mais il y mélangea quelque partie d'argent, & déroba une égale partie de l'or qu'il avoit receu pour faire la Couronne. Le Prince l'ayant appris, ou s'en estant défié, & l'Orfévre desavoüant son larcin, il donna ordre à Archimedes de l'en éclaircir sans endommager la Couronne, parcequ'elle estoit travaillée avec beaucoup d'artifice & de délicatesse. L'on demande comment Archimedes pût découvrir le larcin ?

L'on dit qu'il fist deux lingots chacun du poids de la Couronne, l'un d'or pur & l'autre d'argent, il prit ensuite un vaisseau plein d'eau où il plongea la Couronne, qui fit sortir un volume d'eau égal à sa grosseur; il mesura cette eau, & retirant la Couronne il remplit le vaisseau, & il y plongea l'un des lingots qui fit pareillement sortir un volume d'eau égal à sa grosseur. Il mesura encore cette eau, & faisant le même avec l'autre lingot, il trouva que l'or pur avoit moins fait sortir d'eau que la Couronne, & la Couronne moins que l'argent, en quoi il s'assura déja que la Couronne estoit mêlée d'or & d'argent.

Or pour connoître au juste ce qu'il y avoit d'or & ce qu'il y avoit d'argent, soit a la quantité de l'eau qu'a fait sortir la Couronne, $a+b$ celle de l'eau qu'à fait sortir le lingot d'argent, & $a-c$ celle qu'a fait sortir le lingot d'or pur; Il faut allier $a+b$ & $a-c$ avec a en cette sorte. 1°. J'écris $b+c$ somme des differences b & c au premier terme des deux proportions droites, la grandeur moyenne a au second, & les differences b & c au troisiéme. 2°. Je cherche les deux quatriémes termes de ces proportions. Ces termes sont $\frac{ab}{b+c}$ & $\frac{ac}{b+c}$, qui marquent reciproquement, le premier la quantité de l'eau qu'a fait sortir l'or qui est dans la Couronne, & le second la quantité qu'a fait sortir l'argent qui est aussi mêlé dans la Couronne. De sorte que les parties de l'eau dont le mélange est a, c'est à dire les deux parties de l'eau qu'ont fait sortir l'or & l'argent qui font le poids de la Couronne, sont déja connuës.

quantitez de l'eau qu'ont fait sortir
le lingot d'argent.   la Couronne.   le lingot d'or pur.
$a+b$. a. $a-c$.

$$b+c. \quad a :: \begin{cases} b. & \frac{ab}{b+c} \text{ quantité de l'eau qu'a fait sortir l'or} \\ & \qquad \text{qui est dans la Couronne.} \\ c. & \frac{ac}{b+c} \text{ quantité de l'eau qu'a fait sortir l'argent} \\ & \qquad \text{qui est dans la Couronne.} \end{cases}$$

Mais si ces quantitez d'eau sont connuës, les parties de l'or & de l'argent qui les ont fait sortir, ne le sont pas encore. Afin donc de les connoître, soit d le poids entier de la Couronne ou de chaque lingot. Je dis a, ou la quantité d'eau que fait sortir la Couronne, est au poids d, comme $\frac{ab}{b+c}$ & $\frac{ac}{b+c}$ les parties d'eau que font sortir l'or & l'argent qui font le poids de la Couronne, sont aux quatriémes termes, qui marquent le poids l'un de l'or & l'autre de l'argent dont le mélange compose la Couronne. Et ainsi l'Orfévre a mêlangé le poids $\frac{cd}{b+c}$ d'argent, & dérobé un poids égal de l'or qu'il a receu pour faire la Couronne.

$$a \quad . \quad d :: \begin{cases} \frac{ab}{b+c}. & \frac{bd}{b+c}. \text{ poids de l'or qui est dans la Couronne.} \\ \frac{ac}{b+c}. & \frac{cd}{b+c}. \text{ poids de l'argent mélangé dans la Couronne.} \end{cases}$$

Et supposant que le poids de la Couronne ou de chaque lingot soit celui de trois marcs, & que le lingot d'argent ait fait sortir 10 onces d'eau plus que la Couronne, & la Couronne 2 onces plus que le lingot d'or pur, en réduisant les 3 marcs à 6 livres ou à 96 onces, à cause que chaque marc contient 2 livres ou 32 onces, nous aurons $d=96$, $b=10$,

D d ij

& $c = 1$. Et ainsi la partie $\frac{bd}{b+c}$ des trois-marcs, qui est dans la Couronne, sera $\frac{960}{12}$ ou 80 onces, c'est à dire 5 livres ; & la partie $\frac{cd}{b+d}$ de l'argent que l'Orfévre y a mèlangé, ou de l'or qu'il a pris sera $\frac{192}{12}$ ou 16 onces, c'est à dire 1 livre.

Autre Resolution de la même Question.

Je trouverois aussi la même chose en cette sorte. L'experience apprend que l'or & l'argent pesent moins dans l'eau que dans l'air, mais l'or y perd moins de son poids que l'argent. J'appelle donc d le poids de la Couronne ou de chaque lingot dans l'air, & a celui de la Couronne dans l'eau, $a+c$ celui de l'or pur, & $a-b$ celui de l'argent. J'allie donc $a+c$ & $a-b$ avec a, & je trouve que $\frac{ac}{b+c}$ & $\frac{ab}{b+c}$ sont les poids en particulier, l'un de l'or & l'autre de l'argent, qui font a, ou le poids de la Couronne dans l'eau.

$$c+b. \qquad a :: \begin{cases} c . \dfrac{ac}{b+c} \text{ poids dans l'eau de l'argent mélangé} \\ \qquad\qquad \text{dans la Couronne.} \\ b . \dfrac{ab}{b+c} \text{ poids dans l'eau de l'or qui est dans} \\ \qquad\qquad \text{la Couronne.} \end{cases}$$

Ensuite je dis a ou le poids de la Couronne dans l'eau est au poids d de la Couronne ou de chaque lingot dans l'air, comme $\frac{ac}{b+c}$ & $\frac{ab}{b-c}$ les poids dans l'eau l'un de l'argent & l'autre de l'or, qui font a ou le poids de la Couronne dans l'eau, sont aux quatriémes termes $\frac{cd}{b+c}$ & $\frac{d}{b-c}$, qui marquent les poids en l'air l'un de l'argent & l'autre de l'or qui sont dans la Couronne. Ainsi l'Orfévre a mélangé le poids ou la partie $\frac{cd}{b+c}$ d'argent.

$$a . \qquad d :: \begin{cases} \dfrac{ac}{b+c} . \dfrac{cd}{b+c} \text{ poids dans l'air de l'argent mé-} \\ \qquad\qquad \text{langé dans la Couronne.} \\ \dfrac{ab}{b+c} . \dfrac{bd}{b+c} \text{ poids dans l'air de l'or qui est} \\ \qquad\qquad \text{dans la Couronne.} \end{cases}$$

Cinquiéme Probleme.

CXXVIII.   Allier des grandeurs de differens prix, en sorte qu'elles fassent un certain mélange qui ait un prix moyen.

1°. L'on réduit tous les prix en deux partages, de chacun desquels on tire une somme d'excez ou de déffauts, & l'on multiplie reciproquement la premiere somme par le nombre des prix qui ont servi pour trouver la seconde ; & la seconde, par le nombre des prix qui ont servi pour trouver la premiere. On ordonne ensuite deux proportions droites, en écrivant la somme totale des deux produits trouvez au premier terme, la grandeur qui a le prix moyen pour sa valeur au second, & chacun des deux produits au troisiéme.

2°. L'on cherche les deux quatriémes termes des proportions, & ces termes marquent reciproquement, le premier, ce qu'il faut prendre des grandeurs dont les prix ont servi pour trouver la seconde somme; & le second, ce qu'il faut prendre des autres grandeurs qui restent, & dont les prix ont aussi servi pour trouver la premiere somme. Les resolutions suivantes éclairciront ces regles.

Exemple.

Si l'once de safran vaut 10 sols, celle de canelle 8, de muscade 6, de poivre 4, & de gerofle 3. Combien en peut-on prendre de chacun pour en faire un mélange de 21 livres qui puisse valoir à raison de 5 livres 12 sols chacune?

En premier lieu, si 1 livre qui fait 16 onces vaut 5 livres 12 sols, qui font 112 sols, 1 once qui vaut la $\frac{1}{16}$ partie d'une livre, vaudra aussi la $\frac{1}{16}$ partie de 112 sols, c'est à dire $\frac{112}{16}$, ou bien 7 sols. Et si 1 livre fait 16 onces, 21 livres feront 21 fois 16 ou 336 onces.

onces.	sols ::	once.	sols.	livre.	onces ::	livres.	onces
16.	112 ::	1.	7.	1.	16 ::	21.	336.

Cela estant ainsi, je dis si l'once de safran vaut 10 sols, celle de canelle 8, &c. que puis-je prendre de chaque sorte pour en avoir un mélange de 336 onces du prix de 7 sols l'once? Et je le trouve ainsi.

Premiere Resolution.

1°. La somme de 3 & de 1, qui sont les differences des plus grands prix 10 & 8 au moyen 7, est 4; & la somme de 1, 3, & 4, qui sont les differences du prix moyen 7 aux moindres prix 6, 4, & 3, est 8. Je multiplie donc reciproquement la premiere somme 4 par 3 nombre des prix 6, 4, & 3, qui ont servi pour trouver la seconde somme 8, & je multiplie cette seconde somme 8 par 2 nombre des prix 10 & 8, qui ont servi pour trouver la premiere 4; J'ordonne ensuite deux proportions droites en écrivant la somme totale 28 au premier de leurs termes, les 336 onces du prix moyen de 7 sols chacune, au second, & les 2 produits 12 & 16 au troisiéme. 2°. Je cherche les deux quatriémes termes de ces proportions. Ces termes sont 144 & 192, & leur somme est égale à 336 nombre des onces qui doivent entrer dans le mélange. Et le premier de ces termes 144 marque ce qu'on peut prendre du mélange du poivre, de la muscade, & du gerofle, dont les prix ont servi pour trouver la seconde somme; & l'autre terme 192 marque ce qu'on peut prendre du mélange du safran & de la canelle, dont les prix ont servi pour trouver la premiere somme. Et pour déterminer encore plus particulierement ce qu'il faut prendre de chacune des sortes, l'on partagera 144 en trois parties égales, & 48, tiers de 144, sera le nombre des onces de chacune des trois secondes sortes, & pareillement 96 moitié de 192, sera celui des onces de chacune des deux premieres sortes.

Voyez l'operation dans la page suivante.

```
                prix.              leurs differences & leurs sommes.
  safran   ⎰10 sols            ⎰10——7——3                    ⎰7——6——1
  canelle  ⎱8                  ⎱ 8——7——1                    ⎰7——4——3
prix moyen  7              1ere somme   4                   ⎱7——3——4
  poivre  ⎰6                        par  3                  2e somme  8
 muscade  ⎰4                  1er produit 12                    par  2
 gerofle  ⎱3             ⊹ le 2e produit 16                 2e produit 16
                        somme des produits 28
```

```
somme des                            parties du mélange recipro-
produits.  mélange total  ::  produits.      quement prises.
                                     ⎰48 onces de poivre
                                ⎰12. 144⎰48    de muscade
  28          336.  ::  ⎱          ⎱48    de gerofle
                                ⎱16. 192⎰96 onces de safran
                                     ⎱96    de canelle
```

Seconde Resolution.

CXXIV. Si l'on doit allier plus de deux grandeurs, leur mélange se poura faire en plusieurs differentes manieres, parcequ'on poura joindre differemment les prix donnez, en sorte que leurs excez sur le prix moyen, ou leurs defauts détruisent quelques parties les unes des autres, ce qui fera que les deux sommes des differences pouront varier en plusieurs manieres. Ainsi dans nostre exemple, si je joins le plus grand prix 10 avec les trois du moindre prix, & que je laisse seul le prix 8 ; la premiere somme n'aura qu'une seule difference qui est 1, & la seconde somme des autres differences ou des restes 4, 3, 1, & —3 sera 5 : Et par le moyen de ces deux sommes 1 & 5, je trouverai en operant comme j'ai fait pour la premiere resolution, que le mélange peut se faire en prenant 37 onces plus $\frac{1}{3}$ de chacune des quatre sortes dont les prix ont servi pour trouver la seconde somme, & 186 onces plus $\frac{2}{3}$ de canelle dont le prix 8 a servi pour trouver la premiere somme.

```
                                                      ⎰7——10——3
                                                      ⎰7—— 6——1
  canelle  8 sols          8——7——1                    ⎰7—— 4——3
prix moyen  7          1ere somme  1                   ⎱7—— 3——4
 safran  ⎰10                    par  4                 2e somme  5
 poivre  ⎰6            1er produit 4                      par  1
muscade  ⎰4       ⊹ le 2e produit 5                   2e produit 5
gerofle  ⎱3        somme des prod. 9
```

```
somme des.                           parties du mélange recipro-
produits.  mélange total ::  produits.       quement prises.
                                        ⎰37⅓ de safran
                                  ⎰4.  149⅓⎰37⅓ de poivre
            336  ::  ⎱              ⎱37⅓ de muscade
                                  ⎱5.  ⎱37¼ de gerofle
                                  186⅔⎰186⅔ de canelle
```

Troisiéme Resolution.

Le mêlange peut auffi fe faire en prenant 37 onces plus $\frac{1}{3}$ de mufcade & autant de gerofle, & 87 onces plus $\frac{1}{9}$ de chacune des trois autres fortes.

```
 fafran ⌠10  fols      10—7=  3              7—4=3
canelle ⌡ 8            8—7=  1               7—3=4
 poivre   6            6—7=—1              2ᵉ fomme 7
prix moyen 7        1ᵉ̅ʳᵉ̅ fomme —⊢3            par 3
 mufcade ⌠4              par 2           2ᵉ produit 21
 gerofle ⌡3         1ᵉ̅ʳ produit 6        plus le 1ᵉʳ 6
                                       fomme des produits 27
```

parties du mélange reciproquement prifes.

```
fomme des
produits.  mélange total  ::   produiss.      ⌠37⅓ de mufcade
                              ⌠6.        74⅔ ⌡37⅓ de gerofle
  27.           336    ::  ⌡          ⌠87⅑ de fafran
                              ⌡21.     261⅓⌡87⅑ de canelle
                                          ⌡87⅑ de poivre
```

L'on pouroit donner encore plufieurs autres refolutions femblables. CXXX. Mais en rejettant les prix d'une part à une autre, on doit toûjours prendre garde que chacune des differences foit pofitive. Car fi l'une des deux eftoit égale à rien, l'on ne pouroit faire aucun mêlange par leur moyen, & fi elle eftoit moindre que rien, l'on auroit des refolutions negatives, ce qui ne fatisferoit à la queftion qu'improprement. Par exemple, fi je joignois d'une part les prix du fafran, de la canelle & du girofle, & de l'autre les prix du poivre & de la mufcade, je trouverois que pour faire le mêlange il ne faudroit rien prendre du poivre ni de la mufcade, mais qu'il faudroit tout prendre des trois autres fortes. Ce qui eft contraire à la queftion, car elle demande qu'il entre quelque chofe au mêlange de chacune des fortes.

```
10—7=  3        7—6=1
 8—7=  1        7—4=3
 3—7=—1       2ᵉ fomme 4
1ᵉ̅ʳᵉ̅ fomme *       par 3                      parties du mélange.
      par 2     2ᵉ prod. 12       produits.  ⌠* du poivre
1ᵉʳ produit *  plus le 1ᵉʳ *  mélange  ::⌠*.  *⌡* de la mufcade
fomme des produits    12      336    ::⌡      ⌠112 de fafran
                                        ⌡12.  336⌡112 de canelle
                                                ⌡112 de gerofle
```

ELEMENS

Et si je joignois d'une part les prix du safran & du girofle, & de l'autre les trois autres qui restent, je trouverois que pour faire le mélange, bien loin d'y mettre quelque chose de la canelle, du poivre & de la muscade, il faudroit au contraire que l'on ostast du mélange, 112 onces de chacune de ces trois sortes, & que l'on y en mist 336 de chacune des deux autres sortes. Ce qui seroit contraire à la question, car elle demande qu'il entre quelque chose de chacune des sortes au mélange, & non pas qu'il en sorte quelqu'une.

$$
\begin{array}{ll}
10 - 7 = 3 & 7 - 8 = 1 \\
3 - 7 = 4 & 7 - 6 = 1 \\
\hline
1^{re}\,somme - 1 & 7 - 4 = 3 \\
\quad par\ 3 & 2^{e}\,somme\ \ 3 \\
1^{er}\,prod. - 3 & \quad par\ 2 \\
& 2^{e}\,produit\ 6 \\
& plus\ le\ 1^{er} - 3 \\
\hline
somme\ des\ produits - 3. & mélange\ ::
\end{array}
$$

$$
336 \quad ::
\begin{cases}
produits. \\
-3. -336 \begin{cases} -112\ de\ canelle \\ -112\ de\ poivre \\ -112\ de\ muscade \end{cases} \\[2ex]
+6. +672 \begin{cases} 336\ de\ safran \\ 336\ de\ gerofle \end{cases}
\end{cases}
$$

parties du mélange.

Autre Maniere plus courte & plus facile.

CXXXI. L'operation peut encore estre renduë plus courte. Car il ne sera point necessaire de chercher aucun produit, si le nombre des prix est égal de part & d'autre; & si ce nombre est inégal, il sera facile de le rendre égal en repetant plusieurs fois quelques-uns des prix. Mais lorsqu'on a trouvé les deux derniers termes des proportions, il faut partager chacun d'eux en autant de parties égales que l'on considere de prix de part & d'autre, & il faut attribuer aux grandeurs dont les prix sont repetez, autant de ces parties égales que leurs prix sont repetez de fois.

Par exemple, pour resoudre nostre question precedente, je joins d'une part 10 & 8, & parceque ces 2 prix ne sont pas en si grand nombre que les 3 autres qui restent de l'autre part, je repete deux fois l'un de ces 2 prix, comme 8, afin d'avoir trois prix de part & d'autre. Cela estant fait, je prens les sommes des différences; la premiere de ces deux sommes est 5, & la seconde est 8, & leur somme totale est 13. J'ordonne ensuite deux proportions droites, en écrivant la somme totale 13 au premier de leurs termes, 336 onces du prix moyen de 7 sols au second, & les deux sommes au troisiéme. Je cherche les deux quatriémes termes de ces proportions. Ces termes sont $129\frac{1}{13}$ & $206\frac{10}{13}$, & leur somme est égale à 336 nombre de toutes les onces qui doivent entrer dans le mélange. Et le premier de ces termes $129\frac{1}{13}$ marque ce qu'on peut prendre du mélange de la muscade, du poivre & du gerofle, dont les prix ont servi pour trouver la seconde somme 8, & l'autre terme $206\frac{10}{13}$ marque ce qu'on doit prendre du mélange de safran & de la canelle, dont les prix ont servi pour trouver.

trouver la premiere somme 5. Et afin de déterminer en particulier ce qu'il faut prendre de chacune des sortes, l'on partagera $129\frac{3}{13}$ en trois parties égales, & $43\frac{1}{13}$, qui est le tiers du terme $129\frac{3}{13}$, sera le nombre des onces de chacune des trois differentes sortes dont les prix ont servi pour trouver la somme 5, & $206\frac{10}{13}$ sera partagé en trois parties égales à cause des trois prix 10, 8, & 8, car 8 est consideré comme deux, & $68\frac{12}{13}$ sera le nombre des onces de safran dont le prix 10 n'a point esté pris plus d'une fois, & pour les deux autres parties qui restent, c'est à dire $68\frac{12}{13}$ & $68\frac{12}{13}$, elles marqueront qu'il faut prendre 2 fois $68\frac{12}{13}$, c'est à dire $137\frac{11}{13}$ des onces de la canelle, parcequ'on a fait servir 2 fois son prix 8.

```
              prix.
   safran  ⌐10 sols        10——9═3           7——6═1
   canelle ⌊8·              8——7═1           7——4═3
prix  moyen  7             8——7═1            7——3═4
              ──────
   poivre  ⌐6          1ere somme 5      2e somme 8.
  muscade ⌋ 4          plus la 2e  8
  gerofle  ⌊3.             ──────
                       somme totale 13
```


                              parties du mélange recipro-
                                quement prises.

somme totale. mélange total ∷   sommes.   ⌐$43\frac{1}{13}$ onces de poivre
                                         $129\frac{3}{13}$⌈$43\frac{1}{13}$ de muscade
    13.   336.   ∷   ⌠5·   ⌊$43\frac{1}{13}$ de gerofle
                                  ⌡8· $206\frac{10}{13}$⌠$68\frac{2}{13}$ onces de safran
                                               ⌊$137\frac{11}{13}$ · de canelle

Au reste lorsqu'il y a plus de deux grandeurs à mélanger, l'on peut trouver une infinité de resolutions differentes. Car bien qu'il y ait autant de prix d'un costé que d'un autre, comme dans la resolution precedente & dans d'autres semblables, cependant l'on y peut encore repeter plusieurs fois les prix que l'on voudra, pourvû que le nombre en soit toûjours conservé égal de part & d'autre, & que chacun soit pris au moins une fois.

Par exemple pour resoudre encore autrement nostre question, je joins d'une part les trois prix 10, 8, & 8, & de l'autre les trois autres prix 6, 4 & 3, ainsi que je viens de le faire dans la resolution precedente, & je repete encore quelques prix, autant d'une part que de l'autre : Par exemple, je repete encore 1 fois 8 d'une part & 1 fois 3 de l'autre, aprés quoi je trouve les deux sommes 6 & 12 dont la somme totale est 18, & par leur moyen je trouve en la maniere accoûtumée les deux termes

CXXXII

112 & 224 dont la somme fait 336, & le premier de ces termes marque ce qu'il faut prendre du mélange du poivre, de la muscade & du gerofle, dont les prix ont servi pour trouver la seconde somme 12, & l'autre terme 224 marque aussi le mélange qu'on doit faire du safran & de la canelle, dont les prix ont servi pour trouver la premiere somme 6. Mais parceque les prix 8 & 3 ont esté repetez l'un trois fois & l'autre 2, chacun des termes 112 & 224 estant partagé en 4 parties égales, 28 qui est le quart de 112 sera le nombre des onces du poivre dont le prix 6 n'a servi qu'une fois, ce même quart 28 sera aussi le nombre des onces de la muscade dont le prix 4 n'a servi pareillement qu'une fois ; mais pour les deux autres quarts 28 & 28 qui restent, ils marqueront qu'il faut prendre 2 fois 28 ou 56 onces de gerofle dont le prix 3 a servi deux fois. Et de même 56 qui est le quart de 224, marquera le nombre des onces du safran dont le prix 10 n'a servi qu'une fois, mais pour les trois autres quarts 56, 56, & 56 qui restent, ils marqueront que l'on doit prendre 3 fois 56 ou 168 onces de canelle, dont le prix 8 a servi trois fois. Et l'on pouroit en même sorte varier infiniment les sommes, & trouver par ce moyen une infinité de resolutions differentes.

$$
\begin{array}{ll}
& prix. \\
safran & \left\{\begin{array}{l} 10\ sols \\ 8 \end{array}\right. \\
canelle & \\
prix\ moyen & 7 \\
poivre & \left\{\begin{array}{l} 6 \\ 4 \\ 3 \end{array}\right. \\
muscade & \\
gerofle &
\end{array}
\qquad
\begin{array}{l}
10-7=3 \\
8-7=1 \\
8-7=1 \\
\underline{8-7=1} \\
1^{\text{ere}}\ somme\ 6 \\
plus\ la\ 2^{e}\ \underline{12} \\
somme\ totale\ \ 18
\end{array}
\qquad
\begin{array}{l}
7-6=1 \\
7-4=3 \\
7-3=4 \\
\underline{7-3=4} \\
2^{e}\ somme\ 12
\end{array}
$$

parties du mélange reciproquement prises.

$$
\begin{array}{cccc}
somme\ totale. & mélange\ total :: & sommes. & \\
& & 6. & 112 \left\{\begin{array}{l} 28\ \ onces\ de\ poivre \\ 28\ \ \ \ \ \ de\ muscade \\ 28 \\ 28\ ou \left\{ 56\ de\ gerofle \right. \end{array}\right. \\
18. & 336 & :: & \\
& & 12. & 224 \left\{\begin{array}{l} 56\ \ \ \ \ \ de\ safran \\ 56 \\ 56\ ou \left\{ 168\ de\ canelle \right. \\ 56 \end{array}\right.
\end{array}
$$

La preuve pour connoître si l'operation est bien faite, ou si elle est mal faite, c'est de multiplier toutes les grandeurs trouvées chacune par son prix. L'on réduit ensuite tous les produits en une somme, & si cette somme égale le produit de la grandeur qui fait le mélange total, par le prix moyen, l'operation est bien faite ; mais si la somme n'est pas égale à ce produit, l'operation est mal faite, il la faut recommencer.

Démonstration du Probleme.

Soient plus de deux grandeurs à allier comme trois, soient les prix de ces trois grandeurs a le plus grand, & c & d deux autres plus petits que le prix moyen que j'appelle b ; & soit m le mélange qu'on doit faire des grandeurs données, en sorte qu'estant mêlangées elles puissent valoir le prix moyen b. Soit encore e la premiere difference ou l'excez de a sur b. Donc $a - e = b$. Et soient pareillement f & g chacun des deux differences du prix moyen b à chacun des deux moindres prix c & d. Donc $c + f = b$, & $d + g = b$. Il est visible que pour faire une juste compensation des trois prix a, c & d, qui les puisse égaler au prix moyen b, il faut que les parties qu'on en prendra soient telles que l'excez d'une part détruise les defauts de l'autre. Or multipliant chacune des égalitez precedentes, la premiere par les deux dernieres differences f & g, & chacune des deux autres par la premiere difference e, l'on trouve $af - ef + ag - eg = bf + bg$, $ce + ef = be$, & $de + eg = be$. De sorte que prenant $af - ef + ag - eg$, ou $bf + bg$ qui lui est égale, de la grandeur a, plus $ce + ef$ ou be qui lui est égale, de la grandeur c, plus encore $de + eg$ ou be qui lui est égale, de la grandeur d ; la somme sera $af - ef + ag - eg + ce + ef + de + eg$, ou $bf + bg + 2be$: Et dans cette somme, il est visible que l'excez de ce qu'on prend d'une part détruit les defauts de ce qu'on prend de l'autre, parceque $- ef - eg + ef + eg = 0$. Et de plus l'égalité se conserve toûjours avec le prix moyen b. Ainsi il faudra que la partie qu'on prendra de la grandeur qui vaut a, soit à ce qu'on prendra des autres grandeurs, comme $bf + bg$ est à $2be$, ou divisant ces parties par b, comme $f + g$ est à $2e$, c'est à dire reciproquement comme le produit des deux dernieres differences f & g par 1 nombre de l'autre difference e, est au produit de la difference unique e par 2 nombre des deux autres f & g. Mais il faudra de plus que la somme de ces parties soit égale à m. Or si les grandeurs $f + g$ & $2e$ sont multipliées chacune par m, & divisées par $f + g + 2e$, l'on trouvera les deux parties $\frac{fm + gm}{f + g + 2e}$ & $\frac{2em}{f + g + 2e}$ dont la somme est égale à m, & qui sont entr'elles comme $f + g$ est à $2e$, c'est à dire reciproquement comme $2e$ sont à $f + g$. Or ces parties sont les mêmes qu'on auroit trouvé par les regles du Probleme. Ces regles ont donc prescrit ce qu'il falloit faire.

Les Regles que nous venons de donner pour allier ensemble plus de deux grandeurs en tant de differentes manieres que l'on voudra, sont entierement nouvelles, & je ne sçai point que personne en ait encore donné qui fussent tout ensemble si courtes & si generales. Mais quoique la démonstration de la Methode accoûtumée des Arithmeticiens ait passé chez de sçavans Auteurs pour l'une des démonstrations les plus difficiles de toutes les regles d'Arithmetique, je croy pourtant que la démonstration que nous venons d'apporter des nostres, ne sera pas fort difficile à

CXXXIII.

concevoir, eſtant preſque la même que celle du Probleme precedent. Or cette démonſtration eſtant bien compriſe, l'on en poura tirer une methode pour réſoudre pluſieurs queſtions aſſez curieuſes qui dépendent de certains alliages ou mélanges qui doivent ſe faire ſans fraction, ſur tout ſi l'on y joint un peu noſtre Analyſe. En voici des exemples.

Premier Exemple.

On me demande qu'avec des ſols marquez & des carolus je faſſe autant de ſols que je prendrai de pieces.

J'appelle le ſol marqué m, le carolus c, & le ſol f, & je dis $m—3$ deniers vaut $1f$, & $c+2$ vaut $1f$. Donc $m—3+c+2=2f$. Enſuite je multiplie reciproquement $m—3$ par 2 & $c+2$ par 3, & j'ai $2m—6+3c+6=5f$ ou bien $2m+3c=5f$. Deux ſols marquez & trois carolus font 5 ſols en 5 pieces.

Si l'on me demandoit de faire 20 ſols en 20 pieces avec des ſols marquez & des carolus, je n'aurois qu'à multiplier l'égalité trouvée $2m+3c=5f$ par 4, & j'aurois $8m+12c=20f$. Huit ſols marquez, plus 12 carolus, donnent 20 ſols en 20 pieces.

Second Exemple.

On me demande qu'avec des ſols marquez, & des deniers, je faſſe autant de ſols que je prendrai de pieces. Soit le ſol marqué m, le denier d, & le ſol f. Je dis $m—3+d+11=2f$. Donc multipliant reciproquement $m—3$ par 11 & $d+11$ par 3, j'ai $11m—33+3d+33=14f$, ou bien $11m+3d=14m$. 11 ſols marquez & 3 deniers font 14 ſols en 14 pieces.

Troiſiéme Exemple.

On me demande qu'avec des écus, des pieces de 30 ſols, de 10, & de 5, je faſſe autant de livres que je prendrai de pieces, j'appelle l'écu e, la piece de 30 ſols t, celle de 10 d, de 5 c, & la livre l, & je dis $e—40+t—10+d+10+c+15=4l$. Enſuite je diviſe 50 ſomme des deux excez 40 & 10 par 25 ſomme des deux defauts 10 & 15, & l'expoſant eſt 2 par qui je multiplie $d+10+c+15$. Ce qui me donne $e—40+t—10+2d+20+2c+30=6l$, ou bien $e+t+2d+2c=6l$. Il y a de part & d'autre 6 livres en 6 pieces.

Quatriéme Exemple.

On me demande qu'avec des écus, des pieces de 30 ſols, de 15, & de 5, je faſſe autant de livres que je prendrai de pieces. J'appelle l'écu e, la piece de 30 ſols t, celle de 15 q, de 5 c, & la livre l, & je dis $e—40+t—10+q+5+c+15=4l$. Et comme je ne puis diviſer ſans fraction 50 par 20, je double $q+5$ & j'ai $e—40+t—10+2q+10+c+15=5l$. Enſuite je diviſe 50 par 25, & je multiplie $2q+c$ par l'expoſant trouvé. Cela me donne $e+t+4q+2c=8l$. Il y a de part & d'autre 8 livres en 8 pieces.

Cinquiéme Exemple.

Un Orfévre a des métaux dont le 1er vaut 63 eſcus le marc, le 2e en vaut 45 & le 3ᵉ 56. On demande combien de marcs il doit prendre de chacun pour en faire autant de marcs de 60 efcus chacun qu'il aura pris des autres marcs ? J'appelle le marc de 63 efcus a, celui de 45 b, celui de 56 c, & celui de 60 m, & je dis $a—3+b+15+c+4=3m$. Enfuite parceque 3 ne peut divifer que 15 & non pas 4, je divife feulement 15 par 3, & je multiplie $a—3$ par l'expofant trouvé 5. Je multiplie auffi reciproquement $a—3$ par 4 & $c+4$ par 3, & je trouve $\begin{cases} 5a—15 \\ 4a—12 \end{cases} +b+15+3c$ $+12=13m$, ou bien $9a+b+3c=13m$. Il y a de part & d'autre 780 efcus en 13 marcs.

<h3 align="center">Avertiffement.</h3>

CXXXIV.

Il n'eft pas toûjours facile de bien rapporter aux regles les queftions qui en dépendent, fur tout, comme on a remarqué ailleurs, fi c'eft d'une maniere un peu éloignée. Car pour les y réduire, il faut beaucoup d'attention pour en bien penetrer le fonds & la nature, & pour trouver les moyens de les réfoudre par ces regles, lorfqu'on juge qu'elles en peuvent avoir quelque dépendance. Voici par exemple des queftions affez difficiles qu'il faut refoudre par des nombres entiers, & qu'on peut rapporter aux regles d'Alliage. Des Auteurs affez eftimez en ont crû la refolution impoffible, & quelques autres l'ont donnée à la verité, mais excepté l'illuftre & le fçavant Monfieur Bachet, je ne fçai pas qu'aucun d'eux l'ait donnée que tres-imparfaitement. Car ces queftions pouvant quelquefois fe refoudre en plufieurs differentes manieres par des nombres entiers, car par fractions elles peuvent toûjours l'eftre en une infinité, ils ont crû neanmoins y fatisfaire, en donnant feulement une refolution, fans marquer, ni fans fçavoir peut-eftre fi l'on pouvoit en donner encore d'autres, ou fi l'on n'en pouvoit point donner.

<h3 align="center">Sixiéme Exemple.</h3>

Une troupe de 30 perfonnes compofée d'hommes, de femmes, d'enfans, & de ferviteurs, ont dépenfé dans un voyage 100 piftoles ; chaque homme en a dépenfé 5, chaque femme 3, chaque enfant 2, & chaque ferviteur 1. On demande combien il y avoit d'hommes, combien de femmes, combien d'enfans, & combien de ferviteurs ?

J'appelle chaque homme h, chaque femme f, chaque enfant e, & chaque ferviteur p, & je divife 100 piftoles par 30, nombre des perfonnes, afin d'avoir un prix milieu entre les prix 5, 3, 2, & 1. Ce prix milieu eft $\frac{100}{30}$ ou $3\frac{1}{3}$ que j'appelle m. Je dis enfuite $h—1\frac{2}{3}+f+\frac{1}{3}+e+1\frac{1}{3}+p+2\frac{1}{3}=4m$, où j'obferve déja que $h+f+e=3m$. Et ainfi il refte d'allier h avec p, ce que je fais en multipliant reciproquement $h—1\frac{2}{3}$ par $2\frac{1}{3}$, & $p+2\frac{1}{3}$ par $1\frac{2}{3}$. Ce qui donne $2\frac{1}{3}h+1\frac{2}{3}p=3m$, dont le produit par 3, pour ofter les fractions, eft $7h+5p=12m$, & ajoûtant à ce produit l'égalité premierement trouvée $h+f+e=3m$, je trouve $8h+f+e+5p=15m$, & multipliant tout par 2, à caufe que 2 fois $15m=30m$, je trouve que $16h+2f+2e+10p=30m=100$ piftoles. Et ainfi la queftion eft déja refoluë. Mais confiderant ces deux égalitez tirées de la fuppofition même $h+p=2f$, &

E e iij

$f+p=2e$, je connois que la resolution se peut varier differemment. Car je puis. oster plusieurs fois $h+p$ & mettre autant de fois $2f$, aprés quoi je pourai aussi oster plusieurs fois $f+p$ & mettre autant de fois $2e$. Ce qui me donne moyen d'apporter toutes ces resolutions differentes , dont chacune satisfait à la question.

$h+f+e+p.$				$h+f+e+p.$				$h+f+e+p.$				$h+f+e+p.$			
16	2	2	10.	15	4	2	9.	15	3	4	8.	15	2	6	7.
15,	1,	8,	6.	14,	6,	2,	8.	14,	5,	4,	7.	14,	4,	6,	6.
14,	3,	8,	5.	14,	2,	10,	4.	14,	1,	12,	3.	13,	8,	2,	7.
13,	7,	4,	6.	13,	6,	6,	5.	13,	5,	8,	4.	13,	4,	10,	3.
13,	3,	12,	2.	13,	2,	14,	1.	12,	10,	2,	6.	12,	9,	4,	5.
12,	8,	6,	4.	12,	7,	8,	3.	12,	6,	10,	2.	12,	5,	12,	1.
11,	12,	2,	5.	11,	11,	4,	4.	11,	10,	6,	3.	11,	9,	8,	2.
11,	8,	10,	1.	10,	14,	2,	4.	10,	13,	4,	3.	10,	12,	6,	2.
10,	11,	8,	1.	9,	16,	2,	3.	9,	15,	4,	2.	9,	14,	6,	1.
8,	18,	2,	2.	8,	17,	4,	1.	7,	20,	2,	1.				

Autre Supposition.

Mais supposons que la troupe qui a dépensé les 100 pistoles , fust composée de 100 personnes. Les hommes ont dépensé chacun trois pistoles, les femmes chacune $1\frac{1}{2}$, chaque enfant $\frac{1}{2}$, & chaque serviteur $\frac{1}{7}$. On demande chaque nombre des hommes , des femmes , des enfans , & des serviteurs ?

Je voy que 1 pistole est un prix moyen entre 3 qu'a dépensé chaque homme & $\frac{1}{2}$ qu'a dépensé chaque enfant, & $\frac{1}{7}$ qu'a dépensé chaque serviteur : C'est pourquoi je fais cette premiere égalité $h-2+e+\frac{1}{2}+p+\frac{6}{7}=4$ pistoles , qui sont chacune appellées d. Je dis ensuite $h-2+e+\frac{1}{2}=2d$. Donc multipliant reciproquement $h-2$ par $\frac{1}{2}$ & $e+\frac{1}{2}$ par 2, je trouve $\frac{1}{2}h+2e=2\frac{1}{2}d$ dont le produit par 2 est $h+4e=5d$. Je dis aussi $h-2+p+\frac{6}{7}=2d$, & multipliant reciproquement $h-2$ par $\frac{1}{7}$ moitié de $\frac{2}{7}$, & $p+\frac{6}{7}$ par 1 moitié de 2, je trouve $\frac{1}{7}h+p=1\frac{1}{7}d$, dont le produit par 7 est $3h+7p=d$. C'est pourquoi joignant les deux égalitez trouvées , plus encore $f=d$, j'ai $4h+f+4e+7p=16d$, ou je connois déja que pour faire sans fraction l'égalité qu'on demande, je ne puis mettre moins de 4 hommes , ni moins de 4 enfans , ni moins de 7 serviteurs. Et cela estant le reste de la resolution est facile & se peut varier plusieurs fois en assemblant en plusieurs differentes manieres , & par les regles des combinaisons que nous traitterons ailleurs , ces quatre égalitez que nous venons de tirer de la supposition même.

1ere $4h+f+4e+7p=16d$. 2e $h+4e=5d$. 3° $f=d$. 4e $3h+7p=10d$.

Car des combinaisons ou des assemblages differens de ces quatre équations particulieres , on trouvera comme a fait Monsieur Bachet par une autre methode , toutes les resolutions suivantes.

$h+f+e+p$.	$h+f+e+p$.	$h+f+e+p$.	$h+f+e+p$.
$28+5+4+63$.	$27+5+12+56$.	$26+10+8+56$.	$26+5+20+49$.
25, 15, 4, 56.	25, 10, 16, 49.	25, 5, 28, 42.	24, 15, 12, 49.
24, 10, 24, 42.	24, 5, 36, 35.	23, 20, 8, 49.	23, 15, 20, 42.
23, 10, 32, 35.	23, 5, 44, 28.	22, 20, 16, 42.	22, 15, 28, 35.
22, 10, 40, 28.	22, 25, 4, 49.	22, 5, 52, 21.	21, 25, 12, 42.
21, 20, 24, 35.	21, 15, 36, 28.	21, 10, 48, 21.	21, 5, 60, 14.
20, 30, 8, 42.	20, 25, 20, 35.	20, 20, 32, 28.	20, 15, 44, 21.
20, 10, 56, 14.	20, 5, 68, 7.	19, 35, 4, 42.	19, 30, 16, 35.
19, 25, 28, 28.	19, 20, 40, 21.	19, 15, 52, 14.	19, 10, 64, 7.
18, 35, 12, 35.	18, 30, 24, 28.	18, 25, 36, 21.	18, 20, 48, 14.
18, 15, 60, 7.	17, 40, 8, 35.	17, 35, 20, 28.	17, 30, 32, 21.
17, 25, 44, 14.	17, 20, 56, 7.	16, 45, 4, 35.	16, 40, 16, 28.
16, 35, 28, 21.	16, 30, 40, 14.	16, 25, 52, 7.	15, 45, 12, 28.
15, 40, 24, 21.	15, 35, 36, 14.	15, 30, 48, 7.	14, 50, 8, 28.
14, 45, 20, 21.	14, 40, 32, 14.	14, 35, 44, 7.	13, 55, 4, 28.
13, 50, 16, 21.	13, 45, 28, 14.	13, 40, 40, 7.	12, 55, 12, 21.
12, 50, 24, 14.	12, 45, 36, 7.	11, 60, 8, 21.	11, 55, 20, 14.
11, 50, 32, 7.	10, 65, 4, 21.	10, 60, 16, 14.	10, 55, 28, 7.
9, 65, 12, 14.	9, 60, 24, 7.	8, 70, 8, 14.	8, 65, 20, 7.
7, 75, 4, 14.	7, 70, 16, 7.	6, 75, 12, 7.	5, 80, 8, 7.
4, 85, 4, 7.			

Autre Supposition.

Mais supposons de nouveau que la troupe ne fust que de 60 personnes, & qu'elle ait dépensé ses 100 pistoles. Chaque homme en a dépensé 2, chaque femme $\frac{2}{3}$, chaque enfant $\frac{1}{5}$, & chaque serviteur $\frac{1}{2}$. Cette question se peut resoudre comme au premier exemple, mais je la resous plus facilement, quoique ce ne soit pas si methodiquement, en operant comme au second exemple. Je dis donc $h-1+f+\frac{1}{3}=2d$. Donc $\frac{1}{3}h+f=1\frac{1}{3}d$ & $h+3f=4d$. Je dis aussi $h-1+e+\frac{2}{5}=2d$. Donc $\frac{2}{5}h+e=1\frac{2}{5}d$ & $2h+5e=7d$. Je dis encore $h-1+p+\frac{1}{2}=2d$. Donc $\frac{1}{2}h+p=1\frac{1}{2}d$, & $h+2p=3d$. Ensuite joignant ces trois égalitez trouvées, je trouve $4h+3f+5e+2p=14d$, où je connois déja que pour faire sans fraction l'égalité qu'on demande, je ne puis prendre moins de 4 hommes, ni moins de 3 femmes, ni moins de 5 enfans, ni moins de 2 serviteurs. Or ayant déja 14 des 60 personnes de la supposition, il n'en faut plus que 46, & n'ayant que 14 des 100 pistoles de la même supposition, il en faut encore 86. Il faut donc que 46 personnes ajoûtées donnent 86 escus. Je mets 46 hommes qui donnent 92 pistoles, c'est à dire 6 plus qu'il ne faut. C'est pourquoi j'oste 3 hommes pour les 6 pistoles de surplus, & encore un homme & son prix afin qu'il manque quelque chose à la somme qu'un autre nombre de personnes poura remplacer. Je mets donc seulement 42 hommes qui donnent 84 pistoles. Or il faut encore 4 personnes, & 2 pistoles, & c'est justement le prix de 4 serviteurs. Je trouve donc $46h+3f+5e+6p=100$ pistoles. Et cette resolution est la seule que l'on puiſſe donner ſans fractions , à cauſe qu'une ou pluſieurs fois *h* plus 'une ou pluſieurs fois *e* ne peuvent s'égaler avec autant de fois *f*, ni qu'une ou pluſieurs fois *h* plus une ou pluſieurs fois *p* ne peuvent s'égaler avec autant de fois *f*, ni qu'enfin une ou pluſieurs fois *f* plus une ou pluſieurs fois *p* ne peuvent s'égaler avec autant de fois *e*, ainſi qu'on l'a pû faire aux deux exemples precedens. Il en eſt ainſi de toutes les autres queſtions ſemblables.

DES REGLES
DE FAUSSE POSITION.

CXXXV.   Lorſqu'il arrive que des queſtions propoſées paroiſſent telles que l'on ne ſçait à quelles regles on les doit rapporter, on a coûtume de chercher leur reſolution en ſuppoſant que certaines grandeurs priſes au hazard ſont celles que l'on demande, & les examinant enſuite pour voir ſi elles ſatisfont aux conditions portées par la queſtion. Que ſi elles y ſatisfont, il eſt viſible qu'elles ſont de celles que l'on demande. Mais ſi elles n'y ſatisfont pas, on ordonne une proportion dans laquelle on met les grandeurs ſuppoſées au ſecond terme, celles auſquelles on eſt arrivé en les examinant au premier, & les grandeurs données au troiſiéme terme. Et s'il arrive alors que le quatriéme de la proportion ſatisfaſſe à la queſtion, la regle s'appelle *Regle de ſimple poſition, ou d'une fauſſe poſition.*

CXXXVI.   Mais ſi ce quatriéme terme ne ſatisfait point à la queſtion, on cherche à la reſoudre par le moyen de la ſuppoſition qu'on a déja faite, & d'une nouvelle que l'on fait encore. Et la regle s'appelle alors *Regle de double poſition ou de deux fauſſes poſitions.* Nous expliquerons cette derniere aprés avoir donné les exemples ſuivans pour éclaircir celle d'une poſition ſimple.

Premier Exemple.

Une armée eſtant défaite, il ſe trouve que la ſeptiéme partie eſt perie dans le combat, que le tiers s'eſt ſauvé par la fuite, & que 11000 qui ſont reſtez, ont eſté pris priſonniers. On demande le nombre de tous les ſoldats qui compoſoient l'armée avant le combat, combien de morts, & combien qui ont pris la fuite ?

Examinant un peu la queſtion, l'on reconnoît aſſez qu'elle dépend de la Regle de Trois. Car $\frac{1}{7} + \frac{1}{3}$ de toute l'armée plus 11000 ſoldats la compoſant toute entiere, ſi je retranche $\frac{1}{7}$ & $\frac{1}{3}$, c'eſt à dire $\frac{10}{21}$ de l'unité, car il n'y a qu'une armée, le reſte $\frac{11}{21}$ ſera le nombre des 11000 ſoldats qui ſont reſtez, puiſque 11000 ſoldats avec $\frac{1}{7}$ & $\frac{1}{3}$ de l'armée la compoſent toute entiere. Comme donc $\frac{11}{21}$ parties de l'armée ſont aux 11000 ſoldats ainſi 1, qui marque l'armée entiere dont les 11000 ſoldats font les $\frac{11}{21}$ parties, ſera au nombre de tous les ſoldats qui la compoſent toute entiere & qui eſt 21000.   *parties de l'armée.   ſoldats : : .   armée.   ſoldat.*

$$\frac{11}{21}. \qquad 11000. : : \qquad 1. \qquad 21000.$$

Ma:

Mais fuppofant que je ne fçache point rapporter cette queftion à la regle de Trois, je cherche ainfi à la refoudre. Je fuppofe qu'un certain nombre pris au hazard eft celui de tous les foldats, pour faciliter l'operation j'en choifis un qui foit tel que fa feptiéme & troifiéme partie, qui font les parties données, foient chacune un nombre entier, ce que je fais en prenant 21 produit de 7 par 3. Si donc 21 eft le nombre de tous les foldats, il n'y en a eû que 3 de tuez, 7 qui ayent pris la fuite, & 11 de refte, car 3 la 7ᵉ partie de 21, & 7 qui en eft la 3ᵉ, eftant retranchez de 21, laiffent 11 pour refte. Or il en doit refter 11000. J'ordonne donc une proportion, où 21 nombre de la fuppofition aura la feconde place, le refte 11 trouvé par fon moyen la premiere, & le nombre donné 11000 la troifiéme; & le quatriéme terme 21000 me donne le nombre de tous les foldats, dont la 7ᵉ partie 3000 ont efté tuez, le tiers 7000 ont pris la fuite, aprés quoi il en eft refté 11000 prifonniers.

refte trouvé par la fuppofition.   nombre fuppofé ::   refte.   armée entiere.
11.   21   ::   11000.   21000.

Second Exemple.

Une perfonne a fait le tiers d'un voyage à cheval, & la 5ᵉ partie à pied, & en tout elle a fait 50 lieuës. L'on demande combien le voyage entier a de lieuës?

Cette queftion fe rapporte encore à la regle de Trois. Car fi $\frac{1}{3} + \frac{1}{5}$ ou $\frac{8}{15}$ du voyage font 50 lieuës, 1, ou le voyage entier en fera $93\frac{1}{4}$.

parties du voyage.   lieuës ::   voyage.   lieuës.

$\frac{1}{3} + \frac{1}{5}$ ou $\frac{8}{15}$.   50 ::   1. $93\frac{1}{4}$.

Mais fuppofant que je ne fçache point rapporter cette queftion à la regle de Trois, je cherche ainfi à la refoudre. Je fuppofe qu'un certain nombre pris au hazard eft celui de toutes les lieuës qui font le voyage entier, pour faciliter l'operation, je prens 15 produit de 3 par 5, afin que fa 3ᵉ & 5ᵉ partie, qui font les parties données, foient chacune un nombre entier. Si donc 15 eft le nombre de toutes les lieuës, fon tiers 5 & fa 5ᵉ partie 3, doivent faire 50 lieuës. Or elles en font feulement 8. J'ordonne donc une proportion, où ce nombre trouvé 8 aura la premiere place, le nombre de la fuppofition qui eft 15, aura la feconde, & le nombre donné des 50 lieuës aura la troifiéme. Enfuite dequoi je trouve que le nombre des lieuës de tout le voyage eft $93\frac{1}{4}$, dont le tiers $31\frac{1}{4}$ a efté fait à cheval, & la 5ᵉ partie $18\frac{1}{4}$ a efté faite à pied.

nombre trouvé.   nombre fuppofé ::   nombre donné.   lieuës de tout le voyage.
8.   15   ::   50. $93\frac{1}{4}$.

Troifiéme Exemple.

Les âges de trois perfonnes font 144 années, le premier a trois fois l'âge du fecond, & le fecond a deux fois l'âge du troifiéme. Quel eft chacun de ces trois âges?

Examinant la queſtion, il eſt facile de voir qu'elle dépend de la Regle de Compagnie ; car pour y ſatisfaire, il ne faut que diviſer le nombre donné 144 en trois parties proportionelles aux nombres 1, 2, & 6, qui ſont déterminez, à cauſe qu'ils expriment les rapports connus que les trois âges ont entr'eux. Car le troiſiéme de ces âges eſt au ſecond qui le contient 2 fois, comme 1 à 2 qui contient 2 fois 1, & au troiſiéme comme 1 à 6, à cauſe que le ſecond eſt au premier qui le contient 3 fois comme 2 à 6 qui contient 3 fois 2. Ainſi l'on trouvera par la Regle de Compagnie que les trois âges ſont,
le premier 72 années, le ſecond 32, & le troiſiéme 16.

$$9. \quad 144 :: \begin{cases} 6. & 72. \\ 2. & 32. \\ 1. & 16. \end{cases}$$

Mais ſuppoſant que je ne ſçache point rapporter cette queſtion à la Regle de Compagnie, je cherche ainſi à la reſoudre. Je ſuppoſe que la troiſiéme perſonne n'ait qu'une année, l'âge de la ſeconde ſera donc 2, & celui de la premiere 6, & ces trois âges doivent faire 144. Or ils ne ſont que 9 années. J'ordonne donc une proportion où le nombre trouvé 9 aura la premiere place, le nombre de la ſuppoſition qui eſt 1 aura la ſeconde, & le nombre donné 144 la troiſiéme. Le quatriéme terme de cette proportion qui eſt 16, ſera le nombre des années de la troiſiéme perſonne, la ſeconde aura donc 2 fois 16 ou 32 années, & la premiere 3 fois 32 ou 96. Et ces trois âges en ſont 144.

nombre trouvé. nombre ſuppoſé :: nombre donné. le plus petit âge.
$$9. \qquad 1 \qquad :: \qquad 144. \qquad 16.$$

A V E R T I S S E M E N T.

Il faut remarquer que les plus petits nombres ſont toûjours les plus propres pour faire la ſuppoſition, parceque l'operation en eſt plus courte, & que ſi l'on prend l'unité, il ne faut que diviſer le troiſiéme terme par le premier pour en avoir le quatriéme, ſans qu'il ſoit neceſſaire de faire aucune multiplication. Cependant quand il y a des parties aliquotes déterminées, il eſt à propos de choiſir pour nombres des ſuppoſitions des nombres qui ſoient tels que leurs aliquotes déterminées ſoient des nombres entiers, ainſi que nous l'avons fait au premier & ſecond exemple, afin d'éviter les operations qu'il faudroit faire par fraction en prenant d'autres nombres pour les ſuppoſitions. En tout autre cas je prendrai ſeulement l'unité, ou bien 2.

DE LA REGLE

DE DEUX FAUSSES POSITIONS.

CXXXVII Lorſqu'il y a pluſieurs nombres donnez dans la queſtion, la regle d'une poſition ſimple ne peut ſervir à la reſoudre. Car pour la ſuivre, il faut écrire tout ce que l'on connoît entierement au troiſiéme terme de la proportion, & cependant il ne faut y écrire qu'un nombre. Or en pareilles rencontres, l'on cherche ainſi à reſoudre la queſtion.

L'on fuppofe qu'un nombre pris au hazard eft l'un de ceux que l'on demande, & on l'examine felon l'eftat de la queftion pour voir s'il y fatisfait ou non. Que fi ce nombre n'y fatisfait pas, l'on marque l'excez ou le defaut qu'on trouve. Enfuite l'on prend un autre nombre au lieu de celui de la premiere fuppofition, & on l'examine en la même forte. Que fi ce fecond nombre ne fatisfait pas à la queftion non plus que le premier, l'on marque pareillement l'excez ou le defaut qu'on trouve.

Les excez fe marquent avec —+, les defauts avec ——.

Nous appellerons *erreurs* ces excez ou ces defauts, & les nombres pris pour des fuppofitions feront fimplement appellez *fuppofitions*.

R E G L E.

Or pour refoudre la queftion par le moyen des fuppofitions & des erreurs, l'on met au premier terme de deux proportions la difference des erreurs, au fecond la difference des fuppofitions, & au troifiéme chacune des erreurs. On ajoûte enfuite le quatriéme terme de la proportion à la fuppofition qui a fervi pour le trouver. Les exemples éclairciront la regle.

Mais on remarquera que la difference des fuppofitions fera prife en retranchant la premiere fuppofition de la feconde; Et celle des erreurs en retranchant la feconde erreur de la premiere.

Premier Exemple.

Les âges de trois perfonnes font 100 années, le premier âge furpaffe le fecond de 24 années, & le fecond furpaffe le troifiéme de 10 années. Quel eft chacun de ces trois âges?

Soit 1 année le troifiéme & le plus petit âge, le fecond fera donc 21 années, & le troifiéme 21+24 ou 45 années, & ces trois âges 1, 21, & 45 doivent faire en tout 100 années. Or ils n'en font que 67. J'ordonne donc une proportion ou 67 aura la premiere place, 1 la feconde, mais parcequ'il y a plufieurs nombres donnez, & qu'il n'en faudroit écrire qu'un au troifiéme, je connois que la refolution ne peut fe trouver par le moyen de ma fuppofition feule, je me contente donc de voir combien il s'en manque que 67 ne foit égal à 100, & je marque le defaut —33, pour la premiere erreur, car 100—33=67. Enfuite je fais une fuppofition nouvelle en prenant 2 années pour le troifiéme âge au lieu de 1 que j'avois pris; le fecond âge fera donc 22, & le troifiéme 66, & ces trois âges font 70 années. Or ils devroient en faire 100; Il y a donc un defaut de 30 années, & je marque —30 pour la feconde erreur, car 100—30=70. Cela eftant, j'écris au premier terme de deux proportions —33+30, c'eft à dire —3 la difference des deux erreurs —33 & —30; au fecond terme, j'écris 1 ou la difference des deux fuppofitions 2 & 1, & au troifiéme chacune des erreurs —33 & —30. Le quatriéme terme de la premiere proportion eft 11, & parcequce terme vient de la premiere fuppofition 1, qui a donné l'erreur ou le defaut —33, j'ajoûte 1 au dernier terme 11, & 11 eft le nombre des années de la troifiéme perfonne. Ou bien auffi le dernier terme de la feconde proportion eft 10, & parceque ce terme 10

Ff ij

vient de la seconde supposition 2, qui a donné le defaut —30, j'ajoûte 2
à 10, & 12 est le nombre des années de la troisiéme personne, la seconde
en aura donc 12+20, c'est à dire 32, & la premiere 56, & ces trois âges
12, 32, & 56 font en tout 100 années.

$$1^{ere}\ \textit{supposition}\ 1 \quad 1^{ere}\ \textit{erreur}\ \text{—33}\ \textit{differ. des supp. erreurs.} \quad 3^e\ \hat{a}ge.$$
$$2^e\ \textit{supposition}\ 2 \quad 2^e\ \textit{erreur}\ \text{—30}$$
$$1^{ere}\ \textit{supposition}\ 1\ \big|\ \textit{differ. des err.}\ \text{—3.} \qquad \text{—}1\ ::\ \begin{cases} \text{—}33.\ 11, + 1 = 12. \\ \text{—}30.\ 10, + 2 = 12. \end{cases}$$

Second Exemple.

Les âges de trois personnes font 100 années, la premiere a 12 années
plus que les deux autres ensemble, & la seconde a 2 fois les années de la
troisiéme & 8 de surplus. Combien chacune en aura-t'elle ?

Soit 1 année le troisiéme & le plus petit âge, le second sera donc 10
années, & le troisiéme 23, & ces trois âges font 34 années ; Or ils en
devroient faire 100, je marque donc le defaut —66. Soit pris en second
lieu 2 pour les années de la troisiéme personne, la seconde en aura donc
12 & la troisiéme 26, & ces trois âges font 40 années ; Or ils devroient
en faire 100, j'écris donc encore le defaut —60. Cela estant, j'écris au
premier terme d'une proportion —66+60, ou —6 difference des defauts
—66 & —60 ; je n'ordonne que l'une des deux proportions, car une seule
sert autant que les deux ; au second terme j'écris 1 difference des suppositions, & au troisiéme l'erreur —66. Le dernier terme est 11, à qui j'a-
joûte la premiere supposition 1 qui a donné le premier defaut —66, &
12 est le nombre des années de la troisiéme personne, la seconde en aura
donc 2 fois 12 plus 8, c'est à dire 32, & la premiere 12+32, plus 12, qui
font 56. Et ces trois âges 12, 32, & 56 font les 100 années.

$$1^{ere}\ \textit{supposition}\ 1\ \big|\ 1^{ere}\ \textit{erreur}\ \text{—66}$$
$$2^e\ \textit{supposition}\ 2\ \big|\ 2^e\ \textit{erreur}\ \text{—60}\ \textit{diff. des supp}::\ 1^{ere}\ \textit{erreur.}\ 3^e\ \hat{a}ge.$$
$$\textit{differ. des supp.}\ 1\ \big|\ \textit{differ. des err.}\ \text{—6.} \quad \text{—}1\ ::\ \qquad \text{—}66.\ 11, + 1 = 12.$$

Troisiéme Exemple.

Une personne ayant rencontré des pauvres, & leur voulant donner à
chacun 5 sols, elle a trouvé qu'elle en avoit un de trop peu. Et ainsi ne
leur en ayant donné à chacun que 4, il lui en est resté 6. Combien y
avoit-il de pauvres, & combien de sols ?

Soit 1 le nombre des pauvres, pour recevoir 5 sols il faut encore 1
sol ; le nombre des sols n'est donc que 4. Mais s'il reçoit 4 sols, il en
doit rester 6, le nombre des sols est donc 4+6, c'est à dire 10. Or 4 devroit estre le même que ce nombre 10. Mais il s'en faut 6. J'écris donc le
defaut —6. En second lieu, soit 2 le nombre des pauvres, pour recevoir
chacun 5 sols il faut encore 1 sol, le nombre des sols est donc 2 fois 5
moins 1, c'est à dire 9. Mais si chacun reçoit 4 sols, il en doit rester 6,
le nombre des sols sera donc 2 fois 4 plus 6, c'est à dire 14. Or 9 devroit estre le même que ce nombre 14. Mais il s'en faut 5. J'écris donc

le defaut —5. Cela eftant, j'écris au premier terme d'une proportion —1 difference des erreurs —6 & —5. Car —6+5⸗—1. Au fecond j'écris 1 difference des fuppofitions, & au troifiéme la premiere erreur —6. Le dernier terme de la proportion eft 6 à qui j'ajoûte la premiere fuppofition 1, à caufe que la premiere erreur —6 eft un defaut, & ainfi 7 eft le nombre des pauvres. Et il y avoit 34 fols.

$$1^{ere}\ \textit{fuppofition } 1 \quad\Big| \quad 1^{ere}\ \textit{erreur } -6 \qquad\qquad\qquad\qquad \textit{nombre des}$$
$$2^{e}\ \textit{fuppofition } \underline{2} \quad\Big| \quad 2^{e}\ \textit{erreur } \underline{-5}.\ \textit{diff. des fupp.}\ 1^{ere}\ \textit{erreur. pauvres.}$$
$$\textit{differ. des fupp. } 1 \Big| \textit{differ. des err. } -1. \qquad +1 \quad :: \quad -6. \quad +6,+1⸗7.$$

SUITE DE LA REGLE DE DEUX FAUSSES POSITIONS.

Il y a une infinité de queftions, où l'on ne donne qu'un nombre entierement connu, lefquelles ne peuvent fe refoudre par la regle d'une fimple pofition, parceque l'on y détermine plufieurs parties aliquotes, non pas d'une même grandeur, comme dans la regle d'une fauffe pofition, mais de plufieurs differentes. Or ces queftions peuvent fe rapporter à la regle de deux fauffes pofitions. En voici des exemples.   CXXXVIII

Quatriéme Exemple.

On feint qu'une Mule allant avec une Afneffe, fe plaignoit d'eftre trop chargée, & que la Mule lui dit ; fi je t'avois donné un de mes facs, nous en aurions autant l'une que l'autre, & fi tu m'en avois donné un des tiens, j'en aurois le double de toy. On demande combien chacune portoit de facs ?

Soit 1 le nombre des facs de l'Afneffe, fi elle donne un fac à la Mule, il ne lui reftera plus rien, & la Mule en aura 2 fois autant, c'eft à dire 2 fois rien. Comme donc la Mule ayant receu un fac, il ne lui refte rien, le nombre de fes facs eft —1 ; Si donc elle donne un fac à l'Afneffe, il lui en reftera —2, & l'Afneffe en aura 2. Or —2 devroit eftre égal à ce nombre 2, puifqu'alors elles doivent avoir autant de facs l'une que l'autre. Mais il s'en manque 4 que —2 ne foit égal à 2. J'écris donc le defaut —4. En fecond lieu, foit 2 le nombre des facs de l'Afneffe, fi elle donne un fac à la Mule, il lui en reftera encore 1, & la Mule en aura 2 fois autant qu'elle, c'eft à dire 2. Comme donc la Mule ayant receu un fac, il fe trouve qu'elle en a 2, le nombre de fes facs eft 1. Si donc elle donne un fac à l'Afneffe, il ne lui reftera plus rien, & l'Afneffe en aura 3. Or le rien qui refte à la Mule devroit eftre égal à 3. Car elles doivent avoir autant de facs l'une que l'autre. Mais il s'en manque 3 que rien ne foit égal à 3. J'écris donc le deffaut —3. Cela eftant, j'écris —1 difference des erreurs —4 & —3 au premier terme d'une proportion, +1 difference des fuppofitions au fecond terme, & la premiere erreur —4 au troifiéme. Le quatriéme terme eft 4, à qui j'ajoûte la premiere fuppofition 1 qui a donné la premiere erreur ou le defaut —4. Et ainfi 5 eft le nombre des facs de l'Afneffe, & 7 celui des facs de la Mule.

F f iij

1ere *suppofition* 1. | 1ere *erreur* —4.   *nombre des*
2e *suppofition* 2. | 2e *erreur* —3 *diff. des fupp* ∷ 1ere *err.*   *facs de*
diff. des fupp. 1 | *differ. des err.*—1.   +1 ∷   —4. +4,+1=5.   *l'âneffe.*

Cinquiéme Exemple.

On a cueilli dans un Jardin des pommes, des poires & dés prunes. Le nombre des prunes eft 10000 ; celui des pommes fait la moitié du nombre des poires & des prunes , & celui des poires le tiers du nombre des pommes & des prunes. L'on demande combien en tout on a cueilli de fruits, combien de pommes & combien de poires ?

Soit 1 le nombre des poires, le nombre des pommes & des prunes fera donc 3. Or le nombre des prunes eft 10000. le nombre des pommes fera donc 3—10000, c'eft à dire —9997, & ce nombre eftant pris 2 fois doit faire 10000+1, ou 10001, c'eft à dire le nombre des poires & des prunes. Or ils font feulement —19994. J'écris donc le defaut —29995. En fecond lieu, foit 2 le nombre des poires , celui des pommes & des prunes fera donc 6, & parceque celui des prunes eft 10000, celui des pommes fera 6—10000, c'eft à dire —9994, & ce nombre eftant pris 2 fois doit donner 10002 le nombre des poires & des prunes. Or il fait feulement —19988, j'écris donc le defaut —29990. Enfin j'écris —5 difference des erreurs au premier terme d'une proportion , +1 difference des fuppofitions au fecond terme , & la premiere difference —1 au troifiéme. Le dernier terme eft 5999, à qui j'ajoûte la premiere fuppofition 1, & je connois que 6000 eft le nombre des poires, 8000 le nombre des pommes, & 24000 le nombre de tous les fruits que l'on a cueillis.

Sixiéme Exemple.

Un Pere pauvre venant à mourir, veut par fon Teftament que le premier de fes enfans prenne 1 efcu fur tous les biens qu'il laiffé , & la 7e partie du refte ; que le fecond en prenne 2 & la 7e partie du refte , le troifiéme 3 & la 7e partie du refte. Et ainfi de fuite. Or il fe trouve que le partage eftant ainfi fait, tous les enfans font également partagez. L'on demande quel eft le nombre des enfans , & combien leur pere a laiffé à chacun d'eux ?

Soit 1 efcu la 7e partie du refte laquelle le premier des enfans doit prendre , ce refte fera donc 7 efcus , & tous les biens du pere 8, fur lefquels le premier enfant ayant pris 1 efcu, il en refte 7, dont ayant pris encore la 7e partie, c'eft à dire 1 efcu, il aura 2 efcus & le refte fera 6 efcus , fur lefquels le fecond doit prendre 2 efcus, aprés quoi il en refte 4, dont il doit prendre encore la 7e partie, il aura donc 2 efcus +$\frac{4}{7}$. Et ce nombre doit eftre égal aux 2 efcus que le premier a pris. Mais il y a +$\frac{4}{7}$ davantage. J'écris donc l'excez $\frac{4}{7}$. En fecond lieu , foit 2 efcus la 7e partie du refté que le premier enfant doit prendre, ce refte fera donc 2 fois 7 ou 14 efcus, & tous les biens du pere 15 efcus, fur lefquels le premier ayant pris 1 efcu, il en refte 14, dont ayant pris encore la 7e partie 2 efcus, il aura 3 efcus, & le refte sera 12, sur lesquels le second doit prendre 2 escus, aprés quoi il en reste 10, dont il doit prendre encore la 7e partie; il aura donc 2 escus $+\frac{10}{7}$, c'est à dire $3\frac{3}{7}$. Et ce nombre doit estre égal aux 3 escus que le premier a pris. Mais il y a $\frac{3}{7}$ davantage. J'écris donc l'excez $\frac{3}{7}$. Cela estant, j'écris $+\frac{1}{7}$ difference des erreurs ou des excez au premier terme d'une proportion, $+1$ difference des suppositions au second terme, la premiere erreur ou le premier excez $+\frac{4}{7}$ au troisiéme. Le quatriéme terme est $+4$, que j'ajoûte à la premiere supposition 1, qui a donné le premier excez $\frac{4}{7}$. Et ainsi 5 est la 7e partie du reste laquelle le premier enfant doit prendre. Ce reste sera donc 7 fois 5, c'est à dire 35, à qui ajoûtant 1 escu qu'il doit prendre avant la 7e partie, le nombre 36 sera celui de tous les biens que le pere a laissé, sur lesquels le premier ayant pris $1+\frac{35}{7}$, le second $2+\frac{28}{7}$, le troisiéme $3+\frac{21}{7}$, le quatriéme $4+\frac{14}{7}$, le cinquiéme $5+\frac{7}{7}$, & enfin le dernier $6+\frac{\cdot}{7}$. Il se trouvera que le pere avoit 6 enfans, à chacun desquels il a laissé 6 escus.

1ere supposition 1.   *1er excez $\frac{4}{7}$.*   *la 7e partie*
2e supposition 2.   *2e excez $\frac{1}{7}$. diff. des supp : : 1er excez. du 1er reste.*
diff. des sup. $+1$. | *diff. des excez $+\frac{1}{7}$.* $+1$: : $\frac{4}{7}$. $+4, +1 = 5$.

De même si le premier des enfans prenoit 1 escu & le tiers du reste, le second 2 & le tiers du reste, & ainsi de suite, le pere auroit laissé 4 escus & 2 enfans qui auroient chacun 2 escus. Et si le premier prenoit 1 escu & le quart du reste, le second 2 & le quart du reste, & ainsi de suite, le pere auroit laissé 9 escus, & 3 enfans qui auroient chacun 3 escus.

Pareillement si le premier des enfans prenoit 1 escu, $+\frac{1}{13}$ du reste, le second $2, +\frac{1}{13}$ du reste, & ainsi de suite, le pere auro't laissé 144 escus, & 12 enfans qui auroient chacun 12 escus. Et ainsi de suite à l'infini, le nombre des enfans sera toûjours celui du second terme de la fraction qui marque la partie du premier reste, lorsqu'on aura diminué ce terme de l'unité, & le nombre des escus sera toûjours le quarré du nombre des enfans. Ce qui est un Theoreme assez curieux touchant la nature des quarrez.

De la Démonstration des Regles.

La Démonstration de ces Regles doit se tirer des questions qu'on y rapporte, & des suppositions par lesquelles on cherche à les resoudre. Car si la difference des erreurs est à celle des suppositions comme les erreurs sont aux nombres ausquels les suppositions doivent estre ajoûtées ou desquels elles doivent estre retranchées, l'on trouvera en les suivant la resolution que l'on cherche, sinon elles n'y serviront de-rien. C'est pourquoi lorsque les deux suppositions que l'on aura faites ne serviront pas à resoudre la question, il ne sera pas necessaire de la chercher par d'autres.

Telles sont par exemple les deux questions que le Pere Tacquet rapporte. Trouver un nombre lequel estant divisé par 2, 3, 4, 5, & 6, il doit toûjours rester 1, ou quelqu'autre nombre; mais estant divisé par 7 il ne reste rien. Ou bien encore cet autre. Trouver un nombre lequel estant divisé par 7, il reste 3, mais estant divisé par 3 il ne reste rien. L'on peut voir les resolutions qu'il en donne pag. 312 de son Arithmet. pratiq. mais c'est en suivant d'autres voyes : Ou bien encore ce que dit Schooten sur les questions de même sorte pag. 407. de ses Exercit. Mathemat. Au reste toutes les questions que l'on peut resoudre par le moyen des regles de fausse position, se resolvent avec une facilité incomparablement plus grande par le moyen de nostre Analyse ; de sorte que ceux qui en sçaurónt tant soit peu l'usage n'auront aucun besoin de ces regles. Ainsi je me dispenserai de les expliquer davantage. Si même on examine de bien prés la nature de ces regles de fausse position, on reconnoîtra facilement qu'elles n'ont rien que ce qu'elles empruntent de l'Analyse & des égalitez. La seule difference est presque celle-ci, que l'on marque dans les unes les grandeurs inconnuës par des nombres connus, & dans l'autre par des lettres inconnuës, & que les raisonnemens de celles-là se font d'une maniere plus embaraffante & qui éclaire moins l'esprit que ceux qu'on fait dans l'Analyse, bien que dans le fonds ces raisonnemens soient les mêmes de part & d'autre.

DES RAPPORTS COMPOSEZ.

CXXXIX. La multiplication, ou le produit de plusieurs rapports s'appelle un *rapport composé* de ces rapports, & ces rapports *les rapports composans* du rapport composé. C'est ainsi que le rapport $\frac{6}{1}$ est appellé composé des deux rapports $\frac{2}{1}$ & $\frac{3}{1}$, si l'on considere $\frac{6}{1}$ comme produit de $\frac{2}{1}$ par $\frac{3}{1}$, & reciproquement $\frac{2}{1}$ & $\frac{3}{1}$ s'appellent rapports composans de $\frac{6}{1}$, si l'on considere $\frac{2}{1}$ & $\frac{3}{1}$ comme les racines de $\frac{6}{1}$. De même le rapport $\frac{1}{6}$ est appellé composé des deux rapports $\frac{1}{2}$ & $\frac{1}{3}$, si l'on considere $\frac{1}{6}$ comme produit de $\frac{1}{2}$ par $\frac{1}{3}$, & reciproquement $\frac{1}{2}$ & $\frac{1}{3}$ s'appellent les rapports composans de $\frac{1}{6}$, si l'on considere $\frac{1}{2}$ & $\frac{1}{3}$ comme les racines de $\frac{1}{6}$.

Pareillement le rapport $\frac{1}{18}$ est appellé composé des trois rapports $\frac{1}{2}$, $\frac{1}{3}$ & $\frac{1}{3}$, si on le considere comme un solide fait de $\frac{1}{6}$ produit des deux rapports $\frac{1}{2}$ & $\frac{1}{3}$, par le rapport $\frac{1}{3}$. Et il en est ainsi des autres.

CXL. *Cette composition que nous avons appellée multiplication des rapports, est prise ordinairement pour une addition de ces mêmes rapports. Mais il est évident que cette composition est plûtost une multiplication veritable de ces rapports qu'une addition. Car par exemple on ne peut douter que $\frac{2}{1}$ & $\frac{3}{1}$ ne soient de veritables rapports. Or la somme ou l'addition de ces rapports est $\frac{2}{1} + \frac{3}{1} = \frac{5}{1}$, & leur produit ou composition, ou multiplication est $\frac{6}{1}$ different de $\frac{5}{1}$. Et pareillement $\frac{1}{2}$ & $\frac{1}{3}$ sont de veritables rapports. Or leur somme est $\frac{5}{6}$, & leur produit $\frac{1}{6}$ different de $\frac{5}{6}$. La composition des rapports n'est donc pas une addition, mais une multiplication veritable de ces rapports.*

Cette

Cette multiplication ou composition des rapports n'est point autre que CXLI. la multiplication des fractions, puisque les fractions & les rapports ne font qu'une même chose énoncée differemment. Ainsi pour trouver un rapport composé de plusieurs autres, on prend le produit des uns par les autres, & ce produit est le rapport composé que l'on cherche. Par exemple pour trouver le rapport composé de ½ par ⅓, je prends ⅙ plan de ½ par ⅓, & ⅙ est le rapport composé de ½ & ⅓. De même pour trouver le rapport composé de ⅘, ⅐, & $\frac{2}{9}$, je prends $\frac{8}{105}$ solide fait de $\frac{12}{35}$, plan de ⅘ & ⅐, par $\frac{2}{9}$; & le solide $\frac{8}{105}$ est le rapport composé de ⅘, ⅐, & $\frac{2}{9}$. Il en est ainsi des autres.

DE LA REGLE
DE TROIS COMPOSÉE.

Cette Regle enseigne à trouver une grandeur qui soit à un rapport CXLII. composé de plusieurs autres, comme une autre grandeur est à un autre rapport qui soit aussi composé de plusieurs. Par exemple le port de 200 livres de marchandises apportées de 300 lieuës coûte 4 escus, combien le port de 400 livres de marchandises apportées de 500 lieuës, doit-il coûter d'escus?

Il est évident que dans cette question l'on demande un prix qui soit non seulement proportionel au poids des marchandises qu'on apporte, mais encore à la distance des lieuës dont on les apporte.

Dans cette question & dans toute autre semblable on propose toûjours plus de trois termes connus, mais il n'y en a toutesfois que trois principaux dont tous les autres font comme dépendans. Ainsi dans nostre question, on propose les cinq termes connus 200 livres de marchandises, 300 lieuës, 4 escus, 400 livres de marchandises, & 500 lieuës, desquels les trois principaux font les 200 livres de marchandises à qui 300 lieuës se rapportent, les 4 escus, & les 400 livres de marchandises à qui 500 lieuës se rapportent. Or si les deux termes principaux de la question qui font d'un même genre, & ausquels la question se rapporte, agissent chacun sur un des termes qui en font dépendans, la proportion composée est renversée ou reciproque. Mais si cela n'est point, la proportion est droite.

Par exemple, si je dis 4 laboureurs cultivent 8 arpens de terre dans 3 jours, dans combien de jours 3 laboureurs en cultiveront-ils 24 arpens?

Les deux termes principaux & de même genre font les 4 & les 3 laboureurs. Or parceque les 4 laboureurs agissent sur les 8 arpens qui en font un terme dépendant, & les 3 autres sur les 24 arpens qui en font aussi un terme dépendant, je connois que la question se rapporte à la Regle de Trois composée & reciproque.

DE LA REGLE DROITE.
SIXIÉME PROBLEME.

Tous les termes d'une proportion droite & composée estant donnez CXLIII.

Gg

excepté un, trouver ce terme inconnu.

1°. On écrit le terme principal à qui la question se rapporte à la troisiéme place d'une proportion, & sous lui tous ceux qui en sont dépendans, l'autre terme principal & de même genre à la premiere place, & sous lui tous ceux qui en sont dépendans, & le terme seul & d'un genre different à la seconde place.

2°. On écrit sous chaque place de la proportion le rapport composé, ou le produit des termes qui s'y trouvent. Cela réduit tous les termes donnez aux trois premiers d'une proportion droite, dont le quatriéme est celui que l'on cherche.

Premier Exemple.

Le port de 200 livres de marchandises apportées de 300 lieuës coûte 4 escus, combien le port de 400 livres de marchandises apportées de 500 lieuës doit-il coûter d'escus ?

1°. J'écris les 400 livres de marchandises qui sont le terme principal à qui la question se rapporte, à la troisiéme place d'une proportion, & sous lui les 500 lieuës qui en sont le terme dépendant; j'écris les 200 livres de marchandises, qui sont l'autre terme principal de même genre, à la premiere place, & sous lui les 300 lieuës qui en sont le terme dépendant; & les 4 escus qui sont le terme seul & d'un genre different à la seconde place. 2°. J'écris 60000, c'est à dire le rapport composé ou le produit des 200 livres par les 300 lieuës sous la premiere place; 4 qui est seul sous la seconde; & 200000, c'est à dire le rapport composé ou le produit des 400 livres par les 500 lieuës sous la troisiéme place. Cela réduit les cinq termes donnez aux trois premiers d'une proportion droite, dont le quatriéme $13\frac{1}{3}$ marque combien le port des 400 livres doit coûter. Et ainsi ces 400 livres coûteront 13 escus plus 20 sols, estant apportées de 500 lieuës, si l'on suppose, comme on fait ici, que les 200 livres apportées de 300 lieuës chacune coûtent 4 escus.

$$\left\{\begin{array}{l}200\ \textit{livres}\\300\ \textit{lieuës}\end{array}\right. \qquad 4 \cdot \textit{escus} \quad :: \quad \left\{\begin{array}{l}400\ \textit{livres}\\500\ \textit{lieuës}\end{array}\right. \qquad ?$$

$$60000 \qquad . \qquad 4\ \textit{escus} \quad :: \quad 200000 \qquad . \qquad 13\tfrac{1}{3}\ \textit{escus}.$$

Second Exemple.

8 Marchands qui ont chacun 100 pieces de vin à 16 escus la piece, gagnent en commun 3200 escus, combien 11 Marchands qui ont chacun 128 pieces de vin à 12 escus la piece gagneront-ils en commun d'escus ?

1°. Connoissant comme au premier exemple que la proportion est droite, j'écris 11 Marchands, qui sont le terme principal à qui la question se rapporte, à la troisiéme place d'une proportion, & sous lui 128 pieces de vin, & encore au dessous les 12 escus de chaque piece; car ces deux termes en sont comme dépendans; j'écris les 8 Marchands, qui sont l'autre terme principal & du même genre que les 11 Marchands, à la premiere place, & sous lui les 100 pieces de vin de chacun de ces Marchands, & encore au dessous les 16 escus de chaque piece, car ces deux termes sont dépen-

dans des 8 Marchands ; & j'écris enfin les 3200 escus qui font le terme
seul & d'un genre different, à la seconde place. 2°. J'écris sous la premiere
12800, c'est à dire le rapport composé ou le solide des trois termes 8, 100 &
16, qui s'y trouvent ; j'écris les 3200 escus sous la seconde, & sous la
troisiéme j'écris 16916 qui est le solide des trois termes 11, 128 & 12 qui s'y
trouvent. Cela réduit tous les termes donnez aux trois premiers d'une
proportion droite, & 4204 qui est le dernier terme de cette proportion,
sera le nombre des escus que doivent gagner les 11 Marchands.

	8 *Marchands*			11 *Marchands*	
{	100 *pieces*	. 3200 *escus* ::	{	128 *pieces*	
	16 *escus*			12 *escus*	

12800	. 3200 *escus* :: 16916	. 4204 *escus.*

Troisiéme Exemple.

L'on trouvera pareillement, si 8 Marchands avec 1000 escus gagnent
en 2 mois 700 escus, que 10 Marchands avec 4000 escus en gagneront
dans 4 mois 7000. Il en est ainsi des autres.

	8 *Marchands*			10 *Marchands*
{	1000 *escus*	. 700 *escus* ::	{	4000 *escus*
	2 *mois*			4 *mois*

16000	. 700 *escus* :: 160000	. 7000

Démonstration du Probleme.

Soit prise la question precedente. Il est visible que c'est une même
chose de dire 8 Marchands avec 1000, ou bien 1 Marchand avec 8000
escus ; Et pareillement c'est la même chose de dire 10 Marchands avec
4000 escus, ou bien 1 Marchand avec 40000 escus. De sorte que sans
changer la question elle est réduite aux 5 termes 8000 escus, 2 mois,
700 escus, 40000 escus & 4 mois. Et de nouveau il est égal de dire 1
Marchand avec 8000 escus en 2 mois, ou bien 1 Marchand avec 16000
escus dans 1 mois ; Et pareillement 1 Marchand avec 40000 escus dans 4
mois, ou bien 1 Marchand avec 16000 escus dans 1 mois. De sorte encore que la question demeurant toûjours la même, tous ses termes connus
font neanmoins réduits aux trois d'une proportion droite, & ainsi le quatriéme terme de cette proportion doit donner le terme inconnu que l'on
cherche.

	8 *Marchands*			10 *Marchands*
{	avec 1000 *escus*	. 700 *escus* :::	{	avec 4000 *escus*
	en 2 *mois gagnent*			en 4 *mois gagnent* ?

	1 *Marchand*			1 *Marchand*
{	avec 8000 *escus*	. 700 *escus* ::	{	avec 40000 *escus*
	en 2 *mois gagne*			en 4 *mois gagne* ?

	1 *Marchand*			1 *Marchand*	
{	avec 16000 *escus*	. 700 *escus* :::	{	avec 160000 *escus*	. 7000 *escus.*
	en 1 *mois gagne*			en 1 *mois gagne*	

SEPTIE'ME PROBLEME.

CXLIV. Tous les termes d'une proportion compofée & reciproque éſtant donnez, excepté un, trouver ce terme inconnu.

1°. On écrit le terme principal à qui la queſtion ſe rapporte, à la premiere place, & ſous lui tous ceux qui ſont dépendans de l'autre terme
principal & du même genre; & l'on écrit reciproquement cet autre terme
à la troiſiéme place, & ſous lui tous ceux qui dépendent du terme principal
à qui la queſtion ſe rapporte; & le terme ſeul & d'un genre different à la
ſeconde.

2°. On écrit ſous chaque place de la proportion le rapport compofé ou
le produit des termes qui s'y trouvent. Cela réduit tous les termes donnez aux trois premiers d'une proportion droite, dont le quatriéme eſt celui
que l'on cherche.

Premier Exemple.

4 Laboureurs cultivent 8 arpens de terre dans 3 jours; dans combien
de jours 3 Laboureurs en cultiveront-ils 24 arpens ?

1°. Connoiſſant par 142 S. que la proportion compofée eſt reciproque,
j'écris les 3 Laboureurs, qui ſont le terme principal à qui la queſtion ſe
rapporte, à la premiere place d'une proportion droite, & ſous eux les 8
arpens qui ſont un terme dépendant des 4 autres Laboureurs. Et reciproquement j'écris les 4 Laboureurs qui ſont l'autre terme principal & de
même genre à la troiſiéme place, & au deſſous les 24 arpens que cultivent
les 3 Laboureurs; & les 3 jours qui ſont le terme ſeul & d'un genre different à la ſeconde place. 2°. J'écris 24, c'eſt à dire le rapport compofé ou
le produit des 3 Laboureurs par les 8 arpens que les 4 autres cultivent,
ſous la premiere place; les 3 jours ſous la ſeconde, & 96 ou le produit
des 4 Laboureurs par les 24 arpens que les 3 autres cultivent, ſous la
troiſiéme place. Cela réduit les cinq termes donnez aux trois premiers d'une
proportion droite, dont le quatriéme terme 12 marque le nombre des jours
pendant leſquels 3 Laboureurs cultiveront 24 arpens de terre, ſi l'on ſuppoſe, comme on le fait dans la queſtion, que 4 Laboureurs en cultivent
8 arpens dans 3 jours.

$$\left\{ \begin{matrix} 3 \ \textit{Laboureurs} \\ 8 \ \textit{arpens} \end{matrix} \right. \quad 3 \ \textit{jours} \ :: \ \left\{ \begin{matrix} 4 \ \textit{Laboureurs} \\ 24 \ \textit{arpens} \end{matrix} \right. \qquad ?$$

$$24 \qquad 3 \ \textit{jours} \ :: \ 96 \qquad 12 \ \textit{jours}.$$

Second Exemple.

Si 100 hommes boivent 12 pieces de vin de 500 pintes chaque piece
dans un mois qui fait 30 jours; dans combien de jours 1240 hommes
boiront-ils 64 pieces de vin de 600 pintes chaque piece ?

1°. Connoiſſant comme au premier exemple que la proportion doit eſtre
renverſée, j'écris les 1240 hommes à qui la queſtion ſe rapporte, à la premiere place d'une proportion droite, & au deſſous les 12 pieces que les
autres 100 hommes boivent, & encore au deſſous les 500 pintes de chacune

de ces pieces ; Et reciproquement , j'écris les 100 hommes à la troifiéme place, & au deffous les 64 pieces de vin que les 1240 boivent, & encore au deffous les 600 pintes de chacune de ces pieces. 2°. J'écris 7440000 ou le folide des trois termes 1240, 12, & 500 fous la premiere place ; le mois ou les 30 jours qui lui font égaux fous la feconde ; & 3840000 ou le folide des trois autres termes 100, 64, & 600 fous la troifiéme. Cela réduit tous les termes donnez aux trois premiers d'une proportion droite, dont le quatriéme $15\frac{15}{31}$ marque le nombre des jours pendant lefquels les 1240 hommes boiront leurs 64 pieces de 600 pintes chacune.

$$\left\{\begin{matrix} 1240\ \textit{hommes} \\ 12\ \textit{pieces} \\ 500\ \textit{pintes} \end{matrix}\right. \quad 30\ \textit{jours} :: \left\{\begin{matrix} 100\ \textit{hommes} \\ 64\ \textit{pieces} \\ 600\ \textit{pintes} \end{matrix}\right. \quad ?$$

$$7440000 \qquad 30\ \textit{jours} :: 3840000 \qquad 15\tfrac{15}{31}\ \textit{jours}.$$

Démonftration du Probleme.

Soit prife la premiere queftion des Laboureurs & des arpens. Il eft vifible que c'eft une même chofe de dire, 4 Laboureurs cultivent 8 arpens dans 3 jours , ou bien 1 Laboureur en cultive 8 arpens dans 12 jours ; Et pareillement ; Laboureurs cultivent 24 arpens dans un certain nombre de jours, ou bien 1 Laboureur en cultive 24 arpens dans 3 fois ce nombre de jours qui eft inconnu. De forte que la queftion demeurant la même eft neanmoins réduite à ces trois termes 8 arpens , 12 jours , & 24 arpens. Or le fecond de ces termes 12 jours eft le rapport compofé des 4 Laboureurs & des 3 jours, le dernier terme 36 fera donc auffi le rapport compofé des 3 autres Laboureurs par le nombre inconnu des jours. Si donc l'on divife 36 par le nombre des 3 Laboureurs qui font l'une de fes racines ou des rapports qui le compofent, l'expofant 12 en fera l'autre racine ou rapport compofant, & le nombre cherché des jours pendant lefquels les 3 ouvriers peuvent cultiver les 24 arpens.

Ou bien encore , fi 4 Laboureurs cultivent 8 arpens en 3 jours , 1 Laboureur n'en cultivera que 2 pendant le même temps. Et fi 3 Laboureurs en cultivent 24 arpens pendant un certain nombre de jours , 1 Laboureur n'en cultivera que 8 pendant ce même temps. Or fi un laboureur cultive 2 arpens pendant 3 jours , dans combien de jours en cultivera-t'il 8 arpens ? Le dernier terme 12 en marque le nombre.

4 *Laboureurs.*	8 *arpens* ::	1 *Laboureur.*	2 *arpens.*
3 *Laboureurs.*	24 *arpens* ::	1 *Laboureur.*	8 *arpens.*
2 *arpens.*	3 *jours* ::	8 *arpens.*	12 *jours.*

DE LA REGLE

DE COMPAGNIE COMPOSE'E.

HUITIÉME PROBLEME

Cette Regle enfeigne à divifer toute grandeur donnée en plufieurs parties CXLV.

proportionelles à plusieurs rapports composez & qui sont connus.

Par exemple , 4 Marchands ont fait une bourse où le premier a mis 20 escus pour 4 mois , le second 40 pour 5 mois , le troisiéme 60 pour 6 mois , & le quatriéme 80 pour 7 mois , avec cela ils ont gagné 240 escus. On demande quel est le gain de chaque Marchand à proportion de l'argent qu'il a fourni , & du temps pendant lequel il l'a fourni ?

On voit facilement que pour resoudre cette question , il faut prendre chacun des rapports composez de l'argent qu'a fourni chaque Marchand, & du temps pendant lequel il l'a fourni , c'est à dire le produit de chaque argent par le temps qu'il a demeuré dans la bourse. On prend donc les 4 produits 80, 200, 360, 560, dont la somme est 1200. L'on écrit cette somme à la premiere place d'une proportion , le gain total 240 à la se- conde , & chacun des rapports composez à la troisiéme. Les quatriémes termes de ces proportions donnent 14 escus pour le gain du premier Mar- chand , 48 pour le gain du second , 72 pour celui du troisiéme , & 112 pour le gain du quatriéme.

$$\left\{\begin{array}{l}1^{er}\ 20\ escus \\ pour\ 4\ mois.\end{array}\right. \left\{\begin{array}{l}2^{e}\ 40\ escus \\ pour\ 5\ mois.\end{array}\right. \left\{\begin{array}{l}3^{e}\ 60\ escus \\ pour\ 6\ mois.\end{array}\right. \left\{\begin{array}{l}4^{e}\ 80\ escus \\ pour\ 7\ mois.\end{array}\right.$$

Produits   80   +   200   +   360   +   560 = 1200.

somme des produits..   gain total .∶∶   produits   .   gains particuliers,

$$1200 \quad \div \quad 240 \quad ∶∶ \quad \left\{\begin{array}{l}80 \\ 200 \\ 360 \\ 560\end{array}\right. \quad \begin{array}{l}.. \\ . \\ . \\ ..\end{array} \quad \begin{array}{l}14\ gain\ du\ 1^{er} \\ 48\ gain\ du\ 2^{e} \\ 72\ gain\ du\ 3^{e} \\ 112\ gain\ du\ 4^{e}\end{array}$$

Démonstration du Probleme.

Je suppose que le premier Marchand fournit a pendant b, le second c pendant d, & le troisiéme e pendant f, & j'appelle tout leur gain g. Pour trouver le gain de chacun, 1°. je prends ab, cd, ef, & j'écris leur somme $ab+cd+ef$ au premier terme d'une proportion, le gain g au second, & chaque rapport composé ab, cd, ef, au troisiéme, & tous les derniers termes de cette proportion me donnent les gains particuliers que je cherche. Car leur somme est a, & le rapport des uns aux autres est égal à celui des trois produits ab, cd, ef, qui sont les rapports composez de chaque argent par le temps qu'il a demeuré dans la bourse ; car ces derniers termes ne sont que ces produits mêmes multipliez chacun également par g, & divisez par $ab+cd+ef$ Ce qui ne change en rien leur rapport.

$$ab+cd+ef. \qquad g \ ∶∶ \ \left\{\begin{array}{l}ab. \\ cd. \\ ef.\end{array}\right. \quad \begin{array}{l}\frac{abg}{ab+cd+ef} \\ \frac{cdg}{ab+cd+ef} \\ \frac{efg}{ab+cd+ef}\end{array}$$

On trouvera dans le même ordre que les 4 parties de tout gain g proportionelles aux 4 produits ou rapports composez ab, cd, ef, hl, seront $\frac{abg}{ab+cd+ef+hl}$ $\frac{cdg}{ab+cd+ef+hl}$ $\frac{efg}{ab+cd+ef+hl}$ & $\frac{ghl}{ab+cd+ef+hl}$. Et ainsi de suite, comme on a vû déja pour la regle de compagnie simple.

DES NOMBRES
MULTIPLES.

Avant que je quitte le traitté des proportions geometriques, pour entrer dans les progressions, il faut que je dise ici quelque chose des nombres multiples, qui a quelque rapport aux proportions dont la connoissance sert beaucoup en plusieurs rencontres. Ce que j'en dois dire suppose la connoissance de certains nombres appellez ordinairement premiers, ou absolument ou par rapport les uns aux autres.

L'on appelle absolument *nombres premiers* ceux qui n'ont point d'autre diviseur que l'unité ou qu'eux-mêmes. Tels sont par exemple 1, 2, 3, 5, 7, 11, 13, 17, 19, 23, & les autres.   CXLVI.

Mais l'on dit que deux nombres sont *premiers entr'eux*, lorsqu'ils n'ont point d'autre diviseur commun que l'unité, quoique chacun d'eux puisse avoir neanmoins plusieurs diviseurs. Par exemple 8, 9, & 35, sont premiers entr'eux, parcequ'aucun diviseur de quelqu'un des trois ne peut diviser sans reste ni l'un ni l'autre des deux qui restent, 2 & 4 diviseurs de 8 ne peuvent diviser 9, ni 35 ; de même 3 diviseur de 9 ne peut diviser 8, ni 35 ; & pareillement 5 & 7 diviseurs de 35 ne peuvent diviser 8 & 9. Ainsi ces nombres sont appellez premiers entr'eux.   CXLVII.

D'où il s'ensuit que les deux termes de l'exposant de tout rapport ou fraction sont premiers entr'eux. Car ces deux termes sont toûjours tels qu'ils n'ont aucun diviseur commun, puisque s'ils en avoient, en divisant également chaque terme par ce diviseur, l'exposant seroit réduit à de plus simples termes. Or cela est contraire à la définition d'un exposant par *II. 6.* Donc &c.   CXLVIII.

NEUVIE'ME PROBLEME.

Cela estant ainsi, lorsqu'on voudra trouver un nombre entier le plus petit, qui puisse estre exactement divisé par deux nombres donnez.   CXLIX.

On considerera ces deux nombres comme les deux termes d'une fraction, on réduira cette fraction à son exposant, & a'ors le produit du premier terme de la fraction par le second terme de son exposant, ou bien ce qui sera la même chose, le produit du second terme de la fraction par le premier terme de l'exposant, sera le plus petit nombre qu'on cherche.

Premier Exemple.

Pour trouver le plus petit nombre qui puisse estre divisé sans reste par 8 & par 9. Ecrivant $\frac{8}{9}$, je voy que cette fraction est son exposant à soy-même, c'est pourquoy je multiplie 8 consideré comme premier terme de la fraction par 9 consideré comme le second terme de son exposant, ou bien 9 consideré comme le second terme de la fraction par 8 consideré comme le premier de son exposant , & le produit 72 est le plus petit nombre qui puisse estre exactement divisé par 8 & par 9.

$$\tfrac{8}{9} = \tfrac{2}{3}. \text{ ou } 8.\ 9 :: 8.\ 9. \quad \textit{Et 72 est le nombre cherché.}$$

Second Exemple.

Pour trouver le plus petit nombre qui puisse estre divisé sans reste par 9 & par 15, j'écris $\tfrac{9}{15}$ ou $\tfrac{11}{5}$, il n'importe lequel, pour me déterminer j'écris $\tfrac{9}{15}$, & je réduis cette fraction à son exposant $\tfrac{3}{5}$. Je multiplie ensuite le premier terme de la fraction par le second de son exposant, c'est à dire 9 par 5, & le produit 45 est le plus petit nombre qui peut estre exactement divisé par 9 & par 15, ou bien aussi , ce qui revient au même , je multiplie le second terme de la fraction par le premier de son exposant, c'est à dire 15 par 3, & le produit est 45 que nous avions déja trouvé, dont la raison est que $\tfrac{9}{15}$ & $\tfrac{3}{5}$ sont en proportion, puisque la fraction est égale à son exposant , & qu'ainsi 9. 15 :: 3. 5. Donc le produit des extrêmes 9 & 5 est égal au produit des moyens 15 & 3.

$$\tfrac{9}{15} = \tfrac{3}{5}. \text{ ou } 9.\ 15 :: 3.\ 5. \quad \textit{Et 45 est le nombre cherché.}$$

Démonstration.

Soient a & b deux nombres premiers entr'eux, leur produit peut estre divisé sans reste par chacun d'eux ; car si ab est divisé par a, l'exposant sera le nombre entier b, & s'il est divisé par b, l'exposant sera le nombre entier a. Et ce produit ab est le plus petit nombre que les deux a & b puissent chacun diviser sans reste. Mais si l'on suppose qu'il y ait un autre nombre plus petit que ab, que les deux a & b puissent diviser sans reste, soit ce nombre appellé n, soit aussi le nombre entier e l'exposant de n à a, & le nombre entier f l'exposant de n à b. Donc $ae = n$, & $bf = n$. par I. 123. Donc $ae = bf$, & ainsi $a.\ b :: e.\ f.$ par 97. S. Or a & b estant premiers entr'eux , sont les termes les plus simples qui font l'exposant du rapport de e à f. Donc le premier antecedent a est plus petit que le second antecedent e, & le premier consequent b est pareillement plus petit que le second consequent f. Or a par b fait ab, & a par e fait ae. Et il est clair que $b.\ e :: ab.\ ae.$ par II. 24. & 3. Si donc, comme on le vient de voir, le terme b est plus petit que e, le terme ab sera necessairement plus petit que ae. Or $ae = n$. Donc ab sera plus petit que n. L'on a donc supposé une contradiction ; Et ainsi ab sera le plus petit nombre que a & b puissent chacun diviser sans reste.

Mais si a & b n'estoient pas premiers entr'eux, soit leur rapport $\tfrac{a}{b}$ réduit à son exposant $\tfrac{c}{d}$. Donc $a.\ b :: c.\ d.$ Et $ad = bc$ par 95. S. le produit ad peut estre divisé par a, car l'exposant est b, il peut l'estre aussi par b, car bc qui luy est égal estant divisé par b, donne pour exposant le nombre entier c. Or je dis que ab, ou bc qui luy est égal, est le plus petit nombre que a & b puissent exactement diviser. Car si l'on dit que a & b

peuvent

peuvent auſſi diviſer ſans reſte le nombre *n* qui eſt plus petit que *ad*, je prouveray par un raiſonnement ſemblable au precedent, que *ad* eſt plus petit que *n*, c'eſt à dire qu'on ſuppoſe une abſurdité.

DIXIÉME PROBLEME.

Trouver un nombre le plus petit qui puiſſe eſtre exactement diviſé par CL. trois nombres donnez.

L'on cherche par le problême precedent le plus petit que les deux premiers peuvent exactement diviſer, ſi le troiſiéme le diviſe auſſi, il eſt évident qu'il eſt celuy qu'on cherche.

Mais ſi le troiſiéme ne peut le diviſer ſans reſte, l'on cherchera en même ſorte le plus petit que ce nombre trouvé & le troiſiéme de ceux qu'on donne peuvent exactement diviſer chacun. Et le nombre qu'on trouve eſt le plus petit qui puiſſe eſtre exactement diviſé par chacun des trois.

Car ſoient les trois nombres donnez *a*, *b*, & *c*. Soit *d* le plus petit que *a* & *b* puiſſent exactement diviſer, & *p* le plus petit que *d* & *c* puiſſent exactement diviſer. Soit encore *e* l'expoſant de *d* à *a*, & *f* l'expoſant de *d* à *b*. Donc $ae = d = bf$. par I. 123. Soit pareillement *g* l'expoſant de *p* à *c*, & *h* l'expoſant de *p* à *d*. Donc $cg = p = dh$. par I. 123. Or $ae = d = bf$. Donc *p* ou $dh = aeh = bfh$. Le nombre *p* ſera donc diviſé ſans reſte par chacun des trois nombres donnez *a*, *b*, & *c*. Car *p* ou *aeh* qui luy eſt égal, eſtant diviſé par *a*, donne pour expoſant le nombre entier *eh*; de même *p*, ou *bfh* qui luy eſt égal, eſtant diviſé par *b*, donne pour expoſant le nombre entier *fh*; & pareillement *p* ou *cg* qui luy eſt égal, eſtant diviſé par *c*, donne pour expoſant le nombre entier *g*. Or que *p* ſoit auſſi le plus petit nombre que *a*, *b*, & *c* puiſſent chacun diviſer ſans reſte, cela ſe prouve par un raiſonnement pareil à celuy de la démonſtration du problême precedent, ou bien encore en cette ſorte. Le nombre cherché devant eſtre diviſé par *a* & par *b*, doit neceſſairement l'eſtre par le plus petit nombre *d*, dont *a* & *b* ſont diviſeurs; & il doit l'eſtre encore par *c*, ſelon la ſuppoſition. Or le nombre *p* eſt le plus petit que *d* & *c* puiſſent exactement diviſer. Il eſt donc celuy qu'on demande.

$$a = 8,\ b = 9,\ c = 15,\ d = 72.\quad \text{Or } \tfrac{72}{15} = \tfrac{24}{5}\ \text{ou } 72.\ 15 :: 24.\ 5.$$
$$\text{Donc } p = 360.\quad e = 9.\quad f = 8.\quad g = 24.\quad h = 5.$$

PREMIER COROLLAIRE.

L'on poura trouver dans le même ordre le plus petit nombre que CLI. pluſieurs autres qu'on aura donné pouront chacun diviſer ſans reſte.

SECOND COROLLAIRE.

Et quand l'on aura ce plus petit nombre, on en poura trouver ſucceſſivement & par ordre d'autres à l'infini qui peuvent eſtre auſſi diviſez ſans reſte par chacun des nombres donnez. Car pour cela l'on n'aura qu'à multiplier ſucceſſivement & par ordre le plus petit nombre qu'on aura trouvé par chacun des nombres 2, 3, 4, 5, 6, &c.

Hh

ONZIE'ME PROBLEME.

CLII.   Si donc il faut trouver le plus petit nombre dont telles & tant de ses parties qu'on voudra soient des nombres entiers ; le plus petit nombre que tous les seconds termes des fractions qui marquent les parties proposées pourront chacun diviser sans reste, sera celuy qu'on cherche. Ce n'est qu'un Corollaire des deux problemes qui precedent, ou plûtost ce ne font que ces deux mêmes problemes enoncez differemment. Ainsi voulant trouver le plus petit nombre dont $\frac{1}{8}$, $\frac{1}{9}$, & $\frac{1}{15}$, soient des nombres entiers, (l'on ne changeroit rien pour la question, si au lieu de 1 au premier terme, l'on mettoit quelqu'autre nombre,) on prendra 360 le plus petit nombre que tous les seconds termes 8, 9, & 15 peuvent chacun diviser sans reste, & ce nombre 360 sera le plus petit dont les parties proposées soient des nombres entiers ; Et si ce nombre est successivement multiplié par 2, par 3 &c. les produits 720, 1080, &c. seront aussi de ceux dont les parties proposées sont des nombres entiers.

Pareillement pour trouver la plus petite grandeur dont les parties $\frac{a}{b}$, $\frac{c}{d}$, & $\frac{e}{f}$ soient des grandeurs entieres, si l'on suppose que bdf soit la plus petite grandeur que b, d, & f puissent chacune diviser sans reste, elle sera aussi la plus petite dont les parties proposées feront des grandeurs entieres.

DES PROGRESSIONS GEOMETRIQUES.

DEFINITIONS.

CLIII.   Tout rapport composé de deux rapports égaux, s'appelle *un rapport doublé* de chacun de ces rapports. Ainsi le rapport $\frac{2}{8}$ composé des deux rapports égaux $\frac{2}{4}$ & $\frac{4}{8}$, s'appelle doublé de $\frac{2}{4}$ ou $\frac{4}{8}$.

CLIV.   Tout rapport composé de trois rapports égaux, s'appelle *un rapport triplé* de chacun de ces rapports. Ainsi le rapport $\frac{3}{81}$ est composé de trois rapports égaux $\frac{3}{9}$, $\frac{9}{27}$ & $\frac{27}{81}$, & ce rapport $\frac{3}{81}$ est appellé triplé de $\frac{3}{9}$, ou de $\frac{9}{27}$, ou de $\frac{27}{81}$.

CLV.   On appellera dans le même ordre tout rapport composé de quatre rapports égaux, *un rapport quadruplé* de chacun de ces rapports ; tout rapport composé de 5 rapports égaux, *un rapport quintuplé* de chacun de ces rapports. Et ainsi des autres.

CLVI.   L'on remarquera que les rapports doubles, triples, quadruples & les autres, different beaucoup des rapports doublez, triplez, quadruplez &c. car dans ceux-là le premier terme est double ou triple ou quadruple du second, mais ceux-ci sont les produits de deux ou de trois ou de quatre rapports égaux.

Premier Theoreme.

Les plans font entr'eux dans un rapport compofé de leurs racines.　CLVII.

Soient deux plans donnez bc & de. Je dis que leur rapport eft compofé des rapports de b à d & de c à e, ou de b à e & de c à d, ou ce qui eft le même, que $\frac{b}{d}$ eft compofé de $\frac{b}{d}$ & $\frac{c}{e}$, ou de $\frac{b}{e}$ & $\frac{c}{d}$. Tout cela eft clair, & ce n'eft même qu'une repetition de la definition des rapports compofez.

Par la même raifon les folides ou furfolides ou les autres produits ont un rapport compofé de leurs racines. Par exemple le folide abc eft au folide def dans un rapport compofé de $\frac{a}{d}$, $\frac{b}{e}$ & $\frac{c}{f}$, ou de $\frac{a}{e}$, $\frac{b}{d}$ & $\frac{c}{f}$, ou de $\frac{a}{e}$, $\frac{b}{f}$ & $\frac{c}{e}$.

Corollaire.

Les quarrez font entr'eux dans un rapport doublé de leurs racines, les CLVIII. cubes dans un rapport triplé, les quarrez de quarré dans un rapport quadruplé &c. Par exemple, le rapport de bb à cc, ou $\frac{bb}{cc}$, eft doublé de $\frac{b}{c}$. Le rapport de b^3 à c^3 ou $\frac{b^3}{c^3}$, eft triplé de $\frac{b}{c}$, celui de b^4 à c^4 ou $\frac{b^4}{c^4}$, eft quadruplé de $\frac{b}{c}$. Et ainfi des autres.

Second Theoreme.

Si trois grandeurs font difpofées de fuite, l'expofant de la premiere à CLIX. la troifiéme eft égal au rapport compofé des deux rapports, l'un de la premiere à la feconde, & l'autre de la feconde à la troifiéme.

Soient ces grandeurs a, b, c, je dis que $\frac{a}{c}=\frac{ab}{bc}$. Cela eft évident, car l'expofant de chacun eft $\frac{a}{c}$.

Troisie'me Theoreme.

Le rapport d'une grandeur à toute autre eft compofé de tous les rapports des grandeurs interpofées.　CLX.

Soient les deux grandeurs a & g, entre lefquelles toutes les grandeurs b, c, d, e, f, font interpofées. Je dis que le rapport qui eft entre a & g eft compofé de tous les rapports qui font entre a & b, b & c, c & d, d & e, e & f, f & g, ou ce qui eft le même que $\frac{a}{g}$ eft compofé de $\frac{a}{b}$, $\frac{b}{c}$, $\frac{c}{d}$, $\frac{d}{e}$, $\frac{e}{f}$, $\frac{f}{g}$, ou ce qui eft encore le même que $\frac{a}{g}=\frac{abcdef}{bcdefg}$. Cela eft évident, car l'expofant de chacun eft $\frac{a}{g}$.

Corollaire.

En toute progreffion, fi deux termes font confecutifs, leur rapport eft CLXI. fimple; s'ils ont un terme interpofé, leur rapport eft doublé; s'ils en ont deux interpofez, leur rapport eft triplé; s'ils en ont trois, quadruplé; s'ils en ont quatre, quintuplé; & ainfi à l'infini. Car, 1°. ce qui fait qu'une progreffion eft geometrique, c'eft que le même rapport du premier au second terme, regne dans toute la progreſſion de chaque terme à celui qui le ſuit.

2°. Par le Theoreme precedent le rapport d'une grandeur à toute autre eſt compoſé de tous les rapports des grandeurs interpoſées. Or nous ſuppoſons qu'entre les deux termes de la progreſſion deſquels on examine le rapport il y ait un, ou deux, ou trois, ou pluſieurs autres termes interpoſez, & le rapport de chacun de ces termes à celui qui le ſuit eſt le même; le rapport des deux termes comparez eſt donc compoſé de deux, ou de trois, ou de pluſieurs autres rapports égaux, ou ce qui eſt le même ſelon les definitions premiere & ſeconde, ce rapport eſt doublé, ou triplé, ou quadruplé, doublé s'il n'y a qu'un terme interpoſé, triplé s'il y en a deux, quadruplé s'il y en a trois. Et ainſi de ſuite à l'infini.

PREMIER PROBLEME.

CLXII. Continuer une progreſſion geometrique, dont le premier & le ſecond terme ſont donnez.

Le ſecond terme doit occuper auſſi la place du troiſiéme. Donc en donnant les deux premiers termes, on donne auſſi trois termes, & par conſequent la regle de Trois donnera le quatriéme qui doit tenir auſſi la place d'un cinquiéme. Et par conſequent la regle de trois donnera le ſixiéme, qui devant tenir auſſi la place d'un ſeptiéme, la regle de trois donnera encore le huitiéme. Et ainſi de ſuite à l'infini.

Soient par exemple a & b les premier & ſecond terme d'une progreſſion geometrique. Par la definition de cette progreſſion, $\div a.b.$ eſt le même que $a.b :.: b.$ le quatriéme terme ſera donc $\frac{bb}{a}$. Et ainſi $a.b ::b. \frac{bb}{a}$ ou bien en l'exprimant ainſi $\div a.b.\frac{bb}{a}$, où le quatriéme terme $\frac{bb}{a}$ ne fait que le troiſiéme de la progreſſion. Pareillement avec $b.\frac{bb}{a} :.: \frac{bb}{a}$ la regle de Trois donnera $\frac{b^3}{aa}$ qui ſera le terme ſuivant de la progreſſion; Et ſe ſervant dans le même ordre des termes découverts, on trouvera que la progreſſion eſt $a.b ::b. \frac{bb}{a} :.: \frac{bb}{a}. \frac{b^3}{aa} :.: \frac{b^3}{aa}. \frac{b^4}{a^3} :.: \frac{b^4}{a^3}. \frac{b^5}{a^4} :.: \frac{b^5}{a^4}. \frac{b^6}{a^5}$ &c. ou bien en l'exprimant ainſi $\frac{a}{b} = \frac{ab}{bb} = \frac{abb}{b^3} = \frac{a^3}{b^4} = \frac{b^4}{b^5} = \frac{ab^5}{b^6}$ &c. ou bien encore en l'exprimant ainſi $\div a.b. \frac{bb}{a}. \frac{b^3}{aa}. \frac{b^4}{a^3}. \frac{b^5}{a^4}. \frac{b^6}{a^5}$ &c.

Toutes ces trois expreſſions differentes ne ſignifient qu'une même choſe ſelon nos definitions de la proportion & progreſſion geometrique, mais la derniere eſt la plus courte, & la plus ordinaire.

Application du Probleme pour la Regle d'intereſt.

Les biens d'un Pupille ſe montant à 8000 livres, s'il n'en a rien dépenſé pendant 6 années, & que ce capital lui doive profiter au denier 20. L'on demande combien ſon Tuteur lui doit d'arrerages à la fin de la ſixiéme année?

Je diviſe 8000 par 20, & l'expoſant eſt 400, lequel eſtant diviſé pareillement par 20, l'expoſant eſt 20. C'eſt pourquoi je prends les ſix

premiers termes de la progreſſion geométrique de 400 à 20. Ces termes
font $\div$ 400. 20. 1. $\frac{1}{20}$. $\frac{1}{400}$. $\frac{1}{8000}$. Enſuite je multiplie le premier terme
par 6 nombre de toutes les années, plus le ſecond terme 20 par 5, nom-
bre de toutes les années moins 1 ; plus le troiſiéme 1 par $4 = 6 - 2$,
plus le quatriéme $\frac{1}{20}$ par $3 = 6 - 3$, plus le cinquiéme $\frac{1}{400}$ par $2 = 6 - 4$,
plus enfin le ſixiéme $\frac{1}{8000}$ par $1 = 6 - 5$; & j'ajoûte en une ſomme les ſix
produits que j'ai trouvé. Cette ſomme qui monte à 2504 livres 3 ſols
& un peu plus d'un denier, eſt auſſi celle de tous les arrerages que le
Tuteur doit à ſon Pupille à la fin de la ſixiéme année, outre le capital
des 8000 livres. Toutes ſortes d'arrerages échûs pendant pluſieurs années,
pourront ſe déterminer en même ſorte.

8000. *ſomme capitale.*

400.   *les arrerages échûs pour la* 1ere *année.*

$400 + 20$.   *pour la* 2e.

$400 + 20 + 1$.   *pour la* 3e.

$400 + 20 + 1 + \frac{1}{20}$.   *pour la* 4e.

$400 + 20 + 1 + \frac{1}{20} + \frac{1}{400}$.   *pour la* 5e.

$400 + 20 + 1 + \frac{1}{20} + \frac{1}{400} + \frac{1}{8000}$.   *pour la* 6e.

$$2400 + 100 + 4 + \frac{3}{20} + \frac{2}{400} + \frac{1}{8000} = 2504 \text{ *livres* } 3 \text{ *ſols* } \& \frac{41}{400} \text{ *d'un ſol.*}$$

Quatriéme Theoreme.

Chaque terme de la progreſſion eſt moyen proportionel entre deux CLXIII.
autres qui en ſont également éloignez. Ainſi dans noſtre progreſſion
$\div a. b. \frac{bb}{a}. \frac{b3}{aa}. \frac{b4}{a3}. \frac{b5}{a4}$, les deux termes b & $\frac{b5}{a4}$ ſont chacun également éloignez de $\frac{b3}{aa}$, & $\frac{b3}{aa}$ eſt moyen proportionel entre b & $\frac{b5}{a4}$, $\div b. \frac{b3}{aa}. \frac{b5}{a4}$, car le
rapport du terme b au terme moyen $\frac{b3}{aa}$ eſt $\frac{aab}{b3}$, qui eſt auſſi le rapport de
$\frac{b3}{aa}$ au terme $\frac{b5}{a4}$. Ou bien encore $b. \frac{b3}{a4} :: \frac{b3}{aa}. \frac{b5}{a4}$, car le quarré du moyen
$\frac{b3}{aa}$ eſt auſſi le produit des extrêmes b & $\frac{b5}{a4}$. Il en eſt ainſi des autres.

Cinquiéme Theoreme.

Le produit de deux termes de la progreſſion tels qu'on voudra eſt égal CLXIV.
au produit de deux autres pris l'un vers la droite, & l'autre vers la gauche de ces termes, chacun dans un éloignement égal.

Noſtre progreſſion eſt $\div a. b. \frac{bb}{a}. \frac{b3}{aa}. \frac{b4}{a3}. \frac{b5}{a4}. \frac{b6}{a5}. \frac{b7}{a6}$. Soient pris deux
de ſes termes à diſcretion, comme $\frac{bb}{a}$ & $\frac{b4}{a3}$, & deux autres a & $\frac{b6}{a5}$ pris l'un
vers la droite & l'autre vers la gauche des deux termes $\frac{bb}{a}$ & $\frac{b4}{a3}$, & chacun
dans un éloignement égal. Le produit de $\frac{bb}{a}$ par $\frac{b4}{a3}$ eſt $\frac{b6}{a4}$, qui eſt auſſi

celui des termes a & $\frac{b6}{a^5}$, ou bien encore des deux autres b & $\frac{b5}{a4}$ qui font aussi chacun dans un éloignement égal.

COROLLAIRE.

CLXV.   Le produit du premier par le dernier terme, ou du second par le penultiéme, ou du troisiéme par l'antepenultiéme, ou du quatriéme par le præantepenultiéme, si ce mot se peut dire, ou tout autre produit de deux termes pris chacun dans un éloignement égal l'un du premier, & l'autre du dernier terme, sont tous égaux entr'eux.

SIXIÉME THEOREME.

CLXVI.   Les quarrez, ou les cubes, ou les autres puissances des termes d'une progression, sont aussi en progression.

Par exemple les termes de noftre progression sont a. b. $\frac{bb}{a}$. $\frac{b3}{aa}$. $\frac{b4}{a3}$. $\frac{b5}{a4}$ &c. & leurs quarrez aa. bb. $\frac{b4}{aa}$. $\frac{b6}{a4}$. $\frac{b8}{a6}$. $\frac{b10}{a8}$ &c. qui sont aussi en progression. Car l'exposant de chaque terme à celui qui le suit est $\frac{aa}{bb}$.

Pareillement les cubes des termes donnez sont a^3. b^3. $\frac{b6}{a3}$. $\frac{b9}{a6}$. $\frac{b12}{a9}$. $\frac{b}{a12}$ &c. qui sont en progression. Car l'exposant de chaque terme à celui qui le suit, est $\frac{a3}{b3}$. Il en est ainfi des autres puissances.

CLXVII.   On peut-estre encore senfiblement convaincu par le moyen de noftre progression que si deux termes sont confecutifs, leur rapport est simple; s'ils ont un terme interposé, que leur rapport est doublé; s'ils en ont trois interposez, que leur rapport est triplé, &c. Car soit noftre progression geometrique ∵ a. b. $\frac{bb}{a}$. $\frac{b3}{aa}$. $\frac{b4}{a3}$. $\frac{b5}{a4}$. $\frac{b6}{a5}$. $\frac{b7}{a6}$ &c. Le premier terme est a, & le second est b, & leur rapport est $\frac{a}{b}$ qui est simple. De même le premier terme est a, & le troisiéme $\frac{bb}{a}$, & leur rapport, c'est à dire a divisé par $\frac{bb}{a}$ est $\frac{aa}{bb}$, qui est doublé de $\frac{a}{b}$. De même le rapport du premier au quatriéme est $\frac{a3}{b3}$ qui est triplé de $\frac{a}{b}$. Et ainfi de suite à l'infini.

COROLLAIRE.

CLXVIII.   On peut conclure par de femblables raisonnemens que chacun de ces rapports doublez, ou triplez, ou quadruplez, a pour exposant le quarré ou le cube, ou le quarré du quarré de l'exposant de chacun des rapports dont il est doublé, ou triplé, ou quadruplé. Ou, ce qui est le même, qu'en toute progression le premier terme est au troisiéme comme le quarré du premier est au quarré du second. Que le premier est au quatriéme comme le cube du premier est au cube second. Que le premier est au cinquiéme comme le quarré du quarré du premier est au quarré du quarré du second. Et ainfi de suite à l'infini. Tout cela n'est presque que le Theoreme precedent differemment énoncé.

Septième Théoreme.

En toute progression dont le premier terme a est l'unité, & le second CLXIX.
b un nombre commensurable entier ou rompu, le troisiéme terme sera le quarré de ce nombre, le quatriéme son cube, le cinquiéme son quarré de quarré, le sixiéme sa 5e puissance; & ainsi à l'infini.

Cela est évident, car dans nostre progression $\div a.\, b.\, \frac{bb}{a}.\, \frac{b^3}{aa}.\, \frac{b^4}{a^3}$ &c. Si $a = 1. \frac{bb}{a}$ sera le même que bb, $\frac{b^3}{aa}$ le même que b^3, & ainsi la progression sera la même que $\div a.\, b.\, bb.\, b^3.\, b^4.\, b^5.\, b^6.\, b^7.$

Si par exemple $b = 2$, la progression sera $\div$ 1. 2. 4. 8. 16. 32. 64. 128. &c.

Si $b = \frac{1}{2}$, la progression sera $\div$ 1. $\frac{1}{2}$. $\frac{1}{4}$. $\frac{1}{8}$. $\frac{1}{16}$. $\frac{1}{32}$. $\frac{1}{64}$. $\frac{1}{128}$ &c.

Si $b = 3$, la progression sera $\div$ 1. 3. 9. 27. 81. 243. 729. 2187. &c.

Et si $b = \frac{1}{3}$, la progression sera $\div$ 1. $\frac{1}{3}$. $\frac{1}{9}$. $\frac{1}{27}$. $\frac{1}{81}$. $\frac{1}{243}$. $\frac{1}{729}$. $\frac{1}{2187}$. &c.

Si $b = 4$, la progression sera $\div$ 1. 4. 16. 64. 256. 1024. 4096. 16384. &c.

Et si $b = \frac{1}{4}$, la progression sera $\div$ 1. $\frac{1}{4}$. $\frac{1}{16}$. $\frac{1}{64}$. $\frac{1}{256}$. $\frac{1}{1024}$. $\frac{1}{4096}$. $\frac{1}{16384}$. &c.

Corollaire.

Dans chacune de ces progressions le troisiéme, cinquiéme, septiéme, CLXX.
neuviéme, onziéme terme, & ainsi de deux en deux, font des quarrez qui sont aussi en progression.

Le quatriéme, septiéme, dixiéme, treiziéme, & ainsi de trois en trois, font des cubes qui sont aussi en progression.

Le cinquiéme, neuviéme, treiziéme, dix-septiéme, & ainsi de quatre en quatre, font des quarrez de quarré qui sont aussi en progression. Et ainsi de suite pour les autres puissances qui seront aussi en progression.

DES PROGRESSIONS
Multiple et Soûmultiple.

Ces progressions geometriques s'appellent *multiples* si le second terme CLXXI.
est plus grand que le premier, & *soûmultiples* s'il est plus petit. Les multiples peuvent se continuer à l'infini en augmentant, & les soûmultiples en diminuant.

Chacune de ces progressions estant renversée, c'est à dire ses premiers termes devenant les derniers, & les derniers devenant les premiers, la progresion sera renduë soûmultiple de multiple, & multiple de soûmultiple. C'est ainsi que les deux progresions double & soûdouble deviennent l'une soûdouble, & l'autre double, & chacune se continuë à l'infini.

Progresion soûdouble $\div$ 128. 64. 32. 16. 8. 4. 2. 1. $\frac{1}{2}$. $\frac{1}{4}$. $\frac{1}{8}$. $\frac{1}{16}$. $\frac{1}{32}$. $\frac{1}{64}$. $\frac{1}{128}$ &c.

Progresion double $\div$ $\frac{1}{128}$. $\frac{1}{64}$. $\frac{1}{32}$. $\frac{1}{16}$. $\frac{1}{8}$. $\frac{1}{4}$. $\frac{1}{2}$. 1. 2. 4. 8. 16. 32. 64. 128. &c.

On voit dans cet exemple comment l'on passe de la progression multiple à la soûmultiple, & de la soûmultiple à la multiple.

CLXXII. Dans toute progression multiple il y a une contradiction égale que l'on puisse jamais arriver à son premier ni à son dernier terme, si ce n'est aprés des opérations infinies qui ne pouront jamais se faire. Nous concevons pourtant que le dernier de ces termes auquel on n'arrive jamais, est celui qui ne pouvant estre augmenté, est infiniment grand, & au delà duquel on ne peut passer outre. Car s'il y en avoit encore un autre au delà, ce seroit lui qui seroit le dernier. Ce terme doit donc estre infiniment grand, car il est infiniment au dessus de l'unité : Et comme tous les nombres finis n'ont qu'un rapport fini & déterminé avec l'unité, ce terme est encore infiniment au dessus de tout nombre fini, & il les peut tous renfermer, mais il ne peut estre renfermé par aucun quelque immense qu'il puisse estre.

Et nous concevons au contraire que le premier de ces termes auquel on n'arrive jamais, est celui qui ne pouvant estre diminué est infiniment petit, & au delà duquel on ne peut passer outre. Car s'il y en avoit un autre au delà, ce seroit celui-là qui seroit le dernier. Or comme toute grandeur est divisible, & qu'on peut aller en diminuant au dessous, le premier terme auquel on n'arrive jamais, ne peut donc estre que zero, & ne peut estre un nombre. Car estant infiniment petit, il est infiniment au dessous de l'unité. Or tout nombre plus petit que l'unité & qu'on peut encore diminuer, n'a qu'un rapport fini & déterminé avec cette unité. Ce terme infiniment petit est donc encore infiniment au dessous de tout nombre, & il n'en peut renfermer aucun, c'est pourquoi ce premier terme ne peut estre que zero. Ces choses sont du genre de celles qu'on peut bien concevoir, mais qu'on ne peut pas comprendre, parcequ'elles tiennent de l'infini.

Huitiéme Theoreme

CLXXIII. En toute progression multiple le premier terme moins le second divisé par le second, est à l'unité, comme le premier terme moins le dernier, est à la somme de tous ceux qui suivent le premier.

Démonstration. Soit nostre progression $\div\div a . b . \frac{bb}{a} . . \frac{b3}{aa} . \frac{b4}{a3}$. &c. son premier terme est a, le second b, & la somme de tous les termes qui suivent a est $\frac{a3b+aabb+ab3+b4}{a3}$. Or $\frac{a-b}{b} . 1 : : \frac{a4-b4}{a3}$ est l'expression des trois premiers termes d'une proportion déterminez par la supposition, & qui marquent que le premier terme a moins le second b, divisé par b, est à l'unité, comme le premier $\frac{a3}{a3} = a$, moins le dernier $\frac{b4}{a3}$, est à un quatriéme terme inconnu.

Or on trouve par la Regle de Trois que ce quatriéme inconnu est $\frac{a4b-b5}{a4-a3b}$.

$$\frac{a-b}{b} . 1 : : \frac{a4-b4}{a3} . \frac{a4b-b5}{a4-a3b}.$$

Et ce quatriéme terme estant réduit à son exposant en divisant également son antecedent & son consequent par $a-b$ est $\frac{a3b+aabb+ab3+b4}{a3}$, qui est ansi la somme de tous les termes qui suivent a. Et il en est ainsi de tout oute autre progreſſion. Donc en toute progreſſion le premier terme moins le ſecond, diviſé par le ſecond, eſt à l'unité, comme le premier terme moins le dernier, eſt à la ſomme de tous les termes qui ſuivent le premier.

PREMIER COROLLAIRE.

Comme toute progreſſion droite eſtant renverſée, ſes premiers termes deviennent les derniers, & les derniers les premiers, il ſuit de ce Theoreme qu'en toute progreſſion multiple, le dernier terme moins le penultiéme, diviſé par ce penultiéme, eſt à l'unité, comme le dernier terme moins le premier, eſt à la ſomme de tous les termes qui precedent le dernier. CLXXIV.

SECOND COROLLAIRE.

La ſomme des termes infinis d'une progreſſion ſoûdouble, vaut 2 fois le premier terme. Soit par exemple cette progreſsion ÷ 16. 8. 4. 2. 1. $\frac{1}{2}$. $\frac{1}{4}$. $\frac{1}{8}$. continuée à l'infini, le premier terme moins le ſecond eſt $\frac{16-8}{8}=1$, & le dernier de ſes termes infinis eſt zero. Donc $\frac{16-8}{8}$. 1 :: 16—0, ou ce qui eſt le même 1. 1 :: 16.? ſeront les trois termes d'une proportion, dont le quatriéme proportionel 16 eſt la ſomme de tous les termes infinis qui ſuivent le premier terme 16. Or cette ſomme 16, plus le premier terme 16, font tous les termes de la progreſsion qui valent 32, c'eſt à dire 2 fois le premier terme 16. Donc &c. CLXXV.

TROISIÉME COROLLAIRE.

La ſomme des termes infinis d'une progreſsion ſoûtriple, vaut une fois, plus la moitié du premier terme. Car ſoit cette progreſsion ÷ 9. 3. 1. $\frac{1}{3}$. $\frac{1}{9}$. continuée à l'infini, le premier terme moins le ſecond, diviſé par le ſecond, eſt $\frac{9-3}{3}=\frac{6}{3}=2$, & le dernier de ſes termes infinis eſt zero. Donc 2. 1 :: 9. $4\frac{1}{2}$, eſt une proportion dont le quatriéme terme $\frac{9}{2}$ ou $4\frac{1}{2}$ eſt la ſomme de tous les termes infinis qui ſuivent 9. Or cette ſomme $4\frac{1}{2}$, plus le premier terme 9, vaut $13\frac{1}{2}$, c'eſt à dire le premier terme 9, plus ſa moitié $4\frac{1}{2}$. Donc &c. CLXXVI.

On reconnoîtra en ſuivant le même ordre, que tous les termes infinis de la progreſsion ſoûquadruple ou de 4 à 1, valent 1 fois plus le tiers du premier terme. Que tous ceux de la progreſsion de 5 à 1, valent une fois plus le quart du premier terme. CLXXVII.

Que tous ceux de la progreſsion de 6 à 1 valent une fois plus la 5ᵉ partie du premier terme. Et ainſi des autres à l'infini. CLXXVIII.

D'où il eſt évident que ſi on prend la moitié d'un tout, plus la moitié de cette moitié, plus la moitié de cette nouvelle moitié, plus encore la moitié de cette derniere moitié, & ainſi à l'infini ; que toutes ces moitiez enſemble font le tout. Et ſi on prend le tiers d'un tout, plus le tiers de ce tiers, plus le tiers de ce nouveau tiers, & ainſi à l'infini ; que tous ces tiers enſemble font la moitié du tout. CLXXIX.

Et tous les quarts pris de la même ſorte en font le tiers.

Toutes les cinquiémes un quart.

Les sixièmes une cinquième. Et ainsi de suite à l'infini.

Premier Exemple.

On voit par la solution du sophisme des anciens contre le mouvement. Supposant, disoient-ils, qu'Achille aille dix fois plus viste qu'une Tortuë, si la Tortuë a une lieuë d'avance, jamais Achille ne l'attrapera. Car tandis qu'Achille fera la premiere lieuë, la Tortuë fera la 10e de la même lieuë, & tandis qu'Achille fera la 10e de la seconde lieuë, la Tortuë fera la 10e de cette 10e, & ainsi à l'infini.

Tout cela suppose que toutes ces dixièmes de dixièmes à l'infini, fassent un espace infini de lieuës, qui pourtant ne font toutes ensemble qu'une 9e de lieuë, selon les Corollaires precedens.

Et c'est pourquoi Achille doit attraper la Tortuë à la premiere 9e de la seconde lieuë. Car allant 10 fois plus viste que la Tortuë, il doit avoir fait 10 fois autant de chemin dans le même temps. Donc pendant que la Tortuë parcourra une 9e de lieuë, Achille en doit parcourir $\frac{10}{9}$, qui font $1\frac{1}{9}$.

Second Exemple.

Si un Horloge a deux aiguilles, l'une des heures qui fait son tour en 12 heures, & l'autre des minutes qui fait le même tour en une heure, marquer tous les points ausquels ces deux aiguilles se rencontreront.

Pendant que l'aiguille des heures fera son tour, celle des minutes fera $\frac{1}{12}$ de ce même tour, & pendant que l'aiguille des heures fera $\frac{1}{12}$ de ce tour, c'est à dire 1 heure, celle des minutes fera $\frac{1}{12}$ de cette $\frac{1}{12}$. Et ainsi à l'infini. De sorte que l'aiguille des heures attrapera celle des minutes à la $\frac{1}{11}$ minute aprés la premiere heure. Et ainsi du reste. Les aiguilles se rencontreront donc à ces heures ici. $1\frac{1}{11}$. $2\frac{2}{11}$. $3\frac{3}{11}$. $4\frac{4}{11}$. $5\frac{5}{11}$. $6\frac{6}{11}$. $7\frac{7}{11}$. $8\frac{8}{11}$. $9\frac{9}{11}$. $10\frac{10}{11}$. $11\frac{11}{11}$. c'est à dire 12 heures.

Troisiéme Exemple.

Ceci peut servir encore pour déterminer les conjonctions des Planetes. Par exemple mars fait son cours en 2 ans, & jupiter fait le sien en 12, s'il se rencontrent tous deux conjoints au premier degré du Zodiaque, où est le signe du Belier. L'on demande le temps de leur premiere conjonction, & les degrez du Zodiaque où elle doit arriver.

Puisque mars fait son cours en 2 années, & jupiter le sien en 12, pendant que mars parcourera tout le Zodiaque, jupiter en parcourera seulement la sixiéme partie, pendant que mars parcourera cette sixiéme partie, jupiter parcourera $\frac{1}{6}$ de cette sixiéme. Et ainsi à l'infini. De sorte que mars attrapera jupiter à la cinquiéme partie du Zodiaque, c'est à dire aprés en avoir parcouru les $360, \div 72$ degrez. Car 72 est la cinquiéme partie des 360 degrez du Zodiaque. La premiere conjonction arrivera donc à 72e. degré qui se rencontre au 12e. des Jumeaux.

Or si jupiter acheve son cours en 12 années, dans combien d'années

en achevera-t'il là cinquiéme partie. La regle de Trois donne $\frac{12}{5}$ ou $2\frac{2}{5}$,
c'eſt à dire 2 années plus 146 jours. En ſuite dequoy l'on pouroit déterminer en même ſorte tous les autres points de leurs conjonctions, juſqu'à
ce qu'ils ſoient de nouveau conjoints au premier degré. Les degrez du
Zodiaque où ils ſe joindront ſeront ceux-cy. 72. 144. 216. 288. 360. 72.
144. 216. 288. 360. 72. &c. & chacune de ces conjonctions arrivera 2
années plus 146 jours aprés la precedente. Il en eſt ainſi des autres.

Neuviéme Theoreme.

En toute progreſsion où le premier terme eſt au ſecond comme nombre   CLXXX.
à nombre.

1°. Le premier & le troiſiéme, ou le ſecond & le quatriéme, ou le troiſiéme
& le cinquiéme, &c. ſont entr'eux comme deux nombres quarrez.

2°. Le premier & le quatriéme, ou le ſecond & le cinquiéme, ou le troiſiéme & le ſixiéme, &c. ſont entr'eux comme deux nombres cubes.

3°. Le premier & le cinquiéme, ou le ſecond & le ſixiéme, ou le troiſiéme & le ſeptiéme, &c. ſont entr'eux comme deux nombres quarrez de
quarré. Et ainſi des autres.

Démonſtration. Lorſque deux grandeurs comme a & b ſont entr'elles
comme nombre à nombre, leurs quarrez aa & bb ſont entr'eux comme deux
nombres quarrez, & leurs cubes a^3 & b^3 comme deux nombres cubes. Or
dans noſtre progreſsion le rapport de deux termes qui en ont un interpoſé
comme le premier & le troiſiéme, le ſecond & le quatriéme &c. eſt $\frac{aa}{bb}$
qui eſt doublé du rapport ſimple $\frac{a}{b}$. Le rapport de deux termes qui en
ont deux interpoſez comme le premier & le quatriéme, le ſecond & le
cinquiéme &c. eſt $\frac{a^3}{b^3}$, qui eſt triplé de $\frac{a}{b}$. Or les deux termes de $\frac{a}{b}$ ſont
chacun commenſurables ſelon la ſuppoſition. Donc les deux termes de
$\frac{aa}{bb}$ ſeront entr'eux comme deux nombres quarrez, les deux termes de $\frac{a^3}{b^3}$ comme deux nombres cubes. Et ainſi des autres. Ou bien, ce qui eſt le même,
le premier & le troiſiéme, ou le ſecond & le quatriéme &c. ſont entr'eux
comme deux nombres quarrez. Le premier & le quatriéme, ou le ſecond
& le cinquiéme &c. ſont entr'eux comme deux nombres cubes. Et ainſi
des autres. Ce qu'il falloit démontrer.

Dixiéme Theoreme.

On prouvera par une démonſtration reciproque qu'en toute progreſ-   CLXXXI.
ſion où le premier terme & le troiſiéme ſont entr'eux comme deux nombres quarrez, ou le premier & le quatriéme comme deux nombres cubes,
où le premier & le cinquiéme comme deux nombres quarrez de quarré &c. le premier ſera au ſecond, ou le ſecond au troiſiéme comme nombre à nombre. Car ces quarrez, ou cubes, ou quarrez de quarré &c. ne ſont que les rapports doublez ou triplez, ou quadruplez du rapport ſimple du premier au ſecond terme qui eſtant la racine quarrée, ou

cubique, ou quarrée de la racine quarrée, doit neceffairement eftre commenfurable, & fes deux premiers termes doivent par confequent eftre
entr'eux comme nombre à nombre.

Onzie'me Theoreme.

CLXXXII. En toute progreffion où le premier terme n'eft pas au fecond comme
nombre à nombre, 1°. le premier & le troifiéme ne font pas entr'eux
comme deux nombres quarrez.

2°. le premier & le quatriéme ne font pas entr'eux comme deux nombres cubes. Et ainfi de fuite. Car le rapport du premier au fecond terme eft incommenfurable par la fuppofition. Le rapport du premier au
troifiéme ne fera donc pas un nombre quarré, puifqu'il a pour racine ce
rapport incommenfurable dont il eft doublé. C'eft la même chofe du rapport du premier au quatriéme ou au cinquiéme &c.

Douzie'me Theoreme.

CLXXXIII On prouvera par une démonftration reciproque qu'en toute progreffion,
où le premier & le troifiéme ne font pas entr'eux comme deux nombres
quarrez, ou le premier & quatriéme comme deux nombres cubes, & ainfi de fuite, le premier ne fera pas au fecond comme nombre à nombre.
Car le rapport du premier au fecond terme eft la racine quarrée ou cubique &c. de ces rapports qui ne font pas quarrez ou cubes &c. cette
racine eft donc incommenfurable, & ces deux termes ne font pas entr'eux
comme nombre à nombre.

Treizie'me Theoreme.

CLXXXIV. En toute progreffion où le premier & le troifiéme terme font entr'eux
comme deux nombres non quarrez, ou le premier & le quatriéme comme deux nombres non cubes, ou le premier & le cinquiéme comme deux
nombres non quarrez de quarrez &c. le premier & le fecond terme font
incommenfurables entr'eux comme on le vient de démontrer, mais on dit
qu'ils font commenfurables en puiffance, c'eft à dire que le quarré du
premier terme eft au quarré du fecond comme nombre à nombre. Car le
quarré du premier terme eft au quarré du fecond comme le premier eft
au troifiéme. Or par la fuppofition le premier eft au troifiéme comme
nombre à nombre. Donc le quarré du premier eft au quarré du fecond
comme nombre à nombre.

Quatorzie'me Theoreme.

CLXXXV. En toute progreffion où le premier & le troifiéme terme ne font pas
entr'eux comme nombre à nombre, le premier & fecond terme font incommenfurables en puiffance, c'eft à dire que leurs quarrez ne font pas
comme nombre à nombre. Car le quarré du premier eft au quarré du fecond comme le premier eft au troifiéme. Or on fuppofe que le premier
n'eft pas au troifiéme comme nombre à nombre. Donc le quarré du premier n'eft pas au quarré du fecond comme nombre à nombre.

Quinziéme Theoreme.

En toute progreffion où la premiere grandeur n'eft pas à la quatriéme comme nombre à nombre, la premiere & la feconde font incommenfurables entr'elles en feconde puiffance, c'eft à dire que leurs cubes font incommenfurables. Car le cube de la premiere eft au cube de la feconde comme la premiere eft à la quatriéme. Or on fuppofe qne la premiere n'eft pas à la quatriéme comme nombre à nombre. Donc le cube de la premiere n'eft pas au cube de la feconde comme nombre à nombre.

Pareillement fi la premiere grandeur n'eft pas à la cinqniéme comme nombre à nombre, la premiere eft incommenfurable à la feconde en troifiéme puiffance.

Si la premiere n'eft pas à la fixiéme comme nombre à nombre, la premiere eft incommenfurable à la feconde en quatriéme puiffance. Et ainfi de fuite.

Second Probleme.

Le premier & fecond terme d'une progreffion geometrique eftant donnez, trouver tel autre de fes termes qu'on voudra. CLXXXVI

1°. on éleve l'expofant du fecond au premier terme à une puiffance qui ait autant de degrez moins deux que le nombre expofant du terme qu'on demande à d'unitez.

2°. On multiplie cette puiffance par le fecond terme, & le produit eft le terme qu'on cherche. Les exemples fuivans éclairciront ces regles.

Premier Exemple.

Un riche Orfevre ayant travaillé pour fon Prince une couronne d'or enrichie de 26 pierreries d'un tres-grand prix, & qui luy coûtent tout fon bien, & le Prince le voulant liberalement recompenfer de fes avances & de fon travail, commande qu'on luy donne tout ce qu'il demandera. L'Orfevre dit qu'il fe contente fi on luy paye la couronne à telle condition que fi on luy donnoit un fol pour la premiere pierrerie, 2 pour la feconde, 4 pour la troifiéme. Et ainfi de fuite en doublant jufqu'à la vingt-fixiéme, on luy payera feulement la vingt-fixiéme pierrerie, en prenant toutes les autres pierreries, tout l'or de la couronne, & tout fon travail par deffus le marché. On demande quel eft le prix de cette vingt-fixiéme pierrerie dont l'Orfevre fe contente.

Cette queftion dépend d'une progreffion de 26 termes, dont les deux premiers font 1 & 2, & l'on demande quel en eft le vingt-fixiéme terme? Pour donc trouver ce terme. 1°. J'éleve 2 expofant du fecond terme 2 au premier terme 1, à la vingt-quatriéme puiffance, qui à deux degrez moins que 26 nombre des termes de la progreffion. Cette puiffance eft 16777216. 2°. Je multiplie encore cette puiffance par le fecond terme 2, & le produit 33554432 eft le nombre des fols que demande l'Orfevre. Et ces fols reduits à des livres font 1677721 livres 6 fols, c'eft à dire un million & demy, plus 177721 livres & 6 fols.

Second Exemple.

On fuppofe qu'au premier fiecle du monde il y ait eû 8 perfonnes engendrées, qu'au fecond il y en ait eû 8 fois autant, au troifiéme 8 fois autant qu'au fecond & ainfi de fuite. On demande combien il y avoit eû de perfonnes engendrées au feiziéme fiecle du monde, auquel Noé commença de bâtir l'Arche du déluge.

Comme cette queftion dépend d'une progreffion de 16 termes, dont les deux premiers font 8 & 64, & qu'on demande quel en eft le feiziéme? 1°. j'éleve 8 expofant du fecond au premier terme à la puiffance quatorziéme, qui a deux degrez moins que 16 nombre des termes de la progreffion, cette puiffance eft 35128682795132. 2°. je multiplie cette puiffance par le fecond terme 64, & le produit 19782351188884848 eft le feiziéme terme que je cherche, & le nombre des perfonnes qui auroient efté engendrées au feiziéme fiecle. Ce nombre comme on voit furpaffe beaucoup 19 cent millions de millions de perfonnes.

Troifiéme Exemple.

Monfieur de Brebœuf pour donner une idée forte de l'éternité par une conception neanmoins bornée, fait concevoir un nombre dont les chiffres s'étendent d'un pole à l'autre. On fuppofe que les Anges employent une heure pour écrire ainfi tous ces chifres en les étendant même au delà-des poles. La premiere minute ils écrivent 10 chifres, la feconde 10 fois autant que la premiere, la troifiéme 10 fois autant que la feconde. Et ainfi jufqu'à la foixantiéme minute qui finit l'heure. On demande combien il y aura de chiffres écrits la foixantiéme ou derniere minute par qui l'heure finit.

Pour refoudre cette queftion qui dépend de la progreffion de 1 à 10, il ne faut qu'élever 10 à la cinquante - neuviéme puiffance, en écrivant l'unité & 59 zero de fuite. Cela donne.
10000 000000000 000000000 000000000 000000000 000000000 0000000000.
c'eft à dire cent mille milliars de milliars de milliars de milliars de milliars de milliars de chiffres. Et ce nombre eft celuy de tous les chiffres écrits feulement la derniere minute. Et pour concevoir la force de la progreffion, & combien ce feul nombre feroit immenfe & prodigieux, on peut remarquer que le chiffre écrit icy eft tel, quoy qu'il n'ait rien que 60 chiffres, qu'il furpaffe un grand nombre de fois tous les grains de fable qu'il faudroit pour remplir entierement le monde depuis le centre de la terre jufqu'au ciel où eft le Soleil. Quel furprenant feroit donc tout le nombre écrit par les Anges? Cela nous eft incomprehenfible & comme inconcevable. Car quoyqu'il foit vray de dire que tout ce nombre immenfe n'eft qu'un point & comme rien au regard de l'éternité, qui n'ayant point de bornes s'étend encore infiniment au delà, il a cependant une étenduë fi vafte par rapport à nous que nous le confondons prefque avec l'éternité, quoyque nous l'envifagions attentivement, & que nous faffions même effort afin de le comprendre.

Démonstration du Probleme.

Cette démonstration est sensible par la veuë seule de nostre progression $\frac{}{} a. b. \frac{bb}{a}. \frac{b3}{aa}. \frac{b4}{a3}$ &c. Car on voit que chaque terme est une puissance de l'exposant $\frac{b}{a}$, laquelle a deux degrez moins que le nombre exposant de ce terme, & qui est multipliée par le second terme. Par exemple le cinquiéme terme est $\frac{b4}{a3}$, c'est à dire $\frac{b3}{a3}$ la troisiéme puissance de $\frac{b}{a}$, multipliée par le second terme b.

TROISIÉME PROBLEME.

Le nombre des termes d'une progression multiple, & ses deux premiers CLXXXVII. termes estant donnez, trouver la somme de toute la progression.

1°. On cherche son dernier terme par le probleme precedent.

2°. On écrit le premier terme moins le second, divisé par le second à la premiere place d'une proportion, l'unité à la seconde place, & le premier moins le dernier à la troisiéme. Le quatriéme terme de cette proportion, plus le premier de la progression feront la somme que l'on cherche.

Ainsi le premier terme estant a, le second b, & le dernier t, la proportion sera $\frac{a-b}{b} . 1 :: a-t . \frac{ab-at}{a-b}$. Et son dernier terme $\frac{ab-at}{a-b}$, plus a le premier terme de la progression, c'est à dire $\frac{aa-at}{a-b}$, sera la somme totale de la progression. Cela est évident par 173. S.

Exemple.

Par exemple, on suppose que le Saint Patriarche Abraham importuné par le mauvais riche, & ne luy pouvant envoyer le Lazare, laisse enfin distiller une goutte d'eau, qui est l'éternité toute entiere à tomber en cette sorte. La premiere minute cette goutte d'eau descend de 100 lieuës, la seconde de 99, la troisiéme de $98\frac{1}{100}$. Et ainsi de suite selon la progression de 100 à 99. On demande combien cette goutte en tombant ainsi, descendra de lieuës pendant toute l'éternité.

Le premier terme $a=100$, le second $b=99$, & le dernier t auquel la goutte n'arrivera jamais, est zero, toute la somme de la progression sera donc $\frac{aa-at}{a-b}=10000$. Ainsi la goutte d'eau en tombant pendant toute l'éternité, ne poura descendre que de 10000 lieuës.

COROLLAIRE.

Le nombre de tous les termes d'une progression multiple, & ses deux CLXXXVIII. derniers termes étant donnez, on trouvera la somme de tous les termes en renversant la progression & suivant les regles de ce probleme, comme il est évident par 173. & 174. S.

QUATRIÉME PROBLEME.

Deux termes d'une progression, & le nombre des moyens proportio- CLXXXIX.

nels interposez étant determinez, trouver tous ces moyens proportionels, ou ce qui est le même, trouver autant de moyennes proportionnelles entre deux grandeurs données que l'on voudra.

1°. On multiplie la derniere de ces grandeurs par la puissance de la premiere qui a autant de degrez que l'on cherche de moyennes.

2°. On tire la racine de ce produit marquée par le nombre des moyennes augmenté de l'unité, & l'on a le second terme de la progression. Or le premier terme estant donné & le second estant découvert, il est facile en continuant la progression de marquer toutes les autres moyennes qu'on cherche.

Soient par exemple donnez les deux termes d'une progresion a & f, entre lesquels on demande quatre moyennes proportionelles. 1°. Je multiplie f par a^4 qui est la quatriéme puissance de a, parcequ'on demande 4 moyennes entre a & f. 2°. Je tire du produit $a^4 f$ la racine 5e marquée par le nombre 5, plus grand de l'unité que le nombre 4 des moyennes cherchées. Cela me donne $\sqrt{5^e}.a^4 f$ pour le second terme de la progresion.

Démonstration. Le premier terme est a, & j'appelle le second x. Or continuant par son moyen la progresion jusqu'au terme donné f. Il est clair que le sixiéme terme égal au terme donné f, est $\frac{x^5}{a^4}$. Donc $\frac{x^5}{a^4} = f$, & $x^5 = a^4 f$. Donc $x = \sqrt{5^e}.a^4 f$.

Premier Exemple.

Pour avoir la moyenne proportionelle entre les deux grandeurs a & c on prend leur plan ac, & la racine de ce plan est la moyenne qu'on cherche. $\div a. \sqrt{ac}. c$. C'est ainsi que pour avoir la moyenne entre 3 & 12, je prends 36 plan de 3 par 12, & 6, racine de 36, est moyenne entre 3 & 12. $\div$ 3. 6. 12.

Second Exemple.

Pour avoir la premiere des deux moyennes proportionelles entre les deux grandeurs a & d, on prend le solide fait du quarré de a par d, & la racine cubique de ce solide est la premiere des moyennes qu'on cherche. $\div a. \sqrt{C.ad}. \frac{\sqrt{C.aad}}{a}. d$.

C'est ainsi que pour avoir deux moyennes proportionelles entre 2 & 16, je prends 64 solide fait de 4 quarré de 2 par 16, & 4 racine cubique de 64 est la premiere des deux moyennes entre 2 & 16, & la seconde sera 8. $\div$ 2. 4. 8. 16.

Troisiéme Exemple.

On trouvera dans le même ordre que la premiere des trois moyennes entre a & e, est $\sqrt{\sqrt{a^3 e}}$.

La premiere des quatre moyennes entre a & f, est $\sqrt{5^e}.a^4 f$.

La premiere des cinq moyennes entre a & g, est $\sqrt{6^e}.a^5 g$. Et ainsi de suite à l'infini.

P R E M I E R

Premier Corollaire.

Si chaque grandeur donnée est un quarré, le plan de la racine de l'un **CXC.** par la racine de l'autre est moyen entre ces deux grandeurs. Soient par exemple ces deux quarrez aa & bb, le plan ab est moyen proportionel entr'eux. $\therefore aa. \; ab. \; bb.$ Car l'exposant du premier au second terme est égal à celuy du second au troisiéme. L'un & l'autre de ces deux exposans est $\frac{a}{b}$.

Second Corollaire.

Si chacune des deux grandeurs données est un cube, le solide fait du **CXCI.** quarré de la racine cubique du premier par la racine cubique du second, est la premiere des deux moyennes qui sont entre ces grandeurs, & le solide fait de la racine cubique du premier des deux cubes par le quarré de la racine cubique du second, est la seconde de ces deux moyennes. a^3 & b^3 sont par exemple les deux cubes, & les solides aab & abb sont les deux moyennes proportionelles entre a^3 & b^3. Car $\therefore a^3. \; aab. \; abb. \; b^3.$ puisque l'exposant de chacun de ces termes à celuy qui le suit, est le même.

Et si chaque grandeur est un quarré de quarré, le surfolide a^3b sera la premiere des trois moyennes entre ces deux grandeurs, la seconde sera $aabb$, & la troisiéme ab^3.

De même les quatre moyennes entre a^5 & b^5, seront $a^4b. \; a^3bb. \; aab^3. \; ab^4.$ Il en est ainsi pour les autres puissances à l'infini.

Troisiéme Corollaire.

Et si les produits ac, ou aad, ou a^3e, ou a^4f, ou a^5g &c. ne sont pas **CXCII.** quarrez, ou cubes, ou quarrez de quarrez, ou des puissances parfaites dans le genre de leurs degrez, la racine qui doit estre la premiere des moyennes qu'on cherche, ne poura estre qu'une grandeur incommensurable.

Application du Probléme pour les Regles d'interest.

Une personne estant obligée de payer à une autre 17579 livres 12 sols 6 deniers au bout d'une année, elle convient avec elle de luy payer cette somme au bout de 6 mois, à condition qu'elle rabattra les interests à raison du denier 20 dans une année. L'on demande combien elle est obligée de payer au bout de 6 mois ?

Premierement, si 20 fois 12 ou 240 deniers font 1 livre, 12 sols 6 deniers, ou 150 deniers, feront $\frac{5}{8}$ d'une livre, & la somme totale qu'on doit payer au bout des 12 mois sera $17579\frac{5}{8}$ de livres.

Pour operer facilement & sans fraction, je multiplie cette somme en même temps par 1000 & par a^3, que je suppose égal à $\frac{3}{1000}$, ce qui ne change rien. Or 17579 par 1000 fait 17579000, & $\frac{5}{8}$ par 1000 fait 625, qui estant ajoûtez à 17579000, la somme entiere qu'on doit payer au bout des 12 mois sera $17579625a^3$.

$$\textit{deniers.} \quad \textit{livre} :: \quad \textit{deniers.} \qquad \textit{livre.}$$

$$140. \qquad 1 :: \qquad 250. \qquad \tfrac{5}{8} = \tfrac{5000a}{8} = 625.$$

K k

Or fi 21 livres payées au bout de 12 mois , viennent de 20 livres payées argent contant , la fomme $17579625a^3$ payée au bout de 12 mois , de combien viendra-t'elle ? La regle de Trois droite donnera la fomme $16742500a^3$ pour celle qu'il faudroit payer argent contant. Cela eftant ainfi , il eft vifible que la fomme $16742500a^3$ payée argent contant , doit profiter en même proportion dans 6 mois , que la fomme à payer au bout des 6 premiers mois doit profiter pendant les 6 autres qui reftent. Ainfi cette fomme à payer au bout des 6 mois eft moyenne proportionelle entre $17579625a^3$ & $16742500a^3$. Prenant donc le produit des extrêmes & celuy des moyens, l'on aura $294326871562500aa^6 = zz$, & tirant la racine quarrée de part & d'autre , l'on trouvera que $17155057a^3$ eft la racine du plus grand quarré entier renfermé dans $294326871562500aa^6 = zz$, & ainfi $z = 17155957a^3$. Effaçant donc a^3, & divifant cette fomme par 1000 , l'on aura 17155 livres plus $\frac{1000}{957}$. Multipliant donc 957 livres par 20 pour en faire des fols , l'on aura 19140 , qui eftant divifé par 1000 , donne 19 fols plus $\frac{7}{10}$. Multipliant donc 7 fols par 12 pour en faire des deniers , l'on aura 84 , qui eftant divifé par 50 , donne 1 denier plus $\frac{17}{25}$, c'eft à dire prefque 2. La fomme à payer au bout de 6 mois , fera donc 17155 livres 19 fols & environ 2 deniers.

Mais fi la perfonne eftoit convenuë de payer la fomme precedente $17579625a^3$ au bout de 4 mois , en rabattant les interefts à raifon du denier 20 dans une année. L'on demande combien elle feroit obligée de payer alors ?

Si 21 livres payées au bout de 12 mois , viennent de 20 livres payées argent contant , la fomme $17579625a^3$ payée au bout de 12 mois , viendra de $16742500a^3$ payée argent contant. Or la fomme $16742500a^3$ payée argent contant , doit autant profiter pendant les 4 premiers mois , que celle qu'on doit payer au bout de 4 mois doit profiter pendant les 4 fuivans, c'eft à dire jufqu'au huitiéme , ou bien autant que la fomme qu'on payeroit au bout de 8 mois devroit profiter jufqu'au bout du 12e. auquel temps fe fait le payement $17579625a^3$. D'où il eft clair que les deux payemens qu'on feroit au bout du quatriéme, & du huitiéme mois , font deux moyens proportionels entre $16742500a^3$ & $17579625a^3$. Or pour en trouver le premier , qui eft celuy qu'on doit payer au bout des 4 mois , il faut multiplier le quarré de $16742500a^3$ par $17579625a^3$, & tirer la racine cubique du produit $4927767647131562500000a^9$. Cette racine eft $17017016a^3$. Divifant donc 17017016 par 1000 , l'on trouvera que le payement qu'on doit faire eft 170 7 livres & environ 4 deniers.

aprés 12 mois.   argent contant ::   aprés 12 mois.   argent contant.
     21 livres.   20 livres ::   17579625 a^3.   16742500 a^3. racine.
                                          2803113062500000 a^6. quarré.
                                                par 17579625 a^3.

livres 17017|016   4|927|767|647|135|156|250|000 a^9. Produit.
           | 20   1| 7| 0| 1| 7| 0| 1| 6 a^3. rac. cub.
  sols 0|320
          | 12
          |640
        3| 20
deniers 3|840

Et si la personne estoit convenuë de payer la somme au bout de 8 mois, il faudroit prendre la seconde des sommes proportionelles entre 16745000 a^3 & 17579625 a^3. Ce qui se fait en multipliant le quarré de celuy-cy par 16745000 a^3, & tirant la racine cubique du produit, cette racine cubique est 17296033 a^3. Divisant donc 17296033 par 1000, l'on trouvera que le payement qu'on doit faire au bout des 8 mois est 17296 livres & presque 8 deniers.

argent contant.   au bout de 12 mois ::   argent contant.   au bout de 12 mois.
   20 livres.   21 livres.   16742500 a^3.   17579625 a^3. racine.
                                              3090432151406250 a^6. quarré.
                                                   par 16742500 a^3.

livres 17296|033   5|174|156|029|491|914|062|500 a^9. produit.
           | 20   1| 7| 2| 9| 6| 0| 3| 13 a^3. rac. cub.
  sols 0|660
          | 12
        1|320
        6| 60
deniers 7|920

De méme s'il falloit trouver combien la personne devroit payer au bout de trois mois, parce que l'année est composée de 4 fois trois mois, la progression auroit 5 termes, & il faudroit trouver la premiere des trois sommes moyennes proportionelles entre celle qu'on payeroit argent contant qui fait le premier des 5 termes de la progression, & l'autre somme qu'il faudroit payer au bout des 12 mois, qui en fait le cinquiéme terme; ou bien parce que la somme moyenne entre ces deux est celle qu'il faudroit payer au bout de six mois, c'est à dire la seconde des trois sommes moyennes, on chercheroit seulement la moyenne entre la somme à payer argent contant & celle qu'il faudroit payer au bout des 6 mois, pour avoir celle qu'il faudroit payer au bout des 3 mois. Et tout cecy se feroit sans autre extraction que de racines quarrées.

Mais si le payement devoit se faire au bout de 73 jours, c'est à dire aprés la cinquiéme partie de l'année, il faudroit trouver la premiere des 4 moyennes entre les sommes connuës, ce qu'on ne pourroit faire sans extraire une racine cinquiéme.

Or comme ces operations sont extrêmement longues & ennuyeuses sur tout si la progreſſion doit avoir pluſieurs termes, & qu'on a cependant fort souvent besoin dans les contes de trouver de semblables sommes, l'on a trouvé moyen de les faire aſſez facilement par une seule operation, en se servant pour cela de certaines Tables qui se forment selon les differens interests dont on veut convenir. Voici comment. L'on suppose qu'un nombre fort grand de la progreſſion decuple comme 10000000 est une somme capitale jointe avec l'interest qu'elle produit dans une année, & l'on appelle ce nombre la racine des Tables. Aprés quoy, si l'on convient de l'interest, comme par exemple du denier 20 dans une année, le capital avec son interest sera 21 au bout d'une année. C'est pourquoy l'on dit si 21 viennent de 20, de combien viendra 10000000? La regle de trois droite donne $9523809\frac{11}{21}$, comme les nombres sont choisis fort grands, l'on ne laiſſe aucune fraction lorsqu'il s'en trouve, mais si elle est plus grande que $\frac{1}{2}$, comme icy où $\frac{11}{21}$ surpaſſe $\frac{1}{2}$, l'on ajoûte l'unité à l'exposant trouvé, sinon, l'on rejette la fraction comme peu importante, puisqu'elle ne vaut pas la cent milliéme ou la millionniéme partie de l'unité, & quainsi toute l'erreur qui pourroit provenir de là ne peut estre aſſez grande pour causer seulement la perte d'un denier, l'on aura donc 9523810 pour la somme capitale qui jointe avec son interest donne 10000000 au bout d'une année. En suite l'on divise le quarré de cette somme par 10000000, ou ce qui revient au même & pour abreger l'on multiplie 9523810 par 20, & l'on divise le produit par 21, & l'exposant 9070295 est la somme capitale qui jointe avec son interest donne 10000000 au bout de 2 ans. Et parce que les sommes capitales, qui d'une année à l'autre donnent toûjours la même somme 10000000 pour le capital joint avec son interest, sont les termes d'une progreſſion geometrique, dont les deux premiers 9523810 & 9070295 sont déja connus, si on la continuë, son troiſiéme terme 8638376 sera le capital, qui joint avec son interest donne 10000000 au bout de 3 ans; le quatriéme 8227025, celuy qui donne la même somme au bout de 4. & ainſi des autres. Et comme le rapport d'un terme à celuy qui le suit est toûjours le même que celuy de 21 à 20, il suffira pour trouver par ordre chacun de ces termes de multiplier toûjours le dernier trouvé par 20, & de diviser le produit par 21, pour avoir celuy de l'année qui suit immediatement.

La raison de tout cela est évidente. Car de même que la somme à payer argent contant que nous appellons capitale, demeurant toûjours la même, les sommes qu'il faudroit payer au bout de certains temps égaux sont les termes d'une progreſſion geometrique. De même auſſi la somme à payer au bout de tous ces temps égaux demeurant toûjours la même, il faut par une mutuation reciproque que les sommes capitales soient auſſi les termes d'une progreſſion geometrique.

Les autres tables feront formées en même forte que celle-cy, car fi l'intereft eftoit au dernier 16 pour une année, l'on multiplieroit 10000000 par 16, & l'on diviferoit le produit par le capital 16 plus fon intereft 1, c'eft à dire par 17. enfuite on multiplieroit l'expofant trouvé par 16, & l'on diviferoit le produit par 17, &c. Et fi l'intereft eftoit du denier 15, l'on multipliera toûjours par 15 & l'on diviferoit par 16. il en eft ainfi des autres.

Stevin a calculé ces Tables pour 30 années felon les interefts de 1, 2, 3, &c. jufqu'a 16, pour 100, & felon ceux des deniers 15, 16, 17, 18, 19, & la Table de 5 pour 100 eft la même que celle du denier 20, car comme 1 vient de 20, ainfi 5 vient de 100. Si l'on fuppofe pour l'intereft de chaque année le denier 10, ou 15, ou 16, ou 20. Cette Table fervira pour 10 années.

années.	au denier 10.	au denier 15.	au denier 16.	au denier 20.
1.	9090909	8695652	8620690	9523810
2.	8264463	7561437	7431629	9070295
3.	7513148	6575163	6406577	8638376
4.	6830135	5717533	5522911	8227025
5.	6209214	4971768	4761130	7835262
6.	5644740	4323277	4104422	7462154
7.	5131582	3759371	3538295	7106813
8.	4665075	3269018	3050254	6768393
9.	4240977	2842624	2629529	6446089
10.	3855434	2471847	2266835	6139132

Or voicy comment l'on fe fert de ces Tables. Si tous les biens d'un Pupille fe montent à 1600 livres, & qu'ils profitent au denier 20 par année. L'on demande à quoy montera cette fomme avec fes interefts au bout de 8 années ?

L'on verra dans la colomne du denier 20 dont l'on convient, quelle fomme répond à 8 nombre des 8 années. Ce nombre eft 6768393. L'on dira donc, fi la fomme capitale 6768393 avec fes interefts monte à 10000000 livres (qui font la racine des Tables) en 8 années, à combien montera le capital des 1600 livres pendant le même temps, l'on trouvera 2363 livres plus $\frac{6287341}{6768893}$ qui vaut environ 18 fols 6 deniers.

Et l'on remarquera dans ces fortes de queftions que fi les fommes font petites, l'on poura retrancher de la racine 10000000 & du nombre qu'on aura pris dans quelque colomne, deux ou trois chiffres à droite autant de part & d'autre, car ceci ne peut gueres donner de perte qui foit de la valeur d'un double ou d'un denier. Ceux qui voudront voir plus au long l'ufage & la conftruction de ces Tables pourront lire ce qu'en dit Stevin.

DES LOGARITHMES.

CXCIII. Lorſque deux progreſſions, l'une arithmetique, & l'autre geometrique, ſont tellement diſpoſées, que les termes de l'une répondent aux termes de l'autre, chacun à chacun & dans un même ordre, les termes de la progreſſion arithmetique ſont appellez *logarithmes* ou *expoſans* de ceux qui leur répondent dans la geometrique.

Ainſi dans ces deux progreſſions qui ſuivent, le nombre a eſt le logarithme de l'unité, $a+d$ eſt le logarithme du terme b, $a+2d$ celuy de bb, $a+6d$ celuy de b^6. Et ainſi des autres.

Progr. arith. $a.\ a+d.\ a+2d.\ a+3d:\ a+4d.\ a+5d.\ a+6d.\ a+7d.$ &c.

Progr. geom. $\div$ $\begin{cases} 1.\ b. & bb. & b^3. & b^4. & b^5. & b^6. & b^7. & \text{&c.} \\ 1.\ 2. & 4.. & 8.. & 16. & 32.. & 64.. & 128. & \text{&c.} \end{cases}$

CXCIV. La principale proprieté de ces progreſſions, c'eſt que ſi l'on choiſit quelques termes de la geometrique qui ſoient en proportion pareillement geometrique, les logarithmes qui leur répondront ſeront auſſi en proportion arithmetique, continuë ſi la geometrique eſt continuë; & non continuë, ſi la geometrique n'eſt point continuë.

Par exemple, ſi l'on prend la proportion geometrique continuë $\div$ 2. 8. 32. les logarithmes de ſes termes féront la proportion arithmetique continuë $\div$ $a+d.\ a+3d.\ a+5d.$ Et ſi la proportion geometrique eſt 2, 4 :: 16. 32. qui n'eſt point continuë, les logarithmes de ſes termes donneront auſſi la proportion arithmetique $a+d.\ a+3d:\ a+4d.\ a+6d.$ qui n'eſt point continuë, puiſque la difference des deux premiers termes, ou celle des deux derniers qui luy eſt égale, n'eſt pas la même que celle du ſecond au troiſiéme, ainſi que dans la precedente, où il y a même difference entre le premier & ſecond terme $a+d.$ & $a+3d.$ qu'entre le ſecond & le troiſiéme $a+3d$ & $a+5d.$

CXCV. Il s'enſuit delà que tous les termes d'une proportion geometrique eſtant donnez, la ſomme des logarithmes des deux extrêmes réduits en une ſomme, égaleront les logarithmes des deux moyens réduits pareillément en une ſomme, & ſi la proportion eſt continuë, le logarithme du terme moyen ſera la moitié de la ſomme des deux autres logarithmes. Ainſi la proportion eſtant 2. 4 :: 16. 32. dont les logarithmes ſont $a+d.\ a+3d:$ $a+4d.\ a+6d.$ la ſomme du logarithme $a+d$ & du logarithme $a+6d$, égalera celle des logarithmes $a+3d$ & $a+4d.$ Chacune de ces ſommes eſt $2a+7d.$ Et dans la proportion $\div$ 2. 8. 32. dont les logarithmes ſont $\div$ $a+d.\ a+3d.\ a+5d.$ le logarithme moyen $a+3d$, eſt la moitié des deux autres $a+d$ & $a+5d$ réduits en une ſomme $2a+6d.$

C'eſt pourquoy ſi l'on avoit une Table des logarithmes des nombres naturels 1. 2. 3. 4. &c. continuée autant que l'on voudroit, lorſqu'on voudroit trouver le quatriéme terme d'une proportion droite & geometrique, il ne faudroit que retrancher le logarithme du premier terme de la somme des deux logarithmes des deux nombres donnez, & l'on auroit pour reste le logarithme du nombre cherché; de sorte que consultant la Table, le nombre qui répondroit à ce logarithme seroit celuy qu'on cherche.

Par exemple, si l'on vouloit multiplier 8 par 64, ce qui est fort ennuyeux si les nombres sont grands, l'on pourroit écrire 1. 4 : : 8. ? & alors retranchant *a* le logarithme du premier terme 1, de la somme des deux autres, qui est 2*a*+7*d*, le reste *a*+7*d* seroit le logarithme du nombre cherché 128 qui luy répond.

Pour operer plus facilement, ceux qui font des Tables supposent *a*=0, afin que le logarithme de l'unité qui devroit estre retranché fort souvent dans les operations qu'on fait par logarithmes, ne cause point de difficulté; & pour la difference *d* ils prennent 10000000, ils choisissent un grand nombre, à cause que pour trouver leurs logarithmes ils ont besoin de chercher plusieurs moyens proportionels entre les nombres qui comme 1. 2. 3. 4. &c. ne font pas une progression geometrique, ce qui ne peut se faire sans tirer beaucoup de racines seulement par approximation, à cause que les veritables sont sourdes.

Et pour commencer ces Tables, l'on choisit la progression geometrique de 1 à 10. & l'on prend zero pour le logarithme de l'unité, 10000000 pour celuy de 10, 20000000 pour celuy de 100, 30000000 pour celuy de 1000, & ainsi de suite, comme on le voit icy. Et l'on trouve que les logarithmes de tous les nombres qui sont entre 10 & 100, commencent par 1. tous ceux qui sont entre 100 & 1000 commencent par 2. ceux qui sont entre 1000 & 10000 par 3. & ainsi de suite, & ces nombres 1. 2. 3. &c. sont appellez caracteristiques des logarithmes qui commencent par eux.

1.	00000000
10.	10000000
100.	20000000
1000.	30000000
10000.	40000000
100000.	50000000
1000000.	60000000
10000000.	70000000
100000000.	80000000
1000000000.	90000000
10000000000.	100000000

Mais cela ne donnant pas les logarithmes des nombres interposez comme 2. 3. 4. 11. 12. &c. on les peut chercher par la Methode que donne Ulacq qui en a fait des Tables. Cette Methode est telle.

Pour trouver le logarithme de tout nombre donné comme 9, qui se rencontre entre 1 & 10, dont les logarithmes 00000000 & 10000000 sont déja connus, l'on ajoûte à chacun de ces deux nombres 1 & 10 autant de zero que le logarithme de 10 en renferme, c'est à dire 7, ou 8, ou davan-

Prop. Geom.	Logarith.
A 10000000	00000000
C 31 622777	05 0000000
B 1 00000000	1 00000000
B 1 00000000	1 00000000
D 5 6234132	07 5000000
C 3 1 622777	05 0000000

tage, si pour une plus grande exactitude, ce logarithme en renferme davantage. Ensuite on multiplie l'un par l'autre ces deux nombres ainsi augmentez, & du produit 1000000000000000 l'on extrait la racine approchée 31622777. Cette racine estant divisée par l'unité suivie de 7 zero par qui l'on a multiplié les deux nombres 1 & 10, est moyenne proportionelle entre 1 & 10. son logarithme sera donc 50000000, c'est à dire la moitié des deux logarithmes 00000000 & 100000000. Or si cette racine approchée estoit égale à 9 augmenté d'autant de zero que le sont 1 & 10, le logarithme cherché seroit connu ; Mais comme elle est plus petite, & qu'elle en approche cependant davantage que $A=10000000$, entre $B=100000000$ & la racine $C=31622777$, l'on cherche de nouveau par approximation le nombre moyen proportionel D, qui est plus petit que 90000000, mais qui en approche davantage que C. C'est pourquoy entre B & D l'on cherche en même sorte le moyen proportionel E, lequel estant encore plus petit que 90000000, entre luy & B l'on cherche encore le nombre moyen F, qui est aussi plus petit que 90000000. L'on cherche donc entre B & F le nombre moyen G. Et ce nombre est plus grand que 90000000, & parcequ'il en approche davantage que B, l'on cherche entre luy & F, qui en approche le plus au dessous, le nombre moyen H, qui est plus petit que 90000000, mais qui en approche davantage que F. C'est pourquoy entre G qui en approche le plus au dessus, & H qui en approche le plus au dessous, l'on cherche en même sorte le nombre moyen I, qui est plus grand que 90000000, mais qui en approche davantage que G. C'est pour-

Proport. Geom.		Logarith.
B	100000000	100000000
E	74989421	087500000
D	56234132	075000000
B	100000000	100000000
F	86596432	093750000
E	74989421	087500000
B	100000000	100000000
G	93057204	096875000
F	86596432	093750000
G	93057204	096875000
H	89768713	095312500
F	86596432	093750000
G	93057204	096875000
I	91398170	096093750
H	89768713	095312500
I	91398170	096093750
K	90579777	095703125
H	89768713	095312500
K	90579777	095703125
L	90173533	095507812
H	89768713	095312500
L	90173333	095507812
M	89970796	095410156
H	89768713	095312500
L	90173333	095507812
N	90072008	095458984
M	89970796	095410156
N	90072008	095458984
O	90021388	095434570
M	89970796	095410156
O	90021388	095434570
P	89996088	095422363
M	89970796	095410156
O	90021388	095434570
Q	90008737	095428467
P	89996088	095422363
Q	90008737	095428467
R	90002412	095425415
P	89996088	095422363

quoy

quoy cherchant en même forte par approximation des nombres moyens proportionels entre le plus proche au deſſus & le plus proche au deſſous du nombre propoſé , l'on en approchera toûjours de plus en plus , de ſorte qu'à la fin l'on y arrivera. Comme icy l'on trouve enfin le nombre propoſé 90000000 aprés avoir cherché 25 moyens geometriquement proportionels. Or ce nombre & les autres ſemblables eſtant ainſi découverts , leurs logarithmes le ſont auſſi ; car de même que la moitié des deux logarithmes de *A* & de *C* ſert de logarithme à *B* , de même la moitié des deux logarithmes de *B* & de *C* ſert de logarithme à *D*. Et ainſi de ſuite. De ſorte enfin que la moitié des deux logarithmes de *BB* & de *CC*, qui eſt 954.24251, ſera le logarithme cherché de $\frac{9000000}{10000000}$, c'eſt à dire de 9.

Proport. Geom.		Logarith.
R	9000241 2	0954254 15
S	8999925 0	0954 23 889
P	8999608 8	0954 22 363
R	9000241 2	0954254 15
T	9000083 1	0954246 52
S	8999925 0	0954 23 889
T	9000083 1	0954246 52
V	9000004 1	0954244 27 1
S	8999925 0	0954 23 889
V	9000004 1	09 5424 271
X	8999965 0	0954244 080
S	8999925 0	0954 23 889
V	9000004 1	0954244 271
Y	8999984 5	0954244 217
X	8999965 0	0954244 080
V	9000004 1	0954244 271
Z	8999994 3	0954244 2 23
Y	8999984 5	0954244 217
V	9000004 1	09 5424 271
&	8999999 2	095 424247
Z	8999994 3	0954242 23
V	9000004 1	09 5424 271
AA	9000000 16	0954242 59
&	8999999 2	095424247
AA	9000001 6	0954242 59
BB	9000000 4	0954242 53
&	8999999 2	0954242 47
BB	9000000 4	09 5424 25 3
CC	8999999 8	09 5424 250
&	8999999 2	0954242 47
BB	9000000 4	0954242 53
DD	9000000 0	09 5424 251
CC	8999999 2	0954242 50

De même pour trouver le logarithme de 2 ; l'on ajoûte 7 ou 8 zero à chacun des deux nombres 1 & 10, dont on connoit les logarithmes, enſuite dequoy l'on cherche des moyens proportionels , comme on a fait pour 9, & l'on trouve aprés 23 operations que 3010300 eſt le logarithme de 2.

Or ayant zero pour le logarithme de l'unité, & 3010300 pour logarithme de 2, tous les logarithmes de la progreſſion double $\div$ 1. 2. 4. 8. 16. &c. ſont donnez. Car le premier terme eſtant zero, & la difference $d=$3010300, le troiſiéme terme $2d=$6020600 ſera le logarithme de 4, le quatriéme terme $3d=$9030900 ſera celuy de 8, le quatriéme $4d=$12041100 celuy de 16. Et ainſi des autres.

Et pour trouver le logarithme de 3, l'on ajoûte zero à chacun des deux nombres 1 & 4 dont on connoit les logarithmes, enſuite dequoy l'on cherche entr'eux des moyens proportionels, comme on a fait entre 1 & 10 pour avoir le logarithme de 2, juſqu'à ce qu'on ſoit enfin arrivé au nombre 30000000, aprés quoy l'on connoît que ſon logarithme eſt 4771212, & ainſi celui de ſon quarré 9 ſera le double de ce nombre, c'eſt à dire 9542424, celui de 27 en ſera le triple, c'eſt à dire 14313636, celui de 81 ſera 19084848. Et ainſi des autres.

Or le logarithme de 2 & celui de 3 eſtant connus, ſi on les ajoûte en une ſomme, l'on aura celuy de 6 produit de 2 par 3, & l'on aura en méme ſorte ceux de tous les nombres multipliez ſeulement par 2 & par 3, comme ceux de 12, de 18, 24, 36, 48, & les autres. Car c'eſt une regle generale que pour avoir le logarithme de quelque nombre compoſé, il ne faut que prendre la ſomme des logarithmes des nombres qui le compoſent.

CXCVI. De ſorte que pour trouver tous les logarithmes des nombres, il ſuffit de chercher ceux des nombres premiers qui n'ont point d'autres diviſeurs qu'eux-mémes ou l'unité. Et pour le faire non ſeulement avec toute la facilité poſſible, mais encore ſelon l'ordre naturel & avec methode, il faut toûjours ſe ſervir des deux nombres l'un au deſſus & l'autre au deſſous de celui dont on veut trouver le logarithme. Ainſi pour trouver celui de 5, l'on choiſira les nombres 4 & 6, dont les logarithmes ſont déja ſuppoſez connus, & l'on cherchera des moyens proportionels comme on a fait pour 2. De méme pour trouver celuy de 7 l'on ſe ſervira des deux nombres 6 & 8, pour trouver celuy de 11 des deux 10 & 12. Et ainſi des autres. Où il faut remarquer que cette methode a cet avantage que plus les nombres ſeront grands au moins juſques à 10 ou 100 mille, plus leurs logarithmes ſeront faciles à trouver, parce qu'ordinairement il faudra chercher moins de moyens proportionels pour eux que pour les plus petits.

Et ſi la ſomme de deux logarithmes eſt impaire, ſa moitié qui fait un autre logarithme ſe prend ſans fraction, c'eſt à dire qu'on en prend la plus grande ou la plus petite moitié. Mais pour une plus grande exactitude lors qu'on double ce logarithme pour en avoir un autre, l'on ajoûte l'unité à ce double, comme en doublant 4771212 le logarithme de 3, pour avoir celuy de 9, l'on ajoûte 1 à 9542424, & 9542425 eſt le logarithme de 9.

CXCVII. Or connoiſſant les logarithmes des nombres entiers, ceux des fractions ſont auſſi connus. Car ſi l'on avoit par exemple $\frac{3}{2}$, en retranchant le logarithme de 2 du logarithme de 3, le reſte 1760912 eſt celuy de $\frac{3}{2}$, & ſi l'on avoit $\frac{2}{3}$ en retranchant le logarithme de 3 de celuy de 2, le nombre negatif —1760912 seroit celuy de $\frac{2}{3}$, & ainsi des autres. Si les fractions surpassent l'unité, leur logarithme sera un nombre positif, mais si elles en sont surpassées, leur logarithme sera negatif, puisque celui de l'unité n'est que zero.

Pour ce qui est de l'usage des logarithmes, il est tres-grand & merveilleusement estendu pour faire les multiplications, divisions, & extractions des racines par une simple addition ou soustraction des logarithmes des nombres sur lesquels on opere. Tout cela est trop clair à ceux qui ont ces Tables, pour nous arrêter davantage ici.

DE LA PROGRESSION HARMONIQUE.

Lors que trois termes sont tels que la difference du premier & du second est à celle du second & du troisiéme, comme le premier terme est au troisiéme, cela s'appelle *proportion harmonique*, comme 60, 30, 20, font une proportion harmonique, car la difference de 60 & de 30 est 30, & celle de 30 & de 20 est 10. Or 30. 10. :: 60. 20. la difference 30 est à la difference 10, comme le premier terme 60 est au troisiéme 20. De méme les trois termes $aa+3ad+2dd$. $aa+2ad$. $aa+ad$. font une proportion harmonique, parce que $ad+2dd$ difference des deux premiers termes est à ad difference du second au troisiéme, comme le premier terme est au troisiéme. $ad+2dd$. ad :: $aa+3ad+2dd$. $aa+ad$. Et dans cette proportion harmonique le premier terme surpasse le second. C'est le contraire de celles-ci 20. 30. 60. ou bien $aa-ad$. $aa-dd$. $aa+ad$. dans chacune desquelles le second terme surpasse le premier, en supposant que a soit plus grand que d. Car s'il estoit plus petit, les deux premiers termes seroient chacun negatifs.

Si les termes sont continuez plus loin que trois, c'est une progression harmonique, si son premier terme est le plus grand, appellant a le second terme, & d la difference du premier au second. La progression sera

$$a+d. \ a. \ \frac{aa+ad}{a+2d}. \ \frac{aa+ad}{a+3d}. \ \frac{aa+ad}{a+4d}. \ \frac{aa+ad}{a+5d}. \ \frac{aa+ad}{a+6d}. \ \&c.$$

Si $a=20$, & $d=10$, la progression harmonique sera celle qui suit.

$$30. \ 20. \ 15. \ 12. \ 10. \ 8\tfrac{4}{7}. \ 7\tfrac{1}{2}. \ 6\tfrac{2}{3}. \ 6. \ 5\tfrac{10}{11}. \ \&c.$$

Ces progressions peuvent estre infiniment continuées. Elles ont aussi plusieurs proprietez qui conviennent aux progressions arithmetique & geometrique. Par exemple, si l'on prend leurs termes dans des intervalles égaux, comme le premier, troisiéme, cinquiéme; & le second, quatriéme, sixiéme, &c. ou bien le premier, quatriéme, septiéme, & ainsi de trois en trois, ces termes seront en progression harmonique, comme

$$a+d. \ \frac{aa+ad}{a+2d}. \ \frac{aa+ad}{a+4d}. \ \frac{aa+ad}{a+6d}. \ \frac{aa+ad}{a+3d}. \ \frac{aa+ad}{a+10d}. \ \&c.$$

$$a. \ \frac{aa+ad}{a+3d}. \ \frac{aa+ad}{a+5d}. \ \frac{aa+ad}{a+7d}. \ \frac{aa+ad}{a+9d}. \ \frac{aa+ad}{a+11d}. \ \&c.$$

$$a+d. \ \frac{aa+ad}{a+3d}. \ \frac{aa+ad}{a+6d}. \ \frac{aa+ad}{a+9d}. \ \frac{aa+ad}{a+12d}. \ \frac{aa+ad}{a+15d}. \ \&c.$$

De la Proportion Contr'harmonique.

CCI. Il y a encore une proportion contr'harmonique. Et c'eſt lors que la différence du premier & du ſecond terme eſt à celle du ſecond au troiſiéme, comme le troiſiéme terme eſt au premier. Par exemple 6. 5. 3 eſt une proportion contr'harmonique, car la différence de 6 à 5 eſt 1, & celle de 5 à 3 eſt 2, Or 1. 2 :: 3. 6. la premiere eſt à la ſeconde, comme le dernier terme 3 eſt au premier 6. De même 3. 5. 6. eſt une proportion contr'harmonique. Car 2. 1 :: 6. 3.

De même encore 6. 5. 2. & 2. 5. 6. ſont les termes d'une proportion cont'harmonique.

Si le premier terme de ces proportions ſurpaſſe le ſecond, elles pourront avoir telle forme. $bb+bd.$ $bb+dd.$ $bd+dd.$ Car la différence du premier au ſecond terme eſt $bd-dd$, & celle du ſecond au troiſiéme eſt $bb-bd.$ Or $bd-dd.$ $bb-bd.$ :: $bd+dd.$ $bb+bd.$ La premiere différence eſt à la ſeconde, comme le troiſiéme terme eſt au premier. Car l'expoſant de $bd-dd$ à $bb-bd$ eſt $\frac{d}{b}$ qui eſt auſſi celuy de $bd+dd$ à $bb+bd.$ Il faut icy que b ſurpaſſe d.

Or cette proportion renverſée, c'eſt à dire $bd+dd.$ $bb+dd.$ $bb+bd.$ ſervira de modéle pour les proportions contr'harmoniques, donc le ſecond terme ſurpaſſe le premier, & le troiſiéme terme ſurpaſſe le ſecond, en ſuppoſant toûjours que b ſoit plus grand que d.

Fin de la premiere Partie.

ELEMENS
DES
MATHEMATIQUES
SECONDE PARTIE.

LIVRE PREMIER.
DE L'ANALYSE,
ET DE SES PRINCIPAUX USAGES.

E Livre servira pour faire voir comme on se sert de l'Analyse non seulement pour apprendre les Sciences, mais encore pour les inventer, & pour resoudre par son moyen une infinité de questions de genres & d'especes tout-à-fait differentes.

DES DIFFERENTES VOYES DE L'ANALYSE.

Il y a trois sortes de voyes generales pour resoudre toute sorte de questions. La premiere est une voye qu'on peut appeller *purement Analytique*. La seconde peut estre appellée *Syntethique* ou *de Composition*. Et la troisiéme, qui participant des deux premieres est en partie Analytique & en partie Syntethique, peut s'appeller une *voye mixte*. I.

DE LA VOYE PUREMENT ANALYTIQUE.

Cette voye est celle qui tend aux resolutions qu'elle cherche sans supposer aucune connoissance autre que celles qui sont accordées par les suppositions, & sans tirer aucun de ses raisonnemens que des égalitez qu'elle forme. Telle est par exemple la voye dans laquelle chaque gran- II.

Ll iij

deur inconnüe eſt exprimée par une lettre inconnüe qui ne marque qu'elle
ſeule. Les reſolutions données au commencement du Cinquiéme Livre
en peuvent déja fournir des exemples. Cette voye, quoy qu'elle ſoit la
plus univerſelle de toutes, n'eſt pas toûjours la plus facile, à cauſe du
grand nombre des égalitez qu'elle forme, & des ſubſtitutions frequentes
qu'il faut y faire de certaines grandeurs à la place de quelques autres qui
leur ſont égales, mais qui ſont exprimées differemment. Voicy une autre
Regle qui poura rendre cette voye plus facile, en rendant ſes calculs plus
courts & moins embaraſſans que ceux de la Regle generale expliquée V. 17.
de la premiere Partie.

AUTRE REGLE GENERALE,
*Pour la reſolution des Problemes qui ſont exprimez par pluſieurs égalitez
dans leſquelles il y a pluſieurs lettres inconnües.*

III.   1°. Lorſqu'on a tiré des ſuppoſitions autant d'égalitez que l'on employe
de lettres inconnües, l'on cherche par la premiere égalité une valeur de la
premiere inconnüe qui s'y trouve, & l'on cherche auſſi la valeur de la
même inconnüe dans chaque autre égalité où elle ſe trouve.

   2°. L'on compare entr'elles deux à deux les valeurs découvertes, il
n'importe pas dans quel ordre, & l'on trouve d'autres égalitez, où l'inconnüe dont on a cherché la valeur ne ſe rencontre plus. L'on réïtere
enſuite une ſemblable operation, par le moyen de ces égalitez; ce qui fait
évanoüir une autre inconnüe, & donne encore de nouvelles égalitez, ſur
leſquelles on réïtere encore une ſemblable operation. Et ainſi de ſuite
juſques à ce qu'on ſoit enfin arrivé à une égalité qui n'ait qu'une lettre inconnüe. Aprés quoy le reſte de l'operation ſe continüe comme on l'a en-
ſeigné dans la Regle cinquiéme & generale V. 27.

   Mais quoyqu'il n'importe pas dans quel ordre les valeurs ſoient comparées
deux à deux, il eſt neanmoins à propos de les comparer en telle ſorte que
l'on en tire une égalité hors de laquelle on puiſſe chaſſer une inconnüe.
Cela ſe fera ſi l'on a ſoin de comparer celles où les mêmes inconnües ſe
trouvent également, & avec le même ſigne + ou —. Tout cecy s'éclaircira par les exemples ſuivans.

Premier Exemple.
Les âges de deux perſonnes font 100 années, & le premier âge ſurpaſſé
le ſecond de 40.

Soit le premier âge y & le ſecond z. Donc $y + z = 100$, & $y - z = 40$.
Cela eſtant je cherche par chaque égalité la valeur de y, & je trouve par
la premiere $y = 100 - z$, & par la ſeconde $y = 40 + z$. Or y eſtant égal à
y, la premiere valeur de cette inconnüe, c'eſt à dire $100 - z$, ſera égale à la
ſeconde $40 + z$, j'auray donc l'égalité $100 - z = 40 + z$, & par tranſpoſition $60 = 2z$. Donc $z = 30$. Aprés quoy l'on connoît facilement y.

$$y + z = 100. \quad \text{Donc } y = 100 - z$$
$$y - z = 40. \quad \text{Donc } y = 40 + z \quad \Big\{ \quad \text{Donc } 100 - z = 40 + z. \text{ Et } 60 = 2z.$$

Second Exemple.

Trois perſonnes ont chacune un nombre d'écus, la premiere & la ſeconde ont a plus que la troiſiéme, la premiere & la troiſiéme ont b plus que la ſeconde, & la ſeconde & troiſiéme c plus que la premiere. Que doit avoir chaque perſonne?

Soit x le nombre des écus de la premiere, y celuy de la ſeconde, & z celuy de la troiſiéme. Donc $x+y=z+a$. $x+z=y+b$. & $y+z=x+c$. Cela eſtant, je cherche par chaque égalité la valeur de l'inconnüe x. Et je trouve par la premiere $x=z+a-y$, par la ſeconde $x=y+b-z$, & par la troiſiéme $x=y+z-c$. Or ſi je compare la premiere valeur de x avec la ſeconde, c'eſt à dire $z+a-y$ avec $y+b-z$, je connois que j'auray une égalité hors de laquelle aucune des deux inconnües y & z ne poura eſtre chaſſée, parcequ'elles ſont une fois chacune de part & d'autre ſous differens ſignes. Mais ſi je compare la premiere valeur avec la troiſiéme, je connois que j'auray une égalité hors de laquelle l'inconnüe z doit eſtre chaſſée, parcequ'elle eſt une fois dans chacune avec le ſigne $+$. Et pareillement ſi je compare la ſeconde valeur avec la troiſiéme, je connois que j'auray une égalité hors de laquelle l'inconnüe y doit eſtre chaſſée, parcequ'elle eſt une fois dans chacune avec $+$. Je compare donc la premiere valeur avec la troiſiéme, & j'ay l'égalité $z+a-y=y+z-c$, qui ſe réduit à $a+c=2y$. Donc $y=\frac{1}{2}a+\frac{1}{2}c$. Ou bien je compare la ſeconde valeur avec la troiſiéme, & j'ay l'égalité $y+b-z=y+z-c$, qui ſe réduit à $b+c=2z$. Donc $z=\frac{1}{2}b+\frac{1}{2}c$. Et connoiſſant entierement l'une ou l'autre valeur, le reſte eſt facile à connoître.

$$x+y=z+a. \quad \text{Donc } x=z+a-y.$$
$$x+z=y+b. \quad \text{Donc } x=y+b-z.$$
$$y+z=x+c. \quad \text{Donc } x=y+z-c.$$

$$\text{Donc}\begin{cases} z+a-y=y+b-z. \text{ Donc } 2z+a=2y+b. \text{ Et } z=y-\frac{1}{2}a+\frac{1}{2}b. \\ z+a-y=y+z-c. \text{ Donc } a+c=2y. \qquad \text{Et } y=\frac{1}{2}a+\frac{1}{2}c. \\ y+b-z=y+z-c. \text{ Donc } b+c=2z. \qquad \text{Et } z=\frac{1}{2}b+\frac{1}{2}c. \end{cases}$$

Troiſiéme exemple.

Trois perſonnes ont chacun un nombre d'écus, le premier & le ſecond ont a, le premier & le troiſiéme ont b, & le ſecond & troiſiéme ont c. Combien chacun a-t'il d'écus?

Soit le nombre de la premiere perſonne x, celuy de la ſeconde y, & de la troiſiéme z. Donc ſelon les trois ſuppoſitions, je dois avoir les trois égalitez $x+y=a$. $x+z=b$. & $y+z=c$. Or par la premiere, $x=a-y$, & par la ſeconde, $x=b-z$. Donc $a-y=b-z$. Et par reduction, $z=b-a+y$. Or ayant par cette égalité une valeur de z, j'en cherche encore une autre par la troiſiéme égalité $y+z=c$, que j'avois laiſſée, à cauſe que x ne s'y rencontre point. Et je trouve $z = c - y$. Comparant donc cette valeur de z avec la precedente, j'ay $b + y - a = c - y$. Et par reduction $2y = a + c - b$. Donc $y = \frac{1}{2}a - \frac{1}{2}b + \frac{1}{2}c$. Or j'avois trouvé $z = c - y$. Donc $z = -\frac{1}{2}a + \frac{1}{2}b + \frac{1}{2}c$. J'avois auſſi trouvé $x = b - z$. Donc $x = \frac{1}{2}a + \frac{1}{2}b - \frac{1}{2}c$. Et la queſtion eſt univerſellement reſolüe.

$x + y = a$. $\left\{\begin{array}{l} \text{Donc } x = a - y \\ \text{Donc } x = b - z \end{array}\right.$ Donc $\left\{\begin{array}{l} a - y = b - z. \text{ Et } z = b - a + y. \end{array}\right.$

$y + z = c$. Donc $z = c - y$. Donc $b - a + y = c - y$. Et $2y = a - b + c$.

Donc $x = \frac{1}{2}a + \frac{1}{2}b - \frac{1}{2}c$. $y = \frac{1}{2}a - \frac{1}{2}b + \frac{1}{2}c$. Et $z = -\frac{1}{2}a + \frac{1}{2}b + \frac{1}{2}c$.

Soit $a = 20$, $b = 40$, & $c = 30$. La premiere perſonne aura donné 15 écus, la ſeconde 5, & la troiſiéme 25. Les 15 écus de la premiere plus les 5 de la ſeconde en font 20, & plus les 25 de la troiſiéme en font 40. Et les 5 écus de la ſeconde plus les 25 de la troiſiéme en font 30.

DES RESOLUTIONS NEGATIVES.

Il faut remarquer que les queſtions peuvent ſouvent ſe propoſer de telle ſorte que leur reſolution ne peut eſtre poſitive, c'eſt à dire qu'on ne peut trouver des grandeurs poſitives leſquelles y ſatisfaſſent. Si par exemple nous ſuppoſons dans la queſtion precedente $a = 20$, $b = 40$, & $c = 80$. La premiere perſonne auroit -10 écus, c'eſt à dire qu'elle ſeroit redevable de cette ſomme, la ſeconde en auroit 30, & la troiſiéme 50.

Or ſi les queſtions ſont reſolües generalement, il eſt facile de connoître d'abord comment les queſtions doivent eſtre propoſées afin que leurs reſolutions puiſſent eſtre poſitives. Par exemple, il eſt bien viſible dans la reſolution precedente, que ſi a ſurpaſſe $b + c$, la troiſiéme grandeur $-\frac{1}{2}a + \frac{1}{2}b + \frac{1}{2}c$ doit eſtre negative. De même ſi b ſurpaſſe $a + c$, la ſeconde grandeur $\frac{1}{2}a - \frac{1}{2}b + \frac{1}{2}c$ ſera negative. Et pareillement ſi c ſurpaſſe $a + b$, ce ſera la premiere grandeur $\frac{1}{2}a + \frac{1}{2}b - \frac{1}{2}c$ qui ſera negative.

Il faut remarquer auſſi que les queſtions peuvent ſe propoſer de telle ſorte que l'on ne peut ſatisfaire pleinement à toutes leurs conditions, à cauſe que l'on y ſuppoſe quelque contradiction, ou à deſſein, ou bien par ignorance, parce que l'on n'en connoît pas la nature. Mais cela ſe connoît auſſi quand on a fini ſes operations. Par exemple, ſi outre les conditions de la queſtion precedente on avoit encore ſuppoſé celle-cy que les trois nombres inconnus fuſſent égaux à d, cette condition ne ſerviroit de rien. Car les trois premieres égalitez eſtant entierement reſolües determinent les valeurs de chaque grandeur, de ſorte que ſi d eſt different de leur ſomme, l'on ne pourroit ſatisfaire à la quatriéme condition, & ſi elle luy eſtoit égale, la derniere condition n'auroit de rien ſervi pour trouver aucune des grandeurs. Ainſi elle eſt entierement inutile ; ſi l'on veut qu'elle ſerve, il en faut retrancher quelqu'autre.

Quatriéme

Quatriéme Exemple.

Quatre perſonnes ont chacune un nombre d'écus, les trois premiers ont a, les deux premiers & le quatriéme ont b, le premier & les deux derniers ont d, & les trois derniers ont e, quel nombre d'écus aura chaque perſonne ?

Soit le premier nombre appellé v, le ſecond x, le troiſiéme y, & le quatriéme z. Les ſuppoſitions donneront donc quatre égalitez. La premiere $v+x+y=a$, la ſeconde $v+x+z=b$, la troiſiéme $v+y+z=c$, & la quatriéme $x+y+z=d$.

Or par la premiere, $v=a-x-y$. Par la ſeconde, $v=b-x-z$, par la troiſiéme $v=c-y-z$. Je laiſſe la quatriéme comme elle eſt, parce que l'inconnuë v ne s'y rencontre point. Enſuite j'égalé la premiere & ſeconde valeur de v, d'où je tire $z=b-a+y$. J'égale auſſi la premiere & troiſiéme valeur d'où je tire $z=c-a+x$. Aprés cela, je tire encore de la quatriéme égalité la valeur de la méme inconnüe z, & je trouve $z=d-x-y$. J'ai donc trois valeurs de z exprimées differemment dans leſquelles ni v ni z ne ſe rencontrent plus. La premiere valeur eſt $b-a+y$, la ſeconde $c-a+x$, & la troiſiéme $d-x-y$. J'égale donc ces valeurs, la premiere avec la ſeconde, d'où je tire $y=c+x-b$, & la ſeconde avec la troiſiéme, d'où je tire $y=d-c+a-2x$. L'on peut remarquer que je n'égale pas la premiere avec la troiſiéme, parce que je trouverois une égalité qui ne pouroit ſe reduire ſans fraction. Or ayant de nouveau deux valeurs de y, où la ſeule inconnüe x ſe rencontre, c'eſt à dire $c+x-b$, & $d-c+a-2x$, je trouve enfin l'égalité $3x=a+b-2c+d$. Aprés quoy le reſte de la reſolution eſt facile à trouver. Car mettant la valeur de x dans l'égalité $y=d-c+2x$, ou bien dans l'autre $y=c+x-b$, la valeur de y deviendra entierement connüe ; apres quoy mettant les valeurs toutes connües des grandeurs x & y dans l'une des trois valeurs de z, la grandeur z ſera toute connüe ; & enfin mettant les valeurs connües des grandeurs x, y, & z, dans l'une ou l'autre des trois valeurs de v, il vaut toûjours mieux choiſir la plus ſimple, l'on connoîtra la grandeur v, & la queſtion ſera univerſellement reſolüe. Les quatre grandeurs ſeront celles-ci diviſées chacune par 3. La premiere $a+b+c-2d$, la ſeconde $a+b-2c+d$, la troiſiéme $a-2b+c+d$, & la quatriéme $-2a+b+c+d$.

$$1^{ere} \text{ égalité } v=a-x-y.$$
$$2^{e}.\ v=b-x-z.\quad\Big\}\ \text{Donc } a-x-y=b-x-z.\ \text{Et } z=b-a+y.$$
$$3^{e}.\ v=c-y-z.\quad \text{Donc } a-x-y=c-y-z.\ \text{Et } z=c-a+x.$$
$$4^{e}.\ \text{égalité}\qquad x+y+z=d.\qquad \text{Donc } z=d-x-y.$$
$$\text{Donc } \begin{cases} b-a+y=c-a+x.\ \text{Et } y=c+x-b \\ c-a+x=d-x-y.\ \text{Et } y=d-c+a-2x. \end{cases}$$
$$\text{Donc } c+x-b=d-c+a-2x.\ \text{Et } 3x=d-2c+a+b.$$

Soit $a=17$, $b=14$, $c=22$, & $d=20$. La première personne aura donc 11 écus, la seconde 9, la troisiéme 7, & la quatriéme 4.

Il est visible par la formule que la resolution ne peut estre positive, si chacune des grandeurs données prise 2 fois n'est plus petite que la somme des trois autres. Ou ce qui revient au méme, si chacune n'est plus petite que le tiers de la somme des quatre.

Pareillement si l'on demandoit cinq grandeurs, dont les quatres premieres fussent a, les trois premieres & la cinquiéme b, les deux premieres & les deux dernieres c, la premiere & les trois dernieres d, & enfin les quatres dernieres e; les cinq grandeurs seroient celles qui suivent divisées chacune par 4.

$$\text{La } 1^{\text{ere}} \; \overline{a+b+c+d-3e}. \quad \text{La } 2^{\text{e}}. \; \overline{a+b+c-3d+e}. \quad \text{La } 3^{\text{e}}. \; \overline{a+b-3c+d+e}.$$

$$\text{La } 4^{\text{e}}. \; \overline{a-3b+c+d+e}. \qquad \text{Et la } 5^{\text{e}}. \; \overline{-3a+b+c+d+e}.$$

Il en est ainsi des autres à l'infini. Car si l'on demande plusieurs grandeurs telles qu'estant prises alternativement toutes ensemble moins une, les sommes soient certaines grandeurs déterminées, l'on fera des sommes semblables aux precedentes, qui seront divisées chacune par le nombre des grandeurs diminué de l'unité, & où chaque grandeur sera alternativement retranchée autant de fois moins une, que le diviseur aura d'unitez. Ou bien ce qui revient au même, l'on divisera la somme de toutes les grandeurs données par le nombre de ces grandeurs diminué de l'unité, & l'exposant sera la somme de toutes les grandeurs cherchées, de laquelle retranchant chaque grandeur donnée alternativement & dans un ordre retrograde, les restes donneront celles que l'on cherche.

Cinquiéme Exemple.
Pour la reduction des monnoyes & des mesures.

L'on peut encore rapporter icy le secret de la réduction des monnoyes & des mesures de tous les differens pays.

Par exemple, si 27 pieces d'une monnoye de France en valent 16 d'une monnoye d'Italie, que trois pieces de cette monnoye d'Italie en valent 5 d'une monnoye d'Espagne, & que quatre pieces de cette monnoye d'Espagne en valent 5 d'une monnoye d'Allemagne. Combien faudroit-il de pieces de la monnoye de France pour en faire 200 de celle d'Allemagne?

Soit la monnoye de France appellée f, celle d'Italie appellée i, celle d'Espagne appellée e, & d'Allemagne appellée a. (il est souvent utile de nommer les grandeurs par la premiere lettre du mot qui les signifie, d'appeller par exemple les poids p, les vitesses v, les mouvemens m, les temps t, & ainsi des autres.) Nous aurons donc trois égalitez, la premiere $27f=16i$, la seconde $3i=5e$, & la troisiéme $4e=5a$. Et ensuite il faudra faire sortir les deux inconnües i & e, & ne laisser que les deux autres f & a, que l'on doit comparer ensemble. Or la premiere égalité est $27f=16i$. Donc $i=\frac{27}{16}f$. La seconde est $3i=5e$. Donc $i=\frac{5}{3}e$. Et comparant les deux valeurs de i, l'on aura $\frac{5}{3}e=\frac{27}{16}f$. Et multipliant le tout par 3, & le divifant par 5, l'on aura $e = \frac{81}{80}f$. Or la troifiéme égalité eft $4e = 5a$. Donc $e = \frac{5}{4}a$. Donc $\frac{5}{4}a = \frac{81}{80}f$. Et multipliant le tout par 4, & le divifant par 5, l'on aura $a = \frac{81}{100}f$. Donc $100a = 162f$. Il faut 162 pieces de la monnoye de France pour en faire 200 de celle d'Allemagne.

Pareillement fi 16 aulnes de Lyon en valent 27 d'Amfterdam, que 3 aulnes de Lyon en valent 5 d'Anvers, & 4 d'Anvers 5 de Cologne, on trouvera qu'il faut 162 aulnes d'Amfterdam pour en faire 200 de Cologne.

Autre Exemple.

7 livres de fucre valent 2 livres de gerofles, 3 livres de gerofles valent 13 livres de poivre. Si la livre de poivre vaut 12 fols, combien vaudront 476 livres de fucre?

Soit la livre de fucre appellée f, celle de gerofle appellée g, celle de poivre appellée p, & le fol appellé a pour le diftinguer de la livre de fucre f. Donc $7f = 2g$. $3g = 13p$. & $1p = 12a$. Il faut faire fortir les deux inconnües g & p, & laiffer les deux autres f & a. Or $7f = 2g$. Donc $1g = \frac{7}{2}f$. Or $3g = 13p$. Donc $1g = \frac{13}{3}p$. Donc $\frac{13}{3}p = \frac{7}{2}f$. & $p = \frac{21}{26}f$. Or $1p = 12a$. Donc $12a = \frac{21}{26}f$. Et divifant le tout par 12, l'on aura $a = \frac{7}{104}f$. ou bien $f = \frac{108}{7}a$. Donc $476f = 476$ fois $\frac{108}{7}a$, c'eft à dire que $476f$ vaudront 7344 fols, ou 367 livres 2 fols. Il en eft ainfi de toutes les queftions femblables.

Sixiéme Exemple.

Quatre perfonnes ont chacune un nombre d'écus, les trois premieres ont a plus que la quatriéme, les deux premieres & la quatriéme ont b plus que la troifiéme, la premiere & les deux dernieres ont c plus que la feconde, & les trois dernieres e plus que la premiere.

Les quatre fuppofitions fourniront quatre égalitez, de chacune defquelles on tirera la valeur de la grandeur v. Enfuite l'on fera deux égalitez des quatre valeurs, l'une des deux premieres, & l'autre des deux dernieres. L'on tirera en même forte la valeur de $2z$ de chacune de ces deux égalitez, aprés quoy l'on fera une égalité des deux valeurs découvertes, qui fe réduira à $4y = a - b + c + d$. Or $4y$ eftant connu, y l'eft auffi, & le refte eft facile à refoudre. Nous en avons donné la formule ailleurs.

$$\left.\begin{array}{l} v = z + a - x - y \\ v = y + b - x - z \end{array}\right\} \text{Donc } z + a - y = y + b - z. \text{ Et } 2z = 2y + b - a$$

$$\left.\begin{array}{l} v = x + c - y - z \\ v = x + y + z - d \end{array}\right\} \text{Donc } c - y - z = y + z - d. \text{ Et } 2z = c + d - 2y.$$

$$\text{Donc } 2y + b - a = c + d - 2y. \text{ Et } 4y = a - b + c + d.$$

COROLLAIRE.

Il en eft ainfi des autres. De forte que fi l'on a trois égalitez ou bien quatre, qui renferment chacune une même inconnuë, on les réduit à deux, qui fe réduifent à une. Et fi l'on en a cinq ou bien fix, on les réduit à

trois, ces trois à deux, qui se réduisent à une. Pareillement si l'on en
avoit 11 ou bien 12, on les réduiroit à six, ces six à trois, &c.

AVERTISSEMENT.

Il n'y a point de Regle plus importante ny plus feconde que celle-cy
pour découvrir des veritez. Les Mathematiques, & generalement
toutes les autres Sciences, ne peuvent estre poußées ny perfectionnées
fans elle, & toutes peuvent l'estre d'autant plus qu'on aura foin de
l'obferver plus exactement. Car c'est par fon moyen que l'on peut com-
parer les veritez éloignées les unes avec les autres, & les rappeller à
leurs principes.

DES MOYENS

QUI PEUVENT FACILITER LA VOYE ANALYTIQUE.

IV. L'on peut toûjours former autant d'égalitez que l'on demande de
grandeurs, puifqu'on peut toûjours exprimer chacune par une lettre inconnuë qui ne marquera qu'elle feule. Mais la plufpart de ces égalitez
peuvent fe faire fort fouvent par la veuë feule de l'efprit, fecouruë fi
l'on veut par l'imagination, fans qu'il foit befoin de les exprimer. Et
c'est ce qui arrive, lorfqu'au lieu d'employer quelques fuppofitions pour
marquer fenfiblement des égalitez, l'on s'en fert pour exprimer les grandeurs cherchées avec un nombre plus petit de lettres inconnuës.

Par exemple, la fomme de trois grandeurs eft a, la premiere furpaffe
la feconde de b, & la feconde furpaffe la troifiéme de c. Si j'appelle z
la troifiéme qui eft la plus petite, la feconde fera $z + c$ par la troifiéme
fuppofition, puifqu'elle doit furpaffer de c la troifiéme grandeur z. La
premiere fera pareillement $z + b + c$, par la feconde fuppofition, puifqu'elle doit furpaffer de b la feconde $z + c$. Les trois grandeurs eftant
dónc exprimées par le moyen d'une feule lettre inconnuë, il ne me reftera
plus qu'à fatisfaire à la premiere condition, en égalant la fomme des trois
grandeurs z, $z + c$, & $z + b + c$ à la grandeur connuë a, ce qui fait
$3z + b + 2c = a$, qui fe réduit à $z = \frac{1}{3}a - \frac{1}{3}b - \frac{2}{3}c$. Et pour les deux autres égalitez qui femblent avoir efté fupprimées, elles ont efté faites par
la feule vûe de l'efprit, en égalant la feconde grandeur à $z + c$, par un
raifonnement tiré de la troifiéme fuppofition; & la premiere grandeur à
$z + b + c$, par un raifonnement tiré de la feconde. Or il ne faut pas
s'imaginer que l'on raifonne autrement en formant ces égalitez de la forte
que l'on feroit, fi l'on avoit marqué chaque grandeur par un caractere
propre. Car appellant dans noftre exemple la premiere grandeur x, la feconde y, & la troifiéme z, la feconde fuppofition donnera $x = y + b$, ou
bien par tranfpofition $y = x - b$; & la troifiéme donnera $y = z + c$. Je
paffe icy la premiere fuppofition, parcequ'elle n'a point fervi pour en
tirer quelque égalité par la veuë feule de l'efprit. Or égalant les deux
valeurs de la même inconnuë y, l'on aura $x - b = z + c$. Donc par tranf-

position $x = z + b + c$. La premiere grandeur x est donc égale à $z + b + c$, & la seconde y à $z + c$. Il en est ainsi des autres.

$$\text{1}^{\text{ere}} \; x = y + b. \quad \text{Donc } y = x - b.$$
$$\text{2}^{e} \text{ égalité } \; y = z + c. \quad \left\{ \text{Donc } x - b = z + c. \; \text{Et } x = z + b + c. \right.$$

Il est donc visible que les raisonnemens que l'on fait par la veuë seule de l'esprit ne different point de ceux que l'on fait par les operations, si ce n'est que l'esprit opere plus promptement que la plume. Ainsi les calculs de l'Analyse ne se font point à tastons, comme disent quelques-uns ; au contraire elles sont des expressions les plus ingenieuses que l'on puisse inventer des raisonnemens les plus exacts & les plus methodiques que l'on fait sur les grandeurs.

L'on ne peut rien fournir à l'esprit qui luy soit d'un plus grand secours pour découvrir des veritez, elles soulagent sa memoire & elles la soûtiennent, parcequ'elles luy representent sensiblement & en abregé le grand nombre des idées qu'il faut appercevoir, & des raisonnemens par lesquels ces idées doivent estre comparées les unes avec les autres. Leur usage est encore merveilleux pour rendre l'esprit attentif, car elles tournent sa veuë précisement sur son sujet, elles luy en representent toutes les parties, & luy marquent l'ordre naturel qui doit le conduire & le regler dans l'examen de ces parties, & enfin toutes les comparaisons qu'il en doit faire, & en la maniere qu'il les doit faire pour arriver aux connoissances qu'il cherche, ou pour connoître au moins quels sont les milieux qui luy manquent pour y arriver, lorsqu'elles passent sa portée. C'est à mon avis pour cela qu'entre ceux qui sçavent l'Analyse, les plus habiles luy donnent le premier rang entre toutes les parties des Mathematiques, & qu'ils tombent d'accord que sans son secours il est impossible d'en traitter aucune comme il faut. Il est vray que plusieurs personnes luy preferent la Geometrie, mais il est facile de voir que leur jugement n'est pas fondé sur une connoissance assez claire de ces deux Sciences, & de ce qu'elles ont de plus avantageux l'une que l'autre. Car la maniere de raisonner dans la Geometrie des Anciens, & la maniere de raisonner dans l'Analyse, different seulement en ce que celle-là met d'ordinaire en plusieurs pages, ce que celle-cy peut renfermer en tres-peu de lignes. C'est pourquoy l'esprit se fatigue & se rebutte dans l'une, parcequ'il n'y peut presque rien apprendre sans des peines & des efforts d'imagination incroyables ; Mais dans l'autre au contraire l'esprit prend plaisir à voir réunies d'une maniere sensible & extrêmement abregée, un grand nombre d'idées & de veritez, dont la veuë luy est d'autant plus agreable qu'il a moins de peine à se les representer, & qu'il les peut penetrer plus facilement. Ceux qui ont appris la Geometrie de Monsieur Descartes, ont une belle preuve de ce que je dis ; car ils voyent avec admiration plus de veritez recueillies dans ce petit Livre, & de plus fecondes que l'on n'en peut trouver dans plusieurs gros volumes des Geometres qui l'ont precedé, & que l'on n'a pû même en découvrir avant luy, faute d'avoir assez connu ou suivi sa methode, c'est à dire, faute d'avoir employé davantage l'Analyfe que l'on n'a fait. Il eft vray que c'eft un fentiment affez commun que les plus fçavans Mathematiciens ou Geometres de l'Antiquité fe fervoient de l'Analyfe pour découvrir la plufpart de leurs propofitions, & pour en démontrer la conftruction; & qu'enfuite aprés s'en eftre fervi en particulier, ils la fupprimoient. Si cela eft, comme il paroift fort vray-femblable; quoyque je ne veüille pas l'affurer pofitivement; N'eft-ce point que ces Auteurs vouloient que ceux qui liroient leurs Ecrits, les admiraffent d'autant plus qu'ils auroient plus de peine à les apprendre, & que par confequent la methode dont ils fe fervoient leur paroiftroit plus difficile à inventer & à fuivre?

Mais pour revenir à l'explication de nos Regles, s'il eft plus general d'appeller chaque inconnuë par fon caractere propre, cette methode a pourtant fes difficultez particulieres qui ne font pas petites, fur tout fi les queftions font difficiles, & fi elles renferment plufieurs conditions. Ainfi il vaut mieux marquer les grandeurs fans employer que le plus petit nombre d'inconnuës que l'on poura. Nous tâcherons de donner dans ce Livre les connoiffances generales qui font les plus neceffaires à ce deffein. Et pour le faire dans un ordre plus naturel, nous ne fuppoferons d'abord aucune de ces connoiffances, mais nous chercherons à les découvrir auparavant par la voye Analytique, & aprés les avoir ainfi découvertes, nous nous en fervirons pour en découvrir encore d'autres qui nous en découvriront de nouvelles. Et ainfi de fuite. Et toutes ces connoiffances acquifes par differens degrez nous fourniront autant de Theoremes ou de Problemes generaux qui pouront fervir à refoudre immediatement les queftions infinies qui s'y rapporteront.

PREMIER PRINCIPE.

V.   La fomme de plufieurs grandeurs eftant donnée, & la fomme de toutes les autres moins une l'eftant auffi, trouver chaque grandeur.

Soit f la fomme totale de trois grandeurs, a la fomme des deux premieres, b la fomme de la premiere & troifiéme, & c la fomme de la feconde & troifiéme. Puifque les trois font f, & les deux premieres a, la troifiéme eft donc $f-a$. De même puifque les trois font f, & la premiere & troifiéme b, la feconde fera donc $f-b$. Et par un femblable raifonnement, la premiere fera $a-c$. Les trois grandeurs feront donc $f-c$, $f-b$, & $f-a$.

Si donc trois perfonnes avoient 45 efcus, que les deux premieres en euffent 20, la premiere & troifiéme 40, & la feconde & troifiéme 30. Puifque $f=45$, $a=20$, $b=40$, & $c=30$; l'on aura $f-c=15$, $f-b=5$, $f-a=25$. La premiere perfonne aura 15 efcus, la feconde 5, & la troifiéme 25.

PREMIERE QUESTION.

VI.   Trouver trois grandeurs dont les deux premieres faffent a, la premiere & troifiéme b, & la feconde & troifiéme c.

Soit z la fomme inconnuë des trois grandeurs. Donc par le principe qui precede , la premiere sera $z-c$, la seconde $z-b$, la troisiéme $z-a$, & la somme des trois $3z-a-b-c$. Or z est aussi la somme de ces mêmes grandeurs. Donc $3z-a-b-c=z$. Et par transposition, $2z=a+b+c$. Et le tout estant divisé par 2, $z=\frac{1}{2}a+\frac{1}{2}b+\frac{1}{2}c$. Mettant donc au lieu de z cette valeur toute connuë qui luy est égale dans l'expression des trois grandeurs $z-c$, $z-b$, & $z-a$, la premiere sera $\frac{1}{2}a+\frac{1}{2}b+\frac{1}{2}c$, la seconde $\frac{1}{2}a-\frac{1}{2}b+\frac{1}{2}c$, & la troisiéme $-\frac{1}{2}a+\frac{1}{2}b+\frac{1}{2}c$. Ce qui nous fournit le Theoreme , ou Probleme suivant , qui peut s'appeller aussi une Regle ou Formule generale.

Regle. La moitié des trois sommes alternatives , moins la troisiéme, est égale à la premiere grandeur ; moins la seconde , elle est égale à la seconde grandeur ; & moins la premiere , elle est égale à la troisiéme.

Soit $a=20$, $b=40$, & $c=30$. Donc $z-c=15$, $z-b=5$, & $z-a=25$.

J'ay marqué plus haut les progrez infinis des questions de cette sorte. Voyez pag.

SECONDE QUESTION.

Trouver cinq grandeurs dont les deux premiers soient a, la seconde & troisiéme b, la troisiéme & quatriéme c, la quatriéme & la cinquiéme d, & la cinquiéme plus la premiere soit e.   VII.

Soit z la somme des cinq grandeurs. Puisque la premiere & seconde font a, & la troisiéme & quatriéme c, la somme des quatre premieres sera donc $a+c$, laquelle estant retranchée de la somme entiere des cinq grandeurs qui est z, laissera pour la cinquiéme $z-a-c$. Et par de semblables raisonnemens la quatriéme sera $z-b-e$, la troisiéme $z-a-d$, la seconde $z-c-e$, la premiere $z-b-d$, & la somme des cinq sera $5z-2a-2b-2c-2d-2e$. Or z est aussi la somme de ces mêmes grandeurs. Donc $5z-2a-2b-2c-2d-2e=z$. Donc $4z=2a+2b+2c+2d+2e$. Et z sera la moitié de la somme entiere $a+b+c+d+e$. Si donc on met cette valeur au lieu de z qui luy est égale , dans l'expression des cinq grandeurs $z-a-c$, &c. ces grandeurs seront celles-cy divisées chacune par 2. La premiere $a-b+c-d+e$, la $2^e.$ $a+b-c+d-e$, la $3^e.$ $-a+b+c-d+e$, la $4^e.$ $a-b+c+d-e$, & la $5^e.$ $-a+b-c+d+e$.

Les questions semblables se resoudront en même sorte , pourveu que le nombre des grandeurs soit pair ; car s'il estoit impair , Monsieur Bachet remarque que la resolution seroit indéterminée , c'est à dire qu'elle pouroit recevoir plusieurs resolutions differentes , au moins si elle estoit possible. Par exemple , dit-il , si l'on demandoit six nombres tels que le premier & le second fissent 13, le second & troisiéme 15, le troisiéme & quatriéme 19, le quatriéme & cinquiéme 11, le cinquiéme & sixiéme 10, & enfin le sixiéme avec le premier 16, les six nombres pourront estre 8. 5. 10. 9. 2. 8. ou bien 7. 6. 9. 10. 1. 9. ou bien encore d'autres. Je reserve à parler ailleurs de ces sortes de resolutions qui sont indéterminées.

TROISIEME QUESTION.

VIII. La somme de deux grandeurs estant donnée, & leur difference l'estant aussi, trouver ces grandeurs.

Soit a la somme des deux grandeurs, & b leur difference. Si j'appelle z la plus petite des deux inconnües, la plus grande sera $a-z$ par la premiere supposition, & par le principe qui precede, & la difference des deux grandeurs sera $a-z-z$, ou $a-2z$. Or b est aussi la difference de ces mêmes grandeurs. Donc $a-2z=b$. Et par transposition $a-b=2z$. Ou bien en raisonnant d'une autre sorte. Puisque z est la plus petite, & b la difference ou l'excez dont la plus grande surpasse z, la plus grande sera $z+b$, & la somme des deux $2z+b$. Or a est aussi la somme de ces mêmes grandeurs. Donc $2z+b=a$. Et par transposition $2z=a-b$, qui est la même égalité que j'avois déja trouvée. Divisant donc le tout par 2; j'auray $z=\frac{1}{2}a-\frac{1}{2}b$.

Ou bien soit y la premiere grandeur, l'autre qui est la plus petite sera donc $y-b$, & leur somme $2y-b=a$. Et par transposition, $2y=a+b$. Et divisant le tout par 2, $y=\frac{1}{2}a+\frac{1}{2}b$. La plus grande sera donc $\frac{1}{2}a+\frac{1}{2}b$, & la plus petite $\frac{1}{2}a-\frac{1}{2}b$. Ou bien si j'appelle la somme $2a$, & la difference $2b$ pour n'avoir point de fraction, la plus grande sera $a+b$, & la plus petite $a-b$. Ce qui nous fournit la Regle suivante qui nous servira dans la suite d'un second Principe.

Regle.

La moitié de la somme de deux grandeurs, plus la moitié de leur difference, est égale à la plus grande ; & la moitié de la somme moins la moitié de la difference, est égale à la plus petite.

Si donc les deux âges de deux personnes font 100 années, & que l'une ait 40 années plus que l'autre, la somme $2a=100$, & la difference $2b=40$. Donc $a+b=50+20=70$, & $a-b=50-20=30$. Le premier âge sera 70, & le second 30.

QUATRIÉME QUESTION.

IX. Connoissant la difference de deux grandeurs, & le rapport de l'une à l'autre, trouver chaque grandeur.

Soit la difference b, le rapport de la grande à la petite comme g à p, & la plus petite grandeur soit appellée z. La plus grande sera donc $z+b$, & la progression $z+b . z :: g . p$. ou bien *permutando* $z . z+b :: p . g$. Donc $gz=pz+bp$. Et par transposition $gz-pz=bp$. Et le tout estant divisé par $g-p$, l'on aura $z . 1 :: bp . g-p$. c'est à dire $z=\dfrac{bp}{g-p}$.

Ou bien soit la plus grande appellée y. La plus petite sera donc $y-b$. Et la proportion $y . y-b :: g . p$. Donc $py=gy-bg$. Et par transposition $gy-py=bg$. Et le tout estant divisé par $g-p$, l'on aura $y . 1 :: bg . g-p$.

Ainsi pour trouver deux nombres dont la difference soit 30, & le plus grand triple du plus petit. Le rapport de ces nombres est 3 à 1. Donc $y . z :: 3 . 1$.

$y.z :: 3.1$. Donc $1y=3z$, & la difference $y—z=3z—z=2z$. Or 30 est aussi la difference des grandeurs. Donc $2z=30$, & $z=15$. Or $y=3z$. Donc $y=45$. Les deux nombres font donc 45 & 15.

Regle. Le produit de la difference de deux grandeurs par le plus grand terme de leur rapport, divifé par la difference des termes de ce même rapport, eft égal à la plus grande ; Et le produit de la difference des grandeurs par le plus petit terme du rapport, divifé par la difference de fes deux termes, eft égal à la plus petite.

Soit $b=12$, $g=3$, $p=2$. Donc $y=36$, & $z=24$.

CINQUIE'ME QUESTION.

Connoiffant deux grandeurs qui foient chacune au deffous de la jufte grandeur, & le rapport des deux deffauts, trouver la jufte grandeur.   X.

Soient les grandeurs connües la plus grande a, & la plus petite b. Puifque chacune eft au deffous de la jufte grandeur, il eft vifible que le deffaut de la petite furpaffe le deffaut de la grande, puifqu'il s'en manque davantage qu'elle ne foit égale à la jufte grandeur. Soit donc le rapport du deffaut de la grandeur b au deffaut de la grandeur a comme g à p, & foit la jufte grandeur appellée z, le plus petit deffaut fera donc $z—a$, le plus grand $z—b$, & la proportion $z—a . z—b :: p . g$. Donc $gz—ag=pz—bp$. Et par tranfpofition $gz—pz=ag—bp$. Divifant donc le tout par $g—p$, l'on aura $z . 1 :: ag—bp . g—p$.

Regle. Donc le produit de la plus grande des deux données par le plus grand terme du rapport des deux deffauts, moins le produit de la plus petite grandeur par le plus petit terme du rapport, eftant divifé par la difference des deux termes du rapport, l'expofant fera la jufte grandeur.

Soit $a=40$, $b=30$, $g=3$, & $p=2$. Donc la jufte grandeur $z=60$.

SIXIE'ME QUESTION.   XI.

Connoiffant deux grandeurs qui foient chacune au deffus de la jufte grandeur, & le rapport des deux excez, trouver la jufte grandeur.

Soient les grandeurs connuës la plus grande a, & la plus petite b. Puifque chacune eft au deffus de la jufte grandeur, il eft vifible que l'excez de la plus grande furpaffe l'excez de la plus petite, car la jufte grandeur eft plus éloignée de celle-là que de celle-cy. Soit donc le rapport de l'excez de la grandeur a à l'excez de la grandeur b, comme g à p, & foit la jufte grandeur appellée z, le plus grand excez fera donc $a—z$, le plus petit $b—z$, & la proportion $a—z . b—z :: g . p$. Donc $ap—pz=bg—gz$. Et par tranfpofition, $gz—pz=bg—ap$. Divifant donc le tout par $g—p$, l'on aura la jufte grandeur $z . 1 :: bg—ap . g—p$.

Regle. Donc le produit de la plus petite grandeur par le plus grand terme du rapport des excez, moins le produit de la plus grande par le plus petit terme du même rapport, eftant divifé par la difference des deux termes du rapport, l'expofant fera la jufte grandeur.

Soit $a=140$, $b=60$, $g=3$ & $p=1$. Donc $z=10$.

La Formule $z . 1 :: bg—ap . g—p$. fait affez voir que la jufte grandeur ne poura eftre pofitive, fi bg n'eft plus grand que ap.

Soit par exemple $a=140$, $b=60$, $g=3$, & $p=2$. La jufte grandeur

N n

felon noftre formule eft —100, & l'on n'en peut trouver de pofitive. Les deux excez font 240 & 160 qui ont entr'eux même rapport que 3 à 2.

SEPTIE'ME QUESTION.

XII. Connoiffant deux grandeurs, l'une au deffus, l'autre au deffous de la jufte grandeur, trouver la jufte grandeur.

Soient les grandeurs connuës la plus grande a, à qui appartient l'excez, & la plus petite b à qui appartient le deffaut, comme l'excez de la premiere peut eftre ou plus grand ou plus petit que le deffaut de la feconde, foit le rapport de l'excez au deffaut comme e à d, il n'importe lequel des deux foit le plus grand : & foit la jufte grandeur appellée z. L'excez fera donc $a - z$, le deffaut $z - b$, & la proportion $a - z \cdot z - b :: e \cdot d$. Donc $ad - dz = ze - be$. Et par tranfpofition, $ze + dz = ad + be$. Divifant donc le tout par $e + d$, l'on aura la jufte grandeur $z \cdot 1 :: ad + be \cdot e + d$.

Regle. Donc le produit de la plus grande des deux grandeurs données par le fecond terme du rapport, plus le produit de la plus petite grandeur par l'autre terme, eftant divifé par la fomme des deux termes de ce même rapport, l'expofant fera la jufte grandeur.

Soit $a = 180$, $b = 60$, $c = 5$, & $d = 1$. Donc $z = 80$.

HUITIE'ME QUESTION.

XIII. Connoiffant la fomme de deux grandeurs, & la fomme de quelques parties déterminées de l'une ajoûtées à quelques autres parties déterminées de l'autre, trouver chaque grandeur.

Soit a la fomme des grandeurs, b celle de leurs parties déterminées, & que la fraction $\frac{c}{d}$ détermine les parties que doit fournir la premiere grandeur, ou pour parler comme Viete que c foit à d comme ces parties à leur grandeur. Et pareillement que la fraction $\frac{e}{f}$ détermine les parties que doit fournir la feconde grandeur, je fuppofe que la fraction $\frac{c}{d}$ ait une moindre valeur que $\frac{e}{f}$; pour les grandeurs il n'importe pas laquelle foit la plus grande ou la plus petite. Soient les parties que doit fournir la premiere grandeur appellées z, les parties que la feconde fournira feront donc $b - z$, puifque b eft la fomme entiere de toutes les parties contribuées par les deux grandeurs. Or $c \cdot d :: z \cdot \frac{dz}{c}$. C'eft pourquoy la premiere des deux grandeurs que l'on cherche fera $\frac{dz}{c}$. Et pareillement $e \cdot f :: b - z \cdot \frac{bf - fz}{e}$. La feconde grandeur fera donc $\frac{bf - fz}{e}$. Or a eft la fomme des deux grandeurs. L'égalité fera donc $\frac{dz}{c} + \frac{bf - fz}{e} = a$. Et le tout eftant multiplié par ec, elle fera $edz + bcf - cfz = ace$. Et par tranfpofition $edz - cfz = ace - bcf$. Divifant donc le tout par $ed - cf$, l'on aura $z \cdot 1 :: ace - bcf \cdot ed - cf$. Mettant donc cette valeur $\frac{ace - bcf}{ed - cf}$

au lieu de z qui luy est égale dans les deux expressions de la premiere grandeur $\frac{dz}{c}$, & de la seconde $\frac{bf-fz}{e}$. La premiere sera $\frac{adc-bdf}{de-cf}$, & la seconde $\frac{bdf-acf}{de-cf}$.

Où il faut remarquer que la resolution seroit negative si bf estoit plus grand que ae, ou bd plus petit que ac. L'Analyse de cette question paroist moins simple ici que dans Viete. Cependant elle l'est davantage, car la formule qu'elle fournit, ou les expressions qu'elle marque, sont plus commodes pour en faire les applications particulieres, dont elles abregent extrêmement les supputations, au lieu que celles de Viete les rendent plus laborieuses, comme on le peut voir facilement. Et c'est la même chose des questions suivantes.

Si donc il falloit partager 60 en deux nombres tels que $\frac{1}{5}$ du premier plus $\frac{1}{3}$ du second fissent 14. Par les suppositions $1.5::z.5z$, & $1.3::14-z.42-3z$, le premier nombre est donc $5z$, le second $42-3z$, & leur somme $2z+4=60$. Donc $2z=18$, & $z=9$. Donc le premier nombre $5z=45$, & le second $42-15$, ou plûtost $60-45=15$. Les nombres sont donc 45 & 15 ; leur somme est 60, & la cinquiéme partie de 45, qui est 9, plus le tiers de 15, qui est 5, font la somme 14.

Regle. Le produit de la somme de deux grandeurs par le premier terme de la seconde fraction, (j'entens par seconde fraction celle qui vaut davantage) moins un autre produit de la somme des parties contribuées par le second terme de la même fraction, estant multiplié par le second terme de la premiere ; & le solide qu'on trouve estant divisé par le produit du second terme de la premiere fraction par le premier de la seconde, moins le produit du premier terme de la premiere par le second de la seconde, l'exposant sera l'une des deux grandeurs cherchées. Et cette grandeur estant retranchée de la somme des deux, le reste sera l'autre grandeur cherchée.

Soit $a=60$, $b=14$, $c=1$, $d=5$, $e=1$, & $f=3$. Donc $x=45$, & $y=15$. Soit aussi $a=43$, $b=27$, $c=2$, $d=5$, $e=3$, & $f=4$. Donc $x=15$, & $y=28$. Dans l'un le premier nombre 45 surpasse le second 15, & dans l'autre le second 28 surpasse le premier 15. Pour les fractions, les premieres $\frac{1}{5}$ & $\frac{2}{5}$ sont toûjours moindres que les secondes $\frac{1}{3}$ & $\frac{3}{4}$. Que si l'on vouloit mettre les plus grandes les premieres, la formule auroit lieu, en changeant seulement les signes, $+$ en $-$, & $-$ en $+$.

Mais si $a=60$, $b=14$, $c=1$, $d=6$, $e=1$ & $f=5$. La grandeur x seroit le nombre negatif -60, & y le nombre positif 120. Et la sixiéme partie de -60, qui est -10, plus la cinquiéme de 120, qui est 24, font la somme $-10+24$, c'est à dire 14.

Et pareillement si $a=60$, $b=14$, $c=2$, $d=3$, $e=5$, & $f=6$. La grandeur x sera le nombre positif 216, & y le nombre negatif -156. La somme de ces deux nombres est 60, & les 2 tiers du premier 216, qui font

144, plus les 3 ſixiémes du ſecond —156, qui ſont —130, font 144—130, c'eſt à dire 14.

Et dans ces deux cas la reſolution ne peut eſtre poſitive, car au premier bf eſt plus grand que ae, & au ſecond bd eſt plus petit que ac.

NEUVIÉME QUESTION.

XIV.   Connoiſſant la ſomme de deux grandeurs & la difference de quelques parties déterminées de l'une à quelques parties déterminées de l'autre, trouver chaque grandeur.

Soit a la ſomme des grandeurs, b la difference des parties déterminées, & que la fraction $\frac{c}{d}$ détermine les plus grandes parties que doit fournir l'une des deux grandeurs que je mets la premiere, que la fraction $\frac{e}{f}$ détermine les autres parties de la ſeconde grandeur qui doivent eſtre retranchées pour avoir la difference b. Quoyque les parties déterminées par $\frac{c}{d}$ ſoient plus grandes que celles qui ſont déterminées par $\frac{e}{f}$, cependant la fraction $\frac{c}{d}$ peut eſtre plus petite que $\frac{e}{f}$. Cela eſtant, ſoient les parties de la premiere grandeur appellees z, celles de la ſeconde ſeront donc $z—b$. Or $c.d::z.\frac{dz}{c}$. Et $e.f::z—b.\frac{fz—bf}{e}$. La premiere grandeur ſera donc $\frac{dz}{c}$, & la ſeconde $\frac{fz—bf}{e}$. Et parceque a eſt la ſomme des deux, l'égalité ſera $\frac{dz}{c}+\frac{fz—bf}{e}=a$. Et le tout eſtant multiplié par ec, elle ſera $edz+cfz—bcf=ace$. Et par tranſpoſition, $dez+cfz=ace+bcf$. Diviſant donc le tout par $de+cf$, l'on aura $z.1::ace+bcf.de+cf$. Et mettant cette valeur de z dans les deux expreſſions de la premiere grandeur $\frac{dz}{c}$, & de la ſeconde $\frac{fz—bf}{e}$, l'on aura la premiere grandeur $x.1::ade+bdf.de+cf$, & la ſeconde $y.1::acf—bdf.de+cf$.

Regle. Donc le produit de la ſomme de deux grandeurs par le premier terme de la ſeconde fraction, plus un autre produit de la difference des parties déterminées par le ſecond terme de la méme fraction, eſtant multiplié par le ſecond terme de la premiere ; & le produit qu'on trouve eſtant diviſé par le produit du ſecond terme de la premiere fraction par le premier de la ſeconde, plus celuy du premier terme de la premiere, par le ſecond de la ſeconde, l'expoſant ſera l'une des deux grandeurs cherchées. Et cette grandeur eſtant retranchée de la ſomme des deux, le reſte ſera l'autre grandeur cherchée.

Ainſi pour partager 84 en deux nombres tels que $\frac{1}{3}$ du premier moins $\frac{1}{4}$ du ſecond donne 7. La ſomme $a=84$, la difference $b=7$, $c=1$, $d=3$, $e=1$, & $f=4$. Les nombres ſeront donc $x=48$, & $y=36$. Le tiers du premier est 16, le quart du second 9, la difference de 16 à 9 est 7 ; & la somme des nombres 48 & 36 est 84. Icy la premiere fraction $\frac{1}{3}$ surpasse la seconde $\frac{1}{4}$.

Et pour partager 84 en deux nombres tels que $\frac{1}{4}$ du premier moins $\frac{1}{3}$ du second fasse 7. La somme $a = 84$, la difference $b = 7$, $c = 1$, $d = 4$, $e = 1$, & $f = 3$. Les nombres seront donc 60 & 24. Le quart du premier est 15, le tiers du second est 8, la difference de 15 à 8 est 7, & la somme des nombres 60 & 24 est 84. Icy la premiere fraction $\frac{1}{4}$ est surpassée par la seconde $\frac{1}{3}$.

Mais si ac estoit plus petit que bd, la formule fait voir que la seconde grandeur seroit negative.

DIXIÉME QUESTION.

Connoissant la difference de deux grandeurs, & la somme de quelques parties déterminées de l'une ajoûtées à quelques autres parties déterminées de l'autre, trouver chaque grandeur. XV.

Soit a la difference des grandeurs, b la somme des parties déterminées, $\frac{c}{d}$ la fraction qui détermine les parties de la plus grande que je mets la premiere, & $\frac{e}{f}$ la fraction qui détermine les parties de la seconde, il n'importe pas que la premiere fraction soit plus grande ou plus petite que la seconde. Soient les parties déterminées de la premiere grandeur appellées z, celles de la seconde seront donc $b - z$. Or $c.d :: z. \frac{dz}{c}$. Et $e. f :: b - z. \frac{bf - fz}{e}$. La premiere grandeur sera donc $\frac{dz}{c}$, & la seconde $\frac{bf - fz}{e}$. Et parceque a est la difference de la premiere à la seconde, l'égalité sera $\frac{dz}{c} - \frac{bf + fz}{e} = a$. Et le tout estant multiplié par ec, elle sera $dez - bcf + cfz = ace$. Transposant donc à l'ordinaire, & divisant le tout par $de + cf$, l'on aura $z. 1 :: ace + bcf. de + cf$. Les grandeurs seront donc la premiere $x. 1 :: ade + bdf. de + cf$, & la seconde $y. 1 :: bdf - acf. de + cf$.

Regle. Le produit de la difference de deux grandeurs par le premier terme de la seconde fraction, plus un autre produit de la somme des parties déterminées par le second terme de la même fraction, estant multiplié par le second terme de la premiere ; & le solide qu'on trouve estant divisé par le produit du second terme de la premiere fraction par le premier de la seconde, augmenté du produit du premier terme de la premiere par le second de la seconde, l'exposant donnera la premiere grandeur.

Et la difference des deux estant retranchée de cette premiere grandeur, le reste donnera la seconde.

Ainsi pour trouver deux nombres dont la difference soit 84, & tels que $\frac{1}{3}$ du premier, plus $\frac{1}{4}$ du second fassent 98. La difference $a=84$, la somme $b=98$, $c=1$, $d=3$, $e=1$, & $f=4$. Donc $x=104$, & $y=120$. La difference de ces deux nombres est 84, & le tiers du premier, qui est 68, plus le quart du second qui est 30, donne la somme 98. Icy la premiere fraction $\frac{1}{3}$ surpasse la seconde $\frac{1}{4}$.

Et pour trouver deux nombres dont la difference soit 84, & tels que $\frac{1}{4}$ du premier, que je prends toûjours pour le plus grand, plus $\frac{1}{3}$ du second fassent la somme 98. La difference $a=84$, la somme $b=98$, $c=1$, $d=4$, $e=1$, & $f=3$. Donc $x=216$, & $y=132$. La difference de ces nombres est 84, & le quart du premier, qui est 54, plus le tiers du second qui est 44, font la somme 98.

Mais si bd estoit surpassé par ac, la regle fait voir que la seconde grandeur seroit negative.

Onzie'me Question.

XVI.   Connoissant la difference de deux grandeurs, & la difference de quelques parties déterminées de l'une, à quelques autres parties déterminées de l'autre, trouver chaque grandeur.

Soit a la difference des grandeurs, b celle de leurs parties déterminées, $\frac{c}{d}$ les parties déterminées de la premiere, & $\frac{e}{f}$ les parties déterminées de la seconde. Supposant toûjours que la plus grande soit celle que je mets la premiere, la question peut avoir deux cas qui doivent avoir chacun leur détermination particuliere. Le premier cas, c'est lorsque les parties que l'on prend de la plus grande ou premiere grandeur, surpassent celles qu'on prend de la seconde. Et le second cas, c'est lorsque les parties que l'on prend de la seconde qui est la plus petite, surpassent celles que l'on prend de la premiere.

Premier Cas.

Pour le premier cas, soient z les parties déterminées de la premiere grandeur, qui surpassent les autres. Puisque b est la difference des parties, celles de la seconde grandeur seront donc $z-b$. Or $c.d::z.\frac{dz}{c}$. Et $e.f::z-b.\frac{fz-bf}{e}$. La premiere grandeur sera donc $\frac{dz}{c}$, & la seconde $\frac{fz-bf}{e}$. Et parceque a est la difference de la premiere à la seconde, l'égalité sera $\frac{dz}{c}-\frac{fz+bf}{e}=a$. Et le tout estant multiplié par ce, elle sera $dez-cfz+bcf=ace$. Transposant donc à l'ordinaire, & divisant le tout par $de-cf$, l'on aura $z.1::ace-bcf.de-cf$. Les grandeurs seront donc la plus grande $x.1::ade-bdf.de-cf$, & la plus petite $y.1::acf-bdf.de-cf$. Si toutefois la fraction $\frac{c}{d}$ est plus petite que $\frac{e}{f}$, car si elle estoit plus grande, il faudroit renverſer les ſignes, & au lieu des grandeurs $x . 1 :: ade - bdf. de - cf$, & $y. 1 :: acf - bdf. de - cf$, il faudroit écrire $x . 1 :: bdf - ade. cf - de.$ & $y. 1 :: bdf - acf. cf - de.$

Regle. Si donc la premiere fraction eſt plus petite que la ſeconde, le produit de la difference des deux grandeurs par le premier terme de la ſeconde fraction, moins un autre produit de la difference des parties déterminées par le ſecond termé de la même fraction, eſtant multiplié par le ſecond terme de la premiere ; & le ſolide qu'on trouve eſtant diviſé par le produit du ſecond terme de la premiere fraction par le premier de la ſeconde, moins un autre produit du premier terme de la premiere fraction par le ſecond de la ſeconde, l'expoſant ſera la premiere grandeur.

Et la difference des deux eſtant retranchée de cette grandeur, le reſte donnera la premiere.

Mais ſi la premiere fraction eſt plus grande que la ſeconde, cette formule aura lieu, ſi l'on y met par tout moins au lieu de plus, & plus au lieu de moins, ainſi que nous l'avons déja dit.

Au reſte les formules literales font aſſez voir ſi la reſolution peut eſtre poſitive ou non. Ainſi je n'en diray rien davantage.

Si donc il falloit trouver deux nombres tels que leur difference fuſt 84, & que $\frac{1}{4}$ du plus grand moins $\frac{1}{3}$ du plus petit fuſt 10. La difference des grandeurs $a = 84$, celle des parties $b = 10$, $c = 1$, $d = 4$, $e = 1$, & $f = 3$. Et parceque la premiere fraction $\frac{1}{4}$ eſt plus petite que la ſeconde $\frac{1}{3}$, je me fers de la premiere formule. Les deux nombres feront donc le premier $x = 216$, & le ſecond $y = 132$. La difference de ces deux nombres eſt 84, & le quart du premier qui eſt 54, moins le tiers du ſecond, qui eſt 44, donne la difference 10.

Et pour trouver deux nombres dont la difference ſoit 84, & tels que $\frac{1}{3}$ du plus grand, moins $\frac{1}{4}$ du plus petit fuſt 38. La difference $a = 84$, l'autre $b = 38$, $c = 1$, $d = 3$, $e = 1$, & $f = 4$. Et parceque la premiere fraction $\frac{1}{3}$ eſt plus grande que la ſeconde $\frac{1}{4}$, je prends la ſeconde formule $x . 1 :: bdf - ade. cf - de$, & $y. 1 :: bdf - acf. cf - de.$ Les deux nombres feront donc $x = 204$, & $y = 120$. Leur difference eſt 84, & le tiers du premier, qui eſt 68, moins le quart du ſecond qui eſt 30, donne la difference 38.

Second Cas.

Et lorſque les parties qu'on prend de la plus petite grandeur ſurpaſſent celles qu'on prend de la premiere & plus grande, l'operation varie tant ſoit peu. Soit donc a la difference de la premiere grandeur à la ſeconde, ou l'excez de la premiere ſur la ſeconde, & b l'excez des parties déterminées de la ſeconde aux autres parties déterminées de la premiere. Soit $\frac{c}{d}$ la fraction qui détermine les parties de la ſeconde qui ſont les plus grandes,

& $\frac{e}{f}$ la fraction qui détermine les parties de la premiere. Si j'appelle z les parties déterminées de la seconde grandeur, celles de la premiere seront donc $z-b$. Or $c.d::z.\frac{dz}{c}$. Et $e.f::z-b.\frac{fz-bf}{e}$. La seconde grandeur sera donc $\frac{dz}{c}$, & la premiere $\frac{fz-bf}{e}$. Et parceque a est la difference de la premiere à la seconde, l'égalité sera $\frac{fz-bf}{c}-\frac{dz}{c}=a$. Et le tout estant multiplié par ec, & la transposition faite à l'ordinaire, elle sera $efz-edz=ace+bcf$. Donc le tout estant divisé par $cf-de$, l'on aura $z.1::ace+bcf.cf-de$. Les grandeurs seront donc la plus grande $x.1::acf+bdf.cf-de$, & la plus petite $y.1::ade+bdf.cf-de$. Et afin que la resolution soit réelle & positive, il est visible que la fraction $\frac{c}{d}$ doit surpasser $\frac{e}{f}$. Car estant réduites à un même second terme, elles sont $\frac{cf}{df}$ & $\frac{de}{df}$, de sorte que si cf ne surpassoit de, la premiere fraction ne surpasseroit pas la seconde, & ainsi le diviseur ou second terme des valeurs de x & de y, qui est $cf-de$, ne seroit pas positif. Que si les fractions $\frac{c}{d}$ & $\frac{e}{f}$ estoient égales dans cette question & dans les precedentes, ces questions ne seroient aucunement considerables, ainsi je n'en diray rien.

Regle. Le produit de la difference de deux grandeurs par le premier terme de la premiere fraction, c'est à dire de celle qui détermine les parties de la plus petite grandeur, plus un autre produit de la difference des parties déterminées par le second terme de la même fraction, estant multiplié par le second terme de la seconde; & le solide qu'on trouve, estant divisé par le produit du premier terme de la premiere fraction par le second de la seconde, moins un autre produit du second terme de la premiere par le premier de la seconde, l'exposant sera la premiere grandeur.

Et la difference des deux estant retranchée de cette grandeur, le reste donnera la premiere.

Ainsi pour trouver deux nombres dont la difference soit 84, & tels que $\frac{1}{3}$ du second moins $\frac{1}{4}$ du premier soit 10. La difference des nombres $a=84$, celles des parties $b=10$, $c=1$, $d=3$, $e=1$, & $f=4$. Les deux nombres seront donc le plus grand $x=456$, & le plus petit $y=372$. Leur difference est 84, & le tiers du plus petit, qui est 124, moins le quart du plus grand, qui est 114, donne la difference 10.

Mais pour trouver deux nombres dont la difference soit 84, & tels que $\frac{1}{4}$ du second moins $\frac{1}{3}$ du premier soit 10. La difference $a=84$, $b=10$, $c=1$, $d=4$, $e=1$, & $f=3$. Les deux nombres seront donc les deux nombre negatifs $x=\frac{372}{-1}$, c'est à dire -372, & $y=\frac{456}{-1}$, c'est à dire -456. Leur difference est -372 moins -456, c'est à dire $+84$, & le tiers du
second

second, qui est —114, moins le quart du premier, qui est —124, c'est à dire —114 moins —124, donne le reste ou la difference +10, si toutefois cela peut s'appeller reste ou difference.

DOUZIE'ME QUESTION.

Connoissant la somme des quarrez de trois grandeurs geometriquement XVII. proportionelles, & l'une ou l'autre des deux extrêmes, trouver l'autre extrême.

Soit la premiere des extrêmes appellée z, je suppose la premiere inconnuë, & je ne me mets point en peine de sçavoir si elle est plus grande ou plus petite que l'autre. Soit l'autre extrême qui est connuë appellée a, & la somme de tous les quarrez appellée b. Comme en toute proportion geometrique continuë le quarré de la moyenne est égal au produit des extrêmes, le quarré de la moyenne sera az, la moyenne sera par consequent $\sqrt{az}$, la proportion $\div z$. $\sqrt{az}$. a. & la somme des trois quarrez sera $zz+az+aa$. Or b est aussi la somme des quarrez. Donc $zz+az+aa=b$. qui est une égalité composée.

Si pourtant on la vouloit resoudre sans supposer la connoissance de ces égalitez, cela seroit tres-facile. Car il n'y a qu'à voir par quelle soustraction ou division, ou par quelle autre operation le premier membre poura estre une puissance parfaite, au moins literale, sans toutefois rien rejetter d'inconnu au second membre. Cela se voit d'abord, car le premier terme zz estant le quarré de z, si l'on divise par 2 fois z la seconde partie az, l'exposant sera $\frac{1}{2}a$. Or si la derniere partie aa estoit le quarré de l'exposant $\frac{1}{2}a$, la puissance seroit parfaite. Comme donc il s'en manque $\frac{3}{4}aa$ que le quarré de $\frac{1}{2}a$, qui est $\frac{1}{4}aa$, ne soit égal à aa, en retranchant $\frac{3}{4}aa$ de part & d'autre, l'égalité sera $zz+az+\frac{1}{4}aa=b-\frac{3}{4}aa$.

Et tirant la racine quarrée de part & d'autre, elle sera $z+\frac{1}{2}a=\sqrt{b-\frac{3}{4}aa}$.

Et par transposition $z=\sqrt{b-\frac{3}{4}aa}-\frac{1}{2}a$. Et la question est resoluë.

Regle. Si l'on prend donc la racine de la somme des quarrez diminuée des trois quarts du quarré de l'extrême connuë, & qu'ensuite l'on en retranche la moitié de cette extrême, le reste sera l'autre extrême; & la moyenne sera la racine du produit des extrêmes.

Soit $a=4$; & $b=21$. Donc $z=\sqrt{21-12}-2=1$. La plus grande extrême est donc 4, la plus petite 1; & la moyenne $\sqrt{1\text{ fois }4}$, c'est à dire 2. $\div$ 4. 2. 1.

Et si $a=1$, $b=21$. Donc $z=\sqrt{21-\frac{3}{4}}-\frac{1}{2}=\sqrt{\frac{81}{4}}-\frac{1}{2}$, c'est à dire 4. La proportion est donc $\div$ 1. 2. 4.

SECOND PRINCIPE.

Ce Principe n'est autre que le Theoreme ou la Regle, dont la resolution de la question troisiéme nous a donné la connoissance. XVIII.

Que la moitié de la ſomme de deux grandeurs, plus la moitié de leur difference, eſt égale à la plus grande; & moins cette même moitié, qu'elle eſt égale à la plus petite.

De ſorte que ſi la ſomme eſt $2a$, & la difference $2b$, la plus grande ſera $a+b$, & la plus petite $a-b$. Ou bien ſi la ſomme eſt $2y$, & la difference $2z$, la plus grande ſera $y+z$, & la plus petite $y-z$.

Ce Principe eſt tres-utile, & d'une grande étendüe. Pour commencer à en montrer l'uſage, je vay reſoudre par ſon moyen les queſtions ſuivantes. Elles ſont tirées la pluſpart du ſecond & troiſiéme Livre des Zetetiques de Viete. Je les ay choiſies plûtoſt que d'autres, à cauſe que le choix qu'il en a fait eſt tres-judicieux; car les Theoremes ou les Regles generales que leurs reſolutions fourniſſent ſont des plus conſiderables dans les Mathematiques. Cependant je ne les reſous pas ſelon ſa methode, parcequ'elle ne me ſemble ny aſſez ſimple ny aſſez facile.

PREMIERE QUESTION.

XIX. Connoiſſant la ſomme de deux grandeurs, & le produit de l'une par l'autre, trouver chaque grandeur.

Soit la ſomme connuë $2a$, & le produit c. Si j'appélle leur difference $2z$, il eſt évident par la formule precedente, que la plus grande ſera $a+z$, & la plus petite $a-z$; & le produit de l'une par l'autre ſera $aa-zz$. Or c eſt auſſi le produit de ces mêmes grandeurs. Donc $aa-zz=c$. Et par tranſpoſition, $zz=aa-c$.

Formule. Donc le quarré de la moitié de la ſomme de deux grandeurs moins le produit de l'une par l'autre, eſt égal au quarré de la moitié de leur difference.

Or la moitié de la difference eſtant connüe, chacune des deux grandeurs eſt pareillement connüe, par la formule qui precede.

Exemple.

La moyenne de trois grandeurs qui ſont en proportion geometrique continüe eſtant donnée, & la ſomme des extrêmes l'eſtant auſſi, trouver chaque grandeur.

Soit la moyenne appellée m, la ſomme des extrêmes $2a$, & leur difference inconnuë $2z$; la plus grande ſera donc $a+z$, la plus petite $a-z$, & la proportion continüe ſera $\div a+z. m. a-z$. Or en toute proportion geometrique continüe, le produit des extrêmes eſt égal au quarré de la moyenne. Donc $aa-zz=mm$. Et par tranſpoſition, $aa-mm=zz$.

Soit la moyenne $m=12$, & la ſomme des extrêmes $2a=26$. Donc $zz=169-144=25$, & $z=5$. Donc la proportion continüe $\div a+z. m. a-z$, ſera $\div 18. 12. 8$. Et la queſtion eſt reſolüe.

SECONDE QUESTION.

XX. L'on peut remarquer en reſolvant les queſtions par l'Analyſe, que chaque trait de plume y fait découvrir ordinairement quelque nouveau Theoreme avec une grande facilité.

Par exemple la refolution precedente $zz = aa - c$, nous vient de faire connoître que le quarré de la moitié de la fomme de 2 grandeurs moins leur produit, eft égal au quarré de la moitié de leur difference. Or fi nous fuppofons
que la fomme foit inconnuë, & que la difference foit connuë, & que nous
appellions la fomme inconnuë $2z$, & la difference $2b$, au lieu de
$zz = aa - c$, nous pourons écrire $bb = yy - c$. Et par tranfpofition
$bb + c = yy$; ce qui nous donne par un trait de plume un Theoreme ou
bien une Regle inverfe de la precedente.

Regle. Car $bb + c = yy$ nous fait voir que le quarré de la moitié de la
difference de deux grandeurs plus le produit de l'une par l'autre, eft égal
au quarré de la moitié de leur fomme.

Soit $2b = 2$, & $c = 24$. L'on aura $yy = 25$, & $y = 5$. Donc $y + b = 6$, &
$y - b = 4$.

Exemple.

La moyenne de trois grandeurs qui font en proportion geometrique
continuë eftant donnée, & la difference des extrêmes l'eftant auffi, trouver
chaque grandeur.

Soit la moyenne appellée m, la difference des extrêmes $2b$, & leur
fomme inconnuë $2y$. La plus grande fera donc $y + b$, la plus petite $y - b$,
& la proportion continuë fera $\div y + b . m . y - b$. Or en toute proportion
geometrique continuë, le produit des extrêmes eft égal au quarré de la
moyenne. Donc $yy - bb = mm$, & par tranfpofition $yy = mm + bb$.

Soit la moyenne $m = 12$, & la difference des extrêmes $2b = 10$. Donc
$yy = 144 + 25 = 169$, & $y = 13$. Donc la proportion continuë $\div y + b . m .$
$y - b$, fera $\div 18.12.8$. Et la queftion eft refolue.

TROISIÉME QUESTION.

Connoiffant la fomme de deux grandeurs, & la fomme de leurs quarrez, XXI.
trouver chaque grandeur.

Soit $2a$ la fomme des grandeurs, & c la fomme de leurs quarrez. Si
j'appelle $2z$ la difference des deux grandeurs, la plus grande fera $a + z$, la
plus petite $a - z$, & leurs quarrez feront $aa + 2az + zz$, & $aa - 2az + zz$;
& la fomme de ces quarrez fera $2aa + 2zz$. Or c eft auffi la fomme de
ces mêmes quarrez. Donc $2aa + 2zz = c$. Et par tranfpofition, $2zz = c$
$- 2aa$. Et divifant le tout par 2, $zz = \frac{1}{2} c - aa$.

Regle. Donc la moitié de la fomme des quarrez de deux grandeurs
moins le quarré de la moitié de la fomme de ces mêmes grandeurs, eft
égale au quarré de la moitié de leur difference.

Soit la fomme des grandeurs $2a = 12$, & la fomme des quarrez $2c = 104$,
l'on aura $zz = 16$, & $z = 4$. Donc $a + z = 10$, & $a - z = 2$.

QUATRIÉME QUESTION.

Et fi nous fuppofons que la fomme des grandeurs foit inconnuë, & XXII.
que leur difference foit connuë, appellant la fomme inconnuë $2y$, & la difference $2b$, au lieu de la refolution precedente $zz = \frac{1}{2} c - aa$, nous pourons

O o ij

écrire $bb = \frac{1}{2}c - yy$. Et par transposition $yy = \frac{1}{2}c - bb$.

Regle. Donc la moitié de la somme des quarrez de deux grandeurs moins le quarré de la moitié de la difference de ces mêmes grandeurs, est égale au quarré de la moitié de leur somme.

Soit la difference des grandeurs $2b = 8$, & la somme des quarrez $c = 104$, l'on aura $yy = 36$, & $y = 6$. Donc $y + b = 10$, & $y - b = 2$.

CINQUIÉME QUESTION.

XXIII. Connoissant la somme de deux grandeurs, & la difference de leurs quarrez, trouver chaque grandeur.

Soit $2a$ la somme des grandeurs, & d la difference de leurs quarrez. Si j'appelle $2z$ la difference des deux grandeurs, la plus grande sera $a + z$, la plus petite $a - z$, & leurs quarrez feront $aa + 2az + zz$, & $aa - 2az + zz$; & la difference de ces quarrez sera $4az$. Or d est aussi la difference de ces mêmes quarrez. Donc $4az = d$. Et divisant le tout par $4a$, $z = \frac{d}{4a}$.

Regle. Donc la difference des quarrez de deux grandeurs divisée par le double de la somme de ces mêmes grandeurs, est égale à la moitié de leur difference. Ou ce qui revient au même, la difference des quarrez de deux grandeurs divisée par la somme de ces mêmes grandeurs, est égale à leur difference. Car si $4az = d$. Donc $2z = \frac{d}{2a}$.

Soit la somme des grandeurs $2a = 12$, & la difference de leurs quarrez $d = 96$. L'on aura $z = \frac{96}{24} = 4$. Donc $a + z = 10$, & $a - z = 2$.

SIXIÉME QUESTION.

XXIV. Et si nous supposons que la somme des grandeurs soit inconnüe, & que leur difference soit connüe, appellant la somme inconnüe $2y$, & la difference $2b$, au lieu de l'égalité $4az = d$, nous aurons $4yb = d$. Et le tout estant divisé par $4b$, $y = \frac{d}{4b}$.

Regle. Donc la difference des quarrez de deux grandeurs divisée par le double de la difference de ces mêmes grandeurs, est égale à la moitié de leur somme. Ou bien, ce qui revient au même, la difference des quarrez de deux grandeurs divisée par la difference de ces mêmes grandeurs, est égale à leur somme. Car si $4yb = d$. Donc $2y = \frac{d}{2b}$.

Soit la difference des grandeurs $2b = 8$, & la difference de leurs quarrez $d = 96$. L'on aura $y = \frac{96}{16} = 6$. Donc $y + b = 10$, & $y - b = 2$.

SEPTIÉME QUESTION.

XXV. Connoissant la somme de deux grandeurs, & la somme de leurs cubes, trouver chaque grandeur.

Soit $2a$ la somme des grandeurs, & c la somme de leurs cubes, appellant $2z$ la difference des grandeurs, la plus grande sera $a + z$, la plus petite $a - z$, & leurs cubes feront $a^3 + 3aaz + 3azz + z^3$ & $a^3 - 3aaz + 3azz - z^3$,

Et la somme de ces cubes sera $2a^3 + 6azz$. Or c est aussi la somme de ces mêmes cubes. Donc $2a^3 + 6azz = c$. Et par transposition $6azz = c - 2a^3$.

Et le tout estant divisé par $6a$, $zz = \dfrac{c - 2a^3}{6a}$.

Regle. Donc la somme des cubes de deux grandeurs moins deux fois le cube de la moitié de leur somme, divisée par 3 fois la même somme de ces grandeurs, est égale au quarré de la moitié de leur difference.

Soit la somme des grandeurs $2a = 12$, & la somme de leurs cubes $c = 1008$, $zz = \dfrac{c - 2a^3}{6a}$ sera 16. Donc $z = 4$, $a + z = 10$, & $a - z = 2$.

HUITIÉME QUESTION.

Et si la somme des grandeurs estoit inconnüe, & que leur difference fust connüe ; appellant la somme $2y$, & la difference $2b$, l'égalité $2a^3 + 6azz = c$, seroit $2y^3 + 6ybb = c$. Or cette égalité est composée, parceque l'inconnüe y a differens degrez. Ainsi nous reserverons à la resoudre en traittant de ces égalitez.　XXVI.

NEUVIÉME QUESTION.

Connoissant la somme de deux grandeurs, & la difference de leurs cubes, trouver chaque grandeur.　XXVII.

Soit $2a$ la somme des grandeurs, & d la difference de leurs cubes ; appellant $2z$ la difference des deux grandeurs, la plus grande sera $a + z$, la plus petite $a - z$, & leurs cubes $a^3 + 3aaz + 3azz + z^3$, & $a^3 - 3aaz + 3azz - z^3$, & la difference de ces cubes sera $6aaz + 2z^3$. Or d est aussi la difference de ces mêmes cubes. Donc $6aaz + 2z^3 = d$, qui est une égalité composée.

DIXIÉME QUESTION.

Mais si la somme des grandeurs estoit inconnüe, & que leur difference fust connüe ; appellant la somme $2y$, & la difference $2b$, l'égalité $6aaz + 2z^3 = d$ seroit $6yyb + 2b^3 = d$. Et par transposition, $6yyb = d - 2b^3$. Et divisant le tout par $6b$, $yy = \dfrac{d - 2b^3}{6b}$.　XXVIII.

Regle. Donc la difference des cubes de deux grandeurs moins 2 fois le cube de la moitié de leur difference, divisée par 3 fois la même difference de ces grandeurs, est égale au quarré de la moitié de leur somme.

Soit la difference des grandeurs $2b = 8$, & la difference de leurs cubes $d = 992$. $yy = \dfrac{d - 2b^3}{6b}$ sera 36. Donc $y = 6$, $y + b = 10$, & $y - b = 2$.

ONZIÉME QUESTION.

Connoissant la somme de deux grandeurs, & la somme de leurs quatriémes puissances, trouver chaque grandeur.　XXIX.

Soit $2a$ la somme des grandeurs, & c la somme de leurs quatriémes puissances ; appellant $2z$ la difference des grandeurs, la plus grande sera $a + z$, la plus petite $a - z$, & leurs quatriémes puissances seront $a^4 + 4a^3z + 6aazz + 4az^3 + z^4$ & $a^4 - 4a^3z + 6aazz - 4az^3 + z^4$. Et la somme de ces puissances sera $2a^4 + 12aazz + 2z^4$. Or c en est aussi la somme. Donc

$2a^4 + 12aazz + 2z^4 = c$. Et par transposition, $12aazz + 2z^4 = c - 2a^4$, qui est une égalité composée, dont la resolution sera expliquée dans son lieu.

DOUZIE'ME QUESTION.

XXX. Et connoissant la différence de deux grandeurs, & la somme de leurs quatriémes puissances, s'il faut trouver chaque grandeur.

Appellant la différence des grandeurs $2b$, la somme de leurs quatriémes puissances c, & la somme inconnüe des grandeurs $2y$, l'on trouvera l'égalité composée $2y^4 + 12yybb + 2b^4 = c$, ou par transposition, $2y^4 + 12yybb = c - 2b^4$.

TREIZIE'ME QUESTION.

XXXI. De même connoissant la somme des grandeurs, & la différence de leurs quatriémes puissances, s'il faut trouver chaque grandeur.

Appellant la somme des grandeurs $2a$, la différence de leurs quatriémes puissances d, & la différence de ces grandeurs $2z$, l'on trouvera l'égalité composée $8a^3z + 8az^3 = d$.

QUATORZIE'ME QUESTION.

XXXII. Et connoissant la différence des grandeurs, & la différence de leurs quatriémes puissances, s'il faut trouver chaque grandeur.

Appellant leur différence $2b$, la différence de leurs puissances d, & la somme de ces grandeurs $2y$, l'on trouvera l'égalité composée $8y^3b + 8yb^3 = d$. La resolution de chacune de ces égalitez sera generalement expliquée dans son lieu.

QUINZIE'ME QUESTION.

XXXIII. Connoissant la somme des quarrez de deux grandeurs, & la différence de ces mêmes quarrez; trouver chaque grandeur.

Appellant $2a$ la somme des quarrez, & $2b$ leur différence, le plus grand quarré sera $a+b$, & le plus petit $a-b$, par 18. S. Or les quarrez estant connus, leurs racines le sont aussi.

Soit la somme des quarrez $2a = 104$, & leur différence $2b = 96$. Donc le plus grand quarré $a+b = 100$, & le plus petit $a-b = 4$. Les grandeurs seront donc $\sqrt{a+b} = 10$, & $\sqrt{a-b} = 2$.

Il en est de même pour les autres puissances de deux grandeurs, lorsque l'on connoît la somme de ces puissances & leur différence.

Soit par exemple la somme de deux cubes $2a = 1008$, & leur différence $2b = 992$. Les deux cubes seront donc $a+b = 1000$, & $a-b = 8$. Et les deux grandeurs $\sqrt{C.a+b} = 10$, & $\sqrt{C.a-b} = 2$.

SEIZIE'ME QUESTION.

XXXIV. Connoissant le produit de deux grandeurs, & la somme de leurs quarrez, trouver chaque grandeur.

La question ne supposant d'abord aucune connoissance de chaque grandeur, ni de leur somme, ni de leur différence, leur somme inconnüe peut s'appeller $2y$ & leur différence $2z$, & alors la plus grande sera $y+z$, & la plus petite $y-z$, leur produit $yy-zz$, & la somme de leurs quarrez

$2yy+2zz$. Donc appellant b le produit de ces deux grandeurs, & c la somme de leurs quarrez, l'on aura les deux égalitez $yy-zz=b$, & $2yy+2zz=c$. Or la premiere $yy-zz=b$, se réduit à $yy=b+zz$. Et la seconde égalité $2yy+2zz=c$, se réduit à $yy=\frac{1}{2}c-zz$. Donc $b+zz=\frac{1}{2}c-zz$. Et par transposition, $2zz=\frac{1}{2}c-b$. Et le tout estant divisé par 2, l'on a $zz=\frac{1}{4}c-\frac{1}{2}b$. Mettant donc $\frac{1}{4}c-\frac{1}{2}b$, au lieu de zz qui luy est égal, dans la premiere égalité $yy=b+zz$, cette égalité sera $yy=b+\frac{1}{4}c-\frac{1}{2}b$, c'est à dire $yy=\frac{1}{4}c+\frac{1}{2}b$. Et ainsi le quarré de la moitié de la somme des deux grandeurs sera $\frac{1}{4}c+\frac{1}{2}b$, & le quarré de la moitié de leur difference sera $\frac{1}{4}c-\frac{1}{2}b$.

Regle. Donc le quarré de la moitié de la somme de deux grandeurs est égal au quart de la somme de leurs quarrez, plus la moitié de leur produit. Et le quarré de la moitié de la difference des mêmes grandeurs, est égal au quart de la somme de leurs quarrez, moins la moitié de leur produit.

J'aurois pû chercher autrement la même resolution en appellant chaque grandeur par une lettre inconnüe. Car si la grande est y & la petite z, leur produit sera yz, & la somme de leurs quarrez $yy+zz$. Or b est le produit de ces mêmes grandeurs, & c la somme de leurs quarrez, j'auray donc les deux égalitez $yz=b$, & $yy+zz=c$. Or la premiere $yz=b$ peut se réduire à $y=\frac{b}{z}$. Mettant donc $\frac{b}{z}$ au lieu de y qui luy est égale, dans la seconde égalité $yy+zz=c$, c'est à dire mettant dans cette égalité $\frac{bb}{zz}$ quarré de $\frac{b}{z}$, au lieu du quarré yy qui luy est égal, l'on aura $\frac{bb}{zz}+zz=c$. Et multipliant le tout par zz, l'on aura $bb+z^4=czz$. Et par transposition, $bb=czz-z^4$, qui est une égalité composée.

En quoy l'on peut déja remarquer, que les resolutions se trouvent souvent d'une maniere plus simple, & avec une facilité plus grande, par certaines dénominations que par d'autres.

AUTRE RESOLUTION DE LA ME'ME QUESTION
PAR LA VOYE SYNTETHIQUE.

La seconde voye que nous appellons Syntethique, est celle qui resout les questions sans former aucune égalité, en supposant quelques connoissances autres que celles qui sont accordées par les suppositions, mais qui ont neanmoins quelque sorte de rapport & de liaison avec elles.

Par exemple, connoissant le produit de deux grandeurs, & la somme de leurs quarrez, trouver chaque grandeur.

Pour resoudre cette question par la voye Syntethique, la connoissance du produit des deux grandeurs, plus celle de la somme de leurs quarrez, sont toutes les connoissances accordées par les suppositions. Or si à l'exemple de Viete, outre ces deux connoissances, l'on suppose encore celles-cy tirées de la formation des quarrez ; Que la somme des quarrez de deux grandeurs, plus 2 fois le produit de l'une par l'autre, est égale au quarré de la somme entiere des grandeurs ; Et que la même somme des quarrez, moins 2 fois le produit, est égale au quarré de leur difference : Il est bien visible que le quarré de la somme entiere des grandeurs, & le quarré de la difference estant connus, la somme & la difference qui sont les racines de ces deux quarrez, seront pareillément connuës, & par consequent chaque grandeur, sans qu'il soit besoin de recourir aux égalitez.

Mais aussi en supposant les deux connoissances tirées de la formation des quarrez, outre les deux autres accordées par les suppositions, l'on suppose déja pour connu ce que la question suppose inconnu. Ainsi la voye Syntethique n'est point une voye generalement legitime pour des recherches, cependant elle est merveilleusement utile en plusieurs rencontres ; La premiere, lorsque l'on a déja assez de lumiere & de connoissance pour découvrir par son moyen les resolutions que l'on cherche ; La seconde, lorsqu'en cherchant ces resolutions par la voye Analytique, l'on arrive à des égalitez qui sont trop composées, car alors pour rendre ces égalitez plus simples, il faut, si l'on peut, joindre la voye Syntethique à l'Analytique ; ce qui en fait une nouvelle composée de toutes les deux, que nous avons appellée une voye mixte pour la distinguer des autres ; Et enfin la troisiéme rencontre où la voye Syntethique est absolument necessaire, c'est lorsque les questions ne peuvent se rapporter en aucune sorte à la voye Analytique, ou bien lorsqu'elles ne peuvent s'y rapporter qu'en partie. Nous parlerons de cette voye Syntethique dans le Livre suivant.

XXXV.

DIX-SEPTIÉME QUESTION.

Connoissant le produit de deux grandeurs, & la difference de leurs quarrez, trouver chaque grandeur.

Chaque grandeur, ny leur somme, ny leur difference n'estant connuë, soit leur somme appellée $2y$, leur difference $2z$, leur produit b, & la difference connuë de leurs quarrez d. La plus grande sera donc $y+z$, la plus petite $y-z$, leur produit $yy-zz$, & la difference de leurs quarrez $yy+2yz+zz - yy+2yz+zz$, c'est à dire $4yz$. Or b est aussi le produit de ces mêmes grandeurs, & d la difference de leurs quarrez ; l'on aura donc les deux égalitez $yy-zz=b$ & $4yz=d$. Or la premiere se réduit à $yy=b+zz$. Donc $y=\sqrt{b+zz}$. Et par la seconde $y=\dfrac{d}{4z}$. Donc $\sqrt{b+zz}=\dfrac{d}{4z}$. Et le tout estant multiplié quarrément pour oster l'incommensurabilité, l'on trouve $b+zz=\dfrac{dd}{16zz}$, laquelle estant multipliée par $16zz$ second terme du dernier membre, où l'inconnuë se trouve, l'on arrive enfin à l'égalité composée $16bzz+16z^{?}=dd$.

Ie ne m'arreste point à resoudre icy ces questions composées comme l'a fait Viete en se servant de la voye Syntethique, parcequ'elle est peu propre pour expliquer l'usage de l'Analyse.

Par

Par exemple pour refoudre cette dix-feptiéme queftion, voicy comment il raifonne. Soit *B* le produit des grandeurs, *D* la difference de leurs quarrez, & *A* la fomme inconnuë des quarrez. Donc le quarré de la fomme des grandeurs fera *A*+2*B*, & le quarré de la difference *A*—2*B*. Or la fomme des grandeurs multipliée par leur difference, fait la difference des quarrez. C'eft pourquoy le quarré de la fomme des grandeurs multiplié par le quarré de leur difference, fera la difference des quarrez multipliée par elle-même. Ainfi *A* par *A*, —4 fois *B* par *B*, fera égal à *D* par *D*. Et ordonnant l'égalité, *A* par *A* fera égal à *D* par *D*, plus 4 fois *B* par *B*. Or la fomme des quarrez & leur difference, ou le produit des deux grandeurs eftant donnez, les grandeurs font données.

Regle. Car le quarré de la difference des quarrez, ajoûté au quarré de 2 fois le produit, eft égal au quarré de la fomme des quarrez.

Soit le produit *B*=20, la difference des quarrez *D*=96, la fomme des quarrez *A*, ou bien *N*. Donc 1*Q*=10816.

Je laiffe à juger fi une perfonne qui entreprend une recherche eft capable de raifonner ainfi, & s'il ne faut pas déja connoître ce que l'on cherche, au moins en partie, pour fuivre une pareille methode.

Pour les lettres que j'ay marquées à la façon de Viete, on remarquera que luy & les anciens Algebraiftes fe fervent des lettres capitales pour exprimer les grandeurs. Les inconnuës chez eux font les voyelles A, E, I, O, V, & la confonne N, qui fignifie un nombre ou une racine inconnuë, dont ils appellent le quarré Q. le cube C. la 4ᵉ. puiffance QQ. la 5ᵉ. QC. la 6ᵉ. CC. la 7ᵉ. QQC. la 8ᵉ. QQQQ. la 9ᵉ. CCC. Et ainfi de fuite. Cette confonne N. & fes puiffances Q. C. QQ. QC. &c. font les feules lettres qui fervent chez Diophante pour marquer les inconnuës.

DIX-HUITI'ÉME QUESTION.

Connoiffant la fomme de deux grandeurs, & ce que vaut leur produit ajoûté à la fomme de leurs quarrez, trouver chaque grandeur. XXXVI.

Soit la fomme connuë des grandeurs 2*a*, & leur difference 2*z*, & le produit ajoûté à la fomme des quarrez *c*. La plus grande fera donc *a*+*z*, la plus petite *a*—*z*, leur produit *aa*—*zz*, la fomme de leurs quarrez 2*aa*+2*zz*, & le produit ajoûté à cette fomme fera 3*aa*+*zz*. Or *c* eft auffi le produit ajoûté à la fomme des quarrez Donc 3*aa*+*zz*=*c*. Et par tranfpofition, *zz*=*c*—3*aa*.

Formule. Donc le produit de deux grandeurs ajoûté à la fomme de leurs quarrez, moins 3 fois le quarré de la moitié de la fomme des grandeurs, eft égal au quarré de la moitié de leur difference.

Soit *c*=124, 2*a*=12. Donc *zz* ou *c*—3*aa*=124—108=16. Et *z*=4. Donc *a*+*z*=10, & *a*—*z*=2.

DIX-NEUVIÉME QUESTION.

Connoiffant le produit de deux grandeurs, & ce que vaut ce produit XXXVII.

ajoûté à la somme de leurs quarrez, trouver chaque grandeur.

Soit la somme inconnuë des grandeurs $2y$, leur différence $2z$, leur produit connu b, & c la valeur de ce produit ajoûté à la somme des quarrez. La plus grande sera donc $y+z$, la plus petite $y-z$, leur produit $yy-zz$, & la somme de ce produit ajoûté à celle des quarrez $3yy+zz$. Or b est aussi le produit des grandeurs, & c la somme de ce produit ajoûté à la somme de leurs quarrez. Donc $yy-zz=b$ & $3yy+zz=c$. Or par la premiere égalité, $zz=yy-b$, & par la seconde, $zz=c-3yy$. Donc $yy-b=c-3yy$. Et par transposition, $4yy=b+c$. Donc $yy=\frac{1}{4}b+\frac{1}{4}c$. Or nous avions trouvé $zz=yy-b$. Donc $zz=\frac{1}{4}b+\frac{1}{4}c-b=\frac{1}{4}c-\frac{3}{4}b$.

Regle. Donc le quart du produit de deux grandeurs, plus le quart de ce même produit ajoûté à la somme des quarrez, est égal au quarré de la moitié de la somme des deux grandeurs; Et le quart du produit ajoûté à la somme des quarrez, moins les trois quarts du produit, est égal au quarré de la moitié de leur différence.

Soit le produit $b=20$, ce produit ajoûté à la somme des quarrez $c=124$. Donc yy ou $\frac{1}{4}b+\frac{1}{4}c=5+31=36$, & $zz=\frac{1}{4}c-\frac{3}{4}b=31-15=16$. Donc $y=6$, $z=4$, $y+z=10$, & $y-z=2$.

<h3 style="text-align:center">VINGTIE'ME QUESTION.</h3>

XXXVIII.   Connoissant le produit de deux grandeurs, & la somme de leurs cubes, trouver chaque grandeur.

Soit la somme des grandeurs $2y$, leur différence $2z$, leur produit b, & la somme de leurs cubes c. La plus grande sera donc $y+z$, la plus petite $y-z$, leur produit $yy-zz$, & la somme des cubes $2y^3+6yzz$. Or b est aussi le produit des deux grandeurs, & c la somme de leurs cubes. Donc $yy-zz=b$. & $2y^3+6yzz=c$. Or par la premiere égalité, l'on a $zz=yy-b$. Si donc l'on met $yy-b$ au lieu du quarré zz qui luy est égal, dans la seconde égalité $2y^3+6yzz=c$, l'on aura l'égalité composée $y^3+3y^3-3by=\frac{1}{2}c$, c'est à dire $4y^3-3by=\frac{1}{2}c$.

<h3 style="text-align:center">VINGT-UNIE'ME QUESTION.</h3>

Connoissant le produit de deux grandeurs, & la différence de leurs cubes, trouver chaque grandeur.

Si la somme des grandeurs est $2y$, leur différence $2z$, leur produit b, & la différence de leurs cubes d, l'operation conduira à l'égalité composée $4z^3+3bz=\frac{1}{2}d$.

Si l'on me demande pourquoy je conduis à des égalitez que je ne resous point icy, je répondray que l'un de mes principaux desseins dans ce Livre, est d'apprendre le moyen d'arriver aux égalitez, & comme je ne suppose point d'abord que l'on sçache si les égalitez qu'on cherche seront composées, ou si elles ne le seront point, je marque seulement les moyens d'y arriver, & lorsqu'il arrive qu'elles sont simples; j'en donne la resolution, & j'en déduis des Theoremes.

Mais pourtant en attendant que je donne des Regles generales pour refoudre ces fortes d'égalitez compofées ; voicy une Regle qui poura fervir à
les rendre plus fimples par les operations ordinaires , en enveloppant neanmoins quelquefois les grandeurs qui en font les membres , c'eft à dire en
élevant chacun de ces membres à des puiffances compofées , qui foient telles
que les parties de chaque égalité ayent chacune un pareil nombre de dimenfions. Cette Regle peut eftre fort utile pour ceux-là fur tout qui entre-
prennent des recherches difficiles.

REGLE.

Si les égalitez ont differens degrez , on les éleve reciproquement aux XXXIX.
degrez marquez par le nombre des dimenfions qu'elles ont , la premiere par
exemple au degré marqué par le nombre des dimenfions de la feconde , &
la feconde au degré marqué par le nombre de la premiere. Cette operation
donne d'autres égalitez plus compofées que les premieres , mais dont les
dimenfions font les mêmes. Enfuite lorfqu'on les a ainfi élevées , ou fi elles
ont déja leurs dimenfions égales , l'on joint ou bien l'on retranche les
membres inconnus de ces égalitez les uns des autres , & l'on fait fur leurs
membres connus la même chofe que fur les inconnus ; ce qui fournit encore
de nouvelles égalitez. L'on tâche à refoudre ces égalitez par les réductions
ordinaires. Et fi les réductions peuvent fe faire , on a des égalitez nouvelles,
que l'on compare en même forte avec les premieres que l'on avoit trouvées
auparavant. Et ces fortes de comparaifons fe continüent jufques à ce qu'on
ait la refolution cherchée , ou bien jufques à ce qu'on n'ait plus aucun
moyen de la trouver par cette voye.

Premier Exemple.

Connoiffant le produit de deux grandeurs , & la fomme de leurs cubes,
trouver chaque grandeur.

Nous avions trouvé dans la queftion vingtiéme les deux égalitez
$yy - zz = b$, & $y^3 + 3yzz = \frac{1}{2}c$, dont les membres inconnus $yy - zz$, &
$y^3 + 3yzz$ ont differens degrez ; car les termes de l'un font plans , & les
termes de l'autre font folides. J'éleve donc les deux membres de la premiere égalité à la fixiéme dimenfion en cubant chacun de fes membres , &
j'éleve auffi les deux membres de la feconde égalité à la fixiéme dimenfion en
quarrant chacun de fes membres. Et j'ay par cette operation les deux
autres égalitez $y^6 - 3y^4zz + 3yyz^4 - z^6 = b^3$, & $y^6 + 6y^4zz + 9yyz^4 = \frac{1}{4}cc$.
Enfuite je retranche le membre inconnu de la premiere de ces deux éga-
litez , du membre inconnu de la feconde , & j'en fais de même de leurs
membres connus, ce qui me donne l'égalité $9y^4zz + 6yyz^4 + z^6 = \frac{1}{4}cc - b^3$.

Et tirant de part & d'autre la racine quarrée, j'ay $3yyz + z^3 = \sqrt{\frac{1}{4}cc - b^3}$.
Or fi je compare cette égalité avec celle des deux premieres qui a un nombre pareil de dimenfions, & que je joigne les deux membres inconnus
enfemble , & les deux connus pareillement , j'auray l'égalité nouvelle

$y^3 + 3yzz + 3yyz + z^3 = \frac{1}{2}c + \sqrt{\frac{1}{4}cc - b^3}$. Et tirant la racine cubique de part & d'autre, $y + z = \sqrt{C.\frac{1}{2}c + \sqrt{\frac{1}{4}cc - b^3}}$. Or nous avions $yy - zz = b$. Divisant donc de part & d'autre par $y + z$, ou par sa valeur que nous venons de découvrir, nous trouverons $y - z = \dfrac{b}{\sqrt{C.\frac{1}{2}c + \sqrt{\frac{1}{4}cc - b^3}}}$. Et la question est resoluë.

Second Exemple.

Connoissant le produit de deux grandeurs, & la difference de leurs cubes, trouver chaque grandeur.

Nous avions dans la derniere question les deux égalitez $yy - zz = b$, & $3yyz + z^3 = \frac{1}{2}d$. Je multiplie donc cubiquement chaque membre de la premiere égalité, & quarrément chacun de la seconde, ce qui me donne $y^6 - 3y^4zz + 3yyz^4 - z^6 = b^3$, & $9y^4zz + 6yyz^4 + z^6 = \frac{1}{4}dd$. Ensuite je joins ensemble les deux membres inconnus, & j'en fais de même des deux connus, aprés quoy j'ay l'égalité nouvelle $y^6 + 6y^4zz + 9yyz^4 = \frac{1}{4}dd + b^3$. Et tirant la racine quarrée de part & d'autre, $y^3 + 3yzz = \sqrt{\frac{1}{4}dd + b^3}$. Or nous avions $3yyz + z^3 = \frac{1}{2}d$. Donc $y^3 + 3yzz + 3yyz + z^3 = \frac{1}{2}d + \sqrt{\frac{1}{4}dd + b^3}$. Donc $y + z = \sqrt{C.\frac{1}{2}d + \sqrt{\frac{1}{4}dd + b^3}}$. Or $yy - zz = b$. Donc $y - z = \dfrac{b}{\sqrt{C.\frac{1}{2}d + \sqrt{\frac{1}{4}dd + b^3}}}$.

L'on verra dans la suite que ces deux resolutions ont quelque rapport avec l'invention de la Regle de Cardan, dont il est parlé dans Monsieur Descartes.

Troisiéme Exemple.

L'on remarquera que cette regle peut aussi servir quelquefois pour les égalitez qui ont un même degré, en les élevant chacune à une autre dimension.

Par exemple, pour trouver quelles sont deux grandeurs lorsque l'on en connoît le produit & la difference de leurs quarrez.

Soit b le produit des grandeurs, & d la difference des quarrez, $2y$ la somme des grandeurs, & $2z$ leur difference: Donc $yy - zz = b$, & $4yz = d$. Ces deux égalitez comparées comme à l'ordinaire, conduisent à une égalité composée. Mais si nous élevons chacune à son quarré, nous aurons $y^4 - 2yyzz + z^4 = bb$, & $16yyzz = dd$. Et si nous ajoûtons le quart de cette derniere égalité à celle qui precede, nous aurons $y^4 + 2yyzz + z^4 = bb + \frac{1}{4}dd$. Donc tirant de part & d'autre la racine quarrée, $yy + zz = \sqrt{bb + \frac{1}{4}dd}$. Et si nous comparons selon la regle cette nouvelle égalité avec $yy - zz = b$, en les joignant toutes deux en une, nous aurons

$2yy = b + \sqrt{bb + \frac{1}{4}dd}$. Donc $yy = \frac{1}{2}b + \frac{1}{2}\sqrt{bb + \frac{1}{4}dd}$. Or (nous

avions $yy + zz = \sqrt{bb + \frac{1}{4}dd}$. Donc $zz = \frac{1}{2}\sqrt{bb + \frac{1}{4}dd} - \frac{1}{2}b$. Et la question est resoluë. Il en est ainsi pour les autres semblables.

VINGT-DEUXIÉME QUESTION.

Connoissant deux solides, l'un fait du produit de la somme de deux gran- XL. deurs par la somme de leurs quarrez, & l'autre du produit de la difference des grandeurs par la difference de leurs quarrez, trouver chaque grandeur.

Soit le premier solide appellé c, le second d, la somme des grandeurs $2y$, & leur difference $2z$. La plus grande sera donc $y + z$, la plus petite $y - z$, la somme des quarrez $2yy + 2zz$, dont le produit par la somme $2y$, est $4y^3 + 4yzz$, & la difference des quarrez $4yz$ dont le produit par la difference $2z$ est $8yzz$. Or c est aussi le premier de ces produits, & d le second. Donc $4y^3 + 4yzz = c$, & $8yzz = d$. Or la premiere égalité donne $yzz = \frac{1}{4}c - y^3$, & la seconde $yzz = \frac{1}{8}d$. Donc $\frac{1}{4}c - y^3 = \frac{1}{8}d$. Et par transposition $y^3 = \frac{1}{4}c - \frac{1}{8}d$. Or y estant connu, z l'est aussi. Car $yzz = \frac{1}{8}d$.

Formule. Donc le quart du solide fait de la somme de deux grandeurs par la somme de leurs quarrez, moins la huitiéme partie d'un autre solide fait de la difference des deux grandeurs par la difference de leurs quarrez, est égal au cube de la moitié de la somme des deux grandeurs.

Soit le premier solide $c = 272$, & le second $d = 32$. Donc $y^3 = 64$, & $y = 4$. Or yzz ou $\frac{1}{8}d = \frac{32}{8} = 4$. Donc $4zz = 4$, ou $zz = 1$, & $z = 1$. Donc $y + z = 5$, & $y - z = 3$.

VINGT-TROISIÉME QUESTION.

Connoissant la somme des quarrez de deux grandeurs, & le rapport de XLI. leur produit au quarré de leur difference, trouver chaque grandeur.

Soit la somme des quarrez appellée c, & soit le rapport du produit au quarré de la difference, comme d est à e. Soit aussi $2y$ la somme inconnuë des grandeurs, & $2z$ leur difference. La premiere sera donc $y + z$, la seconde $y - z$, la somme de leurs quarrez $2yy + 2zz$, leur produit $yy - zz$, & le quarré de leur difference $4zz$. Or c est la somme des quarrez. Donc $2yy + 2zz = c$. Et parceque $yy - zz \cdot 4zz :: d \cdot e$. l'autre égalité sera $eyy - ezz = 4dzz$. Or la premiere égalité donne $yy = \frac{1}{2}c - zz$, & la seconde $yy = \frac{4dzz + ezz}{e}$. Donc $\frac{1}{2}c - zz = \frac{4dzz + ezz}{e}$. Et le tout estant multiplié par e, l'on a $\frac{1}{2}ce - ezz = 4dzz + ezz$. Et par transposition $\frac{1}{2}ce = 4dzz + 2ezz$. Et divisant le tout par $4d + 2e$, l'on a $zz = \frac{ce}{8d + 4e}$.

Or nous avions $yy = \frac{1}{2}c - zz$. Donc $yy = \frac{4cd + ce}{8d + 4e}$.

Regle. Donc le produit de 4 fois la somme des quarrez par le premier terme du rapport, plus le produit de la même somme par le second terme du rapport, estant divisé par 8 fois le premier terme plus 4 fois le second, l'exposant sera le quarré de la moitié de la somme des deux grandeurs. Et le produit de la somme des quarrez par le second terme, estant divisé par 8 fois le premier plus 4 fois le second, l'exposant sera le quarré de la moitié de la difference.

Soit la somme des quarrez $c = 20$. Et le rapport de d à e comme 2 à 1, c'est à dire $d = 2$, & $e = 1$. Donc $yy = \frac{180}{20} = 9$, & $zz = \frac{20}{20} = 1$. Donc $y = 3$, $z = 1$, $y + z = 4$; & $y - z = 2$.

Vingt-quatrie'me Question.

XLII. Connoissant la somme des quarrez de trois grandeurs proportionelles, & la somme des extrêmes, trouver chaque grandeur.

Soit $2a$ la somme des extrêmes, & c la somme des quarrez. Si la difference des extrêmes est appellée $2z$, la plus grande sera $a + z$, la plus petite $a - z$, la moyenne $\sqrt{aa - zz}$, & la somme des quarrez qui sont $aa + 2az + zz$, $aa - 2az + zz$, & $aa - zz$ sera $3aa + zz$. Donc $3aa + zz = c$. Et par transposition, $zz = c - 3aa$.

Regle. Donc la somme des quarrez moins trois fois le quarré de la moitié de la somme des extrêmes, est égale au quarré de la moitié de leur difference.

Soit $2a = 5$, $c = 21$. Donc $zz = 21 - \frac{75}{4} = \frac{9}{4}$. Donc $z = \frac{3}{2}$. La plus grande des deux extrêmes sera donc $a + z = \frac{5}{2} + \frac{3}{2}$, c'est à dire 4, la plus petite $a - z = \frac{5}{2} - \frac{3}{2}$, c'est à dire 1, & la moyenne 2. $\div$ 4. 2. 1.

Si au lieu d'avoir pris $a + z$ & $a - z$ pour les extrêmes, je les eusse autrement dénommées, l'operation auroit esté un peu plus courte, mais elle m'auroit conduit à une égalité composée. Comme la somme estoit connuë, & qu'il n'importoit point que la plus grande extrême fust mise la premiere ou la derniere, il estoit plus de l'ordre de me servir du second principe que d'aucun autre. Il en est ainsi des questions suivantes, quand même la somme des grandeurs ny leur difference n'y seroit point connuë.

Vingt-cinquie'me Question.

XLIII. Connoissant la somme des quarrez de trois grandeurs proportionelles, & leur moyenne, trouver chaque grandeur.

Soit c la somme des quarrez; b la moyenne, $2y$ la somme des extrêmes, & $2z$ leur difference; la plus grande extrême sera donc $y + z$, la plus petite $y - z$, la proportion sera $\div y + z \cdot b \cdot y - z$. & la somme des quarrez $2yy + 2zz + bb$. Donc $2yy + 2zz + bb = c$. Et $yy = \frac{1}{2}c - \frac{1}{2}bb - zz$. Or le quarré bb de la moyenne est égal au produit des extrêmes. Donc

$yy - zz = bb$. Et $yy = bb + zz$. Donc $\frac{1}{2}c - \frac{1}{2}bb - zz = bb + zz$. Et par transposition $\frac{1}{2}c - \frac{3}{2}bb = 2zz$, ou divisant le tout par 2, $zz = \frac{1}{4}c - \frac{3}{4}bb$. Or $yy = bb + zz$. Donc $yy = \frac{1}{4}c + \frac{1}{4}bb$.

Regle. Donc le quarré de la moitié de la somme des extrêmes est égal au quart de la somme des quarrez, plus le quart du quarré de la moyenne. Et le quarré de la moitié de leur difference est égal au quart de la somme des quarrez, moins les trois quarts du quarré de la moyenne.

Soit $c = 21$, $b = 2$. Donc $yy = \frac{21}{4} + \frac{4}{4} = \frac{25}{4}$, & $zz = \frac{21}{4} - \frac{12}{4} = \frac{9}{4}$. Donc $y = \frac{5}{2}$, $z = \frac{3}{2}$, $y + z = 4$, & $y - z = 1$. $\cdot\!\cdot\! \cdot$ 4. 2. 1.

VINGT-SIXIE'ME QUESTION.

Connoissant la somme des extrêmes, & la somme des moyennes d'une progression geometrique de quatre termes, trouver chacun des termes. *XXVI*

Soit $2a$ la somme des extrêmes, $2z$ leur difference, $2b$ la somme des moyennes, & $2y$ leur difference. La plus grande extrême sera donc $a + z$, & la plus petite $a - z$; la plus grande moyenne $b + y$, & la plus petite $b - y$; & la progression $\cdot\!\cdot\!\cdot\; a + z \,.\, b + y :: b - y \,.\, a - z$. Or en considerant seulement les trois premiers termes, le quarré du second doit égaler le produit du premier & troisiéme; & considerant seulement les trois derniers, le quarré du troisiéme doit égaler le produit du second par le quatriéme; & enfin en les considerant tous quatre, le produit des extrêmes doit égaler le produit des moyens. Ce qui nous donne trois égalitez, la premiere $bb + 2by + yy = ab + bz - ay - yz$, la seconde $bb - 2by + yy = ab - bz + ay - yz$, & la troisiéme $aa - zz = bb - yy$. Or comparant les deux premieres valeurs du quarré yy, trouvées l'une par la premiere égalité, & l'autre par la seconde, l'on trouve $ay + 2by = bz$. Et divisant chaque membre par $a + 2b$, l'on a $y = \frac{bz}{a + 2b}$. Or par la troisiéme égalité, $yy = zz + bb - aa$.

Donc $y = \sqrt{zz + bb - aa} = \frac{bz}{a + 2b}$. Et quarrant chaque membre pour oster l'incommensurabilité, l'on a $zz + bb - aa = \frac{bbzz}{aa + 4ab + 4bb}$, & par transposition $zz - \frac{bbzz}{aa + 4ab + 4bb} = aa - bb$. Et le tout estant multiplié par $aa + 4ab + 4bb$, l'on aura zz par $\overline{aa + 4ab + 4bb}$ moins $bbzz$, égal à $\overline{aa - bb}$ par $\overline{aa + 4ab + 4bb}$. Et le tout estant divisé par $aa + 4ab + 4bb - bb$, l'on aura enfin $zz = \frac{a^4 + 4a^3b + 3aabb - 4ab^3 - 4b^4}{aa + 4ab + 3bb}$. Et remettant la valeur de zz dans l'égalité déja trouvée $yy = zz + bb - aa$, l'on aura $yy = \frac{aabb - b^4}{aa + 4ab + 3bb}$.

Regle. Donc la difference du quarré de la moitié des extrêmes au quarré de la moitié des moyennes, estant multipliée par le quarré de la moitié des extrêmes ajoûtée à la somme des deux moyennes, & le surfolide qu'on trouve, estant divisé par ce même quarré, diminué du quarré de la moitié

des moyennes , l'expofant fera le quarré de la moitié de la difference des
extrêmes. Et la difference du quarré de la moitié des extrêmes au quarré
de la moitié des moyennes , eftant multiplié par le quarré de la moitié des
moyennes , & le furfolide qu'on trouve , eftant divifé par le quarré de la
moitié des extrêmes ajoûtée à la fomme des moyennes , diminué du quarré
de la moitié des moyennes , l'expofant fera le quarré de la moitié de la
difference des moyennes.

Soient $2a = 9$, & $2b = 6$. Donc $zz = \frac{19}{4}$, & $yy = 1$. Donc $z = \frac{7}{2}$, $y = 1$, $a + z = 8$, $a - z = 1$, $b + y = 4$, & $b - y = 2$. $\div\div$ 8. 4. 2. 1.

Que fi l'on connoiffoit la fomme des extrêmes & leur produit , & qu'on
vouluft chercher les moyennes. Soit $2a$ la fomme des extrêmes , & c leur
produit , fi leur difference eft $2z$. Donc $aa - zz = c$. Et $zz = aa - c$.
Donc $z = \sqrt{aa - c}$. Et fi la plus grande moyenne eft appellée y, la pro-
greffion fera $\div\div$ $a\sqrt{aa - c}$. y. $\frac{yy}{a + \sqrt{aa - c}}$. $a - \sqrt{aa - c}$. Egalant donc le
produit des extrêmes au produit des moyennes , & multipliant chacun
par $a + \sqrt{aa - c}$, l'on aura $y^4 = ac + c\sqrt{aa - c}$.

Soient $2a = 9$, & $c = 8$. Donc $y^4 = 64$, & $y = 4$. $\div\div$ 8. 4. 2. 1.

VINGT-SEPTIE'ME QUESTION.

XLV.   Connoiffant la difference des extrêmes & la difference des moyennes,
trouver chacun des termes.

Soit $2c$ la difference des extrêmes , & $2z$ leur fomme , $2d$ la difference
des moyennes , & $2y$ leur fomme. La proportion fera donc $\div\div$ $z + c$. $y + d$.
$y - d$. $z - c$. Et l'on en tirera ces trois égalitez ;

La 1ere $yy + 2dy + dd = zy + cy - dz - dc$. Et $yy = zy + cy - dz - dc - 2dy - dd$.

La 2e. $yy - 2dy + dd = zy - cy + dz - dc$. Et $yy = zy - cy + dz - dc + 2dy - dd$.

Et la troifiéme $zz - cc = yy - dd$. Et $yy = zz - cc + dd$.

Or l'on a par les deux premieres , $2cy - 4dy = 2dz$. Donc $y = \frac{dz}{c - 2d}$.

Or l'on a par la 3e. $yy = zz - cc + dd$. Donc $y = \sqrt{zz - cc + dd} = \frac{dz}{c - 2d}$.

Quarrant donc chaque membre pour ofter l'incommenfurabilité , tranfpofant à l'ordinaire, multipliant enfuite chaque membre par $cc - 4cd + 4dd$,
& divifant le tout par $cc - 4cd + 4dd, - dd$, l'on trouvera enfin
$zz = \frac{c^4 - 4c^3d + 3ccdd + 3cd^3 - 4d^4}{cc - 4cd + 3dd}$. Et mettant cette valeur de zz dans l'é-
galité $yy = zz - cc + dd$, l'on aura $yy = \frac{ccdd - d^4}{cc - 4cd + 3dd}$.

Regle. Donc la difference du quarré de la demie difference des extrêmes
au quarré de la demie difference des moyennes , eftant multipliée par le
quarré de la demie difference des extrêmes diminuée de la difference entiere
des moyennes ; & le furfolide qu'on trouve , eftant divifé par ce même
quarré diminué du quarré de la demie difference des moyennes , l'expofant
fera le quarré de la moitié de la fomme des extrêmes. Et la difference du
quarré

quarré de la demie difference des extrêmes au quarré de la demie difference des moyennes, estant multiplié par le quarré de la demie difference des moyennes; & le surfolide qu'on trouve, estant divisé par le quarré de la demie difference des extrêmes diminuée de la difference des moyennes, moins le quarré de cette même difference, l'expofant fera le quarré de la moitié de la fomme des moyennes.

Soit $2c = 7$, & $2d = 2$. Donc $zz = \frac{81}{4}$ & $yy = 9$. Donc $z = \frac{9}{2}$, $y = 3$. $z + c = 8$, $z - c = 1$, $y + d = 4$, & $y - d = 2$. $\div$ 8. 4. 2 1.

Que fi l'on connoiffoit la difference des extrêmes $2c$, & leur produit que j'appelle b. Si $2z$ font la fomme des extrêmes, & y la plus grande moyenne. Donc $zz - cc = b$. Et $z = \sqrt{b + cc}$. Donc $\div \sqrt{b + cc} + c$. y. $\frac{yy}{\sqrt{b + cc} + c}$. $\sqrt{b + cc} - c$. Donc $y = bc + b\sqrt{b + cc}$.

Soit $2c = 7$, $b = 8$. Donc $y = 64$, & $y = 4$. $\div$ 8. 4. 2. 1.

Réfolution de la Question precedente par la Methode de Viete.

Soit, dit-il, la difference donnée des deux extrêmes D, & la difference des deux moyennes B, il faut trouver les quatre proportionelles.

La fomme des extrêmes foit A. Donc $A + D$ fera le double de la plus grande extrême, & $A - D$ le double de la plus petite. Lors donc que l'on multipliera $A + D$ par $A - D$, l'on aura le quadruple du rectangle fait par les extrêmes, ou par les moyennes. C'eft pourquoy A quarré $- D$ quarré, divifé par 4, fera ce rectangle, lequel eftant multiplié par la plus grande extrême, donnera le cube de la plus grande moyenne; & par la plus petite extrême, il donnera le cube de la plus petite moyenne. Et enfin lorfqu'on multipliera ce rectangle par la difference des extrêmes, l'on aura le cube de la difference des moyennes. C'eft pourquoy D par A quarré $- D$ cube divifé par 4, eft égal à la difference des cubes des moyennes. Or fi de la difference des cubes on ofte le cube de la difference des grandeurs, le refte eft égal à 3 fois le folide de la difference des grandeurs par le rectangle de ces mêmes grandeurs, ainfi qu'il eft vifible par la generation du cube de la difference de deux grandeurs.

C'eft pourquoy le quart de D par A quarré $- D$ cube $- 4B$ cube, eft égal à 3 folides de la difference des moyennes par le rectangle des moyennes, c'eft à dire au quart de $3B$ par A quarré, $- 3B$ par D quarré. Et l'égalité eftant ordonnée, D cube, $+ 4B$ cube, $- 3B$ par D quarré, eftant divifez par $D - 3B$, fera égal au quarré de A.

Donnant donc la difference des extrêmes, & la difference des moyennes d'une progreffion de quatre termes, on trouve les termes de la proportion.

Regle. Car lorfque le cube de la difference des extrêmes, plus 4 fois le cube de la difference des moyennes, moins trois folides faits de la difference des moyennes par 4 fois le quarré de la difference des extrêmes, fera appliqué

Q q

à la difference des extrêmes, moins 3 fois la difference des moyennes, le
plan qu'on trouvera est égal au quarré de la somme des extrêmes.

Soit D_7. B_2. A_1N. rQ est égal à 81, & l'on a $rN\sqrt{8}$, c'est à dire la
somme des extrêmes 1 & 8, & les moyennes   I. II. III. IIII.
2 & 4.   1. 2. 4. 8.

*Cette methode ne peut gueres servir pour bien conduire son esprit
dans des recherches par la voie la plus simple. Car tous ces Theoremes
supposez sont presque aussi difficiles à appercevoir que la resolution même
que l'on cherche, & peut estre le sont-ils encore davantage. Car en
ne les sçachant point, comment l'esprit peut-il se tourner vers elles, &
juger que les resolutions qu'il cherche en dépendent? Et s'il les a sçeües
auparavant, est-ce qu'il aura une memoire assez bonne pour s'en souvenir? Ie veux même qu'il s'en souvienne, les distinguera-t-il bien parmi
toutes ses autres connoissances, en telle sorte qu'il soit assuré que ce sont
plûtost elles qui doivent lui servir, que ces autres? L'on me dira peut-
estre qu'en examinant les proprietez generales des puissances, & celles
des progressions dont nous parlons, il sera aisé d'y remarquer les communications mutuelles dont Viete a supposé qu'on eut déja la connoissance.
Ce ne sont donc plus de simples recherches qu'il faut faire, mais de nouveaux études, & ces études ne demandent pas une application mediocre,
sur tout si les questions sont un peu difficiles, & si elles renferment plusieurs conditions.*

XLVI.   *Mais avant que je quitte ici le second Principe, j'avertirai qu'il est
tres-fecond, & que toutes les connoissances de l'Analyse qui sont les plus
universelles en dépendent, comme on verra dans les derniers Livres. Et
pour ce qui est des resolutions particulieres, l'usage seul poura faire
connoître combien son application peut avoir d'étenduë pour les questions
mêmes les plus difficiles, lorsqu'il faut arriver à la derniere égalité qui
en doit renfermer toutes les conditions, & de qui la resolution donne aussi
celle que l'on veut avoir. Ie me contenteray d'en marquer un seul exemple outre les precedens.*

Chap. 31.   Le Pere Clavius dans son Traitté d'Algebre, aprés estre arrivé par le
quest. 58. moyen d'une figure, & en suivant une Methode assez difficile, à une égalité où l'inconnuë a deux degrez, & qui doit servir pour resoudre quelque
question qu'il estime extrêmement difficile, il tire un tel Corollaire de
son operation.

*Cet enigme, dit-il, fait facilement voir que celui qui pretend resoudre
les questions par Algebre, doit estre parfaitement versé dans la science
de la Geometrie, comme nous l'avons dit au premier chapitre. Car il est
visible que la resolution de cet enigme est extrêmement difficile, ou tout
à fait impossible à trouver à celui qui ne sçait point de Geometrie. La
question est celle-ci.*

Deux personnes ont chacune un nombre d'écus. La somme de tous
leurs écus estant retranchée de la somme des quarrez formez par chacun
des deux nombres, laisse 78. Mais estant ajoûtée au produit de ces mêmes

Nombres, elle donne 39. L'on demande combien chacun avoit d'écus?

Jusques-icy nous n'avons fait aucune supposition tirée de la Geometrie, & nous n'en ferons point encore icy. Cependant nous arriverons facilement à l'égalité en nous servant du second Principe. Voicy comment. Soit pour abbreger le nombre connu 78 appellé $2a$, & le nombre connu 39 appellé a, parcequ'il vaut la moitié de 78 que nous appellons $2a$. Soit en-suite $2y$ la somme des deux nombres inconnus des écus, & leur différence $2z$. Le plus grand est donc $y+z$, le plus petit $y-z$, la somme de leurs quarrez $2yy+2zz$, & leur produit $yy-zz$. Or la somme des quarrez moins la somme des nombres, est égale à $2a$ par la premiere supposition; & le produit des mêmes nombres moins leur somme, est égal à a. L'on aura donc les deux égalitez $2yy+2zz-2y=2a$, ou bien $yy+zz-y=a$, & $yy-zz+2y=a$. Comme zz se trouve une seule fois dans chacune, sans que sa racine z s'y rencontre, je prens sa valeur par chaque égalité; & j'ay par la premiere $zz=a-yy+y$. Et par la seconde $zz=yy+2y-a$. Donc $a-yy+y=yy+2y-a$. Et par réduction $2a=2yy+y$, ou bien $yy+\frac{1}{2}y=a$. Et remettant 39 au lieu de a qui luy est égal, $yy+\frac{1}{2}y=39$ qui est une égalité plus simple & plus facile à resoudre que celle à laquelle le Père Clavius arrive en se servant de figure. Et pour la resolution de cette égalité, nous l'expliquerons generalement dans son lieu.

L'on poura neanmoins la resoudre en cette sorte. $yy+\frac{1}{2}y$ n'est pas quarré; la partie yy estant le quarré de y, si l'on divise $\frac{1}{2}y$ par 2, l'exposant $\frac{1}{4}$ sera la racine du quarré $\frac{1}{16}$, lequel estant ajoûté à $yy+\frac{1}{2}y$, donnera le quarré $yy+\frac{1}{2}y+\frac{1}{16}$, dont la racine est $y+\frac{1}{4}$. Si donc à chaque membre de l'égalité $yy+\frac{1}{2}y=39$ que nous avions trouvée, l'on ajoûte $\frac{1}{16}$, l'égalité sera $yy+\frac{1}{2}y+\frac{1}{16}=39\frac{1}{16}$. Tirant donc la racine quarrée de part & d'autre, l'on aura $y+\frac{1}{4}=\sqrt{39\frac{1}{16}}$. Et parceque $\sqrt{39\frac{1}{16}}=\sqrt{\frac{625}{16}}=6\frac{1}{4}$, nous aurons $y+\frac{1}{4}=6\frac{1}{4}$, c'est à dire $y=6$. Or nous avions $yy-zz+2y=a=39$. Donc $36-zz+12=39$. Et $-zz+9=0$. Donc $zz=9$, & $z=3$. Les deux nombres d'écus seront donc $y+z=6+3=9$, & $y-z=3$. La somme de leurs quarrez $81+9$ est 90, & la somme $9+3$, ou 12, en estant retranchée, laisse 78; Et le produit de 9 par 3 est 27, à qui 12 estant ajoûté, la somme est 39.

L'on peut remarquer en passant que toutes les égalitez de deux degrez se peuvent resoudre comme j'ay resolu celle-cy.

DES QUESTIONS INDETERMINE'ES.

Avant que d'expoſer un troiſiéme Principe, il faut que nous donnions quelques idées des queſtions indeterminées, c'eſt à dire de celles qui reçoivent pluſieurs reſolutions differentes. Car c'eſt principalement pour ces ſortes de queſtions que doit ſervir le troiſiéme Principe.

XLVII.   L'on juge ordinairement qu'une queſtion eſt indéterminée, lorſqu'ayant ſatisfait à toutes les conditions qu'elle renferme, la derniere égalité à laquelle on arrive ſe réduit à deux membres entierement connus.

Exemple.

Par exemple pour trouver quatre grandeurs dont les deux premieres ſoient a, la ſeconde & troiſiéme b, la troiſiéme & quatriéme c, & la quatriéme enfin avec la premiere d.

Soit la premiere appellée z, la ſeconde y, la troiſiéme x, & la quatriéme v. Les ſuppoſitions donneront donc ces quatre égalitez.

$$\text{La } 1^{re}\ z + y = a. \text{ Donc } y = a - z.$$
$$\text{La } 2^e.\ y + x = b. \text{ Donc } y = b - x. \quad \Big\} \text{ Donc } x = z - a + b.$$
$$\text{La } 3^e.\ x + v = c. \text{ Donc } x = c - v = z - a + b. \text{ Et } z = a - b + c - v.$$
$$\text{Et la } 4^e.\ v + z = d. \text{ Donc } z = d - v = a - b + c - v. \text{ Et } d = a - b + c.$$

Comme les deux membres de la derniere égalité $d = a - b + c$, ne renferment que des grandeurs entierement connuës, la queſtion eſt indeterminée. Il faut toutefois remarquer qu'elle peut eſtre tout-à-fait contradictoire, ſi par exemple la grandeur d eſtoit inégale aux grandeurs connuës $a - b + c$. Mais il ne faut point ſe mettre en peine de ſçavoir ſi les queſtions ſont contradictoires, ou non ; l'operation le fait aſſez connoître. Or ſuppoſant que leur reſolution ſoit poſſible, & qu'on la puiſſe même donner poſitivement, il faut marquer en rétrogradant les valeurs des inconnuës $x, y,$ & z, en telle ſorte que la ſeule inconnuë v ſe trouve dans leurs expreſſions. Or comme on a déja $x = c - v$, il ne faut rien changer dans cette égalité. Mais dans l'égalité $y = b - x$, il y faut mettre au lieu de x ſa valeur $c - v$, ou bien dans l'autre $y = a - z$, au lieu de z ſa valeur $d - v$. Aprés quoy les quatre grandeurs ſeront $z = d - v,$ $y = a - d + v,$ $x = c - v,$ ou bien ce qui doit eſtre la même choſe $x = - a + b + d - v,$ & remettant $d - v$ au lieu de z qui luy eſt égale dans l'égalité $x = z - a + b,$ où l'on voit que ſi c n'eſtoit point égal à $- a + b + d,$ il y auroit contradiction dans la queſtion. Or dans ces trois grandeurs $d - v,$ $a - d + v,$ $c - v,$ ou bien $- a + b + d - v,$ & la quatriéme $v,$ l'on n'y trouve qu'une ſeule inconnuë. Et comme ces grandeurs ainſi indeterminées ſatisfont à toutes les conditions qu'on demande, la reſolution peut varier differemment, à cauſe que les inconnuës ne ſont pas tout-à-fait exprimées par le moyen des grandeurs connuës. Cependant comme les ſignes $+$ & $-$ ſe trouvent pluſieurs fois dans les expreſſions de ces inconnuës, il peut arriver que la resolution quoy qu'indeterminée preſcrit neanmoins quelques bornes pour eſtre poſitive. Mais pour reconnoître ces bornes, il faut remettre auparavant au lieu des grandeurs a, b, c & d, les nombres qui leur ſont égaux. Si par exemple l'on ſuppoſe $a = 13$, $b = 15$, $c = 19$, & $d = 17$. En remettant ces nombres au lieu des lettres qui les valent, nous aurons pour qua-

$$d - v = 17 - v = z$$
$$a - d + v = -4 + v = y$$
$$c - v = -a + d - v = 19 - v = x$$
$$\text{Et } v = + v = v$$

tre valeurs des inconnuës $17 - v$, $-4 + v$, $19 - v$, & $+ v$. Et alors il eſt facile de voir que v doit ſurpaſſer 4, afin que le nombre $-4 + v = y$ ait une valeur poſitive ; Et pareillement il eſt viſible que v doit eſtre ſurpaſſée par 17, afin que le nombre $17 - v = z$ puiſſe auſſi eſtre poſitif, c'eſt à dire qu'il faut dans les valeurs découvertes en examiner deux, l'une où l'inconnuë $+ v$ ſe trouve avec le moindre nombre negatif comme -4, & l'autre où $-v$ ſe trouve avec le moindre nombre poſitif comme 17. Et alors l'on peut preſcrire les bornes du nombre entre 4 & 17 plus grand que celuy-là, mais plus petit que celuy-cy. Or comme il y a 12 nombres entiers entre 4 & 17, l'on peut donner 12 reſolutions différentes de la queſtion, en prenant ſucceſſivement pour v, chacun des nombres 5, 6, 7, 8, &c. Ce qui donnera pour les nombres cherchez 12, 1, 14, 5. ou bien 11, 2, 13, 6. ou bien 10, 3, 12, 7. ou 9, 4, 11, 8. ou 8, 5, 10, 9. &c.

Second Exemple.

Et ſi l'on demandoit ſix grandeurs qui eſtant priſes en même ſorte deux à deux, donnaſſent les ſix ſommes $a = 13$, $b = 15$, $c = 19$, $d = 11$, $e = 10$, & $f = 16$, les ſix expreſſions de ces grandeurs ſeroient celles qui ſuivent, où l'on voit que la reſolution ſeroit entierement impoſſible, ſi e n'eſtoit pas égale à $d - c + b - a + f$. Et pour marquer les limites entre leſquelles le nombre f doit eſtre choiſi,

$$f - f = 16 - f = z$$
$$a - f + f = -3 + f = y$$
$$b - a + f - f = 18 - f = x$$
$$c - b + a - f + f = 1 + f = v$$
$$e - f = d - c + b - a + f - f = 10 - f = t$$
$$\text{Et } f = f$$

afin que la reſolution ſoit poſitive en nombres entiers, il faut prendre les deux expreſſions $-3 + f$ & $10 - f$, l'une où le plus petit nombre negatif -3 ſe trouve avec $+ f$, & l'autre où le plus petit nombre poſitif 10 ſe trouve avec $- f$, & alors l'on peut déterminer le nombre f plus grand que 3, & plus petit que 10, & aſſurer que la queſtion ne peut recevoir ny plus ny moins de 6 reſolutions poſitives en nombres entiers, car par fraction l'on en pouroit trouver une infinité. Si l'on prend donc ſucceſſivement pour v chacun des nombres 4, 5, 6, 7, 8, 9. les ſix nombres cherchez ſeront 12. 1. 14. 5. 6. 4. ou bien 11. 2. 13. 6. 5. 5. ou 10. 3. 12. 7. 4. 6. ou 9. 4. 11. 8. 3. 7. ou 8. 5. 10 9. 2. 8. ou enfin 7. 6. 9. 10. 1. 9. Il en eſt ainſi des autres queſtions ſemblables.

Ie ne doute point que l'on ne m'accuſe d'eſtre trop diffus, & de trop m'arreſter aux choſes faciles, mais je prie ceux qui liront cet ouvrage

*de confiderer que mon intention n'eft pas tant d'écrire pour les perfonnes
fçavantes que pour celles qui ont peu d'ouverture & de lumiere. Comme
elles ne pouroient peut-eftre pas avoir toûjours l'efprit affez prefent pour
faire attention aux differens cas qui fe rencontrent ordinairement en
refolvant leurs queftions, je tâche de les expofer à leurs yeux, & de leur
en faire remarquer autant qu'il m'eft poffible les particularitez mêmes
les plus legeres. Car l'experience m'a fait affez connoître qu'elles ne
doivent point eftre negligées, & que leur confideration apporte plus de
lumiere à l'efprit que l'on ne penfe. Ie le fais auffi afin que l'on puiffe
remarquer l'ufage de la methode generale expliquée cy-devant 3. S.
Car on découvre par fon moyen tous les cas des refolutions, fi on les propofe déterminées ou indéterminées, pofitives ou negatives, & enfin poffibles, ou bien impoffibles & contradictoires, il faut diftinguer ces dernieres des refolutions negatives. Et pourvû qu'on fuive fimplement cette
methode fans aucune autre addreffe particuliere, qu'il eft pourtant bon
que l'on aye, l'on trouve d'abord la maniere d'établir fes pofitions à la
mode de Diophante. Car cette feule methode en découvre prefque toûjours les raifons, & cependant elle n'oblige point de fe charger la memoire de toutes celles qu'en apportent ordinairement fes Commentateurs.
Elle fait encore éviter un deffaut où ils font tombez fort fouvent faute
d'avoir affez bien apperçeu ou fuivi cette methode. Car ils fe mettent
fort en peine pour faire remarquer en combien de differentes manieres
l'on peut dénommer fes grandeurs, en quoy cependant ils ne réüffiffent
pas toûjours. L'on pouroit bien en remarquer encore d'autres qui leur
font échappées, mais ce feroit perdre fon temps, puifque cela eft entierement inutile. Il fuffit de connoiftre la voye la plus courte qui doit nous
conduire où nous devons aller, & n'en point chercher d'autre. Celuy
qui voudroit aller de Paris à Rome, peut le faire en une infinité de differentes manieres, car il peut prendre tant de détours & de fi longs qu'il
le voudra. Eft-il donc neceffaire pour cela que ceux qui voudront faire
un tel voyage apprennent exactement la Carte de tout le monde, afin de
fçavoir tous les chemins qui vont à Rome? L'on fe contente d'en apprendre un feul, le plus commun, ou le plus court chemin doit fuffire.*

AUTRE MOYEN POUR DISCERNER SI LES QUESTIONS
SONT INDETERMINE'ES.

XLVIII. L'on connoît encore que la refolution d'une queftion eft indeterminée,
lorfqu'ayant fatisfait à toutes fes conditions, la derniere égalité à laquelle
on arrive, enferme plufieurs inconnuës. Alors on a la liberté de fuppofer
telles grandeurs que l'on voudra à la place de ces inconnuës, pourvû feulement qu'il en refte encore une. Cecy s'éclaircira par les queftions
fuivantes.

PREMIERE QUESTION.

XLIX. Trouver deux grandeurs dont la fomme ajoûtée au produit de l'une par l'autre ; soit une grandeur donnée.

Soit a la grandeur donnée, la somme des grandeurs ny leur difference, ny leur produit, ou quelque somme ou difference de leurs puissances, n'estant point déterminée, j'appelle la premiere y & la seconde z. Le produit sera donc yz, & leur somme $y+z$ estant ajoûtée à ce produit, l'on aura l'égalité $yz+y+z=a$. Il est visible que toutes les conditions portées par la question sont parfaitement remplies. Comme donc avec cela, l'égalité renferme les deux inconnuës y & z, je juge que la question est indéterminée. Et alors sa resolution est facile ; car je n'ay qu'à considerer l'une des deux grandeurs, comme y, de même que si elle estoit connuë, & chercher ensuite la valeur de l'autre inconnuë z. Je transpose donc au membre entierement connu ce qui n'enferme point z, & j'ay $yz+1z=a-y$, & divisant par $y+1$ chaque membre, $z = \frac{a-y}{y+1}$, les deux grandeurs sont

donc y & $\frac{a-y}{y+1}$. Et la question est infiniment resoluë. Car leur produit

$\frac{ay-yy}{y+1}$ plus leur somme qui est $\frac{a+yy}{y+1}$, donne la somme totale $\frac{ay+a}{y+1}$,

c'est à dire a. Ainsi donc pour trouver deux nombres dont le produit plus la somme des deux fasse 8, si l'on suppose $y=1$, l'autre nombre

$\frac{a-y}{y+1}$, c'est à dire $\frac{8-1}{1+1}$ sera $\frac{7}{2}$. Et ces deux nombres satisferont à la question,

car leur produit $\frac{7}{2}$, plus leur somme qui est $\frac{9}{2}$, donneront 8. Et si je suppose $y=2$, les deux nombres seront 2 & 2. Et si $y=3$, ils seront 3 &

$\frac{5}{4}$. Mais $a-y$ marque que le nombre y doit estre plus petit que a.

SECONDE QUESTION.

Trouver deux grandeurs dont le produit estant diminué de leur somme, le reste soit une grandeur donnée.

Soit a la grandeur donnée, la premiere inconnuë y, & la seconde z. Donc $yz-y-z=a$. Et par réduction $yz-z=a+y$. Et divisant par $y-1$ chaque membre, $z = \frac{a+y}{y-1}$. Et la question est infiniment resoluë,

z pourtant doit estre plus petit que y. Mais chaque terme de la valeur de z renfermant la grandeur arbitraire y, avec $+a$ au premier terme, & -1 au second, si l'on désiroit que la seule y se trouvast au second terme, il ne faudroit que dénommer autrement ses grandeurs en ajoûtant à la premiere inconnuë l'unité qui se trouve au second terme avec $-$. Soit donc la premiere grandeur $y+1$, & la seconde z, leur produit est $yz+1z$, & leur somme $y+1+1z$, estant retranchée du produit, laisse $yz+1z-y$ $-1-1z=a$, c'est à dire $yz-1y-1=a$. Et par transposition $yz=a+1y$ $+1$. Et divisant par y chaque membre, $z = \frac{a+1y+1}{y}$, ou bien pour l'exprimer à peu prés comme fait Diophante $z = 1 + \frac{a+1}{y}$. Soit $a=8$, & $y=1$, le premier nombre sera 2, & le second 10. Leur produit 10 moins leur

ELEMENS

somme 12, laisse 8. Soit encore $y=2$. Le premier nombre sera donc 3, & le second $\frac{11}{2}$, leur produit $\frac{33}{2}$ moins leur somme $\frac{17}{2}$, laisse le nombre 8. Et si $y=3$, le premier sera 4. & le second 4.

TROISIÉME QUESTION.

LI. Trouver deux grandeurs dont le produit ait un rapport donné avec leur somme.

Soit $\frac{a}{b}$ le rapport donné, la premiere inconnüe y, & la seconde z. Leur produit yz est à leur somme $y+z$ comme a est à b. Donc $byz = ay+az$. Et par transposition, $byz-az=ay$. Et divisant le tout par $by-a$, l'on aura $z = \dfrac{ay}{by-a}$. Et la question est infiniment resolue.

Soit $a=3$, & $b=1$, le nombre z sera $\dfrac{1y}{1y-3}$, ainsi y sera pris plus grand que 3, afin que le diviseur $1y-3$ soit positif. Et si $a=3$ & $b=2$, l'on aura $z=\dfrac{1y}{2y-3}$, & l'on prendra y au dessus de $1\frac{1}{2}$, afin que $2y-3$ soit positif, c'est à dire en divisant $2y-3$ par 2, afin que $y-\frac{3}{2}$ soit positif. Et ainsi des autres.

Ces sortes de questions resoluës infiniment, permettent qu'on y puisse ajoûter encore des conditions nouvelles ausquelles on puisse satisfaire. Et c'est ce qui les rend d'autant plus ingenieuses que l'on en peut ajoûter davantage.

Les unes sont de telle nature que l'on ne peut y en ajoûter qu'une, à d'autres l'on ne peut en ajoûter que deux, & à d'autres on en peut ajoûter davantage, & la resolution de celles-cy est la plus difficile.

L'on ne pouroit par exemple ajoûter qu'une condition à cette question, trouver quatre nombres dont les deux premiers fassent 13, le second & troisiéme 15, le troisiéme & quatriéme 19, & le quatriéme avec le premier 17, car tous ces nombres estant marquez indefiniment seront $17-v$, $-4+v$, $19-v$, & v; qui ne peuvent plus permettre qu'une égalité. Ainsi en demandant que le quatriéme soit quintuple du second, le second est $-4+v$, & ce nombre estant pris 5 fois, l'on aura $-20+5v=v$. Et par transposition $4v=20$. Donc $v=5$, le dernier nombre ne peut estre que 5, & satisfaire à la derniere condition. Et si l'on vouloit que v ne surpassât le premier que de l'unité, le premier est $17-v$. Donc $17-v+1=v$. Et par transposition $18=2v$. Donc $v=9$, le quatriéme alors ne peut estre que 9. Et ainsi des autres.

Mais si l'on vouloit augmenter le nombre des quatre grandeurs precedentes, & en ajoûter par exemple encore deux, l'on pourroit ajoûter encore deux conditions outre les cinq precedentes, & demander que la quatriéme grandeur avec la cinquiéme fît 11, & la cinquiéme avec la sixiéme 10, & alors les six grandeurs seroient 12, 1, 14, 5, 6 & 4, qui satisfont aux cinq conditions precedentes, & aux deux que nous venons d'y ajoûter. Ce qu'on

trouve

trouve en cette forte. L'on prend déja , comme on vient de le faire , les quatre nombres 12. 1. 14. 5. qui fatisfont aux cinq conditions precedentes, & l'on cherche par l'Analyfe à fatisfaire aux deux autres en difant; le quatriéme nombre qui eft 5, plus le cinquiéme inconnu t, font 11, ou $t+5=11$. Donc $t=6$, le cinquiéme ne peut eftre que 6. Et pareillement le cinquiéme 6 plus le fixiéme v doivent faire 10. Donc $v+6=10$. Et $v=4$. le fixiéme ne peut eftre que 4.

QUATRIĽME QUESTION.

Pareillement pour trouver trois nombres tels que la fomme des deux LII. premiers ajoûtée au produit de l'un par l'autre foit 8, la fomme du premier & troifiéme ajoutée au produit de l'un par l'autre foit 24; & la fomme du fecond & troifiéme plus leur produit foit 15.

Soit le premier nombre appellé x, le fecond y, & le troifiéme z, la fomme du premier & fecond ajoûtée à leur produit eft 8. Donc $xy+x+y=8$. Donc $y=\frac{8-x}{x+1}$. Pareillement la fomme du premier & troifiéme plus leur produit fait 24. Donc $yz+x+z=24$. Donc $z=\frac{24-x}{x+1}$. Les trois nombres font donc x, $\frac{8-x}{x+1}$, & $\frac{24-x}{x+1}$, & ils fatisfont déja à deux conditions, il refte à remplir la troifiéme, qui eft que le fecond & troifiéme nombre ajoûtez à leur produit faffe 15. Or leur produit eft $\frac{191-32x+xx}{xx+2x+1}$, & leur fomme eft $\frac{32-2x}{x+1}$, ou bien multipliant chaque terme de cette fraction par $x+1$, afin qu'elle ait un même fecond terme que le produit auquel il la faut ajoûter. Cette fomme fera $\frac{30x+32-2xx}{xx+2x+1}$, laquelle eftant ajoûtée au produit, c'eft à dire $30x+32-2xx$ eftant ajouté à $192-32x+xx$, & le tout divifé par $xx+2x+1$, l'on aura $\frac{224-2x-xx}{xx+2x+1}=15$. Et multipliant par $xx+2x+1$ chaque membre , l'on aura $224-2x-xx=15xx+30x+15$. Et par tranfpofition , $224=16xx+32x+15$ qui eft une égalité compofée. Cependant fi on la vouloit refoudre , comme $32x$ eft un produit de 2 fois 4 par $4x$ racine du quarré $16xx$, & qu'il ne manque que l'unité feule à 15 pour en faire le quarré de 4, & qu'il ne manque auffi que la même unité au membre 224 pour avoir le quarré 225, j'ajoute 1 à chaque membre, & j'ay $225=16xx+32x+16$. Et tirant la racine quarrée de part & d'autre, $15=4x+4$. Donc $11=4x$, & $\frac{11}{4}=x$. Or le fecond nombre eft $\frac{8-x}{x+1}$, & le troifiéme $\frac{24-x}{x+1}$, remettant donc $\frac{11}{4}$ au lieu de x, le fecond fera $\frac{7}{5}$, & le troifiéme $\frac{17}{3}$. Et la queftion eft refoluë.

CINQUIÉME QUESTION.

LIII.   Trouver trois nombres tels que la somme des deux premiers estant retranchée du produit de l'un par l'autre, il reste 8 ; que la somme du premier & troisiéme estant retranchée du produit de l'un par l'autre, il reste 24, & que la somme du second & troisiéme estant retranchée du produit de l'un par l'autre, il reste 15.

Soit le premier x, le second y, & le troisiéme z. Le produit des deux premiers moins leur somme doit laisser 8. Donc $xy-x-y=8$. Et $xy-y=8+x$. Donc $y=\frac{8+x}{x-1}$. De même le produit du premier x & du troisiéme z moins leur somme doit laisser 24. Donc $xz-x-z=24$. Et $xz-z=24+x$. Donc $z=\frac{24+x}{x-1}$. Il reste à faire que le produit du second par le troisiéme moins la somme des deux soit 15. Or le produit est $\frac{192+32x+xx}{xx-2x+1}$, & la somme est $\frac{30x-32+2xx}{xx-2x+1}$, laquelle estant retranchée du produit laisse $\frac{224+2x-xx}{xx-2x+1}=15$. Et multipliant par $xx+2x+1$, chaque membre pour oster la fraction, $224+2x-xx=15xx-30x+15$. Retranchant donc $2x$ & ajoutant xx de part & d'autre, il vient $224=16xx-32x+15$, ou si l'on ajoute 1 de part & d'autre, on aura $225=16xx-32x+16$. Donc tirant la racine quarrée de chaque membre, l'on aura $15=4x-4$. Et $19=4x$. Donc $x=\frac{19}{4}$, $y=\frac{17}{5}$, & $z=\frac{13}{3}$. Et la question est resoluë.

SIXIÉME QUESTION.

LIV.   Trouver trois nombres tels que le produit des deux premiers soit triple des deux, que le produit du premier & troisiéme soit quintuple des deux, & que le produit du second & troisiéme, soit quadruple des deux.

Soit le premier x, le second y, & le troisiéme z. Par la premiere supposition $xy=3x+3y$. Donc $xy-3y=3x$, & $y=\frac{3x}{x-3}$. De même par la seconde supposition $xz=5x+5z$. Donc $xz-5z=5x$. Et $z=\frac{5x}{x-5}$. Il reste que le produit du second & troisiéme soit quadruple de leur somme. Donc $\frac{15xx}{xx-8x+15}=\frac{32xx-120x}{xx-8x+15}$. Et multipliant le tout par le commun diviseur, $15xx=32xx-120x$. Ajoutant donc $120x$, & retranchant $15xx$ de part & d'autre, $120x=17xx$. Et $120=17x$. Donc $x=\frac{120}{17}$, $y=\frac{120}{13}$, & $z=\frac{120}{7}$. Et la question est resoluë.

SEPTIÉME QUESTION.

LV.   Multiplier un nombre par un quarré & par sa racine, & faire un cube du second produit, qui ait le premier produit pour sa racine.

Soit zz le quarré, z sa racine, & y le nombre qui doit multiplier l'un & l'autre.

Puisque le produit de y par z doit donner un cube, soit ce cube appellé x^3. Donc $yz = x^3$, & $y = \frac{x^3}{z}$. Or il faut que ce nombre $\frac{x^3}{z}$ multiplié par le quarré zz, soit la racine du cube x^3. Donc $x^3 z = x$. Et $xxz = 1$. Donc $z = \frac{1}{xx}$. Le quarré zz sera donc $\frac{1}{x^4}$, sa racine $\frac{1}{xx}$, & y, ou $\frac{x^3}{z}$ qui doit multiplier l'un & l'autre sera x^5. Et la question est infiniment resoluë. L'on peut prendre pour x tel nombre qu'on voudra. Soit donc $x = 3$, le quarré sera $\frac{1}{81}$, sa racine $\frac{1}{9}$, & x^5 qui les doit multiplier sera 243, lequel estant multiplié par $\frac{1}{81}$ donne 3, & l'estant par $\frac{1}{9}$ il donne le cube 27 dont la racine est 3.

HUITIE'ME QUESTION.

Multiplier un nombre par un quarré & par sa racine, & faire un cube du premier produit, qui ait le second produit pour sa racine. **LVI.**

Soit zz le quarré, z sa racine, & y le nombre qui doit multiplier chacun d'eux. Puisque le produit de y par zz doit donner un cube, soit ce cube appellé x^3. Donc $yzz = x^3$. Et $y = \frac{x^3}{zz}$. Or il faut que ce nombre $\frac{x^3}{zz}$ multiplié par la racine z soit la racine du cube x^3. Donc $\frac{x^3}{z} = x$. Et $\frac{xx}{z} = 1$. Donc $xx = 1z$. Le quarré zz sera donc x^4, sa racine xx, & y ou $\frac{x^3}{zz}$ qui doit multiplier l'un & l'autre sera $\frac{1}{x}$. Et la question est infiniment resoluë. L'on peut prendre pour x tel nombre qu'on voudra.

Soit $x = 3$, le quarré sera 81, sa racine 9, & le nombre qui les doit multiplier sera $\frac{1}{3}$, son produit par 81 donne le cube 27, & par 9 il donne 3 la racine cubique de 27.

Il faut remarquer icy que quand tous les nombres ont esté découverts universellement, l'on peut mettre les entiers en fractions & les fractions en entiers sans changer la resolution. Par exemple nous venons de trouver x^4, xx, & $\frac{1}{x}$ qui satisfont generalement à la question, & $\frac{1}{x^4}$, $\frac{1}{xx}$, & x y satisferont aussi.

De même dans la resolution precedente où nous avions trouvé $\frac{1}{x^4}$, $\frac{1}{xx}$, & x^5, nous pourions prendre au lieu d'eux x^4, xx, & $\frac{1}{x^5}$, qui satisferoient pareillement à la question.

NEUVIE'ME QUESTION.

Multiplier un nombre par un cube & par sa racine, & faire que le **LVII.**

second produit soit un quarré de quarré, qui ait le premier produit pour sa racine quatriéme.

Soit z^3 le cube, z sa racine, & y le nombre qui les doit multiplier l'un & l'autre. Puisque le produit de y par z doit donner un quarré de quarré, soit ce quarré de quarré appellé x^4. Donc $yz = x^4$, & $y = \frac{x^4}{z}$. Or il faut que ce nombre $\frac{x^4}{z}$ multiplié par le cube z^3 soit la racine quatriéme du quarré de quarré x^4. Donc $x^4 zz = x$. Et $x^3 zz = 1$. Donc $zz = \frac{1}{x^3}$. Or afin que la resolution se puisse donner par nombre commensurable, il faut que la racine quarrée puisse se tirer de part & d'autre, il faut donc que le cube x^3 soit aussi un quarré. Soit donc $x^3 = v^6$, afin que la racine se puisse extraire de $\frac{1}{x^3}$. Donc $zz = \frac{1}{v^6}$. Et $z = \frac{1}{v^3}$. Le cube z^3 sera donc $\frac{1}{v^9}$, sa racine $z = \frac{1}{v^3}$, & le nombre y ou $\frac{x^4}{z}$ sera $\frac{v^8}{z}$, c'est à dire v^{11}. Et la question est infiniment resoluë. Les trois nombres peuvent estre aussi v^9, v^3, & $\frac{1}{v^{11}}$.

Soit $v = 2$. Donc $\frac{1}{v^9} = \frac{1}{512}$, sa racine cubique $\frac{1}{8}$, & le nombre v^{11} qui les doit multiplier sera 2048, son produit par le cube est 4, & par la racine du cube, il est 256 quarré du quarré de 4. Il en est de même pour les questions infinies de cette sorte. Ainsi je ne m'y dois pas arrester davantage.

DIXIÉME QUESTION.

XLVIII. Multiplier un nombre par un cube & par sa racine, & faire que le second produit soit un quarré de quarré qui ait le premier produit pour sa racine quatriéme. Et de plus que l'exposant du cube à sa racine soit égal à 64.

Je prens premierement les trois nombres v^9, v^3, & $\frac{1}{v^{11}}$ trouvez par la resolution precedente, qui satisfont aux deux premieres conditions, & pour remplir la troisiéme, je divise le cube v^9 par sa racine cubique v^3, & j'égale l'exposant v^6 avec 64. Or si $v^6 = 64$. Donc $v^3 = 8$, & $v = 2$. Les trois nombres seront donc 512, 8, & $\frac{1}{2048}$. Et la question qui n'est plus indéterminée, est resoluë.

TROISIÉME PRINCIPE.

XLIX. Trouver deux quarrez égaux à un quarré donné.

Soit aa le quarré donné, yy le premier inconnu, & zz le second. Donc $yy + zz = aa$. Et $yy = aa - zz$. La question se réduit donc là, qu'il faut trouver un nombre quarré qui soit tel qu'estant retranché du quarré aa, le reste soit un nombre quarré. Et pour le faire generalement, je considere que le quarré $aa - zz$ est plus petit que le quarré aa, & sa racine par consequent plus petite que la racine a. Mais il faut que cette racine

Soit telle que formant une égalité de son quarré avec $aa - zz$, l'inconnüe z puisse n'avoir qu'un seul degré. Soit donc pour cet effet la racine inconnüe du quarré $aa - zz$, appellée $c\zeta - a$, la grandeur c est arbitraire, pourveu qu'elle soit un nombre entier plus grand que l'unité, j'en diray la raison plus bas. Et quand bien c seroit plus grand de beaucoup que a, $c\zeta - a$ sera neanmoins plus petit que a, parceque la valeur de ζ que nous découvrirons sera une fraction qui rendra le produit $c\zeta$ d'autant plus petit que le nombre c sera pris plus grand. Or le quarré de cette racine $c\zeta - a$ est $cc\zeta\zeta - 2ac\zeta + aa$, qui devant estre égal au quarré $aa - zz$, l'on aura l'égalité $cc\zeta\zeta - 2ac\zeta + aa = aa - zz$. Et effaçant aa de part & d'autre, $cc\zeta\zeta - 2ac\zeta = -zz$. Et par transposition, $cc\zeta\zeta + zz = 2ac\zeta$. Or divisant le tout par ζ, l'on a $cc\zeta + z = 2ac$. Et divisant le tout par $cc+1$, l'on a

$$z = \frac{2ac}{cc+1}.$$

Or $yy = aa - zz$. Et $aa - zz$ est le quarré de $c\zeta - a$. Donc $y = c\zeta - a$. ou bien remettant au lieu de ζ sa valeur qu'on vient de trouver, $y = \frac{acc - a}{cc+1}$. Les quarrez de ces deux racines sont $yy = \frac{aac^4 - 2aacc + aa}{c^4 + 2cc + 1}$ & $zz = \frac{4aacc}{c^4 + 2cc + 1}$. Et la somme de ces deux quarrez est $\frac{aac^4 + 2aacc + aa}{c^4 + 2cc + 1}$, c'est à dire aa. Il est visible que si c estoit l'unité, la racine y n'auroit nulle valeur, puisque $acc - a$ seroit le même que $a - a$, c'est à dire zero. Et si c estoit moindre que l'unité, la racine y seroit negative, puisque acc seroit moindre que a, & par consequent $acc - a$ moindre que l'unité. Cependant la resolution dans ce cas ne laisseroit pas d'estre positive, parceque le quarré de la racine negative seroit positif. Or la resolution nous fournit cette regle.

Regle. Le produit de la racine du quarré donné par 2 fois tel nombre qu'on voudra plus grand que l'unité, estant divisé par la somme de l'unité ajoûtée au quarré du nombre que l'on aura pris, l'exposant sera la racine de l'un des quarrez.

Et un autre produit de la racine du quarré donné par le quarré du nombre que l'on aura pris, diminué de l'unité, estant pareillement divisé par la somme de l'unité ajoûtée au quarré de ce même nombre, l'exposant sera la racine de l'autre quarré.

Soit $aa = 100$. Si $c = 2$. Donc $a = 10$, $y = \frac{acc - a}{cc+1} = \frac{30}{5}$, & $z = \frac{2ac}{cc+1} = \frac{40}{5}$. c'est à dire $y = 6$, $z = 8$, & leurs quarrez $yy = 36$, $zz = 64$, & $yy + zz = 36 + 64 = 100$. Et si $c = 3$. Donc $y = \frac{80}{10}$, & $\zeta = \frac{60}{10}$, c'est à dire $y = 8$, & $z = 6$. Où l'on voit que la valeur de y de la resolution precedente devient icy la valeur de z, & reciproquement que la valeur de ζ devient celle de y. Et si l'on supposoit $c = 4$, l'on auroit $y = \frac{150}{17}$, & $z = \frac{80}{17}$. Et leurs quarrez $\frac{22500}{289} + \frac{6400}{289}$ font $\frac{28900}{289}$, c'est à dire 100.

PREMIERE QUESTION.

Trouver en nombres entiers deux quarrez égaux à un quarré.   LX.

Nous n'avons qu'à oster le second terme de chacun des quarrez precedens, & à les diviser chacun par aa, & nous aurons les trois quarrez $c^4 - 2cc + 1$, $4cc$, & $c^4 + 2cc + 1$, dont les deux premiers sont égaux au troisiéme. Les racines de ces quarrez seront $cc - 1$, $2c$, & $cc + 1$, je suppose toûjours que c surpasse l'unité, afin que le premier quarré ne soit point égal à zero, ou sa racine $cc - 1$ negative. L'on poura neanmoins, & même il sera plus utile quelquefois de les exprimer plus indéterminément, en laissant aa au lieu de l'unité, & prenant pour racines $cc - aa$, $2ac$, & $cc + aa$.

Surquoy nous pourons remarquer une proprieté assez considerable dont parle Schooten dans la Section 6e. de ses Exercitations Mathematiques, c'est de la maniere d'exprimer certaines progressions arithmetiques dont chaque terme sert à trouver un triangle rectangle, c'est à dire deux quarrez égaux à un quarré. Il apporte pour exemple ces deux progressions tirées de Stifelius.

La 1ere $1\frac{1}{3}$. $2\frac{2}{5}$. $3\frac{3}{7}$. $4\frac{4}{9}$. $5\frac{5}{11}$. $6\frac{6}{13}$. $7\frac{7}{15}$. $8\frac{8}{17}$. $9\frac{9}{19}$. $10\frac{10}{21}$. $11\frac{11}{23}$. &c.

Et la 2e. $1\frac{7}{8}$. $2\frac{11}{12}$. $3\frac{15}{16}$. $4\frac{19}{20}$. $5\frac{23}{24}$. $6\frac{27}{28}$. $7\frac{31}{32}$. $8\frac{35}{36}$. $9\frac{39}{40}$. $10\frac{43}{44}$. &c.

Il y a trois sortes de progressions arithmetiques à observer dans chacune de ces progressions. La premiere est des nombres entiers qui se surpassent successivement de l'unité dans chacune. La seconde est des premiers termes de chaque fraction qui se surpassent successivement de l'unité dans la premiere progression, & de 4 dans la seconde progression. La troisiéme enfin qui reste à observer, c'est celle des seconds termes des fractions qui se surpassent successivement de 2 unitez dans la premiere progression, & de 4 dans la seconde.

Et pour avoir les deux quarrez égaux à un par le moyen de ces progressions, il faut réduire tout le terme que l'on y veut faire servir à une fraction, & alors les deux quarrez l'un du premier terme, & l'autre du second, estant réduits en une somme, donneront un troisiéme nombre qui sera quarré. Par exemple prenant le second terme $2\frac{11}{12}$ de la seconde progression, je réduis tout ce terme à la fraction $\frac{35}{12}$, ce qui se fait, comme l'on sçait, en multipliant 2 par 12, & ajoutant 11 au produit 24, afin d'avoir 35 pour premier terme de la fraction $\frac{35}{12}$. Et alors quarrant 35 & 12, & ajoutant les deux quarrez 1225 & 144 en une somme, l'on aura 1,369, qui est un quarré dont la racine est 17. Il en est ainsi des autres.

Simon Iacobi Coburgensis in Arithmetica suâ majori;

Mais parcequ'au rapport de Schooten, un Auteur habile ajoute six autres progressions de semblable nature, à ces deux de Stifelius, & qu'il assûre en pouvoir trouver mille autres, sans exposer toutefois quelle est sa methode; Schooten rapporte quelques regles inventées par un sçavant Arithmeticien, pour trouver ces sortes de progressions. Mais comme ces regles ne m'ont point paru naturelles, ny tirées de principes assez simples, je marqueray icy un moyen facile pour trouver une infinité de progressions de semblable nature. Il ne faut seulement que prendre l'expression generale de deux quarrez égaux à un, que nous venons de trouver icy, c'est à dire $cc—1$, & $2c$, & l'écrire en fraction de cette sorte $\frac{cc—1}{2c}$. Ensuite si l'on substituë successivement au lieu de c, chacun des nombres impairs de la progression arithmetique $3. 5. 7. 9. 11.$ &c. où la difference est 2, l'on aura la premiere progression de Stifelius. Mais si l'on substituë successivement au lieu de c chacun des nombres de la progression arithmetique des nombres pairs, où la difference est encore 2, l'on aura la seconde progression de Stifelius. Et si l'on substituë au lieu de c chacun des nombres de la progression arithmetique $\frac{3}{2}. \frac{7}{2}. \frac{11}{2}.$ &c. où la difference est pareillement $\frac{4}{2}$, l'on aura cette autre progression $\frac{5}{12}. 1\frac{17}{28}. 2\frac{29}{44}. 3\frac{41}{60}. 4\frac{53}{76}. 5\frac{65}{92}.$ &c. qui est l'une des autres que Schooten rapporte. Et si l'on substituë au lieu de c chacun des nombres de la progression $\frac{5}{2}. \frac{9}{2}. \frac{11}{2}.$ &c. où la difference est encore $\frac{4}{2}$ c'est à dire le nombre 2, l'on aura cette autre progression

$1\frac{1}{20}. 2\frac{5}{36}. 3\frac{9}{52}. 4\frac{13}{68}. 5\frac{17}{84}. 6\frac{21}{100}.$ &c. qui est encore une autre de celles que Schooten apporte. Et si l'on choisit en même sorte d'autres progressions arithmetiques exprimées par fractions, dont la difference soit 2, l'on poura trouver d'autres progressions semblables. Par exemple en substituant successivement au lieu de c chaque terme de la progression $\frac{5}{3}. \frac{11}{3}. \frac{17}{3}.$ &c. où la difference est $\frac{6}{3}$, c'est à dire 2, l'on aura la premiere des progressions que donne Schooten. Et ainsi des autres. De sorte qu'on poura trouver sans peine tant de ces progressions que l'on voudra. Car si-tost qu'on aura les deux premiers termes de quelqu'une qui vaudront plus chacun que l'unité, il ne faudra plus rien substituer au lieu de c, mais seulement continuer chacune des trois progressions particulieres dont nous avons déja parlé.

SECONDE QUESTION.

Trouver deux quarrez dont la difference soit donnée.

LXI.

Soit b la difference donnée, z la racine du plus petit quarré, & $z+a$ la racine du plus grand, les quarrez seront donc zz, & $zz+2az+aa$, & leur difference sera $zz+2az+aa—zz$, c'est à dire $2az+aa$. Donc $2az+aa=b$. Et $2az=b—aa$. Où l'on voit que le quarré aa doit estre necessairement plus petit que b, pour avoir une resolution positive. Divisant donc de part & d'autre par $2a$, l'on aura $z=\frac{b—aa}{2a}$, & l'autre racine sera $\frac{b+aa}{2a}$. Le plus grand quarré sera donc $\frac{bb+2aab+a^4}{4aa}$, & le plus petit $\frac{bb—2aab+a^4}{4aa}$, leur difference est b. Et la question est indéterminément resoluë. L'on peut prendre pour a tel nombre au dessous de $\sqrt{b}$ que l'on voudra.

Soit $b=60$. Si $a=3$, la racine du plus grand quarré sera donc $11\frac{1}{2}$, celle du plus petit $8\frac{1}{2}$, & leurs quarrez sont $132\frac{1}{4}$ & $72\frac{1}{4}$ dont la difference est 60.

TROISIE'ME QUESTION.

LXII.   Ajoûter un petit quarré à une grandeur donnée, & en faire un quarré.

Je suppose toûjours que les grandeurs données soient commensurables. Pour bien faire comprendre cette resolution, je me contenteray de l'expliquer seulement par nombres. Soit 17 un nombre donné, & qu'il faille luy ajoûter un petit quarré en sorte que la somme totale soit un quarré. J'appelle $\frac{1}{zz}$ le petit quarré, donc $17+\frac{1}{zz}$ doit estre un quarré; je prens pour racine de ce quarré $4+\frac{1}{z}$, je prens le nombre 4 plustost qu'aucun autre, parceque son quarré 16 est le plus proche de 17, mais j'ajoûte $\frac{1}{z}$ à 4, parceque la racine du quarré que je cherche doit surpasser 16 quarré de 4, je le fais aussi afin que dans la comparaison des deux membres de mon égalité, le quarré $\frac{1}{zz}$ puisse s'effacer de part & d'autre, & qu'ainsi z n'ait plus qu'une dimension lineaire. Soit donc $4+\frac{1}{z}$ la racine de nostre quarré, le quarré sera donc $16+\frac{8}{z}+\frac{1}{zz}$, & l'égalité $16+\frac{8}{z}+\frac{1}{zz}=17+\frac{1}{zz}$. Retranchant donc $16+\frac{1}{zz}$ de part & d'autre, on aura $\frac{8}{z}=1$. Donc multipliant par z chaque membre $8=1z$. La racine $4+\frac{1}{z}$ sera donc $4\frac{1}{8}$, & son quarré $17\frac{1}{64}$. Dans ce premier exemple le quarré 16 dont on a pris la racine 4, est au dessous de 17.

Mais si le quarré le plus proche du nombre proposé estoit au dessus du nombre dont l'on auroit pris la racine, il faudroit retrancher de ce nombre, $\frac{1}{z}$ racine du petit quarré, & non pas la luy ajouter. Ainsi pour trouver un petit quarré, lequel estant ajouté à 15 fasse un quarré, je prens pour racine de ce quarré $4-\frac{1}{z}$ la racine du quarré 16, qui est le plus proche de 15, car il vaut toujours mieux choisir le plus proche, soit que ce quarré se trouve au dessus, soit qu'il se trouve au dessous du nombre proposé. Le quarré de cette racine $16-\frac{8}{z}+\frac{1}{zz}=15+\frac{1}{zz}$. Donc retranchant $15+\frac{1}{zz}$ de part & d'autre, il reste $1-\frac{8}{z}=0$. Et par transposition, $1=\frac{8}{z}$. Donc multipliant le tout par z, $1z=8$. La racine du quarré sera donc $3\frac{7}{8}$, dont le quarré est $15\frac{1}{64}$. Et la question est resoluë.

Pareillement

Pareillement pour ajouter $\frac{1}{zz}$ à 1, & en faire un quarré, je prens $2 - \frac{1}{z}$ pour racine de ce quarré. Donc $4 - \frac{4}{z} + \frac{1}{zz} = 1 + \frac{1}{zz}$. Et retranchant $1 + \frac{1}{zz}$ de part & d'autre, $3 - \frac{4}{z} = 0$. Et $3 = \frac{4}{z}$. Donc $3z = 4$, & $z = \frac{4}{3}$, $\frac{1}{zz}$ sera donc $\frac{9}{16}$, qui estant ajouté à 1 donnera le quarré $1\frac{9}{16}$, dont la racine est $1\frac{1}{4}$.

QUATRIE'ME QUESTION.

Deux grandeurs estant données, en trouver une troisiéme, qui estant ajoutée à l'une & à l'autre, fasse un quarré de chaque somme. LXIII.

Soient a & b les grandeurs données, a la plus grande & b la plus petite, z la grandeur qu'il faut ajouter, & yy le quarré que doit faire la premiere somme $a + z$. Donc $a + z = yy$, & $z = yy - a$. La grandeur z qu'il faut ajouter sera donc $yy - a$, & cette grandeur $yy - a$ ajoutée à la grandeur a, fait un quarré. Mais il faut encore qu'estant ajoutée à b, elle fasse un autre quarré. Donc $yy - a + b$ doit estre un quarré. Comme a est plus grand que b, ce quarré est plus petit que yy. Soit donc $y - c$ la racine de ce quarré. Donc $yy - 2yc + cc = yy - a + b$. Et par transposition, $a - b + cc = 2yc$. Donc $y = \frac{a - b + cc}{2c}$. La grandeur z que l'on doit ajouter sera donc $\frac{aa - 2ab + bb - 2ac - 2bcc + c^4}{4cc}$. Et la question est indéterminément resoluë. L'on peut prendre pour c tel nombre qu'on voudra, pourveu que $aa + bb + c^4$ ne soit point au dessous de $2ab + 2acc + 2bcc$, car autrement la resolution seroit negative.

Regle. L'on prend donc le quarré de la difference des deux grandeurs données, l'on en retranche le produit de la somme de ces deux grandeurs diminuée du quarré d'une grandeur arbitraire par ce même quarré. L'on divise ce qui reste par 4 fois ce même quarré. Et l'exposant qu'on trouve est une grandeur qui satisfait à la question.

Soient les grandeurs données $a = 18$, $b = 9$, & la grandeur arbitraire $c = 1$. Donc $z = \frac{28}{4}$, c'est à dire 7, qui estant ajoutée à 18 & à 9, donne les deux quarrez $18 + 7 = 25$, & $9 + 7 = 16$. Et si la grandeur arbitraire $c = 2$, parceque $aa + bb + c^4 = 324 + 81 + 16$, est au dessous de $2ab + 2acc + 2bcc = 324 + 144 + 72$, la resolution ne peut estre positive, la grandeur $z = -\frac{119}{16} = -7\frac{7}{16}$, laquelle estant ajoutée à chacun des nombres 18 & 9, c'est à dire $+7\frac{7}{16}$ estant retranchée de chacun, les restes seront les quarrez $18 - 7\frac{7}{16} = 10\frac{9}{16}$ dont la racine est $3\frac{1}{4}$, & $9 - 7\frac{7}{16} = 1\frac{9}{16}$ dont la racine est $1\frac{1}{4}$.

CINQUIE'ME QUESTION.

Deux grandeurs estant données, en trouver une troisiéme qui estant retranchée de chacune, fasse un quarré de chaque reste. LXIV.

Sf

Soient a & b les grandeurs données, a la plus grande, b la plus petite, z la grandeur qu'il faut retrancher, & yy le quarré que doit faire le premier reste. Donc $a - z = yy$. Et par transposition $a - yy = z$. La grandeur z qu'il faut retrancher sera donc $a - yy$, & cette grandeur estant retranchée de a donne $a - a + yy$, c'est à dire le quarré yy. Mais il faut encore qu'estant retranchée de b elle fasse un autre quarré. Donc $b - a + yy$ doit estre un quarré. Comme a est plus grand que b, ce quarré doit estre au dessous de yy. Soit donc $y - c$ la racine de ce quarré. Donc $yy - 2yc + cc = b - a + yy$. Donc $a - b + cc = 2yc$. Et $y = \dfrac{a - b + cc}{2c}$. La grandeur z sera donc $\dfrac{2acc - aa + 2ab - bb + 2bcc - c^4}{4cc}$. Et la question est indéterminément resoluë. L'on peut prendre pour c tel nombre qu'on voudra, pourveu que $aa + bb + c^4$ soit plus petit que $2ab + 2acc + 2bcc$, car autrement la resolution seroit negative.

Regle. L'on prend donc le produit de 2 fois la somme des grandeurs données, diminuée du quarré d'une grandeur arbitraire, par ce même quarré, l'on en retranche le quarré de la difference des grandeurs données. L'on divise ce qui reste par 4 fois le quarré de la grandeur arbitraire. Et l'exposant qu'on trouve satisfait à la question.

Soit $a = 44$, $b = 36$, & la grandeur arbitraire $c = 2$. Donc $z = \dfrac{560}{16}$, c'est à dire 35. Et 35 estant retranché de chaque nombre, laisse les deux quarrez $44 - 35 = 9$, & $36 - 35 = 1$.

SIXIE'ME QUESTION.

LXV.　Deux grandeurs estant données, en trouver une troisiéme, dont chacune estant retranchée, chaque reste soit un quarré.

Soient a & b les grandeurs données, a la plus grande, b la plus petite, z la grandeur dont il faut retrancher chacune, & yy le quarré que doit donner le premier reste. Donc $z - a = yy$, & $z = yy + a$. Si l'on retranche z de la grandeur $yy + a$, le reste sera le quarré yy; & si l'on en retranche b, le reste sera l'autre quarré $yy + a - b$. Je prens pour sa racine $y + c$. Donc $yy + 2yc + cc = yy + a - b$. Donc $2yc = a - b - cc$. Et $y = \dfrac{a - b - cc}{2c}$. La grandeur z sera donc $\dfrac{aa - 2ab + bb + 2acc + 2bcc + c^4}{4cc}$. Et la question est infiniment resoluë. L'on peut prendre pour c tel nombre qu'on voudra.

Regle. L'on prend donc le quarré de la difference des grandeurs données, on luy ajoute le produit de la somme des grandeurs prises 2 fois, augmentée du quarré d'une grandeur arbitraire, par ce même quarré. L'on divise le tout par 4 fois le même quarré. Et l'exposant satisfait à la question.

SEPTIE'ME QUESTION.

LXVI.　Trouver deux grandeurs telles que la somme de leurs quarrez, plus leur produit, fasse un quarré.

Soit z la premiere, & y la seconde. Donc $yy + zz + yz$ doit donner n quarré. Soit sa racine $a-z$. Donc $aa-2az+zz=yy+zz+yz$. Et $aa-yy=2az+yz$. Donc $z=\frac{aa-yy}{2a+y}$. Et la question est indéterminément resoluë. L'on prendra pour a tout nombre au dessus de celuy que l'on prendra pour y, car il faut que $aa-yy$ soit positif. Et comme la question toute resoluë est encore tellement indéterminée que toutes les grandeurs a & y qui s'y trouvent sont arbitraires, l'on pourra tout multiplier par le quarré de $2a+y$, & l'on aura pour les deux grandeurs qu'on demande, $aa-yy$ pour la premiere, & $2ay+yy$ pour la seconde. Leurs quarrez sont $a^4-2aayy+y^4$ & $4aayy+4ay^3+y^4$; & leur produit $2a^3y-2ay^3+aayy-y^4$ estant ajouté à la somme de leurs quarrez, donne $a^4+3aayy+2a^3y+2ay^3+y^4$, qui est un quarré dont la racine est $aa+ay+yy$.

Soit $a=2$, & $y=1$. Donc $aa-yy=3$, & $2ay+yy=5$. La somme de leurs quarrez 9 & 25, est 34, à qui ajoutant leur produit 15, la somme totale est le quarré 49.

Huitiéme Question.

Trouver trois grandeurs en proportion geometrique tels que la seconde ajoutée à la premiere ou à la troisiéme, donne un quarré.   LXVII.

Soit la premiére grandeur z, la seconde zz, & la troisiéme z^3. Car ainsi l'on satisfait à la première condition qui demande que les trois grandeurs soient en proportion geometrique. Or la premiere ajoutée à la seconde fait $zz+z$ qui doit estre un quarré. Soit donc sa racine $a-z$.

Donc $aa-2az+zz=zz+z$. Donc $aa=2az+z$. Et $z=\frac{aa}{2a+1}$. Or il faut aussi que la seconde grandeur ajoutée à la troisiéme fasse un quarré, $+z^3+zz$ doit donc estre un quarré. Et parceque tout quarré divisé par un quarré, donne encore un quarré, si nous divisons z^3+zz par le quarré zz, l'exposant $z+1$ sera donc un quarré. Or nous avons trouvé $z=\frac{aa}{2a+1}$, à qui ajoûtant l'unité, l'on aura $\frac{aa+2a+1}{2a+1}$, dont le premier terme $aa+2a+1$ est un quarré, qui a pour racine $a+1$. Or le second terme $2a+1$ doit estre aussi égal à un quarré. Soit ce quarré bb. Donc $2a+1=bb$. Donc $a=\frac{bb-1}{2}$. Et la question est indéterminément resoluë.

L'on peut prendre pour b tel nombre qu'on voudra, autre toutefois que l'unité. Il est bon de choisir un nombre impair pluftost qu'un autre, afin que son quarré qui sera impair, estant diminué de l'unité, puisse estre divisé sans reste par 2.

L'on peut encore resoudre ainsi cette même question.

Soit la grandeur moyenne z. Si elle prend la premiere grandeur, l'on aura le quarré xx. La premiere grandeur sera donc $xx-z$, & si elle prend la seconde grandeur, l'on aura l'autre quarré yy. La troisiéme grandeur sera donc $yy-z$. Et la propottion geometrique continuë sera $\div\, xx-z.\,z.\,yy-z$. Or le produit des extrêmes est égal au quarré du milieu. Donc $xxyy-xxz-yyz+zz=zz$. Donc $xxyy-xxz-yyz=0$. Et par transfpofition $xxyy = xxz + yyz$. Donc $z = \frac{xxyy}{xx+yy}$. La proportion fera donc $\because \frac{x^4}{xx+yy}. \frac{xxyy}{xx+yy}. \frac{y^4}{xx+yy}$. ou bien multipliant chaque terme par le quarré $x^4 + 2xxyy + y^4$, la proportion continuë fera $\because x^6 + x^4yy. x^4yy + xxy^4. xxy^4 + y^6$. Et la queftion eft infiniment refoluë. Il faut toutefois prendre garde que le nombre x doit eftre different de y. Et fi l'on veut que la proportion ait fon premier terme le plus petit, y doit furpaffer x.

Regle. L'on prend donc la fomme des quarrez de deux differentes grandeurs, on la multiplie par la quatriéme puiffance de la plus petite grandeur, & l'on a le premier terme de la proportion. Enfuite on prend la fomme des quarrez des deux grandeurs, on la multiplie par le produit de l'un par l'autre, & le produit donne le fecond terme de la proportion. Enfin l'on prend la fomme des mêmes quarrez, on la multiplie par la quatriéme puiffance de la plus grande des grandeurs qu'on a prife. Et le produit donne le troifiéme terme de la proportion.

Soit $x = 1$, & $y = 2$. Donc la proportion fera $\because 5.20.80$. Le fecond terme 20 plus le premier 5 donne le quarré 25, & plus le fecond 80, il donne le quarré 100. Et ces trois termes font une proportion geometriquement continuë, dont le rapport eft comme 1 à 4.

NEUVIÉME QUESTION.

LXVIII.   Trouver deux quarrez dont la fomme foit égale à la fomme de deux autres quarrez donnez.

Soient aa & bb les deux quarrez donnez, je fuppofe aa plus grand que bb. L'un des deux que l'on cherche doit donc neceffairement furpaffer le quarré bb, & l'autre doit eftre furpaffé par aa. Soit donc la racine de celuy-cy $cz - a$, & celle du premier $z + b$. Il faut égaler les quarrez de ces deux racines aux quarrez aa & bb. Donc $cczz - 2acz + aa + zz + 2bz + bb = aa + bb$. Effaçant donc $aa + bb$ de chaque cofté, l'on a $cczz - 2acz + zz + 2bz = 0$. Divifant donc tout par z, & tranfpofant à l'ordinaire, $ccz + z = 2ac - 2b$. Donc $z = \frac{2ac-2b}{cc+1}$. Les racines feront donc $cz - a = \frac{acc-2bc-a}{cc+1}$ & $z + b = \frac{2ac+bcc-b}{cc+1}$. Et la queftion eft infiniment refoluë. L'on peut prendre pour c tel nombre qu'on voudra autre que l'unité. Car fi l'on prenoit l'unité pour c, l'on retrouveroit les deux quarrez donnez & non pas deux autres. Et il n'importe pour donner une refolution pofitive, que l'une des racines des deux quarrez cherchez foit negative. Si l'on ne vouloit pas cependant qu'elle fuft negative, il faudroit prendre pour c un nombre tel que acc fuft plus grand que $2bc + a$.

Soit $aa + bb = 13$, c'eft à dire $aa = 9$, & $bb = 4$. Si $c = 2$. Donc $z = \frac{8}{5}$. Les deux racines feront donc $cz - a = \frac{1}{5}$. Et fon quarré $\frac{1}{5}$ eftant retranché de 13, laiffe pour l'autre quarré $12\frac{14}{25}$, dont la racine $z + b = \frac{18}{5} = 3\frac{1}{5}$.

Dixiéme Question.

Trouver trois grandeurs dont la somme soit un quarré, & de plus qu'estant joints alternativement deux à deux les sommes alternatives soient pareillement des quarrez. **LXIX.**

Soit zz le quarré qui fait la somme des trois, & yy celuy qui fait la somme des deux premieres, il restera donc $zz - yy$ pour la troisiéme grandeur. Soit encore xx le quarré que fait la premiere avec la troisiéme, la seconde sera donc $zz - xx$. Or la premiere & la seconde $zz - xx$ font le quarré yy. Retranchant donc la seconde du quarré xx, il restera $xx - zz + yy$ pour la premiere, & l'on a déja satisfait à trois conditions de la question. Car la somme des trois fait le quarré zz, les deux premieres font le quarré yy, & la premiere avec la troisiéme fait le quarré xx, il reste que la seconde avec la troisiéme fasse un quarré. Donc $2zz - xx - yy$ est un quarré. Or ne voyant point d'abord comment je puis former la racine d'un tel quarré, parceque la somme $2zz - xx - yy$ n'enferme aucun quarré positif, puisque zz y est mis deux fois, & que 2 n'a point de racine quarrée. C'est pourquoy j'examine à quelle resolution des questions precedentes je la puis rapporter ; Et premierement il est visible que si je pouvois trouver un quarré moindre que l'unité, lequel estant osté de 2 me laissast un autre quarré, je pourois mettre au lieu de xx ou de yy ce petit quarré multiplié par zz, & alors la somme auroit un quarré positif dont la racine serviroit à mon dessein. Il faut donc diviser 2 en deux quarrez, dont l'un soit au dessous de l'unité. Or 2 est composé des deux quarrez 1 & 1, c'est pourquoy je puis partager cette somme en deux autres quarrez par le moyen de la Formule $\dfrac{acc - 2bc - a}{cc + 1}$ de la Neuviéme Question 68. S. mettant au lieu de a & de b, leurs valeurs x & 1, & prenant 2 pour c, la racine du quarré que je dois retrancher de 2 sera $-\frac{1}{5}$, il n'importe pas encore qu'elle soit negative, car son quarré $\frac{1}{25}$ sera positif. Or $\frac{1}{25}$ estant retranché de 2, laisse le quarré $\frac{49}{25}$. Je reviens donc à ce que je m'estois proposé de faire, & parceque xx est indéterminé, je l'appelle $\frac{1}{25}zz$. Ainsi la somme que je dois égaler à un quarré sera $2zz - \frac{1}{25}zz - yy$, c'est à dire $\frac{49}{25}zz - yy$, qui doit estre un quarré. Soit $a - \frac{7}{5}z$ la racine de ce quarré. Donc $aa - \frac{14}{5}z + \frac{49}{25}zz = \frac{49}{25}zz - yy$.

Donc $aa + yy = \frac{14}{5}z$. Et $z = \frac{5aa + 5yy}{14}$. Et la question est infiniment resoluë.

Cependant comme les nombres estant trop grands, nos Formules donneroient une regle trop difficile, nous changerons l'operation, & nous la ferons ainsi à peu prés comme Diophante & Viete.

Soit le quarré donné par la somme des trois $zz + 2az + aa$, & la somme des deux premiers $zz - 2az + aa$. Cette somme retranchée de la somme des trois laissera donc pour le troisiéme $4az$. Ensuite soit zz la fomme de la premiere & troifiéme, la feconde fera donc $2az + aa$. Et parceque la premiere avec la feconde fait $zz - 2az + aa$, fi nous en retranchons $2az + aa$ qui eft la feconde, il reftera pour la premiere $zz - 4az$. Les trois grandeurs feront donc déja $zz - 4az$, $2az + aa$, & $4az$, & la fomme des trois fait un quarré, la premiere avec la feconde en fait un autre, la premiere avec la troifiéme en fait auffi un, mais il refte que la feconde avec la troifiéme en faffe encore un. Or cette fomme eft $6az + aa$. Soit donc $6az + aa = bb$. Donc $z = \dfrac{bb - aa}{6a}$. Les trois grandeurs délivrées de fractions feront donc $b^4 - 26aabb + 25a^4$, $12aabb + 24a^4$, & $24aabb - 24a^4$. L'on voit que a doit eftre plus petit que b, & $26aabb$ plus petit que $b^4 + 25a^4$.

Soit $b = 6$, & $a = 1$, le premier nombre fera 385, le fecond 456, & le troifiéme 840.

Soit $b = 11$, & $a = 1$. Le premier nombre fera 11520, le fecond 1476, & le troifiéme 2880. Et fi chacun eft divifé par quelque quarré comme 36, les expofans 320, 41, & 80, fatisfont auffi à la queftion.

Onzie'me Question.

LXX.   Trouver trois nombres quarrez qui foient en proportion arithmetique continuë.

Soit le premier xx, le fecond afin qu'il foit quarré $xx + 2ax + aa$, le troifiéme fera donc $xx + 4ax + 2aa$. Soit fa racine $b - x$. Donc $bb - 2x + xx = xx + 4ax + 2aa$. Donc $bb - 2aa = 4ax + 2bx$. Donc $x = \dfrac{bb - 2aa}{4a + 2b}$. Et lorfqu'on aura tout multiplié par le divifeur commun, l'on trouvera en entiers que les racines font la premiere $bb - 2aa$, la feconde $bb + 2aa + 2ab$, & la troifiéme $bb + 4ab + 2aa$. Et la proportion arithmetique continuë des trois quarrez eft $b^4 - 4aabb + 4a^4$. $b^4 + 8aabb + 4a^4 + 4ab^3 + 8a^3b$. $b^4 + 20aabb + 4a^4 + 8ab^3 + 16a^3b$. Il eft vifible que bb doit furpaffer $2aa$. Soit donc $b = 3$, & $a = 2$. Les trois racines feront donc 1, 29, 41, & leurs quarrez 1. 841. 1681. La difference eft 840.

Et fi $b = 8$ & $a = 1$, les trois racines feront 62, 82, 98, & leurs quarrez 3844. 6724. 9604. La difference eft 2880. Et fi on les divife par quelques quarrez comme 4, leurs expofans 961. 1681. 2401. fatisferont auffi à la queftion. La difference eft 720.

Douzie'me Question.

LXXI.   Trouver trois nombres en proportion arithmetique continuë, lefquels eftant joints alternativement deux à deux, les fommes alternatives foient des nombres quarrez.

Soit la proportion continuë $\div z . z + d . . z + 2d$. Le premier terme avec le fecond doit donner un quarré, foit ce quarré yy. Donc $2z + d = yy$, & $d = yy - 2z$. Le fecond avec le troifiéme doit donner un autre quarré; foit ce quarré xx. Donc $xx = 2z + 3d$. Et $d = \frac{1}{3}xx - \frac{2}{3}z$. Or nous avions $d = yy - 2z$. Donc $yy - 2z = \frac{1}{3}xx - \frac{2}{3}z$. Le tout par 3. Donc

$3yy - 6z = xx - 2z$. Et par transposition, $4z = 3yy - xx$. Donc $z = \frac{3}{4}yy - \frac{1}{4}xx$, & $d = -\frac{1}{2}yy + \frac{1}{2}xx$. La proportion sera donc $\frac{3}{4}yy - \frac{1}{4}xx$. $+\frac{1}{4}yy + \frac{1}{4}xx$. $-\frac{1}{4}yy + \frac{3}{4}xx$. Ou bien multipliant le tout par le quarré 4, l'on a $3yy - xx$. $+1yy + xx$. $-yy + 3xx$. qui font une proportion arithmetique continüe. Et de plus le premier avec le second donne un quarré $4yy$, & avec le troisiéme un autre quarré $4xx$. Il reste que le premier avec le troisiéme donne un quarré, $2yy + 2xx$ doit donc estre quarré. Et de plus il faut que yy ne surpasse point $3xx$, & que xx ne surpasse point $3yy$. Car autrement le premier terme ou le dernier seroit negatif. Il ne faut pas aussi que yy soit égal à xx. Car autrement chaque terme de la proportion ne vaudroit que $2yy$, ou $2xx$ qui est le même. Ainsi n'y ayant point de différence, il n'y auroit point de proportion. La question se réduit donc là qu'il faut partager la moitié de quelque quarré en deux autres quarrez differens, dont chacun soit plus petit que 3 fois l'autre. Or soit $2aa$ la moitié du quarré laquelle il faut partager. Cette moitié $2aa$ est composée des deux quarrez $1aa$, & $1aa$. L'on peut donc la diviser en deux autres, mais il faut que le plus petit soit au dessus de $\frac{1}{2}aa$. Car si le plus grand estoit $\frac{3}{2}aa$ qui toutefois n'est pas un quarré non plus que $\frac{1}{2}aa$, il seroit égal au triple du plus petit $\frac{1}{2}aa$. Or il doit estre plus petit que ce triple. Le quarré doit donc estre au dessus de $\frac{1}{2}aa$, car alors le plus petit quarré surpassant $\frac{1}{2}aa$, son triple surpassera $\frac{3}{2}aa$, & par une suite necessaire il surpassera le plus grand quarré qui ne poura estre qu'au dessous de $1\frac{1}{2}aa$, puisqu'il sera la difference de $2aa$ au plus petit quarré qu'on suppose au dessus de $\frac{1}{2}aa$. Or comme aa est un quarré, il reste à partager 2 en deux quarrez dont le plus petit soit entre 1 & $\frac{1}{2}$, & sa racine entre entre 1 & $\sqrt{\frac{1}{2}}$, les racines de 1 & de $\frac{1}{2}$. Ou si au lieu de $\frac{1}{2}$ nous prenons le quarré $\frac{9}{16}$ qui le surpasse, la racine du plus petit quarré sera entre 1 & $\frac{3}{4}$ les racines des quarrez 1 & $\frac{9}{16}$.

Or nous avons trouvé dans la Question Neuviéme que partageant la somme de deux quarrez en deux autres quarrez, la racine du plus petit est $\frac{acc - 2bc - a}{cc + 1}$. Les nombres & a & b sont les racines des quarrez donnez, c'est à dire dans nostre question $a = 1$, & $b = 1$, & ainsi la racine sera $\frac{2cc - 2c - 1}{cc + 1}$, le nombre c est indéterminé, c'est pourquoy il faudra mettre successivement au lieu de c, les nombres 2, 3, &c. jusques à ce que l'on trouve une fraction plus grande que $\frac{3}{4}$. Le premier nombre qui sert à cela est 9. Ainsi mettant 9 au lieu de c, la fraction vaut $\frac{31}{41}$, son quarré est

$\frac{901}{1681}$ lequel estant retranché de 2, c'est à dire de $\frac{3161}{1681}$, laisse pour reste le quarré $\frac{2401}{1861}$ dont la racine est $\frac{49}{41}$. Le plus grand quarré est donc $\frac{2401}{1681}aa$, le plus petit $\frac{961}{1681}aa$, & leur somme $2aa$, de laquelle en prenant la moitié l'on a le quarré aa. Et si nous supposons $aa=1681bb$ pour oster la fraction, & laisser encore le quarré indéterminé, nous aurons les deux quarrez $961bb$, & $2401bb$, dont la somme $3362bb$ estant prise 2 fois, donne le quarré $6724bb$, dont la racine est 82. Nous n'aurons donc qu'à supposer $yy=961bb$, & $xx=2401bb$. Et la proportion qui estoit $3yy-xx$. $1yy+xx$. $-yy+3xx$. sera $482bb$. $3362bb$. $6242bb$. La difference de la proportion est $2880bb$. Le premier avec le second donne un quarré dont la racine est $62b$, le premier avec le troisiéme en donne un autre dont la racine est $84b$, & le second avec le troisiéme en donne un autre dont la racine est $98b$.

Mais quoy que la question soit resoluë infiniment, elle n'est pas neanmoins resoluë algebraiquement comme les precedentes, de sorte que l'on ne pouroit pas s'en servir generalement si l'on ajoûtoit quelque condition à la question. De plus il ne paroist pas d'abord si facile à partager la moitié d'un quarré en deux autres avec les conditions precedentes, ainsi que nous l'avons fait. C'est pourquoy nous pourons tenter la même resolution par une autre voye en cette sorte.

Soit $4zz$ la somme des deux premiers termes qui doit estre un quarré, & $2y$ leur difference. La proportion sera donc $2zz-y$. $2zz+y$. $2zz+3y$. Le premier terme & le second font un quarré, le premier & le troisiéme donnent $4zz+2y$ qui doit estre un quarré, ce qui paroist d'abord facile à faire. Car $4zz$ estant le quarré de $2z$, si l'on suppose que $2y$ qui est indéterminé soit le plan de $2z$ par 2 fois une grandeur comme b, plus le quarré bb, cette somme donnera un quarré dont la racine est $2z+b$. Et la proportion sera $2zz-2bz-\frac{1}{2}bb$. $2zz+2bz+\frac{1}{2}bb$. $2zz+6bz+\frac{3}{2}bb$. où il reste à faire que le second terme avec le troisiéme, c'est à dire que $4zz+8bz+2bb$ soit un quarré. Soit $2a-2z$ la racine de ce quarré. Et l'on aura $4aa-8az+4zz=4zz+8bz+2bb$. Donc $4aa-2bb=8az+8bz$, & $z=\frac{2aa-2bb}{4a+4b}$. Et si l'on met cette valeur au lieu de z par tout où elle se trouve dans les termes de la proportion, & qu'on multiplie le tout par $16aa+32ab+16bb$ pour oster les fractions, les termes de la proportion seront le premier $8a^4-32aabb+2b^4-8ab^3-16a^3b$. le second $8a^4+16aabb+8ab^3+2b^4+16a^3b$. & le troisiéme $8a^4+64aabb+2b^4+24ab^3+48a^3b$. La difference de la proportion est $+48aabb+16ab^3+32a^3b$. Les deux premiers termes font un quarré, dont la racine est $4aa-2bb$, le premier & troisiéme en font un autre dont la racine est $4aa+2bb+4ab$, & le second & troisiéme terme font aussi un quarré dont la racine est $4aa+2bb+8ab$. Cette question peut encore se resoudre autrement. Diophante & Viete la déduisent de la question precedente.

Soit donc $a=4$, $b=1$. Les termes seront 482. 3362. 6242. La difference est 2880. Le premier avec le second font le quarré qui a 61 pour racine.

racine, le premier avec le troisiéme en font un qui a 82 pour racine, & le second avec le troisiéme en font un qui a 98 pour racine.

TREIZIE'ME QUESTION.

Une grandeur estant donnée, en trouver trois autres, lesquelles estant **LXXII.** jointes alternativement deux à deux; les trois sommes alternatives, comme aussi la somme des trois estant jointes chacune à la grandeur donnée, fassent autant de nombres quarrez.

Soit a la grandeur donnée, & zz le quarré que doit faire la somme des trois plus la grandeur donnée a. Si l'on retranche a du quarré zz, le reste $zz - a$ sera donc la somme des trois. Or soit yy le quarré que doit donner la somme des 2 premieres grandeurs avec a, si l'on en retranche a, le reste $yy - a$ sera la somme de ces deux grandeurs, & cette somme estant retranchée de la somme totale des trois qui est $zz - a$, laissera $zz - yy$ pour la troisiéme grandeur. Or le premier nombre avec le troisiéme, plus la grandeur donnée, doivent faire un quarré. Soit ce quarré appellé xx, la somme des deux grandeurs sera donc $xx - a$, & cette somme estant retranchée de la somme des trois, laissera pour le second nombre $zz - xx$. Or le premier & le second, comme nous avons vû, font $yy - a$. Si l'on en retranche donc le second $zz - xx$, le reste $yy - a - zz + xx$ sera le premier nombre. Les trois seront donc déja $yy - a - zz + xx$. $zz - xx$. & $zz - yy$. qui satisfont déja à toutes les conditions excepté une. Car leur somme totale plus a fait le quarré zz, le premier & le second plus a font le quarré yy, & le premier & le troisiéme plus a font le quarré xx. Il reste que le second avec le troisiéme plus a, fasse un quarré, c'est à dire que $2zz - xx - yy + a$ soit un quarré. Et pour en former la racine, je cherche un quarré qui retranché de 2 laisse un quarré plus grand que l'unité. Comme 2 est composé de 2 quarrez, cela est facile, en prenant la formule $\frac{cc - 2c - 1}{cc + 1}$. Si je mets 2 ou bien 3 au lieu de c, j'auray $\frac{-1}{5}$ ou bien $\frac{1}{5}$ dont le quarré $\frac{1}{25}$ estant retranché de 2, laisse le quarré $\frac{49}{25}$. Ecrivant donc $\frac{50}{25}zz - \frac{1}{25}zz - yy + a$, au lieu de $2zz - xx - yy + a$, il me reste le quarré $\frac{49}{25}zz - yy + a$, que je puis égaler facilement à un quarré en prenant pour sa racine $b - \frac{7}{5}z$. Et continuant l'operation comme à l'ordinaire, l'on trouve $z = \frac{5bb + 5yy - 5a}{14}$.

Cependant il faut éviter lorsqu'on le peut ces sortes de partages, en formant ses quarrez de quelque autre maniere, en sorte que l'on ne monte point à la seconde dimension des inconnuës si cela peut se faire. Ainsi dans nostre question nous aurions dénommé plus commodement nos grandeurs en cette sorte.

Soit $zz + 2bz + bb - a$, la somme des trois nombres, afin que recevant a, la somme soit un quarré. Soit de même $zz + 2cz + cc - a$, la somme des deux premiers nombres, afin qu'en ajoûtant a, la somme soit encore un quarré. Et pareillement soit $zz + 2dz + dd - a$, la somme du premier &

troiſiéme. Si l'on retranche la ſomme des deux premiers, de la ſomme des trois, le reſte $2bz + bb - 2cz - cc$ ſera le troiſiéme nombre. Et ſi l'on retranche la ſomme du premier & troiſiéme de la ſomme des trois, le reſte $2bz + bb - 2dz - dd$ ſera le ſecond nombre. Or le ſecond & troiſiéme plus a doivent donner un quarré. Soit ce quarré arbitraire appellé ee. Donc $4bz + 2bb - 2cz - 2dz - cc - dd + a = ee$.

Donc $z = \dfrac{ee - 2bb + cc + dd - a}{4b - 2c - 2d}$.

Soit $a = 3$, $b = 3$, $c = 2$, $d = 1$, & $e = 10$. Donc $z = 14$, le premier & ſecond nombre $zz + 2cz + cc - a$ ſera donc 235, le ſecond $2bz + bb - 2dz - dd$ ſera 64, lequel eſtant retranché de la ſomme 235, laiſſe pour le premier nombre 189. Et enfin le troiſiéme nombre $2bz + bb - 2cz - cc$ eſt 33. Ainſi les trois nombres ſont 189. 64. 33. Leur ſomme totale 186 plus 3 donne le quarré 289 dont la racine eſt 17 ; le premier & le ſecond plus 3 font le quarré 256 dont la racine eſt 16 ; le premier & troiſiéme plus 3 font le quarré 225 dont la racine eſt 25 ; & le ſecond & troiſiéme plus 3 font le quarré 100.

QUATORZIÉME QUESTION.

LXXIII.

Un nombre eſtant donné, en trouver trois autres, leſquels eſtant alternativement multipliez l'un par l'autre deux à deux, chacun des trois produits ajouté au nombre donné, faſſe un quarré.

Soit a le nombre donné, & zz le quarré que le produit des deux premiers plus a aura formé. Si l'on en retranche a, le reſte $zz - a$ ſera le produit des deux, & ſi l'on appelle le premier nombre y, le ſecond ſera $\frac{zz - a}{y}$. De même ſoit xx le quarré formé par le produit du premier & troiſiéme nombre plus a, ſi l'on retranche a du quarré xx, le reſte $xx - a$ ſera le produit du premier & troiſiéme, & parceque le premier eſt y, le troiſiéme ſera $\frac{xx - a}{y}$. Les trois nombres ſeront donc déja y. $\frac{zz - a}{y}$. $\frac{xx - a}{y}$. Et il reſte à faire que le produit du ſecond & troiſiéme nombre avec a ſoit un quarré, c'eſt à dire que $\frac{zzxx - azz - axx + aa + ayy}{yy}$ ſoit un quarré. Et parceque le ſecond terme yy eſt un quarré, il reſte à faire que le premier terme $zzxx - azz - axx + aa + ayy$ ſoit un autre quarré. Or les trois grandeurs z, x, y, eſtant indéterminées, ſi pour abreger leur nombre, & n'en avoir que deux, nous ſuppoſons $y = z + x$, ce terme ſera le quarré $zzxx + 2azx + aa$, dont la racine eſt $zx + a$. Les trois nombres ſeront donc ; le premier $z + x$, le ſecond $\frac{zz - a}{z + x}$, & le troiſiéme $\frac{xx - a}{z + x}$, qui ſatisfont à la queſtion, & la reſolvent infiniment, pourvû que zz & xx ſoient plus grands chacun que le nombre donné a.

Soit le nombre donné $a = 192$, $z = 16$, & $x = 16$. Les trois nombres ſeront donc. 32. 2. & 2. Et ſi $z = 26$, & $x = 18$. les trois nombres ſeront 44. 11. & 3. Le produit des deux premiers eſt 484, qui prenant 192, donne le quarré du nombre 26 ; le produit de 44 par 11, plus 192, donne le quarré de 18 ; & enfin le produit de 11 par 3, plus 192, donne le quarré de 25.

Et si l'on demandoit trois nombres tels que leurs produits alternatifs diminuez chacun d'un nombre donné, fissent autant de nombres quarrez, ces trois nombres seroient $z—x. \quad \dfrac{zz+a}{z—x}. \quad \dfrac{xx+a}{z—x}$.

Soit $a=40$. Si $z=2$, & $x=1$, les trois nombres seront 1. 44. & 41. Le produit des deux premiers, moins 40, fait le quarré 4 ; du premier & troisiéme moins 40, il fait le quarré 1 ; & du second par le troisiéme, moins 40, il fait le quarré 1764, dont la racine est 42.

Et si l'on suppose $z=4$ & $x=2$, les trois nombres seront 2. 28. 22.

Et si $x=3$, & $z=2$, les nombres seront 1. 49. 44. &c.

Il est à propos, sur tout lorsque les questions sont indéterminées, & que les operations sont trop longues, de n'employer que le moins de lettres que l'on poura.

QUINZIE'ME QUESTION.

Par exemple un nombre quarré estant donné, pour trouver trois autres quarrez tels qu'estant multipl ez alternativement deux à deux, chaque produit de deux ajoûté au produit du quarré donné par la somme de ces deux quarrez, ou par l'autre qui reste, donne un nombre quarré. LXXIV.

Soit le quarré donné aa, le premier inconnu xx, le second $xx+2ax+aa$. Leur produit plus la somme des deux fait le quarré $x^4+2ax^3+3aaxx+2a^3x+a^4$, dont la racine est $xx+ax+aa$. Mais le produit de ces deux quarrez, plus le produit du quarré aa par le troisiéme nombre, doit donner aussi un quarré, je prens pour la racine de ce quarré, la racine precedente augmentée de aa, c'est à dire $xx+ax+2aa$. Ce quarré sera donc $x^4+2ax^3+5aaxx+4a^3x+4a^4$. Si donc l'on en retranche le produit des deux premiers quarrez x^4+2ax^3+aaxx, le reste $4aaxx+4a^3x+4a^4$, sera donc le produit du quarré aa par le troisiéme quarré. Ce quarré sera donc $4xx+4ax+4aa$. Lequel estant multiplié par le second, & la somme de tous les deux multipliée par le quarré aa, donne le quarré dont la racine est $2xx+3ax+3aa$. Et si au produit du second quarré par le troisiéme, l'on ajoûte le produit du quarré aa par le premier, l'on aura le quarré dont la racine est $2xx+3ax+2aa$. Et si l'on ajoûte au produit du premier & troisiéme le produit du quarré aa par la somme des deux, ou par le second nombre, l'on aura en même sorte deux quarrez dont les racines sont $2xx+ax+2aa$, & $2xx+ax+aa$. Il reste donc seulement à faire que le troisiéme nombre $4xx+4ax+4aa$ que nous avons pris pour un quarré, soit veritablement quarré. Soit $2b—2x$ la racine de ce quarré, Et l'on aura $4xx—8bx+4bb=4xx+4ax+4aa$. Donc $2bx+ax=bb—aa$. Et $x=\dfrac{bb—aa}{2b+a}$. Le quarré bb doit surpasser aa. Et alors la question est infiniment resoluë.

Les trois racines sont $\dfrac{bb-2a}{2b+a}$, $\dfrac{bb+2ab}{2b+a}$, & $\dfrac{2bb+2ab+2ad}{2b+a}$.

Soit le nombre donné $a=3$, si $b=12$ les trois racines seront 5, 8, & 14. Et ainsi les trois quarrez seront 25, 64, & 196. Si l'on ajoûte le produit des deux premiers, c'est à dire 1600, au produit 801 du quarré donné 9 par la somme des deux, ou bien au produit 1764 du troisiéme quarré 196 par 9, les deux sommes seront les deux quarrez 2401, & 3364, dont les racines sont 49 & 58. De même si l'on ajoûte le produit du premier & troisiéme quarré, au produit de 9 par la somme des deux, ou par l'autre quarré 64, l'on aura les deux quarrez 6889, & 5476, dont les racines sont 83 & 74. Et enfin si l'on ajoûte le produit du second & troisiéme quarré, au produit du quarré donné 9 par la somme des deux, ou par l'autre quarré 25, les sommes totales seront les deux nombres quarrez 14884 & 12769, dont les racines sont 122 & 113.

S E I Z I E'M E   Q U E S T I O N.

LXXV.   Un nombre estant donné, le partager en deux autres tels que chacun recevant un nombre donné, le produit des nombres ainsi augmenté, soit un quarré.

Soit a le nombre donné, b celuy qu'il faut ajoûter à sa premiere partie, & d celuy qu'il faut ajoûter à la seconde. Soit z le premier des deux nombres dont le produit doit former un quarré, si on luy retranche b, le reste $z-b$ sera la premiere partie qu'on doit prendre du nombre a, la seconde sera donc $a-z+b$, puisque leur somme doit estre égale au nombre donné a. Ainsi le second des deux nombres, dont le produit doit estre un quarré, sera $a-z+b+d$, & son produit par le premier z sera

$$az-zz+bz+dz$$

qui doit estre un quarré. Soit sa racine $\dfrac{cz}{a}$. Donc

$$\frac{cczz}{aa}=az-zz+bz+dz.$$

Divisant donc le tout par z, transposant à l'ordinaire, & multipliant le tout par aa, & divisant tout ensuite par $aa+cc$, l'on aura $z=\dfrac{a^3+aab+aad}{aa+cc}$. Les deux nombres dont la somme fait a, seront donc $z-b=\dfrac{a^3+aad-bcc}{aa+cc}$, & le second $a-z+b$ sera $\dfrac{+acc+bcc-aad}{aa+cc}$, où l'on voit que cc doit estre entre $\dfrac{a^3+aad}{b}$, & $\dfrac{aad}{a+b}$ plus petit que celuy-là, & plus grand que celuy-cy, afin que la resolution soit positive.

Soit le nombre donné $a=6$, $b=5$, & $d=2$. Il faut que cc soit entre $\dfrac{a^3+aad}{b}=57\frac{3}{5}$ & $6\frac{6}{11}$. Soit donc $cc=16$, les deux nombres seront le premier 4, & le second 2. Leur somme est 6, le premier 4 prenant le nombre 5, & le second 2 prenant le nombre 2, l'on aura 9 & 4, dont le produit fait le quarré 36.

Si l'on prenoit $cc = 9$, les deux nombres seroient $5\frac{2}{5}$, & $\frac{3}{5}$. Leur somme est 6. Le premier plus 5, & le second plus 2 font $10\frac{2}{5}$ & $2\frac{3}{5}$ ou $\frac{52}{5}$ & $\frac{13}{5}$, dont le produit fait le quarré $\frac{676}{25}$, qui a $\frac{26}{5}$ ou $5\frac{1}{5}$ pour sa racine.

ELEMENS

DES

MATHEMATIQUES.

LIVRE SECOND.

DE LA RESOLUTION DES QUESTIONS

PAR LA COMPOSITION.

 *OMME l'Analyse seule ne suffit pas pour toute sorte de résolutions, ce Livre servira pour donner quelque connoissance de la maniere dont on peut chercher à resoudre les questions par la Voye Syntethique ou de Composition.*

I.   Cette seconde Voye que nous appellons *Syntethique*, est celle qui resout les questions sans former aucune égalité. La methode qu'elle suit est de considerer avec exactitude & separément toutes les parties simples qui entrent dans les questions proposées, ensuite elle compare ces parties mutuellement entr'elles, de telle sorte que l'on voye, autant qu'il est possible, tous les rapports que les unes ont avec les autres, ce qui doit resulter de leurs mélanges, & comment l'on en peut déduire ce qu'on cherche à connoître.

II.   Quoyque ces sortes de questions ne se resolvent point en formant ou en reduisant des égalitez semblables à celles dont nous avons parlé, il est à propos cependant afin de les resoudre, d'employer quelques regles de l'Analyse, sur tout celle qui prescrit d'examiner attentivement les conditions qu'on accorde, & de s'en bien servir ; & l'autre regle encore qui sert à dénommer simplement les grandeurs, en les exprimant par des caracteres familiers & tres-simples, tels que sont les lettres. Cela sert pour empescher que l'esprit ne soit point trop partagé, ny la memoire trop embarassée par une multiplicité confuse d'autres expressions qu'on employeroit indifferemment & sans choix. Mais tout cecy s'éclaircira & s'entendra

peut-eſtre mieux par une application methodique que nous en ferons,
pour reſoudre par la Voye Syntethique les Queſtions ſuivantes.

Première Question.

L'on demande quel eſt le nombre de toutes les conjonctions ou disjonctions poſſibles des ſept planetes, c'eſt à dire combien de differentes
fois elles peuvent eſtre priſes ſeparément ou conjointement.

Pour reſoudre cette queſtion, ſoient les ſept planetes appellées par le
nom des ſept lettres a, b, c, d, e, f, g. Premierement il eſt viſible que
chaque planete ne peut eſtre priſe qu'une fois ſeparément de toute autre,
il eſt encore viſible que chaque planete ne peut eſtre jointe qu'une fois
avec une ſeule des autres, a peut ſe joindre une fois ſeulement avec b,
car ſi a marque le Soleil, & b la Lune, la conjonction ab du Soleil
avec la Lune ſera la même que la conjonction ba de la Lune avec le
Soleil. Les deux planetes a & b ne pourront ſe joindre qu'une fois. Enſuite ſi nous examinons les trois planetes $a, b,$ & c, la planete a ſe poura
joindre une fois avec b, & une fois avec c, ce qui donnera les deux conjonctions ab & ac, & la planete b poura ſe joindre une fois avec c, ce qui
donnera une autre conjonction bc, & les trois planetes pourront ſe joindre
auſſi une fois toutes enſemble, ce qui donnera la quatriéme conjonction
abc, & l'on ne peut plus trouver d'autre conjonction poſſible de ces trois
planetes. Ainſi nous connoiſſons déja que deux planetes ne peuvent ſe
joindre qu'une fois, & que trois ſe peuvent joindre 4 fois.

Enſuite ſi nous examinons les quatre planetes $a, b, c, d,$ la planete a ſe
poura joindre une fois avec chaque autre, ce qui donnera les trois conjonctions ab, ac, ad ; de même la planete b poura ſe joindre une fois
avec chacune des deux c & d qui ſont écrites aprés elle, car on l'a déja
jointe avec a qui la precede, & la planete c poura ſe joindre auſſi une
fois avec d qui la ſuit, ce qui donnera les trois conjonctions $bc, bd, cd,$
outre les trois precedentes $ab, ac, ad.$ Mais les deux premieres planetes
a & b jointes enſemble, pourront ſe joindre une fois avec chacune des deux
autres c & d, ce qui donnera les deux conjonctions $abc, abd.$ De même
la premiere & troiſiéme planete a & c pouront ſe joindre une fois avec $d,$
ce qui donnera la conjonction $acd,$ il ſeroit inutile de les joindre encore
avec b, puiſque la conjonction acb qu'on en tireroit, eſt la même que la
conjonction abc que nous avons déja trouvée ; & enfin toutes les quatre
planetes a, b, c & d eſtant jointes enſemble, donneront la conjonction
$abcd.$ Toutes les conjonctions poſſibles des quatre planetes $a, b, c, d,$
feront donc les 11 ſuivantes $ab. ac. ad. bc. bd. cd. abc. abd. acd. bcd. abcd.$
Or ſi nous ajoûtons à la ſeule conjonction ab des deux planetes a & b, les
deux disjonctions a & b, de ces mêmes planetes, le nombre 3 marquera
toutes les conjonctions ou disjonctions poſſibles de deux planetes. Et ſi
nous ajoûtons aux quatre conjonctions $ab, ac, bc, abc,$ des trois planetes
$a, b,$ & $c,$ leurs trois disjonctions $a, b, c,$ le nombre 7 marquera toutes
les conjonctions ou disjonctions poſſibles de trois planetes. De même ſi

nous ajoûtons aux 11 conjonctions des quatre planetes *a, b, c, d,* les quatre disjonctions de ces mêmes planetes , le nombre 15 marquera toutes les conjonctions ou disjonctions possibles de ces quatre planetes. Or examinant les nombres 1. 3. 7. & 15. qui marquent toutes les conjonctions ou disjonctions possibles , le premier 1, d'une seule planete ; le second 3, de 2 planetes ; le troisiéme 7, de 3 planetes ; & le quatriéme 15, de 4 planetes : Je voy que si j'ajoutois l'unité à chacun de ces nombres 1. 3. 7. & 15, j'aurois 2. 4. 8. 16. qui font les termes de la progression double , c'est pourquoy je soupçonne déja que si j'oste 1 du terme 32 qui suit 16, j'auray 31 pour le nombre de toutes les conjonctions ou disjonctions possibles de 5 planetes ; que si j'oste 1 du terme 64 qui suit 32, j'auray 63 pour le nombre de toutes les conjonctions ou disjonctions possibles de six planetes ; & qu'enfin si j'oste 1 du terme 128 qui suit 64, j'auray 127 pour le nombre de toutes les conjonctions ou disjonctions possibles des sept planetes. Et pour m'en assurer , je cherche toutes les conjonctions ou disjonctions possibles de cinq & de six planetes , ou de quelques autres choses dont l'on voudra chercher de semblables conjonctions , & je conclus que mon raisonnement est fondé sur une proprieté essentielle de la progression double , parceque je trouve que les cinq lettres *a. b. c. d. e.* se peuvent prendre separément ou conjointement en 31 differentes manieres , & les six *a. b. c. d. e. f.* en 63. Et ainsi des autres choses qui seront prises en même sorte.

Et ces conjonctions ou disjonctions de plusieurs choses sont ce qu'on appelle ordinairement *combinaisons.*

L'on voit déja par la methode que nous venons de suivre , que toutes ces conjonctions ou combinaisons s'expriment en même sorte que les produits. Pour multiplier *a* par *b,* l'on écrit *ab,* ou *ba,* & pour combiner *a* avec *b,* l'on écrit aussi *ab* ou *ba.* Pareillement pour prendre le solide des trois grandeurs *a. b. c.* l'on écrit *abc,* ou *acb,* ou *bac,* ou *bca,* ou *cab,* ou *cba,* ce qui fait toujours le même produit, car l'ordre renversé n'en change point la valeur, puisque 2 fois 3 ou 3 fois 2 font 6 . Et ainsi des autres. Or l'on écrit aussi la même chose pour exprimer la conjonction ou la combinaison de trois choses , comme des trois planetes *a. b. c.*

IV. Mais afin de trouver toutes ces conjonctions & disjonctions possibles de plusieurs choses déterminées, ou ce qui est le même , afin de trouver tous les choix differens que l'on en peut faire , en les prenant une à une , deux à deux, trois à trois , quatre à quatre , & ainsi du reste.

1°. L'on marquera chaque chose par une lettre , & l'on prendra une fois chaque lettre.

2°. On prendra le plan de la premiere lettre par chacune de celles qui la suivent , plus le plan de la seconde par chacune de celles qui la suivent, plus le plan de la troisiéme par chacune de celles qui la suivent , & ainsi de suite.

3°. L'on prendra le solide fait du premier plan par chacune des lettres qui le suivent , plus le solide du second plan par chacune des lettres qui le suivent , plus le solide du troisiéme plan par chacune des lettres qui le suivent. Et ainsi de suite.

                    4°.

4°. L'on prendra le furfolide fait du premier folide qu'on aura trouvé par chacune des lettres qui le fuivent , plus le furfolide du fecond folide par chacune des lettres qui le fuivent, plus le furfolide du troifiéme folide par chacune des lettres qui le fuivent, & ainfi de fuite. 5°. L'on prendra en même forte tous les produits faits de chacun des furfolides par chacune des lettres qui les fuivent. Et ainfi des autres produits compofez de plus en plus à l'infini.

Par exemple pour avoir toutes les conjonctions ou disjonctions poffibles des trois planetes *a*. *b*. *c*. 1°. Je prens une fois chacune. 2°. Je prens *ab* & *ac*, le produit de la premiere lettre *a* par chacune des deux *b* & *c* qui la fuivent ; plus *bc* produit de la feconde lettre *b* par *c* qui la fuit. 3°. Je prens *abc* le folide du plan *ab* que j'ay trouvé le premier, par la lettre *c* qui fuit *a* & *b* qui compofent ce plan. Et je connois que toutes les conjonctions ou disjonctions que je cherche font les fept *a,b, c. ab, ac, bc. abc.***. Comme aucune lettre ne fuit *c*, les deux produits *ac* & *bc* ne peuvent eftre multipliez par aucune lettre ; c'eft ce qu'on marque par deux petites eftoiles.

De même pour trouver tous les differens choix que je puis faire des quatre chofes *a. b. c. d.* 1°. Je prens une fois chacune. 2°. Je prens une fois le produit de la premiere lettre *a* par chacune des trois *b, c* & *d* qui la fuivent, plus le produit de la feconde *b* par chacune des deux *c* & *d* qui la fuivent, plus le produit de la troifiéme *c* par la derniere *d* qui la fuit. 3°. Je prens le folide du premier plan *ab* par chacune des lettres *c* & *d* qui fuivent *a* & *b*, dont le plan *ab* eft compofé, plus le folide du fecond plan *ac* par la lettre *d* qui fuit *a* & *c*, dont le plan *ac* eft compofé. Comme aucune lettre ne fuit *d*, le plan *ad* ne fervira point pour en former un folide par quelques lettres qui fuivent celles dont il eft compofé, ce qui fe marque par une petite eftoile. 4°. Je prens le furfolide du premier folide *abc* par la lettre *d* qui fuit les lettres dont ce folide eft compofé. Il ne refte plus de lettre à combiner. Ainfi tous les differens choix que je puis faire de quatre chofes en les prenant une à une , deux à deux, trois à trois , & quatre à quatre , font les 15 fuivantes.

 a, b, c, d. ab, ac, ad, bc, bd, cd. abc, abd, acd. ٭ *bcd.* ٭٭ *abcd.* ٭٭٭

L'on trouvera en même forte que toutes les conjonctions ou disjonctions poffibles des fept planetes feront les 127 qui fuivent.

a, b, c, d, e, f, g. ab, ac, ad, ae, af, ag ; bc, bd, be, bf, bg ; cd, ce, cf, cg; de, df, dg ; ef, eg ; fg. abc, abd, abe, abf, abg ; acd, ace, acf, acg ; ade, adf, adg ; aef, aeg ; afg ; ٭ *bcd, bce, bcf, bcg ; bde, bdf, bdg ; bef, beg; bfg ;* ٭ *cde, cdf, cdg ; cef, ceg ; cfg ;* ٭ *def, deg ; dfg ;* ٭ *efg.* ٭ *abcd, abce, abcf, abcg ; abde, abdf, abdg ; abef, abeg ; abfg ;* ٭ *acde, acdf, acdg ; acef, aceg ; acfg ;* ٭ *adef, adeg ; adfg ;* ٭ *aefg;* ٭٭ *bcde, bcdf, bcdg ; bcef, bceg; bcfg ;* ٭ *bdef, bdeg ; bdfg ;* ٭ *befg ;* ٭٭ *cdef, cdeg ; cdfg ;* ٭ *cefg ;* ٭٭ *defg.* ٭٭٭ *abcde, abcdf, abcdg ; abcef, abceg ; abcfg ;* ٭ *abdef, abdeg ; abdfg ;* ٭ *abefg ;* ٭٭ *acdef, acdeg ; acdfg ;* ٭ *acefg ;* ٭٭ *adefg ;* ٭٭٭ *bcdef, bcdeg; bcdfg ;* ٭ *bcefg ;* ٭٭ *bdefg ;* ٭٭٭ *cdefg.* ٭٭٭٭ *abcdef, abcdeg ; abcdfg ;* ٭ *abcefg ;* ٭٭ *abdefg ;* ٭٭٭ *acdefg ;* ٭٭٭٭ *bcdefg ;* ٭٭٭٭٭ *abcdefg.* ٭٭٭٭٭٭

Et fi l'on oſte de ces 127 choix les ſept premiers *a, b, c, d, e,* & *f,* qui ſont ceux que l'on peut appeller proprement les disjonctions des planetes, puiſqu'aucune ne ſe trouve avec d'autres ; le nombre 120 ſera celuy de toutes les conjonctions poſſibles des 7 planetes. On les voit icy toutes marquées aprés les ſept lettres *a. b. c. d. e. f.* & *g.* Nous déterminerons ailleurs comment l'on peut déterminer le nombre de toutes les conibinaiſons de cette ſorte, qui doivent ſe faire ſeulement deux à deux, ou trois à trois, ou quatre à quatre, &c.

COROLLAIRE.

V. La reſolution de la queſtion nous fait donc connoître que ſi l'on prend ſucceſſivement & par ordre tous les termes de la progreſſion double, — 2. 4. 8. 16. 32. 64. 128. 256. 512. 1024. &c. & que l'on retranche l'unité de chacun, les nombres 1. 3. 7. 15. 31. 63. 127. 255. 511. 1023. &c. qui reſteront, marqueront tous les choix qu'on peut faire entre pluſieurs choſes déterminées, en les prenant une à une, deux à deux, trois à trois, quatre à quatre, &c. le premier nombre 1 marquera qu'une ſeule choſe ne peut eſtre choiſie ou combinée qu'une fois, le ſecond nombre 3 que l'on peut faire trois choix ou combinaiſons differentes entre deux choſes. Et ainſi des autres.

SECONDE QUESTION.

VI. Mais l'on ſuppoſe de nouveau que l'ordre ou la diſpoſition des choſes à combiner doive eſtre conſiderée, comme elle l'eſt dans les mots & dans les nombres. Car *ab* fait un mot ou une ſyllabe differente de *ba*; & 12 fait un nombre different de 21. Cependant toutes les mêmes lettres qui ſervent à former *ab* ſervent à former *ba,* & les mêmes chiffres qui ſervent à marquer 12, ſervent auſſi à marquer 21. Le changement ne vient que de leur diſpoſition differente. Or l'on demande en combien de manieres pluſieurs choſes differentes peuvent eſtre combinées, en les prenant non ſeulement une à une, deux à deux, trois à trois, &c. comme on a fait dans la queſtion precedente, mais auſſi en les arrangeant ſelon tous les ordres & toutes les diſpoſitions differentes qu'elles ſeront capables de recevoir ?

Une ſeule lettre comme *a* ne peut eſtre priſe que d'une ſeule maniere, puiſqu'elle n'eſt comparée avec aucune autre, elle n'aura point d'ordre ny de diſpoſition differente. C'eſt pourquoy pluſieurs choſes ne pourront eſtre priſes une à une qu'autant de fois que le nombre qui marque leur multitude renferme d'unitez. Les 9 premiers chiffres par exemple ne pourront eſtre pris differemment un à un que 9 fois, ny les 24 lettres que 24 fois. Cela eſt clair. Les deux lettres *a* & *b* peuvent donc eſtre priſes une fois chacune; & l'on peut auſſi en faire les deux ſyllabes differentes *ab* & *ba,* dans l'une *a* tient la premiere place & *b* la derniere, & dans l'autre *b* tient la premiere place & *a* la derniere. Deux lettres peuvent donc eſtre priſes deux à deux autant de fois qu'on les peut prendre une à une, c'eſt à dire 2 fois. Mais les trois lettres *a*, *b*, & *c*, eſtant combinées deux à deux, pouront recevoir déja les deux diſpoſitions precedentes *ab* & *ba*, & encore les quatre autres *ac*, *ca*, *bc*, *cb*. De ſorte qu'elles pouront eſtre priſes 6 fois deux à deux, c'eſt à dire 2 fois autant qu'elles peuvent eſtre priſes une à une.

De même les quatre lettres *a*. *b*. *c*. *d*. outre les ſix diſpoſitions precedentes, pouront encore recevoir les ſix autres *ad*, *da*, *bd*. *db*, *cd*, *dc*. Et ainſi elles pouront eſtre priſes 12 fois deux à deux, c'eſt à dire 3 fois autant qu'elles peuvent eſtre priſes une à une.

Pareillement les cinq lettres *a*. *b*. *c*. *d*. *e*. outre les 12 diſpoſitions precedentes, pouront recevoir encore les 8 autres *ae ea*, *be eb*, *ce ec*, *de ed*. De ſorte qu'elles pouront eſtre priſes 20 fois deux à deux, c'eſt à dire 4 fois autant qu'elles peuvent eſtre priſes une à une: Car 5 choſes peuvent ſe prendre 5 fois une à une, & 5 eſt 4 fois dans 20.

L'on verra en même ſorte que les ſix lettres *a*. *b*. *c*. *d*. *e*. *f*. peuvent eſtre jointes 30 fois deux à deux, c'eſt à dire 5 fois autant qu'elles peuvent eſtre priſes à une. Que 7 pouront eſtre priſes 6 fois autant, c'eſt à dire 42 fois. Que 8 pouront eſtre priſes 7 fois autant, c'eſt à dire 56. Que 9 le pouront eſtre 72 fois. Que 10 le pouront eſtre 90 fois, & ainſi des autres.

Et ſi l'on joint les deux nombres qui marquent combien de fois une ou pluſieurs choſes peuvent eſtre priſes une à une & deux à deux, l'on trouvera qu'une ſeule choſe le peut eſtre 1 fois. Que 2 le peuvent eſtre 4 fois. Que 3 le peuvent eſtre 9 fois. Et ainſi des autres, en prenant le quarré du nombre même qui marque la multitude des choſes. En prenant 100 ſi le nombre des choſes eſt 10. &c. Ce qui fait un Theoreme aſſez conſiderable.

L'on en pouroit conclurre par exemple que les 9 premiers chiffres pris chacun ſeparément, ou bien joints deux à deux en toutes les manieres poſſibles, donneront 81 nombres differens. En effet ſi l'on prend tous les nombres 1, 2, 3, &c. juſqu'à 100, l'on n'en trouvera que 81 ou zero ne ſe trouve point.

Nous n'avons encore joint aucunes lettres trois à trois. Or une ny deux lettres ne peuvent eſtre priſes aucune fois trois à trois. Mais les trois lettres *a*, *b*, *c*, peuvent recevoir 3 fois autant de differens ordres, eſtant jointes trois à trois, que les deux *a* & *b* en peuvent recevoir eſtant jointes deux à deux. Car chacune occupant une fois le premier lieu, les deux autres ſont changées deux fois, lorſque *a* tient le premier lieu, *b* & *c* changent 2 fois, car l'on écrit *abc*, *acb*. De même lorſque *b* tient le premier lieu, les deux *a* & *c* changent 2 fois, car l'on écrit *bac bca*. Et *c* tenant le premier lieu, l'on écrit *cab*, *cba*. Ce qui donne les ſix ordres differens *abc acb*, *bac bca*, *cab cba*. De ſorte que 3 choſes pouront eſtre priſes autant de fois trois à trois que deux à deux, c'eſt à dire 6 fois.

De même les 4 lettres *a*. *b*. *c*. *d*. eſtant priſes trois à trois outre les 6 diſpoſitions precedentes, en recevront encore 18 autres. Car ſi la combinaiſon *abc* en fait 6, chacune des autres *abd*, *acd*, & *bcd*, en fera pareillement 6, & toutes trois enſemble en feront 18, qui ſont *abd adb*, *bad bda*, *dab dba*.

acd adc, cad cda, dac dca. bcd bdc, cbd cdb, dbc dcb. Ainſi 4 choſes pourront eſtre priſes 24 fois trois à trois , c'eſt à dire 2 fois autant qu'elles peuvent eſtre priſes deux à deux , car elles peuvent l'eſtre 12 fois deux à deux, comme nous avons déja vû.

Pareillement les cinq lettres *a, b, c, d, e,* outre les 24 diſpoſitions preoedentes , en recevront 36 autres. Car ſi les 4 combinaiſons *abc. abd. acd. bcd.* en font 4 fois 6, c'eſt à dire les 24 precedentes , les ſix autres *abe, ace, ade, bce, bde, cde,* en feront 6 fois 6, c'eſt à dire 36. De ſorte que cinq choſes pourront eſtre jointes 60 fois differemment trois à trois , c'eſt à dire 3 fois autant qu'elles peuvent l'eſtre deux à deux. L'on trouvera en même ſorte que ces ſix lettres peuvent eſtre jointes 120 fois trois à trois , c'eſt à dire 4 fois autant que deux à deux. Que 7 pourront eſtre jointes 5 fois autant, c'eſt à dire 210 fois. Et ainſi des autres. De ſorte que les 9 premiers chiffres donneront au juſte 504 nombres differens compoſez de 3 chiffres chacun , mais 8 de ces 9 chiffres differens n'en dōneroient que 336, ſept n'en dōneroient que 210. ſix que 120. cinq que 60. quatre que 24. & trois enfin n'en donneroient que 6 Par exemple les trois nombres 1, 2, 3, eſtant joints trois à trois, donneront ſeulement les ſix differens nombres 123 132, 213 231, 312 321.

Enſuite les quatre lettres *a. b. c. d.* peuvent recevoir autant de differens ordres eſtant jointes quatre à quatre , qu'elles en peuvent recevoir eſtant jointes trois à trois, c'eſt à dire qu'elles recevront 24 ordres differens. Ou bien , ce qui revient au même , ces 4 lettres peuvent recevoir 24 ordres differens , c'eſt à dire 4 fois autant que les trois *abc.* Car chacune des 4 lettres occupant une fois le premier lieu, les trois autres reçoivent ſix ordres differens , qui ſont

abcd abdc, acbd acdb, adbc adcb ; bacd badc, bcad bcda, bdac bdca; cabd cadb, cbad cbda, cdab cdba ; dabc dacb, dbac dbca, dcab dcba.

Pareillement 5 lettres peuvent en recevoir 120, c'eſt à dire deux fois autant que ſi elles ſont jointes trois à trois. De même ſix lettres en peuvent recevoir 360, c'eſt à dire trois fois autant que ſi elles ſont jointes trois à trois. Sept lettres en recevront 4 fois autant , c'eſt à dire 840. Et ainſi de ſuite.

Et continuant de ſemblables raiſonnemens , l'on trouvera que 5 choſes peuvent recevoir 120 ordres differens eſtant jointes cinq à cinq , c'eſt à dire autant qu'elles en peuvent recevoir eſtant jointes quatre à quare. Six choſes en pourront recevoir 720, ou deux fois autant que ſi elles ſont jointes quatre à quatre. Sept choſes en recevront 2520, ou trois fois autant que ſi elles ſont jointes quatre à quatre. Et ainſi de ſuite.

Et pareillement ſix choſes recevront 720 ordres eſtant jointes ſix à ſix, c'eſt à dire autant que ſi on les joint cinq à cinq. Sept choſes en recevront 5040 ou deux fois autant que ſi elles ſont jointes cinq à cinq. Et ainſi des autres.

Et pareilllement 8 choſes pourront ſe joindre autant de fois huit à huit que ſept à ſept Neuf choſes 2 fois autant. Dix choſes 3 fois autant. Et ainſi de ſuite à l'infiny. De ſorte que la queſtion eſt pleinement reſoluë.

VII.   Mais afin de trouver avec toute la facilité poſſible les nombres de tous les differens arrangemens que plufieurs chofes feront capables de recevoir, foit en les prenant chacune feparément, ou bien en les joignant deux à deux, trois à trois, quatre à quatre, &c. L'on prendra le nombre propofé des chofes, plus le produit de ce nombre par luy-même diminué de l'unité. Plus le produit de ce produit trouvé par le nombre des chofes diminué de 2 unitez. Plus le produit de ce nouveau produit par le nombre des chofes diminué de 3 unitez. Et ainfi de fuite. Aprés quoy réduifant en une fomme le nombre des chofes, plus tous les produits qu'on aura trouvé, la fomme totale fera le nombre de tous les differens choix ou arrangemens que ces chofes feront capables de recevoir.

Par exemple pour fçavoir combien l'on peut faire de differens nombres avec les 9 premiers chiffres, foit en les prenant un à un, ou deux à deux, ou trois à trois, &c. L'on prendra 9 nombre de tous ces chiffres, plus 72 produit de 9 par $8 = 9 - 1$, plus 504 produit du produit 72 par $7 = 9 - 2$, plus 3024 produit du produit 504 par $6 = 9 - 3$, plus 15120 produit du produit 3024 par $5 = 9 - 4$, plus 60480 produit du produit 15120 par $4 = 9 - 5$, plus 181440 produit du produit 60480 par $3 = 9 - 6$, plus 362880 produit du produit 181440 par $2 = 9 - 7$, plus enfin 362880 produit du produit 362880 par $1 = 9 - 8$. Aprés quoy réduifant en une fomme le nombre 9 & tous les produits trouvez, la fomme totale 986409 fera le nombre qui marquera combien l'on peut faire de nombres differens avec les 9 premiers chiffres.

L'on voit icy en même forte les nombres de tous les differens choix ou arrangemens differens que l'on peut faire de plufieurs chofes jufques au nombre de 10.

1.	2.	3.	4.	5.	6.	7.	8.	9.	10.	nombres des chofes prifes.
1.	2.	3.	4.	5.	6.	7.	8.	9.	10.	une à une
	2.	6.	12.	20.	30.	42.	56.	72.	90.	deux à deux
		6.	24.	60.	120.	210.	336.	504.	720.	trois à trois
			24.	120.	360.	840.	1680.	3024.	5040.	quatre à quatre
				120.	720.	2520.	6720.	15120.	30240.	cinq à cinq
					720.	5040.	20160.	60480.	151200.	fix à fix
						5040.	40320.	181440.	604800.	fept à fept
							40320.	362880.	1814400.	huit à huit
								362880.	3628800.	neuf à neuf
									3628800.	dix à dix
1.	4.	15.	64.	325.	1956.	13699.	109600.	986409.	9864100.	fomme de tous les ordres.

Si l'on vouloit feulement continuer les fommes totales, la premiere eft 1; fi on luy ajoûte 1, & qu'on multiplie 2 par 2, le produit 4 fera la feconde fomme, à qui fi l'on ajoûte 1, & qu'on multiplie 5 par 3, le produit 15 donnera la troifiéme; fi l'on ajoûte 1 à 15, & qu'on multiplie 16 par 4, le produit 64 donnera la quatriéme; pareillement $64 + 1 = 65$ par 5 donnera la cinquiéme 325; & 326 par 6 donnera la fixiéme 1956. Et ainfi des autres.

IX.   Et fi l'on avoit la curiofité de chercher les différens choix ou arrangemens
de plufieurs chofes. Voicy encore la plus courte methode par laquelle on
s'y puiffe prendre. L'on cherchera en premier lieu toutes les combinaifons
poffibles de ces chofes felon la methode expliquée dans la premiere queftion.
Enfuite chacune de ces combinaifons fera variée autant de fois qu'elle peut
l'eftre, c'eft à dire, ainfi que nous l'avons déja vû, chaque combinaifon de
deux lettres fera variée 2 fois, parceque chacune poura occuper une fois la
premiere place, & une fois la derniere, chaque combinaifon de trois lettres
fera variée 6 fois, c'eft à dire 3 fois autant que celle de trois lettres, car chacune des trois lettres tenant une fois la premiere place, les deux autres
pouront varier 2 fois. De même chaque combinaifon de 4 lettres fera variée
24 fois; chaque combinaifon de 5 lettres fera variée 120 fois; chaque combinaifon de 5 lettres le fera 720 fois. Et ainfi des autres. Mais nous fuppofons
dans chacun de ces différens choix ou arrangemens, qu'une même lettre ou
qu'une même chofe n'y revienne point plufieurs fois.

X.   Il faut auffi remarquer que fi l'on fe contentoit de fçavoir combien de differens ordres pouroient recevoir plufieurs chofes differentes dont il ne faudroit
retrancher aucune, comme il arrive en compofant des anagrammes, il fuffiroit
de prendre feulement le dernier des produits qu'on auroit trouvé felon la
regle qui precede celle cy, c'eft à dire l'un des nombres.

    1. 2. 6. 24. 120. 720. 5040. 40320. 362880. 3628800. &c.
    1. 2. 3. 4. 5. 6. 7. 8. 9. 10. &c.

XI.   Mais parceque le nombre de ces anagrammes ou de ces ordres eft ordinairement exceffif, & qu'il n'y en a fort fouvent que tres-peu qui foient utiles,
ce feroit trop fe fatiguer fi pour découvrir ce petit nombre, l'on prenoit la
peine de les tous chercher. Car il faudroit un temps extraordinaire pour les
trouver & pour les écrire. On les pouroit déterminer affez fouvent avec
fort peu de peine, fi l'on apportoit un peu de foin à les bien examiner. En
voicy un exemple.

Exemple.

L'on demande combien de fois les 8 mots qui compofent ce vers fait à la
loüange de la Tres-fainte VIERGE MÈRE DE DIEU, pouroient varier de fois
fans ceffer neanmoins de compofer un vers hexametre.

Tot Tibi funt dotes VIRGO, quot fydera Cælo.

Cet exemple fuppofe la connoiffance des regles qu'exige la Poefie pour un vers hexametre.

La Table precedente fait voir que ces 8 mots pouroient varier quarante
mille trois cent vingt fois, de forte que fi l'on vouloit écrire toutes ces variations, quand chaque page qu'on feroit d'écriture en renfermeroit cent, il en
faudroit écrire neanmoins quatre cent & plus de trois pages, afin de les tous
avoir, & de choifir ceux où la mefure du vers ne feroit point rompuë, au lieu
que cette queftion, quoyque tres-difficile, pouroit neanmoins fe refoudre
affez facilement en cette forte.

Premierement comme le cinquiéme pied du vers ne peut eftre autre qu'un
dactyle, & le fixiéme qu'un fpondée, les feuls mots fydera & tibi doivent
fervir neceffairement pour ce pied. Or fuppofons que fydera ferve à former
ce pied, il faudra donc qu'il occupe la feptiéme place, en mettant à la huitiéme

un mot de deux syllabes autre que *tibi* qui ne peut s'y trouver ; ou bien à la sixiéme, pourvû qu'on mette aux deux suivantes deux mots qui n'ayent chacun qu'une syllabe. Aprés quoy il faudra mettre successivement *tibi* dans toutes les places qu'il peut occuper. Or estant composé de deux bréves, il ne peut occuper la premiere place non plus que la derniere sans rompre la mesure du vers. Mettant donc *tibi* premierement à la seconde place, & laissant *sydera cœlo* aux deux dernieres, si *tot* occupe la premiere, les quatre mots *Virgo*, *sunt*, *dotes*, *quot*, changeront 24. fois selon la regle, & si l'on met *sunt* au lieu de *tot*, les 4 mots *Virgo*, *tot*, *dotes*, *quot*, changeront 24 fois, & si l'on met *quot* à la premiere place, les quatre mots *Virgo*, *sunt*, *dotes*, *tot*, changeront 24 fois. Et si l'on met *Virgo* à la premiere place, les quatre mots *tot*, *sunt*, *dotes*, *quot*, changeront 24 fois. L'on aura donc déja 4 fois 24 changemens utiles en laissant *tibi* à la seconde place, & *sydera cœlo* aux dernieres. Et si l'on met *dotes* au lieu de *cœlo*, l'on en aura encore autant : Mais si l'on met *Virgo* à la huitiéme place, l'on en aura encore autant excepté 24 qu'il faudra retrancher, parceque *tibi* occupant la seconde place, aucun mot composé de deux syllabes ne poura se trouver à la premiere, de même que *Virgo*, dont la derniere syllabe est longue ou bréve. Ainsi *tibi* occupant la seconde place, & *sydera* la septiéme, le vers poura sans changer sa mesure, varier seulement 264 fois..

Or *tibi* demeurant à la seconde place, si l'on avance *sydera* à la sixiéme, les deux dernieres ne peuvent estre occupées que par 2 mots chacun d'une syllabe, & la premiere ne peut l'estre que par *Virgo*, ou par un mot d'une syllabe. Supposant donc qu'on écrive.

1.   2.   3.   4.   5.   6.   7.   8.

Virgo *tibi* *tot* *dotes*, *cœlo* *sydera* *quot* *sunt*.

Les trois mots *tot*, *dotes*, *cœlo*, peuvent changer 6 fois selon la regle. Et si l'on met *Virgo* à la place de *tot*, les trois mots *Virgo*, *dotes*, & *cœlo* changeront 6 fois, *quot* & *sunt* demeurant comme ils sont : Mais si au lieu de *quot* *sunt*, l'on écrit *sunt* *quot*, l'on aura encore autant de variations que l'on en vient d'avoir, c'est à dire 12. Et si l'on met *quot* au lieu de *tot*, l'on en aura encore autant que toutes les precedentes, c'est à dire 24. Et si l'on met *sunt* à la troisiéme place au lieu de *quot*, l'on en aura pareillement 24. Ainsi *tibi* occupant la seconde place, & *sydera* la sixiéme, le vers poura varier 72 fois sans changer sa mesure. Aprés quoy *tibi* ne peut plus occuper la seconde place. Je suppose que la mesure ne soit point rompuë, quoy que le second pied ne soit point suivy d'une   , ou bien le premier & le troisiéme, ainsi que l'exactitude poëtique le demande.

Ensuite si l'on avance *tibi* à la troisiéme place, en remettant *sydera cœlo* aux deux dernieres.

1.   2.   3.   4.   5.   6.   7.   8.

Virgo *tot* *tibi* *sunt* *dotes*, *quot* *sydera* *cœlo*.

Les trois mots *sunt*, *dotes*, *quot*, peuvent changer 6 fois, *Virgo* & *tot* demeurant où ils sont. Mais si l'on écrit *tot*, *Virgo*, l'on aura encore 6 changemens, ce qui fait 12 en tout. Et si au lieu de *tot* l'on met *sunt*, l'on

en aura encore autant, & fi l'on y met *quot* , encore autant, ce qui fera en
tout 36 variations. Et fi l'on met *dotes* au lieu de *Virgo*, l'on en aura encore
autant, c'eſt à dire 36. Et fi l'on met *Virgo* au lieu de *cœlo*, l'on en aura
autant que toutes les precedentes , c'eſt à dire 72. Et fi l'on met *dotes* à la
même huitiéme place , l'on en aura pareillement 72. Mais fi l'on met aux
deux premieres places deux mots chacun de deux ſyllabes, il faudra neceſſairement que *Virgo* en occupe la ſeconde. Si donc *dotes Virgo* occupent les deux
premieres places , les trois mots *ſunt* , *tot*, *quot*, donneront 6 changemens,
& fi l'on met *dotes* à la place de *cœlo*, l'on en aura encore autant. Ainfi
tibi occupant la troiſiéme place , & *ſydera* la ſeptiéme, le vers poura varier
228 fois , ſans changer ſa meſure. Aprés quoy *tibi* ne peut plus occuper
la troiſiéme place que *ſydera* ne ſoit avancé à la ſixiéme , auquel cas les deux
dernieres ne pouront eſtre occupées chacune que par un mot d'une ſyllabe.

228.

1.   2.   3.   4.   5.   6.   7   8.

Si donc nous écrivons Virgo *tot tibi dotes*, *cœlo ſydera quot ſunt*, les
deux mots *Virgo* & *tot* peuvent changer 2 fois, le reſte demeurant où il eſt.
Mais fi l'on écrit *cœlo dotes* au lieu de *dotes cœlo*, l'on aura encore autant
de changemens , ce qui fait déja 4. Et fi l'on écrit pareillement *ſunt quot*
au lieu de *quot ſunt*, l'on aura encore 4 autres changemens , ce qui fait 8
en tout. Et fi l'on met *quot* au lieu de *tot*, l'on en aura encore autant, & fi
l'on y met *ſunt*, encore autant, ce qui fait en tout 24. Et fi l'on met *dotes*
au lieu de *Virgo*, l'on en aura pareillement 24, & fi l'on y met *cœlo* encore
24, ce qui fait 72 en tout. Mais fi l'on met aux deux premieres places deux
mots chacun de deux ſyllabes, il faudra que *Virgo* en occupe la ſeconde. Si
donc *dotes Virgo* occupent les deux premieres, *tot cœlo* changeront 2 fois,
quot ſunt demeurant comme ils ſont, & fi l'on écrit *ſunt quot*, l'on aura
encore 2 changemens , ce qui fait déja 4. Et fi l'on met *quot* au lieu de *tot*,
l'on en aura encore autant, & fi l'on y met *ſunt* encore autant, ce qui fait 12
en tout. Et fi l'on met *cœlo* à la place de *dotes*, l'on en aura encore autant,
ce qui fait 24. Ainfi *tibi* occupant la troiſiéme place , & *ſydera* la ſixiéme,

96.   le vers aura 72+24, ou 96 variations. Aprés quoy *tibi* ne peut plus occuper
la troiſiéme place.

Nous l'avancerons donc à la quatriéme , en remettant *ſydera cœlo* aux

1.   2.   3.   4.   5.   6.   7.   8.

deux dernieres, & écrivant Virgo *tot dotes tibi ſunt*, *quot ſydera cœlo*.
Les trois premiers mots *Virgo tot dotes* peuvent changer 6 fois, *ſunt*
quot ne changeant point, & fi l'on écrit *quot ſunt*, l'on aura 6 autres changemens , ce qui fait déja 12. Et fi l'on met *ſunt* au lieu de *tot*, l'on en aura
encore autant, & fi l'on y met *quot* encore autant, ce qui fait 36 en tout.
Et fi l'on met *Virgo* au lieu de *cœlo*, l'on en aura pareillement 36, & fi l'on y
met *dotes*, encore 36, ce qui fait 108 en tout. Mais fi laiſſant *Virgo* devant
tibi, l'on met *tot ſunt* aux deux premieres places, ces deux mots pouront
donner 2 changemens , *dotes quot* demeurant à la cinquiéme & ſixiéme
place, & fi l'on écrit *quot dotes*, l'on en aura encore autant, ce qui fait déja
4. Et fi l'on met *tot* au lieu de *quot*, l'on en aura encore 4, & fi l'on y met
ſunt

funt, encore 4, ce qui fait 12 en tout. Et fi l'on met *cœlo* au lieu de *dotes*, l'on en aura pareillement 12, ce qui fait 24 en tout. Ainfi *tibi* occupant la quatriéme place, & *fydera* la feptiéme, le vers poura varier 108 + 24 ou 132 fois. Aprés quoy *tibi* ne peut plus occuper la quatriéme place que *fydera* ne foit avancé à la fixiéme ; auquel cas les deux dernieres ne pouront eftre occupées chacune que par un mot d'une fyllabe.

132.

　　　　　　　　　I.　2.　3.　4.　5.　6.　7.　8.

Si nous écrivons donc Virgo *tot dotes tibi, cœlo fydera quot funt.* Les trois premiers mots recevant 6 changemens, & les deux derniers 2, l'on en aura déja 2 fois 6, c'eft à dire 12 ; Et fi l'on met *Virgo* au lieu de *cœlo*, encore autant, & fi l'on y met *dotes*, encore autant, ce qui fait déja 36. Et fi l'on met *quot* au lieu de *tot*, l'on en aura encore 36, & fi l'on y met *funt*, encore 36, ce qui fait en tout 108 variations. Mais fi laiffant *Virgo* devant *tibi*, l'on écrit *cœlo dotes* aux deux premieres places, ils changeront 2 fois, & *quot funt* 2 fois, ce qui fait 4 ; & fi l'on met *quot* au lieu de *tot*, l'on en aura encore autant, & fi l'on y met *funt*, encore autant ; ce qui fait 12 en tout. Ainfi *tibi* occupant la quatriéme place, & *fydera* la fixiéme, l'on aura 108 + 12, ou 120 variations. Aprés quoy *tibi* ne peut plus occuper la quatriéme place.

120.

Nous l'avancerons donc à la cinquiéme, en remettant *fydera cœlo* aux deux dernieres, & nous écrirons. I. 2.　3.　4. 5.　6.　7.　8.

　　　　　　quot funt, Virgo *tot tibi dotes, fydera cœlo.*
Les quatre premiers mots pouront varier 24 fois ; Et fi l'on met *Virgo* au lieu de *dotes*, l'on aura 24 autres variations ; ce qui fera 48. Et fi l'on met *Virgo* au lieu de *cœlo*, l'on en aura encore 48, & fi l'on y met *dotes*, encore 48, ce qui fait 144 en tout. Mais fi laiffant *Virgo* devant *tibi*, l'on écrit *tot* à la fixiéme place, les trois premiers mots changeront 6 fois ; Et fi l'on met *quot* au lieu de *tot*, l'on aura 6 autres changemens ; Et fi l'on y met *funt*, encore 6 autres, ce qui fait 18 en tout. Et fi l'on met *cœlo* au lieu de *dotes*, l'on en aura encore 18, ce qui fait en tout 36. Ainfi le mot *tibi* demeurant à la quatriéme place, & *fydera* à la feptiéme, l'on aura 144 + 36, ou 180 variations. Aprés quoy *tibi* ne peut plus occuper la cinquiéme place que *fydera* ne foit avancé à la fixiéme.

180.

　　　　　　　I.　　2.　　3.　4. 5.　6.　7. 8.
Si donc nous écrivons *Tot* Virgo *laudes cœlo tibi, fydera quot funt.* Les quatre premiers mots pouvant varier 24 fois, & les deux derniers 2 fois, l'on aura déja 2 fois 24, ou 48 variations. Et fi l'on met *quot* au lieu de *tot*, encore autant ; Et fi l'on y met *quot* encore autant, ce qui fait 144 variations en tout. Aprés quoy *tibi* ne peut plus occuper la cinquiéme place.

144.

Nous l'avancerons donc à la fixiéme, en remettant *fydera cœlo* aux deux

　　　　　　I.　　2. 3.　4.　5.　6.　7.　8.
fuivantes, & nous écrirons *Quot, tot funt* Virgo *dotes tibi, fydera cœlo.* Les cinq premiers mots peuvent varier 120 fois felon les regles. Et fi l'on met *Virgo* au lieu de *cœlo*, l'on aura pareillement 120 autres variations ;

560. Et si l'on y met *dotes*, encore 120 ; Aprés quoy *tibi* ne peut plus occuper la sixiéme place, que *sydera* ne quitte la septiéme, & que deux mots chacun d'une syllabe n'occupent les deux dernieres, & un autre mot que *sydera* la cinquiéme. Ce qui nous oblige de nouveau en laissant *tibi* à la sixiéme place, de faire occuper successivement à *sydera* les quatre premieres, en toutes les manieres possibles. Or si nous le mettons à la quatriéme, il faudra necessairement qu'un mot d'une syllabe occupe la cinquiéme.

          1.   2.   3.   4.   5.   6. 7.   8.
Ecrivons donc : V I R G O *dotes, cœlo sydera quot, tibi sunt tot.*

Les trois premiers mots variant 6 fois, & les deux derniers 2 fois, l'on aura 2 fois 6, ou 12 variations ; Et si l'on met *sunt* au lieu de *quot*, l'on en
36.   aura 12 autres, & si l'on y met *tot*, encore autant, ce qui fait en tout 36 variations ; Aprés quoy *sydera* ne peut plus occuper la quatriéme place, si *tibi* n'occupe la septiéme.

Mais laissons encore *tibi* à la sixiéme, & avançons *sydera* à la troisiéme,
          1.   2.   3.   4.   5.   6. 7.   8.
en écrivant : V I R G O, *cœlo sydera quot, dotes tibi sunt tot.*
Les deux premiers mots variant 2 fois, & les deux *quot* & *dotes* autant, donneront 2 fois 2 ou 4 variations, & les deux *sunt* & *tot* encore autant, ce qui fait 8 en tout ; Et si l'on écrit *cœlo* à la place de *dotes*, l'on en aura 8 autres ; Et si l'on y écrit *Virgo*, encore autant, ce qui fait 24 en tout. Et si l'on met *sunt* au lieu de *quot*, l'on en aura 24 autres ; Et si l'on y met
72.   *tot*, encore autant ; ce qui fait en tout 3 fois 24 ou 72 variations. Aprés quoy *tibi* demeurant à la sixiéme place, *sydera* ne peut plus occuper la troisiéme.

Nous l'avancerons donc à la seconde, en laissant *tibi* à la sixiéme ;
          1.   2.   3.   4.   5.   6. 7.   8.
& nous écrirons : V I R G O, *sydera cœlo quot, dotes tibi sunt tot.*
Les trois mots qui suivent *sydera* pouvant varier 6 fois, & les deux derniers 2 fois, donneront en tout 12 variations. Et si l'on met *cœlo* à la place de *Virgo*, l'on en aura encore autant, & si l'on y met *dotes*, encore autant ; ce qui fait en tout 3 fois 24 ou 36 variations. Et si l'on met *sunt* au lieu de *quot*, l'on en aura 36 autres, & si l'on y met *tot* encore autant,
108.   ce qui fait 3 fois 36 ou 108 variations. Aprés quoy *tibi* occupant la sixiéme place, *sydera* ne peut plus occuper que la premiere.

          1.   2.   3.   4.   5,   6. 7.   8.
Si donc nous écrivons : *Sydera quot*, V I R G O, *cœlo, dotes tibi sunt tot.*
Les 4 mots qui suivent *sydera* pouvant varier 24 fois, & les deux derniers 2 fois, l'on aura déja 2 fois 24 ou 48 variations. Et si l'on met *sunt* au lieu de *quot*, l'on en aura encore autant ; & si l'on y met *tot*, encore autant, ce qui sera en tout 3 fois 48 ou 144 variations. Aprés quoy
144.   *sydera* ne peut plus occuper aucune place que *tibi* ne prenne la septiéme, auquel cas il ne poura se trouver au huitiéme qu'un mot d'une syllabe, ny au sixiéme que *Virgo.*

Or mettant *Virgo tibi sunt* pour la fin du vers, si nous laissons *sydera* au premier lieu   1.   2.   3   4.   5.   6.   7.   8.

& que nous écrivions : *Sydera quot cœlo, tot dotes* Virgo *tibi funt.*
Les quatre mots qui fuivent *fydera* pourront varier 24 fois ; Et fi l'on met
quot au lieu de *funt*, l'on aura 24 autres variations, & fi l'on y met *tot*
encore 24, ce qui fait en tout 3 fois 24 ou 72 variations. Aprés quoy   72.
fydera ne peut plus du tout occuper la premiere place.

Et fi nous l'avançons à la feconde, aucun mot ne poura occuper la
premiere qui n'ait 2 fyllabes. Si donc nous écrivons :
  1.   2.   3.   4.   5.   6.   7.   8.

Cœlo fydera quot, tot dotes Virgo *tibi funt.* Les trois mots qui fuivent
fydera pourront varier 6 fois. Et fi l'on met *dotes* au lieu de *cœlo*, l'on
aura encore 6 autres variations ; ce qui fait 12 en tout. Et fi l'on met *tot*
au lieu de *funt*, l'on en aura encore 12 autres, & fi l'on y met *quot*, encore autant ; ce qui fait en tout 3 fois 12 ou 36. Aprés quoy *fydera* ne peut   36.
plus du tout occuper la feconde place.

Et fi nous l'avançons à la troifiéme, les deux premieres ne pourront
eftre occupées que par deux mots qui ayent chacun une, ou bien chacun
      1.   2.   3.   4.   5.   6.   7.   8.
deux fyllabes. Soit donc *Dotes, cœlo fydera quot, tot* Virgo *tibi funt.*
Les deux premiers mots variant 2 fois, & les deux qui fuivent *fydera* autant,
l'on aura déja 4 variations ; Et fi l'on met *tot* au lieu de *funt*, l'on en aura
4 autres ; & fi l'on y met *quot*, encore autant ; ce qui fait 12 en tout.
Et pareillement fi l'on met *quot funt* aux deux premieres places, & *tot* à
la huitiéme, en écrivant *Quot funt fydera cœlo, dotes* Virgo *tibi tot,*
les deux premiers mots variant 2 fois, & les deux qui fuivent *fydera* autant, l'on aura 4 variations. Et fi l'on met *funt* au lieu de *tot*, l'on en aura
4 autres ; Et fi l'on y met *quot*, encore autant, ce qui fait 12, qui jointes
aux 12 precedentes en font 24 en tout. Aprés quoy *fydera* ne peut plus   24.
occuper la troifiéme place.

Et fi nous l'avançons à la quatriéme, les trois premieres ne pourront
eftre occupées que par un mot de deux fyllabes, & deux autres de chacun
      1.   2.   3.   4.   5.   6.   7.   8.
une. Ecrivons donc *Tot, quot cœlo fydera, dotes* Virgo *tibi funt.* Les
trois premiers mots pourront varier 6 fois ; & fi l'on met *dotes* au lieu de
cœlo, l'on aura 6 autres variations, ce qui fait 12 en tout ; Et fi l'on met
quot au lieu de *funt*, l'on en aura 12 autres, & fi l'on y met *tot* encore 12
autres, ce qui fait 36 variations en tout. Aprés quoy *fydera* ne peut plus   36.
du tout occuper la quatriéme place.

Avançons-le donc enfin à la cinquiéme place, & écrivons
  1.   2.   3.   4.   5.   6.   7.   8.
Tot dotes, cœlo quot fydera, Virgo *tibi funt.* Les quatre premiers mots
pourront varier 24 fois, & fi l'on met *tot* à la place de *funt*, l'on aura 24
autres variations, & fi l'on y met *tot*, encore 24, ce qui fait en tout 3 fois
24 ou 72 variations. Aprés quoy *fydera* ny *tibi* ne peuvent plus du tout   72.
occuper aucune place. De forte que réüniffant en une fomme tous les

X x ij

nombres que nous avons trouvé , cette somme sera 2196. Ainsi sans rompre la mesure du vers , on le poura varier 2196 fois. Et la question est resoluë.

TROISIE´ME QUESTION.

XII.   Comme toutes les combinaisons precedentes ne permettent pas qu'aucune des choses proposées puisse estre combinée avec elle-même, nous supposerons de nouveau que cette condition soit encore ajoûtée à toutes celles des deux questions precedentes, & nous nous proposerons à resoudre cette nouvelle question.

Déterminer le nombre de tous les choix differens que l'on peut faire d'un nombre proposé de choses , en les prenant non seulement une à une, deux à deux , trois à trois , &c. & en leur donnant tous les arrangemens dont elles sont capables, mais encore en supposant que chacune soit repetée une fois , deux fois , trois fois , &c.

Premierement une seule lettre comme a ne peut estre prise qu'une fois toute seule , elle ne peut l'estre aussi qu'une fois en la repetant 2 fois , ny qu'une en la repetant 3 fois , &c. Car l'on n'aura que a, ou bien aa, ou bien aaa, ou bien $aaaa$, &c. ou pour abreger l'on aura seulement a, aa, a^3, a^4, &c. une fois chacun.

Ainsi deux lettres comme a & b ne pourront estre prises que 2 fois une à une. Mais si à chacune de ces deux lettres , l'on applique premierement a, en l'écrivant à la premiere place , on aura les deux combinaisons differentes aa, ab. Et appliquant b en même sorte à chacune, en la mettant au premier lieu, on aura les deux autres combinaisons ba, bb. Aprés quoy l'on n'en peut plus trouver aucune autre. Ainsi les deux lettres estant combinées deux à deux, ne peuvent donner que les 4 ordres aa, ab, ba, bb.

Et si à chacun de ces 4 ordres , on applique premierement a, en le mettant au premier lieu, on aura les 4 combinaisons differentes a^3, aab, aba, abb. Et appliquant b en même sorte & le mettant au premier lieu , on aura les 4 autres bab, bba, baa, b^3. Mais si on applique encore a & b en même sorte , en les mettant au second lieu, l'on ne trouvera aucun ordre qui ne soit l'un de ces 8 qu'on vient de découvrir. a^3, aab, aba, abb; bab, bba, baa, b^3.

Et si à chacun de ces 8 ordres differens l'on applique premierement a, en la mettant au premier lieu, l'on aura 8 combinaisons differentes : Et appliquant b en même sorte, en la mettant au premier lieu , l'on en aura encore 8 autres. Aprés quoy si l'on applique encore a ou b en même sorte, en les mettant au second ou bien au troisiéme lieu, l'on ne trouvera aucun ordre qui ne soit l'un de ces 16 qu'on vient de découvrir.

a^4, a^3b, $aaba$, $aabb$, $abab$, $abba$, $abaa$, ab^3; ba^3, $baab$, $baba$, $babb$, $bbab$, b^3a, $bbaa$, b^4.

Et si l'on applique en même sorte a & b à chacun de ces 16 ordres differens , en mettant une fois chacune à la premiere place, l'on en trouvera 32. Aprés quoy si a ou b sont appliquées au second , ou troisiéme , ou quatriéme rang , l'on ne trouvera plus aucun ordre qui ne soit l'un des 32. Ainsi les deux lettres a & b combinées cinq à cinq , ne pouront recevoir que 32 ordres differens.

L'on trouvera en même forte qu'eftant combinées fix à fix, elles pouront en recevoir feulement 64. Qu'eftant combinées fept à fept, elles en recevront 2 fois autant, c'eft à dire 128. Et ainfi de fuite en continuant la progreffion geometrique du nombre des lettres qui eft 2, à fon quarré 4.

Confiderons pareillement les trois lettres a, b, c. Eftant prifes une à une, elles ne peuvent l'eftre que 3 fois differemment. Mais fi à chacune de ces trois lettres, l'on applique premierement a, en la mettant au premier lieu, l'on trouvera les trois ordres differens aa ab, ac; & fi on applique b en même forte, on aura les trois autres ba, bb, bc; Et fi l'on applique enfin c en même forte, l'on aura encore les 3 autres ca, cb, cc. Aprés quoy l'on n'en peut plus trouver aucune autre. Ainfi les trois lettres eftant combinées deux à deux ne pourront recevoir que les 9 ordres differens aa, ab, ac; ba, bb, bc; ca, cb, cc.

Et fi à chacun de ces 9 ordres on applique premierement a, en la mettant au premier lieu, & enfuite b en la mettant au premier lieu, & encore enfuite c en la mettant pareillement au premier lieu, l'on trouvera 3 fois 9 ordres differens, c'eft à dire les 27.

a^3, aab, aac, aba, abb, abc, aca, acb, acc; baa, bab, bac, bba, b^3, bbc, bca, bcb, bcc; caa, cab, cac, cba, cbb, cbc, cca, ccb, c^3.

Mais fi on appliquoit de nouveau a & b en même forte, en les mettant au fecond ou troifiéme lieu, l'on ne trouveroit aucun ordre nouveau qui ne fuft l'un des 27 qu'on vient de découvrir.

L'on trouvera en appliquant en même forte a, b, & c, à chacun de ces 27 ordres differens, qu'elles peuvent recevoir 3 fois 27 differens ordres eftant combinées trois à trois. Aprés quoy fi l'on applique quelqu'une de ces lettres en quelqu'autre maniere, l'on ne trouvera aucun ordre qui ne foit l'un de ces 81 qu'on aura trouvé. Ainfi les trois lettres eftant combinées quatre à quatre, peuvent recevoir feulement 81 ordres differens.

Pareillement eftant combinées cinq à cinq, elles en recevront 243; eftant combinées fix à fix, 3 fois autant, c'eft à dire 729. Et ainfi de fuite, en continuant la progreffion geometrique du nombre des lettres qui eft 3, à fon quarré 9.

Si l'on examine par la même methode les 4 lettres a, b, c, d; eftant prifes une à une, elles pouront feulement l'eftre en 4 differentes manieres; & deux à deux elles recevront feulement les 16 ordres,

aa, ab, ac, ad; ba, bb, bc, bd; ca, cb, cc, cd; da, db, dc, dd.

Et trois à trois, elles en recevront feulement 4 fois autant, c'eft à dire les 64.
a^3, aab, aac, aad, aba, abb, abc, abd, aca, acb, acc, acd, ada, adb, adc, add; baa, bab, bac, bad, bba, b^3, bbc, bbd, bca, bcb, bcc, bcd, bda, bdb, bdc, bdd; caa, cab, cac, cad, cba, cbb, cbc, cbd, cca, ccb, c^3, ccd, cda, cdb, cdc, cdd; daa, dab, dac, dad, dba, dbb, dbc dbd, dca, dcb, dcc, dcd, dda, ddb, ddc, d^3.

Et pareillement eftant combinées quatre à quatre, elles en recevront 4 fois 64 ou 256, & ainfi de fuite, en continuant la progreffion geometrique du nombre des lettres, qui eft 4, à fon quarré 16.

De même les nombres des ordres differens des fix lettres a, b, c, d, e, f, prises une à une, ou deux à deux, ou trois à trois, &c. seront les termes de 'a progression de 5 à son quarré 25.

Ainsi pour sçavoir combien de fois les 10 caracteres des nombres peuvent estre pris differemment un à un, deux à deux &c. jusqu'à ce qu'on les ait pris dix à dix, il ne faut que prendre la somme des dix premiers termes de la progression de 10 à 100, c'est à dire 1111111110. Mais tous ces ordres differens des 10 caracteres ne donneront pas des nombres. Car o par exemple ni 02, ni 005, ni tout autre qui commence par un ou par plusieurs zero consecutifs ne feront point des nombres differens de ceux qui seront exprimez par les seules chiffres qui suivent ces zero. Comme par exemple 024 est le méme que 24. 00659 le méme que 659. Et ainsi des autres.

Mais si l'on vouloit sçavoir combien il se trouveroit de ces combinaisons inutiles, on trouvera qu'entre les 10 premiers nombres il y en a seulement une, qui est o; qu'entre tous ceux qui sont composez de deux caracteres, il y en a 10, car o peut se trouver une fois devant chaque chiffre. Pareillement entre tous ceux qui sont composez de trois chiffres, on en trouvera 100. Car oo se trouvant une fois devant chacun des 10 chiffres, & o une fois devant chacun des nombres enfermez entre 9 & 100, l'on en aura justement 100, où o se trouvera 1 fois ou 2 fois ou 3 fois le premier. De sorte qu'il y aura 100 ordres inutiles composez de trois chiffres. Pareillement entre tous ceux qui seront composez de 4 caracteres l'on en trouvera 1000; entre tous ceux qui sont composez de 5, l'on en trouvera 10000. Et ainsi de suite selon la progression de 1 à 10. De sorte que si l'on oste de la somme 1111111110, des dix premiers termes de la progression de 10 à 100, une autre somme 111111111, des dix premiers de la progression de 1 à 10, le reste 9999999999 sera le nombre de tous les ordres differens des 10 premiers caracteres pris un à un, ou deux à deux, &c. jusqu'à ce qu'on les ait pris 10 à 10, lesquels peuvent exprimer des nombres differens. Et en effet en contant depuis 1 jusqu'à 10000000000 qui est le plus petit de tous les nombres composez de 11 chiffres, il est bien visible que l'on trouvera justement 9999999999 nombres differens, puisque 9999999999, qui est le plus grand & par consequent le dernier de tous les nombres composez de 10 chiffres, est immediatement suivi par 10000000000, qui le surpasse d'une seule unité, & qui est le plus petit & par consequent le premier de tous les nombres composez de 11 chiffres.

Pareillement les nombres de tous les ordres ou dispositions differentes des 24 lettres prises une à une, deux à deux, trois à trois; & ainsi de suite jusqu'à ce qu'on les ait prises vingt-quatre à vingt-quatre seront les 24 termes de la progression geometrique de 24 à son quarré 576. Et l'on trouvera que la somme de ces 24 termes est 1391721658,11264960263919198102100. c'est à dire 1391721 milliars de milliars de milliars, plus 658311264 milliars de milliars, plus 960263919 milliars, plus 398102100.

Et ce nombre immense est celuy de tous les mots utiles ou inutiles, qu'on pouroit former avec les 24 lettres feulement.

Cette refolution m'a eſté donnée par une perſonne dont j'honore extrême-
ment le merite, & qui a beaucoup contribué à cet ouvrage par un ſçavant
traitté des Elemens d'Arithmetique qu'elle avoit compoſé, & qu'elle a eu
la bonté de me communiquer.

L'on peut appercevoir une communication aſſez merveilleuſe entre ces XIII.
combinaiſons & les puiſſances. Car en cherchant tous ces differens ordres,
l'on ne fait autre choſe qu'élever la ſomme des grandeurs données, (je ſuppoſe que les choſes determinées ſoient conſiderées comme autant de grandeurs,) à la ſeconde puiſſance, ſi on les combine deux à deux, à la troiſiéme,
ſi on les combine trois à trois. Et ainſi des autres.

Par exemple, lorſque nous avons combiné a & b deux à deux, nous avons
trouvé aa, ab, ba, bb, qui ſont le quarré de $a+b$. Car l'on y voit aa & bb,
quarrez des deux parties a & b, plus les deux plans egaux de a par b, qui ſont
ab & ba; l'ordre renverſé dans les lettres ne change rien dans la valeur des
plans.

De même lors que nous avons combiné a, b, c, trois à trois, nous
avons trouvé a^3, aab, aac, aba, abb, abc, aca, acb, acc, baa, bab, bac, bba,
b^3, bbc, bca, bcb, bcc, caa, cab, cac, cba, cbb, cbc, cca, ccb, c^3, qui font
le cube de $a+b+c$. Car l'on y voit les trois cubes a^3, b^3, c^3. Plus aab,
aba, baa, les trois ſolides egaux de aa par b; plus abb, bab, bba, trois ſolides egaux de a par bb: Plus aac, aca, caa; abc, acb, bac, bca, cab, cba;
bbc, bcb, cbb, trois ſolides egaux de $aa+2ab+bb$ par c, plus acc, cac,
cca, bcc, cbc, ccb, trois autres ſolides de $a+b$ par cc. Il en eſt ainſi des
autres.

Cette methode ſert auſſi pour trouver les nombres d'une nouvelle eſpece XIV.
de combinaiſons, qui ſervent à trouver tous les anagrammes poſſibles d'un
certain nombre de lettres, lorſqu'une ou pluſieurs ſont repetées plus d'une
fois. Surquoy le Père Taquet parle ainſi.

Que ſi dans le nombre donné des choſes quelques-unes ſont ſemblables, «
c'eſt à dire les mêmes, comme ſi l'on donnoit ce mot *Ignatius*, qui renferme «
8 lettres, parmy leſquelles il s'en trouve deux qui ſont les mêmes, c'eſt à «
dire *I* & *I*, le nombre des permutations ſe trouvera par cette Regle du Pere «
Kircher. «

Le nombre des permutations du tout ſoit diviſé par le nombre des permu- «
tations que peuvent recevoir les choſes ſemblables, l'expoſant donnera ce «
qu'on cherche. «

Les lettres de ce mot *Ignatius*, ſi elles eſtoient toutes differentes, elles «
recevroient 40320 changemens, il y a deux lettres ſemblables, & deux «
reçoivent 2 changemens. Ainſi 40320 eſtant diviſé par 2, l'expoſant «
20160 donnera tous les ordres poſſibles des 8 lettres, qui compoſent le mot «
Ignatius. «

1. 2. 3. 4. 5. 6. 7. 8. 9. 10.
1. 2. 6. 24. 120. 720. 5040. 40320. 362880. 3628800.

Or ſi l'on donnoit les lettres *aabbcc*, il y a ſix lettres, ſi elles eſtoient toutes differentes, elles donneroient 720 changemens, mais il y a 2 lettres *a* & *a*, plus 2 autres *b* & *b*, plus encore 2 autres *c* & *c*, qui font les mêmes. Si donc le nombre des permutations des lettres femblables eft 2+2+2, c'eft à dire 6, divifant 720 par 6, l'expofant 120 fera le nombre de toutes les permutations poffibles des lettres *aabbcc*. Mais fi l'on veut que le nombre des permutations foit 9 à caufe que les lettres femblables *a*, *b* & *c* reçoivent les 9 ordres *aa*, *ab*, *ac*, *ba*, *bb*, *bc*, *ca*, *cb*, *cc*, divifant 720 par 9, l'expofant 80 fera le nombre de tous les ordres ou anagrammes differens des lettres *aabbcc*. Cependant ni 6 ni 9 ne peuvent fervir pour trouver le nombre des permutations, ou des ordres differens des lettres qui fe trouvent dans *aabbcc*, car ce nombre eft 90. De forte que la Regle que le Pere Taquet rapporte ne peut fervir generalement, mais feulement dans quelques rencontres, comme lorfqu'une feule lettre eft repetée plufieurs fois. En voici une qui poura generalement fervir pour toutes ces fortes de combinaifons.

R E G L E,

XV. On cherche chaque nombre des permutations que pouroient recevoir chacune des chofes femblables felon le nombre de leur multitude, fi elles eftoient toutes differentes. On multiplie enfuite le premier nombre trouvé par le fecond, & le produit par le troifiéme, & le nouveau produit par le quatriéme, &c. Aprés quoy l'on divife le nombre total des permutations par le dernier des produits trouvez. Et l'expofant eft le nombre qu'on cherche.

Exemple.

Pour trouver toutes les permutations des lettres *aabbcc*, je prens 2 pour les deux lettres *a* & *a*, & 2 pour les deux *b* & *b*, & encore 2 pour les deux *c* & *c*. Enfuite je multiplie 2 par 2, & le produit 4 encore par 2, le folide que je trouve eft 8, par lequel 720 nombre des permutations de fix chofes differentes, eftant divifé, l'expofant 90 eft le nombre de toutes les permutations des lettres propofées. Et ces permutations fe trouvent ainfi.

1°. On prend chaque lettre, & on luy applique une fois chacune en l'écrivant au premier lieu, ce qui donne les 9 ordres differens *aa*, *ab*, *ac*, *ba*, *bb*, *bc*, *ca*, *cb*, *cc*. L'on applique en même forte chaque lettre à chacun de ces ordres, excepté qu'aucune ne pouvant revenir que 2 fois, elles ne doivent point eftre appliquées aux ordres où elles font déja 2 fois. Et cela donne les 24 ordres * *aab*, *aac*, *aba*, *abb*, *abc*, *aca*, *acb*, *acc* ; *baa*, *bab*, *bac*, *bba*, * *bbc*, *bca*, *bcb*, *bcc*. *caa*, *cab*, *cac*, *cba*, *cbb*, *cbc*, *cca*, *ccb*, *.

L'on applique en mefme forte chaque lettre à chacun de ces ordres où elle n'eft point 2 fois, ce qui donne 54 ordres nouveaux compofez chacun de 4 lettres, fur lefquels operant en même forte, l'on en trouvera 90 compofez chacun de cinq lettres ; fur lefquels operant encore en même forte, l'on en trouvera enfin 90 compofez chacun de fix lettres, defquels 30 commenceront par *a*, 30 autres par *b*, & les 30 autres par *c* ; les

36 qui commencent par *a* sont ceux-ci,

*aabbcc, aabcbc, abccb, aacbbc, aacbcb, aaccbb, ababcc, abacbc, abaccb, abbacc,
abbcac, abbcca, abcabc, abcacb, abcbac, abcbca, abccab, abccba, acabbc, acabcb,
acacbb, acbabc, acbacb, acbbac, acbbca, acbcab, acbcba, accabb, accbab, accbba.*

Il ne me reste plus icy qu'à dire quelque chose d'une autre espece de XVI. combinaisons que l'on fait, lors qu'une ou plusieurs choses sont repetées plusieurs fois, & que l'ordre n'est point consideré, ainsi qu'il arrive dans les diviseurs des nombres, par exemple *aab*, ou *aba*, ou *baa*, n'ont chacun qu'une même valeur, si on les considere comme des nombres.

Or une lettre seule comme *a* ne pourra estre prise qu'autant de fois qu'on luy aura accordé de degrez, si l'on écrit par exemple le nombre *aaa* ou a^3, l'on trouvera qu'il ne peut avoir que les trois diviseurs *a*, *aa*, a^3, autres que l'unité, dont je suppose aussi que le nombre *a* soit different.

Mais si nous joignons plusieurs lettres comme a^3bb, l'on prendra premierement pour *a*, les trois choix ou les trois diviseurs *a*, *aa*, a^3, c'est à dire autant que la lettre *a* est repetée de fois. Ensuite prenant 1 fois *b* toute seule, & l'appliquant une fois à chacun des trois choix, l'on aura les 4 autres *b*, *ab*, *aab*, a^3b, à chacun desquels appliquant *b* en même sorte l'on en aura encore 4 autres *bb*, *abb*, *aabb*, a^3bb. De sorte que *b* qui est repetée 2 fois, en fait trouver 2 fois une de plus que la seule lettre *a*, c'est à dire 8, & ainsi l'on en trouve 11 en tout ; & 12 si l'on y ajoûte l'unité au moins en supposant que chaque nombre *a* & *b* en soit different, ce que j'entens dans tous les cas semblables.

a, aa, a^3, b, ab, aab, a^3b, bb, abb, aabb, a^3bb.

Et si nous avions a^3bbccd, en prenant *c* une fois toute seule, & l'appliquant aussi 1 fois à chacun des diviseurs precedens, nous en trouverons 1 davantage, c'est à dire les 12.

c, ac, aac, a^3c, bc, abc, aabc, a^3bc, bbc, abbc, aabbc, a^3bbc.

à chacun desquels appliquant encore 1 fois *c*, à cause qu'elle est repetée 2 fois, l'on aura les 12 autres diviseurs.

cc, acc, aacc, a^3cc, bcc, abcc, aabcc, a^3bcc, bbcc, abbcc, aabbcc, a^3bbcc.

ce qui fait en tout, $11+2$ fois 12, c'est à dire 35, aprés quoy prenant 1 fois *d* toute seule, & l'appliquant seulement 1 fois à chacun des 35 choix ou des diviseurs precedens, l'on en trouvera de nouveau 1 fois un davantage, c'est à dire 36, qui sont.

ad, aad, a^3d, bd, abd, aabd, a^3bd, bbd, abbd, aabbd, a^3bbd.

cd, acd, aacd, a^3cd, bcd, abcd, aabcd, a^3bcd, bbcd, abbcd, aabbcd, a^3bbcd.

ccd, accd, aaccd, a^3ccd, bccd, abccd, aabccd, a^3bccd, bbccd, abbccd, aabbccd, a^3bbccd.

De sorte que le nombre a^3bbccd aura $35+36$, ou 71 diviseurs, & 72 si l'on y joint encore l'unité.

De sorte que pour trouver le nombre de ces sortes de choix, ou de divi- XVII. seurs, l'on prendra premierement celuy des dimensions de la premiere lettre, on multipliera par ce nombre augmenté de l'unité, celuy des dimensions de la seconde ; l'on réduira en une somme le produit trouvé & le nombre des dimenfions de la premiere, & l'on multipliera cette fomme augmentée de l'unité par le nombre des dimenfions de la troifiéme ; l'on réduira en une fomme le produit nouveau , & la fomme precedente , & l'on multipliera leur fomme totale augmentée de l'unité par le nombre des dimenfions de la quatriéme , & ainfi de fuite à l'infiny. Aprés quoy réduifant en une fomme le nombre des dimenfions de la premiere lettre , & tous les produits qu'on aura trouvé , la fomme totale augmentée fi l'on veut de l'unité, marquera le nombre cherché de tous les choix ou divifeurs

Ainfi pour fçavoir combien de divifeurs peut avoir le nombre $a^5 b^4 c^3 dd$, l'on prend 5 pour les 5 dimenfions de la lettre a, l'on augmente ce nombre 5 de l'unité , & l'on multiplie 6 par 4 nombre des dimenfions de b, le produit eft 24, auquel on ajoûte le nombre 5 des dimenfions de la lettre a, la fomme eft 29, l'on augmente cette fomme de l'unité , & l'on multiplie 30 par 3 nombre des dimenfions de c, le produit eft 90, auquel on ajoûte la fomme 29, la fomme totale eft donc 119, que l'on augmente de l'unité , & l'on multiplie 120 par 2 nombre des dimenfions de d, le produit eft 240. Aprés quoy l'on réduit en une fomme 5, 24, 90, & 240, & la fomme totale augmentée de l'unité, c'eft à dire 360, eft le nombre de tous les divifeurs que peut avoir $a^5 b^4 c^3 dd$, pourveu toutefois que chaque nombre a, b, c, & d, foit un nombre premier autre que l'unité ; car c'eft ainfi qu'on le doit entendre.

De forte , comme dit Schooten , que pour fçavoir combien le nombre 15876000 peut recevoir de divifeurs , l'on cherche en premier lieu de quels nombres premiers il eft compofé , en le divifant par tous les nombres premiers 2, 3, 5, &c. jufques à ce qu'on foit arrivé à l'unité. Et trouvant, comme on le voit un peu plus bas , qu'il eft formé par le produit de tous les 14 nombres premiers 2, 2, 2, 2, 2, 3, 3, 3, 3, 5, 5, 5, 7, 7, on le peut marquer ainfi $2^5 3^4 5^3 7^2$. De forte qu'il convient entierement avec le nombre precedent $a^5 b^4 c^3 dd$. Ainfi l'on conclud que ce nombre a 359 parties aliquotes & entieres , & 360 divifeurs. Il en eft ainfi des autres.

15876000 (7938000 (3969000 (1984500 (992250 (496125
      2   2   2   2   2

496125 (165375 (55125 (18375 (6125 (1225 (245 (49 (7 (1
    3   3   3   3   5   5   5   7   7

ELEMENS
DES
MATHEMATIQUES·

LIVRE TROISIE'ME.
DE LA' COMPOSITION DES EGALITEZ,
ET DE LEUR RESOLUTION EN GENERAL.

I. LES égalitez fimples font les parties qui compofent les égalitez compofées. Il y a trois fortes de ces égalitez fimples. Les premieres font celles où la valeur de l'inconnuë, qu'on appelle auffi *racine* de l'égalité, eft une grandeur vraye ou pofitive. Les fecondes celles dont les racines font fauffes, c'eft à dire où la valeur de l'inconnuë eft une grand^{eur} fauffe ou negative. Et les troifiémes enfin, font celles dont les racines ne peuvent eftre ny vrayes ny fauffes, mais feulement imaginaires, patcequ'elles renferment quelque contradiction.

II. Cette contradiction fe reconnoît, lorfque l'on fuppofe pour valeur de l'inconnuë la racine d'une grandeur negative, comme $\sqrt{-a}$. Car une telle racine ne peut eftre qu'imaginaire, puifque fi on la conçoît comme une grandeur, on la concevra neceffairement comme pofitive, ou bien comme negative, il n'y a point de milieu entre deux que zero. Or foit que l'on confidere cette racine comme eftant pofitive, foit qu'on la confidere comme eftant negative, fon produit fera neceffairement pofitif *par I. 88. de la premiere Partie.* L'on pretend donc une contradiction, fi l'on pretend concevoir cette racine fuppofée, comme une efpece de grandeur.

III. Nous entendrons deformais par égalitez fimples celles où l'inconnuë n'a qu'une dimenfion fimple ou lineaire, & dont les deux membres font difpofez en telle forte qu'elle foit égale à zero. Par exemple fi nous avons l'égalité $x = 2$, nous retrancherons 2 de part & d'autre, ce qui donnera l'égalité

Y y ij

$z - 2 = 0$, que nous appellerons une égalité simple.

Et pareillement par égalitez compofées nous entendrons ordinairement celles dont l'inconnuë a plufieurs degrez, & qu'on rend égales à zero par la tranfpofition accoûtumée, comme fi nous avions $zz = 5z - 6$, en retranchant $5z - 6$ de part & d'autre, nous aurons l'égalité compofée $zz - 5z + 6 = 0$.

IV. Comme il eſt clair que le produit de zero par zero ne peut valoir que zero, il eſt clair auffi que le produit de deux des égalitez fimples dont nous venons de parler, en fera une compofée qui ne vaudra pareillement que zero. Soit par exemple $z - 2 = 0$, & $z - 3 = 0$, leur produit donnera l'égalité compofée $zz - 5z + 6 = 0$.

V. Il eſt contre l'ordre pour connoître une chofe fimple de la rendre compofée. Il faut au contraire refoudre ce qui eſt compofé en toutes fes differentes parties, & les ayant bien examinées feparément, l'on jugera avec plus d'ordre & de lumiere du rapport qu'elles ont entr'elles, & de la nature du tout qu'elles compofent. Il ne faut pourtant pas s'imaginer que j'agiffe contre cette regle, fi je prens des grandeurs fimples & connuës pour former des touts par leurs produits plus compofez & comme inconnus. Ce n'eſt pas mon deffein d'apprendre à rechercher dans cette compofition, ce qui m'eſtoit déja connu dans fes parties fimples. Mais c'eſt afin qu'ayant bien examiné comment ces produits fe forment, je puiffe apprendre methodiquement à en refoudre de femblables.

Et pour commencer cette recherche, fuppofons que l'on connoiffe ces deux égalitez fimples $z = 2$, & $z = 3$, ou bien $z - 2 = 0$, & $z - 3 = 0$. Si je multiplie l'une par l'autre, leur produit donnera l'égalité compofée $zz - 5z + 6 = 0$, qui me feroit inconnuë, fi je ne fçavois pas que je l'ay formée du produit de $z -$ chacun des deux nombres 2 & 3.

VI. Ces fortes de grandeurs, comme 2 & 3, qui font égales à l'inconnuë z, font appelées *racines* de l'égalité. Si ces racines font pofitives, on dit que ce font des racines *vrayes*, & fi elles font negatives, qu'elles font des racines *fauffes*.

VII. Les parties d'une égalité, où l'inconnuë a differens degrez, en font appellées *les termes*. Ainfi dans l'égalité $zz - 5z + 6 = 0$, les trois parties zz, $- 5z$, & $+ 6$, en font appellées les trois termes. Le premier terme zz renferme deux degrez de l'inconnuë z, le fecond terme n'en renferme qu'un, & le troifiéme n'en renferme point du tout, puifque l'inconnuë ne s'y trouve point.

Je fuppofe encore $z - 4 = 0$. Si par cette égalité fimple je multiplie la precedente $zz - 5z + 6 = 0$, le produit donnera l'égalité compofée $z^3 - 9zz + 26z - 24 = 0$, qui aura quatre termes & trois racines, c'eſt à dire les trois valeurs de l'inconnuë 2, 3, & 4.

Je fuppofe de nouveau $z = -5$, ou bien ajoûtant 5 de part & d'autre, $z + 5 = 0$, c'eſt à dire z égale à la grandeur fauffe -5, ou z moins -5 égale à zero, ce qui eſt le même. Si je multiplie l'égalité precedente $z^3 - 9zz + 26z - 24 = 0$ par cette égalité fimple $z + 5 = 0$, le produit donmera l'égalité encore plus compofée $z^4 - 4z^3 - 19zz + 160z - 120 = 0$, & cette égalité aura cinq termes, & trois racines vrayes 1, 2, & 3, avec une fauffe —5.

Or je connois feulement ces racines, parceque j'ay formé moy-même ces produits. Mais fi l'on m'euft d'abord propofé cette même égalité $z^4 - 4z^3 - 19zz + 160z - 120 = 0$, & que l'on m'en euft demandé les racines, fans que j'euffe auparavant examiné comment elle a efté produite, je n'aurois pas aifément fatisfait à cette demande, il faut donc chercher ce qui poura me conduire à ces fortes de connoiffances.

Et premierement j'apprens en general de ces formations que la fomme **VIII.** d'une égalité compofée qui ne vaut que zero, & qui vient du produit de quelques fimples égales à ce même zero, contient auffi quelques racines, & qu'elle peut toûjours eftre divifée par chacune de ces égalitez fimples, c'eft à dire par z moins la valeur de l'une des vrayes racines, ou plus la valeur de l'une des fauffes. Et une telle divifion rend cette égalité d'autant moins compofée, & par confequent plus facile à refoudre. Et l'on aura la refolution entiere de ces égalitez, lorfqu'on aura trouvé toutes les fimples qui les compofent. Car alors tout ce qui eftoit enveloppé & inconnu, fera développé & connu par une conclufion immediate.

Mais fi une égalité compofée, & que l'on fuppofe égale à zero, ne peut **IX.** eftre divifée par quelqu'autre plus fimple qu'elle égale à ce même zero, c'eft une marque qu'elle n'a pû en eftre compofée. Et fi abfolument elle ne peut eftre divifée par aucune, elle ne peut eftre le produit d'aucune. Et pour la refolution de ces égalitez compofées, elle fatisfait aux Problemes compofez qu'elles reprefentent.

Si ces Problemes compofez font tels que l'on puiffe réduire au fecond **X.** degré les égalitez qui les reprefentent, on les appelle des *Problemes plans ou de deux degrez.*

Et fi les égalitez qui reprefentent ces Problemes peuvent eftre feulement **XI.** réduites au troifiéme degré, on les appelle *des Problemes folides* ou *de trois degrez.*

Et fi elles peuvent eftre feulement réduites au quatriéme degré, les **XII.** Problemes feront appellez *furfolides* ou *de quatre degrez.*

Et fi elles peuvent l'eftre feulement au cinquiéme, nous dirons que les **XIII.** Problemes font *du cinquiéme degré,* &c.

AVERTISSEMENT.

Mais il ne faut pas s'imaginer que les égalitez qui paffent le troifiéme degré, renferment pour cela des grandeurs dont les dimenfions puiffent eftre par elles-mêmes autres que lineaires, planes, ou folides. Les autres dimenfions ne font point dans la nature. Il n'y a même que celle des folides qui foit veritable & réelle indépendamment de noftre connoiffance, car nous confiderons feulement les autres dimenfions par rapport à noftre efprit, qui mefuré par elles les rapports que des grandeurs peuvent avoir les unes avec les autres, ou bien les difficultez qu'il a d'appercevoir par

Y y iij

quelles grandeurs connuës il poura satisfaire à un Probleme proposé. Il tâche par ces dimensions de faire descendre jusqu'à luy comme par autant de degrez, la connoissance de ces grandeurs qu'il desire appercevoir.

AXIOME,

QUI EST LE PRINCIPE DES EGALITEZ

DE DEUX DEGREZ.

XIV.   Deux grandeurs estant données le quarré de celle des deux que l'on voudra moins ce même quarré moins encore le plan des deux grandeurs, plus le même plan, est égale à zero.

XV.   Pour donner une expression abbregée de cet Axiome, nous supposerons une inconnuë, qui pouvant estre prise pour l'une ou pour l'autre des deux grandeurs, marque cette mutation reciproque qu'elles font entr'elles, & serve à exprimer l'idée que l'Axiome renferme.

Expression de cet Axiome.

Par exemple, si les deux grandeurs sont a & b, 1°. au lieu de dire le quarré de a ou le quarré de b, nous écrirons seulement zz, le quarré d'une inconnuë comme z, qui convient autant à la grandeur a qu'à la grandeur b, parceque nous supposons que z vaut a ou b, & par consequent zz le quarré de a ou le quarré de b.

2°. Au lieu de dire moins le même quarré de a ou moins le même quarré de b, moins encore le plan de l'une par l'autre, nous écrirons simplement $-az-bz$, c'est à dire moins le produit de la même inconnuë z par les deux grandeurs a & b. Car z estant prise pour l'une des deux, il n'importe laquelle, & multipliée par toutes les deux, elle le sera necessairement par soy-même, ce qui donnera son quarré, elle sera aussi multipliée par l'autre, ce qui fera le plan des deux, ainsi $-az-bz$ vaudra également moins le quarré de a ou moins le quarré de b, moins encore le plan de a par b. Et tout ce long discours se trouvera exprimé en écrivant simplement $-az-bz$.

3°. Et enfin pour la derniere partie, comme elle n'est qu'un plan des deux a & b, l'on prendra ab qui est tout connu. Et décrivant ces parties en une somme, nous aurons selon l'Axiome $zz-az-bz+ab=0$. Et dans cette égalité, z sera une expression sensible qui marquera également l'une ou l'autre des deux grandeurs a & b, il n'importe laquelle.

XVI.   Or si l'on multiplie les deux égalitez simples $z-a=0$, & $z-b=0$, l'une par l'autre, leur produit donnera l'égalité $zz-az-bz+ab=0$. qui est la même que la precedente. D'où il est clair que les deux racines a & b sont telles que tout le rapport d'égalité exprimé dans l'Axiome, ou dans l'égalité qui le represente, peut convenir également à chacune d'elles. Ce qu'on peut voir encore sensiblement. Car si par toute l'égalité, l'on substituë a au lieu de z qui luy est égale, l'égalité $zz-az-bz+ab=0$, sera $aa-aa-ba+ba=0$. Et si l'on y substituë b au lieu de z, elle sera $bb-ab-bb+ab=0$, où l'on voit sensiblement que tous les plans se détruisent par des signes contraires, & qu'ainſi le tout ne peut rien donner que zero.

Dans chaque égalité, toutes ſes parties connuës multipliées par l'incon- XVII.
nuë de même degré, né paſſent que pour un de ſes termes ; Par exemple dans
l'égalité $zz - az - bz + ab = 0$, les deux parties connuës a & b multipliées
par la même inconnuë z ne ſont qu'un de ſes termes. C'eſt pour cela

qu'il eſt à propos de les écrire ainſi l'une ſur l'autre $\genfrac{}{}{0pt}{}{-az}{-bz}$ dans l'égalité
$zz - az + ab = 0$.

De même dans $z^3 - azz - bzz - czz + abz + acz + bcz + -acd - bcd = 0$
les grandeurs connuës a, b & c multipliées par le même quarré zz ne
ſont qu'un terme, $+ ab + ac + bc$ par z. en ſont un autre, & les grandeurs toutes connuës $-acd - bcd$ qui ne ſont multipliées par aucun
degré de l'inconnuë ne ſont auſſi qu'un terme, & l'égalité ſe range ainſi
$z^3 - azz + abz - acd = 0$. On fera le même en toute autre égalité.
$ - bzz + acz - bcd$
$ - czz + bcz$

Lors qu'un produit ſera conſideré comme plan, nous dirons deſormais XVIII.
que ſes racines ſont *multipliées deux à deux*, s'il eſt ſolide *trois à
trois*. &c.

Lors qu'ayant un nombre de racines données, on les multipliera par les XIX.
regles de combinaiſons, en autant de manieres differentes qu'elles peuvent l'eſtre dans un degré donné, nous dirons que ces racines ſont *alternativement multipliées*.

Par exemple, les quatres racines a, b, c, d, eſtant multipliées en autant de
manieres differentes qu'elles peuvent l'eſtre au ſecond degré ou deux à deux,
donneront les ſix plans ab, ac, ad, bc, bd, cd. Et nous dirons que ces ſix plans
ſont les quatres racines a, b, c, d, alternativement multipliées deux à deux.
Je ne conte pas aa ou bb pour une nouvelle maniere, car a & a, ni b & b
ne ſont pas des racines differentes, ou que l'on ait données pluſieurs fois chacune. Car ſi l'on avoit donné pour racines a, a, b, c, parceque la même a ſeroit donnée 2 fois, je multiplierois a par a. & 2 fois a par b, & par c, ce qui
donneroit les ſix plans aa, ab, ab, ac, ac, bc, dont toutefois il n'y en a que
quatre qui ſoient entierement differens. Je ne conte pas auſſi ab & ba pour
deux manieres differentes, car le produit ab eſt le même que ba.
L'ordre ſeul en eſt changé, & je ne conſidere point icy le changement de
l'ordre.

De même les quatres racines a, b, c, d. pourront eſtre alternativement multipliées quatre fois au degré ſolide, ou trois à trois ; car l'on poura prendre
abc, abd, acd, bcd.

Mais ces quatre racines ne pouroient eſtre alternativement multipliées
qu'une fois au degré ſurſolide, ou quatre à quatre. Car elles ne peuvent donner que le ſurſolide $abcd$. Il en eſt ainſi des autres.

AXIOME,

QUI EST LE PRINCIPE DES E'GALITÉ DE TROIS DEGREZ.

XX.   Trois grandeurs estant données, le cube de celle des trois que l'on voudra, moins ce même cube, moins encore deux solides faits du quarré de sa racine par chacune des deux autres grandeurs ; plus ces deux mêmes solides, plus encore un solide des trois grandeurs ; moins ce même solide, sera toûjours égal à zero.

XXI.   Pour donner une expression abregée de cet Axiome, nous supposerons, *Expression de l'Axiome.* comme on a fait pour le second degré, une inconnuë z qui pouvant estre également prise pour l'une ou pour l'autre des trois grandeurs connuës, que j'appelle $a, b,$ & $c,$ marque cette mutuation reciproque qu'elles font entr'elles, & serve à exprimer l'idée que l'axiome renferme.

Car 1°. au lieu de dire ou d'écrire le cube de $a,$ ou le cube de $b,$ ou le cube de $c,$ nous dirons ou bien nous écrirons seulement $z^3.$

2°. Au lieu de dire moins le même cube moins encore deux solides faits du quarré de sa racine par chacune des deux autres grandeurs, nous écrirons $-azz - bzz - czz,$ c'est à dire moins le quarré de zz par toutes les racines $a, b,$ & $c.$ Car z estant prise pour l'une des trois, & son quarré multiplié par toutes trois, il le sera necessairement par sa racine, ce qui donnera son cube, il le sera aussi par les deux autres grandeurs ce qui donnera deux solides faits du quarré zz l'un par l'une des deux grandeurs qui restent, & l'autre par l'autre.

3°. Nous prendrons pour la troisiéme partie de l'Axiome la racine z multipliée par les trois plans des racines alternativement multipliées, qui sont ab, ac, bc ; ce qui donnera les 3 solides $abz, acz, bcz,$ qui contiendront 1°. deux solides faits chacun de zz quarré de z par chacune des deux autres racines. Car cette racine z est multipliée par les trois plans des racines alternativement multipliées deux à deux, à cause que chaque racine est deux fois distribuée dans les trois plans $ab, ac, bc,$ cette z deux fois multipliée par soy-mesme donnera deux fois son quarré. Or ce quarré est encore multiplié par chacune des deux autres racines ; Cela fait donc deux solides composez chacun du quarré de z par chaque autre des racines. 2°. Et parceque z est encore multiplié par le plan des deux autres racines, on aura le solide des trois grandeurs.

4°. Et enfin pour la derniere partie de l'Axiome, je prendray $-abc$ c'est à dire moins le solide des trois grandeurs qui m'est tout connu. Et décrivant la somme de toutes ces parties selon l'ordre de l'Axiome, & les rengeant à l'ordinaire, nous aurons l'égalité de trois degrez $z^3 - azz + abz - abc = 0.$
$$-bzz + acz$$
$$-czz + bcz$$

XXII.   Et cette égalité est la même que celle qu'on auroit formée du produit de l'égalité $zz - az + ab = 0,$ par la simple $z - c = 0,$ ou ce qui est la même chose,
$$-bz$$

du produit des trois simples $z - a = 0, z - b = 0,$ & $z - c = 0.$

D'où

D'où il est clair que ses trois racines a, b, & c, sont telles que tout le rap- XXIII.
port exprimé dans l'Axiome peut également convenir à chacune; ce qu'on
verra sensiblement, si par toute l'égalité $z^3 - azz + ab\zeta - abc = o$, l'on met
$$- bzz + acz$$
$$- c\zeta z + bcz$$
successivement a, ou b, ou c, au lieu de z qui est la valeur de chacune, car l'on aura $a^3 - a^3 + aab - abc = o$, ou $b^3 - abb + abb - abc = o$, ou
$$- aab + aac \qquad - b^3 + abc$$
$$- aac + abc \qquad - bbc + bbc$$
$c^3 - acc + abc - abc = o$ dans chacune desquelles tous les solides se détruisent
$$- bcc + acc$$
$$- c^3 + bcc$$
mutuellement par des signes contraires.

AXIOME,

QUI EST LE PRINCIPE DES L'ÉGALITEZ

DE QUATRE DEGREZ.

Quatre grandeurs estant données, le quarré de quarré de celle qu'on vou- XXIV.
dra; moins la même puissance, moins encore trois surfolides faits chacun du
cube de sa racine, par chacune des trois autres grandeurs; plus ces trois mémes surfolides, plus encore trois autres surfolides faits chacun du quarré de sa
racine par chacun des trois plans des trois autres grandeurs alternativement
multipliées deux à deux; moins ces trois mémes surfolides, moins encore le surfolide des quatre grandeurs; plus ce méme surfolide sera toûjours égal à zero.

Les quatre grandeurs a, b, c, d, estant données, comme dans les XXV.
Axiomes precedens, j'appelle z telle de ces quatre grandeurs que l'on *Expression de*
voudra, & j'écris; 1°. z^4 pour son quarré de quarré; 2°. $- az - bz^3$ *l'Axiome.*
$- cz^3 - dz^3$ pour la seconde partie de l'Axiome; 3°. $+ abzz + aczz$
$adzz + bczz + bdzz + cdzz$ pour la troisiéme partie; 4°. $- abcz - abdz$
$- acdz - bcdz$ pour la quatriéme; 5°. Et enfin $+ abcd$ pour la derniere,
ce qui fait l'égalité $z^4 - az^3 + abzz - abcz + abcd = o$.
$$- bz^3 + aczz - abdz$$
$$- cz^3 + adzz - acdz$$
$$- dz^3 + bczz - bcdz$$
$$+ bdzz$$
$$+ cdzz$$
Et cette égalité est la même que celle qu'on auroit formé du produit des XXVI.
quatre simples $z - a = o$, $z - b = o$, $z - c = o$, $z - d = o$. Car le produit
des deux premieres est $zz - az + ab = o$, & celuy des deux autres est
$$- bz$$
$zz - cz + cd = o$; Et chacun de ces deux produits est une égalité de deux
$$- dz$$
degrez, qui estant multiplié par l'autre, donnera l'égalité precedente z^4, &c.

De sorte que tout le rapport d'égalité exprimé dans l'Axiome, ou dans XXVII.

Z z

cette egalité qui le reprefente , peut également convenir à chacune de fes racines. Ce qu'on verra fenfiblement , fi par toute l'egalité l'on met *a*, ou *b*, ou *c*, ou *d*, au lieu de *z* qui eft la valeur de chacune. Car par exemple y mettant *a*, ou *b*, l'on aura

$$
\begin{array}{ll}
a^4 - a^4 + a^3b - aabc + abcd = 0, & \text{ou bien} \quad b^4 - ab^2 + ab^3 - abbc + abcd = 0. \\
\quad - a^3b + a^2c - aabd & \qquad\qquad - b^4 + abbc - abbd \\
\quad - a^2c + a^3d - aacd & \qquad\qquad - b^3c + abbd - abcd \\
\quad - a^3d + aabc - abcd & \qquad\qquad - b^3d + b^3c - bbcd \\
\qquad\quad + aabd & \qquad\qquad\qquad + b^3d \\
\qquad\quad + aacd & \qquad\qquad\qquad + bbcd
\end{array}
$$

dans chacune defquelles tous les furfolides fe détruifent mutuellement les uns les autres par des fignes contraires.

Pour operer plus facilement dans les egalitez, l'on écrit une feule fois dans chacun de leurs termes le degré de l'inconnuë , qui multiplie toutes les grandeurs que l'on y connoît. Par exemple au lieu de $z^3 - azz + abz - abc = 0$, l'on écrit

$$
\begin{array}{ll}
z^3 - azz + abz - abc = 0. & \qquad - bzz + acz \\
\quad\ - b \quad\ + ac & \qquad - czz + bcz \\
\quad\ - c \quad\ + bc &
\end{array}
$$

Une grande prefence d'efprit eftant abfolument neceffaire pour apprendre promptement & facilement les Sciences , & principalement celles dont nous parlons; il eft comme neceffaire d'arrefter icy l'imagination par quelque chofe de fenfible. C'eft dans ce deffein que nous allons expliquer une Table , qui fans partager inutilement la capacité de l'efprit , luy reprefentera une idée abregée de la production de toute forte d'égalitez entierement réelles & de la nature de leurs parties.

Voyez la première Table de la feconde Planche.

XXVIII. Cette table que nous appellons table des egalitez , n'eft prefque autre que celle des puiffances.

XXIX. Ses cellules qui font entre deux lignes de gauche à droite , s'appellent cellules d'un même rang parallele comme zz, $-azz + ab$. $\quad - b$,

XXX. Et celles qui font entre deux lignes de haut en bas , s'appellent cellules d'un même rang perpendiculaire , comme $1z$, $1zz$, $1z^3$, $1z^4$, &c.

XXXI. Et celles qui traverfent dans un même rang de haut en bas & de gauche à droite , font dites cellules d'un même rang diagonal , comme a, $-a$, $+ab$, $-abc$, &c.

XXXII. Le premier des rangs perpendiculaires eft celuy qui contient un plus grand nombre de cellules ; le fecond rang perpendiculaire eft celuy qui a une cellule moins que le premier ; le troifiéme celuy qui en a une moins que le fecond, &c.

XXXIII. De même le premier entre les rangs diagonaux eft celuy qui contient un plus grand nombre de cellules ; le fecond celuy qui en a une moins que le premier , &c.

XXXIV. Et au contraire le premier rang parallele eft celuy qui n'a qu'une cellule ; le fecond celuy qui en a deux , &c.

XXXV. Les cellules d'un même rang parallele également éloignées de fes extrémi-

rez feront appellées *reciproques*, comme —*azz* & +*abz*.
                          —*b*   +*ac*
                          —*c*   +*bc*

L'on remarquera qu'en toute égalité compofée, chaque partie formée par   XXXVI.
la multiplication des feules racines connuës ou inconnuës, & qui aura même
degré que l'égalité, en eft conceuë comme un produit. Par exemple
z—*a*—*b*=o par *z*—*c*=o, donne *zz*—*az*+*ac*=o, dans laquelle —*az*—*bz*
                                —*b* +*bc*
                                —*c*

n'eft conté que pour un produit, à caufe que *a*+*b* n'eft qu'une racine de l'é-
galité; & pareillement *ac*+*bc* ne fait qu'un produit de la racine *a*+*b* par la
racine *c*. Il en eft de même de toute autre égalité, où quelquefois un produit
feul peut contenir une longue fuite de parties.

La table que nous donnons pour la compofition des égalitez eft une defcrip-   XXXVII.
tion de celle que nous venons de former. Son premier rang parallele n'a qu'une
cellule. La grandeur *a* qu'elle renferme, eft une grandeur abfoluë comparée
feulement avec elle même. Cette cellule peut exprimer cet Axiome; que chaque grandeur eft égale à elle-même.

Cette grandeur *a* égalée avec une autre comme *z*, en telle forte que
z—*a*=o, donnera une égalité fimple, dont les deux parties *z* & *a* rempli-
ront les deux cellules du fecond rang parallele. Ainfi le fecond rang eft l'expreffion des égalitez fimples; que chaque grandeur moins elle même eft égale
à zero. Et chacune de fes deux cellules aura autant de parties que la cellule
unique du premier rang parallele, où eft *a*.

De même le troifiéme rang parallele renfermera dans fes trois cellules les
trois termes de l'égalité de deux degrez, & fervira d'expreffion pour l'Axiome
de ces égalitez. Sa premiere cellule n'enferme qu'un produit 1*zz*. La feconde
—*az*—*bz* en enfermera autant que la premiere & feconde cellule du fecond
rang parallele *z*—*a*. Car *z* par —*b* de la fimple *z*—*b*=o, & *z* de la même
égalité *z*—*b*=o par —*a* de la premiere *z*—*a*=o, donnent autant de produits pour la feconde cellule du troifiéme rang parallele que la premiere & feconde du fecond rang en renferment. Et pour la derniere cellule, elle aura un
produit feul des racines *a* & *b*

De même le quatriéme rang parallele fervira d'expreffion pour l'Axiome des
égalitez du troifiéme degré. Et ainfi des autres. Et chaque cellule d'un rang
renfermera autant de produits qu'il y en a dans la même cellule & dans la precedente du rang qui le precede immediatement. Par exemple la quatriéme
cellule du fixiéme rang parallele renfermera 10 produits, c'eft à dire autant que la quatriéme cellule du cinquiéme rang laquelle en renferme 4, plus
la troifiéme de ce même rang qui en renferme 6. Ces dix produits font
—*abd*—*acd*—*bcd*—*abc*—*abe*—*ace*—*ade*—*bce*—*bde*—*cde* multipliez chacun par *zz*.

Nous avons feulement décrit la premiere table jufqu'au cinquiéme degré.
Si l'on vouloit la continuer, il ne faudroit que multiplier toûjours la derniere égalité par une autre fimple. Ce qui donneroit des égalitez de plus en

plus compofées, qui feroient des expreffions les plus abregées qu'il eft poffible des Axiomes ou principes naturels & generaux des égalitez entierement
réelles qui auroient un pareil nombre de degrez.

XXXVIII.   Dans chacun de ces rangs la premiere cellule doit n'enfermer aucune grandeur connuë.

XXXIX.   Mais la feconde enferme toûjours une fomme connuë de toutes les racines
de ce rang.

XL.   La troifiéme renferme une fomme connuë des plans de toutes les racines alternativement multipliées deux à deux.

XLI.   La quatriéme une fomme connuë des folides de toutes les racines alternativement multipliées trois à trois.

La cinquiéme une fomme connuë des furfolides de toutes les racines alternativement multipliées quatre à quatre, &c.

COROLLAIRE.

XLII.
*Voyez la fe-
conde Table
de la feconde
Planche.*
   Or il eft clair que fi pour abbreger, nous fuppofons tous les produits égaux,
quoyqu'il les faille concevoir comme pouvant eftre inégaux, la table des égalitez poura fe continuer facilement, car l'unité eftant pofée dans la cellule
unique du premier rang parallele, tous les nombres de chaque cellule font
determinez dans la table infiniment continuée. Car le nombre de cette premiere cellule donne celuy de chacune des deux du fecond rang parallele. Et
celles-ci déterminent les nombres de chaque cellule du troifiéme rang. Le
troifiéme rang ceux du quatriéme. Et le quatriéme ceux du cinquiéme. Et
ainfi des autres.

Monfieur Pafchal a examiné plufieurs proprietez des nombres que renferment ces cellules, dans fon Traité du Triangle Arithmetique.

XLIII.   Nous appellerons avec luy *nombres du premier ordre* les fimples unitez,
comme 1, 1, 1, 1, &c.

XLIV.   Nous appellerons *nombres du fecond ordre* les naturels, ou ceux qui fe forment par l'addition des unitez, en telle forte que fi la premiere unité fait le
premier de ces nombres, la premiere & feconde en feront le fecond, la premiere feconde & troifiéme en feront le troifiéme, de forte que ces nombres
feront 1, 2, 3, 4, 5, &c.

XLV.   Nous appellerons *nombres du troifiéme ordre* ceux qui fe forment par une
femblable addition des naturels, & qu'on appelle ordinairement *triangulaires*, comme 1, 3, 6, 10, 15, &c.

XLVI.   De même *les nombres du quatriéme ordre* feront ceux qui fe forment par
une addition femblable des triangulaires. On les appelle auffi *nombres pyramidaux*, comme 1, 4, 10, 20, &c.

XLVII.   Pareillement *les nombres du cinquiéme ordre* font ceux qui font formez par
une addition femblable des precedens, comme 1, 5, 15, 35, &c.

Il en eft ainfi pour les ordres fuivans.

PREMIER THEOREME.

XLVIII.   En tout rang parallele le degré de l'inconnuë dans chaque cellule égale le degé de la grandeur connuë dans fa reciproque. Car generalement autant que l'inconnuë diminuë fes degrez de gauche à droite autant la grandeur connuë augmente le fien, puifque chaque terme d'une même egalité à même degré. Et ainfi ce qui manque au degré de l'un doit toûjours eftre remplacé par le degré de l'autre.

Second Theoreme.

En tout rang parallele, lorfque deux cellules confecutives en font l'une du rang parallele qui fuit, cette cellule fera egale à la premiere des deux autres plus à toutes celles qui precedent cette premiere dans fon rang perpendiculaire (j'entens par egalité de cellules la feule egalité des nombres, & non pas celle des produits qu'elles renferment.)   XLIX.

Demonftration. Les deux cellules $c + g$ donnent la cellule h, & je dis que $h = c, + b + a$, qui precedent c dans fon rang perpendiculaire. Car par la fuppofition $h = c + g$, Or par la formation de la table $g = b + f$, & $f = a$. Donc $h = c + b + a$. Ce qu'il falloit démontrer.

Troisie'me Theoreme.

En tout rang parallele, lorfque deux cellules confecutives en font l'une du rang parallele qui fuit, cette cellule fera egale à la derniere des deux, plus à toutes celles qui precedent cette derniere dans fon rang diagonal.   L.

Demonftration. Les deux cellules $g + l$ donnent la cellule m, & je dis que $m = l, + f + a$, qui precedent l dans fon rang perpendiculaire. Car par la fuppofition $m = g + l$. Or par la formation de la table, $g = b + f$, & $f = a$. Donc $m = l + f + a$. Ce qu'il falloit démontrer.

Quatrie'me Theoreme.

En tout rang parallele chaque cellule eft égale à fa reciproque.   LI.

Soit prife au rang parallele 12^3 &c. fa feconde cellule h, je dis que $h = m$. Car par la fuppofition $h = g + c$. Et $m = g + l$. Or $c = l$. Donc $g + c = g + l$. Or $h = g + c$, & $m = g + l$. Donc $h = m$. Ce qu'il falloit démontrer.

Premier Corollaire.

Or chaque cellule eftant égale à fa reciproque, il eft vifible que tous les rangs perpendiculaires font égaux à tous les rangs diagonaux, chacun à chacun & dans le même ordre, c'eft à dire que le premier perpendiculaire eft égal au premier diagonal, le fecond perpendiculaire au fecond diagonal, &c. puifque leurs cellules font reciproques.   LII.

Second Corollaire.

Et il eft clair par ce Corollaire & par la formation de la table que le premier rang perpendiculaire, & le premier diagonal enferment dans leurs cellules les nombres du premier ordre.   LIII.

Que le fecond perpendiculaire & le fecond diagonal enferment dans leurs cellules les nombres naturels, ou du fecond ordre.   LIV.

De même le troifiéme perpendiculaire & le troifiéme diagonal enferment   LV.

dans leurs cellules les nombres triangulaires , ou du troisiéme ordre. Et ainsi des autres.

TROISIÉME COROLLAIRE.

LVI.　Cette même formation de la table peut servir en passant à expliquer le moyen de determiner en combien de manieres differentes on peut prendre de plusieurs choses par un nombre determiné, comme de deux à deux, de trois à trois, de quatre à quatre &c Ce qui a rapport aux combinaisons , puis qu'elles se font de la même maniere que les multiplications alternatives dont nous venons de parler. Voici quel est l'usage de la table pour ces sortes de combinaisons.

Lorsque de plusieurs choses proposées il sera permis d'en choisir par un nombre determiné. La table estant continuée autant qu'il sera necessaire , il faut dans son rang parallele qui a même degré que le nombre des choses proposées , prendre la cellule où l'inconnuë a un même degré que le nombre determiné par lequel se doit faire le choix de ces choses , le nombre écrit dans cette cellule sera celuy qu'on cherche.

Si par exemple on commandoit à un peintre de faire un tableau où il faudroit seulement employer 8 couleurs , & que ce peintre en eust 10, pour sçavoir en combien de manieres differentes il peut choisir 8 couleurs entre ses 10, l'on prendra le rang parallele z''' qui a 10 degrez , c'est à dire autant que le Peintre a de couleurs en tout, en suite l'on prendra dans ce rang la cellule ou z a 8 degrez c'est à dire autant que l'on veut choisir de couleurs Le nombre 45 renfermé dans cette cellule est le nombre qu'on cherche. Si les couleurs sont le blanc a, le noir b, le jaune c, le rouge d, l'incarnat e, le verd f, le bleu g, le violet h, le gris i, & le brun l les choix seront les 45 qui suivent.

1. abcdefgh	16. abcefghi	31. acdefgil
2. abcdefgi	17. abcefghl	32. acdefhil
3. abcdefgl	18. abcefgil	33. acdeghil
4. abcdefhi	19. abcefhil	34. acdfghil
5. abcdefhl	20. abceghil	35. acefghil
6. abcdefil	21. abcfghil	36. adefghil
7. abcdeghi	22. abdefghi	37. bcdefghi
8. abcdeghl	23. abdefghl	38. bcdefghl
9. abcdegil	24. abdefgil	39. bcdefgil
10. abcdehil	25. abdefhil	40. bcdefhil
11. abcdfghi	26. abdeghil	41. bcdeghil
12. abcdfghl	27. abdfghil	42. bcdfghil
13. abcdfgil	28. abefghil	43. bcefghil
14. abcdfhil	29. acdefghi	44. bdefghil
15. abcdghil	30. acdefghl	45. cdefghil

LVII.　Lorsque la somme connuë dans un terme est égale à zero , ce terme manque dans l'égalité. Si cette somme égale à zero est la somme des racines, le second terme manquera. Si c'est la somme des plans de toutes les racines alternativement multipliées deux à deux, le troisiéme terme manquera. Si cette somme est celle de tous leurs surfolides alternatifs, le quatriéme manquera, &c. Car cette somme égale à zero, multipliant le premier diminué de quelques-uns de ses degrez, donnera un produit égal à zero.

On appelle ces termes égaux à zero *des termes évanoüis*.

LVIII.

Et dans une équation donnée on reconnoist que l'un de ses termes est évanoüy, lorsque l'inconnuë a deux degrez moins dans un terme que dans celuy qui le precede.

Si cette inconnuë a moins de trois degrez, deux termes seront évanoüis; si elle en a moins de quatre, trois termes seront évanoüis, &c. Car d'un terme à un autre l'inconnuë ne doit jamais diminuer que l'un de ses degrez.

La place de chaque terme qui manque dans une égalité, est ordinairement remplie par une petite étoile, comme $x^* - px + q = 0$, où le second terme manque.

Nous considererons ordinairement dans la suite le premier terme de chaque égalité avec le signe $+$, & s'il avoit $-$, il faudroit luy donner $+$, & changer en même temps tous les autres signes qui seroient dans l'égalité. Ce qui ne change en rien sa nature; car c'est par exemple une même chose de dire $-x + 4$, ou bien $+x - 4 = 0$. Si toutefois il y avoit quelque fraction dans l'égalité, il ne faudroit pas changer les signes qui sont au second terme de la fraction. Si par exemple j'avois $-x \dfrac{+a-b}{+c-d} = 0$, je n'écrirois pas $+x \dfrac{-a+b}{-c+d} = 0$, mais j'écrirois $+x \dfrac{-a+b}{+c-d} = 0$.

LIX.

La consideration du second terme est d'un grand usage pour la suite. C'est pour cela qu'il faut bien examiner tout ce qui peut luy arriver en toute sorte d'égalitez réelles. On a veu dans les égalitez simples que les vrayes racines ont $-$, & que les fausses ont $+$. Or dans le second terme d'une égalité composée, ces racines avec leur signe multiplient le premier terme diminué d'un degré, qui a toûjours $+$. Donc les vrayes racines qui ont $-$, multipliant ce terme qui a $+$, le produit donnera $-$, & au contraire les fausses qui ont $+$, multipliant ce premier terme qui a aussi $+$, le produit donnera $+$. Et comme ce second terme contient toûjours une somme connuë de toutes les racines tant vrayes que fausses; voicy ce qui luy arrivera en toutes sortes d'égalitez selon la difference des racines.

1°. Si toutes ces racines sont vrayes, leur somme aura le signe $-$, & aucune n'en sera retranchée par un signe contraire.

2°. Si elles sont toutes fausses, leur somme aura $+$, & aucune n'en sera retranchée par un signe contraire.

3°. Si les unes sont vrayes, & les autres fausses, il y aura trois cas.

Le premier, si toutes les vrayes sont égales à toutes les fausses, leur somme sera égale à zero, ce qui rendra le second terme évanoüy.

Le second est que si toutes les vrayes sont plus grandes que toutes les fausses, leur somme aura $-$.

Et le troisiéme est que si toutes les fausses sont plus grandes que toutes les vrayes, leur somme aura $+$.

Nous pouvons encore examiner les changemens des signes qui arrivent dans les termes d'une égalité par la voye de la composition. Si par exemple, l'on prend les quatre égalitez simples $x-2=0$, $x-3=0$, $x-4=0$, & $x+5=0$; leur produit sera $x^4-4x^3-19xx+106x-120=0$, où trois racines sont vrayes & une fausse. L'on voit dans cet exemple que la disposition des signes est telle qu'il y a autant de racines vrayes, que les signes $+$ & $-$ sont changez alternativement dans les termes de l'égalité, & autant de fausses qu'il se trouve de fois deux mêmes signes qui s'entre-suivent. Car $+x^4$ & $-4x^3$ changent alternativement de signe; $-4x^3$ & $-19xx$ qui s'entre-suivent, ont un même signe; $-19xx$ & $+106x$ changent alternativement de signe, & $+106x$ & -120 changent aussi alternativement. Ce qui fait trois changemens pour les trois racines vrayes, & les deux mêmes signes qui ne changent point, marquent la racine fausse.

Mais l'on suppose au contraire que toutes les racines qui estoient vrayes sont de fausses racines, & que la fausse en est une vraye. Les quatre simples égalitez seront donc $x+2=0$, $x+3=0$, $x+4=0$, & $x-5=0$; & leur produit sera $x^4+4x^3-19xx-106x-120=0$, dont trois racines sont fausses & l'une vraye. Cette égalité est fort peu differente de la premiere; la seule difference est que le second terme $4x^3$ & le quatriéme $106x$, ont differens signes dans ces deux égalitez. Mais cette difference même des signes marque dans l'une & dans l'autre qu'il y a autant de vrayes racines que $+$ & $-$ sont alternativement changez, & autant de fausses qu'il s'y trouve de fois deux mêmes signes $+$ ou $-$ qui s'entre-suivent. Car x qui a toûjours $+$, & chaque vraye racine toûjours $-$, multipliant alternativement une troisiéme grandeur, distribuent aux termes de l'égalité composée un changement alternatif des signes $+$ & $-$. Mais au contraire, x & les fausses racines qui ont toûjours $+$, multipliant alternativement une troisiéme grandeur, elles distribuent alors deux fois de suite aux termes de l'égalité composée, un même signe $+$, si la troisiéme grandeur a $+$, ou le même signe $-$, si cette grandeur a $-$.

LX.   Ainsi donc pour faire en toute égalité que chaque racine vraye devienne fausse, & que chaque fausse devienne vraye; il faut changer seulement tous les signes $+$ ou $-$ qui sont au second, au quatriéme, au sixiéme, au huitiéme, & aux autres termes dont le rang est exprimé par des nombres pairs; mais il ne faut rien changer au premier, troisiéme, cinquiéme, septiéme, & aux autres termes d'un rang dont le nombre est impair. Comme si au lieu de $+x^4-4x^3-19xx+106x-120=0$, l'on écrit cette autre égalité $+x^4+4x^3-19xx-106x-120=0$; les 3 racines qui estoient vrayes dans la premiere, seront fausses dans la seconde; & celle qui estoit fausse dans la premiere sera vraye dans la seconde.

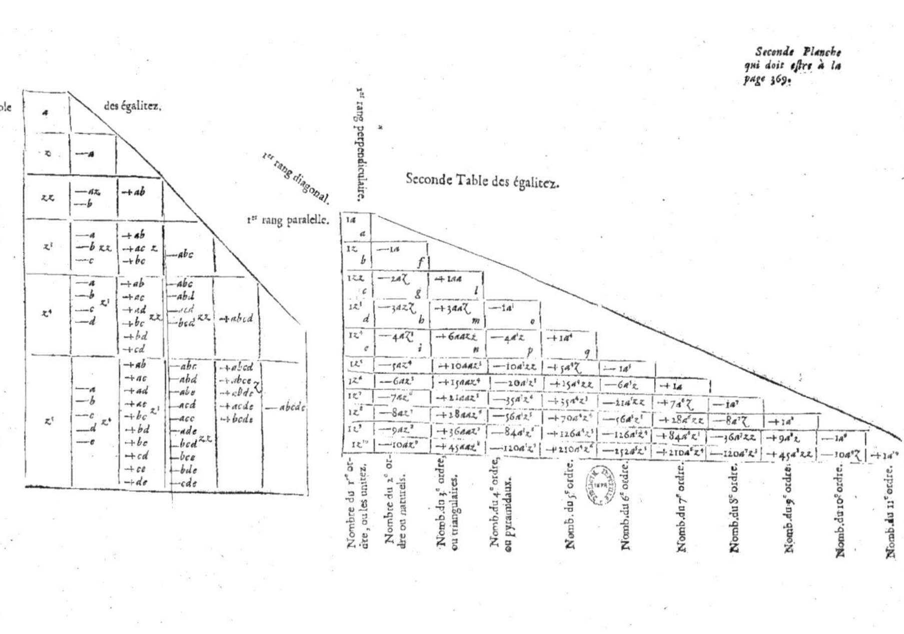
Premiere Table   des égalitez.
1er rang diagonal.
1er rang paralelle.
1er rang perpendiculaire.
Seconde Planche qui doit estre à la page 369.
Seconde Table des égalitez.
Nombre du 1er ordre, ou les unitez.
Nombre du 2e ordre ou naturels.
Nomb. du 3e ordre, ou triangulaires.
Nomb. du 4e ordre, ou pyramidaux.
Nomb. du 5e ordre.
Nomb. du 6e ordre.
Nomb. du 7e ordre.
Nomb. du 8e ordre.
Nomb. du 9e ordre.
Nomb. du 10e ordre.
Nomb. du 11e ordre.

DE LA RESOLUTION DES EGALITEZ
EN GENERAL.

Pour reconnoître si une grandeur donnée est racine d'une egalité, LXI. cette egalité sera divisée par une simple de l'inconnuë moins ou plus cette grandeur donnée, moins, si la grandeur est supposée vraye, & plus, si elle est supposée fausse. Si la division se peut faire exactement, cette grandeur sera racine de l'egalité ; mais si la division ne peut se faire exactement, cette grandeur n'en sera pas une racine.

Par exemple l'on reconnoîtra que 16 est racine de l'egalité $y^6 - 8y^4 - 124yy - 64 = 0$, parcequ'elle peut estre exactement divisée par $yy - 16 = 0$, l'exposant de la division est $y^4 + 8yy + 4 = 0$.

Mais si la grandeur donnée n'est pas racine de l'egalité, la division laisse LXII. necessairement un reste Si ce reste est positif, l'egalité a quelque racine plus petite que la grandeur donnée ; mais si le reste est negatif, elle a quelque racine au dessus de la même grandeur, pourveu que la grandeur donnée soit positive.

Par exemple, si au lieu de prendre $yy - 16 = 0$, pour diviseur de l'egalité $y^6 - 8y^3 - 124yy - 64 = 0$, l'on eust pris $yy - 17 = 0$, la division auroit laissé le reste positif $+429$. Ce qui marque non seulement que 17 n'est pas racine de l'egalité, mais encore que cette egalité a quelque racine au dessous de 17.

Et si l'on eust pris pour diviseur de la même egalité la simple $yy - 15 = 0$, la division auroit laissé le reste negatif -459. Ce qui marque non seulement que 15 n'est pas racine de l'egalité, mais encore que cette egalité a quelque racine au dessus de 15. Ainsi l'on reconnoist que l'egalité proposée a quelque racine comme 16 qui se trouve entre 17 & 15.

Lorsque l'egalité proposée est literale, c'est à dire lorsque ses grandeurs LXIII. connuës sont exprimées par lettres, si l'on propose une des lettres qu'elle renferme, & qu'on veuille sçavoir si elle en est racine ou non, il suffit de la substituer par tout au lieu de l'inconnuë ; car si tous les termes se détruisent mutuellement par des signes contraires, cette grandeur sera racine de l'egalité, sinon elle n'en sera pas une racine. Cela suit des principes generaux des egalitez composées.

Les racines d'une egalité réelle sont toûjours necessairement ou toutes LXIV. egales entr'elles, & alors il n'y en a qu'une ; ou quelques-unes egales & les autres inegales ; ou enfin elles sont toutes inegales.

REGLES
Pour resoudre les egalitez dont toutes les racines sont egales.

La grandeur connuë du second terme divisée par le nombre des dimen- LXV. sions du premier, donnera toûjours cette racine. Car par la supposition toutes ces racines sont egales, & leur nombre est egal au nombre des dimen-

A A a

fions du premier terme. Or le fecond terme eft la fomme de toutes ces racines. Divifant donc ce terme par le nombre des dimenfions du premier, l'on aura chaque racine.

La même racine fe trouvera auffi en faifant une egalité du premier & du dernier terme, car les racines de cette egalité feront celles de l'egalité propofée.

Soit pour exemple de l'une & l'autre regle, l'egalité $x^3 - 6xx + 12x - 8 = 0$. Par la premiere regle, 6, grandeur connûe du fecond terme, divifée par 3 nombre des dimenfions du premier, donne pour expofant 2, qui eft auffi la racine de l'egalité.

Et par la feconde regle, l'on prendra $x^3 - 8 = 0$. Donc $x^3 = 8$, & $x = 2$. La racine de l'egalité eft donc le nombre 2. Cela fuit de ce qu'on a dit pour la refolution des puiffances. Car ces fortes d'egalitez & les puiffances ne font aucunement differentes entr'elles. Mais l'on remarquera cependant que la feconde regle a cet avantage fur la premiere, qu'elle peut fervir auffi lorfque les racines font inegales feulement par leurs fignes. Ce qu'on verra en fuppofant le premier terme + ou — le dernier égal à zero, & en fuite examinant fi + ou — la racine egalement tirée de part & d'autre, eft une racine de l'egalité à divifer. Si l'on trouve qu'elle en foit une racine, l'on verra de nouveau fi + ou — la même grandeur eft racine de l'expofant ; & cela fera reïteré autant de fois que l'egalité à divifer aura de degrez. Toutes les divifions qui pourront fe faire, marqueront autant de racines egales, abfolument, fi elles fe font avec un même figne, ou bien en quantité feulement, fi c'eft avec un different figne.

DE LA REDUCTION DES EGALITEZ
QUI ONT PLUSIEURS RACINES EGALES.

THEOREME.

LXVI. En toute egalité qui a plufieurs racines égales, fi l'on multiplie fes termes par les termes d'une progreffion arithmetique, chacun par chacun & dans un même ordre, le produit donnnera une egalité dont la valeur ne fera que zero, & qui confervera encore l'une des racines egales.

Soit prife une egalité telle qu'on voudra, comme $zz - bz - dg = 0$.
$+ cz$
Et qu'elle foit multipliée par une autre comme $zz - 2az + aa = 0$; l'egalité ou produit z^4 &c. aura pareillement deux racines egales. Or fi l'on multiplie cette egalité par une progreffion arithmetique, telle qu'on voudra, comme par 0, 1, 2, 3, 4 ; ou par l'autre 4, 3, 2, 1, 0 ; les deux produits feront deux egalitez dont la valeur ne fera que zero, & chacune aura pour l'une de fes racines la grandeur a, qui eft l'une des deux egales de la propofée z^4 &c. Car fi l'on met a, au lieu de z dans chacune, tous les termes feront mutuellement détruits par des fignes contraires. Il en eft ainfi de toute autre egalité fi plufieurs de fes racines font egales.

$$z^4 - 2az^3 + aazz - aabz - aadg = 0. \quad \text{égalité proposée.}$$
$$ - bz^3 + 2abzz + aacz$$
$$ + cz^3 - 2aczz + 2adgz$$
$$ - dgzz$$

0	1	2	3	4	première progreßion arithmetique.
4	3	2	1	0	seconde progreßion arithmetique.

1er produit
$$-2az^3 + 2aazz - 3aabz - 4aadg = 0 = -2a^4 + 2a^4 - 3a^3b - 4aadg = 0$$
$$ - bz^3 + 4abzz + 3aacz \qquad\qquad - a^3b + 4a^3b + 3a^2c$$
$$ + cz^3 - 4aczz + 6adgz \qquad\qquad + a^3c - 4a^3c + 6aadg$$
$$ - 2dgzz \qquad\qquad\qquad\qquad - 2aadg$$

2^e produit
$$4z^4 - 6az^3 + 2aazz - aabz = 0 = 4a^4 - 6a^4 + 2a^4 - a^3b = 0$$
$$ - 3bz^3 + 4abzz + aacz \qquad\qquad - 3a^3b + 4a^2b + a^2c$$
$$ + 3cz^3 - 4aczz + 2adgz \qquad\qquad + 3a^3c - 4a^2c + 2aadg$$
$$ - 2dgzz \qquad\qquad\qquad\qquad - 2aadg$$

COROLLAIRE.

Lors donc que l'on sçait qu'une egalité proposée renferme deux ou plu- LXVII.
sieurs racines egales, l'on poura trouver encore d'autres egalitez differentes
de la proposée, qui auront neanmoins pour l'une de leurs racines, celle qui
est egale dans cette proposée. D'où il s'ensuit que les unes & les autres auront pour diviseur commun l'egalité simple de l'inconnuë — ou — la valeur
de la racine egale, + , si la racine est fausse, & —, si cette racine est
vraye.

Surquoy il semble à propos d'apporter ici quelques regles de Monsieur
Hudde pour trouver facilement les egalitez qui en peuvent exactement diviser 2 ou plusieurs autres, & pour reduire par ce moyen les egalitez proposées
qui ont plusieurs racines egales, à un degré plus simple que le leur, comme
aussi pour découvrir la valeur de ces mêmes racines.

REGLE.
*Pour trouver une egalité qui en puisse exactement diviser deux
autres plus composées & differentes entr'elles.*

1°. Dans la premiere des egalitez proposées, qui sera celle dont les degrez seront les mêmes ou moindres que les degrez de l'autre, l'on prendra la
valeur de son premier terme, & l'on substituera cette valeur au lieu de la
quantité inconnuë de ce même terme dans la seconde egalité, autant de fois
qu'elle s'y trouvera. Cette premiere operation donnera une troisiême egalité,
dans laquelle l'inconnuë aura moins de degrez que les deux precedentes.

2°. L'on prendra la valeur de toute la quantité inconnuë au premier terme de cette troisiême egalité, & on la substituera en sa place dans la premiere
egalité, autant de fois qu'elle s'y trouvera. Ce qui donnera une quatriéme
egalité de laquelle l'inconnuë aura moins de degrez que les trois precedentes.
Et enfin l'on reïterera une semblable operation, jusques à ce qu'el vienne une
derniere egalité dans laquelle tous les termes soient mutuellement détruits par
des signes contraires. L'egalité qui aura precedé cette derniere, & qui aura

servi à faire que tous ses termes se détruisent, sera l'egalité cherchée. Cecy s'é-
claircira par l'exemple suivant.

Exemple.

Soient les deux egalitez $z^4 - 4az^3 + 11aazz - 20a^3z + 12a^4 = 0$, & $z^4 - 3az^3 + 12aazz - 16a^3z + 24a^4 = 0$, j'auray par la premiere egalité, $z^4 = 4az^3 - 11aazz + 20a^3z - 12a^4$. Substituant donc cette valeur au lieu de z^4 dans la seconde egalité, & divisant la somme par a, j'en auray une troisiéme dans laquelle je prends de nouveau la valeur de z^3, & je la substituë en sa place dans la premiere egalité, autant de fois qu'elle s'y trouve, ce qui m'en donne une quatriéme qui estant divisée par 1200, donne enfin l'egalité $zz - az + 6aa = 0$, ou bien $zz = az - 6aa$. Or substituant cette valeur dans la troisiéme egalité, j'en trouve une, dont tous les termes sont mutuellement détruits par des signes contraires. Ainsi l'egalité $zz - az + 6aa = 0$, est celle qu'on cherche. Elle divise exactement chacune des deux egalitez proposées.

$$z^4 - 3az^3 + 12aazz - 16a^3z + 24a^4 = 0. \left\{ \begin{array}{l} z^4 = 4az^3 - 11aazz + 20a^3z - 12a^4 \\ -3az^3 + 12aazz - 16a^3z + 24a^4 \end{array} \right.$$

$$\text{somme ou } 3^e \text{ egalité } az^3 + aazz + 4a^3z + 12a = 0.$$

ou la divisant par a,

$$3^e \text{ egalité } z^3 + azz + 4aaz + 12a^3 = 0.$$

$$\text{Donc } z^3 = -azz - 4aaz - 12a^3$$

$$\text{Donc } z^4 = -az^3 - 4aazz - 12a^3z$$

$$-4az^3 = -4az^3,$$

$$-5az^3 = 5aazz + 20a^3z + 60a^4$$

$$+11aazz - 20a^3z + 12a^4 = 11aazz - 20a^3z + 12a^4$$

$$\text{somme ou } 4^e \text{ egalité } 12aazz - 12a^3z + 72a^4 = 0.$$

Et la divisant par $12aa$.

$$zz - az + 6aa = 0.$$

$$\text{Donc } zz = az - 6aa, \quad \text{Donc } z^3 = azz - 6aaz$$

$$+azz = azz,$$

$$2azz = 2az^2 - 12a^3$$

$$+4aaz + 12a^3 = 4aaz + 12a^3$$

$$\text{somme } * \quad * = 0.$$

Cette regle sert aussi pour trouver le plus grand diviseur commun des grandeurs litterales. Il faut avant qu'on la suive supposer chaque grandeur comme une egalité qui ne vaut que zero, & considerer selon l'ordre des egalitez une même lettre comme l'inconnuë de chacune. Par ce moyen l'on peut facilement reduire les fractions litterales à leurs exposants.

Regle.

LXVIII   *Pour trouver les racines égales que renferme une égalité proposée.*

L'on multipe les termes de cette egalité par les termes d'une progression arithmetique, chacun par chacun & dans un même ordre. Le produit donne une egalité nouvelle differente de la proposée, mais qui renferme neanmoins la racine égale. C'est pourquoy l'on cherchera le diviseur commun a toutes deux selon la regle precedente. Et l'on trouvera enfin ce qu'on cherche.

Exemple.

Pour trouver les deux racines égales dans $x^3 - 4xx + 5x - 2 = 0$. je la multiplie par une progreſſion arithmetique, dont la difference ne ſoit que l'unité, pour rendre l'operation plus facile, & je mets o pour l'un des termes de la progreſſion. Par exemple je choiſis la progreſſion $+1.0.-1.-2.$ ce qui fait évanoüir le ſecond terme,

égalité propoſée $x^3 - 4xx + 5x - 2 = 0.$
progreſſion arith. $+1.\quad 0\quad -1.-2.$

Et il vient $x^3 \quad * \quad -5x + 4 = 0.$ Donc $x^3 = 5x - 4.$ Mettant donc au lieu de x^3 ſa valeur $5x - 4$ dans la propoſée, l'on aura $-4xx + 10x - 6 = 0.$ Donc $xx = \frac{5}{2}x - \frac{3}{2}$. Ainſi ſubſtituant cette valeur de xx dans l'egalité $x^3 * -5x + 4 = 0$, l'on aura l'egalité $\frac{5}{2}xx - \frac{3}{2}x, -5x + 4 = 0.$ Ou bien remettant encore $\frac{5}{2}x - \frac{3}{2}$ au lieu de xx qui s'y trouve encore, cette egalité ſera $-\frac{1}{4}x + \frac{1}{4} = 0.$ Donc $-x + 1 = 0.$ Et $x = 1.$ Si l'on met donc dans l'egalité propoſée, 1 au lieu de x, l'on aura $1 - 4 + 5 - 2 = 0.$ Ainſi la racine egale eſt 1. Et l'egalité propoſée peut eſtre diviſée par $xx - 2x + 1 = 0$, quarré de la ſimple $x - 1 = 0.$ Et l'expoſant $x - 2 = 0$, fait voir que 2 eſt l'autre racine qui reſte.

Si l'on euſt pris une autre progreſſion comme $+2 + 1.0.-1$, pour faire évanoüir le troiſiéme terme

$$x^3 - 4xx + 5x - 2 = 0.$$
$$+2.\quad +1.\quad 0.\quad -1.$$
$$\overline{2x^3 - 4xx \quad * \quad -2 = 0.}$$

l'on auroit eu pour l'egalité trouvée & l'on auroit trouvé que la ſimple $x - 1 = 0$ eſt le plus grand diviſeur commun de cette egalité & de la propoſée.

Il eſt à propos de choiſir non ſeulement les progreſſions les plus ſimples, mais auſſi de les diſpoſer de telle ſorte que zero ſoit ſous les termes qui doivent le plutoſt eſtre evanoüis. L'on peut auſſi au lieu de chercher le plus grand diviſeur commun de la propoſée & d'une premiere egalité qu'on a trouvée, prendre celuy de cette egalité & d'une autre trouvée en même ſorte, ſelon qu'on le jugera plus facile. Ainſi dans l'exemple propoſé, l'on auroit pû chercher le plus grand diviſeur commun, des deux egalitez trouvées $x^3 * -5x + 4 = 0$, & $2x^3 - 4xx * -2 = 0.$ Ce qui auroit donné la même egalité ſimple $x - 1 = 0$, que nous avons trouvée.

Si l'on ſçavoit qu'une egalité propoſée euſt plus de deux racines egales, avant que de chercher le plus grand diviſeur commun, il ſeroit à propos pour abbreger, ſi l'egalité avoit 3 racines egales, de la multiplier par une progreſſion arithmetique. Et ſi l'egalité avoit 4 racines egales, on feroit trois ſemblables multiplications; ſi elle en avoit cinq, l'on en feroit 4. Et ainſi des autres.

LXIX.

Si par exemple l'egalité estoit celle-cy $\quad x^4 \ast \quad -6xx+8x-3=0$; qui a trois de ses racines egales, on la pouroit multiplier par la progression arith. $\quad$ 0. 1. $\quad$ 2. $\quad$ 3. $\quad$ 4.

Ce qui donne l'egalité $\ast \ast \quad -12xx+24x-12=0$. qui estant de nouveau multipliée par la progr. $\quad$ 0. $\quad$ 1. $\quad$ 2

l'on a l'egalité $\quad \ast \quad +24x-24=0$.

Donc $x-1=0$. Et $x=1$.

Divisant donc la proposée par $x^3-3xx+3x-1$, l'exposant sera l'egalité $x+3=0$. Et ainsi les 4 racines seront 1, 1, 1, & -3. Il en est ainsi de tous les cas semblables.

COROLLAIRE.

LXX. Monsieur Hudde rapporte encore à cette methode la determination des tangentes dont parle Monsieur Descartes dans sa geometrie. Car il y a des rencontres dans la Dioptrique où le calcul donne aux Geometres une egalité dans laquelle ils considerent quelque grandeur connuë comme l'inconnuë de l'egalité, au lieu qu'ils en considerent d'autres comme connuës qui neanmoins ne le sont pas. Et il faut que l'egalité decouverte soit telle, que deux de ses racines soient egales.

Or l'egalité estant ainsi determinée, l'on retranche le terme qui empéche le plus que l'on ne connoisse celle des grandeurs que l'on se propose à découvrir. Ce qui se fait en disposant la progression arithmetique en telle sorte que son terme zero se trouve sous celuy qu'il est à propos de faire evanoüir. Apres quoy, le reste se fait selon les regles des reductions accoûtumées.

Premier Exemple.

Le premier exemple qu'ils apportent est l'egalité $yy+\dfrac{qr-2qv}{q-r}y+\dfrac{qvv-qff}{q-r}=0$. Ses deux racines doivent estre egales, la grandeur y est toute connuë; mais l'une des grandeurs v & f est inconnuë. Si l'on suppose que ce soit v que l'on ne connoisse point, l'on prendra la progression arithmetique 2. 1. 0, afin que zero se trouvant sous le terme où v a plus de dimensions, ce terme puisse estre évanoüy.

Multipliant donc les termes de l'egalité $\quad yy+\dfrac{qr-2qv}{q-r}y+\dfrac{qvv-qff}{q-r}=0$;

par ceux de la progression $\quad$ 2. $\quad$ 1. $\quad$ 0.

l'on aura l'egalité $\quad 2y+\dfrac{qr-2qv}{q-r}=0$;

qui estant multipliée par $q-r$, donne $\quad 2qy-2ry+qr=2qv$.

Et divisant le tout par $2q$, $\quad y-\dfrac{ry}{q}+\dfrac{1}{2}r=v$.

L'autre exemple est celuy-cy, où il faut trouver la valeur de v.

$$y^6-2by^5-2cdy^4+4bcdy^3-2bbcdyy-2bccddy+bbccdd=0.$$
$$+bb-2ddv+ccdd$$
$$+dd-ddff$$
$$+ddvv$$

Mult. par 4. 3. 2. 1. 0. —1. —2.

$$\begin{array}{lllllll} \textit{Prod.} & 4y^6 - 6by^5 & -4cdy & +4bcdy^3 & * & +2bccddy - 2bbccdd = 0, \\ & & +2bb & -2ddv & & \\ & & +2dd & & & \end{array}$$

Et divisant tout par $2ddy^3$, & rejettant v dans l'autre membre, l'on trouve enfin

$$\frac{2y^3}{dd} - \frac{3byy}{dd} \begin{array}{l} -\frac{2cy}{d} \\ +\frac{bby}{dd} \\ +y \end{array} + \frac{2bc}{d} + \frac{bcc}{yy} - \frac{bbcc}{y^3} = v.$$

Il en eſt ainſi des autres. Si la grandeur $ſ$ eſtoit inconnuë, & la grandeur v connuë, l'on feroit evanoüir tel terme qu'on voudroit autre que celuy où $ſſ$ eſt renfermé, parce que $ſſ$ ne ſe trouve qu'une fois & qu'au ſecond degré. Et ſi les grandeurs v & $ſ$ eſtoient toutes deux inconnuës, & qu'on vouluſt determiner l'une ou l'autre, le probleme ſeroit indeterminé, l'on pouroit prendre telle grandeur que l'on voudroit pour l'une des deux. Apres quoy l'on pouroit determiner l'autre par les regles precedentes.

DE LA REDUCTION

DES AUTRES EGALITEZ.

Toutes les egalitez ſont numeriques ou litterales, lorſqu'elles ſont numeriques, il eſt à propos avant que d'en chercher les racines de delivrer leurs termes des nombres incommenſurables qui s'y trouvent. Ce qui poura ſe faire en cette ſorte.

REGLE

Pour delivrer les egalitez des grandeurs incommenſurables qu'elles renferment.

Si les grandeurs ſont renfermées ſous le ſigne radical $\sqrt{}$, 1°. L'on rend une ſeule de ces grandeurs membre de l'egalité, & l'on multiplie quarrément chaque membre; ce qui en donne une autre plus composée, où cette grandeur eſt devenuë commenſurable. LXXI.

2°. Rendant l'une des autres grandeurs incommenſurables membre de cette ſeconde egalité, l'on multipliera quarrément chaque membre; ce qui donnera une troiſiéme egalité encore plus composée que la ſeconde, où la grandeur incommenſurable ſera pareillement devenuë commenſurable. Il faudra faire une ſemblable operation pour chacune des autres grandeurs incommenſurables. Ce qui donnera enfin une egalité, où toutes les grandeurs ſeront commenſurables.

Exemple.

Soit l'egalité propoſée $x^3 * - x\sqrt{a} + \sqrt{b} = 0$, qui contient les deux grandeurs incommenſurables $\sqrt{a}$ & $\sqrt{b}$. Pour la commodité de l'operation, faiſant $\sqrt{a} = p$ & $\sqrt{b} = q$ au lieu de $x^3 * - x\sqrt{a} + \sqrt{b} = 0$, l'on peut écrire $x^3 * - px + q = 0$. Aprés quoy, 1°. faiſant la grandeur incommenfurable p, l'un des membres de l'egalité, l'on aura $p = \frac{x^3 + q}{x}$, quarrant chacun de ces deux membres, & multipliant le tout par xx, l'on aura $ppxx = x^6 + 2qx^3 + qq$. 2°. Faisant la grandeur incommensurable, membre de cette egalité, l'on aura $-q = \frac{x^6 - ppxx + qq}{2x^3}$, & quarrant chacun de ces 2 membres, & multipliât le tout par $4x^6$, & en suite disposât par ordre les termes de l'egalité, l'on aura $x^{12} * - 2ppx^8 - 2qqx^6 + ppx^4 - 2ppqqxx + q^4 = 0$, qui est une egalité du douziéme degré, mais qui passe seulement pour une du sixiéme, à cause que les degrez de l'inconnuë ont par tout nombre pair.

Que si l'egalité proposée eust renfermé trois grandeurs incommensurables de même espece, c'est à dire qui fussent chacune sous le signe radical $\sqrt{}$, la derniere egalité à qui l'operation auroit conduit seroit de 24 degrez, mais elle ne passeroit que pour 12.

LXXII.   Mais si les grandeurs incommensurables sont renfermées sous le signe radical $\sqrt{C}$. 1°. Rendant l'une de ses grandeurs membre de l'egalité, & multipliant cubiquement de part & d'autre, cette premiere grandeur sera delivrée de son signe, & les autres auront un, ou deux, ou trois degrez, & en ce qu'elles en auront trois, elles seront commensurables. De sorte que l'on poura faire une egalité nouvelle, où l'une de ces grandeurs n'aura plus qu'un ou deux degrez & multipliant chaque membre de cette egalité nouvelle par la même grandeur incommensurable, elle aura de nouveau un ou deux, ou trois degrez ; & en ce qu'elle en aura trois, elle sera commensurable. De sorte que l'on poura encore avoir une autre egalité, où cette grandeur n'aura plus qu'un ou deux degrez, & si par le moyen de cette egalité, l'on cherche la valeur du quarré dans l'egalité precedente, l'on aura une autre egalité, où la grandeur incommensurable n'aura plus qu'un degré. C'est pourquoy faisant un membre de cette grandeur, & multipliant de part & d'autre cubiquement, l'on aura une egalité où elle sera devenuë commensurable. Et reïterant la même operation autant de fois qu'il sera necessaire, l'on arrivera enfin à une egalité où les grandeurs ne seront plus incommensurables, mais dont le degré sera beaucoup plus elevé que celuy de la proposée.

Lorsque les calculs sont trop longs, il est à propos de les abbreger, en substituant une seule grandeur au lieu de plusieurs de celles qui ne sont plus incommensurables, comme on verra dans l'exemple suivant.

Exemple.

Soit l'egalité proposée $x^3 * - px + q = 0$, dans laquelle p & q marquent chacune une grandeur incommensurable renfermée sous le signe $\sqrt{C}$. 1°. Je rends px membre de l'egalité $px = x^3 + q$. Et cubant chaque membre, j'ay pour premiere egalité $p^3x^3 = x^9 + 3qx^6 + 3qqx^3 + q^3$. 2°. Je fais des parties $3qx^6$ & $3qqx^3$, où q n'est point commensurable, un membre de l'égalité $3qx^6 + 3qqx^3 = p^3x^3 - x^9 - q^3$, & pour abreger je suppose $f = p^3x^3 - x^9 - q^3$, qui sont des grandeurs commensurables, &

j'écris

j'écris $3qx^6 + 3qqx^3 = f^3$. Multipliant donc chacun de ces membres par q, j'ay pour troisiéme egalité $3qqx^6 + 3q^3x^3 = f^3q$, & cherchant par le moyen de cette egalité la valeur de qq quarré de q, je trouve $qq = \dfrac{f^3q - 3q^3x^3}{3x^6}$. Et mettant cette valeur de qq dans la seconde egalité $3qx^6 + 3qqx^3 = f^3$, il vient $3qx^6 - q^3 + \dfrac{f^3q}{x^3} = f^3$. Et le tout estant multiplié par x^3, l'egalité sera $3qx^9 - q^3x^3 + f^3q = f^3x^3$. D'où je tire $q = \dfrac{f^3x^3 + q^3x^3}{3x^9 + f^3}$, & pour abreger je suppose $f^3x^3 + q^3x^3 = g^3$, & $3x^9 + f^3 = l^3$, & j'écris $q = \dfrac{g}{l}$. Cubant ensuite chacun de ces deux membres, j'ay $q^3 = \dfrac{g^9}{l^9}$. Aprés quoy remettant à la place de g^9 & de l^9 les grandeurs qui leur sont egales, & disposant par ordre les termes de l'egalité, l'on aura enfin une egalité du 36e degré, mais qui passera seulement pour une du 12e, à cause que l'inconnuë de chaque terme à un autre diminuë de trois degrez.

REGLE GENERALE.
Pour trouver les racines commensurables d'une egalité proposée, & qui soit sans fraction.

1°. Si l'egalité proposée est numerique, & que les grandeurs connuës de ses termes renferment quelques grandeurs incommensurables, l'on en delivrera l'egalité par la regle precedente,

2°. L'on examinera par ordre tous les diviseurs du dernier terme, & l'on verra successivement si l'inconnuë $+$ ou $-$ quelqu'un de ces diviseurs peut diviser sans reste l'egalité proposée. Ce qui donnera toûjours quelque racine de l'egalité, si elle en a de commensurable.

Premier Exemple.
Soit proposée l'egalité de trois degrez $y^6 - 8y^4 - 124yy - 64 = 0$, Pour connoistre si elle a quelque racine commensurable, l'on prend tous les diviseurs du dernier terme 64, qui sont $1, 2, 4, 8, 16, 32$ & 64. Ensuite l'on examine par ordre chacune des egalitez $yy - 1 = 0$, $yy + 1 = 0$; $yy - 2 = 0$, $yy + 2 = 0$; $yy - 4 = 0$, $yy + 4 = 0$; $yy - 8 = 0$, $yy + 8 = 0$; $yy - 16 = 0$; Or trouvant que cette derniere $yy - 16 = 0$, divise exactement la proposée, l'on connoist aussi que 16 en est une racine commensurable, & la division reduit l'egalité proposée à cette autre $y^4 + 8yy + 4 = 0$, qui n'a que deux degrez. Et parceque $yy - 16 = 0$, Donc $yy = 16$, & $y = 4$. Connoissant la valeur de la racine yy, l'on connoist aussi celle de y.

Second Exemple.
Soit proposée l'egalité $y^6 + aay^4 - a^3yy - a^6 = 0$, son dernier terme peut
$$\begin{array}{c} \ -2cc\ \ +c^4\ \ -2a^2cc \\ \ -aac^4 \end{array}$$
estre divisé sans fraction par a, aa, $aa + cc$, $a^3 + acc$, & encore par d'autres. Mais il suffit de ne considerer parmy tous ces diviseurs que ceux qui ont un nombre de dimension egal à celuy de la racine inconnuë de

l'egalité, qui eſt yy, c'eſt à dire qu'il ſuffit d'examiner les deux diviſeurs aa & $aa+cc$, parceque tous les autres ont plus ou moins de dimenſions que la racine yy. Or l'on trouve que la ſimple $yy-aa-cc=0$ diviſe exactement la propoſée. Donc $yy=aa+cc$. La grandeur $aa+cc$ ſera racine de l'egalité propoſée. Cette egalité ſe reduit par la diviſion à cette autre de deux degrez $y^4+2aayy+a^4=0$.
$$-cc \qquad +aacc$$

Si l'égalité renfermoit des fractions, nous marquerons dans la ſuite comment on peut les en délivrer, afin de ſuivre la regle generale qui vient d'eſtre expliquée.

LXXIV.   Si l'egalité eſtoit litterale, & que le diviſeur choiſi ne fuſt point exprimé par pluſieurs parties, il ſuffiroit au lieu de diviſer l'egalité propoſée de ſubſtituer le diviſeur par toute l'egalité au lieu de l'inconnüe. Car ſi tous les termes eſtoient mutuellement detruits par des ſignes contraires, il ſeroit racine de l'egalité, ſinon, il n'en ſeroit pas une racine. Dans les autres rencontres, il eſt plus court de faire la diviſion.

LXXV.   Si l'egalité eſt numerique, & que la regle n'en ait point donné de racines, c'eſt une marque qu'elle n'en a aucune de commenſurable. Et alors il peut arriver que la diviſion ſe faſſe par une egalité du quarré ou du cube de l'inconnüe $+$ ou $-$ quelque diviſeur du dernier terme.

Par exemple l'egalité $x^4-3x^3+2xx+3x-2=0$, n'a point de racines commenſurables. Son dernier terme peut eſtre diviſé par 1 & par 2. Et ſi l'on prend $xx-1=0$, l'on trouve que la diviſion ſe fait ſans reſte, l'expoſant eſt $xx-3x+2=0$. De ſorte qu'au lieu de l'egalité propoſée qui eſt du quatriéme degré, l'on en a deux autres de deux degrez chacune & dont les racines ſont les mêmes que celles de la propoſée.

Voici quelques regles qui pouront ſervir non ſeulement pour abbreger les operations de la regle generale qui precede, mais qui ſervent auſſi dans pluſieurs rencontres, où celle-là ne peut rien faire connoiſtre.

PREMIERE REGLE.

LXXVI.   L'on fera une egalité de quelques produits des deux derniers termes, qui auront un diviſeur commun, ſans en changer les ſignes. Et l'on examinera ſi la valeur de l'inconnüe trouvée par cette egalité eſt racine de la propoſée.

Premier Exemple.

Pour trouver quelque racine dans $x^3-2axx+aax-abb=0$, je fais une
$$\qquad\qquad -b \qquad +ab \quad -b^3$$
$$\qquad\qquad\qquad\qquad +bb$$
egalité des produits bbx, abb, & b^3, qui ont un même diviſeur bb, en écrivant $bbx-abb-b^3=0$. Et diviſant le tout par bb, $x-a-b=0$. Cette egalité peut diviſer exactement la propoſée. D'où je connoi que $a+b$ en eſt une racine. L'expoſant de la diviſion eſt l'egalité $xx-ax+bb=0$.

Second Exemple.

Pour trouver quelque racine dans $x^3 - 3cxx + abx - 2aab = 0$, je sup-
$$-2a \quad +6ac + 3abb$$
$$+3b \quad -9bc$$
pose $abx - 2aab + 3abb = 0$, & divisant le tout par ab, je trouve
$x - 2a + 3b = 0$, qui divise exactement la proposée. Ainsi $2a - 3b$ en
est la racine, l'exposant de la division donne l'egalité de deux degrez
$xx - 3cx + ab = 0$.

Troisième Exemple.

Pour trouver quelque racine dans $x^3 - 2bxx + 60aax - 120a^3 = 0$, je
$$-2a \quad +70ab \quad -132abb$$
vois que supposant $70abx - 132abb = 0$, je ne puis avoir la valeur de x sans
fraction, parceque $70ab$ ne peut exactement diviser $132abb$, c'est pourquoy je suppose $60aax - 120a^3 = 0$, & divisant tout par $60aa$, je trouve
$x - 2a = 0$, qui peut diviser sans reste la proposée, & ainsi $2a$ en est
une racine. L'egalité se reduit par la division à celle de deux degrez
$xx - 2bx + 60aa = 0$.
$$+66ab$$

Quatrième Exemple.

Pour trouver quelque racine dans $x^4 - 2ax^3 + aaxx + a^3x - a^4 = 0$ je sup-
$$+b \quad -ab \quad +a^3b$$
pose $a^3x - a^4 + a^3b = 0$. Donc $x - a + b = 0$, qui peut diviser exactement
la proposée. Ainsi $a - b$ en est une racine. Et l'egalité se reduit par la division à $x^3 - axx* + a^3 = 0$.

Cinquième Exemple.

Pour chercher quelque racine dans cette autre egalité
$$x^3 - xx\sqrt{xx+aa} + 2cx\sqrt{xx+aa} - a\sqrt{xx+aa}\sqrt{3cc+aa} = 0$$, je suppose
$$-2cxx \qquad +ax\sqrt{xx+aa} + 3aa\sqrt{3cc+aa}$$
$$+2axx \qquad +ax\sqrt{3cc+aa}$$
l'egalité $ax\sqrt{3cc+aa} - a\sqrt{xx+aa}\sqrt{3cc+aa} + 3aa\sqrt{3cc+aa} = 0$, laquelle estant divisée par $a\sqrt{3cc+aa}$, donne $x - \sqrt{xx+aa} + 3a = 0$, qui peut
diviser exactement la proposée. Ainsi $\sqrt{xx+aa} - 3a$ en est une racine.

SECONDE REGLE.

Si la regle precedente n'a pu faire connoître aucune racine de l'egalité
proposée, l'on considerera quelqu'une des lettres qu'elle renferme, & l'on LXXVII.
fera une egalité nouvelle de tous les produits où cette lettre n'a qu'un degré; & reduisant cette egalité, l'on verra si elle peut exactement diviser
la proposée. Si elle la divise, elle est l'une des egalitez dont le produit a
composé la proposée; mais si elle ne la divise pas, l'on fera une egalité semblable de tous les produits où quelqu'autre lettre n'a pareillement qu'un degré, & l'on examinera si après l'avoir reduite, l'on peut par son moyen diviser
la proposée. Et si elle ne peut la diviser sans reste, l'on continuera par ordre à faire de semblables egalitez des produits où chacune des autres let-

tres n'a qu'un degré, & l'on verra fi par leur moyen la propofée peut eftre divifée fans refte.

Que fi aucune de ces operations n'a pû fervir pour la divifer, l'on recommencera par ordre à faire de nouvelles egalitez femblables aux precedentes, de tous les produits où les mêmes lettres n'auront que deux degrez. Et fi l'on ne trouve rien de plus par leur moyen que par les precedentes, l'on fera d'autres egalitez de tous les produits où les mêmes lettres ont trois degrez. Et enfuite de tous ceux où elles en ont quatre. Et ainfi des autres.

Premier Exemple.

Pour reduire l'egalité
$$x^4 \underset{+4ac}{\underset{+16aa}{\underset{+4ab}{-6ax^3}}} + \underset{-16aac}{\underset{-8aab}{4bcxx}} - \underset{+48aac}{\underset{+32a^2c}{\underset{-16a^3}{16abcx}}} + 16ab^2c = 0,$$
je fup-
pofe
$$\underset{+4ab}{-6ax^3} + 4acxx - 16abcx - 16abbc = 0,$$
où font tous les produits
dans lefquels a fe trouve renfermée. Mais parceque je ne puis rendre le premier terme de cette egalité tout inconnu, fans faire plufieurs fractions dans fes autres termes, je paffe à une autre lettre comme b. & je fuppofe
$$\underset{+4ab}{\underset{-8aab}{4bcxx}} - 16abcx + 48aabc = 0,$$
dont tous les termes ne peuvent pas
eftre divifez fans fraction par $4bc + 4ab$, qui multiplie le premier terme. C'eft pourquoy je paffe en même forte à l'autre lettre c, & je fuppofe
$$+ \underset{+4ac}{4bcxx} - \underset{-16aac}{16abcx} + \underset{+48aabc}{\underset{+32a c}{16abbc}} = 0,$$
cette egalité eftant divifée par
$4bc + 4ac$, fe reduit à
$$xx - 4ax + \underset{+8aa}{4ab} = 0,$$
qui divife exactement la pro-
pofée. De forte qu'elle eft l'une de celles qui l'ont formée par leur produit. La propofée fe reduit par la divifion à cette autre egalité de deux
degrez
$$xx - 2ax + \underset{+4ac}{4bc} = 0.$$

Second Exemple.

Pour réduire
$$x^3 + bxx \quad - xx\sqrt{ab + 3bb} \quad + 2bx\sqrt{ab + 3bb} - 6bb\sqrt{ab + 3bb} + 18b^3 = 0,$$
je confidere la lettre a, & je fuppofe
$$-xx\sqrt{ab + 3bb} + 2bx\sqrt{ab + 3bb} - 6bb\sqrt{ab + 3bb} = 0,$$
& divifant cette egalité par $-\sqrt{ab + 3bb}$, elle fe
reduit à $xx - 2bx + 6bb = 0$, qui divife exactement la propofée. Elle eft donc l'une de celles qui l'ont formée par leur produit. La propofée fe reduit par la divifion à l'egalité fimple $x + 3b - \sqrt{ab + 3bb} = 0$. Ainfi la grandeur $-3b + \sqrt{ab + 3bb}$ eft une racine de l'egalité.

Tout ce que l'on peut connoiftre par cette regle poura auffi fe connoiftre par la regle fuivante, mais non pas reciproquement.

Troisie'me Regle.

Lorfque les regles precedentes n'auront rien fait connoiftre, ou même LXXVIII. avant que de les employer, l'on fuppofera que quelqu'un des lettres renfermées dans la propofée eft egale à zero, & faifant evanoüir tous les produits où elle fe trouve, l'on fera une egalité de tous les autres qui ne la renferment point, & l'on cherchera fi une autre egalité pourra divifer exactement la propofée & cette egalité fuppofée.

Exemple.

Ainfi pour réduire $x^5 + 4abx^3 + 30b^3xx + 34ab^3x + 20ab^5 = 0$; je fup-
$$+ bb \quad -10abb \quad +7a^4 \quad +10a^4$$
$$+ \frac{a^4}{bb} \quad -\frac{2a^4}{b}$$
pofe que quelqu'une des lettres que cette egalité renferme eft egale à zero, comme par exemple la lettre a, & faifant evanoüir tous les produits qui renferment a, je fais du refte l'egalité $x^3 + bbx + 3b^3xx = 0$, ou bien divifant tout par xx, $x^2 + bbx + 3b = 0$, enfuite je cherche fi quelque egalité ou quelque divifeur commun peut divifer exactement la propofée & celle-cy, & je trouve $xx - 3bx + 10bb = 0$, qui les divife exactement toutes deux. Et parceque cette egalité divife la propofée fans refte, elle eft l'une de celles qui l'ont formée par leur produit. La divifion reduit la propofée à cette autre egalité de trois degrez, $x^3 + 3bxx + 4abx + 2abb = 0$.
$$+ \frac{a^4}{bb} \quad + \frac{a^4}{b}$$

Ces regles fervent toûjours pour trouver les egalitez litterales dont le LXXIX. produit a formé la propofée, lorfque l'une de ces egalitez renferme quelque grandeur qui ne fe trouve point dans l'autre. Et il n'eft pas neceffaire pour operer felon ces regles que la propofée foit fans fractions, ni delivrée de fes grandeurs incommenfurables. Je pourrois ajoûter d'autres regles femblables pour abbreger le travail de la reduction des egalitez litterales. Mais l'on pourra lire celles que Monfieur Hudde en a données dans la premiere de fes lettres. Je me contenteray d'avertir que fi l'on ne découvre rien par le moyen des regles precedentes, l'on pourra exprimer par nombres toutes les grandeurs connües de leurs termes, & alors l'on en trouvera toûjours les racines qui ne feront point incommenfurables par la regle generale expliquée 73. S. ou bien on les rapportera à ce que nous expliquerons dans le Livre fuivant.

ELEMENS
DES
MATHEMATIQUES

LIVRE QUATRIE'ME.
DE LA RESOLUTION DES EGALITEZ
SELON LEURS DIFFERENS DEGREZ.

A PRE'S *avoir parlé de la resolution des egalitez en general, nous en dirons außi quelque chose en particulier, & nous traitterons icy de ces égalitez selon l'ordre de leurs degrez differens. Nous supposerons d'ordinaire que toutes les racines qu'elles renferment sont inégales; parcequ'on a veu dans le Livre precedent les moyens de reconnoître la valeur* de celles qui sont égales, & que la methode qui sert pour découvrir les inégales, sert außi pour découvrir les autres. Mais avant que d'expliquer ces égalitez, nous ferons preceder quelque chose des changemens principaux que l'on peut faire de leurs racines, lors même que l'on ne les connoît pas encore.

PREMIER PROBLEME.
I. Augmenter d'une grandeur donnée chaque racine d'une egalité, sans en connoître aucune.

1°. Au lieu de chaque racine inconnuë de l'egalité, l'on en suppose une autre, qui moins la grandeur donnée, soit egale à la premiere.

2°. Dans l'egalité proposée, au lieu de l'inconnuë l'on y met sa valeur; au lieu du quarré de l'inconnuë, le quarré de cette valeur; au lieu du cube de l'inconnuë, le cube de cette valeur, & ainsi de suite.

Exemple.
Pour augmenter de 3 chaque racine de l'egalité $z^4 + 4z^3 - 19zz - 196z - 120 = 0$, 1°. Je suppose $z = y - 3$; 2°. Dans l'egalité proposée j'écris

$y-3$ au lieu de z, au lieu de zz, j'ecris $yy-6y+9$, c'est à dire le quarré de $y-3$, au lieu de z^3, j'écris $y^3-9yy+27y-27$, enfin au lieu de z^4, j'écris $y^4-12y^3+54yy-108y+81$, c'est à dire le quarré du quarré de $y-3$. Et décrivant par ordre toute la somme de l'egalité proposée, je trouve $y^4-8y^3-1yy+8y=0$, dont les racines sont les mêmes que celles de la proposée diminuées chacune de 3.

$$\begin{aligned}
y^4-12y^3+54yy-108y+81 &= z^4\\
+4y^3-36yy+108y-108 &= 4z^3\\
-19yy+114y-171 &= -19zz\\
-106y+318 &= -106z\\
-120 &= -120
\end{aligned}$$

$$y^4-8y^3-1yy+8y \;*\; = 0 = z^4+4z^3-19zz-106z-120=0.$$

$$\frac{\qquad\qquad}{y}$$

ou $y^3-8yy-1y+8=0.$

Et parceque la proposée se reduit au troisiéme degré, il s'enfuit que l'une des racines estoit -3, c'est à dire la negation du nombre 3, que l'on a ajoûté à chaque racine. C'est pourquoy la proposée z^4 &c. poura estre divisé par $z+3=0$, ce qui la reduira à cette egalité du troisieme degré $z^3+1zz-22z-40=0$.

Pour les trois autres racines, la vraye qui estoit $+5$, est devenuë $+3$, & les deux fausses -2 & -4 sont deventies $+1$, & -1, l'une est devenuë vraye, & l'autre est restée fausse.

SECOND PROBLEME.

Diminuer d'une grandeur donnée chaque racine d'une galité proposée. **II.**

1°. Au lieu de l'inconnuë l'on en suppose une autre qui plus la grandeur donnée soit egale à cette racine. En suite de quoy l'on substituë cette valeur comme au Probleme precedent.

Exemple.

Pour diminuer de 3 chaque racine de l'egalité $z^4+4z^3-19zz-106z-120=0$, je suppose $z=y+3$, & j'écris cette valeur au lieu de z, son quarré au lieu de zz &c. apres quoy décrivant par ordre toute la somme de l'egalité proposée, je trouve enfin $y^4+16y^3+71yy-4y-420=0$; dont les racines sont les mêmes que celles de l'egalité proposée diminuées chacune de 3 La vraye, qui estoit $+5$, est devenuë $+2$, & les trois autres fausses qui estoient -2, -3, & -4, sont devenuës -5, -6, & -7,

$$\begin{aligned}
y^4+12y^3+54yy+108y+81 &= z^4\\
+4y^3+36yy+108y+108 &= 4z^3\\
-19yy-114y-171 &= -19zz\\
-106y-318 &= -106z\\
-120 &= -120
\end{aligned}$$

$$y^4+16y^3+71yy-4y-420=0 = z^4+4z^3-19zz-106z-120=0.$$

Troisiéme Probleme.

III.   Multiplier chaque racine d'une egalité par une grandeur donnée.

1°. L'on suppose que le produit de l'inconnuë par la grandeur est egale à une autre inconnuë, & l'on substituë par toute l'egalité la seconde inconnuë au lieu de la premiere.

2°. L'on multiplie la grandeur connuë au second terme par celle qui doit multiplier chaque racine, & par son quarré la grandeur connuë au troisiéme terme, & par son cube celle du quatriéme. Et ainsi du reste.

Soit par exemple une egalité donnée comme $x^3 - axx + abx - abc = 0$, & qu'il faille multiplier chaque racine par c, en supposant $cx = y$, l'on écrira selon les regles du Probleme, $y^3 - acyy + abccy - abc^3 = 0$. Et cette egalité aura pour ses racines les mêmes que la proposée multipliées chacune par c. Car par la supposition $cx = y$. Donc $ccxx = yy$, & $c^3x^3 = y^3$. Donc $c^3x^3 - ac^3xx + abc^3x - abc^3 = 0 = y^3 - acyy + abccy - abc^3 = 0$.

Quoy que les termes evanoüis multipliés par les grandeurs données ou par quelqu'une de leurs puissances, le produit ne puisse estre que zero, cependant il faut considerer ces termes comme ayant esté multipliez, & augmenter par consequent autant de fois le degré de la grandeur donnée, qu'il manquera de termes consecutifs.

Quatriéme Probleme.

IV.   Diviser chaque racine d'une egalité par une grandeur donnée.

Il faudra faire comme dans le Probleme precedent, se servant par tout de la division au lieu de la multiplication.

Cecy peut servir en plusieurs rencontres pour abbreger le nombre des diviseurs du dernier terme des egalitez proposées, & pour suivre par consequent avec plus de facilité la Regle generale expliquée *III*. 73.

Exemple.

Par exemple ayant l'egalité $y^6 - 8y^4 - 124yy - 64 = 0$, dont le dernier terme peut estre divisé sans reste par les nombres 1, 2, 4, 8, 16, 32, & 64, si l'on divise chaque racine par 2, l'on supposera $\frac{1}{2}yy = z$, & au lieu de la proposée, l'on écrira celle-cy $z^3 - 4zz - 31z - 8 = 0$, dont le dernier terme 8 a moins de diviseurs que 64, & qui poura estre divisée par $z - 8 = 0$, l'exposant sera l'egalité de deux degrez $zz + 4z + 1 = 0$, & $\frac{1}{2}yy = z$, l'on connoîtra que $yy = 2z$ sera le nombre 16, c'est à dire 2 fois la racine trouvée 8.

La démonstration de ce Probleme est reciproque de celle du Probleme precedent.

Cinquiéme Probleme.

V.   Delivrer une egalité proposée de toutes les fractions que ses termes contiennent.

L'on multiplie selon les regles du Probleme troisiéme chaque racine par le plus grand consequent des fractions qui se trouvent au second terme.

Et

Et si ce terme n'a point de fraction, par la racine du plus grand consequent qui se trouve au troisiéme terme, lorsqu'elle est commensurable, & si elle ne l'est pas, par le consequent tout entier. Mais si le troisiéme terme n'a point de fractions, on multiplie chaque racine par la racine cubique du plus grand consequent qui se trouve au quatriéme terme, l'orsque cette racine est commensurable, & si elle ne l'est pas par le consequent entier. Et ainsi de suite.

Premier Exemple.

Pour délivrer l'egalité $z^3 - \frac{1}{2}czz + \frac{1}{4}acz - \frac{1}{16}abc = 0$, de toutes les

$$-\frac{1}{2}a \qquad +\frac{1}{8}ab$$
$$-\frac{1}{4}b \qquad +\frac{1}{8}bc$$

fractions que ses termes contiennent, je choisis 4 au second terme, c'est à dire le plus grand consequent de toutes les fractions que ce terme contient, & je multiplie par 4 chaque racine de l'egalité proposée, ce qui me donne l'egalité sans fraction $y^3 - 2cyy + 4ac - 4abc = 0$.

$$-2a \qquad +2ab$$
$$- b \qquad +2bc$$

Second Exemple.

Lorsqu'aprés la premiere operation, il reste encore quelque fraction dans la nouvelle egalité, cette operation doit estre reïterée jusques à ce qu'il n'en reste plus. Par exemple pour délivrer de fractions l'egalité $z^3 - \frac{5}{4}zz + \frac{7}{12}z - \frac{1}{12} = 0$, je multiplie premierement chaque racine par 4, consequent de $\frac{5}{4}$, ce qui me donne $y^3 - 5yy + \frac{28}{3}y - \frac{16}{3} = 0$, qui contient encore des fractions, c'est pourquoy pour l'en délivrer, je multiplie chaque racine par 3 consequent de la grandeur connuë au troisiéme terme, & j'ay enfin l'egalité $x^3 - 15xx + 84x - 144 = 0$, qui ne renferme plus aucunes fractions.

L'on peut souvent par une operation presque semblable à celle du Probl-me, delivrer les egalitez des grandeurs incommensurables que leurs termes contiennent. Mais il ne faut pas d'abord multiplier chaque racine par les consequents des fractions qui s'y trouvent.   VI.

Par exemple pour délivrer l'egalité $z^3 - zz\sqrt{3} + \frac{26}{27}x - \frac{8}{27\sqrt{3}} = 0$, des nombres incommensurables qui s'y trouvent, l'on multiplie chaque racine de l'egalité par $\sqrt{3}$, ce qui donne $y^3 - 3yy + \frac{26}{9}y - \frac{8}{9} = 0$, qui n'a plus rien d'incommensurable; Et cette egalité nouvelle estant delivrée de ses fractions, l'on a $x^3 - 9xx + 26x - 24 = 0$, qui n'a point de grandeurs incommensurables ny de fractions. Or divisant cette egalité par $x - 2 = 0$, l'on trouve pour exposant de la division l'egalité de deux degrez $xx - 7x + 12 = 0$, laquelle estant divisée par $x - 3 = 0$, laisse pour exposant l'autre simple $x - 4 = 0$. Les trois racines de l'egalité $x^3 - 9xx + 26x - 24 = 0$, seront donc 2, 3, & 4; D'où il s'ensuit que les trois de la precedente

C.C.c

$y^3 - 3yy + \tfrac{16}{9}y - \tfrac{8}{9} = 0$, feront ces trois mêmes racines divifées chacune par 3, c'eſt à dire $\tfrac{2}{3}$, $\tfrac{2}{3}$ ou bien 1, & $\tfrac{4}{3}$. Et parceque les racines de celle-cy font les mêmes que celles de la propofée multipliées chacune par $\sqrt 3$, il s'enfuit encore que celles de la propofée font $\tfrac{2}{3\sqrt3}$, $\tfrac{1}{\sqrt3}$, & $\tfrac{4}{3\sqrt3}$, ou $\tfrac{2}{9}\sqrt3$, $\tfrac{1}{3}\sqrt3$, & $\tfrac{4}{9}\sqrt3$, ce qui eſt la même chofe *par IV. 30. de la premiere Partie.*

Sixie'me Probleme.

Faire evanoüir le fecond terme d'une egalité propofée.

VII.   Si ce terme a le figne $-$, l'on diminuë chaque racine de la grandeur connuë au fecond terme divifée par le nombre des dimenfions du premier.

Et fi ce terme a le figne $+$, l'on augmente chaque racine de la même grandeur.

Exemple.

Pour évanoüir le fecond terme de l'egalité $z^4 - 2az^3 + 2aazz - 2a^3z + a^4 = 0$,
$- cc$
$2a$ divifé par 4, à caufe que l'egalité eſt du quatriéme degré, l'expofant eſt $\tfrac{1}{2}a$. Et parceque le fecond terme a le figne $-$, chaque racine z fera diminuée de la grandeur $\tfrac{1}{2}a$. Suppofant donc $z - \tfrac{1}{2}a = y$, l'on aura $z = y + \tfrac{1}{2}a$. Subftituant donc au lieu de z fa valeur $y + \tfrac{1}{2}a$, au lieu de zz le quarré de fa valeur, &c. l'on écrira

$$y^4 + 2ay^3 + \tfrac{3}{2}aayy + \tfrac{1}{2}a^3y + \tfrac{1}{16}a^4 = z^4$$
$$-2ay^3 - 3aayy - \tfrac{3}{2}a^3y - \tfrac{1}{4}a^4 = -2az^3$$
$$+2aayy + 2a^3y + \tfrac{1}{2}a^4 = +2aazz$$
$$-ccyy - accy - \tfrac{1}{4}aacc = -cczz$$
$$-2a^3y - a^4 = -2a^3z$$
$$+a^4 = +a^4$$

$$\overline{}$$

$fomme\ y^4 \;*\; + \tfrac{1}{2}aayy - a^3y + \tfrac{5}{16}a^4 = 0, \;=\; z^4 - 2az^3 + 2aazz - 2a^3z + a^4 = 0$
$\qquad\qquad - cc \;- acc - \tfrac{1}{4}aacc \qquad\qquad\qquad - cc$

Et connoiſſant la valeur de y, fi on luy ajoûte $\tfrac{1}{2}a$, l'on aura la valeur de z.

Mais parceque l'operation feroit trop longue en plufieurs rencontres, fur tout dans les egalitez numériques, c'eſt à dire dans celles dont les grandeurs connuës font exprimées par nombres, l'on poura beaucoup abreger fon calcul en fuppofant qu'une feule lettre marque la grandeur connuë du fecond terme divifée par le nombre des dimenfions du premier, & à la fin de l'operation remettant au lieu de cette lettre la grandeur qu'on luy aura fuppofée egale.

Exemple.

Si je voulois par exemple evanoüir le fecond terme de l'egalité

$y^4 + 16y^3 + 71yy - 4y - 420 = 0$, je diviſerois 16 par 4, & je ſuppoſerois l'expoſant de la diviſion qui eſt 4, egal à p. Enſuite parceque le ſecond terme a le ſigne $+$, j'augmenterois chaque racine de la grandeur $p = 4$. Donc $y = x - p$, Ainſi au lieu de y, j'écrirois ſa valeur $x - p$, au lieu de yy le quarré de ſa valeur, & ainſi du reſte.

$$
\begin{aligned}
x^4 - 4px^3 + 6ppxx - 4p^3x + p^4 &= y^4 \\
+ 4px^3 - 12ppxx + 12p^3x - 4p^4 &= + 16y^3 \\
+ 71xx - 142px + 71pp &= 71yy \\
- 4x + 4p &= - 4y \\
- 420 &= - 420
\end{aligned}
$$

$$
\begin{aligned}
x^4 * - 6ppxx + 8p^3x - 3p^4 &= 0, = y^4 + 16y^3 + 71yy - 4y - 420 = 0. \\
+ 71 - 142p + 71pp & \\
- 4 + 4p & \\
- 420 &
\end{aligned}
$$

Et remettant par tout 4 au lieu de p, j'aurois l'egalité $x^4 * - 25xx - 60x - 36 = 0$, dont le ſecond terme eſt evanoüi, & ſes racines ſeront les mêmes que celles de la propoſée y^4 &c. augmentées chacune de 4. De ſorte que connoiſſant la valeur de x, & luy ajoûtant 4, l'on aura la valeur de y. Tout cela eſt evident par ſoy-même, & par les Problemes 1, & 2.

C O R O L L A I R E.

En toute egalité dont le ſecond terme eſt evanoüi, il y aura toûjours egalité ſous differens ſignes entre toutes les racines qui ont le ſigne $+$, & toutes celles qui ont le ſigne $-$, puiſque la ſomme des unes & des autres eſt egale à zero par le Probleme que nous venons d'expliquer.   VIII.

DE LA RESOLUTION DES EGALITEZ
DE DEUX DEGREZ.

Pour rapporter tous les differens cas des egalitez de deux degrez à une ſeule regle, l'on en fera evanoüir le ſecond terme. Apres quoy l'une des racines ſera connuë immediatement, & l'on aura l'autre en diviſant l'egalité par une ſimple de l'inconnuë plus la racine decouverte, ſi elle eſt fauſſe, & moins cette même racine ſi elle eſt vraye.   IX.

Dans la ſuite pour abbreger nos expreſſions nous appellerons n la grandeur connuë au ſecond terme d'une egalité propoſée, p la grandeur connuë au troiſiéme ; celle du quatriéme q ; celle du cinquiéme r, du ſixiéme, $ſ$; du ſeptiéme, t ; &c

Exemple.

Soit propoſée l'egalité $zz - nz + p = 0$, ſon ſecond terme eſtant evanoüy, l'on aura $yy * - \frac{1}{4}nn + p = 0$. Donc $yy = \frac{1}{4}nn - p$, & $y = \sqrt{\frac{1}{4}nn - p}$. Or pour evanoüir le ſecond terme de la propoſée, l'on a ſuppoſé $z = y + \frac{1}{2}n$. Donc $z = \frac{1}{2}n + \sqrt{\frac{1}{4}nn - p}$, ou bien la rendant egale à zero, $z - \frac{1}{2}n - \sqrt{\frac{1}{4}nn - p} = 0$.

CCc ij

C'eſt pourquoy ſi l'on diviſe la propoſée $zz - nz + p = 0$, par cette ſimple egalité $z - \frac{1}{2}n - \sqrt{\frac{1}{4}nn - p} = 0$, l'expoſant donnera l'autre ſimple $z - \frac{1}{2}n + \sqrt{\frac{1}{4}nn - p} = 0$. Les deux racines ou valeurs de z ſeront donc toutes deux vrayes, la grande $\frac{1}{2}n + \sqrt{\frac{1}{4}nn - p}$, & la petite $\frac{1}{2}n - \sqrt{\frac{1}{4}nn - p}$. Si toutefois $\frac{1}{4}nn$ eſt plus grand que p; je dis que ces racines ſeront toutes deux vrayes, & la raiſon en eſt claire. Car $\frac{1}{2}n$ eſtant la racine de $\frac{1}{4}nn$, & $\sqrt{\frac{1}{4}nn - p}$ eſtant neceſſairement au deſſous de $\sqrt{\frac{1}{4}nn}$, il s'enſuit que la plus petite racine $\frac{1}{2}n - \sqrt{\frac{1}{4}nn - p}$ doit eſtre poſitive, puiſque la poſition de $\frac{1}{2}n$ donne plus que ne peut retrancher la negation de $\sqrt{\frac{1}{4}nn - p}$.

Mais ſi $\frac{1}{4}nn$ eſt plus petit que p, les racines ſeront toutes deux imaginaires, par III. 2. parceque ces racines $\frac{1}{2}n + \sqrt{\frac{1}{4}nn - p}$, & $\frac{1}{2}n - \sqrt{\frac{1}{4}nn - p}$, renfermeront chacune la racine d'une grandeur negative.

Et ceci peut encore eſtre ainſi demontré. En toute egalité de deux degrez le dernier terme doit eſtre un plan de deux racines, dont la grandeur connuë au ſecond terme doit renfermer la ſomme par III. 39. Or le quarré de la moitié de la ſomme de deux grandeurs ſurpaſſe toûjours leur plan de tout le quarré de la moitié de leur difference, par I. 20. Le dernier terme p ne peut donc pas eſtre un plan de deux racines, puiſqu'on ſuppoſe que ce plan ſurpaſſe le quarré de la moitié de leur ſomme. L'egalité eſt donc imaginaire. Si l'on veut ſçavoir quelle en eſt la contradition, il faudra retrancher $\frac{1}{4}nn$ de p, & le reſte ſera ce que l'on appelloit egal à zero, & ce qui rendoit impoſſible le Probleme repréſenté par l'egalité propoſée.

C'eſt ainſi que l'egalité $zz - 2az + 4aa$ ſera reconnuë imaginaire de toute la grandeur $3aa$. Car $p = 4aa, \frac{1}{2}n = a$, & $\frac{1}{4}nn = aa$. Et ainſi $p - \frac{1}{4}nn = 4aa - aa = 3aa$. Le reſte $3aa$ eſt ce qui rend l'egalité propoſée & ſes deux racines imaginaires.

Que ſi ce reſte $3aa$ eſt retranché de l'egalité propoſée, l'on aura $zz - 2az + aa = 0$, qui ſera une egalité réelle, & ſes racines qui ſeront a & a ſeront toutes deux vrayes & egales entr'elles. Ce qui arrive parceque $p = \frac{1}{4}nn$, & qu'ainſi $\sqrt{\frac{1}{4}nn - p} = 0$, de ſorte que les deux racines $\frac{1}{2}n + \sqrt{\frac{1}{4}nn - p}$ & $\frac{1}{2}n - \sqrt{\frac{1}{4}nn - p}$, ne ſont chacune que $\frac{1}{2}n$.

DE LA RESOLUTION DES EGALITEZ
PAR TRANSFORMATION.

X.   Pour reſoudre les egalitez compoſées, on leur donne des formes differentes, en exprimant tous les rapports connus dans leurs termes par des grandeurs inconnües, qui font pourtant confiderées comme connuës. Et une telle methode eft ce qu'on appelle *transformation des egalitez.*

Il ne fera pas inutile d'y preparer l'efprit de ceux qui commencent par des exemples de cette transformation qui foient tirez des egalitez faciles & affez fimples comme font celles de deux degrez.

Pour les egalitez de deux degrez.

Pour transformer l'egalité $zz - nz + p = 0$, fi $\frac{1}{4}nn$ n'eft point au deffous XI. de p, la difpofition des fignes apprend que fes racines font toutes deux vrayes. Soit donc $2a$ la fomme de ces deux racines, & $2b$ leur difference, la plus grande fera $a + b$, & la plus petite $a - b$, *par I*. 18. De forte que ces deux racines feront prifes chacune pour la valeur de z, qui fera également conçeuë comme l'expreffion de l'une, ou comme celle de l'autre. C'eft pourquoy l'on aura les deux egalitez fimples $z - a - b = 0$, & $z - a + b = 0$, & leur produit donnera l'egalité de deux degrez $zz - 2az + aa = 0$, qui eft conçeuë comme eftant la même que l'egalité propofée $zz - nz + p = 0$. Et ainfi l'on dira qu'elle en eft la transformée. Tous les termes de l'une feront donc egaux à tous les termes de l'autre, chacun à chacun & dans un même ordre. L'on aura donc ces trois egalitez $zz = zz$, $2az = nz$, & $aa - bb = p$. La premiere $zz = zz$, ne peut avoir aucun ufage, parcequ'elle ne peut rien faire connoître. Mais la feconde $2az = nz$ fe reduit à $2a = n$. Donc $a = \frac{1}{2}n$, & $aa = \frac{1}{4}nn$. Or la troifiéme eft $aa - bb = p$. Donc $aa = p + bb$. Donc $\frac{1}{4}nn = p + bb$. Et par transpofition $\frac{1}{4}nn - p = bb$. Donc $\sqrt{\frac{1}{4}nn - p} = b$. Les deux racines vrayes feront donc par confequent

$$a + b = \tfrac{1}{2}n + \sqrt{\tfrac{1}{4}nn - p}, \quad \& \quad a - b = \tfrac{1}{2}n - \sqrt{\tfrac{1}{4}nn - p}.$$

Mais fi la propofée eftoit $zz + nz + p = 0$, & que $\frac{1}{4}nn$ ne fûft point au deffous de p, la difpofition des fignes marqueroit deux racines fauffes, que j'appelle $-a - b$, & $-a + b$. Donc $z + a + b = 0$, & $z + a - b = 0$, & leur prod. $zz + 2az + aa - bb = 0$, fera la transformée de la propofée $zz + nz + p = 0$.

Comparant donc les termes, l'on trouvera $a = \frac{1}{2}n$, & $b = \sqrt{\frac{1}{4}nn - p}$. De forte que les racines, qui font toutes deux fauffes, feront celles-cy,

$$-a - b = -\tfrac{1}{2}n - \sqrt{\tfrac{1}{4}nn - p}, \quad \& \quad -a + b = -\tfrac{1}{2}n + \sqrt{\tfrac{1}{4}nn - p}.$$

L'on fera à peu pres la même chofe dans tous les autres cas, de forte que toute égalité de deux degrez ayant neceffairement $-$ ou $+n$ avec $+p$, ce qui fait deux cas, ou bien $-$ ou $+n$ avec $-p$, ce qui fait deux autres cas, toutes les egalitez de deux degrez fe reduiront à quatre cas differens, dont chacun fera facilement determiné.

Premier Cas. $zz - nz + p = 0$.

Car fi $zz - nz + p = 0$. Donc $z = \frac{1}{2}n + \sqrt{\frac{1}{4}nn - p}$, & $z = \frac{1}{2}n - \sqrt{\frac{1}{4}nn - p}$.

Soit l'egalité $zz - 6z + 8 = 0$. Donc $z = 3 + \sqrt{1} = 4$, & $z = 3 - \sqrt{1} = 2$.

Icy les racines feront toûjours toutes deux vrayes fi $\frac{1}{4}nn$ eft au deſſus de p, car $\frac{1}{2}n$ furpaſſe $\sqrt{\frac{1}{4}nn - p}$, mais fi $\frac{1}{4}nn$ eft au deſſous de p, ces deux racines feront toûjours imaginaires.

SECOND CAS. $zz + nz + p = 0$.

Si $zz + nz + p = 0$. Donc $z = -\frac{1}{2}n - \sqrt{\frac{1}{4}nn - p}$, & $z = -\frac{1}{2}n + \sqrt{\frac{1}{4}nn - p}$.

Soit l'egalité $zz + 6z + 8 = 0$. Donc $z = -3 - \sqrt{1} = 4$, & $z = -3 + \sqrt{1} = -2$.

Icy les racines feront toûjours toutes deux fauſſes fi $\frac{1}{4}nn$ eft au deſſus de p, mais fi $\frac{1}{4}nn$ eft au deſſous de p, elles feront toutes deux imaginaires.

TROISIÉME CAS. $zz - nz - p = 0$.

Les racines feront, la vraye $z = \frac{1}{2}n + \sqrt{\frac{1}{4}nn + p}$, & la fauſſe $z = \frac{1}{2}n - \sqrt{\frac{1}{4}nn + p}$.

Soit l'egalité $zz - 6z - 16 = 0$. Donc $z = 3 + \sqrt{25} = 8$, & $z = 3 - \sqrt{25} = -2$.

QUATRIÉME CAS. $zz + nz - p = 0$.

Les racines feront, la vraye $z = -\frac{1}{2}n + \sqrt{\frac{1}{4}nn + p}$, & la fauſſe $z = -\frac{1}{2}n - \sqrt{\frac{1}{4}nn + p}$.

Soit l'egalité $zz + 6z - 16 = 0$. Donc $z = -3 + \sqrt{25} = 2$, & $z = -3 - \sqrt{25} = -8$.

Transformation des imaginaires.

Dans ce troiſiéme & quatriéme Cas, les racines ne peuvent jamais eſtre imaginaires, & la propofée ne peut renfermer aucune contradiction. Pour exprimer par la transformation les egalitez imaginaires & de deux degrez, c'eſt à dire celles qui ont $+p$, & où $\frac{1}{4}nn$ eft au deſſous de p, puiſque $\frac{1}{4}nn$ eft appellé aa dans les egalitez precedentes, & que p doit furpaſſer $\frac{1}{4}nn = aa$, fi nous appellons la contradiction bb, la transformée generale de toute egalité imaginaire & de deux degrez fera $zz - 2az + aa = 0$, pourveu que
$$+bb$$
le fecond terme ait $-$, car fi ce terme a $+$, cette transformée fera $zz + 2az + aa = 0$. Et alors la contradiction fera toûjours bb, c'eft à dire
$$+bb$$
$p - \frac{1}{4}nn$. La contradiction peut s'appeller auſſi $2bb$, $3bb$, $4bb$, &c. comme on le trouvera plus commode.

DES QUESTIONS INDÉTERMINÉES
QUI SE RAPPORTENT AU SECOND DEGRÉ.

La plufpart des queftions indeterminées qui fe rapportent au fecond degré, XII.
peuvent fe refoudre par des nombres entiers en fe fervant du troifiéme principe expliqué *I. 49.*

Par exemple pour trouver trois nombres en progreffion arithmetique dont
le folide foit quintuple de leur fomme.

Soient les trois nombres z, $z+y$, & $z+2y$; leur folide eft $z^3+3zzy+2zyy$,
& leur fomme $3z+3y$, dont le quintuple eft $15z+15y$. Donc z^3+3zzy
$+2zyy=15z+15y$. Et divifant de part & d'autre par $z+y$, l'egalité fera
$zz+2yz=15$, ou bien $zz+2yz-15=0$. Donc $z=-y+\sqrt{yy+15}$,
je laiffe l'autre racine qui eft fauffe, afin que la refolution foit pofitive. Or
afin de refoudre cette queftion, qui eft indeterminée par nombres entiers,
il faut que $yy+15$ foit un quarré dont la racine foit commenfurable. Soit
cette racine appellée $y+a$. Donc $yy+2ay+aa=yy+15$. Et $y=\dfrac{15-aa}{2a}$.

Soit $a=1$. Donc $y=\dfrac{14}{2}=7$. $y+a=8$. & $z=-y+\sqrt{yy+15}=-7+8=1$.
Les trois nombres feront 1, 8, 15; leur folide 120 eft quintuple de leur
fomme 24.

DU TROISIÈME DEGRÉ.

Toute egalité de trois degrez a trois racines réelles, ou une réelle & deux XIII.
imaginaires. Les premieres font celles qui font fôrmées par le produit de trois
egalitez fimples & dont aucune n'eft imaginaire. Mais les autres peuvent eftre
conceuës comme un produit de deux egalitez l'une fimple & jamais imaginaire, & l'autre de deux degrez & toûjours imaginaire. Ces deux genres
d'egalitez comprennent tout le troifieme degré. Mais afin de les expliquer
plus facilement, nous fuppoferons toûjours que l'on en ait évanoüi le fecond
terme.

Transformation des egalitez de trois degrez dont les racines font toutes trois réelles.

Leur fecond terme eftant evanoüi, fi q avoit $+$, en luy donnant $-$ l'on XIV.
changeroit feulement deux racines de vrayes en fauffes, & une autre de
fauffe en vraye, & la vraye fous un figne different auroit toûjours même
grandeur que les deux fauffes *par 8. S.* fi j'appelle donc la vraie $2a$, & la difference des deux fauffes $2b$, ces deux fauffes feront $-a-b$, & $-a+b$.
C'eft pourquoy l'on aura les trois egalitez fimples, $y+a+b=0$,
$y+a-b=0$, & $y-2a=0$. Et leur folide donnera l'egalité de trois
degrez $y^3*-3aay-2a^3=0$, qui fera la transformée de l'egalité propofée
$-bb+2abb$

$y^3*-py-q=0$. Tous les termes de l'une feront donc égaux à tous les termes
de l'autre, chacun à chacun & dans un même ordre.

S'il arrivoit que les deux racines fauffes n'euffent aucune difference, chaeune d'elles feroit $-a$, la vraye $2a$, & la transformée $y^3 * - 3aay - 2a^3 = 0$. Parcequ'alors $-bby$ & $+2abb$ n'auroient aucune valeur, puisque bb dont la valeur n'est que zero, multipliant y & $2a$, ne peut produire que zero.

Transformation des egalitez de trois degrez qui ont une racine réelle & deux imaginaires.

XV.　　Leur second terme estant evanoüi, elles pourront toûjours recevoir l'une ou l'autre de ces deux formes $y^3 * - py - q = 0$. & $y^3 * + py - q = 0$. Car p aura quelquefois $+$, & quelquefois $-$; & si q avoit $+$ en luy donnant $-$, l'on changeroit seulement la racine unique de l'egalité de fausse en vraye ; & cette racine auroit sous un different signe même grandeur que n de l'egalité imaginaire dont le produit par la réelle a formé la proposée, ou ce qui est la même chose, elle seroit egale à la somme des deux imaginaires. Si j'appelle donc la racine vraye $2a$, & la contradiction de l'egalité imaginaire $3bb$, les deux egalitez seront la réelle $y - 2a = 0$, & l'autre qui enferme la contradiction, $yy + 2ay + aa = 0$. Et le solide de ces deux egalitez qui est $y^3 * - 3aay - 2a^3 = 0$, avec $+3bb$ et $+3bb - 6abb$

sera la transformée de l'egalité proposée $y^3 * - py - q = 0$, si a est plus grand que b, ou bien de l'autre $y^3 * + py - q = 0$ si a est plus petit que b. S'il arrivoit que a fust egal à b, le 3e terme seroit nul, & l'egalité $y^3 * * - 8a^3 = 0$ seroit la transformée de la proposée qui seroit alors $y^3 * * - q = 0$. auquel cas tout seroit resolu, car l'une des racines seroit $y = \sqrt{C.q}$, ce qui reduiroit l'egalité proposée au second degré en la divisant par la simple $y - \sqrt{C.q} = 0$.

Or si nous comparons entr'elles les trois especes generales de toutes les egalitez transformées du troisième degré qui sont celles qui suivent.

$$\text{La 1ere } y^3 * - 3aay - 2a^3 = 0$$
$$\left.\text{La 2}^e\ y^3 * - 3aay - 2a^3 = 0 \atop \qquad\qquad - bb + 2abb \right\} = y^3 * - py - q = 0.$$

$$\text{Et la 3}^e\ {y^3 * - 3aay - 2a^3 = 0 \atop +3bb - 6abb} = \left\{ {y^3 * - py - q = 0. \atop y^3 * + py - q = 0.} \right.$$

nous y remarquerons quelques differences considerables, qui nous serviront dans la suite pour resoudre les egalitez du troisième degré.

PREMIER CAS.　　　Si $\frac{1}{27}p^3 = \frac{1}{4}qq$.

XVI.　　Car 1°. dans la premiere espece qui est $\left\{ {y^3 * - 3aay - 2a^3 = 0 \atop y^3 * - py - q = 0} \right.$, dans laquelle les deux racines fausses sont egales entr'elles, $\frac{1}{27}p^3 = \frac{1}{4}qq$, le cube de $\frac{1}{3}p$ est toûjours egal au quarré de $\frac{1}{2}q$. Car $aa = \frac{1}{3}p$, & $a^3 = \frac{1}{2}q$. Or a^6 est egalement le quarré de aa, ou bien le cube de a^3. Donc $a^6 = \frac{1}{27}p^3 = \frac{1}{4}qq$.

Dans ce premier cas la racine vraye, qui est $2a$, sera toûjours $\dfrac{q}{\frac{1}{3}p}$, & chaque fausse $-\dfrac{\frac{1}{2}q}{\frac{1}{3}p}$. Car $2a = q$ estant divisé par $aa = \frac{1}{3}p$, l'exposant l'expofant eft 2a. Si on le trouve plus commode , les mêmes racines feront auffi , la vraye $2\sqrt{\frac{1}{3}p}$, ou bien $2\sqrt{C.\frac{1}{2}q}$; & chaque fauffe $-\sqrt{\frac{1}{3}p}$, ou bien $-\sqrt{C.\frac{1}{2}q}$.

Second Cas.   Si $\frac{1}{27}p^3$ eft plus grand que $\frac{1}{4}qq$.

Dans la feconde efpece , qui eft $\left\{\begin{array}{l} y^{3}* -3aay-2a =0, \\ \quad\quad\; -bb +2abb \\ \hline y* - py - q =0 \end{array}\right.$ dans laquelle XVII.

une racine eft vraye , & les deux autres fauffes & inégales entr'elles, $\frac{1}{27}p^3$ eft plus grand que $\frac{1}{4}qq$, le cube de $\frac{1}{3}p$ furpaffe toûjours le quarré de $\frac{1}{2}q$. Car le cube $\frac{1}{27}p^3 = a^6 + a^4bb + \frac{1}{3}aab^4 + \frac{1}{27}b^6$, & le quarré $\frac{1}{4}qq = a^6 - 2a^4bb + aab^4$. Or retranchant le quarré $a^6 - 2a^4bb + aab^4$, du cube $a^6 + a^4bb + \frac{1}{3}aab^4 + \frac{1}{27}b^6$, il refte $3a^4bb - \frac{2}{3}aab^4 + \frac{1}{27}b^6$, & ce refte eft pofitif , car la racine $-a+b$ eftant negative , puifque les deux $-a-b$ & $-a+b$, font chacune fauffe, il faut neceffairement que a foit au deffus de b, & ainfi la feule partie $3a^4bb$ furpaffera l'autre partie $\frac{2}{3}aab^4$ qui fe trouve avec $-$ dans le refte, parceque chacune de ces parties eftant divifée également par $aabb$, le premier expofant $3aa$ furpaffe le fecond $\frac{2}{3}bb$. Il eft donc clair que dans ce fecond cas où une racine eft vraye , & les deux autres fauffes , le cube $\frac{1}{27}p^3$ eft plus grand que le quarré $\frac{1}{4}qq$.

Dans cette efpece 1°. le quarré $4aa$ de la racine vraie $2a$ eft toûjours au XVIII. deffus de $3aa+bb$. Car la racine $-a+b$ eftant fauffe , la grandeur a doit neceffairement furpaffer b, & par confequent le quarré aa furpaffera le quarré bb. Le quarré $4aa = 3aa + aa$ eft donc au deffus de $p = 3aa + bb$.

2°. Le quarré $aa + 2ab + bb$ de la fauffe racine $-a-b$ eft toûjours au deffous de $p = 3aa + bb$. Car retranchant $aa + bb$ de part & d'autre , le refte du quarré fera $2ab$, & le refte de p fera $2aa$. Or $2ab$ eft plus petit que $2aa$, puifque $2a$ divifant l'un & l'autre , le premier expofant fera b qui eft plus petit que le fecond expofant , qui eft a.

3°. Et à plus forte raifon le quarré de $aa - 2ab + bb$ de la fauffe racine XIX. $-a+b$ fera encore au deffous de p, puifqu'il eft au deffous du quarré precedent $aa + 2ab + bb$, qui eft déja au deffous de p.

Dans la même efpece , fi l'on choifit $4aa$ qui eft un quarré au deffus de XX. $p = 3aa + bb$, & qu'on prenne la difference de ce quarré à la grandeur connuë p, en divifant le terme q par cette difference , l'expofant fera la vraye racine $2a$, qui eft auffi la racine du quarré choifi $4aa$. Car la difference du quarré $4aa$ à $p = 3aa + bb$ eft $aa - bb$, & $q = 2a^3 - 2abb$. Donc $\dfrac{q}{aa-bb} = \dfrac{2a^3 - 2abb}{aa-bb} = 2a$. Le terme q divifé par la difference eft égal à la vraye racine $2a$, ou bien à la racine du quarré choifi $4aa$, ce qui eft la même chofe.

C'eft pourquoy fi la vraye racine $2a$ eft commenfurable , l'on trouvera toû- XXI, jours un quarré au deſſus de p tel que la difference de ce quarré à p divifant le terme q, l'expoſant donnera la vraye racine de l'egalité, qui fera auſſi la racine du quarré pris au deſſus de p.

XXII.   Et cette vraye racine $2a$ eſtant découverte, chaque fauſſe le fera auſſi, car

$$aa - \frac{-2a^3+2abb}{2a} = aa - \frac{q}{2a},$$

donnera le quarré bb. L'on aura donc

$$b = \sqrt{aa - \frac{q}{2a}}.$$

Et ainſi les deux racines fauſſes feront, l'une

$$-a-b = -a - \sqrt{aa - \frac{q}{2a}},$$

& l'autre $-a+b = -a + \sqrt{aa - \frac{q}{2a}}$.

XXIII.   Dans la même eſpece ſi l'on choiſit le quarré $aa+2ab+bb$, qui eſt au deſſous de p, & qu'on prenne $2aa-2ab$, c'eſt à dire la difference de $3aa+bb=p$ à ce quarré, en diviſant $-q$ par cette difference, l'expoſant fera la fauſſe racine $-a-b$, qui eſt auſſi la racine du quarré choiſi $aa+2ab+bb$. Car

$$\frac{-q}{2aa-2ab} = \frac{-2a^3+2abb}{2aa-2ab} = -a-b.$$

XXIV.   C'eſt pourquoy ſi la fauſſe racine $-a-b$ eſt commenſurable, l'on trouvera toûjours un quarré au deſſous de p tel que la difference de p à ce quarré diviſant $-q$, l'expoſant donnera la fauſſe racine de l'egalité $-a-b$, qui fera auſſi la racine du quarré pris au deſſous de p.

XXV.   Et cette racine eſtant découverte les deux autres le feront auſſi. Car la ſomme de ces deux racines qui font $2a$ & $-a+b$ fera $a+b$, & leur plan

fera $\dfrac{q}{-a-b} = \dfrac{-2a^2-2abb}{-a-b}$, puiſque le terme q eſt le ſolide des trois.

Donc par I. 19. le quarré de la moitié de leur difference fera

$$\tfrac{1}{4}aa + \tfrac{1}{2}ab + \tfrac{1}{4}bb \frac{-2a^3+2abb}{-a-b},$$

c'eſt à dire $\tfrac{2}{4}aa - \tfrac{3}{2}ab + \tfrac{1}{4}bb$, & la racine de ce quarré ou la moitié de la difference fera $\tfrac{3}{2}a - \tfrac{1}{2}b$. La vraye fera

donc $\tfrac{1}{2}a + \tfrac{1}{2}b + \sqrt{\tfrac{1}{4}aa + \tfrac{1}{4}ab + \tfrac{1}{2}bb \frac{-a^3+2abb}{-a-b}}$, c'eſt à dire $2a$, & l'autre

racine fauſſe fera $\tfrac{1}{2}a + \tfrac{1}{2}b - \sqrt{\tfrac{1}{4}aa + \tfrac{1}{2}ab + \tfrac{1}{4}bb \frac{-2a^3+2abb}{-a-b}}$, c'eſt à dire $-a-b$.

XXVI.   Enfin dans cette même eſpece, ſi l'on choiſit le quarré $aa-2ab+bb$, qui eſt encore au deſſous de p, & qu'on diviſe $-q$ par $2aa+2ab$ difference de $3aa+bb=p$ à ce quarré, l'expoſant $\dfrac{-q}{2aa+2ab}$ fera la racine fauſſe de l'egalité $-a+b$ qui eſt auſſi la racine du quarré choiſi $aa-2ab+bb$, car

$$\frac{-q}{2aa+2ab} = \frac{-2a^3+2abb}{2aa+2ab} = -a+b.$$

XXVII.   C'eſt pourquoy ſi la fauſſe racine $-a+b$ eſt commenſurable, l'on trouvera toûjours un quarré au deſſous de p tel que la difference de p à ce quarré diviſant q, l'expoſant donnera la fauſſe racine de l'egalité $-a+b$, qui fera auſſi la racine du quarré pris au deſſous de p.

XXVIII.   Et ſi pour abreger, l'une des fauſſes racines eſtant découverte, on l'appelle

$=d$, les deux autres feront toûjours, la vraye $2a=\frac{1}{2}d+V\frac{1}{4}dd+\frac{q}{d}$, & la fauffe $-a-b=\frac{1}{2}d-V\frac{1}{4}dd+\frac{q}{d}$.

Troisiéme Cas. Si $\frac{1}{27}p^3$ eft plus petit que $\frac{1}{4}qq$.

3°. Dans la troifiéme efpece enfin, qui eft
$$\begin{cases} y^3 * \quad -3aay -2a^3 = 0. \\ \qquad +3bb \;\; -6abb \end{cases}$$
$$\begin{cases} y^3 * - py - q = 0 \\ y^3 * + py - q = 0 \end{cases}$$
XXIX.

dans laquelle une racine eft vraye, & les deux autres imaginaires, fi l'egalité a $-p$; $\frac{1}{27}p^3$ eft toûjours plus petit que $\frac{1}{4}qq$, le cube de $\frac{1}{3}p$ furpaffe toûjours le quarré de $\frac{1}{2}q$. Car l'egalité ayant $-p$, la grandeur a furpaffera la grandeur b, & alors le cube $\frac{1}{27}p^3$ fera $a^6 -3a^4bb+3aab^4-b^6$, & le quarré $\frac{1}{4}qq$ fera $a^6+6a^4bb+9aab^4$. Or retranchant le cube du quarré, l'on trouvera le refte pofitif $9a^4bb+6aab^4+b^6=\frac{1}{4}qq-\frac{1}{27}p^3$. Et tirant la racine quarrée de part & d'autre $3aab+b^3=V\frac{1}{4}qq-\frac{1}{27}p^3$. Or ajoûtant la racine $3aab+b^3=V\frac{1}{4}qq-\frac{1}{27}p^3$ à $a^3+3abb=\frac{1}{2}q$, l'on aura l'egalité $a^3+3aab+3abb+b^3=\frac{1}{2}q+V\frac{1}{4}qq-\frac{1}{27}p^3$. Et tirant la racine cubique de part & d'autre, $a+b=V C.\frac{1}{2}q+V\frac{1}{4}qq-\frac{1}{27}p^3$. Or $\frac{1}{3}p=aa-bb$ eft le plan de $a+b$ par $a-b$. Divifant donc $\frac{1}{3}p$ qui eft la valeur de $aa-bb$ par la valeur de $a+b$ que nous venons de découvrir, l'on aura $a-b=\dfrac{\frac{1}{3}p}{V C.\frac{1}{2}q+V\frac{1}{4}qq-\frac{1}{27}p^3}$.

Et enfin ajoûtant $a+b$ & $a-b$ en une fomme, la vraye racine fera
$$2a=V C.\tfrac{1}{2}q+V\tfrac{1}{4}qq-\tfrac{1}{27}p^3+\dfrac{\frac{1}{3}p}{V C.\frac{1}{2}q+V\frac{1}{4}qq-\frac{1}{27}p^3},$$ & la contradiction des deux imaginaires $3bb$ fera $3aa-p$.

Mais fi l'egalité propofée avoit $+p$, la grandeur b furpafferoit la grandeur a, & alors le cube $\frac{1}{27}p^3$ feroit $-a^6+3a^4bb-3aab^4+b^6$, & le quarré $\frac{1}{4}qq$ fera toûjours $a^6+6a^4bb+9aab^4$. Or ajoûtant le cube au quarré, l'on trouvera la fomme ou l'egalité $9a^4bb+6aab^4+b^6=\frac{1}{4}qq+\frac{1}{27}p^3$. Et tirant la racine de part & d'autre $3aab+b^3=V\frac{1}{4}qq+\frac{1}{27}p^3$. Or joignant cette egalité à celle qu'on a tirée du dernier terme $a^3+3abb=\frac{1}{2}q$, l'on aura

$a^3 + 3aab + 3abb + b^3 = \frac{1}{2}q + \sqrt{\frac{1}{4}qq + \frac{1}{1}p^3}$. Et tirant la racine cubique de part & d'autre, $a + b = \sqrt{C.\frac{1}{2}q + \sqrt{\frac{1}{4}qq + \frac{1}{2}p}}$. Or $aa - bb = \frac{1}{3}p$.

Donc $a - b = \dfrac{aa - bb}{a + b} = \dfrac{-\frac{1}{3}p}{\sqrt{C.\frac{1}{2}q + \sqrt{\frac{1}{4}qq + \frac{1}{27}p^3}}}$. La vraye racine sera donc

$2a = \sqrt{C.\frac{1}{2}q + \sqrt{\frac{1}{4}qq + \frac{1}{7}p^3}} \quad \dfrac{-\frac{1}{3}p}{\sqrt{C.\frac{1}{2}q + \sqrt{\frac{1}{4}qq + \frac{1}{27}p^3}}}$ & la contradiction

des deux imaginaires sera $3aa + p$.

Autre resolution si deux racines sont imaginaires.

XXXI.   Dans la transformée $y^{3} * - 3aay - 2a^3 = 0$, l'on connoist au troisiéme terme $+ 3ab \quad - 6abb$ la somme $3aa - 3bb$, si a est au dessus de b, ou bien $3bb - 3aa$, si b est au dessus de a, l'on connoit donc aussi le tiers de la même somme, c'est à dire $aa - bb$, ou bien $bb - aa$, & au troisiéme terme l'on connoist la somme $2a^3 + 6abb$. Or la premiere somme $aa - bb$, ou bien $bb - aa$, est le prduit des deux grandeurs $a + b$ & $a - b$ & la seconde $2a^3 + 6abb$ est la somme des cubes de ces mêmes grandeurs. Les deux premieres des resolutions données I. 39. donneront donc chacune des grandeurs $a + b$ & $a - b$; & par consequent leur somme $2a$ & la contradiction $3bb$ seront facilement determinées.

Autre resolution selon Cardan.

XXXII.   Dans la même espece, si l'egalité a $- p$, & qu'on suppose $a + b = y$, & $a - b = v$, l'on aura $aa - bb = xv$, & $2a^3 + 6abb = x^3 + v^3$. Or $aa - bb = \frac{1}{3}p$, & $2a^3 + 6abb = q$. Donc $xv = \frac{1}{3}p$, & $x^3 + v^3 = q$. La premiere $xv = \frac{1}{3}p$ se reduit à $v = \frac{p}{3x}$. Donc $v^3 = \frac{p^3}{27x^3}$. L'egalité $x^3 + v^3 = q$ sera donc $x^3 + \frac{p^3}{27x^3} = q$. Et multipliant tout par x^3, elle sera $x^6 + \frac{1}{27}p^3 = qx^3$, laquelle estant renduë egale à zero, & ses termes disposez par ordre, l'on aura l'egalité de deux degrez $x^6 - qx^3 + \frac{1}{2}p = 0$. Et ses deux racines seront, la grande $\frac{1}{2}q + \sqrt{\frac{1}{4}qq - \frac{1}{27}p^3}$, & la petite $\frac{1}{2}q - \sqrt{\frac{1}{4}qq - \frac{1}{7}p^3}$. La premiere de ces racines sera egale à x^3 cube de $x = a + b$, & la seconde à y cube de $y = a - b$. C'est pourquoy tirant la racine cubique de chacun des deux cubes, & ajoûtant en une somme les racines tirées, l'on aura selon la regle de Cardan la vraye racine $2a = \sqrt{C.\frac{1}{2}q + \sqrt{\frac{1}{4}qq - \frac{1}{27}p^3}} + \sqrt{C.\frac{1}{2}q - \sqrt{\frac{1}{4}qq - \frac{1}{27}p^3}}$.

XXXIII.   Mais si l'egalité avoit $+ p$, en supposant $a + b = x$ & $a - b = v$, parce que $aa - bb = -\frac{1}{3}p$, l'on trouvera $x^6 - qx^3 - \frac{1}{27}p^3 = 0$, dont les racines sont, la grande $\frac{1}{2}q + \sqrt{\frac{1}{4}qq + \frac{1}{27}p^3}$, qui est egale à x^3 cube de $x = a + b$,

& la petite $\frac{1}{2}q - \sqrt{\frac{1}{4}qq + \frac{1}{27}p^3}$, qui est egale à y^3 cube de $y = a - b$. La somme de ces deux racines cubiques tirées de ces deux cubes, donnera donc

la vraye racine $2a = \sqrt{C.\frac{1}{2}q + \sqrt{\frac{1}{4}qq + \frac{1}{27}p^3}} + \sqrt{C.\frac{1}{2}q - \sqrt{\frac{1}{4}qq + \frac{1}{27}p^3}}$.

Dans la troisiéme espece, si l'on choisit le quarré $4aa$ qui est toûjours au   XXXIV. dessus de $3aa - 3bb$, valeur de p lorsque l'egalité a $-p$, ou bien de $-p$, lorsque l'egalité a $-\!\!+p$. & qu'on divise q par $aa + 3bb$ difference du quarré $4aa$ à $3aa - 3bb$ (valeur de $-\!\!+p$ ou de $-p$, de $-\!\!+p$, si p a le signe $-$, & de $-p$, s'il a le signe $-\!\!+$;) l'exposant de la division donnera la racine $2a$, qui sera aussi la racine du quarré choisi au dessus de $-\!\!+$ ou bien au dessus de $-p$. Car

$$\frac{q}{aa + 3bb} = \frac{2a^3 + 6abb}{aa + 3bb} = 2a.$$

C'est pourquoy si la vraye racine $2a$ est commensurable, l'on trouvera toû-   XXXV. jours un quarré au dessus de $-\!\!+p$, si l'on avoit $-p$; tel que la difference de ce quarré à $-\!\!+p$ ou bien à $-p$ donnera la racine $2a$, qui sera aussi la racine du quarré pris au dessus de $-\!\!+$ ou de $-p$.

Et cette racine estant découverte, la contradiction des deux autres le sera   XXXVI. aussi. Car cette contradiction est $3bb$. Or si l'egalité a $-p$, l'on aura $3bb = 3aa - p$, & si elle a $-\!\!+p$, l'on aura $3bb = 3aa -\!\!+p$. Et ces contradictions seront commensurables, parceque les parties $3aa$ & p qui les composent sont elles-mêmes entierement commensurables. En tout autre cas la vraye racine & la contradiction seront chacune incommensurables, & pourront estre exprimées seulement selon les determinations generales qui precedent ou bien par lignes.

PROBLEME.

Une egalité de trois degrez estant proposée, en chercher la resolution.   XXXVII.

Cette egalité estant preparée; si elle a $-p$, l'on verra si $\frac{1}{27}p^3$ est egal, ou plus grand, ou plus petit que $\frac{1}{4}qq$.

PREMIER CAS.   Si $\frac{1}{27}p^3 = \frac{1}{4}qq$.

La vraye racine sera $2a = \frac{3q}{p}$, & chaque fausse $-a = -\frac{3q}{2p}$. Ou bien la   XXXVIII. vraye sera $2\sqrt{\frac{1}{3}p}$, ou $2\sqrt{C.\frac{1}{2}q}$, & la fausse $-\sqrt{\frac{1}{3}p}$, ou $-\sqrt{C.\frac{1}{2}q}$. Tout cela est clair *par* 16. *S*.

Exemple.

Soit la preparée $y^3 * -147y - 686 = 0$. $\frac{1}{27}p^3$ ou bien $\frac{1}{4}qq$ est le même nombre 117649. La vraye racine sera donc $2\sqrt{\frac{1}{3}p} = 2\sqrt{49} = 2$ fois 7, c'est à dire 14, & chaque fausse $-\sqrt{\frac{1}{3}p}$ sera -7. Ainsi la preparée est le produit des trois egalitez simples $y - 14 = 0$, $y + 7 = 0$, & $y + 7 = 0$.

SECOND CAS.   Si $\frac{1}{27}p^3$ est au dessus de $\frac{1}{4}qq$.

2°. L'on divisera successivement & par ordre le terme q par chaque   XXXIX.

D D d iij

difference de chacun des quarrez au deſſus de p à cette même grandeur p, juſqu'à ce que l'on trouve un expoſant égal ou plus petit que la racine du quarré qui aura reglé la derniere diviſion. Si l'expoſant eſt égal à la racine du quarré, il ſera auſſi la vraye racine de l'egalité, *par* 21. *S.* & cette racine eſtant appellée $2a$, les deux fauſſes feront $-a-\sqrt{aa-\frac{q}{2a}}$ &

$-a+\sqrt{aa-\frac{q}{2a}}$. *par* 22. *S.*

2°. Mais ſi l'expoſant de la derniere diviſion eſt plus petit que la racine du quarré qui l'aura reglée, la vraye racine ſera incommenſurable. C'eſt pourquoy l'on fera de nouvelles diviſions ſemblables aux précedentes du terme q par chaque difference de p à chacun des quarrez au deſſous de p. Si l'expoſant de quelqu'une de ces diviſions eſt la racine du quarré même qui l'aura reglée, il ſera auſſi l'une des racines fauſſes de l'egalité preparée, *par* 24. *&* 27. *S.* & ſi nous l'appellons $-d$, les deux autres feront, la

vraye $\frac{1}{2}d+\sqrt{\frac{1}{4}dd+\frac{q}{d}}$, & la fauſſe $\frac{1}{2}d-\sqrt{\frac{1}{4}dd+\frac{q}{d}}$. *par* 28. *S.*

Premier Exemple.

Soit la preparée $y^3 * -28y-48=0$, qui a $-p$, & dans laquelle $\frac{1}{27}p^3=813\frac{1}{27}$ eſt plus grand que $\frac{1}{4}qq=576$, le premier quarré au deſſus de $28=p$ eſt 36, & la difference de 36 à 28 eſt 8. Or diviſant $48=q$ par cette difference 8, l'expoſant eſt 6, qui eſt auſſi la racine du quarré 36, dont le choix a reglé la diviſion. La vraye racine de l'egalité eſt donc $2a=6$, & les

deux fauſſes font $-a-\sqrt{aa-\frac{q}{2a}}=-3-\sqrt{9-\frac{48}{6}}=-3-\sqrt{1}$, c'eſt à

dire -4, & $-a+\sqrt{aa-\frac{q}{2a}}=-3+\sqrt{1}$, c'eſt à dire -2. Ainſi la preparée eſt un produit de trois egalitez ſimples $y-6=0$, $y+4=0$, & $y+2=0$.

Second Exemple.

Soit la preparée $y^3 * -13y-12=0$, qui a $-p$, & dans laquelle $\frac{1}{27}p^3=81\frac{10}{27}$ eſt plus grand que $\frac{1}{4}qq=36$. Le premier quarré au deſſus de $13=p$ eſt 16, & la difference de 16 à 13 eſt 3. Or diviſant $12=q$ par cette difference 3, l'expoſant eſt 4, qui eſt auſſi la racine du quarré 16, dont le choix a reglé la diviſion. La vraye racine $2a$ eſt donc 4, & les deux fauſſes

$-a-\sqrt{aa-\frac{q}{2a}}$ & $-a+\sqrt{aa-\frac{q}{2a}}$ font -3 & -1. Ainſi la preparée eſt un produit des trois ſimples $y-4=0$, $y+3=0$, & $y+1=0$.

L'on remarquera dans ce cas que ſi la vraye racine eſt commenſurable, l'on ne fera preſque jamais plus de deux ou trois diviſions ſans la trouver.

Troiſiéme Exemple.

Soit la preparée $y^3 * -8y-8=0$, qui a $-p$, & dans laquelle

$\frac{1}{27}p^3 = 18\frac{16}{17}$ est plus grand que $\frac{1}{4}qq = 16$. 1°. Le premier quarré au deſſus de $8 = p$ eſt 9, & la difference de 9 à 8 eſt 1. Or diviſant $8 = q$ par cette difference 1, l'expoſant 8 ſurpaſſe 3 racine du quarré 9 qui a reglé la diviſion, c'eſt pourquoy je choiſis l'autre quarré 16 au deſſus de 8. La difference de ce quarré à $8 = p$ eſt 8. Or diviſant $8 = p$ par cette difference trouvée 8, l'expoſant 1 eſt plus petit que 4 racine du quarré 16 qui a reglé la diviſion, d'où je connois que la vraye racine eſt incommenſurable. 2°. Je change donc l'operation, & je diviſe $8 = q$, par 4 difference de $8 = p$, au premier quarré 4 qui eſt au deſſous de $8 = p$, & parceque l'expoſant 2 eſt la racine du quarré 4 qui a reglé la diviſion, je conclus que -2 eſt une racine fauſſe de l'egalité preparée. Et cette racine eſtant appellée $-d$, les deux autres feront, la

vraye $\frac{1}{2}d + \sqrt{\frac{1}{4}dd + \frac{q}{d}} = 1 + \sqrt{5}$, & la fauſſe $\frac{1}{2}d - \sqrt{\frac{1}{4}dd + \frac{q}{d}} = 1 - \sqrt{5}$.

Ainſi la preparée eſt un produit des trois egalitez ſimples $y - 1 - \sqrt{5} = 0$, $y - 1 + \sqrt{5} = 0$, & $y + 2 = 0$.

Troisie'me Cas.   Si $\frac{1}{27}p^3$ eſt plus petit que $\frac{1}{4}qq$.

1°. Si l'egalité a $-p$, l'on diviſera ſucceſſivement & par ordre le terme q par   XL. chaque difference de chacun des quarrez au deſſus de p à cette même grandeur p, juſques à ce que l'on ait trouvé un expoſant egal ou plus petit que la racine du quarré qui aura reglé la derniere diviſion. Si l'expoſant eſt egal à la racine, il ſera auſſi la racine $2a$, *par* 35. *S.* & la contradiction des deux autres qui ſont imaginaires, ſera $3aa - p$. *par* 36. *S.*

Mais ſi l'expoſant de la derniere diviſion eſt plus petit que la racine   XLI. du quarré qui l'aura reglée, la vraye racine & la contradiction feront

chacune incommenſurables, la racine $2a$ ſera $\dfrac{\sqrt{C.\frac{1}{2}q + \sqrt{\frac{1}{4}qq - \frac{1}{27}p^3}} + \frac{1}{3}p}{\sqrt{C.\frac{1}{2}q + \sqrt{\frac{1}{4}qq - \frac{1}{27}p^3}}}$, & la contradiction ſera $3aa - p$, *par* 29. *S.*

2°. Mais ſi l'egalité a $+p$, l'on fera de ſemblables diviſions par chaque dif-   XLII. ference de chaque quarré au deſſus de $-p$, à cette même grandeur negative $-p$, juſques à ce que l'on ait trouvé un expoſant egal ou plus petit que la racine du quarré qui aura reglé la derniere diviſion. Si l'expoſant eſt egal à la racine, il ſera auſſi la racine $2a$, *par* 35. *S.* & la contradiction des deux autres qui ſont imaginaires, ſera $3aa + p$. *par* 36. *S.*

Et ſi l'expoſant de la derniere diviſion eſt plus petit que la racine du quarré qui l'aura reglée, la vraye racine & la contradiction feront chacune imagi-

naire, la racine $2a$ ſera $\sqrt{C.\frac{1}{2}q + \sqrt{\frac{1}{4}qq + \frac{1}{27}p^3}}$ $\dfrac{-\frac{1}{3}p}{\sqrt{C.\frac{1}{2}q + \sqrt{\frac{1}{4}qq + \frac{1}{27}p^3}}}$

& la contradiction ſera $3aa + p$, *par* 30. *S.*

Premier Exemple.

Soit la preparée $y^3 * -24y-72=0$, qui a $-p$, & dans laquelle $\frac{1}{27}p^3=272$ est plus petit que $\frac{1}{4}qq=1296$. Le premier quarré au dessus de 24 est 25, & la difference de 25 à 24 est 1, par qui $72=q$ estant divisé, l'exposant est 72 qui surpasse 5 racine du quarré 25. L'autre quarré au dessus de 25 est 36, & la difference de 36 à 24 est 12, par qui 72 estant divisé, l'exposant est 6 qui est aussi la racine du quarré 36. La vraie racine $2a$ sera donc 6, & la contradiction $3aa$ $-p$ sera $27-24$, c'est à dire 3, ainsi la preparée est un produit des deux egalitez l'une imaginaire $yy +6y +12=0$, & l'autre réelle $y-6=0$.

Second Exemple.

Soit la preparée $y^3 * +3y-36=0$, qui a $+p$. Le premier quarré au dessus de $-3=-p$ est $+1$, & la difference de $+1$ à -3 est $+4$, par qui divisant $36=q$, l'exposant est 9 qui est plus grand que 1 racine du quarré choisi 1. Ensuite l'autre quarré au dessus de $+1$ est $+4$, & la difference de $+4$ à $-3=$ $-p$ est $+7$, par qui $36=q$ estant divisé, l'exposant n'est pas la racine du quarré 4. C'est pourquoy je passe au quarré suivant 9, la difference de ce quarré à $-3=-p$ est $+12$, par qui 36 estant divisé, l'exposant est 3, qui est aussi la racine du quarré choisi 9. La vraye racine $2a$ sera donc 3, & la contradiction $3aa+p$ sera $9\frac{3}{4}$. Ainsi la preparée est un produit des deux egalitez $yy+3y+12=0$, & $y-3=0$.

Quand c'est que les egalitez de trois degrez sont irreductibles.

XLIII.   L'on n'a point encore trouvé jusqu'ici de moyen pour déterminer exactement les racines des egalitez de trois degrez qui ont $-p$, & $\frac{1}{27}p^3$ plus grand que $\frac{1}{4}qq$, si ces racines sont incommensurables, & que les regles precedentes n'ayent pû en déterminer aucune. Si l'on vouloit chercher ces racines, prenant la proposée $y^3 * -py-q=0$, & sa transformée $y^3 * -3aay-2a^3=0$,
$$-bb \quad +2abb$$

l'on poura d'abord cuber $3aa+bb=p$, & quarrer $a^3-abb=\frac{1}{2}q$, aprés quoy l'on aura $27a^6+27a^4bb+9aab^4+b^6=p^3$, & $a^6-2a^4bb+aab^4=\frac{1}{4}qq$. cette derniere egalité estant toute multipliée par 27, & retranchée de la precedente, laissera $81a^4bb-18aab^4+b^6=p^3-\frac{27}{4}qq$, & tirant de part & d'autre la racine quarrée $9aab-b^3=\sqrt{p^3-\frac{27}{4}qq}$. Mais cela ne donnant point la valeur de a ni de b, ni celle de leurs quarrez ou de leurs cubes, l'on n'est point plus avancé qu'auparavant. Si l'on écrit $b^3 * -\frac{3}{4}pb-\frac{1}{4}\sqrt{p^3-\frac{27}{4}qq}=0$, ses trois racines seront les trois demies differences alternatives des racines cherchées dans la proposée y^3, &c. L'autre egalité $x^3+pxx * -qq=0$, aura pour ses racines les trois plans alternatifs des racines de y^3. Et si quelque racine pouvoit estre connuë dans quelqu'une de ces egalitez, ou en d'autres semblables qu'on en pouroit déduire, l'on pouroit aussi en retrogradant déterminer

déterminer exactement les trois racines incommensurables de la proposée y^3.
Mais comme je ne sçai aucun moyen pour pouvoir déterminer ces racines,
je me contenterai de le faire par approximation, non seulement pour le
troisiéme degré, mais encore pour les autres. Voici comment.

Regle.
Pour approcher de la valeur des racines incommensurables
d'une egalité proposée.

L'egalité sera divisée par deux simples de l'inconnuë — deux des diviseurs **XLIV.**
du dernier terme qui seront tels que l'une de ces divisions laisse un reste negatif, & l'autre un reste positif. Cela marquera quelque racine entre ces deux
diviseurs. L'on divisera de nouveau par l'inconnuë — le petit diviseur — encore la moitié de sa difference au plus grand ; si une telle division laisse encore
un reste negatif, l'on en reïterera de semblables ajoûtant aux dernieres grandeurs la moitié de leur difference au grand diviseur. Et lorsque ces divisions
laisseront un reste positif, l'on en reïterera pareillement d'autres semblables aux
precedentes de l'inconnuë — les dernieres grandeurs qui auront laissé un reste
negatif — encore la moitié de leur difference aux dernieres grandeurs qui auront laissé un reste positif. Et reïterant à l'infini la même regle ; l'on peut approcher à l'infini de la juste valeur de la racine cherchée, sans que neanmoins
l'on puisse jamais y arriver. Ici l'on suppose que la racine soit vraye.

Par exemple l'egalité $y^3 * -12y - 12 = 0$ a ses racines toutes trois réelles, &
Incommensurables. Ainsi on la divisera par $y - 3$, ce qui laisse le reste negatif
-3, mais estant divisée par $y - 4$, elle laisse le reste positif $+4$. La vraie racine est donc entre 3 & 4. L'equation sera donc divisée de nouveau par
$y - \frac{7}{2} = -3, -\frac{1}{2}$ moitié de la difference de 3 à 4. Cette division laisse le
reste negatif $-11\frac{1}{8}$. L'on en fera donc une nouvelle par $y - \frac{15}{4} = -\frac{7}{2}, -\frac{1}{4}$
moitié de la difference de $\frac{7}{2}$ au grand diviseur 4. Cette division laisse le
reste negatif $-4\frac{17}{64}$. L'on en fera donc une nouvelle par $y - \frac{31}{8} = -\frac{15}{4} - \frac{1}{8}$
moitié de la difference de $\frac{15}{4}$ à 4. Cette division laisse le reste negatif
$-\frac{159}{358}$. L'on en fera donc une nouvelle par $y - \frac{63}{16} = -\frac{31}{8}, -\frac{1}{16}$, moitié de
la difference de $\frac{31}{8}$ à 4. Cette division laisse le reste positif $1\frac{3335}{4096}$. L'on en
commencera donc une autre par $y - \frac{125}{32} = -\frac{31}{8}$ derniere grandeur qui a
laissé le reste negatif $-\frac{159}{358}$, & $-\frac{1}{32}$ moitié de la difference de $\frac{31}{8}$ à $\frac{63}{16}$ derniere grandeur qui a laissé le reste positif $1\frac{3335}{4096}$. Cette division laisse encore
un reste positif $1\frac{2341}{33368}$. D'où l'on peut déja conclure que la racine cherchée
est plus grande que $3\frac{18}{32}$, & plus petite que $3\frac{19}{32}$. Et l'on en poura continuer
ainsi l'approche autant que l'on voudra.

E E e

DE LA RESOLUTION
DES EGALITEZ DU QUATRIE'ME DEGRE'
PAR LA TRANSFORMATION.

XLV.   Toute egalité du quatriéme degré aura ses racines toutes quatres réelles, ou deux réelles & deux imaginaires, ou bien enfin toutes quatre imaginaires. Les racines seront toute quatre réelles, lorsque l'egalité proposée sera le produit de deux autres, dont chacune sera réelle & de deux degrez. Deux seront réelles & deux imaginaires, lorsque l'egalité sera un produit de deux autres, l'une réelle & l'autre imaginaire, dont chacune aura deux degrez. Et enfin elles seront toutes quatre imaginaires, lorsque l'egalité sera un produit de deux autres imaginaires, & de deux degrez chacune. Ces trois especes renferment tout le quatrieme degré. Nous en expliquerons icy les proprietez & les differences principales. Et afin de tout rapporter à un petit nombre de regles simples & faciles, nous supposerons ordinairement ces egalitez avec le second terme evanoüi, parcequ'il est facile de leur donner cette forme si elles ne l'ont pas, *par 7. S.* & nous supposerons aussi qu'elles soient toûjours sans fraction, ce qui est encore facile à faire *par 5. S.*

Transformation des egalitez du quatrieme degré qui ont leurs racines toutes quatre réelles.

XLVI.   Leur second terme estant evanoüi poura toûjours donner une egalité de ces deux formes $y^4 * {-pyy} {-qy} {+r} = 0$, ou bien $y^4 * {-pyy} {-qy} {+r} = 0$. Car p aura toûjours le signe —; & si q avoit +, en luy donnant —, l'on changeroit seulement les racines vrayes en fausses, & les fausses en vrayes; ce qu'il faut remarquer icy, car dans la suite nous considererons toûjours les egalitez avec —q. Pour le terme r, il aura + ou —; il aura +, lorsque deux des quatre racines sont fausses & les deux autres vrayes, mais il aura —, lorsqu'une seule estant vraye, les trois autres sont fausses, parceque le surfolide de quatre grandeurs dont trois sont negatives & l'autre positive, ou dont trois sont positives & l'autre negative, ne peut jamais donner que —.

   Comme nous supposons qu'il y ait —q, il faut necessairement puisqu'il y a aussi —p, que dans chacune des formes precedentes deux racines soient vrayes. Si j'appelle donc $2a$ la somme des deux racines qui doit estre positive, & $2b$ leur difference, & —$2a$ la somme des deux autres qui doit estre negative, & $2c$ leur difference, j'auray les quatre egalitez simples $y-a-b=0$, $y-a+b=0$, $y+a+c=0$, & $y+a-c=0$; ou bien les deux de deux degrez $yy-2ay+aa=0$, & $yy+2ay+aa=0$, & leur produit

$$y^4 * \;\underset{-cc}{\underset{-bb}{-2aayy}} \; -2abby \; +a^4 = 0,$$

fera la transformée de la proposée

$$\begin{array}{lll} -bb & +2acc & -aabb \\ -cc & & -aacc \\ & & +bbcc \end{array}$$

$y^4 * {-}pyy {-}qy {+}r = 0$, si a est plus grand que b, c'est à dire si les racines $a{+}b$ & $a{-}b$ sont toutes deux vrayes. Mais si a est plus petit que b, & qu'ainsi la racine $a{-}b$ soit fausse, elle sera la reduite de $y^4 * {-}py {-}q {-}r = 0$. Il faut remarquer que b doit surpasser necessairement c, parceque la grandeur ${-}2abb {+}2acc$ estant l'expression de la grandeur negative ${-}q$, doit estre negative, ce qui ne pouroit estre si $2abb$ ne surpassoit point $2acc$. Si l'on supposoit que b & c fussent nuls ou égaux entr'eux, le terme où est ${-}q$ seroit nul, & l'egalité seroit $y^4 * {-}pyy * {-}r = 0$, qui ne passeroit seulement que pour une egalité du second degré, dont l'inconnuë seroit le quarré yy.

Mais si une seule des demies differences comme c estoit nulle, la transformée seroit
$$y^4 * {-}2aayy {-}2abb {+}a^4 = 0,$$
$$ {-}bb \phantom{{-}2aayy} {-}aabb$$
& alors s'il y avoit ${-}r$, les quatre racines seroient toûjours chaque egale $\overline{{+}a} = \sqrt{\tfrac{1}{6}p} + \sqrt{\tfrac{1}{36}pp {-}\tfrac{1}{3}r}$, & les deux autres, l'une fausse ${-}a {-}\sqrt{\tfrac{q}{2a}}$, & l'autre vraye ${-}a {+}\sqrt{\tfrac{q}{2a}}$. Mais s'il y avoit ${+}r$, les racines seroient toûjours chaque egale $\overline{{+}a} = \sqrt{\tfrac{1}{6}p} + \sqrt{\tfrac{1}{3}pp {+}\tfrac{1}{3}r}$, & les autres toutes 2 fausses, l'une ${-}a {-}\sqrt{\tfrac{q}{2a}}$, & l'autre ${-}a {+}\sqrt{\tfrac{q}{2a}}$. Cette détermination estant particuliere, je l'expose seulement en passant & sans en donner de preuve. Que si la demie difference b estoit nulle, l'autre c seroit donc plus grande qu'elle, & l'egalité auroit ${+}q$ & non pas ${-}q$, ce qui est contre la supposition que nous avons faite un peu auparavant.

Transformation du quatriéme degré, lorsque deux racines font réelles, & deux imaginaires.

Si les deux racines qui ne sont point imaginaires sont appellées, l'une $a{+}b$, & l'autre $a{-}b$, & la contradiction des deux imaginaires cc, l'on aura les deux égalitez $yy {-}2ay {+}aa = 0$, & $yy {+}2ay {+}aa = 0$, & leur produit
$$\phantom{yy {-}2ay} {-}bb \phantom{2ay {+}aa = 0, \& } {+}cc$$

XLVII.

$$y^4 * {-}2aayy {-}2abby {+}a^4 = 0,$$ fera la transformée de l'egalité $y^4 * {-}pyy {-}qy$
$$ {-}bb {-}2acc {-}aabb$$
$$ {+}cc \phantom{aayy {-}2ab} {+}aacc$$
$$\phantom{y^4 * {-}2aayy {-}2ab} {-}bbcc$$
${+}r = 0$, si a est plus grand que b, & $2aa {+}bb$ plus grand que cc, auquel cas les racines seront toutes deux vrayes, & de l'egalité $y^4 * {-}pyy {-}qy {-}r = 0$, si a est plus petit que b; & $2aa {+}bb$ plus grand que cc, auquel cas l'une des deux racines sera vraye & l'autre fausse. Elle sera aussi la transformée de l'egalité $y^4 * {+}pyy {-}qy {+}r = 0$, dont les deux racines sont vrayes; & alors a surpassera b, parceque le dernier terme a ${+}$; & cc surpassera $2aa {+}bb$, à cause que le troisiéme terme a aussi ${+}$; ou bien enfin de l'egalité $y^4 * {+}pyy {-}qy {-}r$, dont les deux racines sont l'une vraye & l'autre fausse, & alors b surpassera a, & cc surpassera $2aa {+}bb$. Si $2aa {+}bb$ estoit égal

à cc, le troisiéme terme seroit évanoüi. Et si bb estoit egal à cc, les racines seroient $a+b = V\tfrac{1}{2}p + V\dfrac{q}{4V\frac{1}{2}p}$ & $a-b = V\tfrac{1}{2}p - V\dfrac{q}{4V\frac{1}{2}p}$, & la contradiction $\dfrac{q}{4V\frac{1}{2}p}$. Tout cela se voit assez facilement en considerant la transformée.

Transformation si les racines sont toutes quatre imaginaires.

XLVIII.   Si j'appelle $2a$ la somme des deux d'une part, & les deux contradictions bb & cc, les deux egalitez de deux degrez chacune seront $yy - 2ay + aa\ (+bb) = 0$,

& $yy + 2ay + aa\ (+cc) = 0$, & leur produit

$$y^4 * \begin{matrix}-2aa\\+bb\\+cc\end{matrix}\, yy \begin{matrix}+2abb\\-2acc\end{matrix}\, y + \begin{matrix}a^4\\+aabb\\+aacc\\+bbcc\end{matrix} = 0,\ \text{sera}$$

la transformée de $y^4 * - pyy - qy + r = 0$, si $2aa$ surpasse $bb + cc$, ou bien de $y^4 * + pyy - qy + r = 0$, si $bb + cc$ surpasse $2aa$. Afin qu'il y ait $-q$, il faut que c surpasse b, si c estoit egal à b, l'egalité n'auroit que deux degrez. Il faut bien remarquer que les racines imaginaires sont $a + V - b$, $a - V - b$, $-a + V - c$ & $-a - V - c$.

XLIX.   *Transformation generale pour tous les cas precedens.*

Toutes les transformations precedentes nous serviront pour distinguer les differentes proprietez de toutes les egalitez du quatriéme degré. Mais comme l'on ne peut pas juger d'abord si une egalité proposée est de l'une de ces especes plûtost que de l'autre, nous nous servirons d'une transformation generale plus courte & plus facile, en appellant pour ce dessein $yy - xy + a\ (+b) = 0$, & $yy + xy + a\ (-b) = 0$, les deux egalitez dont le produit

$$y^4 * - xxyy - 2bxy + aa\ (+2a)\ (-bb) = 0,$$

servira de transformée generale à toute egalité du quatriéme degré. Car si elles ont $-p$, la grandeur xx surpassera $2a$, & si elles ont $+p$, $2a$ surpassera xx. (je suppose qu'elles ayent toûjours $-q$,) La grandeur a surpassera b, si elles ont $+r$; & b surpassera a, si elles ont $-r$.

PREMIER PROBLEME.

L.   Reduire toute egalité du quatriéme degré au troisiéme.

Cette egalité estant preparée, on la transformera generalement comme on vient de le faire, & l'on comparera ses termes avec ceux de la transformée generale qui precede, jusqu'à ce qu'on ait une egalité entiere où la seule inconnuë z se rencontre. Aprés quoy l'on aura ce qu'on cherche.

Exemple.

Pour reduire au troisiéme degré l'egalité $y^4 * - pyy - qy + r = 0$, l'on prendra sa transformée $y^4 * - xxyy - 2bxy + aa\ (+2a)\ (-bb) = 0$, & l'on tirera de la comparaison des trois derniers termes de l'une avec les trois derniers de

l'autre, ces trois egalitez $xx - 2a = p$, $2bx = q$, & $aa - bb = r$. La premiere donnera $a = \frac{1}{2}p - \frac{1}{2}xx$, & la seconde $b = \frac{q}{2x}$. Mettant donc dans la troisiéme egalité $aa - bb = r$, les quarrez des deux valeurs de a & de b trouvées par les 2 egalitez precedentes, l'on aura $\frac{1}{4}x^4 - \frac{1}{2}pxx + \frac{1}{4}pp - \frac{qq}{4xx} = r$, laquelle estant toute multipliée par $4xx$ pour oster la fraction, & ensuite estant ordonnée & renduë egale à zero, l'on aura enfin pour reduite de la proposée l'egalité de trois degrez $x^6 - 2px^4 + ppxx - qq = 0$.
$$-4r$$

Et si la proposée avoit $+p$, cette reduite auroit $+2p$ au second terme, & au contraire si la proposée avoit $-r$, cette reduite auroit $+4r$. Mais soit que la proposée eust $+$ ou $-p$, & $+$ ou $-q$, la reduite auroit toûjours $+pp$ & $-qq$.

Chaque racine de ces reduites differe ordinairement de chaque racine de leur proposée ; mais afin d'expliquer la communication qui est entre ces proposées & leurs reduites, nous comparerons ensemble les trois especes des transformées du quatriéme degré avec leurs reduites.

<table>
<tr><td>Proposée de la premiere espece.</td><td>Sa Reduite.</td></tr>
</table>

$$y^4 * - 2aayy - 2abby + a^4 = 0.$$
$$ - bb \quad + 2acc \quad - aabb$$
$$ - cc - aacc$$
$$ + bbcc$$

$$x^6 - 4aax^4 + 8aabbxx - 4aab^4 = 0.$$
$$ - 2bb \quad + 8aacc \quad + 8aabbcc$$
$$ - 2cc \quad + b^4 - 4aac^4$$
$$ - 2bbcc$$
$$ + c^4$$

LII.

Il est visible que cette espece ne peut jamais avoir $+p$. Sa reduite a trois racines vrayes ; car elle peut estre exactement divisée par $xx - 4aa = 0$, par $xx - bb - 2bc - cc = 0$, & par $xx - bb + 2bc - cc = 0$.

Et si l'on connoist $4aa$, la proposée est resoluë. Car $aa + \frac{1}{2}bb + \frac{1}{2}cc = \frac{1}{2}p$, $abb - acc = \frac{1}{2}q$, ou bien $\frac{1}{2}bb - \frac{1}{2}cc = \frac{q}{4a}$. Donc $bb = \frac{1}{2}p - aa + \frac{q}{4a}$. Et tirant de part & d'autre la racine quarrée, $b = \sqrt{\frac{1}{2}p - aa + \frac{q}{4a}}$. Et l'on aura pareillement $c = \sqrt{\frac{1}{2}p - aa - \frac{q}{4a}}$. Or ayant les valeurs des grandeurs a, b, & c, toutes connuës, les quatre racines $a + b$, $a - b$, $-a - c$ & $-a + c$ le font aussi. Et pareillement connoissant l'une ou l'autre des deux autres racines de la reduite, chaque racine sera connuë. Et si l'on sçavoit qu'une grandeur fust l'une ou l'autre de ses trois racines, sans sçavoir laquelle, en l'appellant $4aa$, les 4 racines seroient toûjours $a + b = a + \sqrt{\frac{1}{2}p - aa + \frac{q}{4a}}$,

$$a - b = a - \sqrt{\frac{1}{2}p - aa + \frac{q}{4a}}, \qquad -a - c = -a - \sqrt{\frac{1}{2}p - aa - \frac{q}{4a}}, \qquad \&$$

$$-a + c = -a + \sqrt{\frac{1}{2}p - aa - \frac{q}{4a}}.$$

LIII.   Dans cette premiere espece $\frac{1}{2}p = aa + \frac{1}{2}bb + \frac{1}{2}cc$ surpassera toûjours

$$aa + \frac{q}{4a} = aa + \frac{1}{2}bb - \frac{1}{2}cc.$$

LIV.   Dans la même espece, la reduite aura toûjours le figne $+$ au troisiéme terme, parceque le quarré $b^4 - 2bbcc + c^4$ que ce terme renferme ne peut estre que positif, puisque toute grandeur positive ou negative multipliée par elle-même, ne peut donner qu'un produit positif.

<table>
<tr><td>Proposée de la seconde espece.</td><td>Sa Réduite.</td></tr>
</table>

$$y^4 - 2aayy - 2abby + a^4 = 0. \qquad x^8 - 4aax^6 + 8aabbxx - 4aab^4 = 0.$$
$$ - bb - 2acc - aabb \qquad\qquad - 2bb - 8aacc - 8aabbcc$$
$$ + cc + aacc \qquad\qquad\qquad + 2cc + b^4 - 4aac^4$$
$$ - bbcc \qquad\qquad\qquad\qquad\qquad + 2bbcc$$
$$ + c^4$$

LV.   La reduite de cette seconde espece aura une racine vraye & deux imaginaires, parcequ'elle poura estre exactement divisée par $xx - 4aa = 0$, par $xx - bb + cc + \sqrt{-4bbcc} = 0$, & par $xx - bb + cc - \sqrt{-4bbcc} = 0$, où l'on voit que les deux dernieres egalitez renferment chacune sous le figne $\sqrt{}$ la grandeur negative $-4bbcc$, qui ne peut avoir de racine quarrée positive ou negative.

LVI.   Que si l'on connoist $4aa$, la proposée est resoluë. Car en premier lieu si l'egalité avoit $-p$, l'on auroit $aa + \frac{1}{2}bb - \frac{1}{2}cc = \frac{1}{2}p$, & $\frac{1}{2}bb + \frac{1}{2}cc = \frac{q}{4a}$, lesquelles estant jointes l'une avec l'autre, & la transposition accoûtumée estant faite, l'on aura $bb = \frac{1}{2}p - aa + \frac{q}{4a}$, & l'une estant pareillement retranchée de l'autre, l'on aura $cc = -\frac{1}{2}p + aa + \frac{q}{4a}$. Ainsi les deux racines de l'egalité proposée, qui sont réelles, seront $a + b = a + \sqrt{\frac{1}{2}p - aa + \frac{q}{4a}}$, & $a - b = a - \sqrt{\frac{1}{2}p - aa + \frac{q}{4a}}$, & la contradiction des deux autres imaginaires $-a + \sqrt{-c}$ & $-a - \sqrt{-c}$, sera $cc = -\frac{1}{2}p + aa + \frac{q}{4a}$.

LVII.   Et dans ce premier cas où l'on suppose que la proposée ait $-p$, il arrive toûjours que $\frac{1}{2}p = a + \frac{1}{2}bb - \frac{1}{2}cc$ est plus petit que $aa + \frac{q}{4a} = aa + \frac{1}{2}bb + \frac{1}{2}cc$; mais il est plus grand que $aa - \frac{q}{4a} = aa - \frac{1}{2}bb - \frac{1}{2}cc$.

LVIII.   En second lieu si la proposée avoit $+p$, ses deux racines réelles seroient $a + b = a + \sqrt{-\frac{1}{2}p - aa + \frac{q}{4a}}$, & $a - b = a - \sqrt{-\frac{1}{2}p - aa + \frac{q}{4a}}$, & la contradiction des deux imaginaires $cc = \frac{1}{2}p + aa + \frac{q}{4a}$.

LIX.   Et dans ce second cas où l'on suppose que la proposée ait $+p$, il arrive toûjours que $\frac{1}{2}p=\ {-}aa-\frac{1}{2}bb+\frac{1}{2}cc$ est plus petit que $\frac{q}{4a}-aa=\ {-}aa$ $+\frac{1}{2}bb+\frac{1}{2}cc$.

Toute egalité du quatriéme degré dont le second terme est évanoüi, sera toûjours uniquement de cette seconde espece, lorfqu'elle aura $+p$ & $-r$. **LX.** Car $+p$ marque quelques racines imaginaires, & $-r$ marque que toutes quatre ne le peuvent estre.

Propofée de la troifiéme espece.　　　　　*Sa Reduite.*

$y^4*-2aayy+2abby+a^4=0.$　　$x^6-4aax^4-8aabbxx-4aab^4=0.$
$\qquad +\ bb\ -2acc\ +aabb$　　$\qquad +2bb\ -8aacc\ +8aabbcc$
$\qquad +\ cc\qquad\ +aacc$　　$\qquad +2cc\ +\ b^4\qquad -4aac^4$
$\qquad\qquad\qquad +aacc$　　$\qquad\qquad\qquad -2bbcc$
$\qquad\qquad\qquad\qquad\qquad +\ c^4$

Cette espece ne peut jamais avoir $-r$. Sa reduite a une racine vraye, & les deux autres fausses. Car elle peut estre exactement divifée par **LXI.** $zz-4aa=0$, par $zz+bb+2bc+cc=0$, & par $zz+bb-2bc+cc=0$.

Et si l'on connoist $4aa$, la propofée est resoluë. Car en premier lieu, lorfqu'elle aura $-p$, les deux contradictions des quatre imaginaires seront **LXII.** toûjours $bb=\ {-}\frac{1}{2}p+aa-\frac{q}{4a}$, & $cc=\ {-}\frac{1}{2}p+aa+\frac{q}{4a}$.

Et dans ce premier cas, $\frac{1}{2}p=aa-\frac{1}{2}bb-\frac{1}{2}cc$ sera toûjours plus petit **LXIII.** que $aa-\frac{q}{4a}=aa+\frac{1}{2}bb-\frac{1}{2}cc$.

En second lieu, si la propofée avoit $+p$, les deux contradictions seroient **LXIV.** toûjours $bb=\frac{1}{2}p+aa-\frac{q}{4a}$, & $cc=\frac{1}{2}p+aa+\frac{q}{4a}$.

Et dans ce second cas, $\frac{1}{2}p=\ {-}aa+\frac{1}{2}bb+\frac{1}{2}cc$ est toûjours plus grand **LXV.** que $\frac{q}{4a}-aa=\ {-}aa-\frac{1}{2}bb+\frac{1}{2}cc$.

Second Probleme.

Une egalité du quatriéme degré estant propofée, en chercher la resolution.

Premiere Regle.

Cette egalité estant preparée, & delivrée de toute forte de fractions & de grandeurs incommenfurables, l'on aura toûjours une egalité qui aura $-p$ **LXVI.** avec $+$ ou $-r$, ce qui fait deux formes differentes ; ou bien $+p$ avec $+$ ou $-r$, ce qui en fait deux autres.

L'on prendra la reduite de cette egalité, & on la divifera fucceffivement & par ordre par chacun des quartez divifeurs de qq, en commençant par ceux qui font plus grands que p, lorfqu'il y aura $-p$ dans la propofée.

Si quelque divifion fe fait fans refte, & que la propofée ait $-p$, appellant $4aa$ la racine découverte, les quatre de la propofée feront toûjours celles-ci $a+\sqrt{\frac{1}{2}p-aa+\frac{q}{4a}}$, $a-\sqrt{\frac{1}{2}p-aa+\frac{q}{4a}}$, $-a-\sqrt{\frac{1}{2}p-aa-\frac{q}{4a}}$, & enfin $-a+\sqrt{\frac{1}{2}p-aa-\frac{q}{4a}}$ par 52, 56, & 62, S. qui seront toutes quatre réelles, si $\frac{1}{2}p$ est plus grand que $aa+\frac{q}{4a}$, par 53. S. Les deux premieres seront réelles, & les deux autres imaginaires, si $\frac{1}{2}p$ est plus petit que $aa+\frac{q}{4a}$, & plus grand que $aa-\frac{q}{4a}$, par 57. S. & enfin toutes quatre imaginaires, si $\frac{1}{2}p$ est plus petit que $aa-\frac{q}{4a}$, par 63. S.

LXVII. Mais quand la proposée aura $+p$, ses quatre racines seront toûjours $a+\sqrt{-\frac{1}{2}p-aa+\frac{q}{4a}}$, $a-\sqrt{-\frac{1}{2}p-aa+\frac{q}{4a}}$, $-a-\sqrt{-\frac{1}{2}p-aa-\frac{q}{4a}}$, & $-a+\sqrt{-\frac{1}{2}p-aa-\frac{q}{4a}}$, par 58. & 64. S. Les deux premieres de ces quatre racines seront réelles, & les deux autres imaginaires, si $\frac{q}{4a}$ est plus grand que $\frac{1}{2}p+aa$, par 59. S. & toutes quatre imaginaires, s'il est plus petit, par 65. S.

Premier Exemple.

Pour resoudre l'egalité $y^4 *-37yy-24y+18=0$, je prens sa reduite $x^6-74x^4+649xx-576=0$, & je la divise par $xx-64$ premier quarré diviseur de $576=qq$, qui soit au dessus de $37=p$, l'exposant de la division est $x^4-10xx+9=0$. C'est pourquoy appellant $4aa$ la racine trouvée 64, les racines cherchées seront $a+\sqrt{\frac{1}{2}p-aa+\frac{q}{4a}}=4+2=6$, $a-\sqrt{\frac{1}{2}p-aa+\frac{q}{4a}}=2$, $-a-\sqrt{\frac{1}{2}p-aa-\frac{q}{4a}}=-5$, & $-a+\sqrt{\frac{1}{2}p-aa-\frac{q}{4}}=-3$. Ainsi la proposée est un produit des quatre simples $y-6=0$, $y-2=0$, $y+5=0$, & $y+3=0$.

Second Exemple.

Pour resoudre l'egalité $y^4 *-8yy-8y+15=0$, je prens sa reduite $x^5-16x^4-4xx-64=0$, & je la divise par $xx-16$ premier quarré diviseur de $64=qq$, qui soit plus grand que $8=p$, l'exposant de la division est $x^4 *-4=0$. Ainsi appellant $4aa$ la racine trouvée 16, les racines cherchées seront $a+\sqrt{\frac{1}{2}p-aa+\frac{q}{4a}}=3$, $a-\sqrt{\frac{1}{2}p-aa+\frac{q}{4a}}=1$, $-a-\sqrt{\frac{1}{2}p-aa-\frac{q}{4a}}=-2-\sqrt{-1}$, & $-a+\sqrt{\frac{1}{2}p-aa-\frac{q}{4a}}=-2+\sqrt{-1}$. Ainsi la proposée est un produit des quatre egalitez simples

simples $x-3=0$, $x-1=0$, $x+2+\sqrt{-1}=0$, & $x+2-\sqrt{-1}=0$, dont les deux dernieres renferment la contradiction $\sqrt{-1}$.

Troisiéme Exemple.

Pour resoudre l'egalité $y^4 * -4yy-8y+35=0$, je prens sa reduite $x^6-8x^4-124xx-64=0$, & je la divise par $xx-16$ premier quarré diviseur de $64=qq$, qui soit au dessus de $p=4$, l'exposant de la division est $x^2+8xx+4$. Supposant donc $16=4aa$ ou bien $2=a$, les racines cherchées

feront $a+\sqrt{\frac{1}{2}p-aa+\frac{q}{4a}}=2+\sqrt{-1}$, $a-\sqrt{\frac{1}{2}p-aa+\frac{q}{4a}}=2-\sqrt{-1}$,

$-a-\sqrt{\frac{1}{2}p-aa-\frac{q}{4a}}=-2-\sqrt{-3}$; & $-a+\sqrt{\frac{1}{2}p-aa-\frac{q}{4a}}$

$=-2+\sqrt{-3}$. Ainsi la proposée est un produit des quatre egalitez simples & imaginaires $x-2-\sqrt{-1}=0$, $x-2+\sqrt{-1}=0$, $x+2+\sqrt{-3}=0$, & $x+2-\sqrt{-3}=0$, ou bien ce qui revient au même, des deux imaginaires $xx-4x+5=0$, & $xx+4x+7=0$, qui ont chacune deux degrez.

Quatriéme Exemple.

Pour resoudre l'egalité $z^4 * -7zz-2z+2=0$, je prens sa reduite $x^6-14x^4+41xx-4=0$, & ne pouvant la diviser sans reste par $xx-$ aucun quarré diviseur de $4=qq$, qui soit plus grand que p, je choisis 4 premier quarré au dessous de $p=7$, & parceque la division se fait sans reste, appellant $4aa$ la racine trouvée 4, je connois que les racines cherchées font

$a+\sqrt{\frac{1}{2}p-aa+\frac{q}{4a}}=1+\sqrt{3}$, $a-\sqrt{\frac{1}{2}p-aa+\frac{q}{4a}}=1-\sqrt{3}$,

$-a-\sqrt{\frac{1}{2}p-aa-\frac{q}{4a}}=-1-\sqrt{2}$,& $-a+\sqrt{\frac{1}{2}p-aa-\frac{q}{4a}}=-1+\sqrt{2}$.

De forte que la proposée est un produit des quatre simples $z-1-\sqrt{3}=0$, $z-1+\sqrt{3}=0$, $z+1+\sqrt{2}=0$, & $z+1-\sqrt{2}=0$.

Cinquiéme Exemple.

Pour resoudre l'egalité $z^4 * -68zz-12z+255=0$, je prens sa reduite $x^6-136x^4+3604xx-144=0$, & ne pouvant la diviser sans reste par $xx-144$, qui est le seul quarré diviseur de $144=qq$ qui soit plus grand que $p=68$; (car les deux quarrez 100 & 121 qui font entre 68 & 144, ne peuvent estre ni l'un ni l'autre diviseurs de 144.) je vois si je pourai la diviser sans reste par $xx-36$ premier quarré diviseur de $144=qq$ qui soit au dessous de $68=p$, & parceque la division se fait sans reste, je connois comme aux exemples precedens que les racines cherchées font $3+\sqrt{26}$, $3-\sqrt{26}$, $-3-\sqrt{24}$, & $-3+\sqrt{24}$.

Sixiéme Exemple.

Pour resoudre $y^4 * +10yy-145y+96=0$, je prens sa reduite $x^6+20x^4-184xx-21025=0$, & voyant que $xx-1$ le premier de tous les quarrez ne peut la diviser sans reste, & que les quarrez suivans 4, 9, & 16, ne font point diviseurs de $21025=qq$, je trouve que $xx-$ le quarré suivant 25 qui en est diviseur, peut diviser la reduite sans reste. C'est pourquoy appellant $4aa$, cette racine découverte 25, parceque l'egalité a $+p$, je connois que ses quatre racines sont les deux réelles $a+\sqrt{-\frac{1}{2}p-aa+\frac{q}{4a}} = \frac{5}{2}+\sqrt{\frac{13}{4}}$, $a-\sqrt{-\frac{1}{2}p-aa+\frac{q}{4a}} = \frac{5}{2}-\sqrt{\frac{13}{4}}$, & les deux autres imaginaires $-a-\sqrt{-\frac{1}{2}p-aa-\frac{q}{4a}} = -\frac{5}{2}-\sqrt{-25\frac{1}{4}}$, & $-\frac{5}{2}+\sqrt{-25\frac{3}{4}}$.

Septiéme Exemple.

Et pour resoudre $y^4* + 70yy - 3744y + 27993 = 0$, je prens sa reduite $x^6 + 140x^4 - 107072xx - 14017536 = 0$, & voyant successivement si elle peut estre divisée par $xx-$ chacun des quarrez 1, 4, 9, ou autres diviseurs de $14017536 = qq$, je voy que la division se fait sans reste par $xx - 324 = 0$, c'est pourquoy les racines seront, la premiere $a+\sqrt{-\frac{1}{2}p-aa+\frac{q}{4a}} = 9+\sqrt{-12}$, la seconde $9-\sqrt{-12}$, la 3e $-a-\sqrt{-\frac{1}{2}p-aa-\frac{q}{4a}} = -9-\sqrt{-220}$, & la quatriéme $-9+\sqrt{-220}$, qui sont toutes quatre imaginaires.

LXVIII. Si l'egalité proposée a $-r$, avant que de suivre le probleme precedent, l'on poura tenter sa resolution d'une maniere plus courte, en la divisant d'abord par $z-$ chaque quarré diviseur du terme r, qui soit plus grand que p.

Par exemple pour resoudre l'egalité $y^4* - 59yy - 188y - 90 = 0$, on la divisera par $y-9$ premier quarré diviseur de $90 = r$, qui soit plus grand que $59 = p$, ce qui donne la vraye racine 9, & la proposée est reduite par la division à celle de trois degrez $y^3 + 9yy + 22y + 10 = 0$, qui sera resolue par les regles du troisiéme degré. Mais s'il arrive que cette methode ne fasse rien connoître, l'on suivra celle du probleme & des exemples precedens.

LXIX. L'on remarquera aussi que cette derniere methode peut servir pour baisser à un moindre degré toute egalité plus composée, dont le second terme est évanoüi, lorsque la disposition des signes marque qu'une seule racine vraye egale toutes les fausses, ou qu'une fausse egale toutes les vrayes sous differens signes.

Seconde Regle.

LXX. Lorsqu'il arrive que le probleme n'a rien découvert, si la proposée n'a point $+p$ & $-r$, l'on prendra la preparée de la reduite x^6, &c. comme on la voit icy marquée selon trois differentes formes.

Proposée de la premiere forme.

$$y^4* - pyy - qy + r = 0.$$

Preparée de sa Reduite x^6 &c.

$$v^3* - \frac{1}{3}ppv + \frac{2}{27}p^3 = 0.$$
$$-4r \quad -\frac{8}{3}pr$$
$$-qq$$

Proposée de la seconde forme.
$$y^4 * -pyy -qy -r = 0.$$

Preparée de sa Reduite x^6 &c.
$$v^3 * -\tfrac{1}{3}ppv +\tfrac{2}{27}p^3 = 0.$$
$$+4r \qquad +\tfrac{8}{3}pr$$
$$\qquad\qquad -qq$$

Proposée de la troisiéme forme.
$$y^4 * +pyy -qy +r = 0.$$

Preparée de sa Reduite x^6 &c.
$$v^3 * -\tfrac{1}{3}ppv -\tfrac{2}{27}p^3 = 0.$$
$$-4r \qquad +\tfrac{8}{3}pr$$
$$\qquad\qquad -qq$$

Pour la quatriéme forme qui a $+p$ & $-r$, elle est toûjours de l'espece où deux racines sont réelles & deux imaginaires, ainsi l'on ne prendra point là preparée de sa reduite, qui ne doit servir que pour sçavoir de quelle espece est l'egalité proposée.

Enfuite l'on verra *par* 37, & 40, ou 42, 5. fi la preparée qu'on aura prife aura fes racines toutes 3 réelles, ou une réelle & deux imaginaires. Si toutes trois font réelles, la propofée y^4 aura fes racines toutes quatre réelles ou toutes quatre imaginaires; toutes quatre réelles, lorfqu'elle aura $-p$, & que le troifiéme terme de la reduite x^6 aura le figne $+$, *par* 54. S: & toutes quatre imaginaires, fi ce terme eft negatif, (car alors $2aa$ furpaffant $bb +cc$, $-8aabb$ $-8aacc$, ofte plus que ne donne $b^4 -2bbcc +c^4$, puifque celui-ci eft le quarré de $bb -cc$, qui vaut moins que $8aa$ & que $bb +cc$,) ou que la propofée ait $+p$. Auquel cas l'on peut dire que l'egalité propofée eft refoluë, puifque l'on a démonftration qu'aucune grandeur pofitive ou negative ne peut y fatisfaire, & qu'elle ne renferme que des contradictions, quoy qu'on ne puiffe les déterminer qu'à peu prés.

Mais lorfqu'on aura connu par cette regle, que les racines de la propofée y^4, &c. font toutes quatre réelles, avant que de conclure abfolument fon irreductibilité à un degré moindre que le quatriéme, on la divifera par ordre par $y -$ ou $+$ chaque divifeur du terme r, fi quelque divifion reüffit en fe faifant fans refte, l'on aura l'une de fes racines, & la propofée fera baiffée à une egalité de trois degrez qui fera irreductible à aucun autre.

Et fi la divifion ne fe peut faire en aucune maniere fans laiffer quelque refte, la propofée y^4 &c. fera irreductible à un degré moindre que le quatriéme, & la refolution exacte du probléme qu'elle reprefente fere impoffible, parceque l'on n'a point encore trouvé le moyen de la pouvoir déterminer autrement que par lignes. On la poura déterminer cependant fi prés que l'on voudra par l'approximation.

Si donc il falloit refoudre l'egalité $y^4 * -18yy -4y +69 = 0$, fa reduite $x^6 -36x^4 +48xx -16 = 0$, ne peut eftre divifée fans refte par $xx -$ quelqu'un des quarrez divifeurs de $16 = qq$, & fa reduite a fes trois racines réelles. Comme donc cette reduite a $+$ au troifiéme terme $+48xx$, il s'enfuit que les racines de la propofée font toutes quatre réelles. Mais parcequ'on n'a pû encore en découvrir aucune, avant que de conclure que la refolution du probléme eft impoffible autrement que par approximation, il faut divifer la

LXXI.

LXXII.

proposée par y — ou —+ chaque diviseur de 69—r. La division se fait sans reste par y—3. Ainsi 3 en est une racine, & on la reduit au troisiéme degré $y^3 + 3yy - 9y - 23 = 0$, qui est irreductible à un degré moindre que le troisiéme.

Détermination du cas où deux racines sont réelles,
& les deux autres imaginaires.

LXXIII.   Mais lorsqu'on aura démonstration *par* 40 ou 42.*S.* que deux racines sont réelles & les deux autres imaginaires, si la proposée a —p & —+r, l'on aura toûjours

$$4aa = \tfrac{2}{3}p + \sqrt{C. - \tfrac{1}{27}p^3 + \tfrac{4}{3}pr + \tfrac{1}{2}qq + \sqrt{-\tfrac{4}{27}p^4 r + \tfrac{32}{27}pprr - \tfrac{1}{27}p^3 qq + \tfrac{4}{3}prqq + \tfrac{1}{4}q^4 - \tfrac{64}{27}r^3}}.$$

Et si la proposée est de la forme qui a —p & —r, l'on aura toûjours

$$4aa = \tfrac{2}{3}p + \sqrt{C. - \tfrac{1}{27}p^3 - \tfrac{4}{3}pr + \tfrac{1}{2}qq + \sqrt{\tfrac{4}{27}p^4 + \tfrac{32}{27}pprr - \tfrac{1}{27}p^3 qq - \tfrac{4}{3}prqq + \tfrac{1}{4}q^4 + \tfrac{64}{27}r^3}}.$$

Et si la proposée de la troisiéme forme qui a —+p & —+r, l'on aura toûjours

$$4aa = -\tfrac{2}{3}p + \sqrt{C. \tfrac{1}{27}p^3 - \tfrac{4}{3}pr + \tfrac{1}{2}qq + \sqrt{-\tfrac{4}{27}p^3 r + \tfrac{32}{27}pprr + \tfrac{1}{27}p^3 qq - \tfrac{4}{3}prqq + \tfrac{1}{4}q^4 - \tfrac{64}{27}r^3}}.$$

Et si laissant —$\tfrac{2}{3}p$, l'on met le signe —+ devant chacune des parties qui sont sous le signe radical $\sqrt{}$C. dans cette valeur de $4aa$, l'on aura la valeur de $4aa$ de la forme $y^4 * + pyy - qy - r = 0$, où les deux racines sont toûjours réelles, & les deux autres imaginaires.

LXXIV.   Or la grandeur aa estant déterminée dans chacune des quatre formes precedentes, il sera facile *par* 66. *S.* d'en déterminer aussi les deux racines réelles, & les deux autres imaginaires.

AVERTISSEMENT.

Avant que je finisse le quatriéme degré, j'avertirai que la Regle que Monsieur Descartes a donnée pour le resoudre, peut estre abregée au moins de la moitié. Car au lieu qu'il ordonne d'en diviser la reduite par zz—+ ou — chaque diviseur de qq, il suffit de la diviser par zz— chacun de ces diviseurs. Car il y a les deux tiers de ces reduites, c'est à dire celles du second & troisiéme cas, qui n'ont jamais de racines fausses, & dans l'autre tiers de ces reduites qui sert pour le premier cas, il n'y en a qu'un tres-petit nombre où les racines fausses soient commensurables, car à moins que les contradictions bb & cc ne soient chacune des quarrez parfaits, ce qui arrive assez rarement, les deux racines fausses sont chacune incommensurable, & la division ne peut se faire par zz—+ aucun diviseur de qq. Mais au contraire jamais la reduite ne peut estre divisée par zz—+ un diviseur de qq, qu'elle ne puisse aussi l'estre par —. Et de plus si l'egalité est numerique, il faut choisir seulement parmi ces diviseurs ceux qui sont des quarrez parfaits, ce qui abrege encore beaucoup sa même regle.

Monsieur Descartes dit encore que si la racine de la reduite ne peut estre trouvée, on n'a point besoin de passer outre, parcequ'il suit infailliblement de là que le probleme est solide, c'est à dire qu'on ne peut en déterminer ni la nature ni la resolution autrement que par les lignes paraboliques. Cependant en toute egalité qui n'enferme que des contradictions, ce qui fait le tiers du quatriéme degré, on le peut toûjours démonstrativement reconnoître, lors même qu'aucune racine de la reduite ne peut estre trouvée, ainsi qu'il est marqué au Premier Cas 71. S. Et il ne faut point dire que la contradiction ne peut estre exactement determinée, car Monsieur Descartes luy-même en resolvant par sa methode l'egalité $x^4*-4xx-8x+35=0$, en ces deux autres imaginaires dont elle est un produit, $xx-4x+5=0$ & $xx+4x+7=0$, il se contente de conclure par elles la resolution du probleme, en disant que parcequ'on ne trouve aucune racine ni vraye ni fausse en ces deux dernieres egalitez, on connoît de là que les quatre de l'egalité dont elles procedent sont imaginaires, & que le probleme pour lequel on l'a trouvé est plan de sa nature, mais qu'il ne sçauroit en aucune façon estre construit, à cause que les quantitez données ne peuvent se joindre. Où l'on voit qu'il ne détermine point les contradictions, & en effet personne ne s'est encore avisé de parler des contradictions des egalitez.

Monsieur Hudde remarque aussi que toute egalité reductible du quatriéme degré peut estre reduite par la regle de Monsieur Descartes; mais l'on a fait le contraire en déterminant le Second Cas 72. S.

DES EGALITEZ

QUI PASSENT LE QUATRIÉME DEGRÉ.

L'on sçait déja que toute egalité où l'on n'aura pû découvrir aucune racine LXXV. par la methode generale expliquée *III.* 73. ne peut en avoir aucune qui soit commensurable. Mais il se peut faire que la somme de deux, ou de trois, ou de quatre, &c. soit commensurable, & alors cette egalité poura estre baissée à des degrez egaux aux nombres des racines dont la somme est egale.

L'on évanoüira pour cela le second terme de cette egalité, & on luy trou- LXXVI. vera par ordre autant de transformées generales que le nombre de ses dimensions poura estre separé differemment en deux autres nombres plus grands chacun que l'unité. Par exemple, comme 5 ne peut estre ainsi separé qu'en 3 & 2, ou 2 & 3, ce qui est le même, le cinquiéme degré n'aura qu'une transformée generale. Mais le sixiéme & septiéme en aura deux, parceque 6 peut estre separé en 2 & 4, ou en 3 & 3, & 7 en 3 & 4, ou en 2 & 5.

La transformée du cinquiéme degré se trouve ainsi. Je suppose que toute egalité du cinquiéme degré, dont le second terme est evanoüi, est un produit de ces deux autres $y^3-xyy+ay+c=0$, & $yy+xy+a=0$, c'est à dire l'e-
$$\qquad\qquad\qquad\quad +b \qquad\qquad\qquad\qquad -b$$

galité de cinq degrez $y^5*-xxy^3+2bxyy+aay+ac=0$, qui sera la trans-
$$\qquad\qquad\qquad\qquad\quad +2a\ \ +c\ \ -bb\ -bc$$
$$\qquad\qquad\qquad\qquad\qquad\qquad\qquad +cx$$

formée generale de $y^5*+py^3+qyy+ry+=0$, que je prens pour toute egalité du cinquiéme degré, en supposant que p, q, r, & s, que je marque avec $+$, auront autant $+$ comme $-$.

Ensuite je tire de la comparaison des termes de l'une avec ceux de l'autre les quatre egalitez $a = \frac{1}{2}xx + \frac{1}{2}p$, $c = q - 2bx$, $aa - bb + cx = r$, & $ac - bc = f$. Et si l'on met dans les deux dernieres au lieu des lettres a & c leurs valeurs trouvées par les deux premieres, la troisiéme egalité sera $\frac{1}{4}x^4 + \frac{1}{2}pxx + \frac{1}{4}pp - bb + qx - 2bxx = r$, & la 4^e $\frac{1}{2}pq + \frac{1}{2}qxx - pbx - bx^3 - bq + 2bbx = f$, dans laquelle si l'on met au lieu de bb sa valeur trouvée par la precedente, on aura $\frac{1}{2}pq + \frac{3}{2}qx - pbx - 5bx^3 - bq - f + \frac{1}{2}x^5 + px^3 + \frac{1}{2}ppx - 2rx = 0$; qui donne

$$b = \frac{\frac{1}{2}x^5 + px^3 + \frac{1}{2}ppx - 2rx + \frac{1}{2}qxx + \frac{1}{2}pq}{5x^3 + px + q}$$

$= \frac{f}{g}$, en supposant le premier terme egal à f, & le second egal à g, afin d'abreger. Mettant donc $\frac{f}{g}$ au lieu de b, & son quarré au lieu de bb dans la troisiéme egalité, l'on aura $\frac{1}{4}x^4 + \frac{1}{2}pxx + \frac{1}{4}pp + qx - r - \frac{ff}{gg} - \frac{2fxx}{g} = 0$; qui estant délivrée de ses fractions, & les valeurs de f & de g substituées au lieu de ces lettres, l'on aura enfin l'egalité de dix degrez,

$$\begin{array}{ccccccccccc}
x^{10} * &+3px^8 &-qx^7 &+3ppx^6 &-2pqx^5 &+p^3x^4 &-ppqx^3 &+pprxx &+q^2x &+pqf &=0,\\
 & &-3r &+11f &-2pr &+4qr &-pqq &+ppf &-qqr & &\\
 & &-qq & &+4pf &+7qf & &-qrf &-ff & &\\
 & & & & & & & &-4rr & &
\end{array}$$

que nous appellons la reduite de la proposée y^5. Et l'on observera que pour les signes $+$ & $-$ qui ne sont pas assez determinez, si la proposée a $+p$, l'on supposera que p aura son signe $+$ dans tous les produits de la reduite, où il se trouve. Et si la proposée avoit $-p$, l'on supposeroit p avec son signe $-$ dans les seuls produits où il aura ses dimensions impaires. L'on observera aussi la même chose pour les autres lettres q, r, & f. Cette rémarque peut servir aussi pour les egalitez du sixiéme degré.

Les dix racines de cette reduite seront les dix sommes alternatives des cinq racines de la proposée y^5 alternativement combinées deux à deux, ou trois à trois en dix manieres differentes.

LXXVII. Si donc cette reduite peut estre divisée par $x +$ ou $-$ quelque diviseur de son dernier terme, la proposée y^5 &c. poura l'estre par $yy + xy + \frac{2x^5 + 2qx^3 - 2rxx + 2fx + t}{5x^3 + px + q} = 0$; qui aura deux de ses racines, & la division la reduira au troisiéme degré.

LXXVIII. De même pour resoudre toute egalité du sixiéme degré, dont aucune racine n'est commensurable, l'on supposera qu'elle est formée par deux autres, l'une de deux & l'autre de quatre degrez, & par une operation semblable à la precedente, ou plus courtement encore, comme fait Monsieur Hudde, l'on trouvera l'egalité de quinze degrez.

$$x^{13} + 49x^{13} - 2rx^{12} + 6qqx^{11} + 10tx^{10} - 29sx^{9} + 129tx^{8} - 3rtx^{7} + 10stx^{6} - 12ttx^{5} + 29stx^{4} - sqttx^{3}$$

$$
\begin{array}{lllllllll}
-2s & -6qr & -26v & +6rs & -24qv & -30rv & +6qrt & -6qrt & +7rst \\
+4q^{3} & -6qqr & -7ss & +2qqt & -18qqv & -6rrt & +3rrv & & \\
& +2qqs & +4qrs & -6qss & +8rss & +qqrt & & & \\
& +q^{4} & +2r^{3} & -6rrs & -2qqrs & -4q^{3}v & & & \\
& & -2q^{3}r & +2q^{3}s & +2qr^{3} & +qqss & & & \\
& & +54sv & -18tv & +18qsv & & & & \\
& & & & -4s^{3} & & & & \\
& & & & -2qrrs & & & & \\
& & & & -r^{4} & & & & \\
& & & & -27vv & & & & \\
\end{array}
$$

$$-6rttxx - qqttx - qrtt = 0.$$
$$
\begin{array}{lll}
+2r^{3}s & +3stt & +t^{3} \\
+qrst & +rrst & \\
+3qrrv & -r^{3}v & \\
-r^{3}t & & \\
-rrss & & \\
\end{array}
$$

Cette egalité que l'on peut appeller la premiere reduite de la proposée LXXIX. y^{6} &c. aura quinze racines qui seront les sommes des 6 racines de la proposée alternativement combinées deux à deux ou quatre autant de fois qu'elles peuvent l'estre differemment. C'est pourquoy si la somme de deux ou bien de quatre telles qu'elles puissent estre, estoit commensurable, cette reduite se pouroit diviser sans reste par x + ou — quelqu'un des diviseurs de son dernier terme ; & la proposée par consequent pouroit estre divisée sans reste

par cette egalité de deux degrez $yy + xy + \dfrac{m}{n} = 0$, en supposant que la valeur

de m fust $5x^{8} + 6px^{6} - 49x^{5} + 5rx^{4} - ssx^{3} - qqxx - psx - qs$, & que celle
$$+pp \qquad\qquad +pr \quad +qr$$
$$-9t$$
de n fust $14x^{6} + 8px^{4} + 59x^{3} + 2ppxx + pqx - qq$, ce qui reduira la proposée
$$-6r \qquad -3s$$
au quatriéme degré, & celle de deux donnera aussi deux de ses six racines.

Pour la seconde reduite du sixiéme degré, on supposera que la proposée LXXX. est formée du produit de deux autres de trois degrez chacune, & l'on arrivera à une egalité de vingt degrez, mais qui ne passera que pour dix, parceque ses dimensions seront paires dans chacun de ses termes. Les dix racines de cette egalité seront les dix sommes des racines de la proposée combinées trois à trois en vingt manieres differentes, par III. 56. mais parceque l'on ne peut prendre trois racines d'une part sans prendre en même temps celle des trois qui restent & qui est la même, ces vingt manieres ne seront contées que pour la moitié, c'est à dire pour dix. Et pour en trouver quelque racine, il suffiroit de la diviser par xx — chaque quarré diviseur du dernier terme.

Mais outre les transformées generales, il faudroit en avoir aussi de parti- LXXXI. culieres pour examiner chaque degré selon ses differentes especes, afin de voir les communications que peuvent avoir entr'elles ses racines réelles, ou ses contradictions.

C'est ainsi qu'il faudra trois transformées particulieres pour le cinquiéme degré, parcequ'il renferme trois especes d'egalitez, celles qui ont cinq racines réelles , celles qui en ont trois réelles & deux imaginaires , & celles qui en ont une réelle & quatre imaginaires.

LXXXII.   Pour avoir facilement ces transformées particulieres , si toutes les racines sont réelles , on appellera $2a$ la somme de deux racines d'une part , ou des trois autres qui restent de l'autre part, & pour exprimer toutes les differences alternatives de ces cinq racines , elles seront $a+b$, $a-b$, $-c-d$, $-c+d$, & $-2a+2c$. Ce qui donnera les trois egalitez $yy-2ay+aa-bb=0$,

$yy+2cy+cc-dd=0$, & $y+2a-2c=0$, & leur produit, qui est l'egalité

$$
\begin{array}{lllll}
y^5 * & -3aay^3 & +2a^3yy & -7aaccy & +2a^3cc = 0. \\
 & +4ac & -8aac & +4a^3c & -2a^3dd \\
 & -3cc & +8acc & -4abbc & -2abbcc \\
 & -bb & -2abb & +3aadd & +2abbdd \\
 & -dd & -2c^3 & +4ac^3 & -2aac^3 \\
 & & +2cdd & -4acdd & +2aacdd \\
 & & & +3bbcc & +2bbc^3 \\
 & & & +bbdd & -2bbcdd
\end{array}
$$

sera la transformée de la premiere espece qui a ses cinq racines toutes réelles. Et si l'on y change tous les signes où se trouve dd, elle sera la transformée de la seconde espece, qui aura les trois réelles $a+b$, $a-b$, & $-2a+2c$, & la contradiction des deux autres imaginaires dd. Si l'on changeoit de nouveau dans cette seconde transformée tous les signes où se trouve bb, l'on auroit la transformée de la troisiéme espece, qui auroit la racine réelle $-2a+2c$, & les deux contradictions des quatre autres imaginaires bb & dd.

LXXXIII.   De même pour avoir les quatre transformées particulieres du sixiéme degré. Si toutes les racines sont réelles , l'on supposera qu'elles sont $a+b$, $a-b$, $-c+d$, $-c-d$, $-a+c-e$, & $-a+c+e$, qui donneront les trois egalitez $yy-2ay+aa-bb=0$, $yy+2cy+cc-dd=0$, & $yy+2ay+aa-2c+cc-ee=0$,

& leur produit

$$
\begin{array}{lllll}
y^6 * & -2aay^4 & -2aacy^3 & +a^4yy & -4a^3ccy & +a^4cc = 0. \\
 & +2ac & +2acc & -2a^3c & +2a^4c & -a^4dd \\
 & +2cc & +2aee & +3aacc & +2aabbc & -2a^3c^3 \\
 & -bb & -2cee & -aabb & -2aacee & +2a^3cdd \\
 & -dd & -2abb & +2aadd & +4aac^3 & -aaccee \\
 & -ee & +2cdd & -aaee & -2aacdd & +aaddee \\
 & & & -2acdd & +2abbcc & +aabbdd \\
 & & & -2abbc & +2abbdd & -aabbcc \\
 & & & -2ac^3 & +2accdd & -aaccdd \\
 & & & +4acee & +2accee & +aac^4 \\
 & & & +2bbcc & -2addee & +2abbc^3 \\
 & & & +bbdd & -2ac^4 & -2abbcdd \\
 & & & +bbee & -2bbcdd & -bbc^4 \\
 & & & & & -ccddyy
\end{array}
$$

$$—ccddyy—+2bbceey—+bbccdd$$
$$—ccce \qquad\qquad —+bbccee$$
$$—+c^4 \qquad\qquad\; —bbddee$$
$$—+ddee$$

sera la transformée de la premiere efpece. Et fi l'on change tous les fignes où fe trouve dd, l'on aura la transformée de la feconde efpece, qui aura les quatre racines réelles $a+b$, $a—b$, $—a+c+e$ & $—a+c—e$, & la contradiction des deux autres imaginaires dd. Si l'on changeoit de nouveau dans cette feconde transformée, tous les fignes où fe trouve bb, l'on auroit la transformée de la troifiéme efpece, qui auroit les deux racines réelles $—a+c+e$ & $—a+c—e$, & les deux contradictions des quatre autres imaginaires bb & dd. Et fi l'on changeoit enfin dans cette troifiéme transformée tous les fignes où fe trouve ee, l'on auroit la transformée de la quatriéme efpece qui auroit les trois contradictions de fes fix racines toutes imaginaires, bb, dd, & ee. Il en eft ainfi pour les autres degrez.

La Regle des combinaifons expliquée *III.* 56. fervira pour connoître jufques à quel degré doit monter chacune de leurs reduites, quoy qu'il foit inutile de s'amufer à les chercher. Par exemple, la reduite du feptiéme degré confideré comme un produit du fecond par le cinquiéme aura 21 degrez; & l'autre reduite de ce même degré confideré comme un produit du troifiéme par le quatriéme en auroit 35. La reduite du huitiéme confideré comme un produit du fecond par le fixiéme auroit 28 degrez. Et fa reduite, fi on le confidere comme un produit du quatriéme par le quatriéme en auroit 70, qui pafferoient feulement pour 35, à caufe que les dimenfions de l'inconnuë auroient par tout nombre pair de degrez. De même la reduite du dixiéme confideré comme un produit du cinquiéme par le cinquiéme auroit 252 degrez, qui pafferoient feulement pour 126. Et ainfi des autres. Mais il feroit inutile de s'arrefter à chercher ces reduites, non feulement à caufe des difficultez infurmontables dans le calcul, mais auffi parcequ'il eft tres-rare qu'on ait envie d'en faire ufage. Il fuffit de reconnoître jufqu'où l'on peut penetrer par les lumieres naturelles en fuivant les voyes les plus courtes & les plus faciles.

Il eft donc temps que nous finiffions, mais en finiffant il eft tres-jufte de rendre à noftre DIEU & noftre unique Maiftre tout l'honneur & toute la gloire qui luy eft deuë pour les petites connoiffances qu'il luy plaift de nous communiquer. Car enfin toutes nos connoiffances naturelles ne font que des liberalitez toutes pures que le PERE DES LUMIERES répand fans ceffe en nous, puifque c'eft par fa LUMIERE & par fa SAGESSE ETERNELLE qu'il éclaire & qu'il inftruit tout homme qui vient au monde. En effet on doit regarder toutes les connoiffances les plus claires & les plus étenduës des Mathematiques, comme autant de degrez qui nous fervent à nous élever à luy, & qui nous difpofent à une connoiffance plus claire & plus diftincte de l'immenfité & des autres perfections de fon Eftre, lefquelles quoy

Epift. Iac. cap. 1. *verf.* 17.

Ioann. cap. 1. *verf.* 7.

qu'infinies , se rassemblent & se renferment toutes dans l'unité tres-simple
& tres-indivisible de sa souveraine Essence.

Que toute gloire & tout honneur soit donc rendu à Dieu & à son Fils unique
Jesus-Christ Nostre Seigneur.

FIN.

Extrait du Privilege du Roy.

PAr Lettres Patentes du Roy données à saint Germain en Laye le
vingt-septiéme jour de Septembre 1672. Signées , Par le Roy en son
Conseil, Malebranche : Il est permis à nostre bien amé André
Pralard Libraire, d'imprimer, vendre ou debiter un Livre intitulé *Elemens
des Mathematiques* , &c. en tant de volumes , en telles marges & caracteres , & autant de fois qu'il le voudra , & cela pendant le temps & espace
de quinze années entieres , à commencer du jour que ledit Livre sera achevé d'imprimer pour la premiere fois ;. Avec deffenses à tous Libraires , Imprimeurs , & autres personnes de quelque qualité & condition qu'elles soient
de l'imprimer & debiter , à peine de trois mille livres d'amende, comme il
est plus au long porté par lesdites Lettres.

*Registré sur le Livre de la Communauté des Imprimeurs & Marchands
Libraires de cette Ville de Paris, le 21. Octobre 1675. Signé,* Thierry, *Syndic.*

Achevé d'imprimer pour la premiere fois , le 20. Novembre 1675.

Les Exemplaires ont esté fournis.